数据分析与模拟丛书

Song S. Qian　著
曾思育　译

Environmental and Ecological Statistics with R (Second Edition)

环境与生态统计

——R 语言的应用（第二版）

中国教育出版传媒集团
高等教育出版社 · 北京

图字：01-2024-5028号

图书在版编目（CIP）数据

环境与生态统计 ：R 语言的应用 /（美）钱松著；曾思育译 . -- 2 版 . -- 北京 ：高等教育出版社，2025. 3. --（数据分析与模拟丛书）. -- ISBN 978-7-04-63932-2

Ⅰ. X171.1-39; X11-39

中国国家版本馆 CIP 数据核字第 2025RB1615 号

HUANJING YU SHENGTAI TONGJI——R YUYAN DE YINGYONG

策划编辑 柳丽丽　　责任编辑 柳丽丽　　封面设计 张 楠　　版式设计 曹鑫怡
责任绘图 马天驰　　责任校对 刘丽娴　　责任印制 刁 毅

出版发行	高等教育出版社	网　　址	http://www.hep.edu.cn
社　　址	北京市西城区德外大街4号		http://www.hep.com.cn
邮政编码	100120	网上订购	http://www.hepmall.com.cn
印　　刷	中农印务有限公司		http://www.hepmall.com
开　　本	787mm×1092mm　1/16		http://www.hepmall.cn
印　　张	30	版　　次	2011 年 7 月第 1 版
字　　数	570 千字		2025年 3 月第 2 版
购书热线	010-58581118	印　　次	2025 年 3 月第 1 次印刷
咨询电话	400-810-0598	定　　价	89.00 元

本书如有缺页、倒页、脱页等质量问题，请到所购图书销售部门联系调换
版权所有　侵权必究
物 料 号　63932-00
审 图 号　GS京（2024）1532号
本书插图系原文插图

谨以此书纪念我的祖母张一贯、母亲仲泽庆和父亲钱拙

中文版前言

当曾教授告诉我她打算把我的书翻译成中文时, 我倍感荣幸. 自 2016 年本书第二版出版以来, 我对环境和生态统计学领域有了一些新的认识. 我想借此机会介绍一下我对环境和生态统计学的理解, 希望对读者能有所帮助.

英语单词 “probability” 源自拉丁语 probabilitas(真理的表面, 可证明性). 人们普遍认为, 现代概率概念起源于 1650 年代 Baise Pascal 和 Pierre de Fermat 之间关于“点数问题” (the problem of points, 如果机会游戏在确定获胜者之前被打断, 应如何公平分配机会游戏的奖励) 的通信. 在现代统计学中, 我们至少对概率有两种定义: (主观) 概率作为不确定性的度量和 (客观) 概率作为对研究对象特征的描述. 尽管统计学在 19 世纪末已成为一个成熟的领域, 但我们很少提及概率的定义. 我们经常交替使用这两个看似矛盾的定义. 在本书中, 我在使用模拟时明确采用了概率的客观定义 (长期频率). 但将概率解释为不确定性的度量可能非常有帮助, 至少在概念层面上是这样.

在应用科学中, 我们用统计学作为数据分析工具来进行归纳推理. 由于归纳结果不可避免地带有不确定性, 科学 (和统计) 的研究方法是假设推断. 我们提出一个假设 (模型), 然后通过比较模型预测结果和观测数据来检验它. R. A. Fisher 的三个统计问题 (模型制定、参数估计和参数抽样分布) 是这一科学思维过程的真实写照.

在使用统计学方法进行数据分析时, 我们应该时刻注意这三个问题. 在应用统计学中, 方法或模型代表了我们强加给产生数据的研究系统的假设. 估计的模型参数取决于模型的有效性. 然后, 我们检查所估计的参数的分布 (抽样分布) 以评估模型. 模型制定步骤是最重要的: 没有模型, 我们就没有统计问题.

模型制定对初学者是一项很困难的任务. 我们需要统计学和专业方面的知识. 使用专业知识, 我们可以描述数据的特征以及数据的产生过程. 这反过来又会告诉我们哪种统计分布可能是合适的. 当然, 选择合适的模型需要统计知识. 在教授统计学时, 出于显而易见的原因, 我们将重点放在估计和分布问题上. 因此, 教科书和课程是按模型类型组织的. 学生常常发现统计学易学难用. 模型制定的问题从来没有 (也永远不可能) 在统计学课上得到正确的学习. 在前言中, 我解释了我是如何尝试弥合学习和使用统计学之间的差距的.

在传统的生物和生命科学研究中, 很大一部分数据来自随机实验. 由于我们对因果推断感兴趣, 数据的生成方式是一个重要的考虑因素. Fisher 对统计学和科学最重要的贡献是随机实验的概念. 他的著作《研究工作者的统计方法》(*Statistical Methods for Research Workers*) 是 20 世纪最具影响力的书籍之一 (共 14 版). 通过这本书, 许多研究人员学会了如何设计随机实验来收集验证特定假设的数据. 换句话说, 当我们使用生物统计学来分析随机实验的数据时, 模型制定步骤被纳入了实验设计, 无须单独考虑. 通过随机实验, 我们可以对感兴趣的因果关系进行推断, 因为所有其他 (干扰) 因素的影响都可以忽略. 在环境和许多生态研究中, 我们用的是观测数据, 干扰因素不容忽视. 因此, 模型制定问题比参数估计问题更为关键 (Cox,1995). 为了使统计模型具有实际相关性, Cox (1995) 提出了统计模型的标准, 一个应用模型应该包括:

- 响应变量的概率分布,
- 参数向量 ψ 的定义, 在理想情况下, ψ 的每个分量都有一个主题解释, 代表所研究系统的一些可理解的稳定属性 (模型的相关性), 和
- 至少指明或连接可能的数据生成过程.

Cox 认为, 我们的目标应该是开发一个实质性模型而不是一个纯粹的经验模型, 这样我们就可以 "使得统计分析及其强大的纯经验传统与专业考虑更为一致". 开发这样的模型不可避免地是一个迭代过程. 这就是为什么我使用 "鱼中的 PCB" 这个示例的原因. 这个例子在多个章节中被用来演示我们应该如何重复 "提出模型、识别所提出模型的缺陷和修改模型" 这一过程, 直到我们得出合理的结论.

与大多数统计学教科书一样, 本书是按照统计模型来组织的. 在讲授统计学时, 我加入了一个步骤, 即在讲完每个模型或检验方法后, 要求学生根据预期数据的生成方式来描述每个统计模型, 并和 Cox 的模型标准对比. 读者可能会发现这种练习很有用.

经 CRC 出版社同意, 我删除了英文版的第 11 章, 并将其内容与第 4 章 (第 4.6.1 节) 和第 9 章 (第 9.4 节) 合并, 使介绍更加连贯. 与英文版一样, 数据和 R 代码位于 GitHub 存储库的/songsqian/eesR 路径中. 为了帮助熟悉 RStudio 的读者, 我将原始 R 代码改写成 `Rmarkdown` 文件, 并用 `bookdown` 包将它们编成独立手册.

钱松

于美国俄亥俄州西尔瓦尼亚

2023 年 2 月

前　言

我是从贝叶斯统计学家那里学到的统计学. 因此, 我在工作中并不关注假设检验和 p 值. 同样地, 我在教学中也未强调它们的使用. 然而, 我班上的大多数学生对术语 "统计显著性"(或 $p < 0.05$) 的记忆比任何东西都好, 并且在评估回归模型时会去检查 R^2 的值. 我跟他们中的许多人聊过他们学习和使用统计学的经历, 以便理解为什么他们似乎很自然地被这些数字所吸引, 但发现很少有人能用简单的语言解释清楚. 大约在 2007 年, 当我读到威廉姆斯学院的 Dick De Veaux 所做的题为 "数学是音乐; 统计学是文学" (这个演示文稿现在可以在 YouTube 上看到) 的幻灯片时, 才终于找到了满意的解释. De Veaux 博士认为, 统计学对学生和教师同样具有挑战性, 因为我们不仅想讲授统计学的机理部分, 还想要讲授做出判断的过程. 由于统计学课程总是被认为是一门定量方法课程, 学生们很自然地将统计学视为一门数学课. 但是统计学不是数学. 在一堂典型的环境/生态研究生统计学课上, 我们通常使用非常简单 (但往往乏味) 的数学知识. 学生希望在学习数学的同时学习统计学. 然而, 数学的推理方式是演绎, 而统计学的推理方式是归纳. 因此, 统计学不能依靠记住规则和公式来学习. 要做出判断就需要将统计分析放在上下文中, 融汇来自多个来源的信息, 以及使用逻辑和常识. 学习统计学不是学习规则 (像在数学中那样), 而是更多地学习如何解释与综合, 这就需要经验 (像在文学中那样). 在决定写这本书的时候, 我想把一些例子放在一起来阐明做出一项判断的过程, 并把这些例子整合起来说明统计推断的反复迭代过程. 这一过程将不可避免地包含不止一个统计主题. 因此, 本书中所包含的许多示例会用在多个章节中. 例如, 我在第 4 章中将鱼体中多氯联苯 (PCB) 这个例子用作双样本 t 检验的示例, 又在第 5 章的简单和多元回归以及第 6 章的非线性回归中再次使用. 通过这些例子, 我试图解释我们如何学习统计学和如何使用统计学的区别. 在学习统计学时, 我们通过主题进行学习 (例如, 从 t 检验到方差分析再到线性回归, 等等). 在课程结束时, 学生们通常会把统计学看成是一些互不关联的方法. 当使用统计学时, 我们在决定采用什么统计工具之前, 首先必须确定问题的本质是什么. 而这第一步并不总是在统计学课上教授.

使用鱼体中的 PCB 示例, 我想说明统计推断问题的反复迭代性质. 一开始, 我们可能无法确定最合适的模型. 通过反复努力建立模型, 找出所建的模型的缺陷, 并修改模型, 我们希望能得出一个合理的结论. 因此, 一项统计分析工作必须有主题背景. 这是一个从数据中筛选出有用信息以实现特定目标的过程. 鱼体中的 PCB 这个例子里的基本问题是由于食用密歇根湖的鱼而暴露于 PCB 的风险. 数据的初步分析表明, 大鱼和小鱼体内的 PCB 浓度有很大差异. 然而, 图 5.1 则提示, 简单的双样本 t 检验模型无法恰当地描述小鱼和大鱼中的 PCB 浓度差异. 整个第 5 章中, 我用这个例子来讨论如何评估和更新一个线性回归模型. 在第 6 章中, 给出了其他一些可选模型, 同时总结了文献中为纠正线性模型的不足所做的尝试. 但是我结束第 6 章时并没有给出一个令人满意的模型. 在第 9 章中, 我再次使用这个例子来说明模拟在模型评估中的应用. 在写第 9 章的时候, 我发现了鱼体长度不均衡的问题. 在某种程度上, 这个例子展示了一项统计分析工作的典型结果, 无论我们如何努力, 结果总是不能令人完全满意. 总是有更多的 "假如……会怎样" (what if). 然而, 提出 "假如……会怎样" 的能力并不容易教和学, 因为统计分析需要 "统计思维的七种不自然行为": 批判性思考、持怀疑态度、考察变化 (而不是平均)、关注我们不知道的事情、完善过程以及考虑条件概率和罕见事件 (De Veaux 和 Velleman, 2008). 通过从不同的角度审视同一个问题, 我希望能传达出一个重要的信息: 统计分析不仅仅是报告一个 p 值.

自从第一版出版以来, 我对使用统计假设检验的问题有了更多的了解. 部分问题是在于我们在统计假设检验中使用的术语. 术语 "统计上显著的" 尤其令人困惑. 该术语对于零假设有特定的含义. 但是, 在没有进一步解释的情况下宣称我们的结果是 "显著的", 我们不仅会误导分析结果的使用者, 也会误导我们自己. 在本版中, 我尽可能删除了 "统计上显著" 这个术语. 相反, 我试图用通俗易懂的语言来描述 "显著" 结果的含义. 正如我在为《景观生态学》(*Landscape Ecology*) 期刊所做的特邀评论中解释的那样, 统计结果应该用 Abelson (1995) 提到的 MAGIC 标准来衡量: 统计推断应该是有原则的观点, 推断的强度应该用大小、清晰度、普遍性、趣味性和可信度来衡量, 而不仅仅是 p 值或 R^2 或任何其他单一的统计值. 贯穿全书, 我一直都强调对模型拟合结果的解释, 以及根据问题的背景做出结论. 在所有例子中, 我都遵循了以下规则:

- 模型的文字描述——使用非统计术语清晰地描述模型应该是第一步. 当用清晰的科学术语描述模型时, 我们可以更好地判断模型是否合理, 以及是否能够适度地表征现实世界. 即使对于简单的模型, 如 t 检验或方差分析, 文字描述也是有帮助的.
- 验证模型假设——图、图和更多的图.
- 对模型系数估计值的文字描述——在最终确定模型之前, 我们应该用文字描述估计出的模型系数. 即使在简单的双样本 t 检验中也应该这样做.

美国统计协会发布了关于 p 值的声明 (Wasserstein 和 Lazar, 2016). 该声明强调, 对统计值的使用应包括问题的背景、数据收集和模型构建的过程, 以及分析目的. 在这学期的第一周和最后一周, 我会把这份声明用作课程必读材料.

本版中的主要变化包括如下内容.

- 新增和修订的章节:
  - 第 1.2–1.5 节描述了多章都用到的主要示例.
  - 第 2 章是重写的, 简要介绍了 R 和使用 R 进行数据操作.
  - 重写了第 5.1 节, 使用鱼体内 PCB 的例子作为线性回归模型内容的先导.
  - 新增的第 5.5.1 节介绍了 2014 年托莱多水危机期间收集的 ELISA 数据.
  - 新增的第 6.1.3 节介绍了自启动函数在非线性回归中的应用.
  - 第 8.5–8.6 节介绍了多项式回归以及多项式和泊松模型之间的联系.
  - 修订了第 9.2 节, 加入了非线性回归模拟.
  - 第 10.3 节中删除了双向方差分析.
  - 新增第 10.4.3 节, 介绍了多层建模问题的 ELISA 示例.
  - 新增第 10.5 节, 介绍了非线性多层次模型.
  - 10.6.1 节使用了广义多层次模型的新例子.
  - 新增第 11 章是为了讨论在评估基于假设检验的方法中模拟的使用. 这一章展示了将统计检验应用于现实世界问题的重要性. 我们应该问的是: 手头的科学问题是什么? 问题背景下的零假设是什么? 当零假设被拒绝时, 支持的是什么替代方案? 一旦这些问题得到回答, 我们往往会对问题有更好的理解, 并能为合理判断做更充分的准备.
- 每章的结尾处都添加了练习.
- 在线资料 (数据和 R 代码) 放在 GitHub 网站的/songsqian/eesR 路径中.

Song S. Qian (钱松)
于美国俄亥俄州西尔瓦尼亚
2016 年 7 月

目　录

第 I 部分　基 本 概 念

第Ⅱ部分 统计建模

第Ⅰ部分　基本概念

第 1 章

引　言

1.1 归纳推理的工具

我们利用数据来学习, 包括实验数据和观测数据. 科学家针对研究对象的潜在机理提出假设, 通过比较由假设推导出来的逻辑结果和观测数据来检验这些假设. 每一个假设都是真实世界的一个模型, 而推导出来的逻辑结果就是模型的预测内容. 比较模型预测结果和观测数据是为了确定所提出的模型是否能够再现这些数据. 如果得到正面结论, 那就为所建立的模型提供了支撑依据; 而负面结论则是拒绝该模型的依据. 这个过程是典型的科学推理过程. 在这个过程中, 难点在于如何合理地处理数据中和模型中的不确定性. 统计学在科学研究中的作用是提供定量分析的工具, 从而在模型和数据之间搭起桥梁.

1922 年, R. A. Fisher 的论文《理论统计学的数学基础》(Fisher, 1922) 为现代统计学奠定了部分基础. 在这篇论文中, Fisher 发起了 "对估值问题的第一次大规模进攻" (Bennett, 1971), 并提出了许多有影响力的新概念, 包括显著性水平和参数模型. 这些概念和术语成为环境和生态学文献中常用的科学词汇. 这篇论文的哲学贡献是 Fisher 关于推理逻辑的观点, 即 "归纳推理逻辑". 推理逻辑的中心点就是 "模型" 所扮演的角色: 通过模型来理解什么, 以及如何将模型嵌入到推理的逻辑中. Fisher 关于统计学目的的论断大概是对模型在统计推断中所起作用的最佳描述:

> 为了用公式来清晰地表达统计学问题, 必须对统计学家所设定的任务予以定义: 简言之, 统计学方法的目标就是减少数据. 一堆数据, 仅靠其量大是无法进入头脑的, 必须用可以代表全部数据且尽可能多地包含原始数据中相关信息的少量数据来代替.
>
> 这一目标的实现, 可以通过构建一个假想的无限总体, 并将真实数据看作是总体中的一个随机样本. 这种假设总体的分布规律则可以用几个参数来确定,

虽然参数数量相对较少, 但却足以描述总体的性质.

换句话说, 统计学方法的目标就是寻找一个含有有限参数的模型来代表包含在观测数据中的信息. 模型的作用既是对数据中所包含信息的总结, 又是对真实问题的数学归纳. 一旦模型被建立起来, 它就可以代替数据. 还是在 1922 年的这篇论文中, Fisher 将统计学问题划分成 3 种类型:

(1) 定义的问题: 如何定义一个模型;

(2) 估值的问题: 如何估计模型参数值;

(3) 分布的问题: 如何描述从数据中统计出来的值的概率分布.

模型的定义问题必定是科学问题. 统计学方法的应用不能同真实世界问题割裂开来. 因此, 统计学方法的应用, 一方面必须考虑真实世界中问题和数据的特点, 另一方面则是模型的数学特性. 模型定义之所以困难, 是因为模型必须成为真实世界问题和数学公式之间的媒介. 一方面, 科学家关于真实世界的某个设想, 只能在根据该设想进行预测时去检验. 因此, 建立定量模型是必需的步骤. 另一方面, 我们总是局限于那些自己清楚如何操作的模型形式. 数学上易处理的模型并不一定是最好的模型. 由于任何确定的模型公式都有可能是错误的, 一个重要的统计学问题就是检验一个模型对数据的拟合优度. 那些能通过检验的模型比没通过检验的模型更有可能成为真正的模型. 所以, 一个好的模型应该是可以被检验的模型.

估值问题主要是数学问题: 给定数学方程的情况下如何利用数据计算出最佳的模型参数. 而分布问题则是理论问题: 什么样的统计量遵从哪个理论分布. 估值问题和分布问题往往是紧密联系在一起的. 典型的统计学课程集中在这两类问题上. 因为应用统计学向来就是讲给跨学科的听众的, 所以这种内容设置是不可避免的.

从更实用的角度看, 大部分自然科学类学科的演绎推理的特点使得统计推理成为处理不确定性的不可或缺的工具. 很多自然过程中都存在随机性. 由于我们习惯于将随机性合理化, 统计学概念和方法对很多人而言不仅不熟悉而且很奇怪. 大部分人很难理解统计学教材中常用例子的实际意义. 但是, 我们必须要处理不确定性问题. 环境科学家在任何一项课题和任何一个实验中都要面对不确定性或者随机性. 然而, 在这样一个把追求知识常常等价于去发现自然现象下隐藏的科学机理的学术环境中, 我们已经被训练成总是会忽视不确定性. 一旦机理被发现, 结果预测就会是完全确定的. 像被清理的杂物一样, 不确定性被更多的数据、更多的测量或者更多的先进技术给处理掉了. 很不幸, 这种杂物是无法避免的. 因此, 弄清如何处理不确定性以及如何学会从不精确的数据中提炼结论, 对我们而言非常重要. 不仅如此, 政策和管理决策的制定也是基于不完美的知识. 不确定性下的决策迫使我们对各种环境条件下各种可能的后果必须进行谨慎的考虑. 忽视随机性不可避免地会带来一定后果.

统计学是关于随机性的科学. 自从 R. A. Fisher 之后, 统计学已经成为生物学和生命科学的核心课程之一. 传统的生物统计学课程主要集中在实验数据的分析上, 而环境和生态学研究则必须更多地依赖于观测数据. 单纯从数据分析的角度看, 实验数据和观测数据之间的区别并不十分明显. 问题是统计分析是否可以被用于因果推理. 因为一个好的实验方案可以估计出未测量的干扰因子影响实验结果的概率, 所以通过精心设计的实验所获取的数据可认为是适合用作因果推理的. 这种能力归因于实验在操作分配中的随机化. 尽管没有什么因素能阻止将相同的统计技术应用于观测数据, 但是分析过程却不能直接用于因果推理, 因为估计出的操作效果可能受到任何一个或多个未观测的干扰因子的影响. 不过在实践中, 观测数据往往是环境研究的主要信息来源. 因此, 研究人员往往要么对统计学的使用信心不足, 要么不能识别出由干扰因子或者潜伏变量造成的虚假相关关系. 学生们也常常在遇到观测数据问题时因可能存在复杂的干扰因子而感到困惑.

本书的目的是在环境和生态学工作者与广泛使用的统计学建模技术之间建立起联系, 重点是如何将统计学正确地应用到观测数据的分析工作中. 数学细节一般会被省略, 例子主要用来解释方法和概念.

本书中使用的例子来自已出版的期刊论文和书籍, 是很多环境和生态学研究中的典型案例. 大部分例子使用的是观测数据, 既可以用来演示统计学方法, 也是对现有环境和生态学文献的回顾与评价. 书中给出的一些批评意见反映了许多新的统计学技术出现后的事后评价. 美国佛罗里达 Everglades 湿地的例子由于数据量大和问题复杂尤其让人感兴趣. 该例子曾被反复使用. 本章接下来讨论的就是佛罗里达 Everglades 湿地案例.

1.2 美国佛罗里达 Everglades 湿地案例

佛罗里达 Everglades 湿地是世界上最大的淡水湿地之一. 在 20 世纪初, 湿地的面积接近 100 万公顷, 几乎覆盖了 Okeechobee 湖的整个南部区域 (Davis, 1943). 直到 20 世纪 40 年代该区域的一小部分被抽干用作农业和居住之前, Everglades 湿地几乎没有受到过任何人类的干扰. 1948 年, 联邦“佛罗里达中南部洪水控制项目” 的实施, 在湿地内形成了今天这样大规模的沟渠、泵站、蓄水区、防洪堤系统, 以及大片的农地 (Light 和 Dineen, 1994). 佛罗里达 Everglades 湿地是一个磷限制型的生态系统. 因此, 靠磷强化化肥实现农业产量的提高, 最终导致了水体和土壤中磷含量的增加, 以及藻类物种迁移和种群结构的变化.

1988 年, 联邦政府因为洛克萨哈奇国家野生动物保护区 (Loxahatchee National Wildlife Refuge, LNWR) 和 Everglades 湿地国家公园 (Everglades National Park, ENP) 中的水质超标问题, 尤其是磷超标, 对南佛罗里达水管理区 (一个州立机构) 和佛罗里达环境管制局 (现在的佛罗里达州环境保护局, Florida Department of Environmental Protection, FDEP) 提起了诉讼 (美国政府对南佛罗里达水管理区, 诉讼案号 88-1886-CIV-HOEVELER, U.S.D.C.). 美国政府称, 由于来自农业径流的磷负荷不断增加, 保护区和公园正在失去天然的植物和动物生境群落. 不仅如此, 根据美国政府提交的诉状, 为了避免同强大的农业利益发生冲突, 十多年来佛罗里达管理层都在忽视公园和保护区内不断恶化的环境状况.

1991 年, 在长达两年半的诉讼之后, 联邦政府和佛罗里达州政府达成了一项协议, 该协议承认了 ENP 和 LNWR 受到的破坏, 并且认为如果不采取补救措施的话这种破坏将继续下去. 1991 年的协议于 1992 年被大法官 Hoeveler 核准, 该协议详细列出了佛罗里达州在接下来的 10 年间为恢复和保护湿地水质所要采取的措施. 这些措施包括了所有相关方为保护和恢复 ENP 和 LNWR 内的特有动植物而达到的水质和水量承诺, 构建一系列暴雨径流处理区, 要求所有农业生产者使用最佳管理措施来控制和净化湿地农业区的排水.

1994 年, 佛罗里达通过了《Everglades 湿地永久保护法》(Everglades Forever Act, EFA). 不同于之前的协议, EFA 涵盖了整个湿地, 并更改了项目实施的时间要求, 即要求 2006 年 12 月 31 日之前湿地内的所有水质标准必须得到满足. EFA 授权的湿地建设项目包括了 6 个暴雨径流处理区的建设和运行日程, 以便去除源于湿地农业区径流的磷. EFA 还启动了一个研究项目来弄清磷对湿地的影响, 并开发新的处理技术. 最后, EFA 还要求 FDEP 为磷建立数值基准, 同时给出一个缺省基准, 以防 2006 年 12 月 31 日之前无法给出最终的数值基准.

在生态系统的研究中, 生态学家会测定不同的参数或生物学属性的值来代表系统的不同方面. 例如, 他们可能会在一组生物中测定某物种 (如硅藻、大型无脊椎动物) 的相对丰度或者该组生物中的所有物种组成. 不同的属性可能代表不同营养级的生态功能. (一个营养级是指食物网中的一层, 从初级生产者算起, 由相同等级的生物组成.) 藻类、大型无脊椎动物和大型植物形成了湿地生态系统的基础. 因此, 这些生物的数量特征属性往往被用于研究湿地的状态. 而这些属性的变化可能意味着其他生物生境的变化. 由于在低营养级上存在大量冗余现象 (相同的生态功能可以由很多物种来实现), 当环境开始发生变化时, 尽管单个物种已经消失或者过于旺盛, 但集体属性可能仍然稳定. 当集体属性确实发生变化时, 这种变化常常是突然的, 可以用阶跃函数很好地近似. 换句话说, 一个生态系统能够吸收一定量的污染物直至某个阈值而不发生功能上的明显变化. 这种能力常常被认定为生态系统的同化能力 (Richardson 和 Qian, 1999). 磷的阈值就是不引起生态系统功能明显变化的最高磷浓度. EFA 将该阈值定义为不会导致 "水生动物和植物的天然群体不平衡" 的磷浓度.

FDEP 负责设定排入湿地的磷总量的法定限值或者标准. 该标准的设定应保证磷的阈值浓度不会被超过. 当时有两项研究平行进行, 来确定磷的总量标准, 一项由 FDEP 开展, 另一项则由杜克大学湿地中心开展. 两项研究得到的结论并不相同, 佛罗里达环境制度委员会必须考虑两种方法的科学和技术有效性、选择其中某一个结论时所带来的经济影响以及给公众和环境带来的相关风险和利益. FDEP 有权最终决定采纳什么样的标准, 而环境制度委员会的作用就是向前者提供建议.

一般而言, 研究生态系统有两种方法: 实验和观测. 生态学实验通常在所关心的生态系统里设立的围栏区域中开展. 这些围栏被称为围隔 (中型实验生态系, mesocosm), 生态学者可以在其中改变环境的特定属性, 然后测量生态系统的响应. 如同在大家熟悉的农业实验中, 为了让多个地块分别接受不同程度的实验处理以便量化处理效果, 围隔的设计必须保证能将由实验处理 (或者主要的影响因素) 而导致的生态系统变化与其他未经控制的因素造成的变化区分开来. 典型的围隔实验将生态系统隔离成多个小块, 然后通过在现场改变特定条件而开展实验. 由于围隔实验在概念上很吸引人, 而且可以用多种统计学方法来分析它的结果, 这种实验方法在生态学研究中很受欢迎. 与农业实验中单一种植的农业地块相比, 湿地生态系统的围隔实验比较复杂. 生态系统中物种之间的相互作用常常取决于空间和时间的尺度. 换句话说, 生态系统中会发生的事情在围隔中并不能保证发生, 因为实验过程中我们缩小了空间范围并缩短了时间长度. 因此, 对于围隔研究在帮助我们理解复杂生态系统方面的贡献, 目前还存在怀疑 (参见 Daehler 和 Strong (1996) 的例子).

生态学者对经观测数据证实之前的围隔实验结果往往不会感到满意. 观测性的研究包括收集长时间序列的数据或者从所感兴趣的影响因子具有不同变化水平的多个站点收集数据. 影响因子的自然变化提供了不同的 "处理" 水平. 观测性研究往往受限于难以寻找除了影响因子外其他条件都相似的站点. 事实上, 生态学者看到的总是任何两个生态系统之间都存在差异.

在 Everglades 湿地, FDEP 在 LNWR 以南的一个湿地建立了 28 个永久性站点, 该湿地被称为水保护区-2A (Water Conservation Area-2A, WCA2A), 这是 Everglades 北部一个 44 000 hm^2 的驻堤湿地 (图 1.1). WCA2A 与 Everglades 的其他地区是隔离的, 其水流 (流入和流出) 由数座水力构筑物控

制. WCA2A 内部的水流通常沿着由北向南的方向流动. 近半个世纪以来, 由于接收 Okeechobee 湖的出流和 EAA 的高含磷径流, 大致由北向南造成了急剧变化的富营养化梯度, 最终形成三个相对不同的受影响区域. 如果我们乘坐汽艇从水力构筑物 (WCA2A 北部边界的三个箭头处) 出发向南, 受影响区域在前 3 km 范围内, 我们能看到密集的香蒲和其他入侵性大型植物, 以及地表水和土壤中都存在的高磷浓度现象. 再往南 (距离水力构筑物 $3 \sim 7$ km), 我们会看到香蒲和锯齿草的混合植被和罕见的开阔泥沼水域 (淡水沼泽, 以漂浮性水生植物如白睡莲和狸藻类植物为主, 还会有一些挺水植物如叶荸荠). 我们预计该区域的磷浓度会有所降低. 未受影响的区域位于水力构筑物以南约 7 km 外. 这里的水化学特征可以代表原始的 Everglades, 植被结构像是锯齿草斑块与开阔泥沼交织的马赛克.

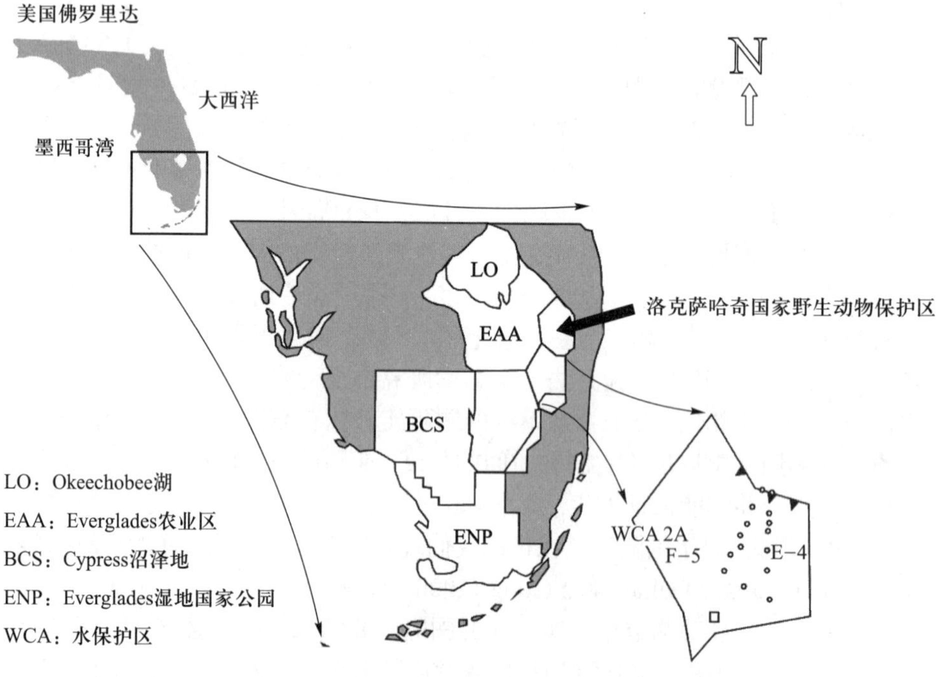

图 1.1 WCA2A 和 FDEP 维护的采样站点位置

FDEP 的监测站点从北到南一路布设, 以捕捉磷浓度梯度. 多个研究团队从这些站点采集水样, 最早可以追溯到 1978 年. 1994—1998 年, FDEP 先后 16 次采集生物样本, 每次都是从 28 个站点中选择采样点. 28 个站点中, 有 13 个 (如图 1.1 中所示) 是定期采样的 “主要” 站点, 其他 15 个是出于校核目的而不定期采样的. 生物学数据用于确定这 28 个地点中哪些是参考地点. 这些参考

站点的水质数据 (总磷浓度, 即 TP (total phosphorus) 浓度) 被用于确定 TP 标准.

1.2.1 统计学问题

在设定环境标准的过程中, 统计学扮演着重要的角色. 水质发生着自然的变化, 生态条件也是如此. FDEP 采用了参考条件 (reference condition) 的方法来设定磷的环境标准. 这种方法需要在那些未受到人类影响的区域即参考区域中, 对所测定的总磷浓度的概率分布做出估计. 该分布常常被称为参考分布. 美国环境保护局 (EPA) 推荐将参考分布的第 75 百分位数用作环境标准 (U.S. EPA, 2000). 这一过程涉及了统计学基础中不少重要的统计学概念.

(1) 概率分布是设定环境标准中的第一个重要概念. 在统计学入门课程中, 概率分布常被定义为一个装有无限个球的坛子. 随机变量则定义为从坛子中抽取球的过程, 每次随机变量的值就是球上写的内容. 如果球上写着从 1 到 100 的数字, 我们知道被随机抽出的球一定会带有一个 1 到 100 之间的数字. 而且, 如果我们知道 10% 的球上的数字是小于 3 或者大于 97 的, 那么我们就会期望能有十分之一的机会可以抽中数字小于 3 或者大于 97 的球. 从坛子中抽取球并记录球上的数字, 从概念上讲, 与从湿地中采集一个水样并把水样送到实验室测定总磷浓度是一样的. 如果已知坛子里的内容, 我们可以计算出抽出带有某个取值范围内的数字的球的概率. 用相同的方法, 如果知道概率分布, 我们就可以知道超过特定数值的总磷浓度的概率. 参考站点的总磷浓度分布是装有无限多球的坛子这一经典概念和环境管理中的重要物理特征之间的直接联系. 概率分布可以用来描述数据的分散状况、参数值 (例如, 一个生态系统的 TP 阈值) 和误差. 统计学中使用最多的概率分布是正态分布或者高斯分布. 这是因为: ①当一个随机变量可以用正态分布来描述时, 我们只需要均值和方差两个参数来描述这个分布; ②中心极限定理 (参见第 4.1 节) 保证了很多量 (多个独立随机变量之和或其均值) 都是近似正态的. 经常用来描述环境浓度变量的是对数正态分布. 如果一个变量服从对数正态分布, 该变量的对数服从正态分布. 因此, 分析环境与生态数据的第一经验就是在开展分析之前先对数据取对数. 对数正态分布的两个参数值是对数均值 (μ) 和对数标准差 (σ). (在统计学文献中, 对数一般指自然对数.) μ 的指数 (e^{μ}) 被称为几何均值. 湿地的 TP 浓度标准是用年几何均值来定义的. 当我们知道对数正态分布的 μ 和 σ 后, 原始数据的均值和标准差分别为: $\mathrm{e}^{\mu+\frac{1}{2}\sigma^2}$ 和 $\mathrm{e}^{\mu+\frac{1}{2}\sigma^2}\sqrt{\mathrm{e}^{\sigma^2}-1}$. 对数正态分布的标准差正比于其期望值, 比例常数 $\sqrt{\mathrm{e}^{\sigma^2}-1}$ 就是变异系数 (cv).

(2) 要估计总磷参考浓度的分布, 就必须获得总磷浓度的代表性样本. 这是一个样本设计问题. 如果只使用总体的一部分 (这里是用湿地中少数几个地点的少量水样来估计总体的特征, 即总磷浓度的分布), 我们就会遇到采样误差的问题. 统计推断是一个从样本中认识分布特征的过程. 如果潜在的概率分布是对数正态分布或者正态分布, 关于分布的统计推断就与估计分布模型的参数 (均值和标准差) 是一样的. 由于样本只是总体的一部分, 估计出的模型参数就不可避免地依赖于样本中所包含的数据. 每次抽取一个新的样本, 就会产生一组新的估计值. 换句话说, 待估计的参数是随机变量. 代表性样本就是从总体中随机抽取的那些样本. 如果样本不是随机抽取的, 该样本就有可能导致有偏估计. 在湿地这个案例中, 非随机样本是指仅有夏季的样本, 仅从一个站点获得的样本, 或者仅在某个特定的丰水年获得的样本等. 一旦获取样本之后, 通常很难直接从样本本身来判断其随机性, 而需要其他信息来合理地识别潜在的偏差.

(3) 统计推断不仅能提供参数值, 而且可以提供跟估计值联系在一起的不确定性的信息. 在实践中, 采样误差和测量误差同时存在于数据中. 采样误差描述的是估计出的总体特征与真实总体之间的差异. 例如, 12 个月 TP 浓度监测值的平均值与真正的均值浓度之间的差异就是采样误差. 采样误差之所以发生是因为我们用总体的一部分来推断总体. 采样误差是抽样模型的话题, 而抽样模型不会直接涉及测量误差. 测量误差即使在整个总体 (或全部数据) 得到观测的情况下也会发生. 测量误差模型是处理这一不确定性的工具. 通常地, 我们把这两种方法结合起来构建统计模型. 统计推断的重点则是对误差予以量化.

(4) 统计假设是统计推断的基础. 最常使用的统计假设就是测量误差的正态性假设. 测量误差被假设为服从均值为 0、标准差为 σ 的正态分布. 当这些基本假设不能满足, 对不确定性的统计推断就可能造成误导. 所有的统计学方法依赖于以下假设: 数据是总体这样或那样的随机样本.

采用参考条件方法制定环境标准取决于识别参考站点的能力. 在南佛罗里达, 对参考站点的识别是通过对生态学者筛选出的代表生态 "平衡" 的生态变量进行统计模拟来实现的. 这个过程虽然复杂, 但实质上是比较两个总体, 即比较参考总体和受影响的总体的过程.

一旦环境标准确定了, 评价水体是否满足标准就成为一个不断进行统计假设检验的问题. 如果将上述工作翻译成假设检验问题, 实际上我们是在检验水体达标的零假设和水体不达标的备择假设. 在美国, 很多州要求, 如果宣称水体达标, 那么水体超标的时间不能超过 10%. 因此, 特别重要的量就是浓度分布的第 90 百分位数. 当第 90 百分位数低于水质标准, 水体被认为是达标的; 当第 90 百分位数高于水质标准, 水体被认为是超标的.

除此之外, 大量的生态学指标 (或度量) 被测量后用于研究湿地生态系统对农业径流造成的磷浓度升高的响应. 这些研究收集了大量数据, 并且常需要进行复杂的统计分析. 例如, 生态阈值概念通常被定义为一种条件, 一旦超过该条件, 生态系统就会发生质量、性质或现象的突然急剧变化. 生态系统一般不会对驱动变量的渐变做出平滑的响应, 而是在某一个或多个重要变量或过程超出阈值的情况下, 以突然地、不连续地转换到另外一种状态的方式来做出响应. 本书提供的材料很难处理这一问题, 但是, 本书将会在生态和环境研究背景下, 帮助读者实现对统计学与统计模型的基本理解. 佛罗里达 Everglades 湿地案例的数据将会多次用来解释统计学概念和技术的不同方面.

1.3 城市化对河流生态系统的影响

美国地质调查局 (U.S. Geological Survey, USGS) 负责监测该国的自然资源. 1991 年, USGS 启动了一项计划, 以便获取关于水质和水生生态系统影响因素的长期、一致和可比的信息. 该计划旨在了解美国溪流、河流和地下水的状况及其时变趋势. 该计划被称为国家水质评估计划 (National Water Quality Assessment program, NAWQA), 既有长期监测网络, 也有短期专题研究. 城市化对河流生态系统的影响 (effects of urbanization on stream ecosystem, EUSE) 项目是一项专题研究, 重点是各种由城市化引发的景观变化对水质和水生生态系统的影响. 该项目始于 1999 年, 包括统一设计的一系列研究, 考察不同环境背景下的九个都市区域中, 城市化对水生生物群 (鱼类、无脊椎动物和藻类)、水化学、物理栖息地的影响. 这些研究被称为 "城市梯度研究", 因为它们是在各自研究区域内沿着城市梯度所选出的流域内进行的. 这些研究区分别位于佐治亚州亚特兰大 (ATL)、马萨诸塞州波士顿 (BOS)、亚拉巴马州伯明翰 (BIR)、科罗拉多州丹佛 (DEN)、得克萨斯州达拉斯–沃斯堡 (DFW)、威斯康星州密尔沃基–格林湾 (MGB)、俄勒冈州波特兰 (POR)、北卡罗来纳州罗利 (RAL) 和犹他州盐湖城 (SLC).

在 EUSE 的初始阶段, 研究人员开发了一个多指标城市强度指数 (urban intensity index, UII), 用于在相似的环境条件下, 为每个区域识别其城市化代表性梯度. 在每个研究区域内, 选出了 30 个流域来代表城市化梯度. 这些流域的大小和其他自然特征相似, 因此研究人员可以解决几个主要问题:

- 河流的物理、化学和生物学特征是否对城市强度有响应?
- 这种响应的速度是多少?
- 城市化导致变化的典型指标是什么?
- 对城市强度增大的生物学响应的典型特征是什么?
- 城市化的生物学响应是否因地区而异?

虽然这些问题具有生态和环境性质, 但统计学在分析随后几年收集的数据方面发挥了重要作用.

1.3.1 统计学问题

在 Everglades 和 EUSE 的例子中, 我们都对生态系统如何应对人类活动带来的变化感兴趣. 在 Everglades, 这种变化表现为磷浓度的升高, 而 EUSE 案例中的变化是流域的城市化水平. 生态学家使用类似的方法, 沿着感兴趣因素的梯度方向测量生态学指标. 这两个例子的主要区别在于研究单元是如何选择的.

Everglades 围隔研究是一项典型的实验研究, 其中建立的研究单元除了磷浓度外具有相同的条件. 例如, Richardson (2008) 报道的围隔实验包括 12 个实验水槽, 这些水槽建在 Everglades 的开阔水域. 除了投加的磷含量不同外, 这些水槽是相同的. 因此, 在这些水槽中观察到的生态差异可以归因于不同的磷浓度. 然而, EUSE 研究是一项观察性研究. 观察研究和实验研究的主要区别是如何将感兴趣的主要因素 (流域的城市强度、实验处理)"分配给" 每个研究单元. 在 Everglades 的例子中, 实验处理 (各种磷浓度水平) 是随机分配给每个水槽的. 在 EUSE 的例子中, 处理水平 (城市强度) 与研究单元相关联, 不受研究人员的干扰. 由于生态系统健康可能受到许多因素的影响, 我们不能肯定地将沿城市梯度观察到的变化归因于城市化. 其他因素也可能沿城市梯度发生变化. 因此, 分析观测数据时的主要统计问题是了解观察到的相关性是否可以被解释为因果关系. 因此, 除了感兴趣的因素外, 研究人员经常采取额外措施来确保研究单元尽可能相似. 在 EUSE 研究中, 研究单元是单独的流域. 它们是根据许多自然和文化因素精心挑选的.

EUSE 研究的目的是寻求关于城市化对整个美国影响的普遍认识, 而不仅仅是在一个流域或地区. 因此, 局部恒定的条件 (例如年平均降水和温度) 变得很重要. 具体来说,EUSE 数据中的每项观测都用许多属性来表征空间或时间层次结构, 这也是许多环境数据的共同特征. 如何正确处理数据的分层性质是第 10 章的主题.

1.4 密歇根湖鱼体内的 PCB

几十年来, 人们因食用五大湖区的鱼类而暴露于多氯联苯 (polychlorinated biphenyl, PCB) 一直是大家所关注的健康话题, 也是一个有争议的领域. 早期研究报告称, 食用大量密歇根湖鱼的妇女所生的婴儿存在出生体重异常和其他持久性的问题. 多氯联苯于 20 世纪 70 年代被禁止生产, 随着时间的推移, 密歇根湖鱼体内的多氯联苯浓度大幅下降. 虽然鱼体内多氯联苯浓度自 20 世纪 70 年代以来有所下降, 但 20 世纪 80 年代初至中期后, 浓度下降极缓, 鱼体内浓度仍然维持在相对较高的水平, 特别是密歇根湖和安大略湖的鱼. 与密歇根湖接壤的各州发布了鱼类食用公告, 警告公众食用受污染鱼可能存在的风险. 然而, 众多司法管辖区采用不同标准导致了一系列令人困惑的警告. 1993 年, 一个咨询工作组起草了一份将食用建议标准化的协议. 作为回应, 威斯康星州根据协议中制定的标准发布了一项关于密歇根湖鱼的公告. 由于钓鱼者无法轻易知道所捕鱼体内多氯联苯的浓度, 该建议将这些基于浓度的食用分类转换为重要娱乐物种的鱼体大小范围. 然而, 每条鱼体内的多氯联苯浓度差异很大, 即使在同一物种的类似大小的鱼体内也是如此. 在一系列研究中, 使用各种统计模型根据鱼类大小对食用五种密歇根湖鳟鱼的多氯联苯暴露进行概率评估. 在本书中, 我们使用了 1974 年至 2003 年威斯康星州和密歇根州自然资源部收集的湖鳟鱼 (*Salvelinus namaycush*) 的数据.

1.4.1 统计学问题

密歇根湖鳟鱼体内的多氯联苯浓度数据将用于多个统计主题的讲解. 首先, 这些数据将用于双样本 t 检验的练习, 比较小鱼和大鱼的平均浓度. 然后, 这些数据将用于说明简单和多元线性回归. 在第 6 章中, 这些数据将再次用作非线性回归模型的示例. 各种统计技术对同一数据集的应用说明了统计学的假设演绎性质. 此外, 这些应用也阐释了统计推断的迭代特性.

1.5 测定藻华毒素

有毒藻华正日益成为一个常见的环境问题. 藻华是指藻类在水中的过度生长. 一些藻类物种在淡水或海水中会产生毒素, 这些毒素可能导致人和动物生病或死亡. 即使是无毒的藻华也可能导致环境恶化 (例如, 耗尽水中的溶解氧) 和经济损失 (例如, 增加饮用水的处理成本). 一种特别有害的藻华是蓝藻 (通常称为蓝绿藻) 的过度生长, 它可以产生微囊藻毒素, 一类可能导致人类肝脏损伤的毒素. 2014 年 8 月 1 日, 俄亥俄州托莱多市柯林斯公园水处理厂出水检测发现, 有一个水样的微囊藻毒素浓度值超过了 1 μg/L, 即俄亥俄州所采纳的由世界卫生组织 (WHO) 制定的饮用水中微囊藻毒素质量标准 (World Health Organization, 1998). 同一天, 相同的水样又用来进行了三次测试, 每次测试至少有一个重复抽样样本浓度高于标准. 这些结果促使托莱多市 2014 年 8 月 2 日上午发布了 “不得饮用” 的官方警告, 影响了 50 多万居民. 饮水警告期间, 对水处理厂出水和整个配水系统中的饮用水进行了额外测试, 直到所有样本微囊藻毒素浓度一致低于可检测水平 (< 0.30 μg/L), 测试持续了将近 3 天.

虽然微囊藻毒素的有害影响已被广泛报道 (Carmichael, 1992), 但有害毒素不同水平的暴露风险尚未得到充分交流. 这主要是因为缺乏实验室检测毒素浓度时的不确定性信息. 本案例描述了饮用水厂检测微囊藻毒素浓度的常见测量过程. 测量方法需要建立回归模型来量化微囊藻毒素浓度与测量颜色变化的变量之间的关系. 回归模型可以是线性的或非线性的. 当使用线性回归模型时, 响应变量是微囊藻毒素浓度. 因此, 微囊藻毒素浓度的测量不确定性是回归模型的预测不确定性 (见第 5 章). 当使用非线性回归模型时, 响应变量是颜色变量. 估计值的不确定性无法直接获得. 在第 6 章中, 本案例对应的非线性回归模型被用来阐述自启动函数. 利用模拟方法来量化测量不确定性的内容放在第 9 章描述. 第 10 章则讨论了一种降低估计不确定性的替代方法. 本案例使用的是 2014 年 8 月 1 日至 3 日托莱多水危机期间收集的数据.

1.6 参考文献说明

佛罗里达 Everglades 湿地案例在两本书中有详细讨论 (Davis 和 Ogden, 1994; Richardson, 2008), 还有 Qian 和 Lavine (2003) 对其统计学问题做的简要汇总. Rizzardi (2001) 曾对 Everglades 湿地诉讼问题做过总结. EUSE 的例子主要来自 McMahon 和 Cuffney (2000), Cuffney 和 Falcone (2008). 鱼体内多氯联苯的例子是根据 C. A. Stow 和其他学者 (Stow, 1995; Stow 等, 1994; Stow 和 Qian, 1998) 的多篇论文而开发的. ELISA 测试数据和托莱多水危机的详细信息可以在 Qian 等 (2015a) 中找到.

1.7 练习

1. 数据故事. 统计分析成功与否取决于我们对基础科学的理解. 找一个数据集, 并讲述数据背后的 "故事"—— 为什么收集数据 (假设是什么), 以及数据是否支持该假设.

第 2 章

R 语言速成课

2.1 什么是 R 语言?

R 是一种用于统计计算和绘图的计算机语言和环境, 与贝尔实验室的 John Chambers 及其同事所开发的 S 语言相似. R 语言最初是 20 世纪 90 年代由 Ross Ihaka 和 Robert Gentleman 开发的, 用来在教学中替代 S 的商业版本 S-Plus. 1997 年, R 核心团队成立, 该团队不断维护和修改 R 的源代码, 并发布在 R 的网站主页上. R 的核心是一种解释型计算机语言. R 是在 GNU 著佐权[①]模式下发布的免费软件, 是 GNU 项目 ("GNU S") 的一部分. 由于它是为多种计算机平台开发的免费软件, 并且是由一些偏爱灵活强大的命令输入方式的人所开发的, 所以 R 语言缺少常见的图形用户界面 (graphical user interface, GUI). 因此, 对于那些不习惯计算机编程的人来讲, R 语言学习起来是比较难的.

2.2 开始使用 R 语言

有很多关于 R 语言的书籍、文档和在线指南. 最好的 R 语言教学讲义应该是 Kuhnert 和 Venables (2005) 的讲义 (《R 入门: 统计建模和计算软件》). 讲义中用到的数据和 R 脚本在 R 主页上也可以找到. 此处不再对这些材料进行重复讨论, 而是概述一下 R 对象和语法的基本概念, 它们将在下一节的例子中用到. 学习 R 的最佳方法因每个用户的背景不同而不同. 对于大部分用户, 一个好的用户界面, 例如 RStudio, 会很有帮助.

对那些有良好编程基础的人来说, Kuhnert 和 Venables (2005) 是最好的起点. 对于编程经验少的读者, 我推荐 Zuur 等 (2009). 在本章中, 我将介绍如何使

① 著佐权 (copyleft): 是将程序变为免费软件的一种通用方法, 同时要求这个程序的修改和扩展版也是免费软件.

用 RStudio 进行 R 的基本设置, 然后简要总结使用 R 进行数据管理.

安装 R 和 RStudio 后, 我们可以通过打开 RStudio 来开始 R 会话. 首次打开时, RStudio 将打开一个包含三个面板的窗口, 一个在窗口的左半部分, 两个在右侧 (图 2.1).

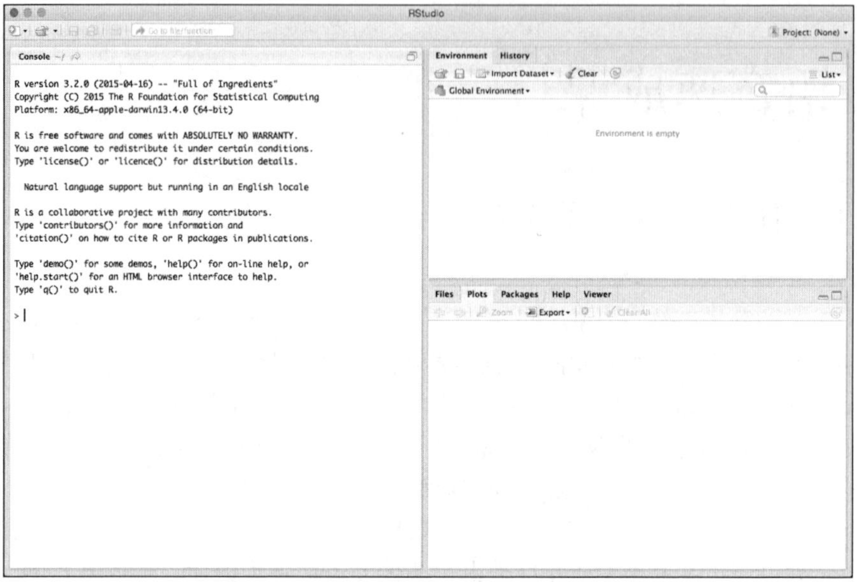

图 2.1 首次打开 RStudio 时的屏幕截图

左侧面板, 即 R 命令窗口 (称为 R 控制台), 打开时会显示有关已安装 R(版本、版权、如何引用 R 和简单演示) 的信息.

在提示符 (>) 处, 我们可以输入 R 命令来执行特定操作. R 命令或代码最好输入到一个脚本文件中. 我们可以使用下拉菜单来打开脚本面板 (单击 `File>New File>R Script`, 即文件>新文件>R 脚本来打开新脚本文件, 或单击 `File>Open File...`, 即文件>打开文件…… 来打开已有脚本文件). 脚本文件通常位于左上角的面板中. 图 2.2 展示了带有本书脚本文件的 RStudio 屏幕截图.

一个命令可以用一行或多行代码完成. 要运行命令, 我们可以将光标放在命令行, 也可以突出显示一个或多个命令行, 然后单击命令窗口顶部的运行 (`Run`) 按钮. 执行命令 (例如读取文件) 后, 在 R 环境 (当前内存) 中会创建一个 R 对象 (导入的数据). R 环境的内容显示在右上角面板的 “环境” 标签页上. 在 R 会话期间, 我们运行的所有命令 (包括来自脚本文件和直接键入到 R 控制台的命令) 都记录在 “历史记录” 标签页上显示的日志文件中. 右下角面板有以下标签: 文件 (显示本地文件)、绘图 (显示生成的图形)、软件包 (列出可用软件包)、帮助 (显示帮助消息) 和查看器 (显示本地网页内容).

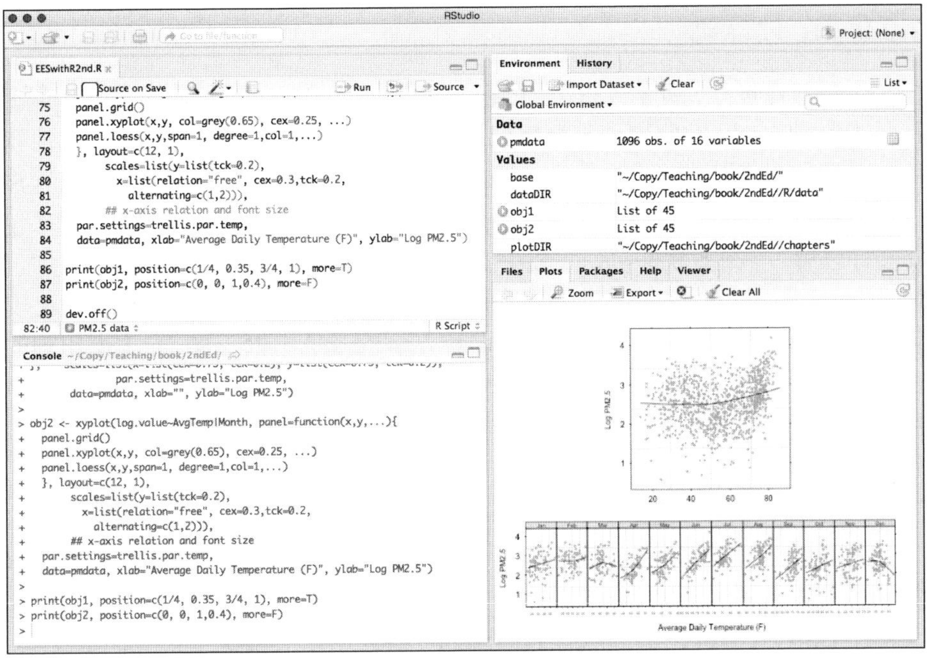

图 2.2 打开本书 R 脚本文件时的 RStudio 屏幕截图

2.2.1 R 命令和脚本

大于号 (>) 是 R 的提示符, 表示 R 已准备好接受命令. 例如:

```
> 4 + 8 * 9
[1] 76
```

`4 + 8 * 9` 这一行就是一个命令, 告诉 R 去执行一个简单的代数运算. 在我们按了回车键 `Enter` 之后, R 返回了答案.

缺省情况下, 结果是显示在屏幕上的. 我们也可以把结果存储到一个对象 (object) 中, 即一个命名的变量中:

```
> a <- 4 + 8 * 9
```

在这一行中, `a` 就是一个接受了箭头后面代数运算值的对象. 箭头 (`<-`, 小于号后面跟上一个减号) 就是赋值运算符, 将箭头后面表达式 (或者对象) 的值赋给箭头前面的对象. 可以通过在提示符下输入对象的名字来显示对象的内容:

```
> a
[1] 76
```

我们可以在脚本面板中键入这些命令, 并将其保存到脚本文件中.

2.2.2 R 软件包

一个软件包是特定任务的一个函数集合. 一些软件包附带 R 发布. 首次打开 RStudio 时, 这些软件包会被列在右下角面板的软件包标签页上. 其他软件包必须使用下拉菜单 (Tools > Install Packages..., 即工具>安装软件包...) 进行手动安装, 或使用命令控制台中的 install.packages 函数. 软件包安装好以后, 当刷新软件包列表或下次启动 RStudio 时, 它就会显示在软件包列表中. 安装了的软件包必须加载到 R 内存中, 然后才能使用其功能. 加载已安装的软件包很简单, 就像单击软件包名称左侧的未选中框一样. 在本书用到的脚本中, 我写了一个小函数来加载一个软件包. 该函数 (名称为 packages) 将首先检查软件包是否已安装, 然后安装 (如有必要) 并加载该软件包.

2.2.3 R 工作目录

R 工作目录是 R 搜索和保存文件的默认位置. 建议不要将数据保存到 R 默认的工作目录下. 我在工作中总是首先使用 setwd 函数设置工作目录. 例如, 在装有 OSX 或 Unix 操作系统的计算机上, 我使用以下脚本:

```
base <- "~/MyWorkDir/"
setwd(base)
```

在 Windows 计算机上:

```
base <- "C:\\Users\\Song\\MyWorkDir"
setwd(base)
```

其中 MyWorkDir 是一个已有的文件目录.

2.2.4 数据类型

R 中有四种基本数据类型: 数值、字符、逻辑和复数. 数值型数据对象, 例如 a, 包含的是数值. 字符对象存储的则是字符串:

```
> hi <- "hello,world"
> hi
[1] "hello,world"
>
```

逻辑对象包含的是逻辑比较的结果. 例如:

```
> 3 > 4
```

是一个逻辑比较 (3 大于 4 吗?). 逻辑比较的结果要么为真 (TRUE), 要么为假 (FALSE):

```
> 3 > 4
[1] FALSE
> 3 < 5
[1] TRUE
```

逻辑比较的结果也可以赋值给一个逻辑对象:

```
> Logic <- 3 < 5
> Logic
[1] TRUE
```

R 中的数据类型叫作模式 (mode). 通过 R 的函数 `mode` 可以知道一个对象的数据类型.

```
> mode(hi)
[1] "character"
```

数据对象可以是一个向量 (一组具有相同模式的元素), 一个矩阵 (以行和列形式出现的一组具有相同模式的元素), 一个数据框 (与矩阵相似, 但不同的列可以有不同的模式), 或者一个列表 (一组数据对象的集合). 最常使用的数据对象是数据框, 其中各列代表不同变量而各行代表观测值 (或者个案).

逻辑对象在第一次应用到数值计算中时就被强制转成数值对象. `TRUE` 被强制转成 1, 而 `FALSE` 被转成 0.

```
> (3<4) + (3>4)
[1] 1
```

这个特点在计算某些特定事件的频率时非常有用. 例如, EPA 相关指南中要求如果水体水质监测值有 10% 超过标准时就得被列为受损的水体 (Smith 等, 2001). 假设我们有一个由 20 个总磷监测值组成的样本存储在名为 `TP` 的数据对象里, 接下来就可以计算超过标准 (如 10) 的观测值的百分比, 如下所示:

```
> TP
 [1]  8.91  4.76  10.30  2.32  12.47  4.49  3.11  9.61  6.35
[10]  5.84  3.30  12.38  8.99   7.79  7.58  6.70  8.13  5.47
[19]  5.27  3.52
> violations <- TP > 10
> violations
 [1] FALSE FALSE  TRUE FALSE  TRUE FALSE FALSE FALSE FALSE FALSE
[11] FALSE  TRUE FALSE FALSE FALSE FALSE FALSE FALSE FALSE FALSE
> mean(violations)
[1] 0.15
```

20 个 TP 监测值中有 3 个超过了标准. 这 3 个值被转换成 TRUE, 其他值都被转换成 FALSE. 当把这些逻辑值放到 R 的函数 mean 中计算时, 分别被转换成 1 和 0. 这些 1 和 0 的均值就是向量中 1 (或 TRUE) 所占的比例.

要访问向量中的单个值, 我们在变量名后面添加一个方括号. 例如, TP[1] 指向向量 TP 中的第一个值, TP[c(1,3,5)] 选择三个 (第一个、第三个和第五个) 值. 括号内数字的顺序是结果的顺序:

```
> TP[c(1,3,5)]
[1]  8.91 10.30 12.47
> TP[c(5,3,1)]
[1] 12.47 10.30  8.91
```

我们可以使用此特性对数据进行排序. 函数 order 返回排好序的数列:

```
> order(TP)
 [1]  4 7 11 20 6 2 19 18 10 9 16 15 14 17 1 13 8 3 12 5
```

这意味着向量 TP 中的第四个元素是最小的, 第七个元素是第二小元素, 以此类推. 当然, 将上述结果放入方括号就可以很简单地对向量元素进行排序:

```
> TP[order(TP)]
 [1]  2.32  3.11  3.30  3.52  4.49  4.76  5.27  5.47   5.84
[10]  6.35  6.70  7.58  7.79  8.13  8.91  8.99  9.61  10.30
[19] 12.38 12.47
```

我们也可以选择满足特定条件的值. 如果我们想列出超过标准值 10 的数值, 我们使用 TP[violation]. 在这里, 逻辑对象 violation 的长度与 TP 相同. 表达式 TP[violation] 仅保留向量 violation 取值为 TRUE 的位置所对应的 TP 浓度, 即第三、第五和第十二个:

```
> TP[violation]
[1] 10.30 12.47 12.38
```

2.2.5 R 的函数

为了计算 20 个数值的均值, 计算机需要将这 20 个数字加在一起并用观测值的个数去除这个和. 这个简单的计算包含两个步骤, 每一步用到一个运算. 为了让类似这样的计算更简单, 我们可以把所有必需的步骤 (R 命令) 集中在一起. 在 R 中, 捆绑在一起执行某项计算的一组命令被称为一个函数. 标准安装的 R 自带了一系列经常使用的函数, 可用于统计计算. 例如, 我们用函数 sum 可以把向量中所有元素加在一起:

```
> sum(TP)
[1] 137.00
```

然后用函数 length 来计算一个数据对象中元素的个数:

```
> length(TP)
[1] 20
```

要计算均值, 可以直接求和, 然后用样本量去除这个和:

```
> sum(TP)/length(TP)
```

或者构造下面的函数, 这样的话, 以后还需要计算均值时, 我们只要对新数据调用这个函数就可以了:

```
> my.mean <- function(x){
+   total <- sum(x)
+   n <- length(x)
+   total/n
+ }
```

上述这些命令行就构造了一个名为 my.mean 的对象, 其中包含了 3 行命令. 这个对象包含的是一个函数模型. 要运行这个函数, 我们需要提供一个数值向量 x. 假设我们想计算 TP 的均值, 需要输入 my.mean(x=TP). 该函数就会从向量 TP 中取出 20 个数值并传递给对象 x, 然后运行那 3 行命令. 最后一行所计算出的值会返回到 R 控制台:

```
> my.mean(x=TP)
[1] 6.9
```

R 自带了很多标准统计过程所需要的函数和数学函数. 例如, 函数 mean 可以计算数值向量的均值:

```
> mean(TP)
[1] 6.9
```

用户可以构造新的函数来简化自己的工作. 如果使用的是已有函数, 我们要知道函数所需的自变量. 也就是说, 我们要告诉函数, 例如 mean, 要针对哪个向量执行计算, 在什么样的条件下计算. 要了解某个函数, 我们可以查询内嵌的帮助信息:

```
> help(mean)
```

帮助文件会显示在网络浏览器上, 或者是其他的形式, 这取决于配置和计算机平台. 对函数 mean 来说, 需要指定 3 个自变量: x, trim=0, na.rm=FALSE. 第一个自变量 x 是一个数值向量. 自变量 trim 是一个介于 0 和 0.5 之间的数, 用来指明在计算均值之前要去掉的 x 两端的数据比例. 该变量的缺省值是 0, 表示没有观测值被去掉. 还有一个自变量 na.rm 取的是个逻辑值 (TRUE 或 FALSE), 来指明在进行计算之前缺失的数据是否被去掉. na.rm 的缺省值是 FALSE. 对每个函数而言, 使用该函数的例子列在了帮助文件的最后面, 这些例子非常有用, 可以使用函数 example 直接来浏览:

```
> example(mean)


mean> x <- c(0:10,50)
mean> xm <- mean(x)
mean> c(xm,mean(x, trim = 0.10))
[1] 8.75 5.50

mean> mean(USArrests, trim = 0.2)
  Murder  Assault Urbanpop     Rape
    7.42   167.60    66.20    20.16
```

自变量 na.rm 的缺省值是 FALSE. 当有一个或多个数据缺失而且没有更改 na.rm 的缺省值时, 均值是算不出来的 (NA). 如果计算时想去除缺失数据, 就必须将 na.rm 的值改为 TRUE:

```
> mean(x, na.rm=T)
```

如果我们必须重复使用该函数, 可以通过简单地改变缺省设置来构造一个新函数:

```
> my.mean <- function(x)
+    return(mean(x, na.rm=T))
```

2.3　将数据输入 R

小数据集可以用多种不同方式输入到 R 中. 上一节中使用的 TP 数据是使用函数 c (concatenation) 键入的:

```
> TP <- c(8.91, 4.76, 10.30, 2.32, 12.47, 4.49, 3.11, 9.61,
+         6.35, 5.84, 3.30, 12.38, 8.99,  7.79, 7.58, 6.70,
+         8.13, 5.47, 5.27, 3.52)
```

这一行创建了一个长度为 20 的向量 TP. 假设这些 TP 浓度值是在 5 个位置测量的, 我们可以通过创建一个由站点名称组成的向量来输入此信息:

```
> Site <- c("s1","s2","s3","s4","s5","s1", "s2","s3","s4","s5",
+           "s1","s2","s3","s4","s5","s1", "s2","s3","s4","s5")
```

我们现在有一个数字向量 `TP` 和一个字符向量 `Site`. 要将每个 TP 浓度值与其对应的站点相关联, 我们可以使用函数 `names` 将站点名称设置为 `TP` 的名称:

```
> names(TP) <- Site
> TP

   s1    s2    s3    s4    s5    s1    s2    s3    s4    s5
 8.91  4.76 10.30  2.32 12.47  4.49  3.11  9.61  6.35  5.84
   s1    s2    s3    s4    s5    s1    s2    s3    s4    s5
 3.30 12.38  8.99  7.79  7.58  6.70  8.13  5.47  5.27  3.52
```

或者, 我们可以组合这两个向量, 使用函数 `data.frame` 创建数据框:

```
> TPdata <- data.frame(Conc=TP, Loc=Site)
> TPdata
    Conc  Loc
1   8.91  s1
2   4.76  s2
3  10.30  s3
4   2.32  s4
5  12.47  s5
6   4.49  s1
7   3.11  s2
8   9.61  s3
9   6.35  s4
10  5.84  s5
11  3.30  s1
12 12.38  s2
13  8.99  s3
14  7.79  s4
15  7.58  s5
16  6.70  s1
17  8.13  s2
18  5.47  s3
19  5.27  s4
20  3.52  s5
```

所生成的对象 `TPdata` 有 2 列 20 行, 列的名称分别为 `Conc` 和 `Loc`. 可以使用相同的方括号法访问二维数据框的元素, 两个数字间使用逗号分隔. 例如, `TPdata[4,1]` 提取第四行和第一列的值, `TPdata[,1]` 提取第一列. 负数表示移除相应的行或列: `TPdata[,-2]` 会移除第二列.

我们处理的大多数数据集都是数据框, 因为我们通常以电子表格格式存储数据, 每行代表观测结果, 每列代表变量. 变量可以是数值的和分类的, 例如我们刚刚创建的数据框. 将电子表格类的数据文件导入 R 通常分两个步骤完成:

(1) 将电子表格文件准备好并导出到文本文件中.

在此步骤中, 需要处理和清洗电子表格文件. 例如, 如果缺失值是以不同方式标记的, 我们可以将其更改为单个标签 (例如 `NA`); 如果某列的名称太长或有 $、%、& 等符号, 我们应该为其重新命名. 清理后的数据文件被导出为用逗号或制表符分隔的文本文件. 如果使用逗号分隔文件, 我们应该检查变量 (例如位置名称) 中是否存在逗号. 变量中的逗号可能会跟用于分隔列的逗号混淆.

(2) 使用函数 `read.table` 或 `read.csv` 将文本文件导入 R.

函数 `read.table` 以表格格式读取文本文件, 并从中创建数据框. 使用此功能时, 有许多选项可用. 但对于大多数应用程序, 我们只需要告诉这个函数 ① 文件在哪里和名称是什么, ② 文件是否包含变量名称作为其第一行 (默认值为否), 以及 ③ 字段分隔用的字符是什么 (默认值为空格). 当我们使用逗号分隔格式时, 字段分隔字符就是一个逗号. 函数 `read.csv` 本质上与 `read.table` 相同, 只是字段分隔字符的默认值是逗号 (并且文件有标题行).

2.3.1 创建数据的函数

一些 R 函数在创建具有特定模式的数据时很方便. 为了说明这些函数的使用, 让我们从美国东南地区气候中心 (U.S. Southeast Regional Climate Center) 网站导入 Everglades 湿地国家公园的月度降水数据. 该中心报告了 1927 年至 2012 年的逐月降水量. 清洗后的版本包含在本书的 GitHub 页面的数据文件夹中 (`EvergladesP.txt`), 这是一个以制表符分隔的文本文件. 当使用以下方式导入数据文件时:

```
> everg.precip <- read.table(file="EvergladesP.txt", header=T)
```

我们这就有了一个数据框, 包含 86 行 (年) 和 14 列 (12 个月加上第一列列出年度和最后一列列出每年总量). 在继续讲解之前, 我首先来讨论一下数据结构的概念.

在进行观测时, 我们记录相应变量的值和区分每次测量的属性值. 在这个数据集中, 测量的是每月降水量——数值占据了中间的 12 列. 每次测量都与一列 (月) 和一行 (年) 相关联. 也就是说, 每月降水量是变量, 月份和年份是属性. 该数据集共包括 1032 (86×12) 个观测结果. 在统计分析中, 我们经常在数据框中组织数据, 其中每行代表观测, 每列代表变量. 对于此数据集, 重组后的数据框应有 1032 行和 3 列. 我们暂时不会考虑当前数据框中的年度总量那一列.

代表每月降水量的列可以从当前数据框中提取，需要丢弃第 1 列和第 14 列，然后将其转换为一个向量. R 中的数据框是几个相同长度的向量的列表. 我们可以使用函数 `unlist` 将列表简化为向量，在这种情况下，一列接一列地放置：

```
unlist(everg.precip[,-c(1,14)])
```

我们可以使用生成的向量作为新数据框的第一个变量. 双属性变量 (年和月) 可以利用函数 `rep` 创建，该函数可以用多种方式复制向量. 当使用 `rep(x,n)` 时，向量 `x` 将重复 n 次. 例如，

```
rep(everg.precip[,1], 12)
```

列 `YEAR` 被复制了 12 次. 由于有 86 行，因此生成的向量长度为 1032. 属性月是数据框 `everg.precip` 中间 12 个名称的值. 要将每个月的名称与数据值匹配，我们需要复制 86 次：

```
rep(names(everg.precip)[-c(1,14)], each = 86)
```

或者，我们可以使用数字月份名称 (1 至 12)，方法是使用函数 `seq` 或简单地使用 1:12：

```
seq(1, 12, 1)
## or
1:12
```

要将这些步骤放在一起，我们可以使用函数 `data.frame`：

```
> EvergData<-data.frame(Precip =unlist(everg.precip[,-c(1,14)]),
+                       Year = rep(everg.precip[,1], 12),
+                       Month = rep(1:12, each=86))
> head(EvergData)
     Precip Year Month
JAN1   0.28 1927     1
JAN2   0.02 1928     1
JAN3   0.28 1929     1
JAN4   1.96 1930     1
JAN5   6.32 1931     1
JAN6   1.47 1932     1
```

在第 9 章中，我们将使用随机数生成器从已知概率分布生成随机变量. 从已知分布抽取随机数是模拟研究的第一步. 我们模仿重复采样的过程，以便了解模型的统计特征. 随着高速个人计算机的出现，模拟正日益成为描述分布并从分布中获得特征量的最为通用的工具. 作为预览，我将介绍一个评估案例，评估的是美国 EPA 评价水体是否符合环境标准的一种方法.

2.3.2 一项模拟实例

美国《清洁水法》要求各州定期上报水体的水质状况, 并提交不满足水质标准的水体名单. EPA 负责确定水质评价的规则. Smith 等 (2001) 指出, EPA 指南规定, 如果水体水质监测值有 10% 超过标准就被列为 "受损的" 水体. Smith 等 (2001) 解释说, 这条规则旨在确保违反水质标准的时间最多为 10%, 并讨论了该规则潜在的问题. 他们的结论是, 10% 规则的表现并不好: 用了该规则, 水质符合要求时, 我们经常错误地认定水体为受损状态; 而当水体真正受损时, 我们又往往无法将受损水体识别出来. 要知道为什么这条规则可能是有缺陷的, 我们可以开展模拟工作, 看看该规则犯错的频率——当水质符合标准时, 认定水质超标; 而当我们已知水质不达标时, 又未能识别出受损水体.

由于水质监测是随机的, 对湖泊或河段水质开展采样测定是存在采样误差的. 利用模拟手段可以看到 10% 规则出错的概率, 也就是说, 在水体没有问题时将之认定为受损水体或者相反的情形. 要这样做, 最简单的办法就是从已知达标的水体中不断重复采样并测定浓度, 然后根据 EPA 的规定来确定我们把水体列入受损名单的概率. 显然, 最简单的方法在实践中并不可行, 而如果知道水质浓度变量的分布, 我们就可以用计算机模拟实际的采样过程. 采集水样和测定浓度可以用从已知分布中抽取一个随机数的方法来模拟. 用计算机来重复抽取一个随机数是很容易做到的.

由于大多数水质浓度变量都可以看作近似服从对数正态分布 (因此, 浓度变量的对数值近似于正态分布), 我们可以使用浓度的对数值并假设满足正态分布. 对我们的算例来说, 假设水质标准的对数值是 3, 并且污染物浓度对数的分布为 N (2, 0.75) (均值为 2, 标准差为 0.75 的正态分布). 该分布的第 90 百分位数 (或 0.9 分位数) 为 2.96, 低于假设的标准值 3. 换句话说, 来自此分布的随机变量超过 3 的概率小于 0.1. 正态分布的 0.9 分位数由函数 qnorm 计算:

```
> qnorm(p=0.9, mean=2, sd=0.75, lower.tail=TRUE)
[1] 2.961164
```

与第 90 百分位数必须小于 3 的规则相对应, 如果我们从这个分布中重复抽取随机数, 90% 的样本会小于 2.96. 换句话说, 如果污染物浓度对数分布是 N (2, 0.75), 水体是能够达到水质标准的. 这个结论是基于大数定律. 当我们采集的样本数量比较少时, 可能会看到大于 3 的数值有时超过、有时不足 10%. 假设我们取 10 个测量值样本, 或使用函数 rnorm 从该分布中抽取 10 个随机数:

```
> set.seed(123)
> samp1 <- rnorm(n=10, mean=2, sd=0.75)
> samp1
```

```
[1] 1.579643 1.827367 3.169031 2.052881 2.096966
[6] 3.286299 2.345687 1.051204 1.484860 1.665754
```

由于我们是从一个分布中随机抽取数字的, 没有两次运行结果是相同的. 但是在计算机中, 随机数的抽取采用的是固定的算法, 这些算法通常是从一个随机数序列中的一个随机点 (种子) 开始的. 我们可以用函数 `set.seed` 将随机数种子设置为 123, 这样的话, 书中给出的结果应该与你的计算机上显示的结果相同.

我们可以数一下每行中有多少数字超过 3, 结果为 2, 超过了总数的 10%. 依据 10% 规则, 如果两个或更多测定值大于 3, 水体就被列为受损水体了. 在 R 中可以用三步来实现这一模拟过程:

```
## 1. compare each value to the standard
> viol <- samp1 > 3
## 2. calculate the number of samples exceeding the standard
> num.v <- sum(viol)
## 3. compare to allowed number of violations (1)
> Viol <- num.v > 1
```

对象 `Viol` 的值为 `TRUE`(水体被认定为受损) 或 `FALSE`(未受损). 为了评估将水体错误地认定为受损的概率, 我们可以多次重复采样和计数的过程, 并记录我们错误地宣布水体受损的总次数. 要多次重复相同的计算过程, 我们可以使用 `for` 循环:

```
> Viol <- numeric() ## creating an empty numeric vector
> for (i in 1:1000){
    samp <- rnorm(10, 2, 0.75)
    viol <- samp > 3
    num.v <- sum(viol)
    Viol[i] <- num.v > 1
}
```

上述脚本可以进一步简化为:

```
> Viol <- numeric() ## creating an empty numeric vector
> for (i in 1:1000){
    Viol[i] <- sum(rnorm(10,2,0.75) > 3) > 1
}
```

模拟 1000 次之后, 向量 `Viol` 有 1000 个逻辑值. 当强制执行数值运算时, `TRUE` 变为 1, `FALSE` 变为 0. 因此, 错误地宣布水体受损的概率估计值可以通过求平均值 `mean(Voil)` 获得, 如果随机点设置为 123, 结果为 0.21.

这个例子解释了统计学中常用的几个过程. 随机数生成是统计学非常重要的一个方面. 它是模拟研究的基础. 在应用统计学中, 模拟往往是理解一个模型或一个假设的表现的最佳方法. 本书中我们会多次用到模拟. 模拟的基本思想就是采用概率的长期运行频率定义并用计算机来实现过程的再现. 所生成的随机数可以直接用于计算感兴趣的统计量以及用于估算概率.

作为本节的一个练习, 让我们再用两次模拟来研究这个 10% 规则的问题.

首先, 假设变量分布是 $N(2,1)$. 这个分布的第 90 百分位数是 `qnorm(0.9, 2, 1)(=3.28)`. 水质不达标的时间会超过 10% (事实上超标时间是 `1-pnorm(3, 2, 1)` 或 15.9%).

该水体应该被认定为受损水体. 我们可以估算出水体在 EPA 10% 规则下被认为是达标水体 (不是受损水体) 的概率. 假设我们仍然使用 10 个样本, 未受损意味着只有 1 个或没有观测值是超过 3 的.

```
> Viol2 <- numeric()
> for (i in 1:1000){
    Viol2[i] <- sum(rnorm(10, 2, 1) > 3) > 1
}
```

因为水体受损, 当我们得出水体未受损的结论时, 意味着出错了. 向量 `Viol2` 的平均值是做出正确决定的概率. 错误地认定水质达标的概率为 `1-mean(Viol2)` 或 0.52.

通常, 犯错误的概率高要归结于观测值的数量少 (10). 我们可以用相同的模拟方法来看看如果样本量增大到 100 的话, 犯错误的概率是否会降低. 那么, 如果超过 3 的观测值个数少于 10 的话, 水体就是达标的.

我们可以把程序写得更加灵活, 这样就不必在每次调整样本大小时都去更改代码:

```
> Viol <- numeric() ## creating an empty numeric vector
> n <- 100 ## sample size
> nsims <- 1000 ## number of simulations
> mu <- 2
> sigma <- 1
> cr <- 3
> for (i in 1:nsims){
+    Viol2[i] <- sum(rnorm(n,mu,sigma) > cr) > 0.1*n
}
```

为了更有效, 我们还可以把这些代码行写成一个函数:

```
> viol.sim <- function(n=10,nsims=1000,mu=2,sigma=0.75,cr=3){
+   temp <- numeric()
```

```
+   for (i in 1:nsims)
+      temp[i] <- sum(rnorm(n,mu,sigma) > cr) > 0.1*n
+   return(mean(temp))
+ }
```

程序一旦执行, 一个名为 viol.sim 的函数就能使用不同的样本大小、不同的模拟次数和不同的分布形式来完成模拟过程. 该函数返回将水体判定为不满足水质标准的概率 (cr). 使用该函数, 我们的第一次模拟实例只需用一行代码即可完成:

```
> pr.sim1 <- viol.sim()
```

我们想将样本大小从 10 增加到 100 时, 就把 n 的输入从默认值 10 更改为 100:

```
> pr.sim2 <- viol.sim(n=100)
```

对于第 2 次模拟, 代码为:

```
> pr.sim3 <- 1-viol.sim(sigma=1)
```

2.4 数据准备

统计分析项目的很大一部分内容是为分析工作准备数据. 在本节中, 我使用两个数据集为例子介绍数据准备中的典型任务. 这两个数据集都可以从本书的网页上找到. 数据准备的第一项任务是清洗——检测/纠正明显的数据输入错误、缺失数据的编码方法以及用于数据检查的基本汇总统计方法. 在我的工作中, 在将电子表格数据文件读入 R 之前, 我会将其转换为逗号分隔的文本文件. 相关的转换工作还包括变量的重命名以便其符合 R 语言的约定.

2.4.1 数据清洗

在将数据导入 R 之前, 需要快速检查数据, 以避免一些常见的错误. 例如, 许多变量都有方法报告限值 (method reporting limit, MRL), 是测量方法能够可靠测量的最低限值. 当一个值低于 MRL 时, 该值应报告为截尾数据——它低于 MRL, 否则未知. 记录截尾值并没有标准方法. 如果截尾值被记录为小于 MRL (例如, < 0.01), 该列将被作为字符串读入 R, 而且不会有对问题的任何提示. 但稍后在计算中如果用到该变量, 就会导致错误. 在导入数据之前应该处理的潜在问题的另一个例子是数据文件中如何表示缺失值. 许多旧数据集使用一个大负数 (例如,-999、-9999). 建议使用相同的值或字符串 (例如 NA) 来表示缺失值, 这样在使用函数 read.table 时, 方便我们正确设置选项 na.string.

一旦数据导入 R, 明显的输入错误往往可以通过简单的绘图和概括统计信息来发现. 函数 `summary` 可以显示每个数值变量的描述性统计信息 (最小值、最大值、平均值、第一和第三四分位数以及缺失值的数量), 还有字符变量的唯一值个数. 从描述性统计量中, 我们可以判断所有数值变量是否都正确地导入为数值, 以及变量值是否在其定义的或合理的界限范围内. 例如, 在从五大湖环境研究实验室 (Great Lakes Environmental Research Laboratory, GLERL) 导入伊利湖有毒藻华长期监测数据后, 描述性统计结果显示, 纬度变量的最大值为 875.73. 这显然是一个数据输入错误.

一些错误不那么明显. Cleveland (1985) 讨论了 Carl Sagan 在一本书中发表的动物智力数据集. 在该书中, Carl Sagan 将动物物种智力的衡量标准定义为平均脑重与平均体重 2/3 次方的比值:

$$Int = \frac{brain}{body^{2/3}}$$

如果用双对数坐标, 上述定义可以被表示为:

$$\log(brain) = \log(Int) + 2/3\log(body)$$

Sagan 展示了一幅脑重对体重的双对数坐标图. 他认为,"很显然", 人类是最聪明的物种. 但他书中的图 (脑重与体重的散点图, 都是对数坐标) 让人很难相信他的结论. 作为数据清洗的一个例子, 我们将在练习中使用此数据集以发现数据输入错误.

2.4.1.1 缺失值

许多研究使用的环境监测数据是在很长一段时期内收集的. 此类数据中不可避免的问题是存在缺失数据. 例如, 由于错过采样日期、样本错误或糟糕的分析过程等问题, 数据可能会缺失. 这些缺失值可以归因于随机因素 (随机的缺失). 当使用 R 进行数据分析时, 我们可以用 `NA` 给这些缺失值编码.

环境数据中另一类缺失值则常常会带来问题. 大多数分析方法都有 "方法报告限值" (MRL), 低于这些值, 报告的值不可靠. 这些值在统计中被称为 "截尾数据". 在环境数据分析中, 截尾最常见的原因是测量值低于相应的 MRL 或被左截尾. 在数据清洗步骤中, 我们需要知道如何记录被截尾的值. 当一个观测数据被截尾时, 我们只知道该值低于某个数值. 在某种程度上, 它缺失了. 但与随机缺失的数据点不同, 截尾值仍然包含一些信息. 因此, 我们需要使用不同的方法记录截尾值. 过去, 左截尾的值要么记录为 0, 要么记录为 MRL (或 MRL 的一半). 随着实验室分析技术的改进, MRL 会随着时间的推移而变化. 如果存在左截尾, 我总是使用 MRL 作为报告值, 同时再添加一列, 该列中用 0 (未被截尾的值) 和 1 (被截尾的值) 来指示哪些观测结果被截尾.

2.4.2 构造子集与合并数据

在数据准备阶段经常需要构造子集和合并数据. 在 R 中, 构造子集的基本概念是使用方括号. 正如本章前面所讨论的, 括号内的数字可以用于识别对象的元素. 在本节中, 我们将讨论如何构造向量和数据框的子集. 给数据对象构造子集首先需要定义一个条件, 然后询问每个观测值是否满足此条件. 例如, 如果我们想在向量 x 中选择值小于 3 的数据, 我们会问

```
> x < 3
```

结果是包含 TRUE 和 FALSE 值的向量. 使用此逻辑值向量, 我们可以从 x 中提取满足条件的元素:

```
> x[x<3]
```

在处理数据框时, 子集的构建可以按行或列进行. 如果我们想使用大型数据框 xframe 中 1993 年收集的数据, 我们得使用年份那一列来指定条件 year== 1993:

```
> xframe_sub <- xframe[xframe$year==1993,]
```

请注意, 使用 xframe$year 是有必要的, 因为数据框内含有名称 year. 逻辑表达式 xframe$year==1993 返回一个由 TRUE 和 FALSE 组成的向量, 其长度为数据框的行数. 将表达式放在第一个位置, 列 year 中取值为 TRUE 的位置所对应的行才会被保留下来. 要保留列的子集, 我们可以给向量输入列号 (例如, xframe[,c(1,3,5)]) 或列名 (例如, xframe[,c("y","year","z")]. 当需要某行和某列组成的子集时, 我们在括号中指定两个条件, 并用逗号分隔. 例如, xframe[xframe$year==1993,c(1,3,5)] 将只保留第 1、3 和 5 列中 1993 年的观测结果.

在 R 中, 许多用于画图和统计模型拟合的命令提供了选择数据子集的选项. 通常是允许选择数据框的行子集. 例如, 如果指定 subset=year==1993, 意味着我们打算仅使用 1993 年的数据绘图 (或拟合模型).

在某些情况下, 我们希望通过添加其他属性来扩展数据框. 例如, 在 EUSE 示例中, 我们对九个地区中的每个地区都有大约 30 个观测对象 (流域). 在整理数据时, 我们有一个流域级的观测数据文件 (euse_all) 和一个区域环境条件的数据文件 (esue_env), 如平均温度、降水量、土壤特征等. 每个地区的 30 个观测流域具有相同的区域环境条件属性. 由于这两个数据集共享相同的 “区域”

属性 (具有相同值的字符变量), 我们可以使用方括号运算来添加, 例如, 流域级数据集的年平均降水量:

- 在每个数据集中添加一个表示区域的数字列:

```
> euse_all$reg <- as.numeric(ordered(euse_all$Region))
> euse_env$reg <- as.numeric(ordered(euse_env$Region))
```

两个数据集中的列 reg 是一个整数向量, 其值为 1 到 9 代表九个区域. 在 euse_all 中, 各区域中流域对应的这个值重复约 30 次. 数据框 euse_env 有 9 行, 每个区域一行.

- 按地区对 euse_env 进行排序:

```
> oo <- order(euse_env$reg)
> euse_env <- euse_env[oo,]
```

- 我们现在可以在 euse_all 中添加平均降水量:

```
> euse_all$precip <- euse_env$precip[euse_all$reg]
```

2.4.3 数据转换

在统计分析中, 通过数据转换使得转换后的数据更接近正态分布, 已成为简化数据分析的一种常用方法. 最常用的变换是对数变换. 大多数时候, 我们不必为转换后的数据创建单独的变量. 我们可以直接在画图或模型中进行操作. 可以使用 “$” 操作来创建一个新变量 (或向已有数据框添加新的列):

```
> my.data$logY <- log(my.dats$Y)
```

另一种常用的变换是使变量围绕其平均值居中:

```
> my.data$x.cen <- my.data$x - mean(my.data$x)
```

2.4.4 数据聚合与格式变换

在典型的统计分析中, 我们经常花费大量时间将数据转换为特定分析所需的格式. 在收集数据时, 我们使用最有效的数据输入方式或使用仪器的默认结构. 这些格式不一定是 R 数据分析所需的格式. 在本节中, 我将用两个例子来说明数据聚合与格式变换.

一般来说, 采用数据框形式的数据文件由变量 (列) 和观测值 (行) 组成. 变量可以分为测量变量和识别变量. 测量变量是研究者关注的变量 (例如, 水样中的总磷), 识别变量用于区分每个测量变量值 (例如采样时间、位置). 在记录测量的 TP 浓度数据时, 我们可能会使用一个大表, 其中行表示采样位置, 列表示采样时间, 这种现场/实验室格式设置用起来很方便. 在这种格式中, 测量的变量是 TP (表格的主体), 两个识别变量是采样位置和采样时间 (表格的横竖两个表头). 在分析数据之前, 我们需要将数据转换为包含三列的数据框: 一个测量变量 (TP) 和两个识别变量 (时间和站点). 例如, 表 2.1 显示了三天内 4 个站点的 TP 测量值.

表 2.1 数据文件示例

	第 1 天	第 2 天	第 3 天
站点 1	20.1	21.5	30
站点 2	15.2	31.0	12
站点 3	20	25	19
站点 4	11	14	21

这种格式可以方便地进行数据汇总. 例如, 我们可以使用函数 apply 计算行或列的平均值:

```
> site.mean <- apply(TPdata,1,mean)
> day.mean <- apply(TPdata,2,mean)
```

函数 apply(X,MARGIN,FUN,...) 按行 (MARGIN=1) 或列 (MARGIN=2) 对矩阵 (X) 执行特定的计算 (由 FUN 指定). 然而, 对于大多数统计分析, 该表应转换为如表 2.2 所示的数据框.

表 2.2 数据框示例

TP	站点	天
20.1	站点 1	第 1 天
21.5	站点 1	第 2 天
30	站点 1	第 3 天
15.2	站点 2	第 1 天
31.0	站点 2	第 2 天
12	站点 2	第 3 天
20	站点 3	第 1 天
25	站点 3	第 2 天
19	站点 3	第 3 天
11	站点 4	第 1 天
14	站点 4	第 2 天
21	站点 4	第 3 天

现在不用函数 apply, 我们使用 tapply(X,INDEX,FUN,...,simplify= T) 来做数据聚合:

```
> attach(TPdataframe)
> site.mean <- tapply(TP, Site, mean)
> day.mean <- tapply(TP, Day, mean)
```

函数 tapply 可完成更复杂的数据格式变换任务. 在 Qian 等 (2005b) 中, 我使用非线性回归模型来估计下游水体接纳的流域营养负荷. 该模型的主要输入是代表营养来源的变量. 数据通常使用地理信息系统 (geographical information system, GIS) 软件收集, 其中大型流域的河流被划分为河段, 并将污染源分配给每个河段. 例如, 图 2.3 是一个简化的流域, 共有五个河段 (用箭头表示). 在这个流域案例中, 我们有两个监测站点, 用于收集营养物质通量数据 (以阴影椭圆形表示).

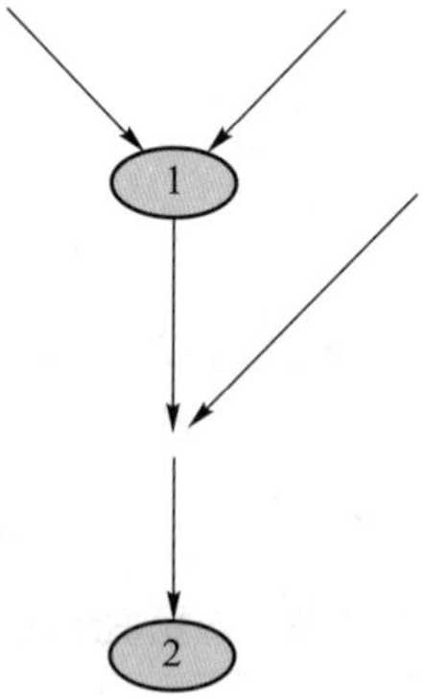

图 2.3 河流网络示例

从 GIS 中, 对每个河段我们都有营养源变量, 输入数据文件通常采用以下格式:

DWNSTID	Load	X1	X2	Z1
1	3	10	3	0.2
1	NA	14	5	0.7
2	10	20	1	0.4
2	NA	40	2	0.3
2	NA	10	3	0.2

列 DWNSTID 标识了河段下游紧邻的监测站点, X1 和 X2 是两个源变量, Z1 是

描述到达下一个监测点之前营养物潜在损失的变量, 列 Load 是测量的营养物质通量 (对于没有监测点的河段, 记录为缺失, 即 NA). 由于我们仅在少量河段有营养物质通量的观察值, 以节点 1 为例, 观测到的通量代表的是上游两个河段的通量之和. 非线性回归模型则是基于质量平衡方程:

$$Y_i = \sum_{j=1}^{J_i} \left((\beta_1 X_{1\cdot j} + \beta_2 X_{2\cdot j})\, \mathrm{e}^{-\alpha Z_{1\cdot j}} \right) \tag{2.1}$$

其中 i 是第 i 个监测站点, J_i 是监测站点 i 上游的河段数量, $X_{1\cdot j}$ 和 $X_{2\cdot j}$ 是到达 j 的两个来源, β 和 α 是需要估计的参数. 换句话说, 数据应该转换为:

DWNSTID	Load	X1.1	X1.2	X1.3	X2.1	X2.2	X2.3	Z.1	Z.2	Z.3
1	3	10	14	0	3	5	0	0.2	0.7	0
2	10	20	40	10	1	2	3	0.4	0.3	0.2

我们没有将 X1 用作河段的源变量, 而是想创建三个源变量, 其中一个用来表示每个监测站点上游的最大河段数. 对于不足最大河段数的监测站点, 可以添加营养源值为 0 的河段, 以简化后续编程. 有了这样的数据框, 我们可以实现非线性回归.

如果每个监测站点上游的河段数相同 (假如河段数为 3), 我们可以使用函数 tapply, 一次针对一个源变量:

```
> X1.temp <- tapply(GISdata$X1, GISdata$DWNSTID, as.vector)
```

它会检查 DWNSTID 的每个单一值, 并将 X1 的相应值列为向量. 当河段数相同时, 我们将合成一个包含所有六个河段源项的向量. 我们可以将生成的向量转换为矩阵.

就这个例子而言, 河段数不相同, 上面的代码行将返回两个向量的列表, 一个长度为 2, 另一个长度为 3. 使用 tapply 时, 我们可以编写自己的函数, 而不是使用 mean 和 as.vector 等已有函数. 在这种情况下, 我们希望函数返回一个固定长度 (最大河段数) 向量. 当河段数小于最大值时, 我们用 0 填充剩余部分:

```
id <- as.numeric(ordered(GISdata$DWNSTID))
idtbl <- table(id) ## tabulate
ns <- max(idtbl) ## maximum number of reaches
nr <- max(id) ## number of monitoring sites

temp <- tapply(GISdata$X1,GIDdata$DWNSTID,FUN=function(x,ns=nc){
                tt <- as.vector(x)
                if (length(tt) < ns)
```

```
                    tt <- c(tt,rep(0,ns-length(tt)))
                return(tt)})
temp <- as.data.frame(mxtrix(unlist(temp),nrow=nr,
                        ncol=nc,byrow=T))
```

由于有多个源项, 我们可以将这些代码行放入一个函数中, 这样就不必重复键入和更改它们:

```
oo <- order(GISdata$DWNSTID) ## sort by monitoring site
GISdata <- GISdata[oo,]
Y <- GISdata$Load[!is.na(GISdata$Load)] ## Load data
id <- as.numeric(ordered(GISdata$DWNSTID))
idtbl <- table(id)
ns <- max(idtbl)
nr <- max(id)

my.unstack <- function(X, ID, nc, x.names){
  temp <- tapply(X, ID, FUN = function(x,ns=nc){
                  tt <- as.vector(x)
                  if (length(tt < ns))
                     tt <- c(tt, rep(0, ns-length(tt)))
                  return(tt)})
  temp <- as.data.frame(matrix(unlist(temp), nrow=nr, ncol=ns,
          byrow=T))
  names(temp)<- x.names
  return(temp)
 }
X1.names <- paste("X1", 1:ns, sep="_")
X2.names <- paste("X2", 1:ns, sep="_")
Z1.names <- paste("Z1", 1:ns, sep="_")
X1 <- my.unstack(GISdata$X1, GISdata$DWNSTID, nc=ns, X1.names)
X2 <- my.unstack(GISdata$X2, GISdata$DWNSTID, nc=ns, X2.names)
Z1 <- my.unstack(GISdata$Z1, GISdata$DWNSTID, nc=ns, Z1.names)
GISdata_reshaped <- cbind(Y, X1, X2, Z1)
```

2.4.5 日期

在计算机编程中处理日期和时间的常用方法是 POSIX 标准. 它以秒为单位, 按照协调世界时 (UTC) 从 1970 年开始计量日期和时间. 在 R 中, `POSIXct` 是该标准的 R 日期类. `POSIXlt` 类将日期对象分解为年份、月份、月份中的日期、小时、分钟和秒. `POSIXlt` 类还计算一周中的某一天和一年中的某一天 (儒略日). `Date` 类则是相似的, 但只有日期 (没有时间).

通常, 日期以字符的形式输入. 例如, 在美国, 日期通常使用 mm/dd/yyyy (例如, 5/27/2000) 或月份名称加上数字日期和年份 (例如, December 31, 2013) 的格式输入数值. 当读入 R 时, 日期列会变成因子型变量. 我们可以使用 as.Date 函数将因子型变量转换为日期:

```
> first.date <- as.Date("5/27/2000", format="%m/%d/%Y")
> second.date<-as.Date("December 31, 2003", format="%B %d, %Y")
> second.date - first.date
```

前两行代码将两个字符串转换为日期类对象. 由于日期对象是数值型的 (自 1970 年 1 月 1 日以来的天数), 我们可以用它们来计算两个日期之间的天数. 转换日期–时间对象的一个更通用的函数是 strptime, 它将日期–时间字符串转换为 POSIXlt 类对象, 计量自 1970 年开始以来以秒为单位的时间.

```
first.d <- strptime("5/27/2000 22:15:00",
                    format="%m/%d/%Y %H:%M:%S")
second.d <- strptime("December 31,2003,4:25:00",
                     format="%B %d,%Y,%H:%M:%S")
second.d - first.d
```

日期对象的格式由 POSIX 标准定义, 由 "%" 跟后面的单个字母组成. 表 2.3 列出了其中一些格式.

创建日期对象后, 我们可以使用函数 format 提取与日期相关的信息. 我们现在创建一个带有日期列的数据框:

```
> mytime <- data.frame(x = rnorm(100),
+                      date=as.Date(round(runif(100)*5000),
+                          origin="1970-01-01"))
```

我们可以在数据框中添加一列月份和一列工作日:

```
> mytime$Month <- format(mytime$date, "%b")
> mytime$weekday <- format(mytime$date, "%a")
```

我们还可以将日期对象存储为 POSIXlt 类对象, 这是一个包含九个元素的列表: ① 秒, ② 分钟, ③ 小时, ④ 月中的一天 (1–31), ⑤ 一年中的月份 (0–11), ⑥ 自 1900 年以来的年, ⑦ 一周中的一天 (0 为周日, 到 6), ⑧ 一年中的一天 (0–365) 和 ⑨ 夏令时的指示. 如果我们想提取一年中的一天、月份和一年作为数字向量, 我们可以简单地分配第八 (儒略日)、第五 (月) 和第六 (年) 元素:

```
mytime$Julian <- as.POSIXlt(mytime$date)[[8]]+1
mytime$Month <- as.POSIXlt(mytime$date)[[5]]+1
mytime$Year <- as.POSIXlt(mytime$date)[[6]]+1900
```

表 2.3 R 语言的日期–时间类中的日期格式

格式	描述
%a	此平台当前区域设置中的工作日名称缩写
%A	当前区域设置中的完整工作日名称
%b	此平台当前区域设置中的月份名称缩写
%B	当前区域设置中的完整月份名称
%c	日期和时间 (%a %b %e %H:%M:%S %Y)
%C	世纪 (00–99)
%d	十进制的月份日 (01–31)
%D	日期格式%m/%d/%y
%e	月份日 (1–31)
%F	相当于%Y-%m-%d (ISO 8601 日期格式)
%G	基于周的年份, 十进制数
%h	相当于%b
%H	十进制的小时 (00–23)
%I	十进制的小时 (01–12)
%j	十进制的年日 (001–366)
%m	十进制的月份 (01–12)
%M	十进制的分钟 (00–59)
%n	输出上的新行, 输入上的任意空格
%p	区域设置中的 AM/PM 指标
%r	12 小时时钟时间 (使用区域设置的 AM 或 PM)
%R	相当于%H:%M
%S	十进制的秒 (00–61)
%t	输出上的 Tab, 输入上的任意空格
%T	相当于%H:%M:%S
%u	十进制的工作日 (1–7, 星期一为 1)
%U	十进制的年内周 (00–53), 使用周日作为一周的第一天
%V	ISO 8601 中定义的年度周 (01–53)
%w	十进制的工作日 (0–6, 周日为 0)
%W	十进制的年内周 (00–53), 使用星期一作为一周的第一天
%y	没有世纪的年 (00–99)
%Y	带世纪的年
%z	相比 UTC 小时和分钟的带符号偏移量, 所以 -0800 指比 UTC 晚 8 小时

2.5 练习

1. 以 R 为计算器, 执行以下操作:

(a) 计算圆的面积 $A = \pi r^2$, $r = 2$;

(b) 使用正态密度公式 $\left(\frac{1}{\sqrt{2\pi}\sigma}\mathrm{e}^{-\frac{(x-\mu)^2}{2\sigma^2}}\right)$ 计算正态分布 $x \sim N(2, 1.25)$ (均值和标准差) 在 `x <- seq(0,4, 0.5)` 处的值. 并使用函数 `dnorm` 验证你的结果.

2. 10% 规则

(a) 在讨论 10% 规则的例子中, 我们分别假设了两种水中污染物浓度分布分别为 $N(2, 0.75)$ (表示水体达标) 和 $N(2, 1)$ (表示水体受损). 使用模拟方法来评估 10% 规则的性能, 即在样本量小 ($n = 10$) 和大 ($n = 100$) 时计算水质评价结果出错的概率, 并讨论所造成的影响.

(b) 针对受损水体 (污染物浓度分布为 $N(2, 1)$), 分别在样本量 $n = 6$、12、24、48、60、72、84、96 时, 使用 `viol.sim` 函数计算错误率, 并作图展示结果. 对未受损水体重复同样的工作.

(c) 写一篇关于 10% 规则的短文, 讨论该规则导致两类推断错误 (一类错误是水体达标但被评价为受损, 反之为另一类错误) 的概率及其造成的后果.

3. Carl Sagan 的智力数据. Carl Sagan 在他的书《伊甸园之龙》(*The Dragons of Eden*) 中展示了一张图表, 用双对数坐标展示了多种动物的脑重和体重. 该图的目的是描述一个智力量表: 平均脑重与平均体重 2/3 次方的比值.

(a) 将数据 (在文件 `Intelligence.csv` 中) 读入 R, 并绘制脑重对体重的双对数坐标图. 大脑重量以克为单位, 体重以千克为单位. 你能从这个图中分辨出哪个物种的智力最高吗?

(b) 计算智力值 (称为 `Int`), 并将结果作为新列添加到数据框中.

(c) 使用软件包 `lattice` 中的函数 `dotplot` 直接绘制智力度量值:

```
dotplot(Species~Int, data=Intelligence)
```

(d) 点图是按字母顺序排列不同物种的. 使用函数 `ordered` 根据智力值对列进行重新排序, 并重新绘制点图, 以便根据智力值对物种进行排序. 数据有问题吗? 如果有问题, 会是什么原因造成的呢?

4. 位于美国俄亥俄州蒂芬的海德堡大学对几条伊利湖支流保持长期监测. 可在海德堡大学网站上找到俄亥俄州沃特维尔附近的毛米河站的水质和流量数据.

(a) 将日期列转换为 R 日期.

(b) 按年份和月份汇总流量和总磷数据.

(c) 绘制流量和 TP 的时间变化图.

第 3 章

统计假设

统计推断涉及数据的概率分布、模型误差和模型参数. 由于统计思维从本质上讲是归纳性的, 所以统计假设是统计分析和推断的基础. 使用统计过程时, 需要先用探索性分析来检查是否满足这些假设. 尽管有些统计过程对偏离统计假设的问题有较强的鲁棒性, 但是, 正确理解这些统计假设仍然是学习统计学的重要内容. 尤其是在环境和生态领域使用统计学, 对统计假设的理解可以帮助我们避免应用统计学中的一些常见错误. 从统计假设的角度讲, 详细的探索性分析依赖于对数据的图形表达. 数据的图形表达往往是在生态和环境问题与提炼这些问题的统计本质之间建立联系的重要方法. 本书强调用作图来检验重要的假设. 本章将简要讨论 3 种经常使用的假设. 其余章节中, 详细讨论每种统计过程相应的统计假设时, 会一并给出检查这些假设是否满足的图形方法.

3.1 正态性假设

最常使用的分布假设就是**正态性**假设, 即假设某个量满足正态分布. 1809 年, 卡尔 · 弗里德里希 · 高斯 (Carl Friedrich Gauss) 出版了一本俗称 *Theoria Motus* 的专著 (例如, 请参阅 *Theory of Motion of the Heavenly Bodies Moving About the Sun in Conic Sections: A Translation of Theoria Motus*, Dover Phoenix 版, ISBN 0486439062). 书中, 高斯推导了测量误差的概率规律, 作为使用最小二乘法估计平均值的理由. 这个概率规律后来被称为正态分布或高斯分布. 皮埃尔 – 西蒙 · 拉普拉斯 (Pierre-Simon Laplace) 于 1812 年发表了中心极限定理 (Stigler, 1975), 他指出, 独立随机变量的样本均值分布可以用正态分布来近似, 无论这些随机变量是从什么样的原始分布中抽取的. 原始分布越接近正态, 均值分布越近似于正态, 特别是样本量小的时候 (参见图 4.1).

在环境研究中, 正态分布尤为重要, 因为许多环境变量 (特别是浓度变量)

可以近似为对数正态分布 (Ott, 1995). 因此, 环境统计中的经验规则是, 应该在统计分析之前对浓度变量进行对数变换 (van Belle, 2002), 以便充分利用正态分布的性质.

正态分布由两个参数来定义, 均值 (μ) 和标准差 (σ). 正态随机变量 Y 的概率密度函数是:

$$\frac{1}{\sqrt{2\pi}\sigma}\mathrm{e}^{-\frac{(y-\mu)^2}{2\sigma^2}} \tag{3.1}$$

在后续内容中, 该分布将被记作 $N(Y \mid \mu, \sigma)$ 或者更简单的 $N(\mu, \sigma)$, 表示随机变量 Y 服从均值为 μ 和标准差为 σ 的正态分布. 一旦分布的参数 μ 和 σ 已知, 我们就可以利用概率密度函数对 Y 做出统计推断. 标准 (或单位) 正态分布 ($\mu = 0$, $\sigma = 1$) 的概率密度函数如图 3.1 所示. 有 3 个量在统计推断中非常有价值: 分位数或者百分位数 (y), 累积概率或者低尾面积, 以及 y 的密度即观测到 y 的似然度.

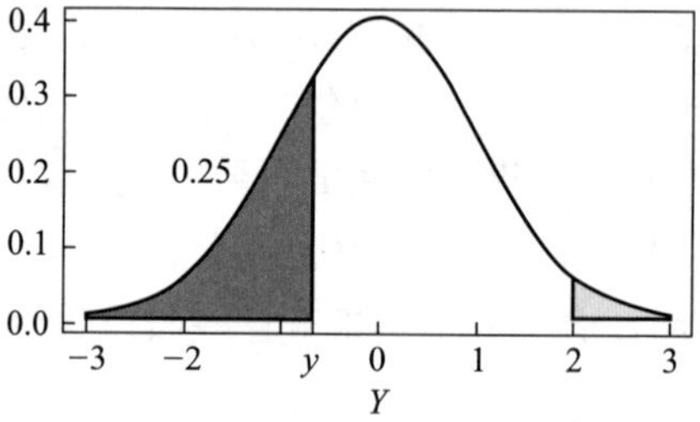

图 3.1 标准正态分布——左侧的黑色阴影部分的面积为 0.25 (y 是 0.25 分位数或者第 25 百分位数), 而右侧浅色阴影部分面积是遇到取值大于 2 的数值的概率 (约为 0.023).

y 的密度可以用公式 (3.1) 中的密度函数来计算. 例如, $y = 0.5$ 的密度是 $\frac{1}{\sqrt{2\pi}\times 1}\mathrm{e}^{-\frac{(0.5-0)^2}{2\times 1^2}} = 0.352$. 密度值是曲线在 y 值处的曲线高度, 它本身是没有意义的. 但是, 这个量对于统计估值来讲是至关重要的. 例如, $y = 0$ 的密度是 0.399, 表示如果相应的随机变量的概率分布是标准正态分布的话, 观测到值等于 0 的机会比值等于 0.5 要大得多. 类似地, 假设我们不知道均值大小, 如果 $\mu = 0$ 时观测到 $y = 0$ 的似然度是 0.399, 而 $\mu = 1$ 时似然度是 0.242, 那就意味着均值 μ 更可能是 0 而不是 1. 密度值可以用 R 的函数 `dnorm` 来计算:

```
> dnorm(0.5, mean=0, sd=1)
  [1] 0.3520653
```

y 的累积概率是 y 左侧曲线下方的面积 (图 3.1 中的黑色阴影部分) 或者 $\phi(y)=\int_{-\infty}^{y}\frac{1}{\sqrt{2\pi}\sigma}\mathrm{e}^{-\frac{(y-\mu)^2}{2\sigma^2}}\mathrm{d}y$, 即观测到小于等于 y 的数值的概率. R 的函数 pnorm 可用来计算累积概率:

```
> pnorm(0.5,mean=0,sd=1)
  [1] 0.691462
```

计算观测到 y 值大于等于 0.5 的概率:

```
> 1 - pnorm(0.5, mean=0, sd=1)
  [1] 0.308538
```

百分位数的计算正好与累积概率相反——计算累积概率对应的 y 值. 可以用 R 的函数 qnorm 实现:

```
> qnorm(0.25, mean=0, sd=1)
  [1] -0.67449

> qnorm(0.05, mean=0, sd=1)
  [1] -1.64485

> qnorm(0.95, mean=0, sd=1)
  [1] 1.64485
```

也就是说, 正态分布 $N(y|0,1)$ 中 25% 的值都小于 -0.674 (图 3.1 中的 y), 5% 的值小于 -1.645, 95% 的值小于 1.645, 或者说 90% 的值介于 $-1.645\sim1.645$.

如果检查某个样本是否来自正态分布, 我们常常用两种图形方法. 首先, 数据的直方图可以用来看看数据的分布是否基本对称. 图 3.2 给出的是湿地几个参考站点上 TP 监测值的年几何均值的直方图. 图中的数据是监测值取过对数

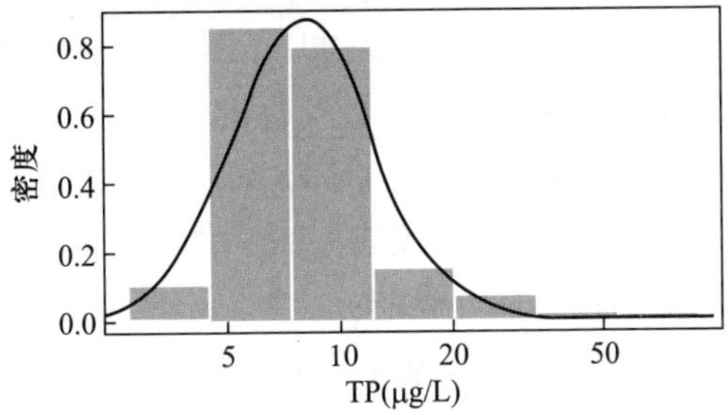

图 3.2 湿地 TP 背景浓度分布——直方图中给出的是湿地参考站点的 TP 浓度. 曲线是基于数据均值和标准差的对数正态分布.

之后的结果. 佛罗里达州环境保护局在设定湿地的 TP 标准时就是用这组数据来估计参考分布的. 图 3.2 中的分布很明显并不是对称的, 是典型的环境浓度变量. 由于考察的变量是均值变量, 中心极限定理给定这样的变量分布应该是接近正态的. 为什么观测数据显示的是一个偏斜的分布呢? 要回答这个问题, 我们必须进一步挖掘这组数据的信息.

这组数据包含了湿地中几个长期监测的采样点的数据. 当把这些年平均对数值放在一个数据集合中时, 意味着我们承认这些站点的 TP 浓度具有相似的分布, 并且在整个采样周期中各站点的 TP 浓度分布也是一样的. 对这个问题, 我们在第 4 章中会给出答案. 在本节, 我们仅评论由于将正态性假设用于该组数据而造成的后果.

这些 TP 浓度年平均值的对数均值和标准差分别是 2.11 与 0.46, 代表总体均值和标准差的估计值. 根据这个分布, 第 75 百分位数应该是 `qnorm(0.75, mean=2.11, sd=0.46)=2.42` (或者 11.25 μg/L). 表 3.1 列出了从估计出的正态分布中计算出的百分位数的值, 以及直接利用数据计算出的百分位数的值. 估计得到的正态分布 (图 3.2) 不能准确地描述观测数据的分布. 因此, 估计出的参数值 (第 75 百分位数, 表 3.1) 显然存在偏差. 在这个例子中, 估计出的正态分布会低估观测到高 TP 浓度的概率.

表 3.1 基于模型的百分位数和基于数据的百分位数 —— 使用对数正态模型估算得到的百分位数与用数据计算出的相应百分位数的比较

	5%	10%	25%	50%	75%	90%	92%	95%
数据	4.00	5.00	6.00	8.00	10.00	14.00	15.00	20.00
正态分布	3.88	4.58	6.04	8.21	11.17	14.73	15.58	17.38

第二种检查正态性假设的方法是正态分位数 - 分位数图 (Q–Q 图). 正态 Q–Q 图的绘制建立在正态分布 $N(\mu,\sigma)$ 的 q 分位数 (y_q)(详见第 3.4.1 节) 与标准正态分布相同的分位数 (z_q) 之间的关系上, 即 $y_q=\mu+\sigma z_q$. 如果样本是来自正态分布的, 用数据计算得到的分位数与标准正态分布的分位数作图就会得到一条直线. 而这条直线的截距为 μ, 斜率为 σ. 尽管精确的百分位数是未知的, 如果数据是从正态分布中抽取的, 从数据中估计得到的分位数应该与真值是接近的.Q–Q 图的 y 轴是用数据估计出的分位数, x 轴是标准正态分布的分位数. 同时叠加一条截距为 $\bar{y}$ (样本数据均值)、斜率为 $\hat{\sigma}$(样本数据标准差) 的参考直线. 为计算分位数, 可首先将数据按升序排列: $y^{(1)},y^{(2)},\cdots,y^{(n)}$, 然后将近似的分位数

$$\frac{i-0.5}{n}$$

赋值给 $y^{(i)}$, $i=1,\cdots,n$, 或者利用 R:

```
yq <- ((1:n) - 0.5)/n
```

标准正态分布中相应的分位数可以用 qnorm 计算:

```
#### R Code ####
y <- rnorm(100)
n <- length(y)
yq <- ((1:n) - 0.5)/n
zq <- qnorm(yq, mean=0, sd=1)
plot(zq, sort(y), xlab="Standard Normal Quantile", ylab="Data")
abline(mean(y), sd(y))
```

计算得到的数据分位数都是近似值. 因此, 即使数据来自正态分布, 正态 Q–Q 图可能也不会显示为完美的直线. 为了了解正态 Q–Q 图存在多大的偏差程度是可以接受的, 我们可以反复运行上述 R 脚本. 我们可以将相关脚本放到一个函数中, 这样就不用重复键入前述代码:

```
#### R Code ####
my.qqnorm <- function (y=rnorm(100)){
  n <- length(y)
  yq <- ((1:n) - 0.5)/n
  zq <- qnorm(yq, mean=0, sd=1)
  plot(zq,sort(y),xlab="Standard Normal Quantile",ylab="Data")
  abline(mean(y), sd(y))
  invisible()
}
```

然后反复调用这个函数即可:

```
> my.qqnorm()
> my.qqnorm(rnorm(20))
```

这相当于调用 R 函数 qqnorm 和 qqline:

```
> qqnorm(y)
> qqline(y)
```

在反复运行上述脚本时, 我们经常看到图形两端的数据点会偏离直线, 部分原因是两端的分位数估计值可能不准确. 因此, 在比较真实数据是否服从正态分布时, 我们应该考虑到这种现象. 然而, 偏离直线的形式如果表现出系统化的模式, 则应被视为违背正态分布的证据. 图 3.2 中的直方图表明, 对数 TP 浓度分布不对称; 如果数据背后的分布是正态分布, 意味着出现了比预期更多的取值偏大数据. 这种模式在正态 Q–Q 图中表现得很明显 (图 3.3).

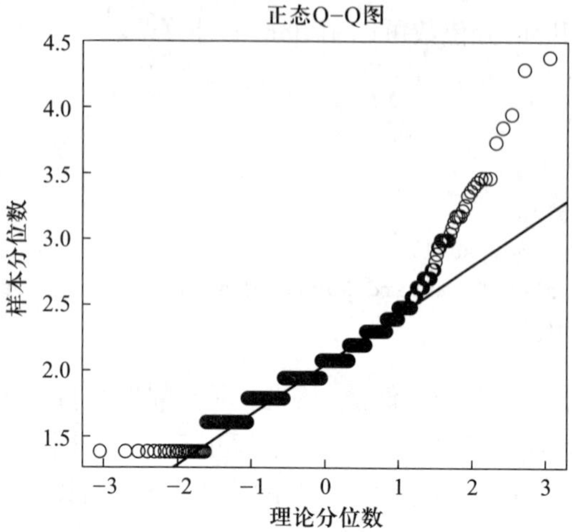

图 3.3 Everglades 湿地参考站点处 TP 浓度的 Q–Q 图表明, 数据对正态分布的偏离显示出系统模式. 当 TP 值高时, 数据点更有可能偏离参考线. 这是一个典型的右偏数据分布 (见图 3.2), 其高值多于预期.

3.2 独立性假设

直观地说, 两个事件具有独立性意味着一个事件的发生既不会让另一个事件发生的可能性变大, 也不会使之变小. 应用到环境和生态学研究中, 独立性假设往往被用于描述观测的随机性和不相关. 知道某一次观测的值不会给我们提供下一次观测的任何信息. 以下两种情形可能会造成观测值之间的关联性: 聚集或者序列相关. 污染源附近聚集着高浓度的污染物, 如果采集的样本全都是靠近污染源的, 那么, 样本就不能用来代表污染物的分布. 如果沿着河流采样, 上游的采样点有可能提供紧邻的下游站点的信息. 此外, 季节变化常常导致环境和生态学变量取值产生季节模式. 如果数据是在一个季节采集的, 那么就不能代表全年的情况. 在上述例子中, 后续的统计推断有可能出现偏差——估计出的均值往往太大或者太小, 而标准差往往太小.

事实上, 如果只用观测数据来开展独立性的检验往往比较难. 需要对数据收集方法进行认真回顾. 这是已知的环境或生态学梯度吗? 这里的梯度可以是空间上和/或时间上的. 例如, 到湖泊的距离可以决定物种分布的模式. 仅收集一种动物随时间变化的增长数据可能是有问题的. 与空间分布相关的采样点会导致数据在空间上的自相关.

在分析这些数据之前, 探索性绘图常被用来检测某些变量与可能引起它们变化的其他变量之间的潜在相关关系. 例如, 在分析湿地的 TP 浓度数据时, 研究人员常常会绘制 TP 观测值与采样点距离、与配水 (包括农业径流) 泵站的距离之间的关系图. 这些泵站 (图 1.1 中 WCA2A 北部边界的三个箭头处) 是研究区内磷的主要人为来源. 同样, 在研究伊利湖西部流域的有毒藻华时, 那里的主要营养来源是从俄亥俄州托莱多市附近进入湖泊西部的毛米河, 到毛米河口的距离就是指示营养物质浓度水平的一个很好的指标 (图 3.4).

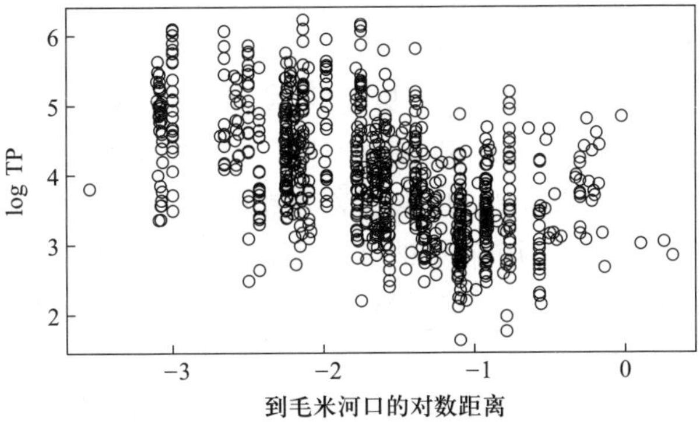

图 3.4 TP 浓度和到毛米河口距离 (使用纬度和经度计算) 的双对数散点图显示出一种空间变化模式。

像 3.4 这样的图常用于展示空间相关性. 当存在空间或时间相关性时, 我们需要引入变量来模拟这种相关性. 这是因为原始数据并不总是能满足独立性假设的. 在大多数统计建模情况下, 独立性假设是针对模型残差的. 因此, 引入距离作为协变量通常可以减少残差的空间相关性.

3.3 等方差假设

总体之间的方差 (标准差) 相等是在比较总体均值时必要的假设. 如果标准差不同, 比较均值的意义就不那么大了. 如果总体之间的差异仅仅存在于均值中, 比较本身就足以揭示差异的本质. 如果采用 t 检验或者方差分析, 意味着不同总体之间的差异仅在于均值不同. 等方差的假设也常常用于线性模型的残差.

从概念上讲, 标准差度量的是数据展布, 代表从数据点到总体均值的 "典型" 距离. 由于这个 "典型" 距离永远都无法观测到, 用图形展示起来也就很难. 一种检验该假设的有效绘图方法是 Cleveland (1993) 提出的 S–L 图. 在 S–L 图中, 标准差用数据点到均值之间距离的中位数来代表. 例如, 要比较两组数据 $X : (x_1, \cdots, x_n)$ 和 $Y : (y_1, \cdots, y_m)$ 的标准差, 我们要计算每个点到各自数据组均值的距离 ($|\varepsilon_{x_i}| = |x_i - \overline{x}|$ 和 $|\varepsilon_{y_j}| = |y_i - \overline{y}|$). 这些距离的中位数被称为绝对中位差 (median absolute deviances, mads). 因为 mads 是到均值距离的中位数, 我们可以将其视为一种典型距离值. 因此, mads 可以被看作标准差的一种度量方式. 我们可以比较 Y 的 mads 和 X 的 mads, 以代替直接去比较标准差, 因为 mads 相对容易可视化: 绘制 $|\varepsilon_{x_i}|$ 对 $\overline{x}$、$|\varepsilon_{y_j}|$ 对 $\overline{y}$ 的关系图, 并将两个 mads 用直线连接起来. Cleveland (1993) 建议我们在画图之前先取 $|\varepsilon_{x_i}|$ 和 $|\varepsilon_{y_j}|$ 的平方根, 因为这些 mads 的分布是高度偏斜的. S–L 图把对展布 (标准差) 的度量转换为对位置 (mads) 予以度量, 从而便于直观地比较标准差.

图 3.5 (左图) 显示了 Everglades 湿地 5 个参考站点中的 2 个站点所观测到的 TP 浓度箱图. 虽然箱图的高度是对展布的衡量, 但我们很难判断两个分布的展布是否不同, 因为两个箱子的排列并不易于比较. 但是, 当使用 S–L 图 (图 3.5 的右侧) 时, 可以看出差异虽然不大但是很明显. 数据的一个特点就是随着 TP 浓度平均值的增加, 标准差也在增加. 这个特点被称为单调展布, 在环境和生态学数据中很常见. S–L 图可以说是甄别单调展布的最好工具.

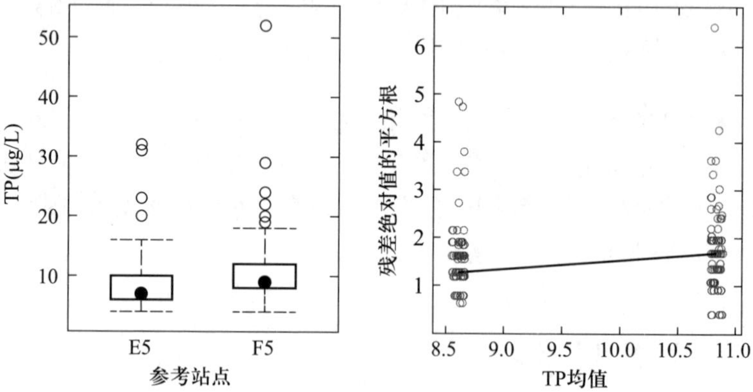

图 3.5 用 S–L 图比较标准差——左侧是湿地参考站点的 TP 浓度箱图, 右侧是相同 TP 浓度的 S–L 图. S–L 图中的数据点是绝对中位差, 黑线连接的是两个中位数.

3.4 探索性数据分析

所有统计模型都是基于一个或多个关于数据分布和关系特征的假设. 学习统计学方法时, 关键技巧就是有统计假设的意识和评价是否满足这些假设的知识. 使用统计学时, 发生的很多错误是由于违反了统计假设. 任何数据分析工作的第一步都应该是对数据分布、潜在关系以及数据中可能存在的问题开展探索性分析. 我们下面重点讨论利用图形来分析数据. 这些图形是专门用来展示数据的分布和其他一些特性的. 大多数的图形工具可以在 Cleveland (1993) 的文献中找到.

3.4.1 展示分布的图形

用图形方式展示分布是检验正态性假设的最常用的工具. 有多种方法可以使用, 其中使用最多的是直方图. 直方图通过把数据分成组并显示落在每组中的数据点个数来展示数据分布. 直方图是显示某个分布是否近似对称的最直接的方法. 图 3.6 给出了两个直方图, 数据是 FDEP 用于估计湿地 TP 背景浓度分布的. 两个直方图的差别在于分组的个数, 说明了直方图在判别正态性时的局限性. 直方图的形状依赖于分组的个数. 我们常常会调整直方图中柱子高度的比例, 以便所有柱子面积之和为 1. 调整比例不会改变直方图的形状, 但方便我们在直方图上叠加一个估计的概率分布 (或密度) 函数 (图 3.2 中的黑线).

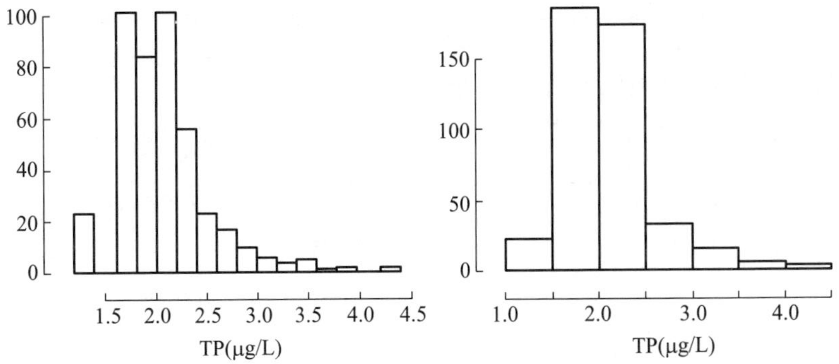

图 3.6 湿地 TP 浓度的直方图——两个直方图使用的数据相同, 但由于分组个数不同而导致形状不同.

与直方图的形状会受分组个数的影响不同, 分位数图则可以准确地反映数据的分布. 分位数与随机变量的累积分布函数相关. 一组数据的 f 分位数常记作 $q(f)$. 它是数据测量轴上的一个值, 小于等于 $q(f)$ 的数据占总数据量的比例

为 f. 例如, 如果说数据的 0.25 分位数 (或者第 25 百分位数) 是 5, 意味着大约 25% 的数据都是小于等于 5 的.0.25 分位数也称为下四分位数, 0.5 分位数则是中位数, 而 0.75 分位数也被称为上四分位数. 在用图形方式比较分布时, 分位数是非常重要的量, 因为 f 值提供了比较的标准. 我们讨论的很多图形方法就是展示分位数的不同方法.

要绘制分位数图, 我们需要定义估算 $q(f)$ 的规则, 因为有很多不同的计算方法. 我们要用的这种方法正是 R 当中用到的. 数据点 $x_{(i)}$, i 从 1 到 n, 是按照从小到大的顺序排列的 ($x_{(1)}$ 是最小的, $x_{(n)}$ 是最大的). 对每个数据点, 记录它对应的百分位数:

$$f_i = \frac{i - 0.5}{n} \tag{3.2}$$

这些数字从略大于 0 的 $\frac{1}{2n}$ 开始, 按照 $\frac{1}{n}$ 的相同步长增加, 最终以略小于 1 的 $1 - \frac{1}{2n}$ 结束. 我们就把 $x_{(i)}$ 当作 $q(f_i)$. 例如, 10 个 TP 浓度数据有如下 f 值:

f	TP	f	TP	f	TP
0.05	0.21	0.45	0.79	0.75	1.01
0.15	0.35	0.55	0.90	0.85	1.12
0.25	0.50	0.65	1.00	0.95	5.66
0.35	0.64				

0.35 分位数是 0.64. 无法按照之前的定义计算的 f 值 (如 0.10 和 0.99) 是通过线性内插或者外推确定的. 图 3.7 给出了 $x_{(i)}$ 对 f_i 的分位数图.

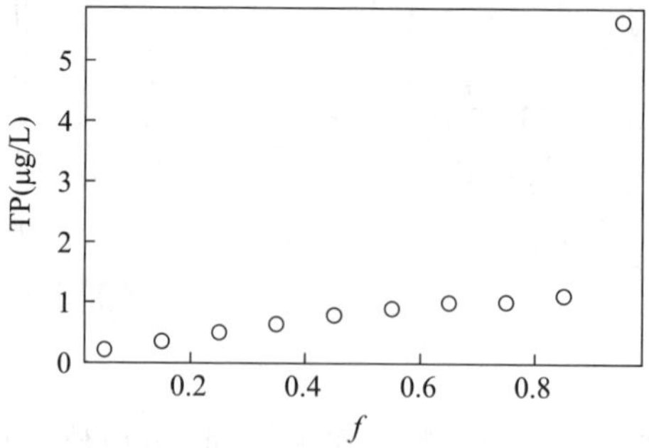

图 3.7 分位数图的一个例子——TP 浓度数据的分位数图, 给出了所有数据点及其分位数.

直方图给出的是一个分布的总体形状, 而分位数图展示的则是所有数据点的分位数. 但有的时候, 我们对某分布的具体统计量更感兴趣. Tukey 的箱子–胡须图 (或者箱图) 就给出了这样一个工具. 在箱图中, 展示的是均值 (和/或中位数), 第 25 和 75 百分位数, 以及外部两端的相邻值. 箱图给出了数据的中间部分, 从中位数的位置我们可以判断分布是否近似对称. 箱图一般无法用来检验正态性假设. 它是一般意义上总结一组数据的图形工具. 图 3.8 给出了箱图和分位数图的关系, 来自文献 Cleveland (1993).

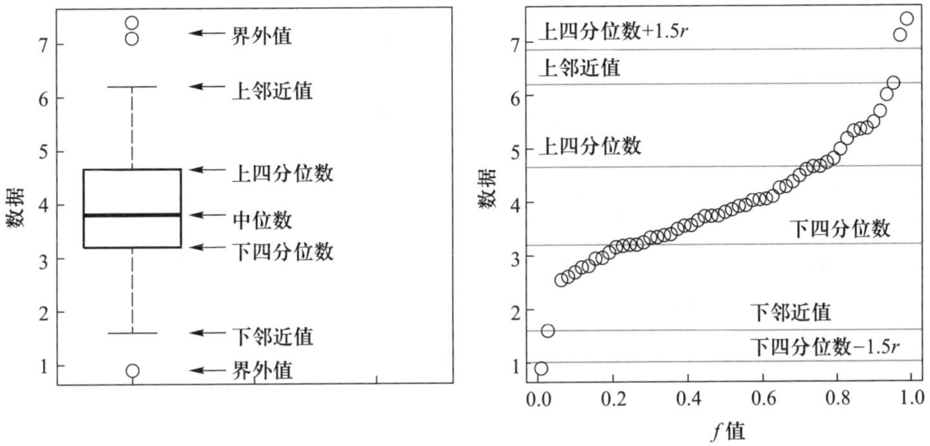

图 3.8 箱图的解释——箱图 (左侧) 可以用分位数图 (右侧) 来解释. 两个图用的都是人为生成的数据. (征得同意后使用, Cleveland (1993))

3.4.2 比较分布的图形

要比较两组或更多组数据的分布, 我们用分位数–分位数图 (Q–Q 图). Q–Q 图的绘制是将两组数据中具有相同分位数的成对数据点画在双变量散点图上. 画图的目的是理解数据集之间分布上的偏移. 如果两个分布相同, Q–Q 图就会由落在斜率为 1 截距为 0 的直线上的点组成. 如果这些点落在截距不为 0 的直线周围 (但斜率仍然为 1), 那么两个分布之间的差异就是可加和的. 也就是说, 两个分布之间差的是一个常数. 这个常数就是两个分布的同一分位数间的差. 图 3.9 (左图) 给出的 Q–Q 图是两个均值不同但标准差相同的正态分布的比较. 如果 Q–Q 图上的点落在斜率不等于 1 的直线附近, 这两个分布的位置和展开范围都不同, 但是具有相似的形状. 如果截距为 0, 这两个分布之间差异是可乘的. 也就是说, 这两个分布之间差的是一个乘积因子. 图 3.9 (右图) 给出的 Q–Q 图比较的就是两个均值和标准差不同的对数正态分布. 如果 Q–Q 图上的点没有落在直线附近, 那么两个分布之间的差异就更复杂了. 用来绘制图 3.9 的数据是来自正态分布 (左图) 和对数正态分布 (右图) 的随机样本. 即使两个分布之间的差是严格可加或者可乘的, 偏离直线也是可能的, 尤其是在数据的两端. Q–Q 图是用于探索性分析的工具. 任何对直线的系统偏离都暗示着两个总体之间存在着更为复杂的差异, 也就是说, 存在更为复杂的可加或者可乘的偏移.

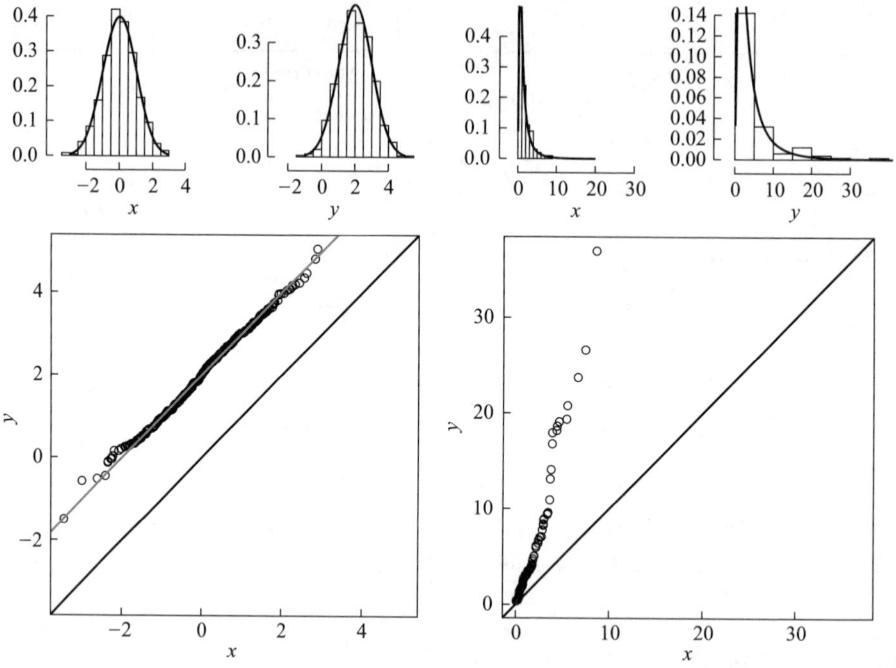

图 3.9 Q–Q 图中可加的偏移和可乘的偏移——左图是可加偏移的例子, Q–Q 图上的点落在一条与参考的 1–1 线平行的直线上. 右图是可乘偏移的例子, Q–Q 图上的点落在一条与参考的 1–1 线在 0 点处相交的直线上.

Q–Q 图画出的是一个分布的分位数与另一个分布相应的分位数的关系图. 假设我们有数据集 1 : $x_{(1)},\cdots,x_{(n)}$ 和数据集 2 : $y_{(1)},\cdots,y_{(m)}$, 且 $m\leqslant n$. 如果 $m=n$, 那么 $y_{(i)}$ 和 $x_{(i)}$ 分别是各自数据集的 $(i-0.5)/n$ 分位数, 因此, 在 Q–Q 图上, $y_{(i)}$ 对应 $x_{(i)}$, 也就是说, 排序后的一组数据对应排序后的另一组数据. 如果 $m<n$, 那么 $y_{(i)}$ 是 y 数据的 $(i-0.5)/m$ 的分位数, Q–Q 图上要绘制 $y_{(i)}$ 对应 x 数据的 $(i-0.5)/m$ 分位数, 必然会需要插值计算. 用此方法, 图上只会有 m 个点, 点数是数据量小的那组数据的个数. 当然, 如果 m 本身数值较大 (如 10^3), 我们可以选择更少的分位数来比较.

正态 Q–Q 图是一类特殊的 Q–Q 图, 比较的是数据分布与标准正态分布. 绘制正态 Q–Q 图的目的是直观地评估数据的分布是否像正态分布. 图形是通过用数据的分位数 (通过计算 $(i-0.5)/n$ 得到) 和与之相对应的标准正态分布的分位数绘制而成的. 例如, 一组个数 $n=100$ 的数据中 $x_{(4)}$ 的分位数估计值为 $(4-0.5)/100=0.035$, 而单位正态分布的 0.035 分位数为 `qnorm(0.035)` 即 -1.812. 在正态 Q–Q 图中, 数据 $x_{(4)}$ 对应 x 轴上的值 -1.812 和 y 轴上的值 $x_{(4)}$ 自己.

在 R 中, Q–Q 图的绘制可以用函数 `qq` (在 `lattice` 工具包中) 和 `qqplot` 完成. 正态 Q–Q 图则可以用函数 `qqmath(lattice)` 和 `qqnorm` 绘制. `lattice` 的函数 `qqmath` 可以用来将数据与多种分布进行比较.

3.4.3 识别变量间依存关系的图形

双变量**散点图**是展示变量之间依存关系的最常用的图形工具. 在散点图中, 我们试图传达的信息是图中展示的两个变量之间是相关的还是相互独立的. 在绘制散点图时, 有两点需要考虑: 一个是局部回归 (loess) 曲线, 另一个则是变量转换.

术语 loess, 来自德语 *löss*, 是局部回归的缩写. 它是一种曲线拟合方法, 常用作非参数回归. 在绘制双变量散点图时, 加入一条局部回归曲线会帮助我们甄别非线性关系. 例如, 1990 年 4 月的 *Consumer Report* 提供了新车的信息. 图 3.10 给出了燃油消耗 (每美制加仑的英里数①, 或 mpg) 对重量的散点图. 左图是画散点图的常用方法: 加入一条直线. 右图则加入了局部回归线, 表明英里里程和重量之间的关系可能是非线性的, 而这一点在只加入直线时并不明显. 在第 6 章我们会详细讨论非参数曲线拟合. 此处, 我们只是简单说明, 局部回归线是一条追踪散点数据团中心点的曲线. 它可以用来帮助我们更好地判断双变量关系的本质, 尤其是识别对线性关系的偏离.

如果在散点图中加入一条直线, 这条线就把线性关系强加给了数据, 往往会造成误导. 在散点图上加入局部回归线来取代直线是一个好主意.

如果有两个以上的变量, 双变量散点图矩阵是开展探索性分析的良好起点. 图 3.11 给出了纽约市 1973 年 5 月到 9 月每日空气质量监测值的散点图矩阵, R 中自带了相关数据. 数据包括罗斯福岛 13—15 点的地面臭氧浓度 (ppb) 和 3 个气象学变量——中央公园 8—12 点频段在 4000 ~ 7700 埃的太阳辐射 (兰勒)、LaGuardia 机场 7—10 点的平均风速 (英里/小时)、LaGuardia 机场每

① 1 美制加仑 =3.785412 L, 1 英里 =1.609 km.

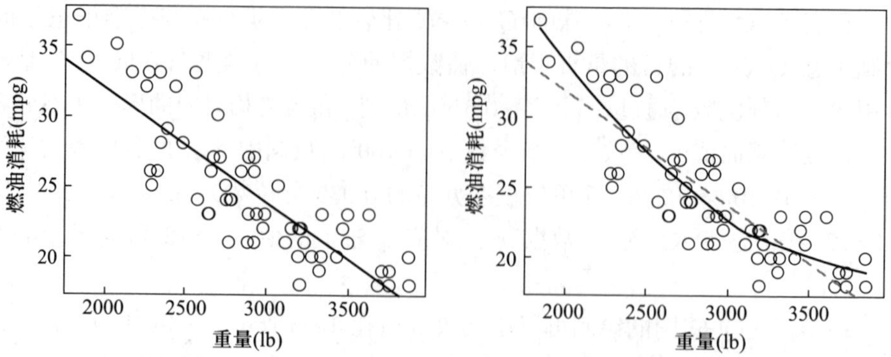

图 3.10　双变量散点图——散点图画出的是双变量数据: 新车的燃油消耗和重量. 左图是数据和最佳拟合线. 右图给出了最佳拟合线 (虚线) 和局部回归线.

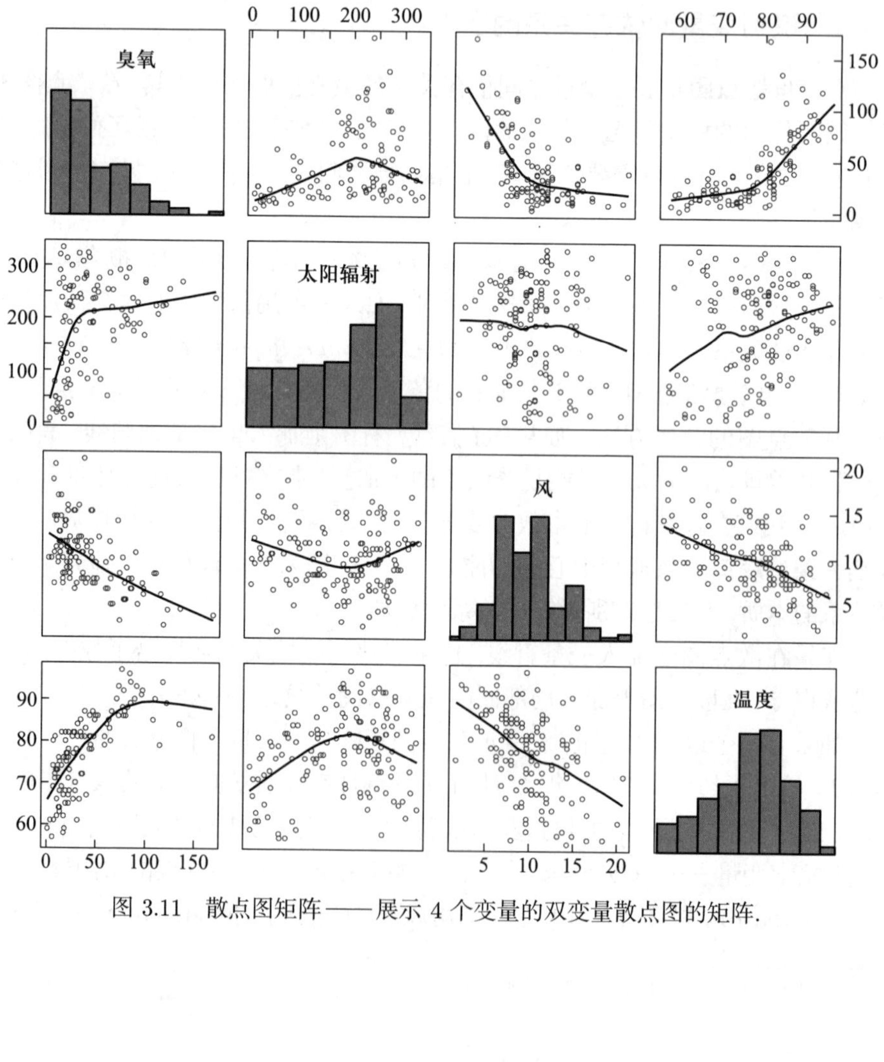

图 3.11　散点图矩阵——展示 4 个变量的双变量散点图的矩阵.

日最高气温 (华氏度). 在每一个散点图中, 都叠加了局部回归线. 对每一个变量, 在对角线上都绘制了它的直方图.

图 3.11 所示矩阵中的每个图都是一个双变量散点图. x 轴上的变量是同一列上对角线图形中的变量, 而 y 轴上的变量则是同一行内对角线图形中的变量. 例如, 右上角的散点图中, y 轴变量为臭氧, x 轴变量为温度. 对于这组数据, 我们感兴趣的是气象学变量对地面臭氧浓度的影响. 第一行中 3 个散点图给出了臭氧作为响应变量 (y 轴变量) 的情况. 从这 3 个散点图我们可以得到一些初步结论. 首先, 太阳辐射的影响有些模糊. 局部回归线表明太阳辐射增强时臭氧浓度增加, 直到太阳辐射值达到接近 200 兰勒的水平; 然后, 太阳辐射超过 200 兰勒之后继续增加而臭氧浓度降低. 这好像与我们对于烟雾形成机理的理解有矛盾. 图形还表明, 太阳辐射值高于 150 兰勒之后, 臭氧浓度的变动幅度很大. 臭氧浓度与风速之间的关系是很容易解释的. 风会引起地面污染物的分散, 因此, 风越大, 臭氧浓度越低. 当风速达到 10 英里/小时 (约 16 km/h) 后, 臭氧浓度维持在一个很低的接近常数值的水平上. 最后, 臭氧浓度随着气温的升高而增大. 但是, 当温度低于 75 °F (约 24 °C) 时, 温度的影响就不明显了. 在读图时, 我们必须小心, 不能对观测到的相关性过于自信. 因为 3 个气象学变量之间是相关联的 (例如, 高温往往与静风联系在一起). 它们之间的相互作用对于臭氧的影响是无法从双变量的散点图中看出来的.

变量转换是数据可视化的重要内容之一. 例如, 图 3.12 给出了北美一些人工湿地出水口处磷浓度与相应湿地的磷负荷之间的关系. 左图中, 变量关系的性质并不清晰, 因为大部分数据点挤在图的一角. 如果磷的负荷采用对数坐标, 变量关系的性质就很明显了: P 的负荷率低于 $1\ \mathrm{g\ m^{-2}\ yr^{-1}}$ 时, P 浓度稳定地维持在低水平上; 当 P 的负荷率高于 1, 随着负荷率的提高, P 的浓度及其方差作为负荷率的函数也不断增加. 这一图形最先是由 Qian (1995) 给出的.

一般来说, 变量转换的目的是让数据点在整个绘图区域较为均匀地分布, 避免过于拥挤. 图 3.12 (左图) 中, 数据集中的大多数湿地的负荷都是比较小的. 少数几个负荷高的湿地占据了绘图区域, 大多数点挤在一个很小的角落里. 变量转换改变了变量的取值范围. 例如, 在原来的取值范围内, 大多数点的负荷低于 $500\ \mathrm{g\ m^{-2}\ yr^{-1}}$ (只有大约 10 个湿地, 或者说不到 10% 的湿地, 其负荷超过了 500). 湿地的最大负荷超过了 3000, 所以 90% 以上的数据点挤在 15% 以下的绘图区域 (左图中 500 的左侧). 如果通过取对数来转换负荷 ($\log 500 = 6.2$ 而 $\log 3000 = 8.0$), 500 与 3000 之间的距离按照自然对数的比例来看就小于 2 了, 而 0.01 ($\log 0.01 = -4.6$) 到 500 的距离就变得大于 10 了. 在对数比例尺下, 高

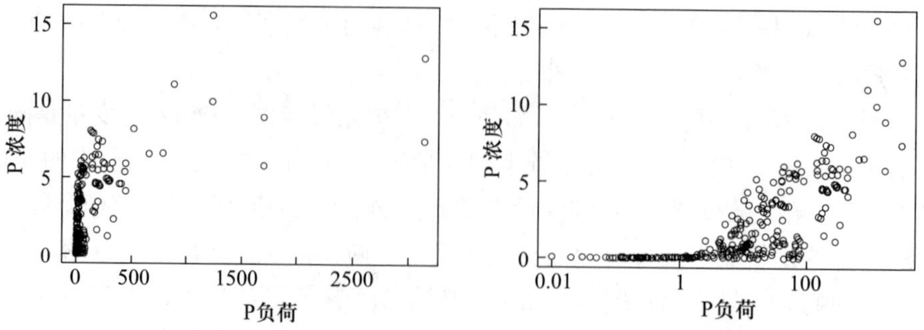

图 3.12 北美湿地数据库的散点图——散点图中的双变量数据: 出水磷浓度 (μg/L 或 ppb) 和磷的输入负荷 ($g\ m^{-2}\ yr^{-1}$), 数据来自北美湿地数据库. 如果采用原始单位来绘图, 少数负荷较大的湿地占据了超过 80% 的绘图空间 (左图), 导致变量关系不明显. 如果采用对数坐标来绘图, 右图清楚地给出了出水磷浓度与输入负荷之间的关系.

负荷的 10% 的数据点就只占用了不到 20% 的绘图空间.

对数变换是幂变换中的特例. 幂变换是一类具有通用形式 x^λ 的变换方法. 通过使用不同的 λ 值, 变换后的变量分布可以接近对称. 为了选择合适的 λ 值, 可以用正态 Q–Q 图来确定转换后的变量分布是否接近正态分布. 也就是说, 我们可以选择多种 λ 值, 例如 $z = x^2$ (平方)、$z = x^{0.5}$ (平方根)、$z = \log x$ (可将 $\lambda = 0$ 定义为取对数)、$z = x^{-0.5}$ (平方根倒数) 和 $z = x^{-1}$ (倒数). 转换后的变量 z 被用来与正态分布相比. 通过用正态 Q–Q 图进行逐个比较, 就可以选出合适的变换形式了. 例如, 图 3.13 给出了使用 7 种 λ 值对 P 负荷进行幂变换. 显然对数变换是最合适的形式, 对数变换后的变量更接近于正态分布.

由于幂变换的目的是更好地展示两个变量之间的关系, 我们一般不必对接近正态分布的变量予以转换. 因此, 我们通常使用的 λ 值都是易于解释的. 变量取值范围较小时, 幂变换的效果会受到限制. 对于对数变换, 取值范围小一般意味着数据的最大值和最小值在同一个数量级内.

双变量散点图挖掘了两个变量之间的关系. 利用双变量散点图来挖掘多个变量之间的关系是有困难的, 主要是因为多个变量之间存在潜在的交互作用. 交互作用这个术语可以用条件作用来解释. 两个变量之间的关系往往依赖于第三个变量的取值. 例如, 在检查马里兰州巴尔的摩市的大气颗粒物 (PM2.5) 浓度与气温是否相关时, PM2.5 对温度的双变量图里显示出相当多的噪音现象 (图 3.14). 如果分别在每个月绘制相应的关系图 (图 3.15), 我们发现 PM2.5 在夏季月份与气温是强烈相关的, 而在冬季月份没有明显关系. 图 3.15 中的每幅图代表的是 log PM2.5 与温度之间的条件关系, 而这个条件就是月份. 如果只从图 3.14 来判断, 我们可能不会相信 PM2.5 是受温度影响的. 但是, 图 3.15 改

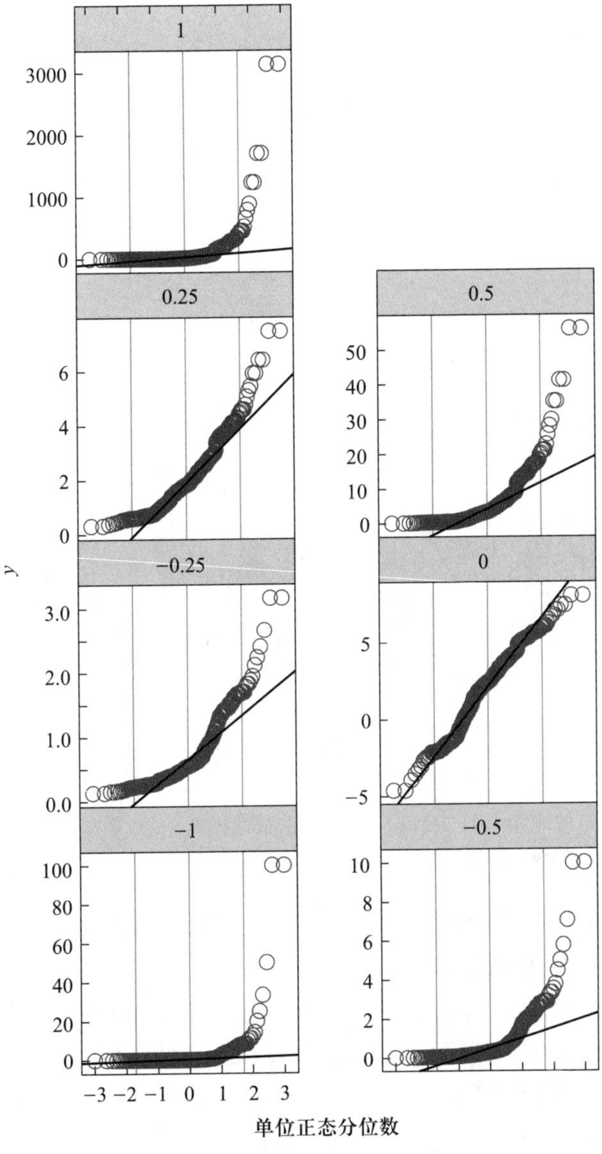

图 3.13 幂变换后的正态性——用正态 Q–Q 图展示磷负荷的幂变换. 每个图顶上的数字就是幂指数.

变了我们关于 PM2.5 与温度之间关系本质的认识.

图 3.15 检查了 3 个变量之间的关系: PM2.5、温度和月份. PM2.5 与温度之间的关系取决于月份. 由于“月份”这个变量是分类变量, 所以 PM2.5 与温度的散点图很自然地可以按月来绘制. 如果遇到的是 3 个或更多的连续变量, 条

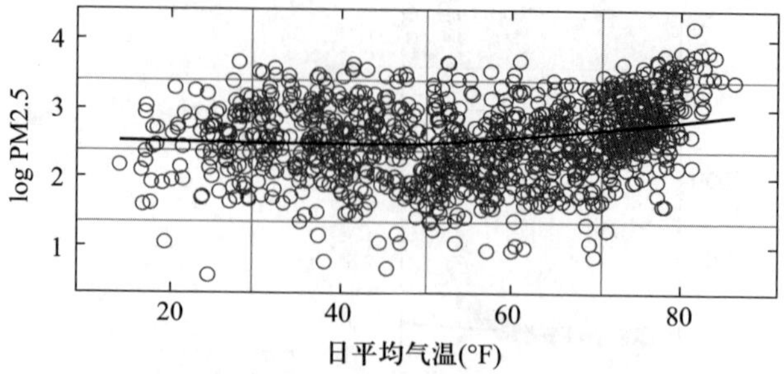

图 3.14 美国巴尔的摩市的 PM2.5 每日浓度——双变量散点图显示 log PM2.5 与平均温度之间的关系很弱.

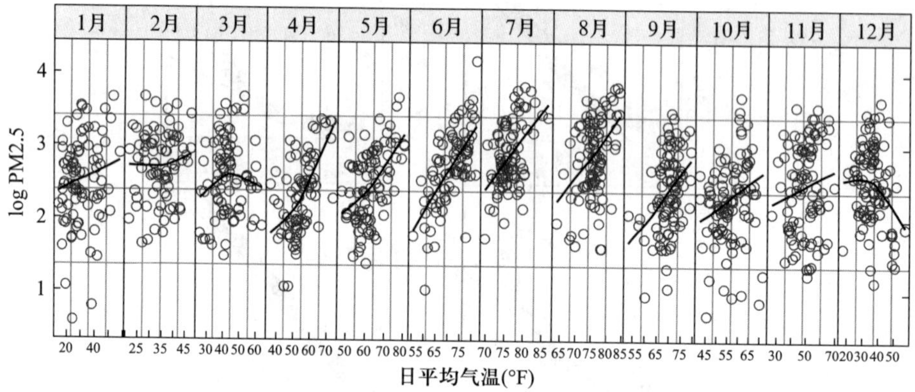

图 3.15 美国巴尔的摩市每日 PM2.5 浓度的季节性模式——夏季月份 log PM2.5 与平均温度之间的相关性比冬季月份强.

件作用的概念仍然适用. 例如, 要完全搞清太阳辐射对地面臭氧浓度的影响, 我们可以绘制不同温度和风速取值范围条件下一系列的臭氧浓度和太阳辐射双变量散点图. 也就是说, 将数据划分成代表不同风速和温度条件的若干子集. 条件图的绘制可以用 R 的函数 `coplot` 或者 `lattice` 的函数 `xyplot` 来轻松实现.

图 3.16 展示的多幅图是用函数 `xyplot` 生成的. 每幅图都是臭氧浓度平方根与太阳辐射的双变量散点图. 每个图的顶上都有两个横条指示绘图时的风速和气温条件. 条件变量的取值范围分别在横条内的阴影部分标出. 每一行的图中, 从左向右风速依次增大, 而每一列中, 温度自底至顶依次升高. 与利用全部数据画出的臭氧浓度对太阳辐射散点图 (图 3.11) 相比, 我们可以发现条件图表明变量间为单调关系, 也就是说, 太阳辐射越强, 臭氧浓度越高. 而采用全部数据画出的图则认为太阳辐射在 200 ~ 250 兰勒有个峰值. 另外, 条件图还表明:

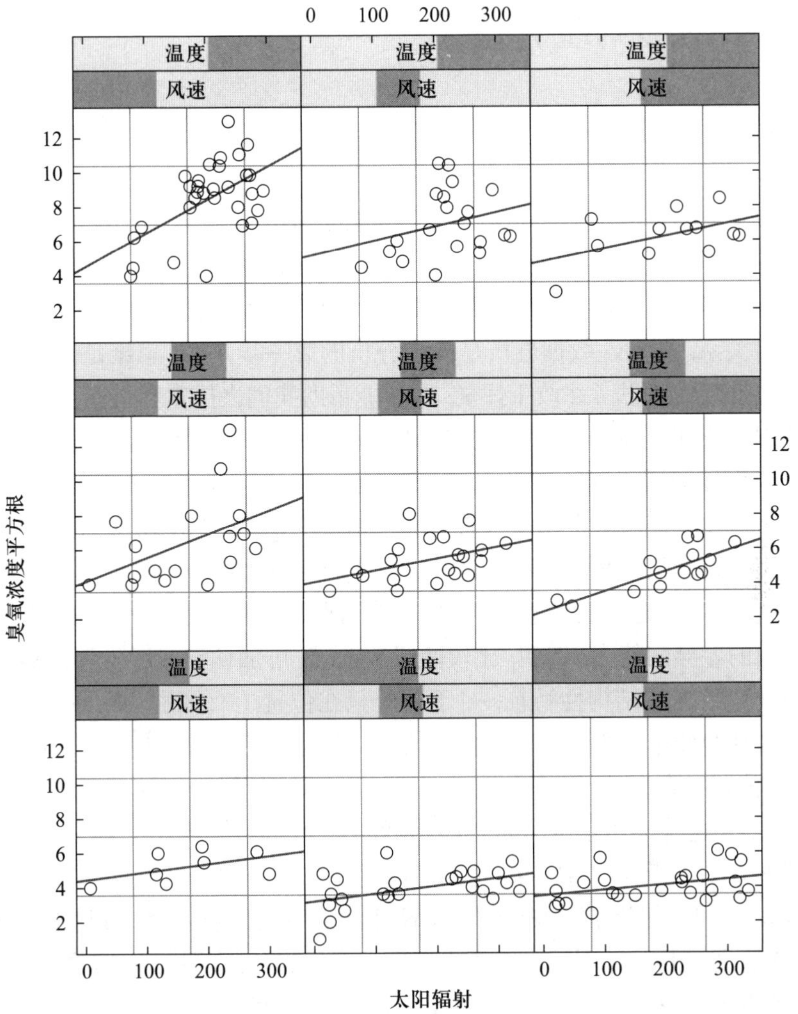

图 3.16 空气质量的条件图——经平方根转换之后的臭氧浓度与太阳辐射之间的相关性一般为正. 相关强度的大小与风速和温度条件有关. 静风 (左列) 和高温 (顶行) 会强化相关性.

(1) 风速低时 (左列), 当温度升高 (自底至顶), 太阳辐射的影响作用加强, 反映在斜率的增加上.

(2) 风速增加时 (从左向右), 辐射的影响作用变弱.

从统计学角度总结上述研究成果, 可以说辐射的影响作用依赖于温度和风速值, 或者说依赖于 3 个气象学变量之间的交互关系.

3.5　从图形到统计思维

对数据进行良好的展示对有效沟通很重要, 图形展示的方式比起表格的效果又更好一些. 由于统计学是关于变化的学科, 那些能帮我们理解数据变化特征的图形是所谓好的图形. 计算均值是容易的, 但考虑方差就比较难. 本章我们学习的一些图形是专门为展示变化特征而设计的. 不仅如此, 图形还可以显示出数据中不易被发现的特点, 进而帮助我们清晰地表达自己的观点、揭示可能被忽略的关系. 探索性数据分析是统计分析的第一步. 统计思维是科学的思维, 要求我们批判式地思考并敢于怀疑. 图形能帮助我们去探索和沟通.

数据分析和建模的目的是为存在于数据中的结构找到数学描述. 由于我们无法期待恰好知道正确的数学方程, 而且有多种模型都能够再现观测数据, 所以我们所开发的任何一个模型都有可能是错误的 (Box, 1976). 要让这些可能出错的模型变得有用, 我们所建立的模型必须能够解释模型预测结果与观测数据之间的差异. 统计思维的重要内容之一就是评价模型与数据中反映出来的现实世界之间的差异的能力. 例如, 比较两组数据时, 可加偏移或者可乘偏移概念描述了单变量数据的结构性特征. 对于两个只在位置上有区别, 而展布程度和形状上没区别的分布 (或 $y = x + a$), 在估计位置即进行位置测量 (均值或中位数) 时, 可加偏移是合理的. 两个分布的区别可由两者均值 (或中位数) 之间的差异来描述. 如果这种描述是正确的 (或者有效的), 我们会期望在 x 和 y 的 Q–Q 图上看到一条平行于 1–1 参考线的直线. 如果两个分布的区别在于乘积因子, 或者说 $y = ax$, 比较这两个分布的均值不能给我们提供对两个分布差异有意义的描述. 均值之间的差异不再是对两个分布之间差异的准确描述. 但是, 在对数比例尺 (即 $\log y = \log a + \log x$) 中, 两个分布的差异就只是位置了. 因此, 如果我们怀疑两个分布之间的区别是可乘偏移 (图 3.9 的右图), 我们需要对两组数据做对数变换后再绘制 Q–Q 图. 如果对数变换后的数据 Q–Q 图显示为可加偏移 (图 3.9 的左图), 我们必须用对数差异或者比例因子来描述两个分布的差异.

一旦确定来自两组数据的分布 x 和 y 只在位置上有差异, 就可以把数据分成两部分: $y_j = \overline{y} + \varepsilon_j$ 和 $x_i = \overline{x} + \epsilon_i$. 估计出来的均值 $\overline{x}$ 和 $\overline{y}$ 是 “拟合” 的例子, 是对描述分布特征的参数的估计. 差值 ϵ_i 和 ε_j 被称为残差. 残差在统计学分析中是很重要的, 因为它们提供了关于变化的信息. 如果我们认定变量 x 和 y 的分布只在位置上有区别, 那就可以知道 ϵ 和 ε 的分布是相同的. 因此, 把两个数据集的残差放在一起分析可以增大样本容量并提高方差估计的可靠性. 事实上, 本章中所描述的统计假设大部分是应用于残差的. 在第 II 部分讨论统计模型时,我们会反复提到对残差的分析.

例如, 在展示著名的鸢尾属植物花的数据时, Cleveland (1993) 使用了散点图矩阵, 该数据集最初由 Anderson (1935) 收集、Fisher (1936) 使用. 这组数据以厘米为单位, 分别给出了 3 种各 50 朵鸢尾属花的萼片长度、宽度和花瓣长度、宽度的测量值. 3 种鸢尾属分别是: 山鸢尾 (*Iris setosa*)、变色鸢尾 (*I. versicolor*) 和维吉尼亚鸢尾 (*I. virginica*).

一个有趣的问题是这些测量数据能否用来区分这 3 种不同的鸢尾属类型. 这组数据后来被反复用于解释不同的模型方法. 图 3.17 用 3 种符号代表 3 种鸢尾属植物. 从花瓣长度对花瓣宽度的图上, 我们可以看到所有 3 种鸢尾属的花瓣宽度都与花瓣长度是成比例的. 要区分 3 种鸢尾属植物, 我们只需要定义

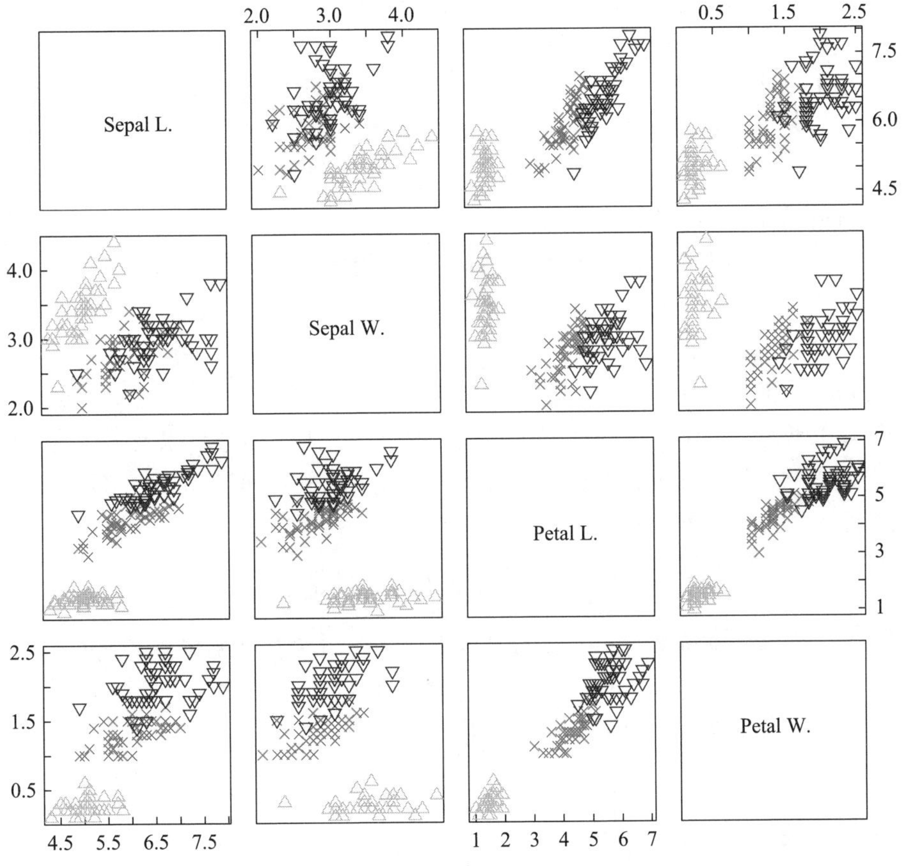

图 3.17 鸢尾属植物花的数据——展示数据的散点图矩阵: 萼片长度 (Sepal L.)、萼片宽度 (Sepal W.)、花瓣长度 (Petal L.) 和花瓣宽度 (Petal W.) 测量值两两之间的关系图. 3 种花分别用不同符号代表: 山鸢尾 (△)、变色鸢尾 (×)、维吉尼亚鸢尾 (▽).

一个新的变量, 例如, 将花瓣长度和花瓣宽度之和定义为花瓣大小. 山鸢尾的花瓣大小在 1.2 ~ 2.3 cm 范围内变化, 变色鸢尾的花瓣大小则在 4.1 ~ 6.7 cm, 而维吉尼亚鸢尾的花瓣大于 6.2 cm. 我们可以把这个图转换为分类规则; 如果花瓣小于 3 cm, 则花的种类为山鸢尾, 如果大小在 3 ~ 6.5 cm, 则为变色鸢尾, 如果大于 6.5 cm, 则为维吉尼亚鸢尾. 这样, 我们就将探索性图形转换成了一个分类模型.

Tukey (1977) 介绍的探索性数据分析是统计推断的组成部分之一. 通过图形合理地处理和汇总数据可以让数据更容易被人们所理解, 从而给出数据结构的线索. 统计推断中比较大的一个知识上的跳跃是, 我们必须把数据看作是具有特定分布函数却又无法直接观测的随机变量的现实表现. 数据分析和统计模型的目的是寻找对这个分布的近似. 统计分析的结果必须要加以评估, 而评估需建立在从得到的分布中生成观测结果的似然度基础上. 由于现实世界中没有哪个变量是严格服从正态分布的, 我们提出的模型无论如何都是错的. 因此, 统计学重点在于考察由残差所代表的模型和数据之间的差距. 尽管大多数学生把统计学当作类似于数学的学科, 但统计思维跟数学是相当不同的. 在数学中, 我们执行的是演绎推理. 也就是说, 我们从一组前提开始, 采用一系列的规则来推出结论. 演绎推理的结论不会比初始前提提供的信息多. 统计学中, 我们观测结果 (数据), 然后努力来寻找原因. 虽然数学是统计学的重要内容, 统计思维很大程度上是归纳式的, 与 (经验) 科学方法一致. 由于存在这样的差异, 统计推断更主要依赖于对模型和假设的判断. 这个判断主要基于经验, 可以是关于数据来源领域的经验或知识, 可以是特定数据处理技术的应用经验, 以及提炼出来的特定技术的特征 (Tukey, 1962). 探索性数据分析是其中很重要的一部分, 它提供了能引导建模的经验信息. Tukey (1997) 用侦探和法官的比喻阐述了探索性数据分析和后续建模 (参数估值和假设检验) 之间的关系:

> 除非侦探发现了线索, 否则法官或者陪审团什么都不会考虑. 除非探索性数据分析发现了证据, 通常是定量的, 否则不会考虑开展验证性的数据分析. (Tukey, 1997, p.3)

3.6 参考文献说明

大多数探索性统计分析的图形方法在文献 Cleveland (1993) 中有详细讨论, 并可以用 R(`lattice` 工具包) 实现. 统计学与科学之间的关联在文献 Box (1976)

中也有所讨论. EDA 重要性的哲学意义可以在文献 Lenhard (2006) 中找到.

3.7 练习

1. 在正态 Q–Q 图中, 当数据点是来自正态分布的随机样本时, 我们希望看到数据点排列成一条直线. 与几乎所有统计规则一样, 这种希望实际上就是 "期望" 或我们平均希望看到的东西. 当数据的样本量小时, 即使数据点是来自正态分布的真正随机样本, 正态 Q–Q 图也可能不完全形成直线. 反复使用 `my.qqnorm(rnorm(20))` 绘制几个正态 Q–Q 图, 每个图都从标准正态分布中抽取 20 个随机数来绘制, 并查看偏离直线的情况.

2. 在箱图中 (图 3.8), 箱子的高度表示四分位数极差 r(通常用作对展布的度量, 接近标准差), 上下邻近值是距离下四分位数 $1.5r$ 范围内距离箱子中心最远的数据点. 你能猜到为什么是 $1.5r$ 吗?

3. 用海德堡大学的水质监测数据 (第 2 章, 练习 4) 完成以下任务:

- 根据采样日期绘制 TP(总磷) 随时间的变化图, 实现其可视化, 并将 SRP 的时间变化模式与河流流量的时间变化模式进行比较. 描述两者的季节性模式.
- 分别在原始和对数坐标下绘制 TP 对流量的图, 检查 TP 与流量之间的相关性.

4. 美国国家海洋和大气管理局五大湖环境研究实验室 (Great Lakes Environmental Research Laboratory of the U. S. National Oceanic and Atmospheric Administration,NOAA-GLERL) 每年 5 月至 10 月定期监测伊利湖西部流域. 数据文件 `LakeErie1.csv` 包含了截至 2014 年底的所有可用数据. 有两个变量是我们研究湖泊富营养化特别感兴趣的. 它们是总磷 (TP) 和叶绿素 a(chla) 浓度. 它们是浓度变量, 我们通常假设它们的分布为近似正态.

- 将数据读入 R, 使用图形来评估 TP 和 chla 是否为正态分布.
- 西伊利湖的营养物浓度主要与毛米河的输入有关, 由于天气条件的变化, 毛米河的输入每年都有所不同. 因此, 我们预计 TP 和 chla 的浓度分布每年都会有所不同. 请你使用函数 `qqmath`(来自软件包 `lattice`), 按年份绘制 TP 和 chla 浓度的正态 Q–Q 图. 年浓度分布是否更接近正态?

5. 除了 NOAA-GLERL, 其他几家机构在伊利湖也有例行监测项目. 数据文件 `LakeErie2.csv` 包含了 NOAA-GLERL、俄亥俄州自然资源部 (Ohio Department of Natural Resources, ODNR) 和托莱多大学 (University of Toledo)

收集的 TP 和 chla 浓度数据.

(a) 比较来自 NOAA 的 TP 浓度数据与来自 ODNR 的 TP 浓度数据的分布:

- 这两种分布存在差异吗?
- 如果存在, 两个 TP 浓度分布之间的差异更可能是可加的还是可乘的?
- 两种分布的方差是相同的吗?

(b) 用非技术术语描述两种分布的差异.

(c) 重复之前的比较, 比较托莱多大学和 NOAA 以及 ODNR 和托莱多大学的 TP 分布, 并总结结果.

6. Seuss 博士 1971 年版的《洛拉克斯》(*The Lorax*) 里有描述 "嗡嗡鱼" 在其池塘被污染后可怕遭遇的内容:

> "它们会用鳍行走, 非常疲惫地寻找一些不那么难闻的水. 我听说伊利湖的情况也一样糟糕."

在 1985 年的版本中, 当 Seuss 博士意识到伊利湖由于将导致其富营养化的罪魁祸首——磷的输入, 特别是在毛米河流域的输入, 成功减少而再次成为 "微笑鱼的快乐家园" 之后, 他在书的 1985 年版本中删除了第 2 句描述. 此后, 毛米河的磷输入稳定下来. 然而, 自 20 世纪 90 年代末以来, 有毒藻华又出现在伊利湖西部. 有些人认为, 无机磷肥的广泛使用是罪魁祸首. 由于伊利湖西部的大部分磷来自毛米河, 我们可以使用海德堡大学的长期监测数据来评估这一假设是否被数据支持.

- 绘制每日可溶性活性磷 (soluble reactive phosphorus, SRP) 浓度随时间的变化图. 你能看到随时间推移而增加的趋势吗?
- 用质量负荷率 (流量和浓度的乘积) 能更好地度量湖泊的营养素输入. 绘制每日 SRP 负荷率的时间过程图. 负荷率有时变趋势吗?
- 如果时变趋势不明显, 通常是因为每日波动很大. 计算 SRP 负荷率的年度总量, 并根据相应的年份画图. 有变化趋势吗?
- 如果我们对 TP 重复上述步骤, 我们将看到过去 20 年的年度 TP 负荷或多或少是相同的. 过去 20 年有毒藻华的复发可能是由于 SRP 在总磷中的比例增加吗? 绘制 SRP 占 TP 比例的时间过程图 (在每日和每年的时间尺度上).

7. 图 3.16 探讨了臭氧浓度–太阳辐射关系对风速和温度的依赖性. 请使用相同的条件图来检查臭氧浓度–温度关系对风速和太阳辐射的依赖性, 以及臭氧浓度–风速对太阳辐射和温度的依赖性.

第 4 章

统计推断

4.1 概述

正如我们之前所讨论的, 统计学的目的是试图找到可能产生我们所观测到的数据背后的概率分布. 几乎所有统计学的应用中, 背后真正的概率分布 (或模型) 是未知的. 因此, 寻找正确模型的过程是一个谨慎的探查过程, 必然是由两个步骤组成的: 一个是对模型形式 (什么分布) 的初步猜想, 另一个就是对未知模型参数的估计. 本书中, 我们用术语模型 (model) 作为一个一般性的词汇来描述概率分布模型. 在任何统计分析中, 不可避免地要回答的第一个问题就是分布的形式. 我们如何来确定哪个模型适合于所研究的问题呢? 这个问题, 正是 David Hume 最初在其 1748 年出版的著作《人类理解研究》(Hume, 1748, 1777) 中提出的关于归纳的问题, 是不可能做出一般性回答的. 我们只能从两个层次上予以解释: 首先, 许多不同的模型能导出相同的观测数据似然度. 其次, 即使我们找到了可以解释观测值的唯一模型, 也不能确定模型在未来依然正确. 用 Hume 的话来说, 归纳过程没有 "合理的基础", 因为没有任何理由能证明它. 关于因果推理的不可能性的哲学探讨, 统计思维是一种归纳性的过程, 是准证伪方法. Fisher 的统计推断的基础采用的是 Popper 的证伪理论, 试图解决归纳的问题. Karl Popper 认为归纳问题找不到绝对的答案 ("不论我们观察到了多少只白天鹅也不能证明所有天鹅都是白色的结论"), 但是, 从逻辑上讲, 如果理论不能被经验观测所证实的话, 有些时候却是可以被驳倒的 (例如, 见到了黑天鹅). 而且, 一个理论是可以被 "证实" 的, 如果它的逻辑结果能被合理的实验所确认的话. 统计推断从一项假设或者理论出发, 通常用特定概率分布的形式表达. 由于统计假设不能直接被反驳, 推断一般是基于与理论相矛盾的来源于数据的证据. 如果证据是强有力的, 我们就可以驳回该理论. 一旦理论被证实了, 也就是说, 概率分布模型很可能是真实分布的表征, 那么, 就可以估计模型参数了. 在大多数统计分析中, 统计推断就是对模型的估计和针对特定参数值的假设检验. 这是因为关于概率分布的理论不可避免地是随主题而定的. 因此, 关于统计推断的讨论大多数取决于对潜在的概率分布的认识.

4.2　总体均值和置信区间的估计

1.2 节中讨论的湿地 TP 参考数据是被用来推断湿地中的 TP 背景分布的. 这是一个典型的关于总体分布的统计推断问题. 在这里, TP 分布是用有限的样本数来估计的, 是一个从特殊到一般的归纳推理案例. 尽管真实的 TP 浓度概率分布是未知的, 很多研究表明环境浓度的分布可以被近似为对数正态分布 (如 Ott, 1995). 因此, 我们只需要估计分布的对数均值和对数标准差. 估计总体分布均值和标准差最简单和自然的方法是用样本均值和样本标准差:

$$\overline{y} = \frac{1}{n}\sum_{i=1}^{n} y_i$$

和

$$\hat{\sigma} = \sqrt{\frac{\sum_{i=1}^{n}(y_i - \overline{y})^2}{n-1}}$$

其中, y_i 是 TP 浓度观测值的对数. 但是, 如果有可能重复采样的话, 每批样本可能计算出一个不同的样本均值和样本标准差. 也就是说, $\overline{y}$ 和 $\hat{\sigma}$ 是随机变量. 因此, 任一给定的估计值 $\overline{y}$ 的正确性就值得怀疑了. 这个问题与 $\overline{y}$ 的变化程度是相关的. 如果 $\overline{y}$ 的方差很大, 我们就可能看到样本变化时 $\overline{y}$ 变化大, 进而降低了任一估计值的可靠性. 如果 $\overline{y}$ 的方差较小, 我们就不会看到下一个样本均值与当前这个有大的差异. 如果知道了样本均值的分布, 我们就可以定量地描述样本均值和总体均值之间的关系. 这个定量描述应该可以提供关于估计的可靠性和是否需要增加样本的信息. 样本均值 ($\overline{y}$) 和样本方差 ($\hat{\sigma}^2$) 等统计量的分布称为抽样分布.

中心极限定理 (central limit theorem, CLT) 描述了样本均值分布. 对任意随机变量 $\overline{Y}$, 当样本容量足够大时, 样本均值 $\overline{Y}$ 的分布近似正态分布. 一个正态分布有两个参数: 均值和标准差. CLT 表明, 样本均值分布的均值与总体均值是一样的, 而样本均值分布的标准差等于总体标准差除以样本容量的平方根:

$$\overline{Y} \sim N(\mu, \sigma/\sqrt{n})$$

$\sigma/\sqrt{n}$ 这个统计量就是样本均值的标准误 (se), 是样本均值分布的标准差.

根据这个结论，我们就可以利用标准误，或者用最易被观测到的样本均值的范围，来描述样本均值的变异程度. 例如，$\mu \pm 2se$ 给出了所有可能的样本均值中间大约 95% 的取值范围. 数字 "2" 是通过变量 $\overline{Y}$ 的线性转换得到的:

$$z = \frac{\overline{Y} - \mu}{\sigma/\sqrt{n}} \tag{4.1}$$

而 z 服从标准正态分布，即 $z \sim N(0,1)$. z 值中间的 95% 是标准正态分布的第 2.5 和 97.5 百分位数，近似为 $(-2,2)$. 也就是说 z 在 -2 到 2 之间取值的概率是 0.95:

$$\Pr(-2 \leqslant z \leqslant 2) = \Pr\left(-2 \leqslant \frac{\overline{Y} - \mu}{\sigma/\sqrt{n}} \leqslant 2\right) = 0.95$$

上式等价于 $\Pr(\mu - 2\sigma/\sqrt{n} \leqslant \overline{Y} \leqslant \mu + 2\sigma/\sqrt{n}) = 0.95$. 但是，这个关系式没有什么实际意义，因为它用两个总体的参数来描述 $\overline{Y}$ 的分布. 然而，如果我们知道 σ，该式可以被进一步转换为 $\Pr(\overline{Y} - 2\sigma/\sqrt{n} \leqslant \mu \leqslant \overline{Y} + 2\sigma/\sqrt{n}) = 0.95$. 区间 $(\overline{Y} - 2\sigma/\sqrt{n}, \overline{Y} + 2\sigma/\sqrt{n})$ 给出了对不确定性的测量. 这个区间是随机的，该区间包含总体均值 μ 的概率大约是 0.95. 这个区间就是 95% 置信区间. 一般来讲，估计出的样本均值的 $100 \times (1-\alpha)\%$ 置信区间是 $\overline{Y} \pm z_{\alpha/2}\sigma/\sqrt{n}$，其中 $z_{\alpha/2}$ 是标准正态分布的 $\alpha/2$ 分位数.

如果总体标准差未知且用公式 (4.1) 中样本标准差 $\hat{\sigma}$ 来代替，转换后的变量不再是正态随机变量了. 取而代之，线性变换变量

$$t = \frac{\overline{Y} - \mu}{\hat{\sigma}/\sqrt{n}} \tag{4.2}$$

服从自由度为 $n-1$ 的 t 分布. 类似地，置信区间 $(\overline{Y} - t_{\alpha/2,n-1}\hat{\sigma}/\sqrt{n}, \overline{Y} + t_{\alpha/2,n-1}\hat{\sigma}/\sqrt{n})$ 以 $1-\alpha$ 的概率覆盖了总体均值.

乘数 $t_{\alpha/2,n-1}$ 反映了估计样本均值的置信水平. 该乘数随着样本容量的变化而变化. 例如，样本大小为 10 时，该数值为 2.23; 样本大小为 20 时，则为 2.08. 但对于中等大小的样本量 $(20 \sim 50)$, 95% 置信区间的乘数非常接近 2. 因此，我们往往使用 $\overline{Y} \pm 2se$ 来粗略估计 95% 置信区间. 对应 68% 置信区间的乘数约为 1, 对应 50% 置信区间的乘数约为 2/3. 在 R 中，用函数 `qt` 可以计算该乘数. 例如，假设 TP 浓度数据在 R 中的名字是 `TP.conc`:

```
#### R code ####
    y <- log(TP.conc)
    n <- length (y)
    y.bar <- mean(y)
    se <- sd(y)/sqrt(n)
```

```
int.50 <- y.bar + qt(c(0.25, 0.75), n-1)*se
int.95 <- y.bar + qt(c(.025, .975), n-1)*se
```

95% 的置信区间意味着置信区间包含真值 μ 的概率为 0.95. 95% 的置信区间通常是 50% 置信区间宽度的 3 倍. 有一点要认识到, 真值 μ 不是随机的, 而置信区间是随机的.

利用 1994 年从 Everglades 湿地 3 个监测站获得的标记有 "U" (指未被影响的) 的数据 (4.8 节有原因说明), 估计出的对数均值为 2.048, 对数标准差为 0.342. 如果样本容量为 30 的话, 标准误是 0.06244. 因此, 50% 的置信区间是 $(2.005, 2.090)$, 而 95% 的置信区间是 $(1.920, 2.176)$.

对置信区间的解释往往会带来混淆. 因为, 当说 "某均值的 95% 置信区间是 $(1.9, 2.2)$" 的时候, 我们常常会试图将 95% 解释为真值被限定在区间内的概率. 这种解释是错误的, 因为真值并不是一个随机变量. 真值要么落在区间内, 要么落在区间外. 置信区间本身是随机的, 不同的样本会计算出不同的置信区间. 因此, 关于概率的说明应该是用到置信区间上. 95% 是指一个置信区间包含真值的概率, 而这个概率要从长期概率的角度来解释. 换句话说, 如果有可能对 Everglades 湿地进行重复采样并每次都计算均值的 95% 置信区间, 那么, 我们期望在 95% 的计算次数中置信区间包含这个均值. 要理解这种解释, 我们可以开展一次模拟. 该模拟要使用随机数来概括一次统计推断. 在这个案例中, 我们假设 TP 浓度对数值的真实分布是 $N(2.05, 0.34)$, 并且用计算机从这个分布中取出 30 个随机数来模仿采样过程, 然后计算置信区间. 当多次重复 (如 1000 次) 这个过程, 我们会期望 95% 的置信区间会包含 2.05.

```
#### R code ####
  n.sims <- 1000
  n.size <- 30
  inside <- 0
  for (i in 1:n.sims){ ## looping through n.sims iterations
     y <- rnorm(n.size, mean=2.05, sd=0.34)
         ## random samples from N(2.05, 0.34)
     se <- sd(y)/sqrt(n.size)
     int.95 <- mean(y) + qt(c(.025, .975), n.size-1)*se
     inside <- inside + sum(int.95[1]<2.05 & int.95[2]>2.05)
     }
  inside/n.sims ## fraction of times true mean inside int.95
```

每次运行这个模拟过程, 其结果都会有所不同, 但接近于 0.95. 结果变化的程度依赖于 `n.sims` 和 `n.size` 的取值.

中心极限定理指出, 样本均值的分布是正态的, 不论总体分布是什么样的.

利用上述模拟, 还可以考察如果数据不是来自一个正态分布时会发生什么样的情况. 例如, 我们可以把上述模拟的分布形式从正态分布换成均匀分布 (也就是说, `y<-runif (n.size, min=1.05, max=3.05)`). 由于中心极限定理描述了样本均值的渐近行为, 因此, 弄清楚怎样的样本容量足以保证样本均值近似满足正态分布就变得非常重要. 文献中有很多经验性的方法来确定最小的样本量, 但这些方法通常都不可靠. 例如, 图 4.1 给出了两个总体的模拟结果. 图中分别用了 3 个不同的样本量 ($n = 5, 20, 100$). 从两个分布中分别按照指定的样本量进行 10000 次采样来计算样本均值. 样本均值的计算结果用直方图来表示. 根据中心极限定理, 样本均值的分布应该趋近于正态 (我们期望看到的应该是对称的直方图), 并且均值应等于总体均值, 而标准差等于总体标准差除以样本个数的平方根. 图中, $\hat{\mu}$ 和 $\hat{\sigma}$ 分别是样本均值的均值和标准差, 而 μ 和 σ 分别是中心极限定理所预测出的均值和标准差. 显然, 第一行中样本均值的分布并不是对称的, 表明样本容量取 100 对于该特定的分布而言仍不够大. 下面一行图的样本均值分布都是近似对称的, 这表明, 对于这种不怎么偏斜的分布, 样本大小为 5 就足够了. 因此, 任何对于多大就够大的具体建议 (常常建议用 30) 都是不可靠的.

统计推断的第二部分是标准差. 样本分布的 $\hat{\sigma}$ 比起其均值就更复杂了. 当

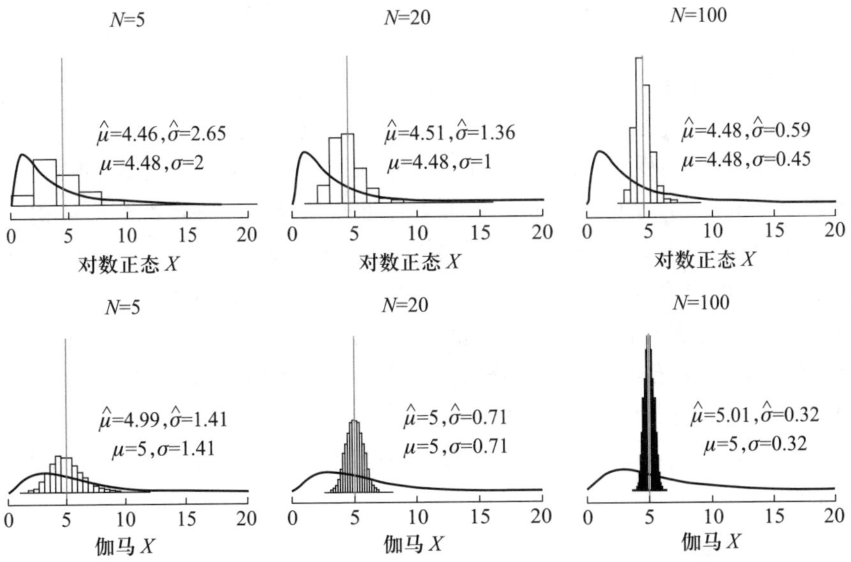

图 4.1 模拟中心极限定理——模拟出的样本均值分布表明样本均值分布收敛的速度不仅取决于样本数量, 还取决于总体分布. 样本容量达到 100 时, 来自对数正态分布 (上面一行) 的样本均值分布有所偏斜; 而当样本来自伽马分布 (下面一行), 样本容量为 5 时, 对应的样本均值分布已经接近对称了.

数据来自一个正态分布, $\hat{\sigma}^2$ 的分布跟一个倒过来的 χ^2 分布成比例, 因为样本方差的公式 $\hat{\sigma}^2 = \frac{1}{n-1}\sum_{i=1}^{n}(x_i - \overline{x})^2$ 可以表示为:

$$\frac{n-1}{\sigma^2}\hat{\sigma}^2 = \frac{1}{\sigma^2}\sum_{i=1}^{n}(x_i - \overline{x})^2 \tag{4.3}$$

公式 (4.3) 等号右边就是自由度为 $n-1$ 的 χ^2 随机变量. 因此, 样本方差 $\hat{\sigma}^2$ 是对 χ^2 随机变量的一个缩放. 我们可以先计算公式 (式 4.3) 右侧 χ^2 分布的 95% 置信区间 $(-\chi^2_{0.025}, \chi^2_{0.975})$, 然后计算 $\hat{\sigma}^2$ 的 95% 置信区间.

$$\Pr\left(\chi^2_{0.025} \leqslant \frac{n-1}{\sigma^2}\hat{\sigma}^2 \leqslant \chi^2_{0.975}\right) = 0.95$$

变换一下概率括号内关于 σ 的不等式, 我们可得到:

$$\frac{(n-1)\hat{\sigma}^2}{\chi^2_{0.975}} \leqslant \sigma^2 \leqslant \frac{(n-1)\hat{\sigma}^2}{\chi^2_{0.025}}$$

也就是说, σ^2 的 95% 置信区间为 $\left(\frac{(n-1)\hat{\sigma}^2}{\chi^2_{0.975}}, \frac{(n-1)\hat{\sigma}^2}{\chi^2_{0.025}}\right)$.

通过观察 $\hat{\sigma}^2$ 理解总体标准差的不确定性的一种方法就是利用公式 (4.3) 等号右边的 χ^2 分布. 让我们以 Everglades 湿地的数据 (参见图 4.13) 为例进行讨论. 我们选择 1994 年的数据是因为当年的数据可近似为正态. 可以通过模拟, 用 χ^2 分布来分析估计 $\hat{\sigma}^2$ 的不确定性. 从 χ^2 分布中抽取的随机数可以用来代表公式 (4.3) 等号左边的计算量的不确定性. 假设 ψ 是来自 $\chi^2(n-1)$ 的随机样本. σ 的可能取值就是 $\hat{\sigma}\sqrt{(n-1)/\psi}$. 从 $\psi \sim \chi^2(n-1)$ 中重复抽取随机数, 并计算 $\hat{\sigma}\sqrt{(n-1)/\psi}$ 可以让我们对样本标准差估计值的确定性有所认识.

通过对样本均值和样本标准差的估值, 以及通过计算均值估计值的置信区间和模拟 $\hat{\sigma}$ 的分布来概括其不确定性, 模型参数估计的步骤就完成了. 但是, Everglades 湿地研究背后的问题是要设定 TP 的环境标准. 由于美国 EPA 推荐使用背景浓度分布的第 75 百分位数作为标准, 因此, 接下来的问题是如何估计 0.75 分位数. 如果我们知道总体分布是正态的, 且均值和标准差的真值是已知的, 那么, 可以直接估计 0.75 分位数. 假设均值 (2.05) 和标准差 (0.34) 是真值, 那么:

```
#### R output ####
  qnorm(0.75, mean=2.05, sd=0.34)
  [1] 2.279
```

TP 浓度分布的 0.75 分位数就是 $e^{2.279} = 9.77$ µg/L (或 ppb). 但是我们很清楚估计出来的对数均值 2.05 有可能跟真值是不同的, 估计出的对数标准差也存在同样情况. 那我们怎么来评价估计出的 0.75 分位数的不确定性呢? 一种简单而直接的不确定性估算方法就是采用模拟. 在这个例子中, 我们可以利用样本均值的分布来估计均值的不确定性 (中心极限定理), 用公式 (4.3) 中给出的关系来估计标准差中的不确定性 (图 4.2). 从 σ 的分布中, 我们可以抽取随机数作为标准差, 以此形成样本均值分布进而生成样本均值. 所获得的每一对均值和标准差都可以用来对 0.75 分位数做出一次估计.

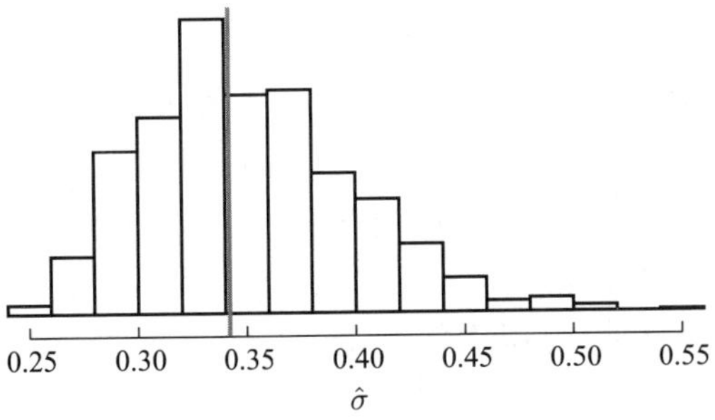

图 4.2 样本标准差的分布——模拟出的总体分布标准差的不确定性跟 χ^2 分布的倒数成正比.

```
#### R code ####
    n.sims <- 1000
    n <- 30
    y.bar <- mean(log(y))
    se <- sd(log(y))
    X <- rchisq (n.sims, df=n-1)
    sigma.chi2 <- se * sqrt((n-1)/X)
    sample.mean <- rnorm(n.sims, y.bar, sigma.chi2/sqrt(n))
    q.75 <- qnorm(0.75, sample.mean, sigma.chi2)
    hist(exp(q.75), axes=F, xlab="0.75 Quantile Distribution",
         main="")
    axis(1)
```

从模拟出的不确定性, 我们可以给出 95% 的置信区间.

```
#### R output ####
    quantile(exp(q.75), prob=c(0.025, 0.975))
    2.5%  97.5%
    8.699 11.446
```

模拟方法可以用来替代广泛使用的估算置信区间的自举 (bootstrapping) 法.

4.2.1 估计标准误的自举法

自举法是一种基于计算机的用来给统计估计值确定准确性的方法. 均值 $\overline{x}$ 的标准误是度量准确性的一种形式. 利用 se 可知, 估计量在 68% 的情况下对期望值的偏离会小于 1 倍的 se, 在 95% 的情况下偏离量小于 2 倍的 se. 如果 se 很小, 可知 $\overline{x}$ 与真值很接近; 反之, 相差很远. 置信区间也是对估值准确性的一种度量. 对样本均值或者样本标准差而言, 其标准误和置信区间都是很容易获得的, 因为我们已经有了关于样本分布的统计理论. 如果我们想估计的统计量, 其抽样分布的参数, 例如样本平均值和方差是未知的, 那么自举法和其他模拟方法常被用来估计其准确性.

自举法的基本思想是原始的样本代表的是它所来自的总体. 因此, 从这些样本中进行重复抽样可以近似获得我们想要的统计量, 前提是我们从总体中取出很多样本. 基于重复抽样, 某个统计量的自举分布代表的是对该统计量采样分布的一种近似. 利用这些重抽的样本, 就可以估算以下对准确性的度量值: 标准误、偏差、估计误差和置信区间.

假设 $\boldsymbol{y} = y_1, \cdots, y_n$ 是相互独立的数据点, 我们用这些数据可以计算出某个感兴趣的统计量 $\theta(y_1, \cdots, y_n)$. 通过 n 次随机采样可以获得一个自举样本 $\boldsymbol{y}^* = (y_1^*, \cdots, y_n^*)$, 用来替代原始的数据点 $\boldsymbol{y}$. 自举样本具有与原始样本相同的样本容量. 关于替代, 有如下建议: ①不能将原始数据集合中的所有点都包括在自举样本中; ②原始样本中的某些数据点会在自举样本中出现不止 1 次. 平均来看, 原始数据中大约 2/3 的点会被包括在自举样本中. 这一步骤需要重复很多次 (B 次) 以获得 B 个自举样本. 对于每个自举样本 $\boldsymbol{y}^{*b}$, 可以计算出相应的统计量 $\theta(\boldsymbol{y}^{*b})$. 自举估计的标准误为:

$$\hat{se}_{boot} = \sqrt{\frac{\sum_{b=1}^{B}[\theta\left(\boldsymbol{y}^{*b}\right) - \overline{\theta}^*]^2}{B-1}}$$

例如, 我们有数据集合

```
x <- c(94, 38, 23, 197, 99, 16, 141)
```

利用该集合可以估计出样本均值的标准误为 `se = sd(x)/sqrt(7) = 25.24`. 自举法进行标准误估计的步骤如下:

(1) 抽取自举样本, 也就是说, 从原始数据中取出容量为 7 的样本来实施替代:

```
#### R Code ####
    boot.sample <- sample(x, size=length(x), replace=T)
```

(2) 将每一个自举样本看作是来自总体的样本, 计算感兴趣的统计量:

```
#### R Code ####
    boot.mean <- mean(boot.sample)
```

(3) 重复步骤 1 和 2 共 B 次:

```
#### R code ####
    boot.mean <- numeric()
    B <- 2000
    for (i in 1:B){
      boot.sample <- sample(x, size=length(x), T)
      boot.mean[i] <- mean(boot.sample)
    }
```

该步骤产生了 $B = 2000$ 次的样本均值. 统计学理论指出这些自举样本的分布趋近于理论样本分布, 前提是当样本容量 n 增大的时候. 因此, 我们可以用估算 2000 个自举样本均值的标准差来获得对标准误的近似.

```
#### R Code and output ####
    boot.se <- sd(boot.mean)}
    boot.se
    [1] 23.36
```

我们可以直接写出简单的 R 程序来实现自举法的各个步骤, 这是因为上述感兴趣的统计量本身很简单. 对于更为复杂的统计量, 以上步骤可以用 R 的函数 `bootstrap` 来实现. 相同的步骤就可以简化为:

```
#### R code and output ####
    require(bootstrap)
    boot.mean <- bootstrap(x, 2000, mean)
    sd(boot.mean$thetastar)
    [1] 23.41
```

显然, 我们并不需要用自举法来估计样本均值的标准误. 但是, 如果感兴趣的统计量是中位数, 有自举函数就非常方便了.

```
#### R output ####
    boot.median <- bootstrap(x, 2000, median)
    sd(boot.median$thetastar)
    [1] 38.64895
```

运行 `bootstrap(x, 2000, median)` 返回了 `nboot=2000` 时用自举法确定的中位数估计值, 接下来我们可以计算偏差 `mean(boot.median$thetastar)-`

median(x); 计算中位数的标准误 sd(boot.median$thetastar), 以及样本中位数的分布 hist(boot.median$thetastar).

除此之外, 还有几种估计统计量置信区间的方法.

自举 t 置信区间: 假设一个容量为 n 的简单随机样本的自举统计分布是近似正态的, 并且偏差的自举估计值较小. 该统计量对应的 $(1-\alpha)\times 100\%$ 的置信区间如下:

$$\text{统计量} \ \pm t^{*} se_{boot}$$

其中, t^{*} 是 t_{n-1} 分布的临界值, 即在 t^{*} 和 $-t^{*}$ 之间的面积为 $(1-\alpha)$. 对于中位数的例子:

```
#### R code and output ####
    boot.median <- bootstrap(x, 2000, median)
    sd(boot.median$thetastar)
    [1] 38.65
    mean(boot.median$thetastar)
    [1] 79.1105

    CI <- mean(boot.median$thetastar) + qt(c(0.025,0.975), 6)
    [1] 76.66359 81.55741
```

自举百分位数置信区间: 自举 t 置信区间假设统计量的自举分布近似正态. 当分布并不对称时, t 置信区间产生的置信边界就没有意义了. 基于百分位数的置信区间指介于估计出的自举统计量 θ^{*b} 的 $(\alpha/2)\times 100$ 和 $(1-\alpha/2)\times 100$ 两个百分点之间的区间:

```
#### R code and output ####
     CI.percent <- quantile(boot.median$thetastar,
                            prob=c(0.025, 0.975))
     CI.percent
       2.5% 97.5%
        23   141
```

一个 "好" 的自举置信区间应该跟真正的置信区间 (如果能获得的话) 很接近, 并提供准确的覆盖概率. 自举 t 置信区间具有良好的理论覆盖概率, 但是, 在实践中可能会不稳定. 百分位数置信区间的稳定性增强, 但是, 对覆盖特性的描述不够准确. 因此, 常用的是自举偏差修正累积区间 (BCa).

BCa 方法: 自举偏差修正累积区间是对百分位数方法的修正, 通过对百分位数进行偏差和斜度的修正来实现. 该方法的细节可以在 Efron 和 Tibshirani (1993) 的文献中找到. 该方法可以用 R 函数 bcanon 实现.

下面我们用 Everglades 湿地的例子来解释利用自举法估计 TP 背景浓度分布的第 75 百分位数的置信区间.

有两种方法来估计 TP 背景浓度的第 75 百分位数. 一种是直接从数据中估计 0.75 分位数:

```
TP.75Q <- quantile(y, prob=0.75)
```

即, 用函数 quantile 计算感兴趣的统计量.

```
#### R code and output ####
    results <- bootstrap(y, 2000, quantile, prob=0.75)

    ## bootstrap-t CI
    CI.t <- mean(results$thetastar) + qt(c(0.025,0.975), 29)
    CI.t
    [1] 0.1997 4.2902

    ## percentile CI
     CI.percent <- quantile(results$thetastar,
                            prob=c(0.025, 0.975))
     CI.percent
     2.5%  97.5%
     2.079 2.485

    ## BCa CI
    bca.results <- bcanon(y,2000,theta=quantile, prob=0.75,
            alpha=c(0.025, 0.975))
    bca.results$confpoints
         alpha bca point
    [1,] 0.025     2.079
    [2,] 0.975     2.485
```

自举 t 置信区间是 $(0.1997, 4.2902)$ 或者换回原来的单位是 $(1.2, 73)$µg/L, 这个区间很不合理, 因为观测到的 TP 浓度是 $4 \sim 15$ µg/L. 百分位数和 BCa 置信区间都是 $(2.079, 2.485)$ 或者 $(8.1, 12.0)$µg/L, 比我们采用模拟方法得到的置信区间 $(8.7, 11.4)$ 略宽 (图 4.3).

自举法是众多的数据重抽样方法中的一种. 本节讨论的只是这类方法中的很小一部分. 第 9 章给出了更为复杂的例子.

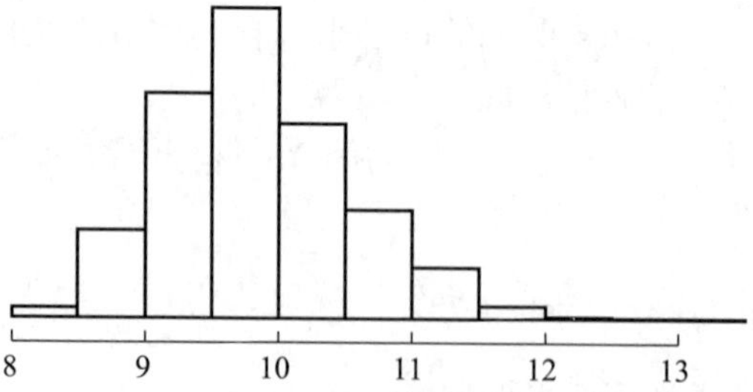

图 4.3 Everglades 湿地 TP 背景浓度的第 75 百分位数的分布——TP 背景浓度的第 75 百分位数的不确定性模拟结果.

4.3 假设检验

假设检验是一个含有很多术语和令人困惑的概念的主题. Fisher 针对这一主题的原创性工作是为归纳统计提供工具. 在 Fisher 的假设检验中, 先提出一条假设, 然后用数据来评估反驳这条假设的证据. 这个证据是用概率形式来表达的——观测到与已有观测数据违背或者比之更加违背假设的数据的概率. 如果概率是小的, 那么反对假设的证据就是有力的, 也就是说, 当证据有力时, 如果假设为真, 那么观察到相应数据的概率很小; 我们可以从逻辑上得出结论, 要么发生了小概率事件, 要么假设是错误的. 如果我们拒绝这个假设, 我们犯错误的可能性很小. 此时所指的概率被称为 p 值. 例如, 我们假设 Evergaldes 湿地的 TP 背景浓度均值等于或者小于 10 μg/L, 并通过采集、测试一个水样来检验该假设. 如果背景浓度服从对数均值小于等于 $\log 10$ 的对数正态分布, 且已知对数标准差为 0.34, 那么观察到浓度值大于等于 20 μg/L 的概率小于 `1-pnorm(log(20),log(10),0.34)=0.02`. 在这个简单的例子里, p 值就是当假设为真时观测到 TP 浓度大于等于 $\log 20$(即观测值) 的概率. 在假设条件下, 观测到 TP 浓度靠近假设的均值 $\log 10$ 的可能性是比较大的. 因此, 术语 "违背或者更加违背" 就是指观测到 TP 浓度等于或高于已有观测数据. 如果假设是 TP 浓度分布的对数均值小于等于 $\log 10$, p 值 0.02 是对推翻假设的证据的度量, 观测到浓度值大于等于 $\log 20$ 的概率只有约 1/50. 尽管 p 值是一个概率值, 但它并不是假设为真的概率. 假定用 $\log 15$ 作为对数均值来代替之前的 $\log 10$, 如果假设为真的话, 那么, p 值就变成 0.20 或者说观测到浓度值大于等于 $\log 20$ 的概率为 1/5. 因此, 当比较这两个假设时, 第一个假设中观测到浓度值 20 (或更高) 的概率是 1/50, 而第二个假设则是 1/5. 也就是说, 推翻第一个假设的证据更有力些. 很自然地, 接下来的问题就是证据需要多有力才能得出假设不正确的结论. Fisher 建议, 当数据偏离假设的均值超过某特定标准时, 该假设就可以被证明是错误的. 用 Fisher 的话来说, 5% 的"显著性水平"是可用于证明假设错误的一个很合理的标准. 但是当拒绝或者接受一条假设时, 犯错误的概率是未知的. 而且, 很多人认为检验单个假设而没有备择假设是不合理的.

Neyman–Pearson 假设检验过程是对 Fisher 方法的改进. 在 Neyman–Pearson 框架下, 需要提出两个竞争性的假设, 零假设 (H_0) 和备择假设 (H_a). 在 Neyman–Pearson 统计学说中, 假设检验被看作是一种可以指导连贯归纳行为的方法. 它是一种在两个假设中进行选择的决策过程. 在这一决策过程中, 定义了两种错误, 决策者选择哪一个假设为真是基于一个事先确定的临界区域, 而该区域限制了错误地否定假设的失误, 同时让错误地接受假设的失误最小化. 例如, 当检验 TP 背景浓度均值小于等于 10 μg/L 的假设时, 我们设定零假设为 $H_0: \mu \leqslant \log 10$, 备择假设为 $H_a: \mu > \log 10$, 其中 μ 是 TP 背景浓度分布对数均值的真值. 两个竞争假设中只有一个是正确的. 当选择 H_a 或者相信 $\mu > \log 10$ 时, 我们所冒的风险是 I 型错误 (错误否定), 也就是说在零假设为真时错误地拒绝了它. 如果选择 H_0 或者相信 $\mu \leqslant \log 10$, 我们所冒的风险是 Ⅱ 型错误 (错误接受), 也就是说, 在备择假设为真时, 我们错误地接受了零假设. 一旦 I 型错误的可接受风险确定了, 检验过程可以保证 Ⅱ 型错误的风险会被最小化.

经典的统计推断通常是两种方法的结合. 这是因为两种方法中所涉及的计算基本上是相同的. 在本节的其余部分, 会以 t 检验为例介绍混合检验的方法. 接下来还会讨论假设检验的一般过程以及一些非参数假设检验的方法.

4.3.1 t 检验

我们还是用佛罗里达州环境保护局用于设定 Everglades 湿地 TP 标准的数据来介绍 t 检验. 在这些数据当中, 根据监测站是否位于已知人为 TP 污染源影响到的区域内而将其划分为受影响的站点或者参考站点, 分别用"I"和"R"来表示. 很自然地, 我们希望知道 TP 背景浓度的分布是什么, 以及 TP 背景浓度分布与受影响的 TP 浓度分布之间的差异是什么. 一旦设定了 TP 的环境标准, 美国《清洁水法》要求各州要定期评估水质状况, 而这是一个判定水体是否满足水质要求的假设检验问题. 所有这些问题的回答都需要通过样本对总体分布进行统计推断. 在这个例子以及其他很多问题中, 总体均值是大家感兴趣的统计量. 因此, 从总体中抽取一个随机样本的目的就是为了了解总体均值. 要通过随机样本来了解总体均值, 我们必须清楚样本均值的分布. 中心极限定理指出, 当样本数增加时, 样本均值分布会趋向于正态分布. 在 Everglades 湿地数据中, 我们有一个包含 30 次 TP 监测值的样本. 由于我们并不知道总体均值的真实值, 中心极限定理所给出的样本均值分布并不能直接用来推断真正的均值. 但是, 如果我们想知道真值是不是等于某个特定的值或者在某个特定的范围内, 我们可以提出一个假设, 即该真值等于某个特定的值或者就在某个特定的范围内. 例如, 我们假设 TP 背景浓度的对数均值小于等于 log 10, 并且把该假设设定为零假设: $H_0 : \mu \leqslant \log 10$. 那么, 备择假设就是 $H_a : \mu > \log 10$. 如果零假设为真, 那么样本均值就服从正态分布:

$$\overline{y} \sim N(\log 10, \sigma/\sqrt{30}) \tag{4.4}$$

由于我们不知道总体标准差 σ, 我们必须采用样本标准差 $\hat{\sigma}$ 来近似代替. 为了简化公式 (4.4) 中的样本均值分布, 我们引入了如下统计量:

$$t = \frac{\overline{y} - \log 10}{\hat{\sigma}/\sqrt{30}}$$

或者更为一般性地:

$$t = \frac{\overline{y} - \mu_0}{\hat{\sigma}/\sqrt{n}} \tag{4.5}$$

如果我们知道了 σ 或者样本数量 n 比较大, t 就服从于单位或者标准正态分布 $t \sim N(0,1)$. 如果样本数量小, 且 σ 未知但用 $\hat{\sigma}$ 近似代替, 那么, t 的分布会与单位正态分布具有明显差异. 这是由于样本数量减少时, 样本标准差会受到不断增大的误差的影响, 从而使得基于此的一些判断有误. 这是 William S. Gosset 用笔名 "Student" 在 1908 年题为 "均值的可能误差" 的文章中所写到的 (Student, 1908). 由于 Gosset 的工作, 统计量 t 的分布被称为学生 t 分布 (图 4.4). 量 t 就是检验统计量, 如果零假设为真的话, 它的分布就被称为零分布.

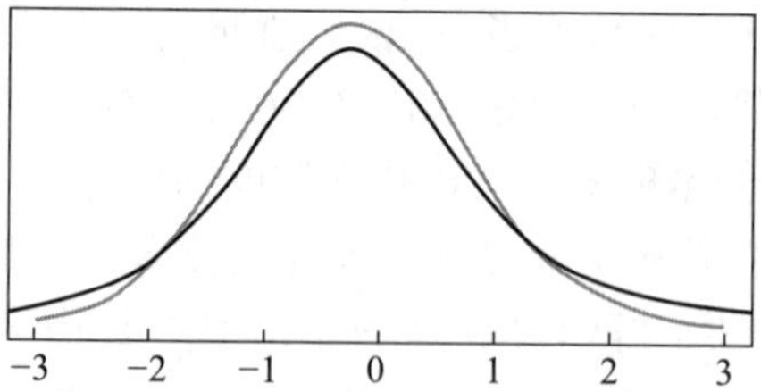

图 4.4 t 分布——自由度为 3 的学生 t 分布 (黑线) 与单位正态分布 (灰线) 的比较.

利用 Fisher 的方法, 我们必须计算 p 值, 即待检验的统计量跟观测数据一样违背或者比观测数据更加违背假设的概率: $\Pr(t \geqslant t_{obs}|H_0)$. 在我们的例子中,

零分布就是自由度为 $n-1$ 的 t 分布.观测到的样本的 TP 浓度对数均值是 2.05, 标准误为 0.062, 样本容量为 30. 因此, 观测到的 t 值为 $\frac{2.05-\log 10}{0.062}=-4.08$, p 值为 `1-pt(-4.08,30-1)=0.9998`. 按照 Fisher 推荐的采用 0.05 的显著性水平, 我们可以得出的结论是推翻零假设的证据是很弱的.

采用 Neyman–Pearson 的方法, 我们首先需要确定一个可接受的犯 I 型错误的风险, 也就是错误地拒绝 H_0 的概率. 对于 Everglades 湿地案例, 观测到样本均值较高就意味着零假设可能是错误的. 换句话说, 如果样本均值大于临界值的话, 我们就可能拒绝零假设. 可接受的犯 I 型错误的风险被用来确定样本均值 (或者被检验的统计量) 要大到怎样的数值才可以拒绝零假设. 犯 I 型错误的概率是指在零假设为真的情况下拒绝零假设 (也就是样本均值大于截取点) 的概率. 既然样本均值分布现在是用 t 分布来定义的, 那么截取点就可以用下式来定义: $t:\Pr(t\geqslant t_{cutoff}|H_0)=\alpha$ (如图 4.5). 在 Everglades 湿地的案例中, 截取点的计算是在 R 中用函数 `qt`: `qt(0.95, 30-1)` 完成的, 即 1.699. 也就是说, 如果观测到的 t 值大于 1.699, 那么, 零假设就会被拒绝. 截取点 $t_{cutoff}=1.699$ 将 t 统计空间分成了接受域 $(t<t_{cutoff})$ 和拒绝域 $(t\geqslant t_{cutoff})$. 观测到的 t 值为 -4.08, 落在接受域内. 我们可以接受零假设. 采用 t 的截取值, 根据公式 (4.5), 我们可以估计出多大的样本均值会导致零假设被拒绝. 在刚才的例子中, 如果标准误为 0.062, 只有样本均值大于 $\log 10+1.699\times 0.062=2.408$ 的时候, 我们才会拒绝零假设. 由于在零假设下, 待检验的统计量 t 超过截取值 1.699 的概率是 0.05, 我们发生 I 型错误的概率只有 5%. 换句话说, 如果零假设为真, 而我们每次用一个新样本来重复相同的检验, 那么我们只有 5% 的次数会拒绝零假设.

在 R 中, 检验过程可以用函数 `t.test` 来实现:

```
#### R code and output ####

  t.test(y,mu=log(10), alternative="greater")
         One Sample t-test
  data:  y
  t = -4.0802, df = 29, p-value = 0.9998
  alternative hypothesis: true mean is greater than 2.3026
  95 percent confidence interval:
   1.9417    Inf
  sample estimates:
  mean of x
     2.0478
```

这就是一个单样本 t 检验的报告. 在这次检验中, 我们只有一个样本, 而且

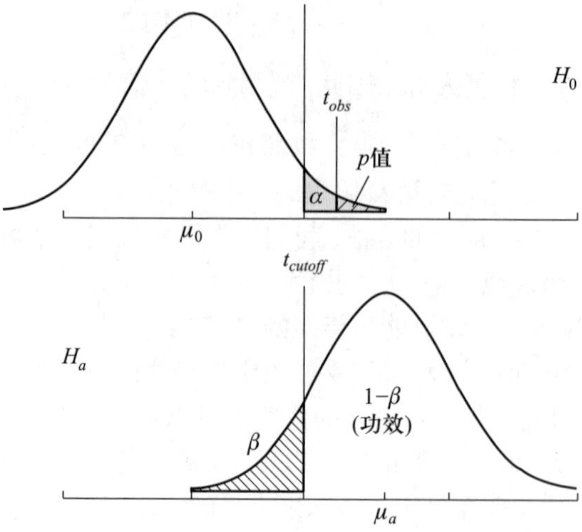

图 4.5 α、β 和 p 值之间的关系——当零假设为 H_0 (上图)、备择假设为 H_a (下图) 时, 用假设的样本均值分布的单侧检验来解释三者之间的关系. 上图中, 灰色阴影部分是 α, 45° 斜线表示的阴影部分为 p 值. 下图中, 反 45° 斜线表示的阴影部分为 β.

感兴趣的是从抽取的样本中了解总体是否具有小于等于 $\log 10$ 的均值. 检验结果输出了 p 值和观测得到的检验统计量 t_{obs}, 但是没给出截取值 t_{cutoff}. 这是因为, 不论我们遵从的是 Fisher 的方法还是 Neyman–Pearson 方法, 进行统计检验时需要的唯一信息就是 p 值. 图 4.5 解释了拒绝域和 p 值之间的关系. 在零假设为真的条件下, p 值和 t_{cutoff} 都算出来了. 在 Everglades 湿地的例子中, 这意味着两种方法要检验的统计量分布都是自由度为 $29(30-1)$ 的 t 检验. 图 4.5 中, 拒绝域是截取点右侧的灰色阴影部分, 它在曲线下方的面积为 α. p 值是 t_{obs} 右侧曲线下方斜线阴影部分的面积. 只有当 $t_{obs} > t_{cutoff}$ 时, p 值才会小于 α, 反之亦然. 当我们看到报告中的 p 值小于 α (例如 0.05, 常用的 I 型错误概率), 我们可以得出 t_{obs} 大于 t_{cutoff} 的结论, 即使报告中没有给出 t_{cutoff} 的值.

在 Everglades 湿地案例中, 我们还对 TP 背景浓度分布 (不受人类活动的影响) 和已知受到人类活动影响的区域中 TP 浓度分布之间的差异感兴趣. 如果用统计学的术语来表达, 我们现在有两个分布, 一个是描述参考站点 TP 浓度的分布, 另一个则是受影响站点的 TP 浓度分布. 对两个分布进行比较的第一步就是检查两者差异的本质. 利用 1994 年的数据, 我们用 Q–Q 图比较了两组数据, 看起来两个分布之间的差异是可乘的. 因此, 总磷浓度对数之间的差异就可能是可加的. 要描述两个分布之间的差异, 量化两个分布均值之间的差异就够了. 由于样本均值是随机变量, 因此两个样本均值的差也是随机变量: $\delta = \overline{y}_1 - \overline{y}_2$. 根据中心极限定理, δ 服从正态分布且其均值为两个总体 $\overline{y}_1$ 和 $\overline{y}_2$ 的均值之差,

方差为两个总体 $\overline{y}_1$ 和 $\overline{y}_2$ 的方差之和: $\sigma_\delta^2=\sigma_{\overline{y}_1}^2+\sigma_{\overline{y}_2}^2$. 如果两个总体具有相同的标准差 σ, 那么 $\sigma_{\overline{y}_1}=\sigma/\sqrt{n_1}$、$\sigma_{\overline{y}_2}=\sigma/\sqrt{n_2}$, 而 δ 的标准差是 $\sigma\sqrt{\frac{1}{n_1}+\frac{1}{n_2}}$. 由于我们有理由相信两个分布具有相同的标准差, 如果能够将两个样本均值中的残差 ($\epsilon_i=y_{1i}-\overline{y}_1$ 和 $\varepsilon_j=y_{2j}-\overline{y}_2$) 合并 (见第 3.5 节) 起来, 就可以改进对标准差的估计. 最终获得的标准差的估计值称为合并标准差 (即合并残差 $\{\epsilon_i,\varepsilon_j\}$ 的标准差). 如果分别计算时每个样本的标准差为 $\hat{\sigma}_{\overline{y}_1}$ 和 $\hat{\sigma}_{\overline{y}_2}$, 那么合并后的标准差可以表示为:

$$\hat{\sigma}_p=\sqrt{\frac{(n_1-1)\hat{\sigma}_{\overline{y}_1}^2+(n_2-1)\hat{\sigma}_{\overline{y}_2}^2}{n_1+n_2-2}}$$

样本均值差的标准差可以用下式估计:

$$\hat{\sigma}_\delta=\hat{\sigma}_p\sqrt{\frac{1}{n_1}+\frac{1}{n_2}}$$

要检验两个总体的均值是否存在差异, 我们设定两个假设如下:

$$H_0:\mu_1-\mu_2\leqslant 0$$

$$H_a:\mu_1-\mu_2>0$$

如果零假设为真, 那么检验统计量 $t=\frac{\overline{y}_1-\overline{y}_2}{\hat{\sigma}_\delta}$ 服从自由度为 n_1+n_2-2 的 t 分布. 对于 Everglades 湿地的数据, $\overline{y}_1$ 是受影响站点样本的 TP 浓度对数均值, $\overline{y}_2$ 是参照站点样本 TP 浓度对数均值. 观测到的 t 统计量 $t_{obs}=5.40$, p 值为 9.61×10^{-7}.

在 R 中, 函数 `t.test` 同样可以用于两个样本的 t 检验问题:

```
#### R code ####
    t.test(x=x, y=y, alternative="greater", var.equal=T)
        Two Sample t-test

#### R output ####
    data:  x and y
    t = 5.4022, df = 49, p-value = 9.61e-07
    alternative hypothesis:true difference in means is
         greater than 0
    95 percent confidence interval:
     0.58144     Inf
    sample estimates:
```

```
mean of x mean of y
   2.8909    2.0478
```

当两个总体的标准差不相等, 两个分布之间的差异不再是可加和的. 要准确地描述两个总体之间的差异, 我们既要比较其位置 (如均值), 又要比较其展布程度 (如标准差). 如果通过转换可以让转换后的变量间的差异大致是可加和的, 就可以在经过转换之后的数据上开展 t 检验, 如同我们针对 TP 浓度数据所做的工作一样. 特别地, 原始数据的数量差异如果是乘积性的, 那么对数变换就可以使数据间的差异转化成可加和的. 所估计出的差异就是比例常数的对数值.

如果无法找到转换方法, 而仍然对总体均值之间的差异感兴趣, 可以采用 Welch 的 t 检验. Welch 的 t 检验中, 检验统计量是相同的, 但其标准差直接用下式计算: $\hat{\sigma}_\delta = \sqrt{\frac{\hat{\sigma}_1^2}{n_1} + \frac{\hat{\sigma}_2^2}{n_2}}$, 并且零分布用 Scatterwaite 法修正自由度之后的 t 分布来近似代替:

$$df_W = \frac{\hat{\sigma}_\delta^4}{\frac{(\hat{\sigma}_1/\sqrt{n_1})^4}{n_1 - 1} + \frac{(\hat{\sigma}_2/\sqrt{n_2})^4}{n_2 - 1}}$$

由于 Scatterwaite 法的修正自由度 (df_W) 总是比等标准差情形下的自由度 ($df = n_1 + n_2 - 2$) 要小, 采用 Scatterwaite 法修正后, 相同的 t_{obs} 会得到较大的 p 值. 这可以被解释为 “保守的”, 也就是说当使用 Welch 的 t 检验时, 我们更不会轻易拒绝零假设了. 出于此原因, R 的函数 `t.test` 采用 Welch 的 t 检验作为缺省方法 (`var.equal=FALSE`).

```
#### R code ####
        t.test(x=x, y=y, alternative="greater")
            Welch Two Sample t-test

#### R output ####

    data:  x and y
    t = 4.7943, df = 25.816, p-value = 2.941e-05
    alternative hypothesis:true difference in means is
                greater than 0
    95 percent confidence interval:
     0.54307      Inf
    sample estimates:
    mean of x mean of y
       2.8909    2.0478
```

请注意当总体方差已经确知是不等的，总体均值之间的差异只能描述两个总体分布差异的一个方面.

4.3.2 双侧备择

到目前为止，我们讨论的检验是单侧假设检验. 我们感兴趣的往往是总体均值或者两个总体的均值差是否等于一个特定的值 μ_0. 因此，零假设是 $H_0 : \mu = \mu_0$ 或者 $H_0 : \mu_\delta = \mu_0$. 在此零假设下，如果样本均值太大或者太小，我们就认为找到了与零假设矛盾的证据. 在刚才单样本 t 检验的例子中，双侧检验对应的零假设为 $H_0 : \mu = \log 10$ $(\log 10 = 2.3)$，备择假设为 $H_a : \mu \neq \log 10$. 如果观测到的样本对数均值是 1.7，矛盾的程度要用观测到的样本均值与零假设的均值之间的距离来度量，$|1.7 - 2.3| = 0.6$. 因此，2.9 与 1.7 所表现出的与零假设之间的矛盾是相同的. 所以，p 值，被定义为观测值与零假设产生矛盾的概率，实际上就是观测到均值小于等于 1.7 或者大于等于 2.9 的概率. 从操作上讲，我们计算出 t_{obs}，p 值就是 $1 - \Pr(-|t_{obs}| \leqslant t \leqslant |t_{obs}|)$ (图 4.6)，即双尾区域之和. R 的函数 `t.test` 中，双侧检验为缺省设置.

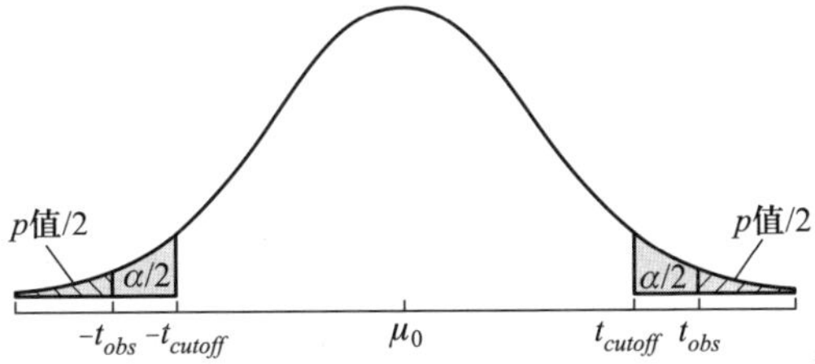

图 4.6 一次双侧检验——在双侧检验中，t_{obs} 和 $-t_{obs}$ 一样是对零假设的否定.

```
#### R code ####
    t.test(x, y, var.equal=T)

#### R output ####
        Two Sample t-test

    data:  x and y
    t = 5.4022, df = 49, p-value = 1.922e-06
    alternative hypothesis:true difference in means is
                not equal to 0
    95 percent confidence interval:
     0.52947 1.15672
    sample estimates:
    mean of x mean of y
       2.8909    2.0478
```

对于单样本 t 检验:

```
#### R code ####
   t.test(y, mu=log(10))

#### R output ####
       One Sample t-test
   data:  y
   t = -4.0802, df = 29, p-value = 0.0003217
   alternative hypothesis:true mean is not equal
          to 2.3026
   95 percent confidence interval:
    1.9201 2.1755
   sample estimates:
   mean of x
      2.0478
```

由于单侧检验和双侧检验使用的是相同的数据, 两者的区别只是对观测数据与零假设之间矛盾程度的度量不同, 所以双侧检验的 p 值是相应单侧检验 p 值的 2 倍.

4.3.3 用置信区间进行假设检验

R 的输出中包含了均值 (或者均值差) 的 95% 置信区间. 如果不是从概念上讲的话, 至少从计算的角度看, 置信区间和假设检验被联系在一起了. 在计算 $(1-\alpha)\times 100\%$ 置信区间时, 我们需要计算样本均值 ($\overline{y}$)、样本均值的标准误 ($se=\hat{\sigma}/\sqrt{n}$) 和 t 乘数 $t(1-\alpha/2, df)$. 对于允许概率为 α 的 I 型错误的 t 检验, 我们需要计算上述 3 项以确定 t_{obs} 和 t_{cutoff}.置信区间是 $[\overline{y}\pm t(1-\alpha/2, df)\cdot se]$. 双侧备择的拒绝域则根据 $t_{cutoff}=\pm t(1-\alpha/2, df)$ 和 $t_{obs}=\dfrac{\overline{y}-\mu_0}{se}$ 的值来定义. 当 $|t_{obs}|>|t_{cutoff}|$ 时, 我们拒绝零假设, 即 $\dfrac{|\overline{y}-\mu_0|}{se}>|t(1-\alpha/2, df)|$. 用样本均值来定义拒绝域, 即当 $\overline{y}>\mu_0+|t(1-\alpha/2, df)|\cdot se$ 或者 $\overline{y}<\mu_0-|t(1-\alpha/2, df)|\cdot se$ 时拒绝零假设. 比较拒绝域和置信区间 $[\overline{y}-|t(1-\alpha/2, df)|\cdot se, \overline{y}+|t(1-\alpha/2, df)|\cdot se]$ 可知, 当均值 μ_0 落在置信区间外面时, 零假设就会被拒绝 (以 α 为犯 I 型错误的概率).

在单侧检验的例子中, R 返回了一个 “单侧” 的置信区间, 以 `Inf` 或者 `-Inf` 作为上边界或者下边界. 这么做的结果是置信区间可以与相应的假设检验的结论一致起来.

在科学研究中运用假设检验, 尤其是在生态和环境科学研究中, 越来越多地受到争议. 对很多概念的误解导致出现了与 Fisher 提出的归纳推理原则相矛盾的实践. 很常见的是将零假设设置为 "无变化" 或者 "无影响" 假设而去拒绝它. 一方面, 当生态学者提出一项研究课题或者实验时, 他们几乎总是有理由去相信两个总体是不同的. 所研究的总体总是 "处理" 后的结果. 受影响站点的 TP 浓度和参照站点的 TP 浓度被当作是两个总体."处理" 指的就是人类活动. 因此, 我们常常想知道的是差异有多大 (或者 "处理" 对输出的影响强度有多大), 而不是两个总体之间是否存在差异 (或者是否存在影响). 但我们所采用的显著性检验, 其推理是建立在假设不存在差异的基础上的, 结果往往会在损害了甄别差异能力的情况下强调了犯 I 型错误的比例. 另一方面, 如果大家充分地去尝试, 一种并不存在的差异也会表现出统计学上的显著性 (Ioannidis, 2005). 因此, 总是应该提供估计出的均值 (或者均值差) 及其置信区间. 估值可以让我们从数量级上对均值 (或者差值) 有一定概念, 本身就是一种信息. 置信区间的宽度则给我们提供了均值估计不确定性的相关信息. 如果置信区间宽 (因此零假设没有被拒绝) 而估值的数量级较高, 我们就有理由要去挖掘不确定性的可能来源, 并相应地设立新的研究课题去降低不确定性. 如果估值的数量级较低, 但是零假设被拒绝了, 我们应该从应用的角度去评估所存在的差异. 如果受影响站点和参照站点之间 TP 浓度均值的差异是 1 μg/L, 不论这种差异在统计学上是否显著都无关紧要, 因为这种差异完全可以包含在用于测定 TP 浓度的化学分析方法的边际错误中.

4.4 一般过程

假设检验的一般过程基于 Neyman–Pearson 的 "归纳行为" 法. 在这个框架下, 假设检验问题是一种从两个假设中选出一个的决策过程. 这种方法的目的是控制 I 型错误的概率 (α) 在可接受的范围内并且最小化 II 型错误的概率 (β). 这个过程可以概括为如下步骤:

(1) 设定两个竞争性的假设: H_0 和 H_a. 确定零假设时, 要保证被检验的统计量是有意义的且在零假设为真时其分布是已知的.

(2) 根据错误地拒绝 H_0 的问题严重程度来确定可接受的 I 型错误的概率 α. (但我们很少在科学术语中定义什么是 I 型错误, 更不用说它的严重性了; 几乎总是使用 0.05 的默认值.)

(3) 用零分布确定统计量的拒绝域.

(4) 用观测到的数据计算统计量 (观测到的待检验统计量).

(5) 如果观测到的待检验统计量落在了拒绝域里, 零假设将被拒绝, 否则接受零假设.

术语 "拒绝" 或者 "接受" 用来定义一种决策或者 "行为", 而不是对所讨论的假设的一种判断. 通过在这种框架下开展的检验, 我们并不是要弄清 H_0 是否为真. 通过上述假设检验过程所进行的决策可以保证 I 型错误的风险是固定的, 而且 II 型错误的风险是被最小化的.

我发现按照上述步骤所开展的假设检验对于环境与生态学研究中进行归纳推理而言, 其价值是相当有限的. 这主要是由我们这个领域的归纳特征所决定的. 尽管假设检验过程被解释为是一种归纳推理工具并被 Fisher 所使用, 但是这个过程在实践中常常与其他科学方法无法融合. 虽然 Popper 对科学方法的描述是准确的, 通过这种方法, 科学家们会在某个理论被实验证据驳倒时放弃或者修改它, 但是, 对零假设的拒绝并不能保证我们得到一个足以改善对原问题的理解的备择假设. 实践中, 科学家们常常用给证据加上权重的方法对替代性理论进一步开展研究的价值进行系统评估或者排序. 在假设检验过程中, 我们遇到不具有统计意义的无法认定为真的零假设时, 就会加以拒绝并结束检验. 在后续章节中, 我将举例说明这一点.

4.5 假设检验的非参数方法

t 检验对数据的正态性做出假设. 尽管检验方法对于不符合正态性的情形具有鲁棒性, 但是在很多情况下, 数据分布并不能近似为正态分布. 因此, 大家开发出了一系列可以在正态性假设并不准确的时候用来做假设检验的检验方法. 这些方法, 常被称为非参数方法或者分布无关方法, 其检验过程与前面章节描述的一般过程一致. 这些方法所进行的检验假定数据在零假设下是独立的且分布是相同的, 但是并不要求数据来自正态分布. 本节中, 将介绍两种不同于 t 检验的非参数方法: Wilcoxon 的符号秩检验、秩和检验. 9.4 节中会讨论基于排列模拟的非参数检验方法.

4.5.1 秩变换

大多数非参数检验都是基于数据的秩变换. 在样本中, 秩变换是指用每个数据的排序来替代其取值. 通过秩变换, 数据点的真实取值或者其数量级不再重要. 所以, 变量的概率分布也就变得不再重要. 例如, 当对一个呈现对数正态分布的变量进行 t 检验时, 比如说 Everglades 湿地的 TP 浓度分布, 在进行统计分析之前建议首先进行对数变换, 这样的话转换后的数据就服从正态分布了.

由于对数变换 (或者幂变换) 是单调的且不会改变样本中数据点的顺序, 所以不论是针对原始数据还是对数变换后的 TP 数据, 其秩变换的结果是完全相同的. 在很多情况下, 秩变换有吸引力是因为它可以消除异常点的影响. 如果最高的 TP 浓度值被错误地记录为 2000 μg/L, 而不是正确值 20 μg/L, 这并不会影响该数据点的秩次. 另外, 秩变换不会受截尾观测值的影响. 如果已知某次观测值是小于 (或者大于) 某个特定数值的, 那么这个观测值被称为是截尾观测值. 例如, 在我们报告 TP 浓度低于方法检出限 (method detection limit, MDL) 时, 就会发生截尾的问题 (收集 Everglades 湿地数据时 TP 浓度的检出限为 4 μg/L).

R 的函数 `rank` 是可以用作秩变换的几个函数之一. 例如, 向量 `x` 有 7 个数值

```
x<-c(17.0,4.0,7.0,11.0,21.5,4.0,24.0)
```

`rank(x)` 会返回每个数值的秩:

```
#### R code and output ####
    rank(x)
    [1] 5.0 1.5 3.0 4.0 6.0 1.5 7.0
```

函数 `rank` 可以用多种方法处理并列数据 (如 `x` 里的 4.0) 的问题. 默认的方法是采用平均秩, 在使用函数时通过指定 `ties.method` 可以选择不同的方法.

```
#### R code and output ####
    rank (x, ties.method = "min")
    [1] 5 1 3 4 6 1 7
```

4.5.2 Wilcoxon 符号秩检验

符号秩检验是适用于单样本位置问题的, 我们想要检验的是位置测量 (中位数) 是否等于某个特定数值.

假定我们获得了 n 个观测值: $z_1, \cdots, z_n$. 如果是成对重复抽样问题, 我们获得 $2n$ 个观测值 $(x_1, y_1), \cdots, (x_n, y_n)$, 等同于观测到 $z_i = x_i - y_i$. 假设: ①z 是相互独立的,②每个 z 都来自关于 θ 的连续对称的总体, 其中 θ 就是分布的 "位置" (或者中位数).

检验的零假设为 $H_0: \theta = \theta_0$. 定义检验统计量的第一步是修改 $z: z_i' = z_i - \theta_0$ 并对 $|z_i'|$ 做秩变换. 也就是说, 我们形成了一个新的数据集 $|z_1'|, \cdots, |z_n'|$, 且每个数据分配了秩 R_i. 第二步是定义指示变量:

$$\psi_i = \begin{cases} 1 & \text{如果 } z_i' > 0 \\ 0 & \text{如果 } z_i' < 0 \end{cases}$$

检验统计量则是:

$$V = \sum_{i=1}^{n} R_i \psi_i$$

即正的秩 z_i' 之和.

在零假设下, V 的分布 (零分布) 是已知的. 但是, 零分布无法被表示为一个代数公式, 而只能是列表式的. 利用这些表格, 我们能找到给定样本容量下 V 的临界值. 在 R 中, 软件包 `exactRankTests` 中的函数 `wilcox.exact` 可以用来执行精确检验.

当样本容量大时, 检验统计量可近似定义为 $Z = (V - \mu_V)/\sigma_V$, 其中 $\mu_V = \dfrac{n(n+1)}{4}$ 和 $\sigma_V = \sqrt{\dfrac{n(n+1)(2n+1)}{24}}$, 分别是 V 的均值和方差. 零分布是单位正态分布 $N(0,1)$. 在 R 中, 该检验是用函数 `wilcox.test` 来执行的. `wilcox.test` 的用法与 `t.test` 是类似的.

应用于 Everglades 湿地数据, 精确检验可以通过调用函数 `wilcox.exact` 来实现:

```
#### R code

   require(exactRankTests)
   wilcox.exact(y, mu=log(10))

#### R output

        Exact Wilcoxon signed rank test

   data:  y
   V = 49, p-value = 0.0003513
   alternative hypothesis: true mu is not equal to 2.3026
```

正态近似操作 (也被称为连续性校正) 下的检验则可用函数 `wilcox.test` 来实现:

```
#### R code

   wilcox.test(y, mu=log(10))

#### R output
        Wilcoxon signed rank test with continuity correction

   data:  y
```

```
V = 49, p-value = 0.0007723
alternative hypothesis:true location is not equal to 2.3026
```

4.5.3 Wilcoxon 秩和检验

秩和检验 (也被称为 Mann–Whitney 双样本检验) 适用于双样本位置问题, 检验的是两个样本的中位数是不是相等.

数据包含了两个变量的取值 $x_1, \cdots, x_m$ 和 $y_1, \cdots, y_n$. 关于检验的基本假设如下:

(1) 模型是:

$$
\begin{cases} x_i = e_i & i = 1, \cdots, m \\ y_i = e_{m+j} + \Delta & j = 1, \cdots, n \end{cases} \tag{4.6}
$$

其中, $e_1, \cdots, e_{m+n}$ 是难以观测的随机变量, Δ 是参数 (未知的位置迁移或实验处理效果).

(2) N 个 e 之间相互独立, $N = m + n$.

(3) 每个 e 来自相同的 (但未知的) 连续分布.

零假设为 $H_0 : \Delta = 0$. 检验统计量的定义需要两个步骤:

(1) 将 N 次观测值从小到大排序, 并按此顺序给出 y 的秩 R_i.

(2) 设定 $W = \sum_{i=m+1}^{n+m} R_i$, 即 y 的秩和.

检验统计量的零分布是按照 m 和 n 的组合而列表给出的. 要针对备择假设 $H_a : \Delta \neq 0$ 来检验零假设, 我们需要从相应表格中找到 W 的尾部面积约等于 α 的临界值, 并与观测到的检验统计量比较. 在 R 中, 同样用的是函数 `wilcox.test` 和 `wilcox.exact`.

要演示如何用上述函数求解双样本位置问题, 我们回到图 3.11 讨论过的空气质量数据. 要通过精确检验来比较 5 月和 8 月的地面臭氧浓度, 我们用的是:

```
#### R code ####
    require(exactRankTests)
    wilcox.exact(Ozone ~ Month, data = airquality,
        subset = Month==5Month==8).


#### R output ####

        Exact Wilcoxon rank sum test

data:  Ozone by Month
```

```
W =127.5, p-value = 6.109e-05
alternative hypothesis:true mu is not equal to 0
```

如果样本容量大, 检验统计量可以近似为 $Z = (W - \mu_w)/\sigma_w$, 其中 $\mu_w = \dfrac{n(n+m+1)}{2}$ 和 $\sigma_w = \sqrt{\dfrac{nm(n+m+1)}{12}}$. 零分布是单位正态分布 $N(0,1)$. 正态近似的操作是用函数 wilcox.test 来执行的.

```
#### R code ####

   wilcox.test(Ozone ~ Month, data = airquality,
           subset = Month==5Month==8).

#### R output ####

       Wilcoxon rank sum test with continuity correction

   data:  Ozone by Month
   W = 127.5, p-value = 0.0001208
   alternative hypothesis:true location shift is
        not equal to 0
```

4.5.4　关于分布无关检验方法的讨论

George E. P. Box 在其 1976 年的文章 (Box,1976) 中不仅给出了令人难忘的言论 “所有模型都是错的”, 而且用计算机模拟表明, 相对于缺乏独立性 (老虎) 而言, 不满足正态性假设只是个小问题 (老鼠). 此处的观点是, 正态性假设并不是成功应用统计检验的主要障碍. 实验设计和与数据收集相关的因素更有可能是错误的来源.

按照 Box 的理念, 此处给出了一组 R 代码, 以便读者能够执行类似的模拟. 该模拟评估了双样本 t 检验和 Wilcoxon 秩和检验 I 型错误的概率.

Box 提出的模拟实验的基本设计如下:

(1) 从一个已知分布中产生 20 个随机数的序列 $u_1, \cdots, u_{20}$.

(2) 生成序列相关变量 $y: y_i = u_i - \theta u_{i-1}$.

(3) 分别用两种不同方法将数据 y 分成两组, 每组 10 个数:

　(a) 随机地将 $y_1, \cdots, y_{20}$ 分成两组;

　(b) 将 $y_1, \cdots, y_{10}$ 作为第一组, $y_{11}, \cdots, y_{20}$ 作为第二组.

(4) 分别对数据执行 t 检验和 Wilcoxon 秩和检验, 并记录检验结果是否显著.

(5) 多次重复第 (1) ~ (4) 步, 例如 5000 次, 计算检验结果显著的比例.

由于给定检验中的两组数据是来自同一随机变量, 它们的均值或者中位数应该相同. 也就是说, 零假设应该为真. 如果用 $\alpha = 0.05$, 我们将期望零假设只有 5% 的次数被拒绝. 当检验结果拒绝零假设的次数超过 5% 时, 该检验的 I 型错误概率比声称的要大. 如果检验拒绝零假设的次数远低于 5%, 则该检验的 II 型错误概率比我们预期的要大 (见图 4.5).

```
#### R code ####
  hypo.sim <- function(n.sims, rdistF,t heta, …){
    reject.t1<-0; reject.t2<-0; reject.w1<-0; reject.w2<-0
    for(i in 1:n.sims){
      u <- rdistF(20, …)
      y <- u
      for (j in 2:20)
          y[j] <- u[j] - theta*u[j-1]
      samp1 <- data.frame(x=y, g=sample(1:2, 20, TRUE))
          ### randomized sample
      samp2 <- data.frame(x=y, g=rep(c(1,2), each=10))
          ### correlated sample
      reject.t1 <- reject.t1 +
          (t.test(x~g, data=samp1, var.equal=T)$p.value<0.05)
      reject.t2 <- reject.t2 +
          (t.test(x~g, data=samp2, var.equal=T)$p.value<0.05)
      reject.w1 <- reject.w1 +
          (wilcox.exact(x~g, data=samp1)$p.value<0.05)
      reject.w2 <- reject.w2 +
          (wilcox.exact(x~g, data=samp2)$p.value<0.05)
    }
    return(rbind(c(reject.t2,reject.t1),
               c(reject.w2,reject,w1))/n.sims)
  }
```

为了调用上述函数, 我们要提供模拟的次数 (n.sims)、u 的总体分布 (rdistF)、θ 值 (theta), 以及分布函数中需要的变量. 函数返回了一个 2×2 的矩阵. 第一行是 t 检验的结果, 第二行则是 Wilcoxon 秩和检验的结果. 左边一列是利用非随机数据的结果, 而右边一列是利用随机数据的结果. 例如:

```
#### R output ####
  hypo.sim(n.sims=1000,rdistF=rnorm,theta=-0.4,mean=2,sd=4)
      ## u from N(2,4)
       [,1]  [,2]
  [1,] 0.12 0.049
```

```
[2,] 0.10 0.049
hypo.sim(n.sims=1000,rdistF=rpois,theta=-0.4,lambda=3)
    ## u from Poisson(3)
     [,1]  [,2]
[1,] 0.11 0.046
[2,] 0.11 0.053

hypo.sim(n.sims=1000,rdistF=runif,theta=-0.4,max=3,min=-3)
    ## u from uniform(-3,3)
     [,1]  [,2]
[1,] 0.13 0.059
[2,] 0.11 0.051
```

在 3 次模拟中, u 的分布分别是正态分布、泊松分布和均匀分布. 在所有 3 个例子中, 右边一列给出的两个数字接近 0.05, 而左边一列给出的数字超过了 0.10. 无论是哪种分布, 如果数据不是随机的, t 检验和 Wilcoxon 秩和检验拒绝零假设的次数都会超过 10%. 如果数据是随机的, 两种检验拒绝零假设的次数都约为 5%. 下面我们把 `theta` 值改成 0.4:

```
#### R output ####
  hypo.sim(n.sims=1000,rdistF=rnorm,theta=0.4,mean=2,sd=4)
      [,1]  [,2]
[1,] 0.003 0.055
[2,] 0.002 0.047

hypo.sim(n.sims=1000,rdistF=rpois,theta=0.4,lambda=3)
      [,1]  [,2]
[1,] 0.003 0.060
[2,] 0.004 0.061

hypo.sim(n.sims=1000,rdistF=runif,theta=0.4,max=3,min=-3)
      [,1]  [,2]
[1,] 0.004 0.064
[2,] 0.004 0.062
```

相关数据带来的拒绝次数减少了.

估计出的 I 型错误概率应接近所声明的显著性水平 (0.05), 因为检验的 I 型错误概率与其 II 型概率密切相关.

4.6 显著性水平 α、统计功效 $1-\beta$ 和 p 值

统计检验过程中的 3 个重要数值包括: 显著性水平 α(I 型错误率)、统计功效 $1-\beta$ (当备择假设为真时拒绝零假设的概率) 和 p 值. 显著性水平和统计功效属于 Neyman–Pearson 方法的范畴, 而 p 值显然是 Fisher 式的. 尽管可以在同一个图 (图 4.5) 中展示这 3 个量, 但它们在统计推断中代表了两种非常不同的方法. Fisher 对在 Neyman–Pearson 假设检验的环境中使用 p 值发出抱怨, 而 Jerzy Neyman 从来都没有在统计分析中接受过归纳推理的 p 值. 根据这两位伟人的观点, p 值和 α 就不应该出现在同一个句子中. 当这两个量被混放在一起时, p 值常常被错误地解释. 由于 α 是 I 型错误的概率且 α 和 p 值的计算都是基于零分布的尾部面积, p 值常常被解释为 "观测到" 的 I 型错误率或者零假设为真的概率. 这些解释常常导致对结果的过度信任. 这些解释还被统计软件 (包括 R) 所支持, R 的输出表中用 1 至 3 个星号来标记 p 值的范围. 例如, 当报告一个回归模型结果时, R 用 p 值旁边的 3 个星 (∗∗∗) 来表示 $p < 0.001$, 2 个星 (∗∗) 来表示 $0.001 < p < 0.01$, 而 1 个星 (∗) 表示 $0.01 < p < 0.05$[①]. 显然, 这可以被认为是方便用户的一种做法. 但是很多人将 p 值和 α 同等对待, 在不少文章中用到 $p < \alpha$ 的表达式. 一方面, 当把 p 值当作反对零假设的证据时, 一个很小的 p 值 (反对零假设的强烈证据), 并不能自动翻译成支持备择假设的强烈证据, 因为备择假设实际上是无数种假设的组合. 另一方面, 由于 p 值是与具体样本联系在一起的一个随机数, 小的 p 值并不能用来保证未来的 p 值也会小, 这是为什么 p 值不能被解释为 I 型错误率的原因. 当用 α 来设定拒绝域时, 特定的 p 值并没有意义.

统计功效的概念常常会被忽略, 因为并不能为一组备择假设 (例如 $H_a: \mu > \log 10$) 定义功效; 或者被误用, 那是由于将 Fisher 和 Neyman–Pearson 的方法混用. 某个检验的功效被定义为当备择假设为真时接受它的概率. 图 4.5 表示只能为特定的备择假设均值 (μ_a) 计算功效. 如果不知道 μ_a 的值, 我们就无法计算曲线下边 t_{cutoff} 右侧的面积. 零假设均值和特定备择假设均值之间的差被称为效应值 (δ). 探测到效应的能力取决于效应值大小、样本容量 (n)、数据的内在变化 (σ), 以及我们愿意忍受的 I 型错误水平 (α). 如果效应值增大或者样本容量增大或者 α 增大, 那么统计功效就会增大. 这些影响因素在图 4.7 中有所解释, 其中用相同的效应值 2 和 4 种不同的 n、α、σ 的组合计算了 4 个单侧双样本 t 检验的功效.

在设计实验或者采样活动时, 检验的功效是一个重要的考虑内容. 在规划一

① 幸运的是, 我们可以通过改变 R 的默认设置来去掉这些星号:`options(show.signif.stars= FALSE)`.

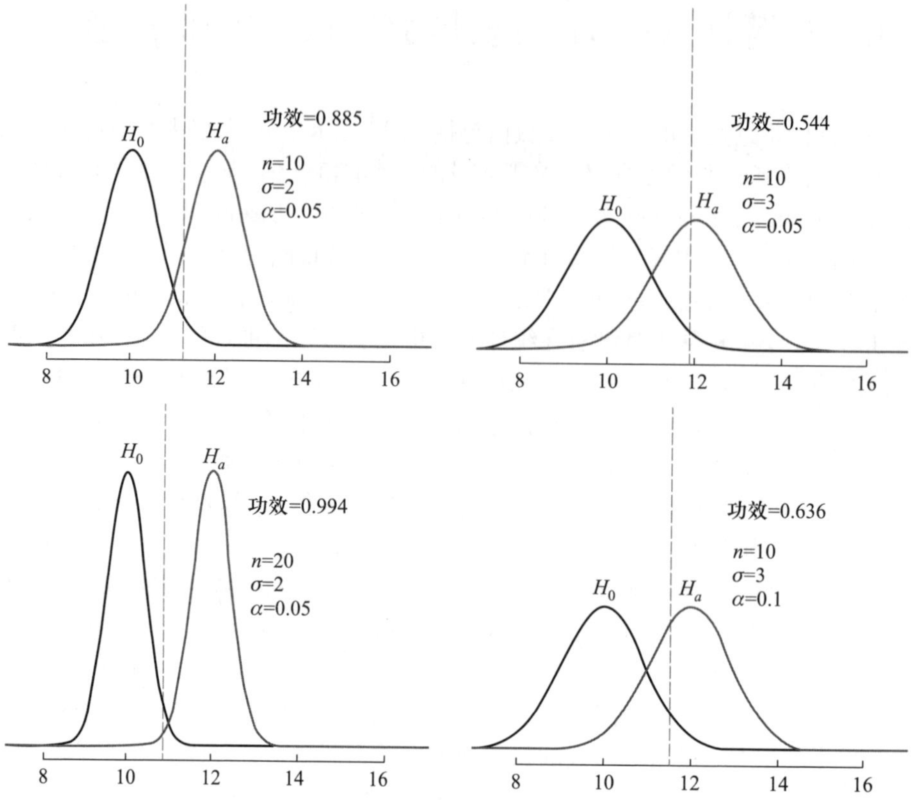

图 4.7 影响统计功效的因素——用 4 种不同的 n、α、σ 组合计算统计功效. 所有的检验都是双样本单侧检验, t_{cutoff} 用虚线表示.

项研究时, 我们希望能够以相对较高的概率发现总体间存在显著差异. 例如, 美国五大湖区的各州有鱼类食用指南以防止 PCB 的过量摄入. 鱼肉组织中 PCB 的 "安全" 水平低于 0.05 mg/kg. 如果浓度介于 0.05 ~ 0.25 mg/kg, 建议对这种鱼的食用限制在每周至多 1 餐内. 因此, 如果真正的浓度接近 0.2, 我们希望能够甄别出来, 并且警示钓鱼者摄入高浓度 PCB 有风险. 危险水平和安全水平 0.05 之间的差异就是我们想要以较高概率甄别出来的效应值. 如果基于先前的数据我们能知道鱼体内 PCB 浓度的标准差, 就可以估计出要实现这个目标所需要的最小样本容量 (将零假设的均值设为 0.05, 备择假设的均值设为 0.2). 反之, 如果我们只有 12 个鱼肉组织样本用于分析 PCB 浓度, 我们应该估计一下识别出平均浓度在危险水平 0.2 mg/kg 上的统计功效 (或概率). 功效低是对样本量不足的一种指示. 利用 R 的函数 `power.t.test` 可以很容易地计算要取得一定的统计功效所需要的样本容量或者给定样本容量时的检验功效. 要调用这个函数, 我们需要知道之前讨论的 5 个量, 即样本容量 n、效应值 δ、显著性水

平 α、功效 $1-\beta$、总体标准差 σ 当中的 4 个. 例如, 要计算样本数 $n=12$ 的统计功效, 我们需要知道 δ、σ 和 α. 假定 $\delta=0.15$, $\sigma=0.5$ 和 $\alpha=0.05$,

```
#### R code ####
power.t.test(n = 12, sd = 0.5, sig.level = 0.05,
        delta=0.15, type = "one.sample",
        alternative = "one.sided")

#### R output ####
     One-sample t test power calculation

              n = 12
          delta = 0.15
             sd = 0.5
      sig.level = 0.05
          power = 0.25
    alternative = one.sided
```

功效为 0.25 似乎太小了. 如果我们想取得 0.85 的功效, 可以利用同一个函数来计算所需的样本容量:

```
#### R code ####

power.t.test(sd = 0.5, sig.level=0.05, power=0.85,
        delta=0.15, type = "one.sample",
        alternative = "one.sided")

#### R output ####

     One-sample t test power calculation

              n = 81
          delta = 0.15
             sd = 0.5
      sig.level = 0.05
          power = 0.85
    alternative = one.sided
```

结论是至少需要 81 个鱼肉组织样本.

尽管看上去简单且直接, 统计功效的概念也常常被错误解释. 混淆的原因主要是假设检验过程的混合特性. Neyman–Pearson 方法是一种决策过程. 当零假设在事先约定的 α 水平下被拒绝时, 备择假设被接受了. 相应的错误类型是 I 型错误, 我们知道犯错误的概率是 α. 当零假设没有被拒绝时, 它应该被接受. 相应的错误是 II 型错误. 然而, 当零假设未被拒绝时, II 型错误的概率 (β) 是未知的. 因此, 我们为 "接受" 零假设而感到不安. 当实验结果表明 p 值大于 0.05 时, 这种结果在文献中被认为是阴性结论. 但是, 零假设往往是与所希望的 (或者说没有变化的) 状态联系在一起的. 所以, 关于如何处理阴性结论的讨论常常集中在 II 型错误率未被定义上. 在这种不安后面是对支持零假设的证据的需求, 因为它常被看作对所希望的状态的表征. 由于 II 型错误率未被定义, 接受零假设可能是因为它是真的, 也可能是因为数据变化波动相当大. 因此, 小的样本容量或者高度变化的数据都会导致愿意接受零假设.

Rotenberry 和 Wiens (1985) 开展了一项有影响力的工作, 建议如果零假设没有被拒绝的话, 功效分析应该用于提供支持零假设的证据. 他们的理由是 "如果希望表现出高的效应值, 但我们却没有甄别出来 (也就是没有拒绝 H_0), 那么我们可以合理地肯定 (小的 β 值) 它实际上并不存在". 但是这种方法从概念上讲是有问题的. 首先, 当采用 $H_0: \mu \leqslant \mu_0$ 和 $H_a: \mu > \mu_0$ 的形式开展假设检验时, 备择假设实际是一组假设, 包括很多可能的值. 拒绝零假设并不意味着支持任何一个具体的大于 μ_0 的值. 采用相同的记号, 当在给定某个具体的备择均值条件下计算 β 时, β 是备择假设为真时拒绝这个具体值的概率. 它并未给出对该值之外的任何假设值的支持. 因此, 一个小的 β 值不能提供支持零假设的直接证据. β 是个条件概率的事实常常被忽视了.

而且, 用功效分析作为对零假设的支持是很难的, 因为功效的计算要针对具体的样本容量. Rotenberry 和 Wiens (1985) 指出为了计算 β 而选择样本容量的困难, 因为 "尚没有针对生态学问题事先估计效应值大小的常规方法学". 为了解决这个困难, Rotenberry 和 Wiens 建议可以使用 Cohen (1988) 提出的可比可测效应值 (comparative detectable effect size, CDES). CDES 通过设定具体的 β 值 (如 0.05) 来计算效应值. 也就是说, 如果一项检验的效应值为 CDES, 则其功效为 $1-\beta$. 他们指出 (Cohen, 1988) "可以下结论说总体的 ES 不大于 CDES, 而这个结论是在 β 显著性水平下给出的", 并且 "如果 CDES 被认为是可忽略的、微不足道的或者不合理的, 这个结论从功能上等价于在一定错误率控制下肯定了零假设". 换句话说, 如果某检验具有高的统计功效, 能甄别出小的效应值, 但是, 检验却未能拒绝零假设, 那么, 零假设必定具有很强的支持.

这些说法意味着 CDES 可以被用作支持零假设的证据——CDES 越小, 证据越有力. 但是,CDES 常常与 p 值矛盾. 假定我们感兴趣的是单侧 t 检验 $H_0: \mu \leqslant \mu_0$ 对 $H_a: \mu > \mu_0$, 而且我们做了两个实验, 具有相同的样本均值 0.5 和样本容量 $n=10$. 进一步假设, 第一次实验 (实验 A) 的 p 值为 0.06, 而第二次实验 (实验 B) 的 p 值则是 0.3. 如果从 Fisher 的观点出发来考察 p 值, 实验

A 反驳零假设的证据要比实验 B 的更有力. 根据实验数据, 我们可以知道 $\hat{\sigma}_1$ 是 0.93 而 $\hat{\sigma}_2$ 是 2.9. 这个结果意味着从两个实验获得的相同的样本均值 0.5 导致了对零假设证据的不同解释. 第一个实验中总体标准差小一点, 意味着在零假设下, 实验 A 中观察到样本均值为 0.5 的概率要比实验 B 中观察到样本均值为 0.5 的概率小一些. 两个实验的 CDES 可以用 R 的函数 `power.t.test` 计算出来. 对于实验 A:

```
#### R code ####
power.t.test(n = 10, sd = 0.93, sig.level = 0.05,
             power = 1-0.05, type = "one.sample",
             alternative = "one.sided")

#### R output ####

     One-sample t test power calculation

              n = 10
          delta = 1.1
             sd = 0.93
      sig.level = 0.05
          power = 0.95
    alternative = one.sided
```

据估计, 要实现 0.95 的功效需要的效应值为 1.1. 也就是说, 估计出的 CDES 是 1.1. 对于实验 B:

```
#### R code ####

power.t.test(n = 10, sd = 2.9, sig.level = 0.05,
             power = 1-0.05, type = "one.sample",
             alternative = "one.sided")

#### R output ####

     One-sample t test power calculation

              n = 10
          delta = 3.3
             sd = 2.9
      sig.level = 0.05
          power = 0.95
    alternative = one.sided
```

估计出的 CDES 为 3.3. 因此, 结果是实验 A 对零假设的支撑力度更强一些, 而看 p 值的话则支持相反的结论.

在另一项旨在为零假设提供证据的事后功效分析工作中,Hayes 和 Steidl (1997) 建议使用 "生物显著的" 效应值 ("biologically significant" effect size, BSES) 来计算功效. 假设在给定的效应值水平, 功效越大, 对零假设的支持就越强. 如果在前述例子中 BSES 为 1.5, 那么, 实验 A 的统计功效几乎为 1.

```
#### R code ####
power.t.test(n = 10, sd = 0.93, sig.level = 0.05,
             delta = 1.5, type = "one.sample",
             alternative = "one.sided")

#### R output ####

     One-sample t test power calculation

              n = 10
          delta = 1.5
             sd = 0.93
      sig.level = 0.05
          power = 0.99878
    alternative = one.sided
```

然而, 实验 B 的功效仅为 0.45.

```
#### R code ####

power.t.test(n = 10, sd = 2.9, sig.level = 0.05,
             delta = 2, type = "one.sample",
             alternative = "one.sided")

#### R output ####

     One-sample t test power calculation

              n = 10
          delta = 1.5
             sd = 2.9
      sig.level = 0.05
          power = 0.44707
    alternative = one.sided
```

同 CDES 的例子一样, 仍然得到矛盾的结论.

对于零假设, 事后功效分析不太可能比 p 值提供更多的信息. 有意思的是, 能支持实验设计 (选择必要的样本容量) 的事前功效分析几乎在生态学文献里没有报道, 尽管几乎所有的服务于生命科学的统计学教材都建议这样去做. Steidl 等 (1997) 对此进行了特别强调.

之所以采用功效来支持接受零假设的行为, 是为了提供像显著性水平 α 那样的一个可测量的支持依据. 当设定 $\alpha = 0.05$, 零假设只有在证据非常强烈时才会被拒绝. 当接受零假设时, 反驳备择假设的证据却是未经定义的. 典型的假设检验的设立将举证的负担放到了拒绝零假设上. 通过双侧检验与置信区间之间的关系可以很好地解释这个框架. 如果零假设均值落在置信区间内, 零假设就不会被拒绝. 换句话说, 置信区间定义了一个不能被数据所反驳的总体均值的集合. 正像 Rotenbery 和 Wiens (1985) 所建议的那样, 如果我们想类似用显著性水平 $\alpha = 0.05$ 下拒绝零假设的方式那样采用一个严格的概率论标准来接受零假设, 可以用生物显著效应值的概念将举证的负担转移到证明效应值不大于 BSES. 例如, 在单侧检验 $H_0: \mu \leqslant \mu_0$ 对 $H_a: \mu > \mu_0$ 中, 不用功效分析来证明效应值是零, 而将检验改成效应值不大于生物显著效应值 δ , 即 $H_0: \mu \geqslant \mu_0+\delta$ 对 $H_a: \mu < \mu_0+\delta$. 这是一种顺理成章的方法, 因为 CDES 和 BSES 的概念都允许对零假设在一定程度上的偏离. 这样的应用案例可以在水质达标评价和水质机理模型的统计评估中找到. Reckhow 等 (1990) 讨论了使用假设检验评估水质模型性能的问题. 该问题与 Rotenberry 和 Wiens (1985) 和 Steidl 等 (1997) 遇到的问题如出一辙——一个可接受的模型的预测误差应该接近于 0, 一个水质达标水体的水质浓度均值应该等于或低于标准. 在这两个例子中, 零假设是我们想要的没有发生变化的状态. 当评价水体水质达标情况时, 缺省的零假设是 $H_0: \mu \leqslant \mu_0$, 其中 μ_0 是水质标准, μ 是平均浓度的真值. 当检验一个水质模型时, 我们检验的是模型的平均预测残差是 0(即 $H_0: \mu = 0$). 这两个例子当中, 所希望的结果 (即认定水体是达标的, 以及推荐别人使用某个水质模型) 就是接受零假设. 显然, Rotenberry 和 Wiens (1985) 和 Steidl 等 (1997) 讨论的问题也是一样的. Reckhow 等 (1990) 建议, 在模型验证的情境中, 可接受的模型误差应该由建模者提出. 例如, 对于河流溶解氧预测结果, 如果 2 mg/L 是可接受的模型误差水平, 模型验证时的假设检验过程应该使用模型预测残差绝对值至少为 2 mg/L 的零假设, 即 $H_0: \mu \geqslant 2$, 相应备择假设为 $H_1: \mu < 2$.

4.6.1 示例: 基于假设检验的模型评估

到目前为止, 我们直接用待测统计量的零假设分布开展检验, 其中 α、β 和 p 值的定义是明确的. 随着数据收集能力的大幅提高和先进的计算能力, 我们现在有了基于模拟的模型, 并可以重复开展假设检验. 就什么是零假设而言, 这些模型不那么显而易见，这使得零假设下的抽样分布难以定义. 通常，我们得用第 4.5.4 节所示的模拟方法来了解此类模型的特征. 在这里，我们研究一个这样的例子.

Qian 等 (2003a) 提出了两种识别生态阈值的统计方法. 该方法的基础是沿着所关注的环境条件梯度对重要生态属性的变化开展统计检验. Qian 等 (2003a) 用到了 Everglades 湿地研究中的一个例子. 在这个例子中，研究人员对大型无脊椎动物群落如何沿着农业径流污染造成的磷浓度梯度而发生变化感兴趣. 生态系统弹性这个概念描述了生态系统抵御干扰的能力. 从数量上讲，弹性可能是由相对稳定的生态属性 (例如，物种丰富性) 反映的. 一旦超过其抵御扰动的能力，生态系统可能会进化到另一种稳定状态. 我们可以用环境变量来表示扰动. 弹性概念可以用选定的生态系统属性对环境变量的散点图来定量表达. 在环境变量达到阈值之前，生态属性相对稳定. Qian 等 (2003a) 报告的 “非参数” 的偏差降低方法是基于分类和回归树 (CART, 第 7 章) 的. 在这个示例中，模型的细节并不重要. 在这里，我们需要知道的是，阈值是从环境变量 (变化点) 的所有可能值中选出的，每个阈值都把环境变量值划分为两组. 一组的取值低于变化点，另一组则高于变化点. 对于每个变化点值，计算两组之间的偏差差异 (见公式 7.1). 导致差异最大的变化点值就被选出作为阈值.

本节的例子阐述了如何使用统计模拟来识别基于假设检验的模型特征，以及如何将此类特征用于模型评估. 凭借当今的计算能力，诸如 CART 和自举法等计算密集型的方法越来越容易实现. 然而，使用这些计算密集型方法进行假设检验通常会导致未曾料及的 “多重比较陷阱”，即从多次比较或重复检验中得出结果 (见第 4.7.3 节). 在 Qian 等 (2003a) 中，我建议使用 χ^2 检验来测试具有统计意义的 “阈值”. 该检验的零假设是响应变量分布不会沿着梯度变化. (然而，检验是关于最大的偏差差异是否为 0，而不是阈值. 在这里，我们只研究了将 χ^2 检验嵌入 CART 阈值选择算法中的结果.) 当响应变量为正态分布时，χ^2 检验可以简化为 t 检验. 然而，寻找阈值的过程搜索了所有可能的划分，以找到导致两组之间差异最大的差异 (在偏差上的). 换句话说，对阈值的估计是基于两组间的重复比较. 由于真正的 I 型错误概率远远大于所声称的显著性水平，针对阈值的 t 检验是具有误导性的. 可以通过简单的模拟来估计 I 型错误的概率.

为了使用模拟的方法来估计发生 I 型错误的概率，我们反复从零假设指定的分布中抽取数据，并对每组模拟数据进行检验. 发生 I 型错误的概率是零假设被拒绝的次数占比. 据此，第 9.3.2 节编写的函数 `chngp` 实现了寻找阈值的过程. 我们用 `chngp` 来选择阈值，并进行 t 检验，看看均值的差异是否在统计上不同. 使用 0.05 的显著性水平，我们应该有 5% 左右的次数会拒绝零假设.

```
#### R Code ####
set.seed(123)
reject <- 0
n.sims <- 50000
for (i in 1:n.sims){
   temp <- data.frame(X=runif(30), Y=rnorm(30))
   split <- chngp(temp)
   if (split==min(temp$X) | split==max(temp$X))
        p.value=0.5
   else
        p.value <- t.test(Y~I(X<split), data=temp,
                          var.equal=T)$p.value
   reject <- reject + (p.value<0.05)/n.sims
}
print(reject)
> [1] 0.1568
```

当使用 30 的样本大小时, I 型错误概率为 0.1568, 而不是所声称的 0.05. I 型错误概率的膨胀是可以预计到的; 样本量越大, I 型错误概率越高. 换句话说, 针对 CART 模型结果开展显著性检验可能会造成误导. 我在写文章时没有认识到这个问题, 因为我的重点是同一篇论文中描述的另一个变化点模型. 在文章审查过程中, 添加了阈值显著性检验的内容.

在识别生态阈值的背景下, I 型错误是假阳性结果. 随着计算密集型方法的日益普及, I 型错误概率膨胀的问题越来越成为可能. 在第 9 章中, 我将重点讨论一个更复杂的检验生态阈值的模型. 模型背后的统计问题是一样的: 由于多重比较陷阱, 检验的显著性水平并不是所声称的那样. 此外, 拒绝零假设并不意味着支持特定的备择假设. 当我们想要用一个阶梯函数作为替代模型时, 仅仅拒绝零假设 (假设不发生变化) 是不够的.

4.7 单因素方差分析

当比较两个以上总体的均值时, 我们考虑采用 t 检验来进行成对比较. 我们也可以使用线性模型的方法来估计样本均值. 在 Everglades 湿地案例中, 6 年间收集了 5 个参考站点的 TP 浓度数据. 这 5 个站点之所以被归类为参照站点, 依据的是一种与 t 检验相似的方法. 但是, 佛罗里达州环境保护局并没有讨论过年际变化. 很自然的一个问题就是这 5 个站的年均值是否相同. 如果是相同的, 那么把 6 年的数据联合起来一起使用是合适的. 如果每年的均值不同, 那这会对利用这些数据设定 TP 标准的过程产生怎样的影响呢? 由于佛罗里达州采用假设检验的过程来完成其 305(b) 报告和 303(d) 清单 (见 4.8.3 节), 会不会在某些年份里即使是参考站点也会超标呢?

这是个具有普遍性的问题. 年均值之间存在差异吗? 要回答这个问题, t 检验是低效的. 不仅仅是由于需要的检验次数多, 而且是由于发生 I 型错误的概率会增大. 一共有 $(6 \times 5)/2 = 15$ 对年均值差异要进行检验. 如果 t 检验采用的 $\alpha = 0.05$, 那么,15 次检验中至少有一次检验发生 I 型错误的概率会远远高于 0.05. 在 t 检验中, 检验的统计量是两个样本均值差与样本均值差的标准误的比值. 样本均值差是对两个总体的中心距离的度量, 或者叫总体间的差异. 标准误是对总体内部变化程度的度量. 如果总体间的差异与总体内部变化程度高度关联, 我们就会拒绝不存在差异的零假设. Fisher 提出了一种广义 t 检验的方法来比较两个以上总体的均值, 这种检验被称为方差分析 (ANOVA). 与在 t 检验中一样, 用一种对总体间的差异的度量和一种对总体内部变化程度的度量来检验不存在差异的零假设. 在本节中, ANOVA 首先被当作一种假设检验方法来介绍. 在本节的最后, 会讨论 ANOVA 的线性模型解释.

4.7.1 方差分析

现在, 我们考虑的问题是参考站点数据集的 6 个年平均值是否相同. 此时, 我们对具体的差值不感兴趣, 而是对是否存在差异感兴趣. 按照 4.4 节中讨论的过程, 首先引入零假设:

$$H_0 : \mu_1 = \cdots = \mu_k$$

备择假设很简单, 就是 H_0 不真. 数据用 x_{ij} 表示, $i = 1, \cdots, k$ 代表年 (本例中 $k = 6$), $j = 1, \cdots, n_i$, 且 $N = \sum_{i=1}^{k} n_i$. 如果零假设为真, 我们会期望每一年的样本均值 $\hat{\mu}_i = \frac{1}{n_i}\sum_{j=1}^{n_i} x_{ij}$ 与总的均值 $\hat{\mu} = \frac{1}{N}\sum_{i=1}^{k}\sum_{j=1}^{n_i} x_{ij}$ 很接近. 总的方差用总的均值来计算 $\left(\frac{\sum(x_{ij}-\hat{\mu})^2}{N-1}\right)$, 组内方差则用组的均值来计算 $\left(\sum_{i=1}^{k}\frac{\sum(x_{ij}-\hat{\mu}_i)^2}{n_i-1}\right)$. 因此, 如果零假设为真, 总体间的差异和总体内部的方差也会比较接近. 如果零假设不真, 我们会期望组的均值与总体均值有差异, 并且总的方差会比总体内部方差大. 要度量总体之间的差异, 需要引

入组间方差: $\dfrac{\sum_{i=1}^{k} n_i(\hat{\mu}_i-\hat{\mu})^2}{k-1}$. 与 t 检验一样, 检验统计量是总体间差异与总体内差异的比例.方差与计算式中的平方和项成比例, 数据的总方差与 SST 成比例 $\left(SST=\sum_i\sum_j(x_{ij}-\hat{\mu})^2\right)$, 总体内部方差与 SSE 成比例 $\left(SSE=\sum_i(x_{ij}-\hat{\mu}_i)^2\right)$, 总体间的方差与 SSG 成比例 $\left(SSG=\sum_i n_i(\hat{\mu}_i-\hat{\mu})^2\right)$.

如果零假设为真, 我们会期望 SSG 与零很接近, 且 SSG/SSE 与零接近. 如果零假设不为真, 那么 SSG 将大于零, 且 SSG/SSE 大于零. Fisher 指出, 当零假设为真时, 均方 $MSG=SSG/(k-1)$ 和均方 $MSE=SSE/(N-k)$ 的比值服从自由度为 $k-1$, $N-k$ 的 F 分布:

$$MSG/MSE\sim F(k-1,N-k)$$

这个结果取决于三个假设. 数据是独立的随机样本 (独立假设), 所有 k 个总体的内部方差都是相同的 (等方差), 每个总体的分布可以近似为正态分布 (正态性). 如果独立性和等方差假设成立, 则可以将正态性假设加到每个总体的数据上或者残差上 (观察到的数据与其各自总体平均值之间的差异).

比值 MSG/MSE 就是检验统计量, 常被称为 F 统计量. 如果零假设为真, 我们将会看到 MSG 较小. 如果观测到较大的 MSG 就意味着与零假设有矛盾. 因此, 检验的 p 值是 F 统计量的 (右侧) 尾部面积. 著名的方差分析表 ANOVA 用来列出平方和的计算结果 (表 4.1).

表 4.1 ANOVA 表

方差来源	平方和	自由度	均方	F 值
总体之间	SSG	$k-1$	$MSG=SSG/(k-1)$	MSG/MSE
总体内部	SSE	$N-k$	$MSE=SSE/(N-k)$	
总方差	SST	$N-1$		

R 函数 aov 可用来获得 ANOVA:

```
#### R code ####
Everg.aov <- aov(log(TP) ~ factor(Year), data=TP.reference
summary (Everg.aov)

#### R output ####
              Df Sum Sq Mean Sq F value  Pr(>F)
factor(Year)   5    6.5     1.3     6.7 5.1e-06
Residuals    430   83.9     0.2
```

根据给出的小 p 值 0.0000051, 我们拒绝了零假设, 得到在 6 个年均值之间存在差异的结论. 与 ANOVA 联系在一起的假设检验被称为 F 检验.

4.7.2 统计推断

利用 ANOVA 表和 F 检验的结果, 我们的结论是 6 个年度均值并不相同. 然而, 我们要问以下两个问题.

第一个问题是关于进行 F 检验所需的三个假设, 第二个则是关于总体之间差异的性质.

我们用正态 Q–Q 图来检验正态性, 检验时不是针对残差就是针对观测数据. 通常情况下检验残差更高效, 因为三个假设都适用于残差.

```
#### R code ####
qqmath(~resid(Everg.aov),
       panel = function(x,…){
          panel.grid()
          panel.qqmath(x,…)
          panel.qqmathline(x,…)
       },
       ylab="Residuals",
       xlab="Unit Normal Quantile")
```

残差的分布是偏斜的, 有很多值比正态分布的情况要高 (图 4.8).

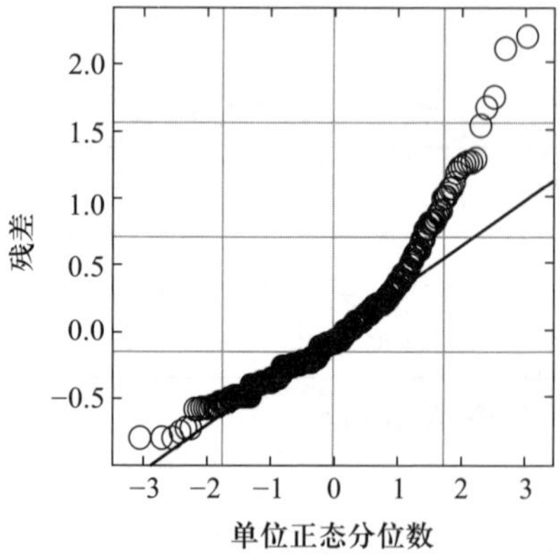

图 4.8 来自 ANOVA 模型的残差——ANOVA 模型残差的 Q–Q 图表明残差分布可能并不是正态的.

我们用 S–L 图来评估等方差的假设, 其中用残差绝对值的平方根与估计出的组均值作图.

```
xyplot(sqrt(abs(resid(Everg.aov)))~fitted(Everg.aov),
    panel=function(x,y,…){
        panel.grid()
        panel.xyplot(x, y,…)
        panel.loess(x, y, span=1, col="grey",…)
    }, ylab="Sqrt. Abs. Residuals", xlab="Fitted")
```

6 个组的残差方差近似为常数 (图 4.9).

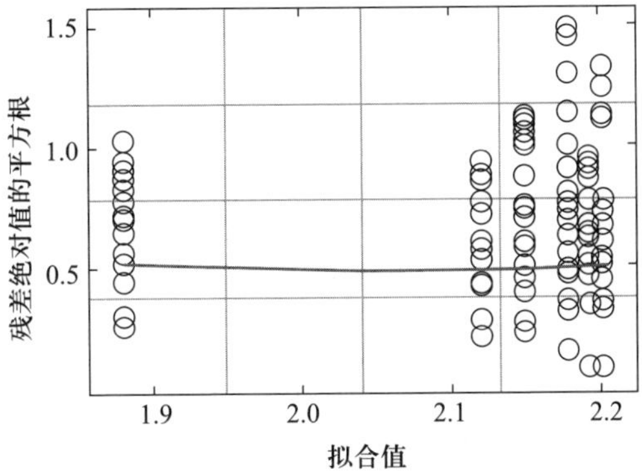

图 4.9 ANOVA 模型残差的 S–L 图——6 年的残差方差似乎相等.

残差的独立性就很难评估了. 可以用的一种方法是绘制残差与估计出的组均值散点图, 从而观察残差的分布形态是否随着不同的组有变化.

```
#### R Code ####
xyplot(resid(Everg.aov)~fitted(Everg.aov),
    panel=function(x,y,…){
        panel.grid()
        panel.xyplot(x, y,…)
        panel.abline(0, 0)
    }, ylab="Residuals", xlab="Fitted")
```

残差分布可能在年度之间有变化 (图 4.10). 这是通过目测其在 0 附近的对称性做出的判断. 6 个年份似乎可以分成两类: 均值低于 1.9 的年份和均值大于 2.1 的年份. 当均值大于 2.1, 似乎存在均值越大、残差分布越偏斜的现象. 对于均值小于 1.9 的年份, 从数据中可以看出, 偏度主要是由大量的截尾观测值造成的.

图 4.8 和图 4.10 揭示的问题, 在环境和生态学数据中相当普遍. 要解决这些问题, 常用的办法就是对响应变量做幂变换 y^{λ}. 我们可以通过尝试不同的

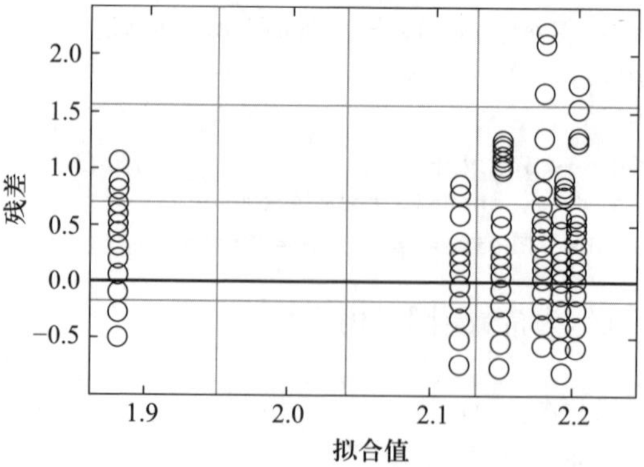

图 4.10 ANOVA 残差——残差分布可能随年份在变化.

λ 值来找到合适的变换形式. 但是, 当某个变量被变换之后, 结果的解释就变得困难. 例如, 当使用对数变换, 所得到的 1994 年及其后续几年均值之间的差异, 被解释为乘数因子的对数. 例如, 估计出 1995 年和 1994 年之间的差异为 -0.2394, 而用浓度单位, 这个结果表示 1995 年的均值为 1994 年均值的分数 ($e^{-0.2394} = 0.79$). 如果我们用的是 $\lambda = -0.75$, 相应的 ANOVA 模型会获得残差分布相当接近于正态分布的结果 (图 4.11). 但是, 对 1995 年和 1994 年之间所估计出的差异 -0.1 就很难找到合适的解释.

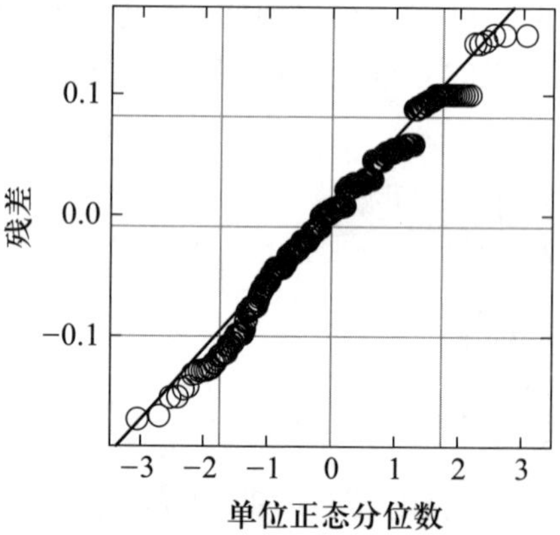

图 4.11 ANOVA 残差的正态分位数图——当响应变量 (TP) 用幂指数 -0.75 变换过之后, 残差分布非常接近正态.

如果结论是差异显著 (零假设被拒绝), 那么, 此时的 ANOVA 总是被看作初步探索的结果, 因为 ANOVA 不提供关于差异特征的进一步信息. 如果 ANOVA 的结果是显著的, 那么第二个问题就是, 各组之间的均值是如何不同的. 这个问题需要通过多重比较来回答.

4.7.3 多重比较

在讨论多重比较之前, 让我们先看看用线性回归模型函数 `lm` 来获得 ANOVA 的替代方法:

```
#### R code ####
Everg.aov.lm <- lm(log(TP) ~ factor(Year), data=TP.reference))
summary.aov (Everg.aov.lm)

#### R output ####
               Df Sum Sq Mean Sq F value  Pr(>F)
factor(Year)    5    6.5     1.3     6.7 5.1e-06
Residuals     430   83.9     0.2
```

新得到的 ANOVA 表与之前一节的结果完全相同. 利用 `lm`, 我们还可以直接用函数 `summary` 来总结模型, 获得估计出的模型系数 (总体均值):

```
#### R code ####
summary (Everg.aov.lm)

#### R output ####
call:
lm(formula = log(TP) ~ factor(Year), data = TP.reference)

Residuals:
    Min      1Q  Median     3Q     Max
-0.8062 -0.2715 -0.0892 0.1822  2.2036

Coefficients:
                 Estimate Std.Error t value Pr(>|t|)
(Intercept)        2.1204    0.0631   33.59   <2e-16
factor(Year)1995  -0.2394    0.0774   -3.09   0.0021
factor(Year)1996   0.0288    0.08000   0.36   0.7187
factor(Year)1997   0.0814    0.08390   0.97   0.3325
factor(Year)1998   0.0581    0.07790   0.75   0.4560
factor(Year)1999   0.0721    0.08840   0.82   0.4150
```

但是, 估计出的模型系数与每年的样本均值并不完全相同. 标有 “Intercept” 的系数是 1994 年的样本均值, 1995 年的系数 (−0.2394) 是 1995 年和 1994 年均值之间的差异, 后续年份 (组) 的情况一样. 该模型重在比较基线均值 (1994 年) 和其他组 (年份) 的均值. 在最初开发出来的时候, ANOVA 用来分析那些旨在推导因果关系的实验数据. 一个典型例子就是随机实验设计中, 给实验单元分配不同的实验处理手段. 一个实验单元可以是一块田地, 一种实验处理手段则可以是一种化肥, 实验目的是检验不同的实验处理 (即化肥) 是否会导致不同的响应 (如作物的产量). 如果实验想要对几种新的化肥与传统化肥 (对照组) 做出比较, 那么实验目的就是: ①使用不同的化肥时, 研究作物产量是否存在差异; ②如果存在差异, 新化肥是否会带来高产量. 第一个目的可以用 ANOVA 模型的 F 检验来实现. 如果认为不存在差异的零假设被拒绝了, 我们可以接下去研究差异的特征. 线性模型的默认输出就是用来比较多种 "处理组" 和 "对照组" 的, 输出结果中包括了这些比较之间的 t 检验结果. 这是多重比较的一种形式.

将处理组与对照组进行比较实质上是利用 F 检验来检验备择假设的多种形式中的一种. 一般说来, F 检验中对零假设的拒绝指出的是在任意两组之间可能存在差异. 我们想用 t 检验进行逐对比较来找出哪一对均值之间存在差异. 问题是需要操作太多这样的检验, 而对一组数据开展越多的检验, 我们就越有可能在零假设为真时拒绝它. 这是根据假设检验的逻辑直接推出的: 每执行一次检验就有 5% 的概率发生 I 型错误. 如果进行很多次检验, 我们至少在一次检验中发生 I 型错误的概率将高于 0.05. 如果两次检验是相互独立的, 每次检验不发生 I 型错误的概率是 $1-\alpha$, 两次检验都不发生 I 型错误的概率就是 $(1-\alpha)^2$. 如果 $\alpha = 0.05$, 这个概率是 $0.95^2 = 0.9025$, 那么, 至少有一次检验发生 I 型错误的概率就是 $1 - 0.9025 = 0.0975$, 比单次检验的 I 型错误率要高. 一般来讲, 如果我们执行了 C 次独立检验 (比较), 每次 $\alpha = 0.05$, 至少有一次检验发生 I 型错误的概率为 $1-(1-\alpha)^C$. 在 Everglades 湿地案例中, 有 $(6 \times 5)/2 = 15$ 次成对比较 (检验). 如果这些检验都是独立的, 发生 I 型错误的概率就是 $1-(1-0.05)^{15} = 0.54$! 这些检验不是独立的, 因此, 实际至少发生一次 I 型错误的概率会小于 0.54. 如果方差分析的零假设为真, 并且至少有一对的比较是 "显著的", 那么最小样本平均值和最大样本平均值之间的差异在显著的那些对中. 换句话说, 如果只比较最小和最大的平均值, 结果可能是假阳性, 因为 I 型错误概率可能远远大于所声称的 0.05. 在比较最大的差异时, 我们经常陷入这种 "多重比较陷阱" (见第 4.6.1 和 9.3.2 节).

要防止发生这些问题 (α 水平的膨胀), 一种策略就是在进行多重检验时修改 α 水平. 降低 α 水平会减少犯错误的概率, 但是, 也会让识别出真正的差异变得困难. I 型错误率是每次检验的错误概率, $1-(1-\alpha)^C$ 是每一族检验犯错误的概率. 要区分这两种错误概率, 我们用 α_t 来表示单次检验的 I 型错误率, 用 α_f 来表示一族检验的 I 型错误率. 对于独立的检验, 两种 I 型错误率的关系如下:

$$\alpha_f = 1 - (1 - \alpha_t)^C \tag{4.7}$$

一种调整单次检验 I 型错误率的方法是先设定一个固定的一族检验 I 型错误率, 然后通过改写公式 (4.7) 来计算单次检验 I 型错误率: $\alpha_t = 1 - (1 - \alpha_f)^{1/C}$. 历史地看, 由于公式中的分数指数难于手工计算, 有几位作者给出了近似计算的方法 (公式 (4.7) 的 Taylor 线性展开形式). 最知名的就是 Bonferroni 方法, 设定 $\alpha_t = \alpha_f / C$.

对 α 水平膨胀的关注, 常可以通过计算机**模拟**零假设为真时被拒绝的概率来说明. 假定我们要比较 6 个全部来自同一正态分布的总体的均值. 我们从相同的正态分布 (即零假设为真) 中抽取 6 个等容量 (6) 的样本, 然后计算 ANOVA, 并进行一次 t 检验来比较最小的组均值和最大的组均值. 将这一过程重复多次就可以计算 ANOVA 零假设被拒绝 (在 $\alpha = 0.05$ 的水平) 的次数比例, 以及 t 检验零假设被拒绝的次数比例.

```
#### R code ####
    anova.p <- t.p <- numeric()
    for (i in 1:1 000){
        data.sim <- data.frame (y=rnorm(120),
                                g=rep(1:6, each=20))
        sample.mean <- tapply(data.sim$y, data,sim$g, mean)
        data.sim$g <- ordered(data.sim$g,
                          levels=names(sort(sample.mean)))
        data.sim$g <- as.numeric(data.sim$g)
        anova.p[i] <- summary(aov(y~factor(g),
                              data=data.sim))[[1]][1,5] < 0.05
        t.p[i] <- t.test(y~g, data=data.sim,
                         subset=g==1|g==6)$p.value < 0.05
    }
    print(c(mean(anova.p),mean(t.p)))

#### R output ####

[1] 0.047 0.346
```

模拟中被拒绝的 ANOVA 零假设大约占 5% (与预期的一样), 而被拒绝的 t 检验零假设接近 35%. 当采用 Bonferroni 方法, t 检验应该使用的显著性水平 $\alpha_t = 0.05/15 = 0.0033$. 采用修正后的显著性水平再次进行模拟, 也就是用下面的代码替换原代码:

```
t.p[i] <- t.test(y~g, data=data.sim,
          subset=g==1|g==6)$p.value < 0.0033
```

t 检验的拒绝率约为 0.035, 比我们预期的 0.05 还要小一些. 基于公式 (4.7) 的多重比较方法不可避免地会过于保守, 从而使得识别真实差异比较困难. 除了 Bonferroni 方法, 还有人提出了其他调整单次检验 I 型错误率的方法. 这些多重检验的方法可以用 R 函数 `glht` (在软件包 `multicomp` 中) 来实现. 不同的显著性水平 α 的调整则可以用 R 函数 `p.adjust` 实现, 以将单次检验 p 值转换成一族检验的 p 值.

Tukey 提出的诚实显著差异法 (Honestly Significant Difference, HSD) 是另一种解决多重比较问题的方法. 当比较具有相同均值的两个总体时, 检验的统计量为 t. 如果一共有 g 个组, 那么, 要比较 $g(g-1)/2$ 对均值. 当这 g 组均值不存在根本差异时, Tukey 揭示了这些 t 统计量中的最大值的分布. 如果采用 Tukey 的 HSD 方法, 要执行所有可能的 t 检验, 但是, 只将零分布应用于最大的差异. Tukey 的 HSD 方法可以用 R 的函数 `TukeyHSD` 来实现.

另一种方法是 Fisher 的最小显著距离 (least significant distance, LSD) 法, 该方法只在初始 ANOVA 的 F 检验显著 (零假设被拒绝) 的时候进行所有可能的 t 检验. 名称 "最小显著距离" 是指导致认为不存在差异的零假设被拒绝的两个总体均值的最小差异. 很显然, 这种方法是为了手工计算简便而开发的. Fisher 的 LSD 法的重点是除非总体 F 检验是统计学显著的, 否则不会执行 t 检验. 当不存在差异时, 总的 F 值只有 5% 的机会达到统计学显著的水平. 因此, 当没有差异却被报告为有显著差异的概率被控制在 5%.

不仅如此, 很多作者还建议, "预计" 要开展的比较应该在不进行多重比较调整的情况下得以执行, 因为这些检验是事先计划好的, 而不是事后选择的.

多重比较要考虑的是两种类型的 I 型错误, 即单次检验的 I 型错误和一族检验的 I 型错误. 我相信, 这些讨论对于警示用户不要对所得到的统计学上显著的结果过于自信是非常重要的, 因为这些结果可能完全源于偶然. 但是, 对调整 α 水平的做法应该保持谨慎. Gotelli 和 Ellison (2004) 辩称, 根据检验次数来调整 α 水平会导致失去所有假设检验的统一标准. 他们还认为调整 α 水平应该换个方向. 例如, 如果需要进行 3 次独立检验, Bonferroni 方法应该要求每次检验的 α 为 0.05/3 (或者 0.016), 但是, 如果所有 3 次检验得到了相同的 p 值 0.11, 那么, 零假设 (所有 3 个均值都相同) 为真的概率是相当小的.

有两方面的实际考虑使得多重比较失去了吸引力. 首先, 之所以提出开展某个实验, 是因为我们有理由相信存在显著的实验效果. 因此, 实验目的常常是估计这种效果的大小, 而不是讨论这种效果是否存在. 调整 α 水平会导致实验处理效果的置信区间变宽, 从而不必要地扩大了不确定性的程度. 因此, 对一族检验的 I 型错误的强调起了反作用. 其次, 多重比较常常用来甄别较小的实验处理效果. 由于多重比较是通过分析组间和组内方差的相对大小来实现的, 小的效果意味着相对较大的组内方差. 因此, 证明这些效果需要更大的样本容量, 研究结果还容易受到随机样本误差的影响. 在第 10 章, 我们还会再次讨论这一问题.

4.8 案例

探索性数据分析可以用作一种保证统计推断合理性的工具, 本节中的案例正是为了说明这一点.

4.8.1 美国佛罗里达 Everglades 湿地案例

这个例子是为了说明用图形方式来展示分布能够识别出数据中潜在的异常. 从 5 个监测点收集了数据, 以便设定 Everglades 湿地的磷浓度标准. 这些采样点都是长期的监测站点. 本研究所用的数据是 1994—1999 年采集的. Everglades 湿地既有旱季 (冬春两季) 又有雨季 (夏秋两季). 磷浓度受到降雨和降雨变化的影响. 在采样期间, Everglades 湿地附近国家公园的年降雨量有小幅变化, 从 1994 年略高于多年平均值的 125 cm 到 1995 年接近 200 cm, 再降到 1996 年的稍高于 100 cm, 在 1997—1999 年, 则回到正常值和略高于正常值的情形 (图 4.12). 1995 年, 因为降雨量高导致那一年有很多次的 TP 浓度较低. 实际上, 那一年大多数浓度值低于检测方法的检测限. 在接下来的两年间 (1996 年和 1997 年), 要么总降雨量低 (1996 年) 要么月与月之间变化小 (1997 年), 导致观测到了很多较高的 TP 浓度值. 而且, 整个 6 年间, 样本采集在年内的分

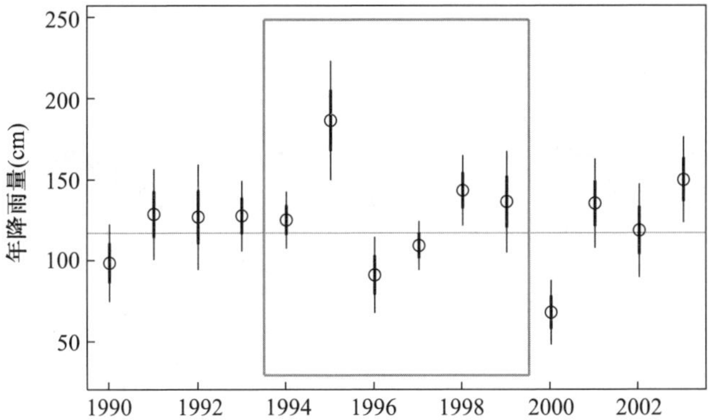

图 4.12 Everglades 国家公园的年降雨量——Everglades 国家公园的年降雨量在 TP 监测采样和标准研究期间经历了忽高忽低的变化过程.

布并不均匀. 1996 年和 1997 年夏季和秋季的样本很多 (表 4.2). 由于存在上述问题, 数据并不能看作是独立的随机样本.

表 4.2 Everglades 湿地数据的样本容量——每月的样本容量是变化的

	1 月	2 月	3 月	4 月	5 月	6 月	7 月	8 月	9 月	10 月	11 月	12 月
1994 年	3	1	6	4	0	5	7	0	0	9	7	7
1995 年	8	0	5	10	10	5	9	10	10	10	10	10
1996 年	6	3	0	5	5	9	10	5	11	5	15	7
1997 年	9	0	0	0	5	5	10	5	10	5	10	5
1998 年	10	5	10	10	5	5	10	5	9	5	10	10
1999 年	8	0	2	0	0	5	6	5	0	5	15	5

降雨量的变化和每月样本数量的不均匀分布导致不同年份中 TP 浓度高值或者低值的聚集. 图 4.13 给出了每年 TP 浓度对数值的正态 Q–Q 图. 1996—1998 年的分布显然不是正态的, 高浓度值比相应正态分布的情况要多.

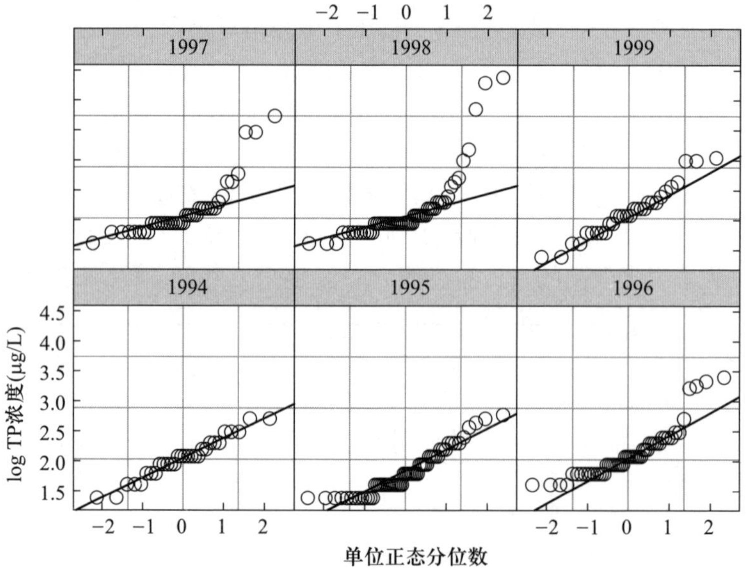

图 4.13 Everglades 湿地中 TP 浓度的年际变化——利用年度数据绘制了 Everglades 湿地 3 个参考站点 TP 浓度对数值的正态 Q–Q 图. TP 浓度分布的年度差异很大程度是由于不同的降雨模式造成的 (图 4.12).

根据以上对数据的观察, 本章只用了 1994 年的数据.

4.8.2 肯氏龟

这组数据是 Ruckdeschel 等 (2005) 用来研究世界上最为濒危的海龟——肯氏龟的性别比例的. 研究结果认为, 性别比例在 1989—1990 年发生了转换, 从 1983—1989 年雄性略微偏多的比例过渡到了 1990—2001 年雌性比例明显较高的情况. 数据来源是 1983—2001 年佐治亚坎伯兰岛上搁浅的 (死的) 肯氏龟. 1983—1989 年有 16 只雄性和 10 只雌性肯氏龟, 而 1990—2001 年则有 19 只雄性和 56 只雌性肯氏龟. 为了验证这个结论, 我们需要进行一系列假设检验. 尽管该文作者并没有提到性别比例变化的可能原因, 但是, 其他研究表明, 当时 (约 1990 年) 附近所建立的海龟孵化场可能对该变化有影响.

首先, 我们注意到现在所拿到的数据是雄性和雌性海龟的数量, 而我们感兴趣的则是雄性海龟在总数当中所占的比例, 即 1983—1989 年的 16/26 和 1990—2001 年的 19/75. 如果我们把雄性记作 1, 而雌性记作 0, 第一个时间段内的数据是 16 个 1 和 10 个 0, 而第二个时间段则是 19 个 1 和 56 个 0. 感兴趣的量则是这些 1 和 0 的均值. 中心极限定理指出, 当样本数量足够大时, 样本均值将趋向于正态分布. 最简单的检验就是用 t 检验去检验两个时间段的均值是否相等.

采用双样本 t 检验:

```
#### R code and output ####
t.test(x=c(rep(1,16), rep(0,10)),
       y=c(rep(1,19), rep(0,56)))

data: c(rep(1, 16), rep(0, 10))and c(rep(1, 19), rep(0, 56))
t = 3.3, df=39, p-value = 0.00205
alternative hypothesis:true difference in means is not
    equal to 0
95 percent confidence interval:
 0.14 0.58
sample estimates:
mean of x mean of y
     0.62      0.25
```

我们将否定认为两个总体的均值相同的零假设. 由于均值与雄性的数量成比例, 拒绝零假设意味着性别比例的变化. 均值差异的 95% 置信区间是 $(0.14, 0.58)$, 说明第一个时间段内雄性比例大于第二个时间段的雄性比例.

由于我们的数据所服从的分布与正态分布有很大差异, 使用 t 检验似乎不妥. 数据是二元的. 每个数值 y 不是雄性 (1) 就是雌性 (0). 假设性别比例是个常数, 这些 1 和 0 都是伯努利分布 (π) 的随机样本, 而 $y = 1$ 的概率就是分布中雄性的比例. 伯努利随机变量 y 的均值为 π,标准差为 $\sqrt{\pi(1-\pi)}$. 当取出由

n 个观测值组成的一个样本 $y_1, \cdots, y_n$, 样本之和 $S = \sum_{i=1}^{n} y_i$ 是对 1 的个数的计量. 变量 S 服从二项分布, 取值可能是: $0, 1, \cdots, n$. $S = k$ 的概率为:

$$\Pr(S = k) = \frac{n!}{k!(n-k)!}\pi^k(1-\pi)^{n-k}$$

S 的均值为 $n\pi$, 标准差为 $\sqrt{n\pi(1-\pi)}$. 使用 S 的样本分布, 可以构成一个正规的假设检验来检验比例是否等于一个特定的值. 在肯氏龟案例中, 我们可以检验雄性的比例是否为 0.5. 也就是说, 零假设为 $H_0 : \pi = 0.5$, 备择假设则是 $H_a : \pi \neq 0.5$. 检验统计量为 S, 如果零假设为真时, S 服从二项分布. 在这个例子中,1983—1989 年这个阶段的零分布是 $n = 16$, $k = 10$. p 值为 $\Pr(S \geqslant 10|H_0)$, 可以在 R 中用 `2*(1-pbinom(10-1, 16, 0.5))` 计算获得, 结果为 0.4545. 对于 1990—2001 年这个阶段, p 值为 $\Pr(S \leqslant 19|H_0)$, 用 `2*(1-pbinom(19, 75, 0.5))` 计算获得, 结果为 0.000022. 另外, 可以直接使用函数 `binom.test`:

```
#### R code and output ####
blnom.test(x=10, n=16, p=0.5)

        Exact binomial test

data:  10 and 16
number of successes = 10, number of trials = 16,
    p-value = 0.4545
alternative hypothesis: true probability of success is not equal to 0.5
95 percent confidence interval:
   0.35435   0.84802
sample estimates:
probability of success
                 0.625

#### R code and output ####
binom.test(x=19, n=75, p=0.5)

        Exact binomial test

data:  19 and 75
number of successes = 19, number of trials=75,
    p-value = 2.243e-05
alternative hypothesis: true probability of success is not
    equal to 0.5
```

```
95 percent confidence interval:
 0.15993 0.36701
sample estimates:
probability of success
              0.25333
```

这两个检验给出了一些信息，但是，并没有直接回答性别比例是否在 1989—1990 年经历了变化这个问题. 直接的检验应该估计两个分布的差异. 两个样本比例之间差异的分布很难直接获得. 但是, 我们知道两个样本均值差 $\hat{\pi}_1-\hat{\pi}_2$ 的均值等于总体均值的差 $\pi_1-\pi_2$, 样本均值差的标准差等于:

$$\sqrt{\pi_1(1-\pi_1)/n_1+\pi_2(1-\pi_2)/n_2}.$$

如果样本数量足够大, $\hat{\pi}_1-\hat{\pi}_2$ 的分布趋近于正态. 因此, 要检验两个比例(或者总体均值) 是否相同, 我们可以把计算出的差异值作为检验量, 近似正态分布作为零分布. 例如, $\hat{\pi}_1$ 是 0.62, $\hat{\pi}_2$ 是 0.25, $n_1=16$, 而 $n_2=75$. 零假设是 $H_0:\pi_1-\pi_2=0$, 因此, $\hat{\pi}_1-\hat{\pi}_2$ 的零分布为近似正态, 其均值为 0, 标准差为:

$$\begin{aligned}\sqrt{\pi_1(1-\pi_1)/n_1+\pi_2(1-\pi_2)/n_2} &\approx \sqrt{0.62(1-0.62)/16+0.25(1-0.25)/75}\\ &=0.1312\end{aligned}$$

在 R 中可计算 p 值为 `2*(1-pnorm(0.62-0.25,0,0.1312))`, 即 0.0048. 估计出的差异 $0.62-0.25=0.37$ 的置信区间为 $0.37\pm2\times0.1312$, 或者 $(0.11, 0.63)$.

Karl Pearson 给出了该问题的精确检验, 采用的是将观测结果和预期情况(根据零假设) 进行比较的一般方法. 这类检验被称为拟合度的 χ^2 检验. 对于该案例, 数据可以被放入到一个 2×2 的表格里:

	雄性	雌性
1983—1989	16	10
1990—2001	19	56

或者更为一般地,

	响应 1	响应 2	总和
因素 1	n_{11}	n_{12}	R_1
因素 2	n_{21}	n_{22}	R_2
总和	C_1	C_2	T

对于 4 个单元格中的任意一个, 数字 16、10、19、56 被称为观测到的值.

如果零假设为真, 第一行中雄性海龟的比例与第二行中的比例应该相同. 对于一般性的表格, 总的雄性比例为 C_1/T. 如果比例值与行是无关的 (即零假设为真), 我们会期望第一个时间段中雄性的数量为 R_1C_1/T. 也就是说, 对于每个单元格, 我们有一个期望值:

	响应 1	响应 2	总和
因素 1	R_1C_1/T	R_1C_2/T	R_1
因素 2	R_2C_1/T	R_2C_2/T	R_2
总和	C_1	C_2	T

Pearson 把这些观测值和期望值组合成了一个统计量:

$$\chi^2 = \sum \frac{(\text{期望值} - \text{观测值})^2}{\text{期望值}}$$

该统计量近似于服从自由度为单元个数 (4) 减去待估计的参数个数 (2) 再减去 1 的 χ^2 分布. 在 R 中, 可以用函数 prop.test 来执行 χ^2 检验:

```
#### R code and output ####
prop.test(x=c(16, 19), n=c(26,75))

    2-sample test for equality of proportions with
            continuity correction

data:  c(16, 19)out of c(26, 75)
X-squared = 9.6343, df = 1, p-value = 0.001910
alternative hypothesis: two.sided
95 percent confidence interval:
 0.12483 0.59927
sample estimates:
 prop 1  prop 2
0.61538 0.25333
```

采用 3 种不同的方法检验了在 1989—1990 年是否存在性别比例的变化. 粗糙的双样本 t 检验给出的 p 值为 0.00205, 近似正态方法给出的 p 值为 0.0048, 而 χ^2 检验对应的 p 值则是 0.00191. 这些检验可以用来解释环境和生态学研究中的常见问题, 也就是说, 没有一种现成的最好方法. 某种程度的近似是不可避免的. 对这个例子来说, χ^2 检验是大多数人都认为合适的一种方法. 但是, 采用其他两种近似方法也不会影响结论. 这又是一个违反正态假设情况下统计过程鲁棒性的例子.

正如之前讨论的那样, 独立性的假设是具有更大影响力的假设. 对该例子也是一样. 对数据的认真考察给了我质疑性别比例变化的理由. 这些数据可能并不是海龟总体的独立样本.

首先, 该文作者声称仅有 50% 的死海龟提供了性别信息. 是否在性别无法识别的海龟中存在性别偏差? 那些无法确认性别的海龟尸体部分腐烂了. 有人指出雄性海龟尸体 (尤其是性器官) 比雌性海龟尸体腐烂得要快.

其次, 上岸海龟的性别比例存在季节差异. 文章中并未给出关于数据的季节性组成的信息. 该文作者讨论了性别比例的季节差异. 总体来说, 春季和夏季的沙滩上雌性海龟更多. 观察到的性别比例的变化是由于第二个时间段内春季和夏季采样增多吗? 在我们给出性别比例变化的结论之前, 我们必须检查数据的季节组成. 如果在第二个时间段内海龟数量的增加是由于居民和旅游者的参与, 因为他们更可能在春季和夏季到海滩来, 那么, 就可能存在采样偏差, 这样的话, 我们无法得出性别比例发生迁移的结论. 我们至少可以确定, 性别比例的转变, 即便确实存在, 也不是 1990 年建孵化场的结果. 对肯氏龟的生活史做一次 Google 快速搜索, 结果表明这些乌龟最初两年会在开放海域中漂浮, 需要 10 到 20 年才能达到性成熟. 因孵化场而导致性别比例变化的迹象直至数据收集期之后才显现出来.

4.8.3 水质达标评价

根据美国《清洁水法》第 305(b) 部分, 要求美国各州评价水体符合其指定用途的情况. 美国 EPA 收集并使用上述信息为国会编写年度报告, 被称为国家水质清单, 即通常所说的 305(b) 报告.《清洁水法》的 303(d) 部分要求美国各州要编制 "无法达到相应水质标准的地表水体" 的清单, 称为受损水体, 并为造成水体受损的污染物规定每日最大负荷 (total maximum daily loads, TMDL). TMDL 给出了水体每日能够同化不引起水质超标的来自所有污染源的污染物最大量. TMDL 的建立是将地表水体恢复到其指定用途的重要环节.

美国 EPA 的指南要求将有 10% 的水质监测值超过水质标准的水体列为受损水体. 这个认定水体受损的规则可以被看作是一个假设检验过程. 零假设是水体达标 (因此, $\mu \leqslant WQ_c$), 而备择假设是水体超标 (因此, $\mu > WQ_c$). 此处, 我们简单地把 μ 当作是对水质状况的一种测量 (可能是均值或者其他度量), 而 WQ_c 则是水质标准. 在零假设下, 我们期望绝大多数的水质监测值较低. 检验统计量是超过标准的监测次数比例. 显然,"10% 规则" 并不是一个统计假设检验过程, 因此, 我们不能推出零分布, 也无法定义 I 型和 II 型错误. 但是, 它却是一个决策过程. 我们必须决定是否要将某个水体认定为受损水体, 而由于决策不可避免地是建立在随机样本基础上的, 每次决策都与错误联系在一起. 采用假设检验的术语, 美国 EPA 选定了一个检验统计量 (测量值超标的比例), 并设定

了一个拒绝域 (> 10%).

Smith 等 (2001) 把美国 EPA 的规则解释为, 当认定一个水体为达标水体时, 要保证该水体在未来超标的时间不超过 10%. 根据这一解释, 该规则可以用针对潜在的真实超标率的假设检验来代表. 在该检验中, 我们假设每次水质监测是从一个以未知概率 (π) 超标的水体总体中抽取一个随机样本. 那么, 零假设就是 $H_0 : \pi \leqslant \pi_0$, 其中 π_0 是可接受的超标率. 当零假设为真, 每个监测值超标的概率不大于 π_0. 因此, 美国 EPA 的 10% 规则在此被解释为 $\pi_0 = 0.1$. 如果我们把监测值超过标准称为胜利并记录为 1, 而把监测值低于标准称为失败并记录为 0, 我们就把水质监测值转化成了值为 1 和 0 的二元变量. 在零假设下, 转化后的二元变量服从成功概率为 π_0 的伯努利分布. 检验统计量即样本中成功的总次数服从二项分布. 也就是说, 我们可以用与海龟案例相同的精确二项分布检验. 但是, 列出 303(d) 清单是一个决策过程, 各州的资源管理者想要一条清晰的规则来获得清单. 为此, 用表格形式来表示制定 303(d) 清单时所对应的各种水质状况是清晰地描述决策过程的一种好方法. 在 R 中, 可以用函数 `qbinom` 来实现:

```
#### R code and output ####
    qbinom(1-0.05, size=12, prob=0.1)
    [1] 3
```

也就是说, 分布的 0.95 分位数约等于 3. 之所以说约等于是因为二项分布是离散的. 拒绝域是成功次数大于 3, 即 4 次或者更多的监测值超标. 基于这个过程, I 型错误 (把水质符合指定用途的水体列入清单) 率小于等于 5%, 具体值取决于样本数量. 如果将美国 EPA 的规则用于该检验, 那么, 零假设在 10% 的监测值超标的情况下会被拒绝, 即 2 次或者更多, I 型错误率是 0.34. 显然 I 型错误率太高了. 事实上, 美国 EPA 的 10% 规则可能会带来高达 0.61 的 I 型错误率 (当样本数 $n = 20$), 当样本数量增大时则会趋近于 0.5.

由于二项分布不是连续的, 此处估计的拒绝域与 I 型错误率 `1-pbinom(3, 12, 0.1)=0.026` 联系在一起.4 次或更多次的拒绝标准是 p 值小于等于 0.05 所对应的最小次数. (如果我们设定拒绝域是成功次数大于 2, I 型错误率就是 0.11.) 针对一定范围的样本数量 (如 5 到 20), 制备 303(d) 清单所需的最小超标数可以列表表示:

```
#### R code and output ####
    qbinom(1-0.05, size=5:20, prob=0.1) + 1
   [1] 3 3 3 3 4 4 4 4 4 4 5 5 5 5 5 5
```

再次看到, 每种样本数量具有不同的 I 型错误率 (图 4.14, 左侧). 由于列出 303(d) 清单是一个决策过程, 不仅 I 型错误率需要被控制到小于 α, 而且 II 型错误率也要限制在可接受的水平内. 要计算 II 型错误, 我们需要知道效应值大小, 以及备择假设和零假设比例之间的差异. 在加利福尼亚州, II 型错误是基于 0.15 的效应值, 或者备择假设比例为 0.25. 对于样本数量为 10 的情况, 进入清单的条件是监测值 4 次或者更多次地超过标准. 统计功效是当备择假设为真时拒绝零假设的概率. 等效地, 当 $\pi = 0.25$, $n = 10$, 观测到 4 次或者更多次的 1 的概率为:

```
#### R code and output ####
   1-pbinom(4-1, size=10, prob=0.25)
   [1] 0.22412
```

检验的功效约为 22%, 显然太小了. 功效是样本数量的函数:

```
#### R code ####
sample.size <- 10:40
reject <- qbinom(1-0.05, size=sample.size, prob=0.1) + 1
dncision.table <- data.frame(n=10:40, reject=reject,
                             power=1-pbinom(reject-1,
                               size=sample.size,prob=0.25))
plot(power~n, data=decision.table, type="l",
     xlab="Sample Size", ylab="Power")
```

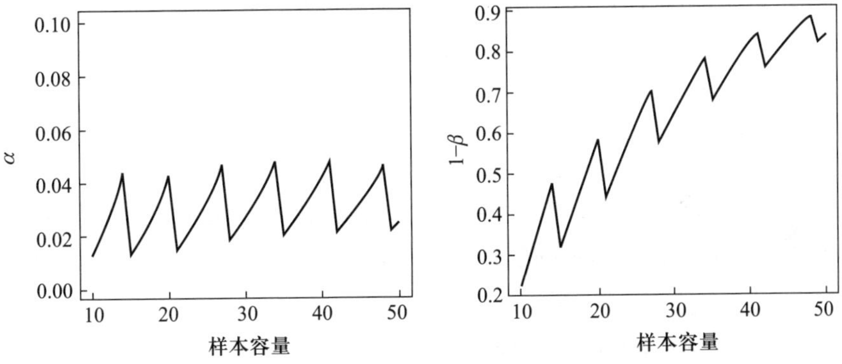

图 4.14 统计功效是样本容量的函数.

图 4.14 (右侧) 显示, 统计功效的增加呈现曲折上升的形态. 这是因为 I 型错误率随着样本容量的变化而变化. 统计功效同时受到 n 和 α 的影响, 但一般来说, 要达到 70% 的中等功效值需要 30 或以上的样本容量.

一旦水体被列为受损水体, 就需要制定 TMDL 计划并予以实施. 当水质得以改善以至于超标率低于 0.1, 水体将从 303(d) 清单中去掉, 即被称为 "de-listing" 的过程. 目前在美国很多州推荐使用的过程是执行以下检验:

$$H_0 : \pi \geqslant \pi_0 \quad \text{受损的}$$

$$H_a: \pi < \pi_0 \quad 未受损的$$

因此, 要将一个具有 12 次监测样本的水体从清单中拿出来, 需要超标次数少于 `qbinom(0.05, 12, 0.1)=0`. 但是, 成功的概率是一个很小的数 (0.1), 不可能用于检验与备择假设相对立的零假设, 因为在零假设下观测到 0 的概率是 0.28. 要合理评估水质, 样本容量必须增加. 例如, 如果我们设定拒绝域为 $\leqslant 1$, 样本容量必须达到 46, 因为 `pbinom(1, 46, 0.1)=0.048`.

4.8.4 红树和海绵之间的相互作用

此处讨论的例子是为了应用 ANOVA 而设计的典型实验研究. 数据来自一项关于美洲红树 (*Rhizophora mangle*) 的根和根上沉积的海绵之间的相互作用的研究 (Ellison 等, 1996). 红树是生长在热带和亚热带沿海咸水生境中的植物. 树干生长在水面上呈拱形的支柱状根上, 具有典型的 "红树" 外观. 美洲红树的根上寄居了多种海绵、藤壶、水藻、小型无脊椎动物和微生物. Ellison 等关心的问题是红树是否能从生活在其根上的动物群落获益. 在课题中, 就两种常见海绵对红树根生长的影响进行了实验研究. 对红树丛随机分配了 4 种实验处理: ①不施加任何处理的对照组; ②在裸露的红树根上附上泡沫 (假海绵); ③将活的红火海绵 (*Tedania ignis*) 移植到裸露的红树根上; ④将活的紫海绵 (*Haliclona implexiforms*) 移植到裸露的红树根上. 测量的响应变量是红树根每天生长的毫米数.

数据 (图 4.15) 中只有两个 "极端值", 可能是非正常值或者异常点. 每种处理条件下根生长数据的分布可以近似为正态分布 (图 4.16). 图 4.16 中的正态 Q–Q 图表明在数据点和参照线之间并没有系统偏差. 根据这两个图, 我们认为 ANOVA 是一种与之相适宜的数据分析方法.

```
#### R code ####
mangrove.lm <- lm(RootGrowthRate ~ Treatment,
   data=mangrove.sponge)
summary.aov(mangrove.lm)


#### R output ####
           Df Sum Sq Mean Sq F value  Pr(>F)
Treatment   3   4.40    1.47    6.87 0.00041 ***
Residuals  68  14.51    0.21
---
Signif.codes: 0 '***' 0.001 '**' 0.01 '*' 0.05 '.' 0.1 ' ' 1
```

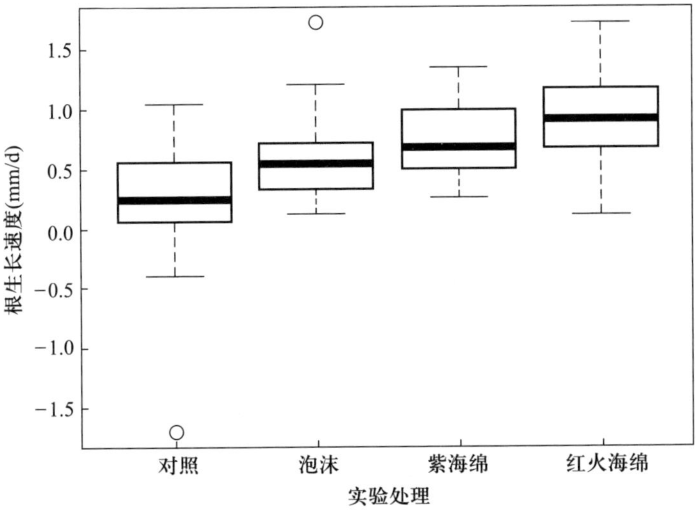

图 4.15 红树–海绵相互影响数据的箱图——这些箱图表明根的生长量在活的海绵存在时可能比较高.

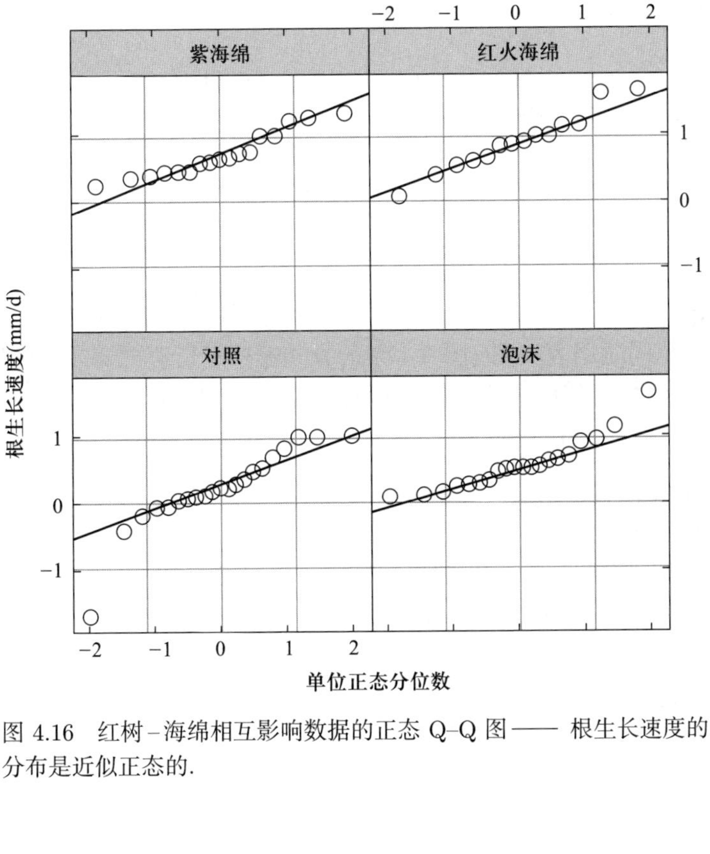

图 4.16 红树–海绵相互影响数据的正态 Q–Q 图—— 根生长速度的分布是近似正态的.

ANOVA 表给出的 p 值比显著性水平 0.05 要小, 说明某些处理是起作用的. 存在多种可能的比较. 显然需要将对照组与其他 3 种处理方式 (泡沫、紫海绵和红火海绵) 进行比较. 同时, 合理的做法是将两种活海绵处理条件下的均值与泡沫处理的均值比较, 再与对照组的均值比较. R 函数 TukeyHSD 实现的是 Tukey 的 HSD 方法:

```
#### R code ####
mangrove.aov <- aov(RootGrowthRate ~ Treatment,
    data=mangrove.sponge)
mangrove.HSD <- TukeyHSD(mangrove.aov)
```

```
#### R output ####
mangrove.HSD
  Tukey multiple comparisons of means
    95% family-wise confidence level

Fit: aov(formula = RootGrowthRate ~ Treatment,
    data = mangrove.sponge)
$Treatment
                     diff        lwr     upr   p adj
Foam-Control      0.35436 -0.025798 0.73451 0.07650
Haliclona-Control 0.49109  0.094128 0.88806 0.00927
Tedania-Control   0.67643  0.256617 1.09624 0.00039
Haliclona-Foam    0.13674 -0.264644 0.53812 0.80630
Tedania-Foam      0.32207 -0.101917 0.74606 0.19790
Tedania-Haliclona 0.18534 -0.253787 0.62446 0.68369
```

函数运算同时用表和图 (图 4.17) 的方式返回了所有两两差异的置信区间. 利用 plot 函数, 可以将这些置信区间展示在图中. Tukey 的 HSD 方法还可以在工具包 multcomp 中实现:

```
#### R code ####
library(multcomp)
q2<-glht(mangrove.aov, linfct=mcp(Treatment="Tukey"))
summary(q2)
plot(q2)
```

具体问题 (如活海绵处理下的均值是否与泡沫处理下的均值不同, 或者是否与对照组均值不同), 通常用 "比较" 的方法来回答, 即用特定数据进行特定比较从而完成特定的假设检验. 例如, 要检验假设 "活的海绵组织对红树根的生长没有影响", 我们需要比较对照组均值和两种活海绵处理条件下的均值. 零

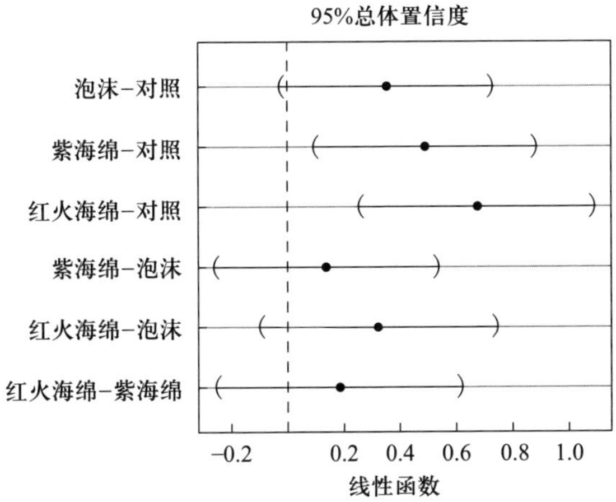

图 4.17 红树-海绵数据的两两比较——利用 Tukey 的 HSD 方法获得的两两差异的置信区间表明, 两种活的海绵处理下的均值与对照组均值有所不同.

假设是对照组均值与两种活海绵处理条件下均值的差值为 0. 而差值为 $\delta = -\mu_{control} + 1/2(\mu_{Haliclona} + \mu_{Tedania})$. 差值常表示为 4 种处理条件下均值的线性组合:

$$\delta = -1\mu_{control} + 0\mu_{foam} + 1/2\mu_{Haliclona} + 1/2\mu_{Tedania}$$

一般来说, 一次对比是指将几种处理条件下均值的线性组合与不同组的处理均值进行比较.

$$\delta = \sum_{i=1}^{k} \alpha_i \mu_i$$

每次对比时的线性组合系数加起来必须等于 0 : $\sum_{i=1}^{k} \alpha_i = 0$. δ 的标准误为 $se_\delta = \sigma\sqrt{\sum_{i=1}^{k} \alpha_i^2/n_i}$, 其中 σ 是残差的标准差, 而 n_i 是第 i 种处理的样本个数. 比值 $\frac{\delta}{se_\delta}$ 服从自由度为 $df = \sum_{i=1}^{k} n_i - k$ 的 t 分布, 可以用来构建 δ 的置信区间或者进行关于 δ 的假设检验. 在 R 中, 对比最好用函数 glht 来实现:

```
#### R code ####
contr <- rbind("F-C"=c(-1, 1, 0, 0),
               "H-C"=c(-1, 0, 1, 0),
               "T-C"=c(-1, 0, 0, 1),
               "S-F"=c(0, -1, 1/2, 1/2),
```

```
              "S-C"=c(-1, 0, 1/2, 1/2))
q3 <- glht(mangrove.aov, linfct=mcp(Treatment=contr))

#### R output ####

summary(q3, test=adjusted(type=c("none")))
        Simultaneous Tests for General Linear Hypotheses

Multiple Comparisons of Means: User-defined Contrasts

Fit: aov(formula=RootGrowthRate~Treatment,
         data=mangrove.sponge)

Linear Hypotheses:
              Estimate  Std.Error   t value     p value
F-C==0        0.354     0.144       2.45        0.0167
H-C==0        0.491     0.151       3.26        0.0018
T-C==0        0.676     0.159       4.24        6.8e-05
S-F==0        0.229     0.133       1.73        0.0885
S-C==0        0.584     0.131       4.46        3.1e-05
---
(Adjusted p values reported -- none method)
```

结果表明: ①与对照组相比, 活海绵对红树根生长的影响是积极的且统计意义显著的; ②活海绵对红树根生长的影响与惰性泡沫的影响实质上是相同的; ③与对照组相比, 生物惰性泡沫对红树根生长的影响也是统计学显著的.

很多教科书建议事前 (规划的) 比较可用于避免 α 水平的膨胀. 但是, 我发现这个建议是含糊的, 不能达到预期的目的. 在给出这个案例的原始文章中, 事前比较是 3 项对照组和 3 种处理之间的比较. 当我阅读这篇文章时, 我想再加两个比较 (活海绵组与对照组, 活海绵组与泡沫组) 用以提供更多的信息. Gotelli 和 Ellison (2004) 对数据再次进行分析时, 对活海绵与泡沫进行了比较, 还对 3 种处理条件下的均值与对照组进行了比较:

```
#### R code ####
contr2 <- rbind("F - C" = c(-1, 1/3, 1/3, 1/3))
q4 <- glht(mangrove.aov, linfct = mcp(Treatment = contr2))
summary(q4, p.adjust.methods="none")

#### R output ####

linear Hypotheses:
```

```
          Estimate Std.Error t value p value
F - C == 0    0.507     0.120    4.22 7.4e-05
---
(Adjusted p values reported)
```

在这个特定案例中, 这些不同的比较并不能改变结论. 但是, 对于不同的研究人员, 肯定会采用不同的事前比较. 我发现, 只要检验结果没有夸大事实, 如何解释估计出的差异是更为重要的. 用一种多层模拟方法 (第 10 章) 来解决多重比较问题更为自然.

4.9 参考文献说明

David Hume (Hume, 1777) 首次讨论了归纳的问题. Popper (1959) 将该问题重申为将单个陈述 (如对观测或者实验结果的解释) 转换成一般陈述 (如假设或者理论) 的一种方法.Fisher 关于假设检验的讨论可以从 Fisher (1955) 的文献中找到. George Box (Box 1976) 也对统计学在科学中的作用进行了讨论. 对误用统计功效的讨论可以在 Hoenig 和 Heisey (2001) 的文章中找到. Smith 等 (2001) 讨论了与水质评价有关的统计学问题. 利用 χ^2 分布来评估标准差估计的不确定性 (参见图 4.2) 并不常见. 更多的细节可参考 Gelman 和 Hill (2007) 的文章.

4.10 练习

1. 在一项关于水质趋势的研究中, 美国 EPA 汇编了 1997 年之前和之后中大西洋地区的溪流生物监测数据. 他们感兴趣的是该地区溪流的生物条件是否有变化. 他们使用的指标是 EPT 类群丰富度 (指通常被称为蜉蝣、石蝇和石蛾的三个类群的个数). 由于计数变量的分布通常是倾斜的, 因此使用了对数变换. 1997 年之前的 EPT 类群丰富度的对数平均值和标准差为 2.2 和 6.9 ($n = 355$), 1997 年后为 1.8 和 5.4 ($n = 280$). 对数平均值的差异在统计上是显著的吗? 您如何报告 EPT 类群丰富度方面的差异?

2. Student 的 t 检验

著名的 t 检验最初由 "Student" 在 1908 年发表的一篇论文中予以阐述. 在论文中, 作者用几个例子来说明这个过程. 一个例子讨论了用两种不同种子种植大麦的产量. 每一种种子 (烘干的和非烘干的) 都是在两个不同的年份种植在相邻的地块上, 形成 11 对不同的地块. 以下列出的数据来自 1908 年论文第 24 页的表格.

非烘干	烘干	差值
1903	2009	106
1935	1915	−20
1910	2011	101
2496	2463	−33
2108	2180	72
1961	1925	−36
2060	2122	62
1444	1482	38
1612	1542	−70
1316	1443	127
1511	1535	24

Student (1908) 中使用的统计方法与我们现在使用的统计方法大不相同. Student 得出结论, 烘干种子产量较高的概率为 14∶1. 使用上述给出的产量数据进行 t 检验. 你能猜出 14∶1 的概率是从哪里来的吗?

3. 鱼体内的 PCB

在鱼体内 PCB 的例子中, 我们了解到湖鳟鱼在大约 60 cm 长时会改变食性. 大鳟鱼 (> 60 cm) 体内的 PCB 浓度往往更高. 假设 PCB 浓度分布可以近似为对数正态分布.

(a) 用统计检验来比较大鳟鱼和小鳟鱼体内的平均 PCB 浓度.

(b) 采用图形方法, 讨论使用此统计检验可能带来的问题.

4. Everglades 湿地生态系统是磷限制型的. Everglades 农业区 (EAA) 建立 (联邦政府建设一系列引水系统排干了一部分 Everglades 湿地) 后, 富含磷的农业径流到达 Everglades 湿地, 并导致湿地的部分地区发生了巨大变化. 为了更好地保护 Everglades, 在 20 世纪 80 年代末和 90 年代开展了许多研究, 以了解 Everglades 发生磷富集而带来的影响. 一项研究的重点是估计磷的背景浓度水平. 为了确定哪个地点不受农业径流的影响, 研究人员测试了已知受影响地点 (TP>30 μg/L) 和不受农业径流影响地点的磷酸酶活性 (APA). 磷酸酶是生物体在低磷环境中产生的酶. 由于产生这种酶需要能量, 当存在生物可用磷时, 生物体不会产生它们. 因此, 高 APA 是指示 P 受限的指标. 数据文件 `apa.s` 包含 APA 和 TP 浓度. 可以用函数 `source` 将文件导入 R.

(a) 使用在第 3 章中学到的图形工具, 比较 TP> 30 µg/L 站点的 APA 和 TP< 30 µg/L 站点的 APA 分布.

(b) APA 的两个总体之间差异的性质是什么?

(c) 使用适当的检验来确定差异是否具有统计学意义, 并描述结果.

5. 在肯氏龟案例中, 我们检验了性别比例是否发生了变化. 数据是源于观察的, 也就是说, 数据集当中使用的海龟不是从种群中随机选择的, 而是那些搁浅在海滩上的海龟. 这些数据的一个特点是, 在两个不同时期观察到的海龟数量差异很大. 假设第一个时期 (1983—1989 年) 的数据是通过全年定期安排的海滩巡逻收集的, 而第二个时期 (1990—2001 年) 的数据还包括游客报告的观测结果. 讨论观察到的性别比差异的可能原因.

6. 低功效值条件下开展显著性检验的问题.

研究结果可再现是科学方法的基石. 然而, 研究表明, 当只发布统计学显著的结果时, 特别是以较小的样本规模 (因此统计功效低) 开展统计显著性检验时, 检验结果很难重现. 让我们考虑一个单样本 t 检验, 其 $H_0 : \mu \leqslant 0$ 对应 $H_a : \mu > 0$.

(a) 如果总体标准差为 0.5, 当效应值大小为 $\delta = 0.1$、样本大小为 $n_1 = 10$ 时, 检验的功效是多少?

(b) 为了拒绝原假设, 样本平均值 $\bar{x}$ 必须有多大?

(c) 如果你使用的实验数据拒绝了零假设, 那么如果你重复相同的实验, 验证具有统计学意义的结果的可能性有多大?

(d) 假设你意识到检验的功效很低, 并且决定以更大的样本量 (例如, $n_2 = 100$) 重复实验. 新检验的功效是多少?

(e) 假设 $\delta = 0.1$, 你获得与 $n_1 = 10$ 的实验中相等的具有统计学意义的样本均值的可能性有多大?

7. 美国北卡罗来纳州东部纽斯河口氮的输入量增加而导致的富营养化被认为是 20 世纪 90 年代末大规模鱼殇的主要原因. 北卡罗来纳州议会制定了保护河口的法律, 包括削减河口的营养物质 (特别是氮) 输入量的要求. 由于北卡罗来纳州的富营养化是通过叶绿素 a 的浓度来衡量的, 因此评估营养物质输入削减计划的成功取决于能否证明河口叶绿素 a 浓度降低. 三个机构, 分别是北卡罗来纳州水质部 (DWQ)、北卡罗来纳大学海洋科学研究所 (IMS) 和 Weyerhaeuser 公司 (WEY), 实施了包含叶绿素 a 在内的水质监测计划. 由于河口很大, 叶绿素 a 浓度在空间上有所不同, 因此采样和测量的方法可能会影响到所报告的叶绿素 a 浓度. 为了证明氮削减计划的成功, 我们需要将实施该计划之前和之后测量的叶绿素浓度进行比较. 但是我们应该使用哪一系列数据? 为了回答这个问题, 我们需要比较这三个机构报告的叶绿素 a 浓度, 并确定它们是否存在不同. 如果它们是相同的, 我们可能希望将三个数据源结合起来, 以提高我们所使用的统计检验的功效. 如果它们不同, 我们需要描述其差异的性质, 并决定如何更好地利用它们来描述氮削减计划的效果. 对于这道习题, 我们将比较三个机构的叶绿素浓度, 并讨论它们之间的差异:

- 探索性数据分析——汇总数据的分布和数据中潜在的问题.
- 关于是否需要做数据变换的决定. 一般来说, 我们对环境浓度变量使用对数变换.
- 开展方差分析, 以检验平均值 (或中位数, 如果用了对数转换) 是否因机构而异.
- 展示估计的差异 (并解释原始浓度的差异).
- 对可能影响比较结果的其他因素加以简短讨论.

8. Harmel 等 (2006) 汇编了一个跨系统数据集, 以研究农业活动对水质的影响. 研究中包含的数据主要是来自田间实验, 实验测量了农田流失的营养物质 (P, N) 负荷. 数据集 (`agWQdata.csv`) 包括了测定的 TP 负荷 (`TPLoad`, kg/ha)、土地利用 (`LU`)、耕作方法 (`Tillage`) 和肥料施用方法 (`FAppMethd`). 请你确定耕作方法是否影响 TP 负荷.

(a) 估计每种耕作方法的平均 TP 负荷 (在 R 中完成这个任务的一个简单方法是使用函数 `tapply`):

```
> tapply(agWQdata$TPLoad, agWQdata$Tillage, mean)
```

(b) 简要讨论是否需要对数变换.

(c) 使用统计检验来研究不同的耕作方法是否导致不同的 TP 负荷 (陈述零假设和备择假设, 进行检验, 报告结果).

(d) 简要讨论检验结果的有用性.

9. 使用与上一个问题相同的数据, 拟合两个方差分析模型, 分别使用对数 TP 负荷 (`log(TPLoad)`) 和 TP 负荷平方根的平方根 (`TPLoad^0.25`) 作为响应变量, 耕作方法作为预测变量.

(a) 绘制两个模型的残差正态 Q–Q 图. 讨论哪种变换方式更好.

(b) 假设我们可以将两个模型的残差视为近似正态. 尝试用简洁的语言来解释这两个模型的结果.

第Ⅱ部分　统计建模

第 5 章

线性模型

5.1 引言

在第 4 章中, 我们将模型定义为概率分布模型. 一旦提出模型, 我们就可以依据数据对未知的模型参数进行推断. 在一个单样本 t 检验问题中, 我们有兴趣去了解正态分布的均值.

$$y_i \sim N(\mu, \sigma^2) \tag{5.1}$$

通常可以很方便地按照均值和剩余部分来考虑数据 y_i:

$$y_i = \mu + \varepsilon_i \tag{5.2}$$

也就是说, 我们可以将观测值分为两部分, 均值 (μ) 和剩余部分 (ε_i). 在数学上, 上述两个表达式是等价的. 剩余部分是观测值和均值之间的差值, 通常称为残差, 其服从均值为 0、标准差为 σ 的正态分布 ($\varepsilon_i \sim N(0, \sigma^2)$). 在两个样本 t 检验问题中, 我们对两个总体或小组均值之间的差异感兴趣. 我们提出以下问题:

$$\begin{aligned} y_{1i} &\sim N(\mu_1, \sigma^2) \\ y_{2j} &\sim N(\mu_2, \sigma^2) \end{aligned} \tag{5.3}$$

我们对这两个均值之间的差异 $\delta = \mu_2 - \mu_1$ 感兴趣. 为了采用公式 (5.2) 的形式提出问题, 可以将两个组的数据合并为一列, 然后在数据框中加入第二列 (或称 "处理" 列) 来指示数据与小组的关联. 数学上方便构造的处理列是使用 0 (对应 y_{1i}) 和 1 (对应 y_{2j}) 来组成一列. 此时数据框由两列组成, 数据列 (y) 和处理列 (或更一般地说, 分组列) (g). 每行代表一个观测数据及其与所属组的关联 (第 1 组为 0, 第 2 组为 1). 公式 (5.3) 中的双样本 t 检验问题可以用公式 (5.4) 的形式表示:

$$y_j = \mu_1 + \delta g_j + \varepsilon_j \tag{5.4}$$

其中 j 是组合数据的索引, g_j 是第 j 个观测值的组关联. 对于来自第 1 组的数据 ($g_j = 0$), 公式 (5.4) 简化为 $y_j = \mu_1 + \varepsilon_j$, 对于来自第 2 组 ($g_j = 1$) 的数据, 模型为 $y_j = \mu_1 + \delta + \varepsilon_j$.

组指标 g 通常被称为 "名义变量". 名义变量取值为 0 或 1. 当我们有来自两个以上组的数据时, 我们将使用 $p-1$ 个名义变量来表示 p 组. 例如, 如果我们在方差分析问题中有三个组 (例如, 第 4 章中的练习 7), 我们将所有三个组的观测数据合并为一列. 如果观测结果来自第 2 组, 则第一个名义变量 g_1 取值 1, 否则取值为 0. 如果观测结果来自第 3 组, 则第二个名义变量 g_2 取值 1, 否则为 0. 方差分析问题现在可以表示为线性模型问题:

$$y_j = \mu_1 + \delta_1 g_{1j} + \delta_2 g_{2j} + \varepsilon_j \tag{5.5}$$

对于来自第 1 组的数据, 模型简化为 $y_i = \mu_1 + \varepsilon_i$. 对于来自第 2 组的数据, 模型是 $y_i = \mu_1 + \delta_1 + \varepsilon_i$. 对于第 3 组, $y_i = \mu_1 + \delta_2 + \varepsilon_i$.

通过用 "统计模型" 来表达 t 检验和方差分析问题, 我主要想传达两方面信息. 首先, 我们针对不同的问题使用不同的模型. 其次, 统计推断主要是关于变量之间的关系. 同样, 科学研究的一个主要目标是理解重要变量之间的关系. 对这种关系的表达, 无论是采用定性还是定量的描述, 都可以看成是一个模型. 在统计问题中, 我们将模型定义为所关注变量 (响应变量) 的概率分布. 概率分布会有一个均值 (或位置) 参数和一个表征展布程度的参数 (例如标准差). 当指定了分布模型后, 我们希望了解分布的平均值作为其他变量 (预测变量) 的函数是如何变化的. 在公式 (5.2) 中, 平均值是一个常数 (没有预测变量). 在公式 (5.4) 和 (5.5) 中, 平均值因组而异 (g 是预测变量). 对于服从正态分布的响应变量, 可以根据残差估计标准差. 因此, 我们通常可以将统计模型表示为 $y_i = f(x, \theta) + \varepsilon_i$, 其中 x 表示预测变量, θ 表示要估计的未知参数, ε_i 是一个均值为 0、标准差 (σ) 未知的正态随机变量. 在公式 (5.5) 中, x 代表 g_1 和 g_2, 而 θ 包括 μ_1、δ_1 和 δ_2. 函数 $f(x, \theta)$ 是统计模型均值函数的一个例子——函数定义了响应变量分布的均值参数与若干预测变量之间的关系. 采用公式 (5.5), 我们可以定义以下统计建模问题:

- 模型表述——响应变量是一个具有不同组平均值和恒定标准差的正态随机变量 (例如公式 (5.5)).
- 参数估计——如何估计未知参数 (例如, 公式 (5.5) 中的 μ_1、δ_1、δ_2、σ).
- 模型评估——根据数据, 提出的模型是否合适, 是否满足参数估计所需的统计假设? 在这种情况下, 这些假设可以用残差分布来概括, ε_i 是独立同分布的 (independently and identically distributed, iid) $N(0, \sigma^2)$.

- 统计推断——估计出的均值差异 (例如 δ_1、δ_2) 是否可以归因于数据的随机性?

开发统计模型面临的一个困难是, 确切的模型形式往往是未知的, 并且可能有许多模型形式可以产生相同的结果. 统计建模没有提供如何为 $f(x,\theta)$ 确定其适当形式的办法. 取而代之的是, 统计建模提供了评估所选模型形式是否合适的方法. 一旦选择了特定的模型形式, 统计分析可以对模型是否与数据吻合以及模型的预测能力开展不确定性评估. 虽然选择正确的模型形式是应用模型的第一步, 但在学习统计学时, 我们并不必考虑特定的应用场景. 因此, 学习过程通常是一个同时学习多个可用模型的过程, 而并不针对特定的应用场景. 在学习过程中, 通常不强调模型选择的重要性. 本书在这一部分探索了多个模型. 这些模型涉及与生物科学最相关的三种类型的响应变量——连续变量 (正态分布)、二元/分类变量 (二项分布) 和计数变量 (泊松分布). 在典型的应用过程中, 我们可以轻松区分这三种类型的变量, 模型选择环节将重点关注如何选择适当的均值函数.

线性模型是大家特别感兴趣的, 主要是因为它简单, 但在某种程度上, 也是因为这类模型具有理想的统计学特性, 如无偏性和有效性. 我们从第 5 章里的简单和多元回归模型开始说起, 重点内容是如何使用残差开展模型评估, 然后是第 6 章中的非线性模型. 线性和非线性模型都假设响应变量可以通过正态分布予以近似. 因此, 模型残差是正态的、独立的和同质的. 后续章节将讨论响应变量为二元/分类或计数变量时的模型. 二元/分类响应变量通常使用二项分布建模, 计数变量则使用泊松分布建模.

5.2 从 t 检验到线性模型

线性模型是一类具有正态响应变量和线性均值函数 $f(x,\theta)=\beta_0+\beta_1x_1+\cdots+\beta_px_p$ 的统计模型. 这类最常用的模型包括用于连续预测变量的简单和多元回归模型, 以及用于分类预测变量的方差分析模型 (ANOVA). 在这一章中, 我们将重点介绍建立线性模型的过程. 我将用鱼体中 PCB 的例子来说明模型构建过程, 在这个过程中模型的复杂性逐步增加直到我们满意为止. 模型构建过程是一个不断重复模型拟合、评估和更新的过程. 在鱼体 PCB 的示例中, 为支持密歇根湖渔业管理的需求, 我们设定了两个目标: ① 了解食用湖鱼带来的 PCB 暴露风险; ② 了解 PCB 耗散速度随时间变化情况. 我们会用到湖鳟鱼数据.

Madenjian 等 (1998) 报告说, 密歇根湖内鳟鱼的进食特征发生变化大约是在鱼体长 60 cm 的时候. 而大鳟鱼 (长于 60 cm) 所吃的大拟西鲱鱼 (*Alosa pseudoharengus*) 体内 PCB 平均浓度远高于小鳟鱼吃的小拟西鲱鱼和虹胡瓜鱼 (*Osmerus mordax*) 体内的 PCB 平均浓度. 很自然地, 风险分析的第一步是比较小型 (< 60 cm) 和大型 (⩾ 60 cm) 湖鳟鱼体内的 PCB 平均浓度. 这种比较显然无法令人满意, 因为我们知道鱼体中的 PCB 浓度会随着时间的推移而降低, 这是由于自 1970 年以来就没有新的 PCB 来源了. 可见, 除了鱼的尺寸大小外, PCB 生产禁令以来的时长应该是一个要考虑的因素.

让我们先看看用来比较两个总体的 t 检验: 小型湖鳟鱼的 PCB 浓度对大型湖鳟鱼的 PCB 浓度. 我在数据框中添加了一列, 以指示鱼是大还是小. 该列被命名为 “large”. 如果 PCB 测量结果是来自一条大鱼, 则取值 1, 否则取 0. 在开展 t 检验之前, 我们首先需要探索两个总体之间差异的性质. 我们分别绘制了 PCB 和 log PCB 的 Q–Q 图 (图 5.1). 之所以使用 Q–Q 图, 我们是想确定两个总体之间的差异主要是加和性质还是乘积性质的. PCB 浓度对应的 Q–Q 图似乎暗示了乘积性差异. 而浓度对数对应的 Q–Q 图表明存在近似的加和性差异, 但数据点形成的线显示出跟参考线之间存在小角度的偏移, 意味着浓度对数可能存在系统性的可加和偏移. 此时, 我先假设总体之间的差异在对数坐标下是加性的.

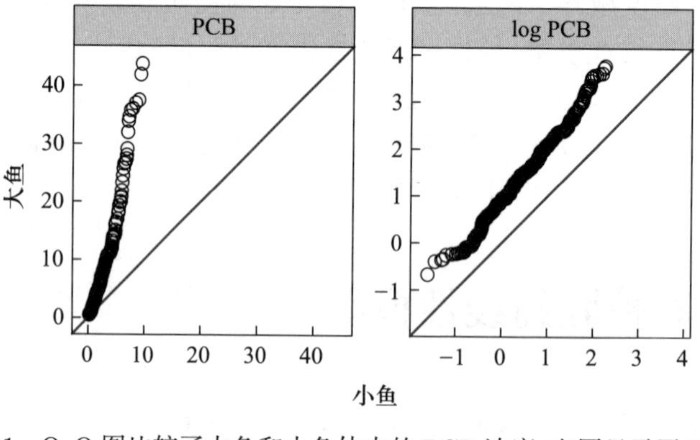

图 5.1 Q–Q 图比较了大鱼和小鱼体内的 PCB 浓度. 左图显示了 PCB 浓度的比较, 右图显示了浓度对数的比较.

针对 PCB 浓度对数的 t 检验计算了小鱼和大鱼的样本均值, 分别为 0.296 和 1.254. 大小鱼之间的差异与 t 统计量 -14.5 (p 值小于 2.2×10^{-16}) 有关. 结果表明, 大鱼的 PCB 浓度要高得多. 对数差 -0.958 可转换为一个乘积因子 $\mathrm{e}^{-0.958} = 0.384$. 换句话说, 小鱼的平均浓度略高于大鱼平均浓度的三分之一.

虽然 t 检验提供了一定的信息, 但相关信息很粗略. 也就是说, 我们仅限于对两类鱼进行比较, 忽略了每个类别中的系统变化. 从数学上讲, t 检验将 PCB 浓度和鱼长度之间的关系简化为一个阶梯函数: 小鱼用第一个平均值, 大鱼用第二个平均值. 然而, 数据显示, 随着鱼体尺寸的增加, PCB 浓度不断增加 (图 5.2). 为了充分解释 PCB 浓度的变化, 我们必须探索 t 检验以外的模型.

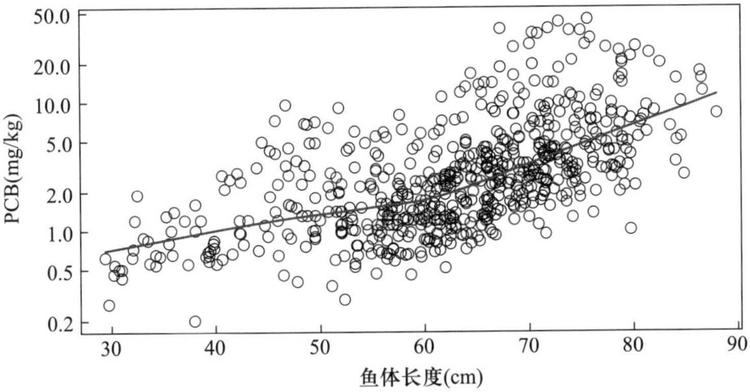

图 5.2 PCB 浓度是按照鱼长度绘制的. PCB 浓度随着鱼尺寸的增加而持续增加.

5.3 简单和多元线性回归模型

线性回归是最简单的研究最多的模型. 在线性回归模型中, $f(x)$ 被参数化为 x 的一个线性函数: $f(x) = \beta_0 + \beta_1 x$, 其中 β_0 和 β_1 是未知的模型系数, 需要用数据来估计. 在通常的统计假设下, 残差 (ε) 是独立的随机变量, 服从均值为 0、标准差 σ 为常数 (但未知) 的正态分布. 为了用一个预测变量 x 来定义一个简单的线性模型, 我们需要估计 3 个量: β_0、β_1 和 σ. 另一种表达模型的方式是用概率分布:

$$y_i \sim N(\mu_i, \sigma^2)$$

$$\mu_i = \beta_0 + \beta_1 x_i$$

统计建模的另一个重要方面就是开发出估计未知模型系数的方法. 最小二乘法 (least squares method) 和最大似然法 (maximum likelihood method) 是两种最常用的方法.

5.3.1 最小二乘法

最小二乘估计法 (least squares estimator, LSE) 可以生成一组让残差平方和最小的模型系数估计值. 将残差定义为模型系数的函数:

$$\epsilon_i = y_i - \beta_0 - \beta_1 x_i$$

残差平方和 (residual sum of squares, RSS) 则表示为:

$$RSS = \sum_{i=1}^{n}(y_i - \beta_0 - \beta_1 x_i)^2$$

RSS 是 β_0 和 β_1 的函数. 要最小化 RSS, 我们可以令其偏导数为 0:

$$\frac{\partial RSS}{\partial \beta_0} = -2\sum_{i=1}^{n}(y_i - \beta_0 - \beta_1 x_i) = 0$$

$$\frac{\partial RSS}{\partial \beta_1} = 2\sum_{i=1}^{n}x_i(y_i - \beta_0 - \beta_1 x_i) = 0$$

最小二乘估计值如下所示, 其中 $\overline{y}$ 和 $\overline{x}$ 是 y_i 和 x_i 的均值:

$$\hat{\beta}_1 = \frac{\displaystyle\sum_{i=1}^{n}(y_i - \overline{y})(x_i - \overline{x})}{\displaystyle\sum_{i=1}^{n}(x_i - \overline{x})^2}$$

$$\hat{\beta}_0 = \overline{y} - \hat{\beta}_1 \overline{x}$$

我们注意到这些众所周知的估计值并不需要对残差分布做出假设. 而且, 最小二乘法并不适合于 σ, 需要单独对它进行估计.

虽然除了用 “直觉上有道理” 外很难判定用最小二乘法进行参数估计是合理的, 但是, 当残差相互独立并且服从均值为 0、标准差为常数的正态分布时, 最小二乘估计量与最大似然估计量 (maximum likelihood estimator, MLE) 是一致的. 似然度估计量是基于残差的分布假设的. 对于给定的数据点, 残差服从正态分布:

$$\epsilon_i \sim N(0, \sigma)$$

ϵ_i 的似然度是 $\epsilon_i = y_i - \beta_0 - \beta_1 x_i$ 的正态密度, 或 $\frac{1}{\sqrt{2\pi}\sigma}\mathrm{e}^{-\frac{(y_i-\beta_0-\beta_1 x_i)^2}{2\sigma^2}}$, 观测到所有数据点的似然度为:

$$L(\beta_0, \beta_1, \sigma) = \prod_{i=1}^{n}\frac{1}{\sqrt{2\pi}\sigma}\mathrm{e}^{-\frac{(y_i-\beta_0-\beta_1 x_i)^2}{2\sigma^2}}$$

令 $L(\beta_0, \beta_1, \sigma)$ 最大的估计值就是最大似然估计量 (MLE). 同样, 我们可以设似

然度函数对 β_0, β_1, σ 的偏微分为 0, 但是对似然度函数的对数形式求微分更为简单:

$$\log L = -\frac{n}{2}\log(2\pi\sigma^2) - \frac{\sum_{i=1}^{n}(y_i - \beta_0 - \beta_1 x_i)^2}{2\sigma^2} \tag{5.6}$$

通过设定对数似然度函数的偏微分为 0,我们获得了跟最小二乘法相同的 β_0 和 β_1 计算公式, σ 的 MLE 则是 $\hat{\sigma} = \sqrt{\frac{\sum_{i=1}^{2}\hat{\epsilon}_i^2}{n}}$. 需要注意的是, 式 (5.6) 中的对数似然函数与 RSS 成正比. 如果 σ 是已知的, $-2\log L \propto \sum_{i=1}^{n}(y_i - \beta_0 - \beta_1 x_i)^2$. 一般来说 (即对于正态和其他概率分布), 负 2 倍的对数似然度被称为偏差 (deviance).

一旦选定了一个线性模型, 模型拟合过程包括估计模型系数和评估拟合出的模型. 分析鱼体内 PCB 浓度的目的是: ①评估鱼体内 PCB 浓度随时间的变化趋势, 以确定有意义的浓度降低是否仍在进行; ②为鱼类消费顾问提供依据, 以警示公众食用被污染的鱼可能存在风险.

为实现这两个目的, 采用了线性 (或者对数线性) 回归模型. 在评估时间变化趋势时, 鱼体内 PCB 的降低常被假定为服从指数模型 (Stow 等, 2004). 指数模型意味着 PCB 浓度的对数值随时间是线性降低的. 在评价经由食用鱼途径的 PCB 暴露风险时, 开发的回归模型用鱼的大小来预测 PCB 浓度 (Stow 和 Qian, 1998). 绝大多数的消费建议是根据鱼体组织中 PCB 的浓度. 例如, 威斯康星州建议将鱼划分为 “不受限制” (PCB 低于 0.05 mg/kg)、“每周 1 餐” (0.05 ~ 0.20 mg/kg)、“每月 1 餐” (0.20 ~ 1.00 mg/kg)、“每年 6 餐” (1.00 ~ 1.90 mg/kg) 和 “不得食用” (> 1.90 mg/kg). 由于钓鱼者不易知道他们抓到的鱼体内的 PCB 浓度, 官方公告则将基于浓度的食用标准转化成了主要消费鱼种的大小范围.

此处所用的数据是威斯康星州自然资源局在 1974—2003 年收集的湖中鳟鱼体内的 PCB 浓度数据 (图 5.3). 因为尺寸大一些的鱼往往年龄也大一些, 所以 PCB 浓度和鱼尺寸之间的关系 (图 5.2) 代表了 PCB 随时间的生物累积.

5.3.2 用一个预测变量来回归

用于评价时间变化趋势的简单线性回归模型是对数线性模型:

$$\log \text{PCB} = \beta_0 + \beta_1 \text{Year} + \varepsilon \tag{5.7}$$

模型系数 β_0 和 β_1 是用最小二乘法 (5.3.1 节) 估计的, 可用 R 的函数 `lm()` 来实现:

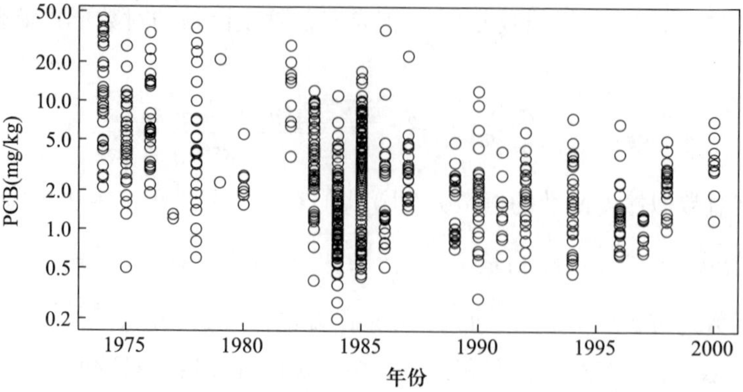

图 5.3 鱼体组织中 PCB 浓度的时间演变趋势——密歇根湖鳟鱼体内 PCB 浓度随时间在降低, 但是, 最近几年表现出稳定的趋势.

```
#### R code ####
lake.lm1 <- lm(log(pcb) ~ year, data=laketrout)
display(lake.lm1, 3)

#### R output ####

lm(formula = log(pcb) ~ year, data = laketrout)
(Intercept) 119.8467  10.9689
year         -0.0599   0.0055
---
n = 631, k = 2
residual sd = 0.8784, R-Squared = 0.16
```

估计出的 β_0 (截距) 是 119.85, β_1 (斜率) 是 -0.06. 拟合后的模型有两部分, 确定性的部分和随机的部分. 确定性的部分是 $\beta_0+\beta_1\text{Year}$, 是任一给定年份的 PCB 对数期望值或均值. 随机部分 ε 描述的是波动或者不确定性. 当把两部分放在一起, 拟合后的模型可以看作是描述 PCB 浓度对数概率分布的条件正态分布. PCB 浓度对数的均值是模型的确定性部分, 标准差则与残差 (随机的部分) 的标准差是一样的. 例如, 估计出的 1974 年 PCB 浓度对数分布是 $N(\beta_0+\beta_1\times 1974, 0.88)$, 即 $N(1.60, 0.88)$.

简单回归模型的截距是预测变量为 0 时响应变量的期望值. 对于该模型, 我们并不相信模型可以外推至第 0 年. 因此, 截距并不能解释出任何物理意义. 然而, 如果用 $\text{yr}=\text{year}-1974$ 作为新的预测变量对模型重新进行拟合, 新的截距是 1.60, 即 1974 年 PCB 浓度对数均值. 这一变换 $\text{yr}=\text{year}-1974$ 是个线性变换, 并不影响模型拟合, 而导出的截距却更加易于解释.

斜率是每年单位变化对应的 PCB 浓度对数变化. 由于响应变量是 PCB 浓度的对数, 对数量级上 β_1 的单位变化是原始数量级上 e^{β_1} 的单位变化. 也就是说, 初始年 (1974 年) 的浓度是 $PCB_{1974} = e^{1.60}e^{\varepsilon}$. 第二年 (1975 年) PCB 的浓度则是 $PCB_{1975} = e^{1.60-0.06\times1}e^{\varepsilon} = e^{1.60}e^{\varepsilon}e^{-0.06}$ 或者 $PCB_{1975} = PCB_{1974}e^{-0.06}$. 给定 $e^{-0.06} \approx 1 - 0.06$, 1975 年的浓度大约比 1974 年的浓度低 6%. 线性模型的斜率表示预测变量每个单位变化造成的响应变量变化. 在这个例子中, 预测变量的单位变化为 1 年, 对数 PCB 浓度的变化为 -0.06. 如果用 PCB 浓度表达, 斜率就转化为 PCB 浓度的年下降率为 6%.

残差或者模型误差项 ε 描述了个体的变异. 对这个模型, 估计出的残差标准差是 0.88. 当用原始的 PCB 浓度数量级来解释拟合后的模型, PCB 浓度的预测值具有对数均值为 $1.6 - 0.06yr$、对数标准差为 0.88 的对数正态分布. 该模型给出 1974 年中间 50% 的 PCB 浓度应介于 `qlnorm(c(0.25,0.75),1.60, 0.88)` 即 $(2.74, 8.97)$mg/kg, 中间 95% 的浓度值介于 $(0.88, 27.79)$mg/kg. 估计出的 1974 年浓度均值为 $e^{1.6+0.88^2/2} = 7.3$ mg/kg, 估计出的标准差为 $e^{1.6+0.88^2/2}\sqrt{e^{0.88^2}-1} = 7.89$, 或者 $\sqrt{e^{0.88^2}-1} = 1.081$ 倍的均值 (即变异系数 $cv = 1.081$). 该模型可总结为图 5.4.

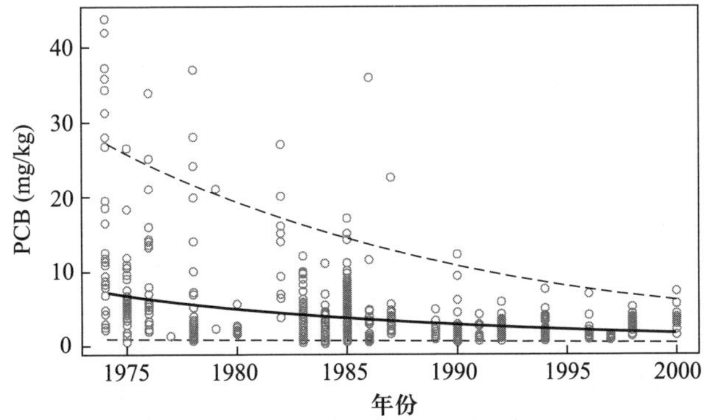

图 5.4 PCB 例子的简单回归模型——对 PCB 浓度和年份作图. 简单回归模型预测的不确定性高. 实线是预测的 PCB 浓度均值, 虚线则是 95% 区间范围.

5.3.3 多元回归

只用单个预测变量 year 或 yr 的简单回归模型具有相当大的残差标准差, 预测出的 PCB 浓度的标准差也与均值差不多大. 如图 5.2 所给出的那样, 鱼的长度是 PCB 浓度对数的一个很好的预测变量. 把长度作为第二个预测变量会提高模型的预测精确度.

```
#### R code ####
lake.lm2 <- lm(log(pcb) ~ I(year-1974)+length, data=laketrout)
display(lake.lm2, 4)

#### R output ####
lm(formula = log(pcb) ~ I(year - 1974)+length, data = laketrout)
               coef.est coef.se
(Intercept)     -1.834    0.120
I(year - 1974) -0.086    0.004
length          0.060    0.002
---
n = 631, k=3
residual sd = 0.555, R-Squared = 0.66
```

拟合后的模型是:

$$\log \mathrm{PCB} = -1.834 + 0.060\mathrm{Length} - 0.086\mathrm{yr} + \varepsilon$$

截距 (-1.834) 是所有预测变量为 0 时 PCB 浓度对数的期望值. $\mathrm{yr} = 0$ 指的是 1974 年, 但是, 长度为 0 则没有意义. 因此, 截距再一次失去了意义. 处理这种情况的常用线性变换是 `x-mean(x)`, 或者让预测变量居于均值附近. 当使用居中了的预测变量时, 截距就是预测变量取其均值时的响应变量期望值:

```
#### R code ####
laketrout$len.c <- laketrout$length - mean(laketrout$length)
lake.lm3 <- lm(log(pcb) ~ I(year-1974)+len.c, data=laketrout)
display(lake.lm3, 3)

#### R output ####
lm(formula = log(pcb) ~ I(year - 1974)+len.c, data = laketrout)
               coef.est coef.se
(Intercept)      1.899    0.047
I(year - 1974) -0.086    0.004
len.c            0.060    0.002
---
n = 631, k = 3
residual sd = 0.555, R-Squared = 0.66
```

因此, 新的截距是 1974 年平均尺寸大小的鱼体内的 PCB 浓度的对数值. 斜率 (0.060) 是鱼长度变化一个单位对应的 PCB 浓度对数变化. 给定年份中, 鱼长度每 1 cm 的变化就会导致 PCB 浓度增加 $e^{0.060} = 1.062$ 倍 (或者约 6%). yr

的斜率现在是 -0.086, 即对于给定的鱼的尺寸大小, 每年的降低速度为 8.6%.

当鱼的大小被作为第二个预测变量时, 每次预测针对的都是给定年份的具体大小的鱼. 仅把年份作为唯一预测变量的简单线性模型无法解释的很多变异都可以归结为鱼尺寸大小的变化. 对于平均长度 (62.48 cm) 的鱼,1974 年其平均 PCB 浓度具有对数均值为 1.899、对数标准差为 0.555 的对数正态分布. 其预测均值为 $e^{1.899+0.555^2/2} = 7.79$ mg/kg, 变异系数 CV 为 $\sqrt{e^{0.555^2}-1} = 0.60$. 图 5.5 给出了 3 种不同尺寸鱼的 PCB 浓度预测均值.

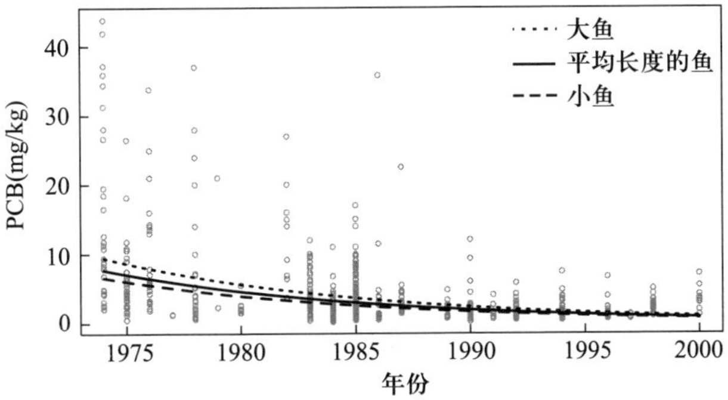

图 5.5 PCB 例子的多元线性回归模型——对 PCB 浓度数据与年份作图. 多元回归预测针对的是指定尺寸的鱼. 实线是平均长度 (62.48 cm) 的鱼的 PCB 浓度预测均值, 虚线是小鱼 (56 cm) 的结果, 而点线是大鱼 (71 cm) 的结果.

5.3.4 相互作用

当用 yr 和 `Len.c` 作为预测变量拟合多元回归模型时, 一个非常重要的假设就是年份的影响 (年份的斜率) 不受鱼大小的影响, 并且鱼大小的影响 (长度的斜率) 在研究时段内是相同的. 这对于多元回归模型是一个加和效应的假设. 这一假设合理吗? Madenjian 等 (1998) 报道湖中的小鳟鱼 (< 40 cm) 吃的是小的拟西鲱鱼 (其平均 PCB 浓度为 0.2 mg/kg), 中等大小的鳟鱼吃的是拟西鲱鱼和虹胡瓜鱼 (其 PCB 浓度范围是 $0.2 \sim 0.45$ mg/kg), 而大的鳟鱼 ($\geqslant 60$ cm) 吃的是大的拟西鲱鱼 (其平均 PCB 浓度为 0.6 mg/kg). 一方面, 由于大鱼倾向于食用高 PCB 浓度的食物, 其体内 PCB 浓度随时间的降低会比小鱼的降低速度要慢. 另一方面, 由于 PCB 是在 20 世纪 70 年代禁止的, PCB 通过微生物新陈代谢的自然减少会导致 PCB 浓度在环境中和在鱼体内的全面降低. 我们预期 PCB－长度关系会随着时间发生变化. 换句话说, 可以预期多元回归模型中年份的斜率会随着鱼的尺寸大小而变化, 长度的斜率也会随时间变化. 要模拟这种相互作用, 我们在模型中加入第三个预测变量, yr 和 `Len.c` 的乘积:

```
#### R code ####
lake.lm4 <- lm(log(pcb) ~ I(year-1974)*len.c, data=laketrout)
display(lake.lm4, 4)

#### R output ####
lm(formula = log(pcb) ~ I(year - 1974)*len.c, data = laketrout)
                     coef.est coef.se
(Intercept)           1.8967   0.0465
I(year - 1974)       -0.0873   0.0036
len.c                 0.0510   0.0038
len.c:I(year - 1974)  0.0008   0.0003
---
n = 631, k = 4
residual sd = 0.5520, R-Squared = 0.67
```

加入相互作用项 (`len.c:I(year-1974)`) 后, 模型可被表达为:

$$\log \mathrm{PCB} = 1.89 - 0.087\mathrm{yr} + 0.051\mathrm{Len.c} + 0.00085\mathrm{yr} \cdot \mathrm{Len.c} + \varepsilon \tag{5.8}$$

由于乘积项的加入, 模型不再是线性的. 经居中调整后的长度 (`Len.c`) 的斜率和年份 (yr) 的斜率不再是常数. 我们可以重新表达模型以理解相互作用的影响. 首先, 把相互作用项与 yr 组合在一起:

$$\log \mathrm{PCB} = 1.89 + (-0.087 + 0.00085\mathrm{Len.c})\mathrm{yr} + 0.051\mathrm{Len.c} + \varepsilon$$

也就是说, yr 的作用 (或斜率) 现在是 Len.c 的函数. 估计出的 yr 的斜率 (-0.087) 是当 $\mathrm{Len.c} = 0$ 时的斜率或者是年份对平均尺寸大小的鱼的影响. 当鱼的尺寸比均值大 10 cm 时, yr 的影响是 $-0.087+0.00085 \times 10 = -0.0785$. 换句话说, 平均来讲, 不仅是尺寸大的鱼具有较高的 PCB 浓度, 大鱼体内的 PCB 浓度降低的速度也比较小. 这个解释只有当我们比较的是相同大小的鱼随时间变化的情况时才是正确的. 因此, 当比较平均长度 $(\mathrm{Len.c} = 0)$ 的鱼时, 分解的年速率是 8.7%. 尺寸比平均值大 10 cm 的鱼体内 PCB 分解的年速率为 7.9%.

如果考察 log PCB 跟鱼长度之间的关系, 模型可以重新写为:

$$\log \mathrm{PCB} = 1.89 + (0.051 + 0.00085\mathrm{yr})\mathrm{Len.c} - 0.087\mathrm{yr} + \varepsilon$$

对任一给定年份, 这个关系仍然是线性的. 但是, 斜率会随着时间变化. 初始条件下 ($\mathrm{yr} = 0$ 或者 1974 年), 鱼的尺寸每增加一个单位 (1 cm) 就会导致 PCB 浓度增加 5.1%. 10 年之后 (1984 年), 斜率为 $0.051 + 0.00085 \times 10 = 0.0595$. 鱼大小的影响增强了. 这是合理的, 因为大鱼中 PCB 浓度降低的速度要比小鱼的小. 因此, 同样两条鱼之间的浓度差异会随着时间而增大.

相互作用的影响是微小的 (虽然统计学上是显著的). 这小小的相互作用在实践中会很重要吗? 由于响应变量是对数量级, 我们需要很小心地解释这个微小的作用. 对于 yr 的斜率, 小鱼 (比平均尺寸短 6.7 cm, 或第一个四分位数) 的斜率值是 $0.09 - 0.00085 \times (-6.7) = 0.095$, 而大鱼 (比平均尺寸长 8.5 cm, 或者第三个四分位数) 的斜率值则是 $0.09 - 0.00085 \times (8.5) = 0.083$. 大鱼体内 PCB 浓度降低的速率较小 (约 8%), 而小鱼的则较高 (约 10%). `Len.c` 的斜率从 1974 年的 0.05 增加到 2004 年的 0.074, 说明大鱼和小鱼之间 PCB 浓度的差异变得更大了.

5.3.5 残差和模型评估

要解释前面章节中拟合出的带有相互作用项的多元回归模型很容易. 相互作用的影响可以用鳟鱼食物的变化来解释. 尽管模型结果可解释是一个好模型必须有的特性, 但是模型评估更是一个定量的问题. 我们必须对模型形式提出问题 (例如, 线性模型准确吗?). 分析残差, 即模型预测值和观测值之间的差异, 是回答模型是否适合数据这个问题的最有效的方法. 我们可以用全模型 (公式 (5.8)) 为例来阐明模型评估的必要步骤. 我们将同时用到绘图和汇总统计.

在对数据和可能影响鱼体内 PCB 浓度的因素进行初步检查后拟合出了公式 (5.8) 中的模型. 使用了这个对数线性模型就意味着我们假定 PCB 浓度随时间降低是指数式的, 并且认为湖中鳟鱼尺寸增加一个单位大小时体内 PCB 浓度以固定值增加. 这些假设的使用并不具备理论支撑. 那么, 如何在数据基础上对这些假设进行检验呢? 要回答这个问题, 我们首先需要明确建立模型的目的. 总的来说, 开发模型的目的是两个一般性目标中的一个: 因果推断和预测.

开发预测性的模型是为了用未包含在拟合模型所用数据中的预测变量的取值来预测结果. 好的预测模型应该是简单而足够准确的. 因果推断模型针对的是建立因果联系, 它比仅仅建立一种相关关系需要更高的标准. 上述两种情况下, 我们都需要在统计推断基础上来证明模型是正确的. 在本节中, 我们会描述对一个预测模型进行评估的必要步骤. 这包括对拟合后的模型做汇总统计、评估模型假设的方法、预测及验证.

汇总统计

用 R 函数 `lm` 拟合好模型后, 所有必需的模型总结和诊断信息都包括在 R 的结果对象中. 例如, 我们在 5.3.4 节讨论的鱼模型中的 PCB 被存在模型对象 `lake.lm4` 当中. 要对模型做总体评估, 我们常常用决定系数 R^2 和一个假设检验 (F 检验) 来比较拟合后的模型和一个没有预测变量的模型 ($y = \beta_0 + \varepsilon$). 要评估每个单独的预测变量是否有存在的必要, 就用 t 检验来评估变量的斜率是否与 0 有差异. 检验结果通常用来确定预测变量的作用是否为统计学显著的.

上述汇总统计和检验的结果, 可以用 R 的函数 summary 展示出来:

```
#### R output ####
summary(lake.lm4)

Call:
lm(formula = log(pcb) ~ I(year - 1974)*len.c ,
   data = laketrout)

Residuals:
    Min       1Q  Median      3Q     Max
-2.4796 -0.3411  0.0197  0.3387  1.9711
Coefficients:
                    Estimate Std.Error t value  Pr(>|t|)
(Intercept)         1.890718  0.046465   40.69    <2e-16
I(year-1974)       -0.087393  0.003604  -24.25    <2e-16
len.c               0.051037  0.003841   13.29    <2e-16
len.c:I(year-1974) 0.000848  0.000329    2.58     0.010
---

Residual standard error: 0.55 on 627 degrees of freedom
  (15 observations deleted due to missingness)
Multiple R-Squared: 0.668,      Adjusted R-squared: 0.667
F-statistic:  421 on 3 and 627 DF,  p-value: <2e-16
```

R^2 和 F 检验结果是在结果输出的底部附近显示的.调整后的 R^2 的定义是 $R^2_{adj} = 1 - \dfrac{n-1}{n-p}(1-R^2)$, 其中 n 是样本数量, p 是预测变量的个数. R^2 值是数据总方差 ($SST = \sum_{i=1}^{n}(y_i - \overline{y})^2$) 中模型能解释的那一部分. 它的计算是用 1 减去残差平方和 ($SSE = \sum_{i=1}^{n}\epsilon_i^2$) 占总平方和的比例, 即 $R^2 = 1 - SSE/SST$. 调整后 R^2 值, 即 R^2_{adj} 是根据模型中预测变量个数而对 R^2 做出的调整. 在回归模型中增加预测变量总是会让 R^2 增加. 通过调整, 模型中预测变量的个数增加却并不一定会增加 R^2_{adj}. R^2_{adj} 是一个冗余的统计量, 无法提供比预测变量方差分析更多的信息.

在这个模型中, R^2 是 0.668, 或者说模型揭示了 PCB 浓度对数数据中 66.8% 的总变化. 与用数据均值来预测 $\log \text{PCB}$ 的零模型 (没有预测变量的模型) 相比, 被解释的变化量 (66.8%) 是统计学显著的, 这表现在大的 F 值或者小的 p 值. F 检验依据的是与 4.7.1 节中一样的方差分析概念. 在线性回归模型中, 方差分析比较的是全模型 $y = \beta_0 + \beta_1 x_1 + \cdots + \beta_p x_p + \varepsilon$ 和没有预测变量的模型或者说零模型 $y = \beta_0 + \varepsilon$. 对于零模型, $\hat{\beta}_0 = \overline{y}$ 且残差平方和是 SST (见 4.7.1 节). 对于全模型, 残差的平方和 $SSE \leqslant SST$. SST 和 SSE 之间的差值 (称为 $SSreg$) 是靠引入预测变量而解释的平方和. 线性模型的 ANOVA 表总结了以上结果 (表 5.1).

表 5.1 线性模型的 ANOVA 表

方差来源	平方和	自由度	均方	F 值
回归模型	$SSreg$	p	$MSreg = SSreg/p$	$MSreg/MSE$
残差	SSE	$n-p$	$MSE = SSE/(n-p)$	
总计	SST	$n-1$		

进行模型比较时, ANOVA 是一种分离总方差的非常重要的技术. 一般来说, 它可以用来比较具有少量预测变量的模型 (简化模型) 和拥有大量预测变量的模型 (全模型). 不同模型的比较可以用于推断一个预测变量是否应该包含在模型中. 例如, 我们可以仅依靠统计学来确定是否要把 `length` 加为第二个预测变量. 那就是比较模型

```
log(pcb) ~ I(year-1974)
```

和模型

```
log(pcb) ~ I(year-1974)+len.c
```

简单线性模型的方差分析为:

```
#### R output ####
summary.aov(lake.lm1)

                Df Sum Sq Mean Sq F value Pr(>F)
I(year - 1974)   1     91      91     118 <2e-16
Residuals      629    485       1

15 observations deleted due to missingness
```

模型的残差平方和为 485, 这是没有被预测变量 yr 所解释的总方差的一部分. 这部分未被解释的变异进一步用来评估是否需要引入第二个预测变量.

```
#### R output ####
summary.aov(lake.lm2)
              Df Sum Sq Mean Sq F value Pr(>F)
I(year -1974)  1     91      91     295 <2e-16
len.c          1    292     292     950 <2e-16
```

```
Residuals    628    193     0.3

15 observations deleted due to missingness
```

对于未被解释的平方和 485, 第二个预测变量 (居中调整后的长度) 解释了其中的 292, 从而获得很大的 F 值和很小的 p 值, 说明加入 Len.c 可以显著地改善模型.

一般地, 如果简化模型中的预测变量是全模型中预测变量的一个子集, 这种比较可以用于推断全模型所增加的对方差的解释是否是对简化模型的显著改善. 当全模型只比简化模型多一个预测变量时, F 检验与检验这个预测变量的斜率是否与 0 有差异的 t 检验是等价的. 这些 t 检验的结果在模型系数汇总表中列出来了:

```
#### R output ####

summary(lake.lm4)$coef
                     Estimate Std. Error t value Pr(>|t|)
(Intercept)           1.89072    0.04646    40.7 4.3e-178
I(year - 1974)       -0.08739    0.00360   -24.2  4.0e-92
len.c                 0.05104    0.00384    13.3  1.1e-35

len.c:I(year - 1974)  0.00085    0.00033     2.6  1.0e-02
```

len.c:I(year - 1974) 斜率对应的小 p 值说明, 在考虑了 yr 和 Len.c 的影响后, 该斜率是与 0 有显著差异的. R 默认的汇总输出中包含了太多可能永远也用不上的信息. 因此, 人们更喜欢用工具包 arm 中的 display 函数. 所有常用的汇总信息都被包括在内了. display 的输出不包括任何假设检验的结果, 但是, 我们可以很容易地从置信区间 (估计值 ±2 倍标准误) 中获取估计出的系数的标准误, 并以此来决定某个斜率是不是统计学显著的. 如果区间包括 0, 斜率就与 0 没有差异 (或者这个预测变量的作用不显著).

这些汇总统计说明两个预测变量和它们之间的相互作用应该包含在模型中. 但是, 这些汇总统计并不能给我们提供足够的信息来判断拟合的模型是不是准确的.

残差的图形分析

对于合法的汇总统计 (尤其是假设检验结果), 残差应该是独立的, 并且近似于服从均值为 0、标准差为常数的正态分布: $\varepsilon_i \sim N(0, \sigma)$. 残差的图形分析不可避免地应该加入到 3 个假设 (正态性、独立性和常数标准差) 的评估中. 残差的正态 Q–Q 图显然是检查正态性的一种工具 (图 5.6). 图 5.6 给出了一个典型的对称的残差分布, 但是, 比正态分布稍多了几个极端值. 独立性是通过对残

差和拟合值作图 (图 5.7) 来评价的, 其结果给出了系统化的图案: 不论预测浓度是高还是低, 模型趋向于低估了 PCB 浓度的对数值. loess 曲线表明残差在某种程度上可以被预测. 这种图案说明独立性的假设可能无法满足. 标准差为常数的假设是用 S–L 图来评估的, 即对残差绝对值的平方根和拟合值作散点图 (图 5.8). 残差的标准差在 PCB 浓度对数预测值较大时会大一些.

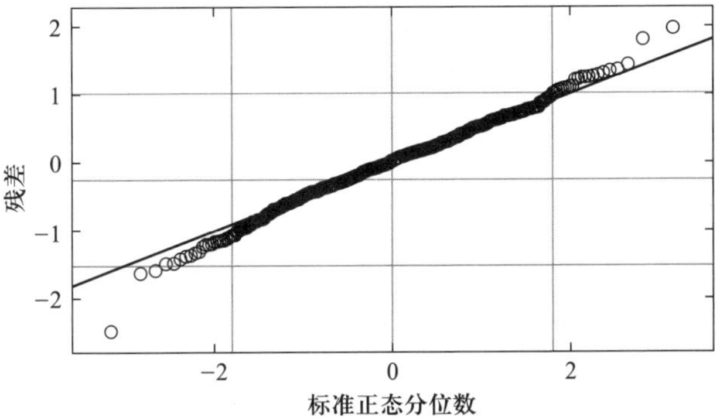

图 5.6 PCB 模型残差的正态 Q–Q 图——模型 (公式 (5.8)) 残差的 Q–Q 图说明残差分布是对称的, 但是, 比正态分布的极端值要多.

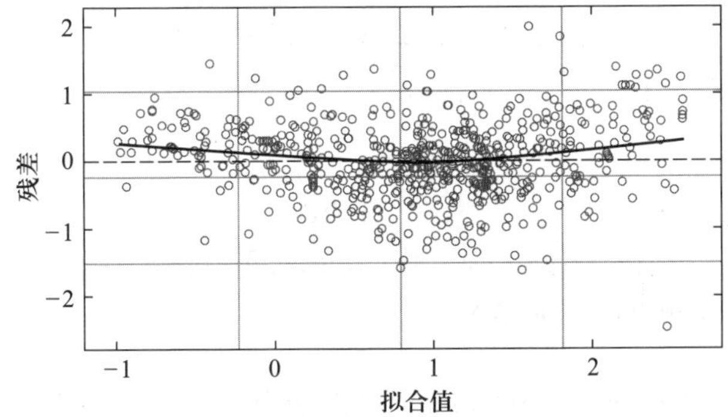

图 5.7 PCB 模型残差与拟合值——对 PCB 模型 (公式 (5.8)) 的残差和估计出的 PCB 浓度对数均值作图. 图形暗示模型不论在预测低还是高浓度时预测值均偏低.

图 5.6 到图 5.8 说明拟合的模型可能并不准确. 进一步看图 5.2 (并增加 loess 线) 发现, log PCB 和鱼长度之间的线性关系可能并不恰当. 要检查非线性, 我们可以增加长度的平方作为第三个预测变量:

```
#### R code ####
lake.lm5 <- lm(log(pcb) ~ I(year-1974)*len.c +
```

```
                 I(len.c^2), data=laketrout)
display(lake.lm5, 4)

#### R output ####
lm(formula = log(pcb) ~ I(year - 1974)"len.c +
   I(len.c^2), data = laketrout)
                        oef.est coef.se
(Intercept)             1.8133   0.0496
I(year - 1974)         -0.0863   0.0036
len.c                   0.0590   0.0043
I(len.c^2)              0.0005   0.0001
I(year - 1974):len.c    0.0004   0.0003
---
n = 631, k = 5
residual sd = 0.5452, R-Squared = 0.68
```

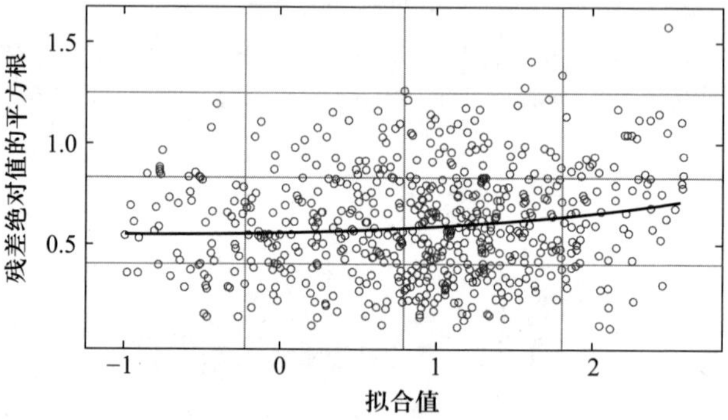

图 5.8 PCB 模型残差的 S–L 图——图形表明残差的标准差在 PCB 浓度对数预测值增大时增大.

估计出的长度平方的系数为 0.0005, 其标准误为 0.0001. 在考虑到长度时, 模型似乎是非线性的. losse 线, 即散点图上 log PCB 对鱼的长度拟合出的线, 也暗示着分段线性模型. 也就是说, 鱼长度的斜率可能有两个不同的值, 一个用于长度不足 60 cm 的鱼, 而另一个稍大的值则用于长度超过 60 cm 的鱼. 我们在第 6 章会再次讨论这个模型.

拟合后的模型也可以用潜在有影响的或者杠杆数据点来评估. 如果用了或者没用某个数据会使得估计出的模型系数有差异, 那么, 这个数据点就是有影响的. 数据点的影响可以用 Cook 距离来度量, 这是一种判断某个特定数据点是否足以影响回归模型估值的度量. 它的分布 ($F(2, n-2)$, n 是观测值的个数) 是已知的. 因此, 一个观测值的 Cook 距离有多大可以用 F 分布的分位数来表示. 一个探索性的观点也表明如果 Cook 距离远大于 1 就可以认为它是 “大的”. 如果存在具有 “大的” Cook 距离的观测值, 我们就必须检查数据以保证所获得的数据点没有明显误差. 对于鱼体内的 PCB 数据, 所有数据点的 Cook 距离 (图 5.9) 都小于 1, 意味着不存在明显的有影响的数据点.

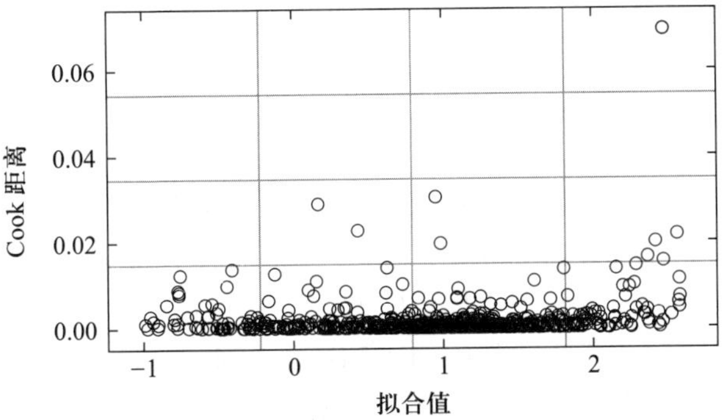

图 5.9 PCB 模型的 Cook 距离——用数据点的 Cook 距离和拟合的 PCB 浓度对数值作图. 所有数据点的 Cook 距离都小于 1. 但是, 很奇怪的是有一个 Cook 距离超过 0.8 的点 (图中未显示).

最后, 尽管 R^2 永远都不该是用于变量选择的统计量, 但是, 在很多应用中, R^2 的值被当作唯一的模型评估标准. 要阻止这种做法, 应该用残差 – 拟合 – 展布图 (residual-fitted-spread 或 rfs 图, 图 5.10) 来替代 R^2. rfs 图画出了拟合值的分位数和残差的分位数. 拟合值的分位数图集中在预测均值的周围. 因此, y 轴上的 0 点是预测出的 PCB 浓度对数均值. 因为拟合值和残差是用相同的单位 ($\log$ PCB) 测量的, 通过把两者肩并肩地摆放, 我们可以很容易地看出模型

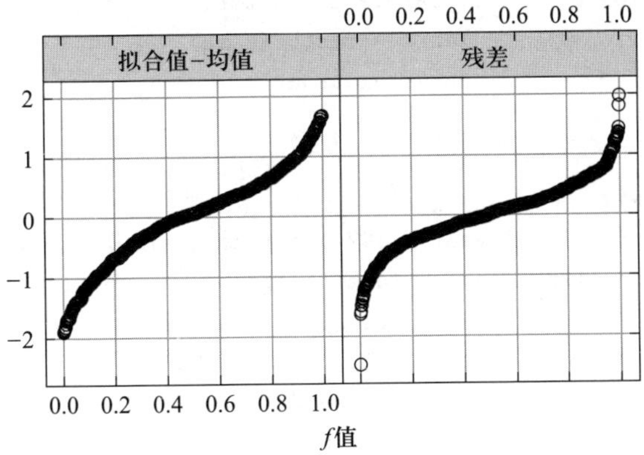

图 5.10 PCB 模型的 rfs 图——该图比较了 PCB 浓度对数拟合值的范围和残差的范围. rfs 图表明模型解释的范围和残差的范围一样.

(拟合值) 的覆盖范围和随机误差 (残差) 的覆盖范围. R^2 测量的是方差, rfs 图给出的是由模型所解释的相对展布. 尽管 R^2 表明模型解释了 2/3 的总变化, 但该图表明拟合值与残差覆盖的范围相同.

在这本书的 GitHub 页面中, 我给出了一个能快速生成本节中讨论过的诊断图的函数. 该函数 (`lm.plots`) 以拟合的线性模型对象为输入, 可生成六个诊断图.

5.3.6 类型预测变量

60 cm 大小的鱼会改变食性是建模的一个重要信息. 虽然研究表明食性变化是在鱼长到 40 cm 左右发生的, 但是, 我们并没有多少不足 40 cm 长的鱼. 因此, 60 cm 左右时的食性变化与数据更为相关. 如果小鳟鱼所吃的更小的鱼的 PCB 浓度低于大鳟鱼所吃食物中的 PCB 浓度, 我们可以预期两种尺寸类型的鱼长度的斜率会不同. 要模拟这个影响, 我们构造一个类型预测变量 `size`:

```
#### R code ####

laketrout$size<-"small"
laketrout$size[laketrout$length>60] <- "large"
```

在我们最后一个模型中, 我们证明了引入相互作用项是正确的. 因此, 我们还会预期 yr 的斜率变化是长度的函数. 对于相互作用的一种可能解释是小鱼和大鱼不应该被合并在一起来构建单一模型. 要分别为小鱼和大鱼拟合两个不同的模型, 我们允许两种鱼的类型对应的截距和斜率都可以变化.

```
#### R code ####
lake.lm6 <- lm(log(pcb) ~ I(year-1974)*factor(size) +
                         len.c * factor(size),
                         data=laketrout)
display(lake.lm6, 4)

#### R output ####
lm(formula = log(pcb) ~ I(year - 1974) * factor(size) +
   len.c * factor(size), data = laketrout)
                                  coef.est coef.se
(Intercept)                        1.7394   0.0667
I(year - 1974)                    -0.0846   0.0044
factor(size)small                 -0.0647   0.1197
len.c                              0.0776   0.0044
I(year - 1974):factor(size)small  0.0001   0.0074
factor(size)small:len.c           -0.0345   0.0063
```

```
---
n = 631, k = 6
residual sd = 0.5426, R-Squared = 0.68
```

当模型中包含一个因子 (或类型) 预测变量时, 因子变量被转换成取值为 0 或者 1 的名义变量. 例如, 类型变量 `size` 有两个等级: `large`(大) 和 `small`(小). R 构造了一个名义变量 (变量名为 `factor(size)small`), 如果 `size` 为 `large` 时其值为 0, 如果 `size` 为 `small` 时其值为 1. 现在拟合后的模型 (忽略了年份和长度之间的相互作用) 为:

$$\begin{aligned}\log \mathrm{PCB} =&1.74-0.0846\mathrm{yr}-0.0647\mathrm{Dummy}+0.0776\mathrm{Len.c}\\&+0.0001\mathrm{yr}\cdot\mathrm{Dummy}\\&-0.0345\mathrm{Dummy}\cdot\mathrm{Len.c}+\varepsilon\end{aligned}\tag{5.9}$$

分别为大鱼和小鱼建立的两个不同的模型被组合成一个公式. 对于大鱼, 名义变量 (Dummy) 取值为 0. 此时的模型为:

$$\log \mathrm{PCB}=1.74-0.0846\mathrm{yr}+0.0776\mathrm{Len.c}+\varepsilon$$

对于小鱼, 名义变量取值为 1, 模型变为:

$$\begin{aligned}\log \mathrm{PCB} =&1.74-0.0647+(-0.0846+0.0001)\mathrm{yr}\\&+(0.0776-0.0345)\mathrm{Len.c}+\varepsilon\end{aligned}$$

小鱼的截距是大鱼的截距 (1.74) 加上名义变量的斜率 (−0.0647). 也就是说, `factor(size)small` 项的斜率是大鱼模型和小鱼模型截距的差值. 同理, `I(year-1974):factor(size)small` 项的斜率 0.001 是大鱼模型和小鱼模型中 yr 斜率的差值. R 默认的是将大鱼作为基线来拟合模型. 但是, 模型结果比较了小鱼模型和基线模型. 如果类型预测变量具有不止两个等级 (例如, 我们可以将鱼分成小、中、大 3 类), R 将构建多个名义变量 (等级数减去 1), 并设定基线等级 (默认为字母顺序). 计算机的输出会把非基线模型与基线模型做比较.

模型输出包括了估计出的大鱼的截距和斜率 (`(Intercept)`,`I(year-1974)` 和 `len.c`), 以及大小鱼模型截距和斜率的差异 (`factor(size)small`,`I(year-1974):factor(size)small` 和 `factor(size)small:len.c`). 估计出的截距的差异为 −0.0647, 其标准误为 0.1197, 意味着小鱼和大鱼的截距在统计学上并没有不同. `I(year - 1974)` 的斜率之间的差异是 0.0001, 而且是统计学上不显著的, 但是, 长度的斜率差异是 −0.0345, 而且统计学上显著. 因此, 我们可能需要考虑进一步简化模型以便 yr 的斜率是统一的:

```
#### R code ####
lake.lm7 <- lm(log(pcb) ~ I(year-1974) +
        len.c * factor(size),data=laketrout)
display(lake.lm7, 4)

#### R output ####
lm(formula = log(pcb) ~ I(year - 1974) +
    len.c * factor(size), data = laketrout)
                        coef.est coef.se
(Intercept)              1.7389   0.0588
I(year - 1974)          -0.0846   0.0035
len.c                    0.0776   0.0044
factor(size)small       -0.0631   0.0779
len.c:factor(size)small -0.0345   0.0062
---
n = 631, k = 5
residual sd = 0.5422, R-Squared = 0.68
```

估计出的 len.c 的斜率和截距并未发生变化. 要直接给出两种尺寸类别下的 len.c 的截距和斜率, 我们在 R 的代码中增加 -1-len.c:

```
#### R code ####
lake.lm8 <- lm(log(pcb) ~ I(year-1974) +
    len.c * factor(size)-1-len.c, data=laketrout)
display(lake.lm8, 4)

#### R output ####
lm(formula = log(pcb) ~ I(year - 1974) +
    len.c * factor(size) - 1 - len.c,
    data = laketrout)
                        coef.est coef.se
I(year - 1974)          -0.0846   0.0035
factor(size)large        1.7389   0.0588
factor(size)small        1.6758   0.0795
len.c:factor(size)large  0.0776   0.0044
len.c:factor(size)small  0.0431   0.0045
---
n = 631, k = 5
residual sd = 0.5422, R-Squared = 0.83
```

利用类型预测变量 size 让我们可以用科学的信息进一步调整模型, 尽管潜在的预测偏差问题仍然在更小的程度上存在 (图 5.11).

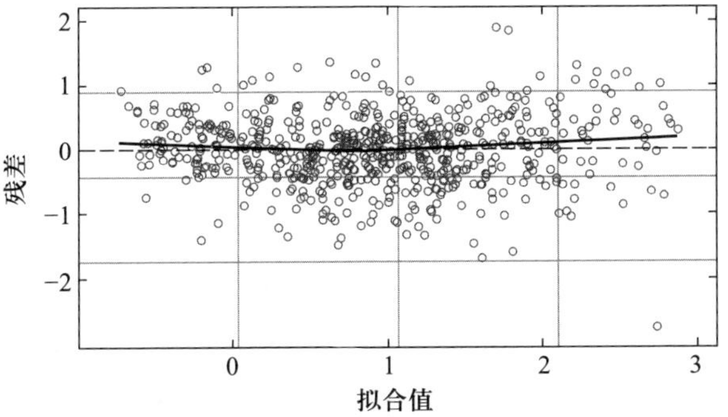

图 5.11 修正后的 PCB 模型与拟合值——对按照两种尺寸类型拟合的 PCB 模型的残差和估计出的 PCB 浓度对数值作图. 该图表明图 5.7 中的问题仍然存在.

模型 `lake.lm7` 与 `lake.lm8` 除了 R^2 的值之外完全相同. R^2 是与平方和相关的一种度量. 它是全模型解释的平方和与没有被零模型所解释的平方和的比. 估计出斜率后, 零模型就是响应变量数据的均值, 如果在模型公式中用了 -1, 零模型就是 $y = 0 + \varepsilon$. 因此, 没被解释的平方和可估计为 $\sum y^2$. 结果 R^2 值不再有意义.

5.3.7 芬兰湖泊案例和共线性

在鱼体内 PCB 的例子中, 把鱼的长度作为第二个预测变量添加到模型中, 对年份相应斜率的解释就发生了变化. 如果没有第二个预测变量, 斜率是平均对数 PCB 的年变化. 加入第二个预测变量, 斜率则变成特定尺寸的鱼体内平均浓度的年变化. 当使用 `lake.lm3` 等模型来描述年份和鱼体长度的影响 (斜率) 时, 我们假设年份的影响不受鱼的大小的影响, 反之亦然. 换句话说, 一个预测变量的斜率被解释为当相关预测变量变化一个单位时响应变量的变化量, 而其余的预测变量保持不变.

当两个预测变量线性相关时, 就会发生共线性问题——这两个预测变量往往同时变化. 因此, 斜率的含义变得模棱两可. 当两个预测变量相互独立时 (相关系数 ρ 为 0), 一个预测变量的变化与另一个预测变量的变化无关. 因此, 使用回归可以拆分两个预测变量的影响. 如果两个预测变量是完全呈线性关系 (即相关系数 $|\rho| = 1$, 或者一个预测变量是另一个预测变量的线性函数), 则只需要两个预测变量中的一个. 这是因为两个预测变量同时变化, 它们的影响无法分割. 共线性问题描述了两个预测变量相关的情况 ($|\rho| < 1$). 强烈的相关性表明, 这两个预测变量往往会一起变化; 因此, 很难分离它们对响应变量的影响. 相关

性越强, 就越难区分两个预测变量的影响. 两个预测变量之间的强相关性通常会表现为两者斜率估计值的标准误比较大. 许多文献建议我们从两个预测变量中选出一个来放入回归模型中. 我发现两个预测变量之间的相关性常可以看作是相互作用效应的指示. 芬兰湖泊的例子说明, 在决定放弃两个预测变量之一时, 需要先分析其相互作用.

为了量化湖泊的营养物质输入和湖内浮游植物生长之间的关系, 线性回归模型是最常用的方法. 由于氮和磷是藻类生长所大量需要的两种营养物质, 它们也常常是藻类生长的限制因素. 为了理解其间的关系, 藻类的生长常用湖内叶绿素 a 的浓度来表示. Malve 和 Qian (2006) 利用来自芬兰国家水质监测网络的数据为芬兰湖泊开发了一个线性回归模型. 1962 年《水法》通过后, 该网络从 1965 年开始监测芬兰的大多数湖泊. 2000 年 1 月, 芬兰国家水质监测网络中的 253 个湖泊站点集成到了欧盟环境署的 Eurowaternet 中, 以便生成可靠的统计信息供欧盟委员会、成员国和一般公众判断环境政策的有效性. 根据专家对湖泊形状和化学特征 (如深度、水面面积和颜色) 的评估, 这 253 个湖泊被分成了 9 类. 湖泊被分类后, 相似的湖泊的数据就可以组合在一起了. 这样, 可以更好地理解不同条件下湖泊的自然生态状况. 评估湖泊水质状况所需要的一个重要关系就是湖内叶绿素 a 浓度和营养物质输入之间的关系. 氮和磷常被用来构建统计模型, 其合理性可用图 5.12 所示的数据来证明.

这个关系通常表示为双对数线性回归模型:

$$\log \mathrm{Chla} = \beta_0 + \beta_1 \log \mathrm{TP} + \beta_2 \log \mathrm{TN} + \varepsilon \tag{5.10}$$

不必要用所有湖泊的数据, 这里只选取了 3 个湖泊来说明分析这类数据的步骤. 这 3 个湖泊代表了两个相关的预测变量之间 3 种不同的相互作用.

让我们仔细考察一下第一个湖泊. TP 对数值与 TN 对数值各自都与叶绿素 a 对数值线性相关 (图 5.12). 把 TN 和 TP 都当作预测变量, 模型结果还算令人满意.

```
#### R Output ####
> display(Finn.lm2)
lm(formula = y ~ lxp + lxn, data = lake2)
            coef.est coef.se
(Intercept) 1.43     0.02
lxp         0.67     0.04
lxn         0.55     0.12
---
n = 441, k = 3
residual sd = 0.47, R-Squared = 0.55
```

变量 y 是叶绿素 a 的对数值, `lxp`、`lxn` 分别是居中调整后的 TP 和 TN 对数值. 预测变量做了居中调整, 这样的话, 当 TP 和 TN 分别是它们的几何均值时, 回归截距就是叶绿素 a 浓度对数的均值. 由于该模型的斜率代表了总磷或者总氮每升高 1% 时叶绿素 a 浓度升高的百分比, 很容易得到的结论是, 叶绿素 a 的浓度对磷浓度变化的响应更强 (见第 5.4 节). TP 每增加 1% (TN 不变) 都会引起叶绿素 a 增加 0.67%. 类似地, TN 增加 1% (TP 不变) 将使得叶绿素 a 增加 0.55%. 预测变量相互之间并不独立 (图 5.12). 当总磷增加时, 总氮也会同时增加. 因此, 不可能独立地解释模型系数. 拟合模型的目的是确定究竟是磷还是氮抑或二者都是限制性营养物质, 而这个线性回归模型无法提供相关信息.

而且, 当两个预测变量强烈相关时, 回归模型系数会变得不稳定. 估计出的系数对输入数据的微小变化都会很敏感, 这也使得解释起来很困难. 在很多例

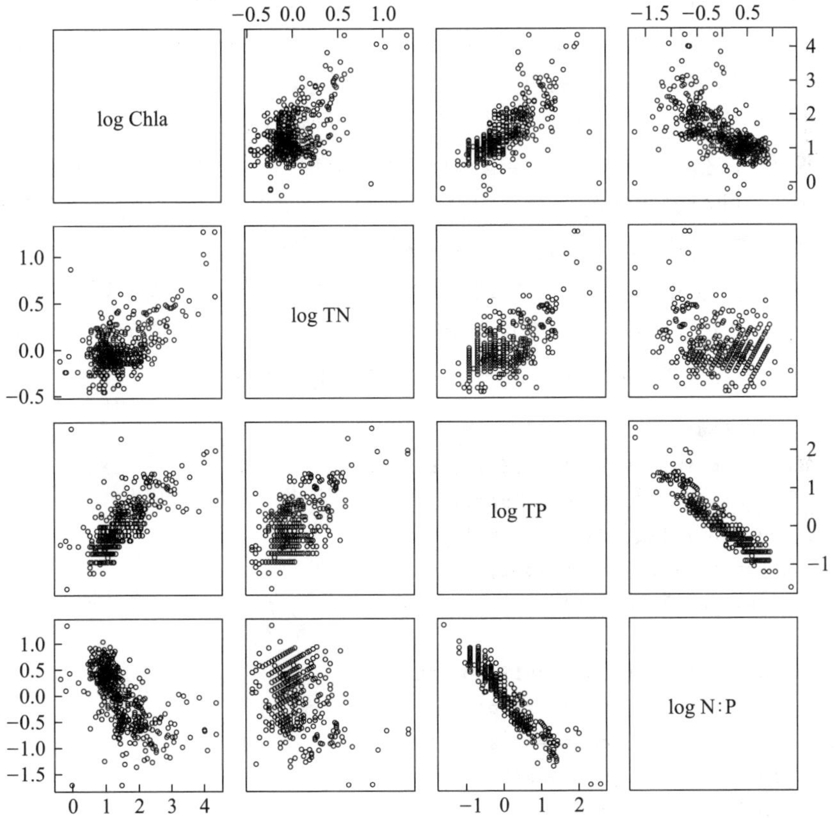

图 5.12 芬兰湖泊案例——散点图矩阵显示出叶绿素 a 浓度对数和 TP 浓度对数、叶绿素 a 浓度对数和 TN 浓度对数, 以及对数氮磷比之间强烈的线性关系. 数据来自样本容量最大的湖泊.

子中, 预测变量相关时, 需要检验它们的相互作用. 在湖泊富营养化问题上, 限制性的营养物质是量最小的那一个. 对于给定的浮游植物物种, 细胞中氮和磷的比例是相对稳定的. 理论上讲, 该浮游植物会从水中获取相同比例的氮和磷来合成自己的细胞. 假设对某个浮游植物群体, 氮和磷的最优比为 16, 湖水中实际的氮磷比超过 16 时, 氮的供应就超过了需求, 反之亦然. 因此, 可以预见到 TN 和 TP 对于叶绿素 a 具有相互作用式的影响.

当存在潜在的共线性问题时, 我们可以把所拟合的模型看作是一个预测性的模型而不去解释拟合出的模型参数 (对这个例子而言不能这么做), 从而忽略共线性的问题, 这样就可以把两个相关的预测变量之间的相互作用纳入模型中. 对于湖泊富营养化问题, 氮磷比有希望成为确定模型中 TN 和 TP 的相对重要性的关键因素. 也有人报道过将氮磷比作为第三个预测变量.

一般来说, 评估共线性问题最好先从作数据图开始, 明确地说是条件图. 条件图是指一系列用来考察 3 个或者更多个变量之间关系的双变量散点图. 在这个例子中, 我们对叶绿素 a、总磷 (TP)、总氮 (TN) 之间的关系感兴趣. 由于 TP 和 TN 之间存在强烈的相关性, 以及多元回归中的加性假设, 叶绿素 a 和 TP (或 TN) 之间的线性关系难以解释. 当 TN 保持不变时, 我们不能将 TP 的斜率解释为叶绿素浓度的变化是 TP 的函数. TP 和 TN 之间的强相关性意味着二者将同时变化. 条件图就是在 TN 相对固定的条件下考察叶绿素 a 和 TP 的关系. 要获得相对固定的 TN 值, 我们可以把 TN 的取值范围划分成多个区间, 并相应地划分数据. 沿着 TN 的梯度方向, 在每一组 TN 取值中去检查叶绿素 a 和 TP 的关系. 条件图可以用 R 的函数 `coplot` 来绘制:

```
#### R Code ####
given.tn <- co.intervals(lake1$lxn, number=4,
                         overlap=.1)
coplot(y ~ lxp | lxn, data = lake1,
       given.v=given.tn, rows=1,
       panel=panel.smooth)

given.tp <- co.intervals(lake1$lxp, number=4,
                         overlap=.1)
coplot(y ~ lxn | lxp, data = lake1,
       given.v=given.tn, rows=1,
       panel=panel.smooth)
```

函数 `co.intervals` 将条件变量分成 `number=4` 组, 每组的数据点个数大致相同, 而且相邻区间大约有 10% (`overlap=0.1`) 的重叠. 选项 `panel=panel.smooth` 在图中增加了 loess 线 (图 5.13 和图 5.14).

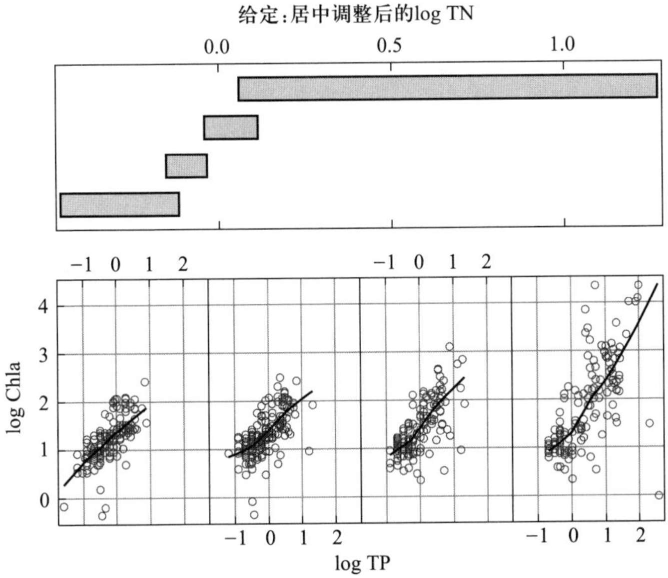

图 5.13 条件图: 以 TN 为条件, 对叶绿素 a 和 TP 作图——在 TN 取值范围内, 绘制叶绿素 a 浓度对数和 TP 浓度对数之间的关系图. 从左至右, 每个图代表一种 TN 浓度对数 (显示在图上方, 从左至右且从下至上). 该图给出的是在 TP 和 TN 之间没有相互作用时的情况.

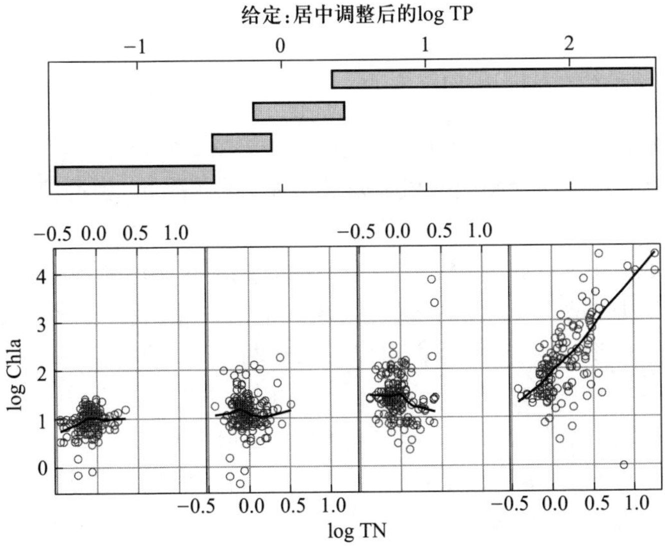

图 5.14 条件图: 以 TP 为条件, 对叶绿素 a 和 TN 作图——在 TP 取值范围内, 绘制叶绿素 a 浓度对数和 TN 浓度对数之间的关系图. 从左至右, 每个图代表一种 TP 浓度对数 (显示在图上方, 从左至右且从下至上). 该图给出的是在 TP 和 TN 之间没有相互作用时的情况.

叶绿素 a 和 TP 的关系是相对稳定的 (图 5.13). 4 个图中的光滑线具有相似的斜率, 说明不论 TN 的水平怎样, 磷对于叶绿素 a 的影响是一致的, 即暗示这是一个磷限制的湖泊. 叶绿素 a 和 TN 的关系直到 TP 最高时即最右边的图才显现出来 (图 5.14). 我们注意到, 选择 TN 区间时应考虑各区间具有相近的数据点个数. 由于是个偏斜分布, 最后一个区间取值范围最宽 (超过整个取值范围的一半). 同样, 这些图形也可以作为探索性分析的工具. 这些条件图表明, 湖泊是磷限制型的. 因此, 叶绿素 a 浓度对磷的变化响应很快. 湖内氮的浓度反映了营养物质富集的总体水平. 但是, 仅有氮的变化不太可能会引起叶绿素 a 浓度的变化. 也意味着两个预测变量之间相互作用的影响是弱的. 我们拟合以下具有相互作用乘积项的模型:

$$\log \mathrm{Chla} = \beta_0 + \beta_1 \log \mathrm{TP} + \beta_2 \log \mathrm{TN} + \beta_3 \log \mathrm{TP} \log \mathrm{TN} + \varepsilon \tag{5.11}$$

```
#### R Output ####
> display(Finn.lm4)
lm(formula = y ~ lxp * lxn, data=lake2)
            coef.est coef.se
(Intercept) 1.43     0.02
lxp         0.66     0.04
lxn         0.52     0.13
lxp:lxn     0.05     0.10
---
n = 441, k = 4
residual sd = 0.47, R-Squared = 0.55
```

相互作用系数的标准误相对较大, 意味着相互作用的效果是统计学上不显著的.

最后, 结论就是这个湖泊很可能是磷限制型的. 因此, 模型应该从磷影响的角度来解释 (TP 每增加 1% 都会引起叶绿素 a 增加 0.66%).

正如 5.3.4 中讨论的那样, 在模型中加入相互作用的影响会让模型从线性变成非线性. 具体地, 一个预测变量的影响 (它的斜率) 是另一个预测变量的函数. 要表达这种影响的变化, 我们可以分别作两个图. 第一个图中, 对响应变量和一个预测变量作图, 并且选定另一个预测变量的几个取值后将回归模型叠加到散点图上. 例如, 图 5.15 中左图给出了对 log 叶绿素 a 和 log TP 作的图, 在 5 个 log TN 值 (第 2.5、25、50、75 和 97.5 百分位数) 上对回归模型进行评估. 在第二个图中, 使用相同的作图方法绘制响应变量和另一个预测变量的图形 (图 5.15 的右图). 正如所预期的那样, TP 和 TN 之间相互作用为零, log 叶绿素 a 跟 log TP 之间的关系在 TN 取不同值的时候仅略有不同, 而由于 TP 的原因, log 叶绿素 a 跟 log TN 之间的关系变化显著.

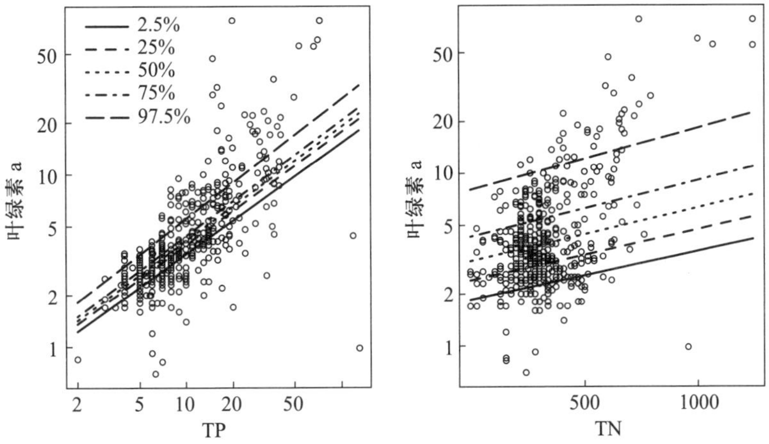

图 5.15 芬兰湖泊案例: 相互作用图 (没有相互作用)——log TP 和 log TN 的相互作用的效果展示在两个散点图中. 相互作用的效果在统计学上不显著. 左图给出的是 5 个不同水平 (图例中的 5 个百分位数) 的 TN 条件下, log 叶绿素 a 和 log TP 的关系. 右图给出的是 5 个不同水平 (同左图中的图例) 的 TP 条件下, log 叶绿素 a 和 log TN 的关系.

图 5.15 中每个分图中都给出了几乎平行的 5 条线. 这些线意味着一个预测变量的作用 (斜率) 并未受到其他变量的影响. 具体地, TP 和 TN 之间没有相互作用效应, 意味着在这个湖泊中, 不论 TN 的值是多少, TP (TN) 每增加 1% 都会引起叶绿素 a 增加 0.66% (0.52%). 但是, 这种解释可能不太合适, 因为两个预测变量之间存在相关性. 在这个例子中, 引入相互作用项并没有直接告诉我们这个湖泊可能是磷限制型的还是氮限制型的. 但条件图表明, 湖泊可能是磷限制型的. 对于这个湖泊而言, 不把 TN 用作预测变量是一个明智的选择.

第一个湖泊表现出两个相关的预测变量之间没有相互作用效应 (也就是说, 0 相互作用效应), 而第二个湖泊则表现出强烈的正相互作用效应:

```
#### R Output ####
lm(formula = y ~ lxp * lxn, data = lake3)
            coef.est coef.se
(Intercept) 1.59     0.03
lxp         0.57     0.07
lxn         0.75     0.14
lxp:lxn     0.31     0.12
---
n = 236, k = 4
residual sd = 0.33, R-Squared = 0.74
```

正的相互作用效应说明当氮的浓度增加时磷的影响会增加, 反之亦然. 在条件图 (图 5.16 和图 5.17) 中, 这个特点表现为, 一个预测变量的斜率越来越陡, 而

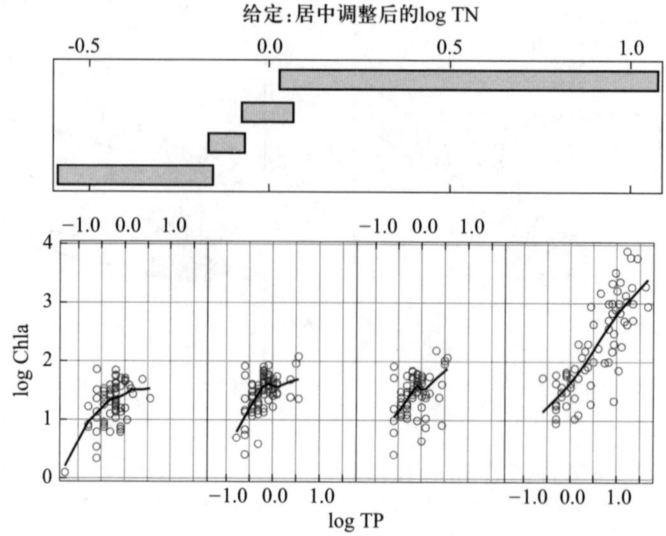

图 5.16 条件图: 以 TN 为条件, 对叶绿素 a 和 TP 作图——在 TN 取值范围内, 绘制叶绿素 a 浓度对数和 TP 浓度对数之间的关系图. 从左至右, 每个图代表一种 TN 浓度对数 (显示在图上方, 从左至右且从下至上). 该图给出的是在 TP 和 TN 之间有正的相互作用时的情况.

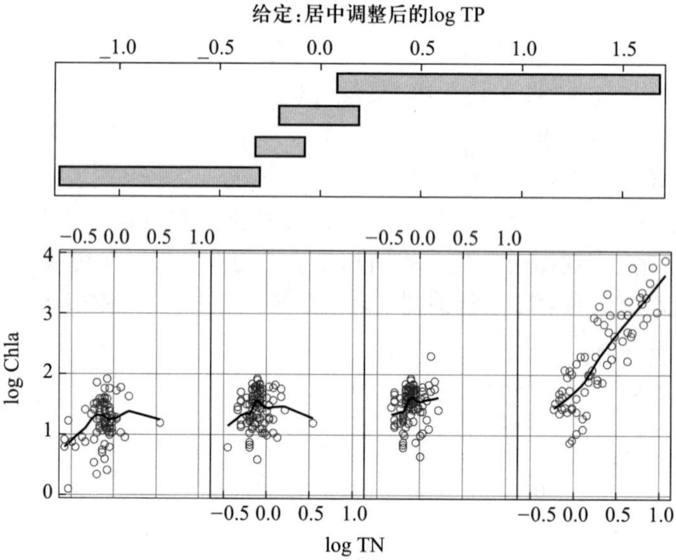

图 5.17 条件图: 以 TP 为条件, 对叶绿素 a 和 TN 作图——在 TP 取值范围内, 绘制叶绿素 a 浓度对数和 TN 浓度对数之间的关系图. 从左至右, 每个图代表一种 TP 浓度对数 (显示在图上方, 从左至右且从下至上). 该图给出的是在 TP 和 TN 之间有正的相互作用时的情况.

相应图中另一个预测变量的取值在增加.

我们用类似图 5.15 中的相互作用图来表达这个具有正的相互影响效应的模型. 正的相互作用表现为一个预测变量的斜率在另一个预测变量取值增加时增加 (图 5.18).

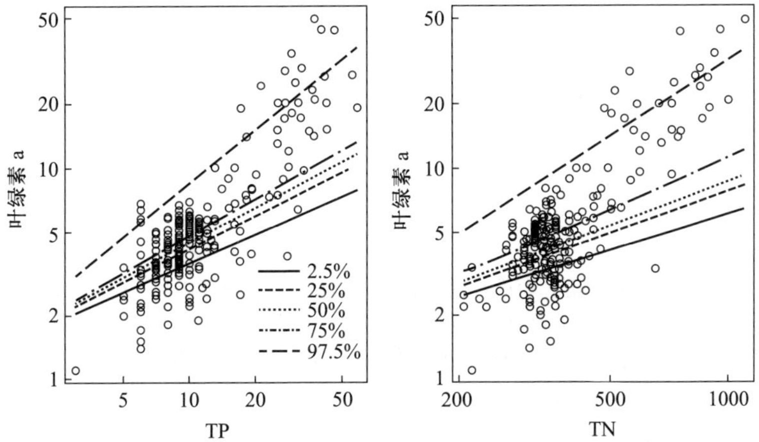

图 5.18 芬兰湖泊案例: 相互作用图 (正的相互作用)——log TP 和 log TN 相互作用的效果展示在两个散点图中. 相互作用的效果是正的. 左图给出的是 5 个不同水平 (图例中的 5 个百分位数) 的 TN 条件下, log 叶绿素 a 和 log TP 的关系. 右图给出的是 5 个不同水平 (同左图中的图例) 的 TP 条件下, log 叶绿素 a 和 log TN 的关系.

第三个湖泊具有负的相互作用:

```
#### R Output ####
lm(formula = y ~ lxp * lxn, data = lake4)
            coef.est coef.se
(Intercept)  2.84     0.05
lxp          0.35     0.18
lxn          0.73     0.29
lxp:lxn     -0.31     0.18
---
n = 105, k = 4
residual sd = 0.44, R-Squared = 0.31
```

我们将把条件图放到第 10.4.2 节中去, 其中画出了同一类型的多个湖泊的数据以便降低噪声. 负的相互作用意味着当氮水平提高时磷的影响在降低 (图 5.19).

共线性的问题主要在于解释. 从数学上讲, 当两个预测变量完全线性相关, 多元回归是异常的, 且两个预测变量中只有一个能被放到模型中. 当两个预测变量之间的相关性较强, 常常建议将其中一个从模型中去掉. 虽然选择一个而

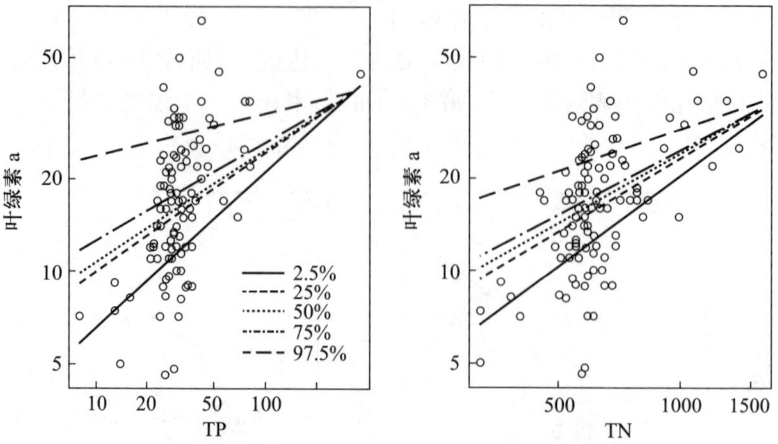

图 5.19 芬兰湖泊案例: 相互作用图 (负的相互作用)——log TP 和 log TN 相互作用的效果展示在两个散点图中. 相互作用的效果是负的. 左图给出的是 5 个不同水平 (图例中的 5 个百分位数) 的 TN 条件下, log 叶绿素 a 和 log TP 的关系. 右图给出的是 5 个不同水平 (同左图中的图例) 的 TP 条件下, log 叶绿素 a 和 log TN 的关系.

不要另一个在数学上往往没有什么区别, 但是, 如何解释所导出的模型可能会非常不同, 因为预测变量往往被看作是原因变量. 因此, 要很谨慎地用条件图来引导模型的解释或者选择去掉某个预测变量.

对于湖泊富营养化问题, 公式 (5.11) 表示的模型拟合出的模型系数可以与条件图一起用来确定限制性营养物质是磷还是氮. 如果相互作用接近为 0, 湖泊很可能只受到一种营养物质的限制. 条件图可以帮助我们确定是磷还是氮. 如果相互作用强烈而且为正效应, 磷和氮很可能都是限制因素. 强烈的负相互作用效应表明, 湖泊可能既不受氮又不受磷的限制 (参见第 10.4.2 节).

5.4 构建预测性模型的一般考虑

线性模型简单而直接, 易拟合、易解释. 但是, 线性模型的使用却既不简单又不直接. 即便鱼体内 PCB 的例子代表的是一个相对简单的问题, 仍然难以找到合适的模型. 这在环境和生态学研究中很典型. 这也是统计建模的归纳特性所决定的. 假设我们只对构建一个预测模型感兴趣, 应该遵从以下规则以便让得到的模型更易解释.

- **预测变量的居中调整和标准化**

线性变换不会改变拟合模型, 例如, 让变量以均值 (或其他常用的/方便的值, 例如鱼体内 PCB 的例子中使用 60 cm 的鱼长) 为中心取值, 却会使估计出的模型系数易于解释. 例如, 鱼体内 PCB 例子的模型 (如模型 `lake.lm8`) 可以

60 cm 为中心进行居中调整后再拟合. 当前拟合出的模型是以平均长度 62.6 cm 为中心的. 大鱼的截距 (1.7389) 是 1974 年长度为 62.6 cm 的鱼体内 PCB 浓度均值的对数. 小鱼的截距 (1.6758) 不能被直接解释, 因为它是长度为 62.6 cm (属于大鱼, 而模型拟合时是针对小鱼的) 的鱼体内 PCB 浓度对数均值的预测值. 如果改成另外一种稍微有些不同的线性变换方法:

```
laketrout$len.c2 <- laketrout$length-60
```

小鱼拟合出的截距就是小鱼当中最大的鱼的 log PCB 均值, 而大鱼的截距则是大鱼当中最小的鱼的 log PCB 均值. 模型中包含相互作用项时, 居中调整对于提高解释能力尤为有用. 例如, 公式 (5.8) 中的模型, 长度在均值附近, 年份以 1974 年为中心做了调整. 居中调整后的长度的斜率就是 1974 年的斜率, 居中调整后的年份的斜率就是当年平均尺寸的鱼的斜率. 如果两个预测变量没有做居中调整, 长度的斜率应该是第 0 年的斜率.

一般来说, 线性变换意味着 $x^T = a + bx$. 乘数 $b \neq 1$, 可以作为将预测变量从一种单位转换成另一种单位的因子. 通过 $b \neq 1$, 斜率的含义从预测变量发生单位变化引起的响应变量的变化, 变成了预测变量发生 b 个单位变化引起的响应变量的变化. 例如, 如果鱼的长度单位从 cm 变成 mm, 即 $b = 10$, 那么, 模型斜率的含义是鱼的长度每增加 1 mm 时体内所增加的 PCB 浓度对数值. 小鱼的斜率就从 0.0431 变成了 0.00431. 虽然这没有什么问题, 但是, 我们其实并不想用毫米来表示鱼尺寸大小的变化. 类似地, 如果长度是用米 ($b = 0.1$) 来测量的, 小鱼的斜率就是 0.431, 解释起来就很不自然. 但对于居住在湖泊 (密歇根湖) 附近的人来说,更为熟悉的一种测量单位是英寸 ($b = 1/2.54$). 我们常常会 "标准化" 一个预测变量, 或者说令 $x^{st} = \frac{x - \overline{x}}{\hat{\sigma}_x}$. 得到的斜率就是预测变量每发生一个标准差的变化时, 所引起的响应变量的变化.

- **对数变换**

在环境和生态学研究中, 大多数变量只取正值. 这些变量往往是偏斜的, 对数变换是获得其近似正态性的最常用的变换方法. 而且, 可加和的假设也常常不合理. 将响应变量进行对数变换可以在原来的量级上获得乘积式的模型. 也就是说,

$$\log y = \beta_0 + \beta_1 x_1 + \cdots + \beta_p x_p + \varepsilon$$

在原来的量级上就成为

$$y = \mathrm{e}^{\beta_0 + \beta_1 x_1 + \cdots + \beta_p x_p + \varepsilon} = B_0 B_1^{x1} \cdots B_p^{x_p} E$$

其中, $B_0 = \mathrm{e}^{\beta_0}$, $B_1 = \mathrm{e}^{\beta_1}$, 且 $E = \mathrm{e}^{\varepsilon}$. 预测变量每增加一个单位, 比如 x_i, 会导致 y 乘数式的增加. 假设我们将 x_1 从它现在的值增加为 $x_1 + 1$ 而其他预测变量都不变, y 值会从现在的值

$$y = \mathrm{e}^{\beta_0+\beta_1 x_1+\cdots+\beta_p x_p+\varepsilon} = y_0$$

变成

$$y = \mathrm{e}^{\beta_0+\beta_1(x_1+1)+\cdots+\beta_p x_p+\varepsilon} = y_0\mathrm{e}^{\beta_1}$$

如果 β_1 数值小, 例如, 小鱼长度的斜率 (0.04) 或更为一般性地 $0.0k$, 其中 k 是一个整数, $\mathrm{e}^{0.0k} \approx 1 + 0.0k$, 即 $k\%$ 的变化. 因此, 鱼尺寸上的单位 (1 cm) 变化, 会导致小鱼内 PCB 浓度均值发生 4% 的变化.

在有些例子中, 响应变量和预测变量都做了对数变换. 例如, 工程文献中常用的幂函数模型. 双对数线性模型

$$\log y = \beta_0 + \beta_1 \log x_1 + \cdots + \beta_p \log x_p + \varepsilon$$

就是

$$y = \mathrm{e}^{\beta_0} x_1^{\beta_1} \cdots x_p^{\beta_p} \mathrm{e}^{\varepsilon}$$

每个预测变量的斜率可以解释为相应预测变量每发生 1% 的变化引起的 y 的变化百分比. 要得到这种近似, 我们可以让所有其他预测变量保持不变, 只让 x_1 从它现在的值增加 1% 到 $x_1(1 + 0.01)$. 这就会导致响应变量 y 从它的基线值 $y_0 = \mathrm{e}^{\beta_0} x_1^{\beta_1} \cdots x_p^{\beta_p} \mathrm{e}^{\varepsilon}$ 变化到 $y_1 = \mathrm{e}^{\beta_0}[x_1 \times (1 + 0.01)]^{\beta_1} \cdots x_p^{\beta_p} \mathrm{e}^{\varepsilon}$ 或者 $y_0(1 + 0.01)^{\beta_1}$. 而乘数 $(1 + 0.01)^{\beta_1} \approx (1 + 0.01\beta_1)$.

- **其他变换**

一般地, 对响应变量进行变换是为了获得模型残差的近似正态性. 在很多情况下, 使用对数变换是因为: ①大多数环境和生态学变量只取正值且可能服从对数正态分布, 这些变量的对数就可能是正态的; ②模型解释起来容易. 在有些情况下, 对数变换无法达到这个目的. 一般性的幂变换 y^{λ} 可用来获得残差的正态性. 大多数例子中存在合适的 λ 值, 因而得出的线性模型残差能够近似正态. Box 和 Cox (1964) 描述了寻找合适 λ 值的过程, 在 R 函数中可用 `boxcox()` 实现. 要使用这个函数, 首先需要拟合一个没有经过变换的模型并将其存储成一个线性模型目标. 例如:

```
#### R Code ####
lake.lm0 <- lm(pcb ~ I(year-1974) + len.c, data=laketrout)
PCBboxcox <- boxcox(lake.lm0)
```

函数 boxcox 会生成一个图来展示估计出的 λ 的似然度. 对应于似然度 (图 5.20 中的 y 轴) 最大值的 λ 值就是估计出的最优 λ 值. 在这个例子中, 最优估值为 -0.18:

```
>PCBboxcox$x[PCBboxcox$y==max(PCBboxcox$y)]
[1] -0.18
```

-0.18 与 0 (对数变换) 很接近, 但如果使用估计出的 $\lambda = -0.18$, 得到的模型会很难解释. 一般来讲, 我们会在最佳估计值和变换的可解释性之间折中地选用变换形式.

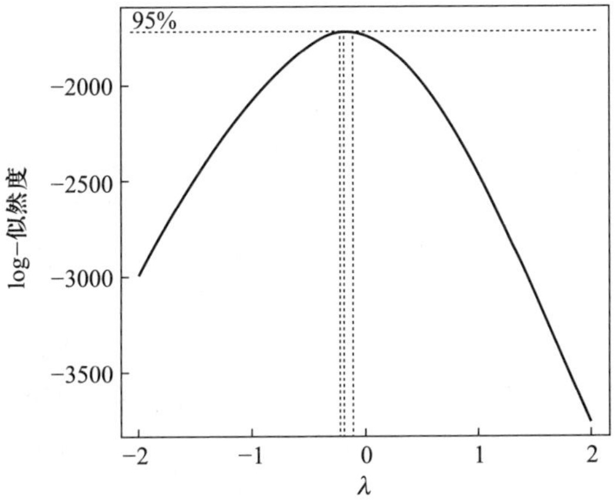

图 5.20 响应变量变换的 Box–Cox 图——λ 的似然度图表明最大的似然度接近于 0, 因此, 对数变换是对响应变量进行变换的一个好的选择.

- **构建预测性模型的策略**

鱼体内 PCB 的例子是一个只含有几个有限数目的预测变量的典型. 经常地, 我们会有两个以上的预测变量, 选择把哪个变量放入模型当中是困难的. 一般地, 可以考虑采取以下策略:

(1) 把所有本质上相关的预测变量都放到模型中. 有时候需要把几个预测变量组合为 "合成变量", 例如, 图 3.17 中, 把花瓣宽度和长度加起来构建一个变量来表征花瓣的尺寸会很有帮助.

(2) 用已知的机理来指导选择变量以及模型的形式. USGS 的流域水质模型 SPARROW (Smith 等, 1997) 是一个好的例子. 在模型中, 回归模型的形式是根据营养物质的产生和迁移过程来确定的.

(3) 当研究中对相关关系知之不多或者未知时, 我们要试着用基于树的模型 (第 7 章) 来寻找相关的预测变量.

(4) 对那些有强烈影响的预测变量, 考虑加入相互作用项.

(5) 当一个预测变量在统计学上不显著时, 如果其斜率的符号是 "正确" 的或者与我们对于研究对象的认识是相符的, 那么, 就把它包含在模型中. 加入不显著的预测变量在预测响应变量时没有什么帮助, 但有利于模型解释.

(6) 当一个预测变量在统计学上不显著时, 如果其斜率的符号是 "错误" 的, 该预测变量应该被排除在模型外. 但是, 我们必须要想一想不正确的符号是不是由于有 "潜" 变量存在.

5.5 模型预测的不确定性

一旦模型拟合好了, 我们就可以用模型来开展预测了. 统计学非常重要的一个方面就是对任何一项估计的不确定性予以量化. 线性回归模型的响应变量是一个正态随机变量, 其均值可由线性模型预测, 其标准差可用残差估计. 获得预测值不确定性信息的一种方法就是利用上述定义和估计出的残差标准差 $\hat{\sigma}$. 例如, 5.3.2 节中的简单线性回归模型 (根据年份预测鱼体内 PCB 的浓度对数) 就被 Stow 等 (2004) 用来预测未来 (2007 年) 的 PCB 平均浓度. 预测出的 log PCB 浓度是正态分布: $N(\hat{\beta}_0 + \hat{\beta}_1 \times 2007, \hat{\sigma})$ 即 $N(-0.3792, 0.88)$. 这个分布被称为预测分布. 但是, 这个分布并未考虑模型系数估值的不确定性.

典型地, 回归分析的教材会建议使用两个不同的预测标准误. 一个是拟合标准误 ($sefit$), 在给定的预测变量取值 (该取值已包含在用于拟合模型的数据中) 下估计出的响应变量平均值的标准误. 例如, 我们可能想要用拟合好的模型估计 1980 年 log PCB 浓度的均值 (作为对真实均值的一个估计). 对于简单回归模型 $y = \beta_0 + \beta_1 x + \varepsilon$, 拟合值为 $\hat{y} = \hat{\beta}_0 + \hat{\beta}_1 x$, 其标准误则为:

$$sefit(\hat{y} \mid x) = \hat{\sigma} \left[\frac{1}{n} + \frac{(x - \overline{x})^2}{SXX} \right]^{1/2} \tag{5.12}$$

其中 $SXX = \sum (x_i - \overline{x})^2$.

拟合好的模型常被用于预测. 所谓预测, 意思是在给定预测变量的新取值而不是它在估计模型参数时的已有取值的情况下, 估计响应变量值. 估计 2007 年 PCB 浓度对数就是一个预测的例子. 一般地, 我们将新的预测变量值记作 $\tilde{x}$. 那么, 预测出的响应变量均值为 $\tilde{y} = \hat{\beta}_0 + \hat{\beta}_1 \tilde{x}$, 其标准误为

$$sepred(\tilde{y} \mid \tilde{x}) = \hat{\sigma} \left[1 + \frac{1}{n} + \frac{(\tilde{x} - \overline{x})^2}{SXX} \right]^{1/2} \tag{5.13}$$

在 R 中, 线性回归预测可以用通用函数 `predict` 来实现. 例如, 预测 2007 年平均的 PCB 浓度对数:

```
#### R Code ####
predict(lake.lm1, new=data.frame(year=2007), se.fit=T)

#### R Output ####
$fit
[1] -0.3792
$se.fit
[1] 0.124
$df
[1] 629
$residual.scale
[1] 0.8784
```

结果给出了拟合的平均 PCB 浓度对数 -0.3792、拟合标准误 (用公式 (5.12) 计算) 0.124、模型的自由度, 以及残差标准差 0.8784. 预测标准误可以手工计算为 $\sqrt{\hat{\sigma}^2 + sefit^2}$, 或者说 $\sqrt{0.8784^2 + 0.124^2} = 0.8871$. R 函数 predict 有一个选项是用预测标准误 (公式 (5.13) 中的 $sepred$) 来计算预测置信区间的:

```
#### R Output ####
predict(lake.lm1, new=data.frame(year=2007), se.fit=T,
        interval="prediction")$fit
         fit    lwr   upr
[1,] -0.3792 -2.121 1.363
```

该置信区间的计算就是用拟合的均值 $(-0.3792) \pm$ 预测标准误(0.8871) 乘以乘数 $(t(0.975, 629))$ 或者 1.964.

预测出的平均值 -0.3792 是浓度对数. 在很多例子中, 我们感兴趣的是平均浓度. 但是, 用预测出的平均值进行指数运算从而将预测值变换回原来的量级 (再变换) 可能会出问题. 因为对数均值的指数可能与平均浓度不一样. 这是由于在将对数回归模型 $\log y_i = X\beta + \varepsilon$ 变换回原来的量级 $y_i = \mathrm{e}^{X\beta}$ 时, 误差项 ε 是不能忽略的. 虽然误差项的均值为 0, 但是, 变换后的模型应该是 $y_i = \mathrm{e}^{X\beta}\mathrm{e}^{\varepsilon}$, e^{ε} 的均值比 1 大. 这是由于误差项 ε 服从正态分布 $N(0, \sigma^2)$, 它的指数服从对数均值为 0、对数方差为 σ^2 的对数正态分布. e^{ε} 的代数均值为 $\mathrm{e}^{0+\sigma^2/2}$, 是一个永远大于 1 的值. 因此, 如果 $\mathrm{e}^{X\beta}$ 用作平均浓度的估计值, 它具有固定乘数的偏差. 显然地, 我们可以用估计出的残差标准差作为 σ 的近似估计从而算出代数平均浓度为 $\tilde{y} = \mathrm{e}^{\tilde{X}\beta}\mathrm{e}^{\hat{\sigma}^2/2}$. 乘数 $\mathrm{e}^{\hat{\sigma}^2/2}$ 常被称为对数变换偏差修正因子 (Sprugel, 1983). 由于 $\hat{\beta}$ 和 $\hat{\sigma}^2$ 估计中的不确定性, 要想提出响应变量 $\tilde{y}$ 均值估计的标准误公式, 即便不是不可能也是很困难的. 第 9.2 节给出了一种基于模拟的方法.

在许多应用领域开展回归分析时, 常常会忽视对预测误差的讨论. 例如, 在测定总磷或总氮等水质指标时, 我们会用已知的样本浓度值来构建一个水质浓度与指示变量 (通常是颜色的变化) 的回归模型. 所建立的指示变量回归模型通常被称为 "标准曲线". 我们确定水样的指示值后将其作为预测变量取值, 利用标准曲线开展预测. 相应的预测结果被报告为 "测量" 浓度值. 但这些 "测量浓度" 的预测不确定性很少被报道. 当水质变量的浓度值被用于重要的公共安全决策时, 应该对其不确定性加以讨论, 但实践中很少这么做.

5.5.1 案例: 水质监测的不确定性

2014 年 8 月 1 日, 美国俄亥俄州托莱多水务局在一个成品饮用水样本中检测到高浓度的微囊藻毒素. 微囊藻毒素是一类与源水中有毒藻华相关的毒素. 当时的标准检测方法是酶联免疫吸附法 (enzyme-linked immunosorbent assay, ELISA). ELISA 方法通过待测毒素和测试孔内壁酶标记的微囊藻毒素之间的竞争结合过程来量化其浓度. 是否有毒可通过颜色变化观察到, 且毒素浓度与色度成反比 (即样本颜色越深, 存在的毒素就越少). 在典型的测试中, 使用一些已知毒素浓度的样本 (通常为六个) 来建立 "标准曲线"—— 毒素浓度与光学密度 (optical density, OD) 的回归模型. 例如, 托莱多水务局使用的 ELISA 试剂盒 (由 Abraxis, Warminster, USA 生产) 有六种标准浓度 (0、0.167、0.444、1.110、2.220 和 5.550 μg/L). 测试时, 微囊藻毒素浓度未知的水样被放入 96 孔板的其余孔中. 这些水样中的微囊藻毒素浓度则由拟合出的标准曲线进行预测.

一种推荐的标准曲线模型是对数线性回归模型. 响应变量是浓度对数, 预测变量是相对光学密度 (relative optical density, rOD), 即水样光学密度 (OD) 与浓度为 0 的标准溶液平均 OD 的比值. 在托莱多案例中, 五个 rOD 值分别为 0.784、0.588、0.373、0.270 和 0.202, 标准溶液对应的微囊藻毒素浓度则分别为 0.167、0.444、1.110、2.220 和 5.550 μg/L. 而问题水样的 rOD 值为 0.261.

```
#### R code ####
mc <- c(0.167, 0.444, 01.110, 2.220, 5.550)
rOD <- c(0.784, 0.588, 0.373, 0.270,0.202)
stdcrv <- lm(log(mc) ~ rOD)

### predict:
aug01 <- predict(stdcrv, newdata=data.frame(rOD=0.261),
                 se.fit=T, interval="prediction")
```

预测的 95% 置信区间是:

```
#### R output ####
> aug01$fit
```

```
        fit          lwr       upr
1 1.021967  -0.06211885 2.106053
```

标准曲线是一个对数线性回归模型. 把预测出的浓度对数值转换回浓度值时, 需要考虑修正系数. 但 ELISA 试剂盒通常不考虑修正. 因此, 该水样的预测平均浓度为 2.78 μg/L, 浓度预测区间为 (0.94,8.22). 检测出 2.78 μg/L 的浓度值是政府给出 "不得饮用" 建议的基础, 而该建议导致托莱多地区近 50 万人三天没有饮用水.

在这个例子中, 拟合和预测浓度的置信区间较宽, 主要是由于拟合模型时使用的样本量很小 (图 5.21). 该模型的自由度为 3. 计算置信区间的乘数是 `qt(0.975,3)` 或 3.18.

我们将在第 9 章中再次讨论这个例子, 对托莱多水务局使用的非线性回归模型进行不确定性分析, 重点是预测的不确定性.

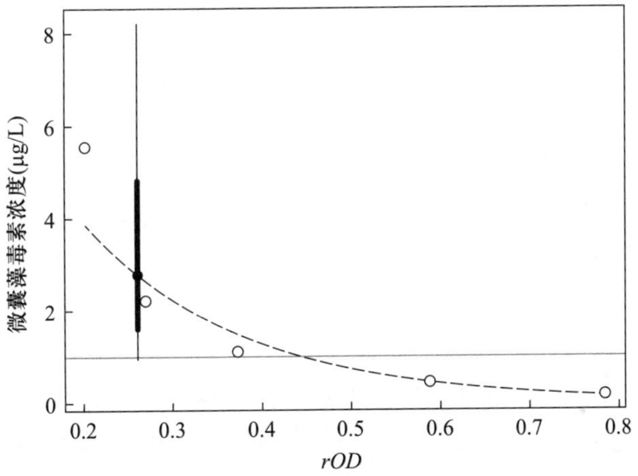

图 5.21 用 5 个数据点 (空心圆) 拟合对数线性回归模型 (虚线曲线) 形式的 ELISA 标准曲线. 问题水样 (黑点) 的微囊藻毒素预测浓度远高于美国俄亥俄州饮用水标准 1 (灰色水平线). 拟合不确定性 (粗垂直线段) 远小于预测不确定性 (细垂直线段).

5.6 双因素 ANOVA

5.6.1 作为线性模型的 ANOVA

在鱼体内 PCB 这个例子中, 我们开始用了双样本 t 检验来比较大鱼和小鱼的对数 PCB 浓度 (图 5.1), 结果显示出两个样本差异的乘积性. 在进行 t 检

验时, 我们构建了一个变量, 以便将鱼按照大小尺寸加以区分:

```
#### R code ####
aketrout$large<- 0
laketrout$large[laketrout$length>60] <- 1
```

变量 large 取值为 0(小鱼) 或 1(大鱼). 从数学上讲, 0/1 组成的数值向量与小/大组成的字符向量提供的是相同的信息. 正如本章开头提到的, 对密歇根湖内鳟鱼的研究也表明, 当鱼的长度达到约 40 cm 时, 湖鳟鱼的食性就会发生变化. 在对相同数据的研究中, Qian 等 (2000b) 表明, 当鱼长超过 40 cm 时, 鱼组织内 PCB 浓度超过 1 mg/kg 的概率会迅速增加, 当鱼体大小超过 60 cm 时, PCB 浓度超过 1.9 mg/kg 的概率会迅速增加. 美国威斯康星州发布的鱼类消费公告中就涉及了 1 和 1.9 mg/kg 的浓度. 理想情况下, 我们应该将鱼分为三组, 大 (>60 cm)、中 ($40\sim60$ cm) 和小 (<40 cm). 具有三个等级的分类变量可以用两个数值型名义变量表示. 名义变量指的是一个二进制预测变量, 它只有两个值 (1 和 0), 用于指示特定观测属于哪个类别. 我们可以将三类鱼尺寸变量替换为名义变量 small 和 medium. 当鱼长度 <40 cm 时变量 small 取值 1, 否则取值为 0; 当鱼大小在 $40\sim60$ cm 时, medium 取值为 1, 否则取值为 0. 有了这两个名义变量, 我们可以很明确地识别鱼的大小类别. 如果 small 是 1, 鱼所属类别为小; 如果 medium 为 1, 则鱼是中型鱼; 如果 small 和 medium 都是 0, 则鱼是大型鱼. 我们也可以添加一个二进制名义变量来代表大型鱼, 但它会是冗余的.

一般来说, 具有两个或两个以上等级的分类预测变量中的信息完全可以用名义变量来表示, 并包含在线性回归模型中. 所需的名义变量个数是分类预测变量的等级数减去 1. 例如第 4.8.4 节红树例子中的因子变量 Treatment 有 4 种级别——Control、Foam、Haliclona 和 Tedania. 这个因子变量可以被转换成 4 个名义变量:

```
#### R code ####
attach(mangrove.sponge)
mangrove.sponge$Control <- as.numeric(Treatment=="Control")
mangrove.sponge$Foam <- as.numeric(Treatment=="Foam")
mangrove.sponge$PurpleS <- as.numeric(Treatment=="Haliclona")
mangrove.sponge$RedS <- as.numeric(Treatment=="Tedania")
detach()
```

要比较对照组和其他 3 种处理方式, 我们拟合出下述模型:

```
#### R Code ####
mangrove.lmDM <- lm(RootGrowthRate ~ Foam + PurpleS + RedS,
                    data=mangrove.sponge)
```

该模型是

$$y = \beta_0 + \beta_1 x_{foam} + \beta_2 x_{purple} + \beta_3 x_{red} + \varepsilon$$

截距 β_0 是所有 3 个预测变量为 0(即不是泡沫、不是红火海绵、不是紫海绵)时或者处理方式为 `Control` 时 y 的期望值.

当观测值来自泡沫组, $x_{foam} = 1$, 而 $x_{purple} = x_{red} = 0$, y 的期望值为 $y = \beta_0 + \beta_1$. 泡沫组均值和对照组均值之间的差异就是 β_1. 类似地, β_2 是紫海绵组均值和对照组均值之间的差异, β_3 是红火海绵组均值和对照组均值之间的差异.

```
#### R output ####
display(mangrove.lmDM, 4)

lm(formula = RootGrowthRate ~ Foam + PurpleS + RedS,
             data = mangrove.sponge)
            coef.est  coef.se
(Intercept) 0.2371    0.1008
Foam        0.3544    0.1443
PurpleS     0.4911    0.1507
RedS        0.6764    0.1594
---
n = 72, k = 4
residual sd = 0.4620, R-Squared = 0.23
```

将一个因子预测变量转换成名义变量的过程正是 R 在线性模型函数中将因子变量用作预测变量时所做的工作:

```
#### R output ####

display(mangrove.lm, 4)

lm(formula = RootGrowthRate ~ Treatment, data = mangrove.sponge)
                   coef.est coef.se
(Intercept)        0.2371   0.1008
TreatmentFoam      0.3544   0.1443
TreatmentHaliclona 0.4911   0.1507
TreatmentTedania   0.6764   0.1594
---
n = 72, k = 4
residual sd = 0.4620, R-Squared = 0.23
```

5.6.2 多个类型预测变量

当我们知道还存在第二个潜在的因子变量会影响响应变量时, 它也可以被转化为名义变量. 在红树例子中, 第二个预测变量是开展实验的位置. 这些位置被标记为 `bbs`、`etb`、`lcn` 和 `lcs`. 不同的位置可能会有影响红树根生长速度的不同条件. 处理这个问题的一种方法就是在多元回归中将多个位置的名义变量增加为预测变量.

```
#### R code ####
attach(mangrove.sponge)
mangrove.sponge$bbs <- as.numeric(Location=="bbs")
mangrove.sponge$etb <- as.numeric(Location=="etb")
mangrove.sponge$1cn <- as.numeric(Location=="1cn")
mangrove.sponge$1cs <- as.numeric(Location=="1cs")
detach()
mangrove.lmDM2 <- lm(RootGrowthRate ~ Foam+PurpleS+RedS +
                                      etb+1cn+1cs ,
                                      data=mangrove.sponge)
```

所得到的模型用 “bbs” 处开展的对照组实验作为比较的基准:

```
#### R output ####
display(mangrove.lmDM2, 4)

lm(formula=RootGrowthRate~Foam+PurpleS+RedS+
     etb+1cn+1cs, data=mangrove.sponge)
              coef.est  coef.se
(Intercept)   0.1959    0.1378
Foam          0.3508    0.1436
PurpleS       0.4793    0.1503
RedS          0.5968    0.1650
etb           0.2426    0.1507
1cn          -0.0289    0.1575
1cs           0.0116    0.1520
---
n = 72, k = 7
residual sd=0.4592, R-Squared=0.28
```

模型的形式为:

$$y = \beta_0 + \beta_1 x_{foam} + \beta_2 x_{purple} + \beta_3 x_{red} + \beta_4 x_{etb} + \beta_5 x_{lcn} + \beta_6 x_{lcs} + \varepsilon \quad (5.14)$$

或者

$$y = 0.1959 + 0.3508x_{foam} + 0.4793x_{purple} + 0.5968x_{red} + 0.2426x_{etb} - 0.0289x_{lcn} + 0.0116x_{lcs} + \varepsilon$$

现在我们利用两类信息, 即处理方式和位置来预测根的生长. 位置 bbs 处 ($x_{etb} = x_{lcn} = x_{lcs} = 0$) 的对照组 ($x_{foam} = x_{purple} = x_{red} = 0$) 的根生长的期望值是截距 ($\beta_0$), 位置 etb 处 ($x_{etb} = 1$, $x_{lcn} = x_{lcs} = 0$) 的对照组的根生长的期望值是 $\beta_0 + \beta_4$, 以此类推. 换句话说, 如果有两个因子预测变量, 拟合线性回归模型就是在每个双因子组合条件下估计响应变量的期望值. 模型系数的解释列在了表 5.2 当中.

表 5.2 具有两个类型预测变量的线性模型系数

	bbs	etb	lcn	lcs
对照组	β_0	$\beta_0 + \beta_4$	$\beta_0 + \beta_5$	$\beta_0 + \beta_6$
泡沫组	$\beta_0 + \beta_1$	$\beta_0 + \beta_1 + \beta_4$	$\beta_0 + \beta_1 + \beta_5$	$\beta_0 + \beta_1 + \beta_6$
紫海绵组	$\beta_0 + \beta_2$	$\beta_0 + \beta_2 + \beta_4$	$\beta_0 + \beta_2 + \beta_5$	$\beta_0 + \beta_2 + \beta_6$
红火海绵组	$\beta_0 + \beta_3$	$\beta_0 + \beta_3 + \beta_4$	$\beta_0 + \beta_3 + \beta_5$	$\beta_0 + \beta_3 + \beta_6$

该模型假设处理方式和位置的影响是可加和的. 也就是说, 不论在什么位置, 泡沫处理和不做处理的对照组之间的差异 (β_1) 是相同的; 不论哪种处理方式, 两个位置的差异也是相同的. 公式 (5.14) 中的模型常被看作是双因素方差分析模型, 数学上表达为:

$$y_{ijk} = \beta_0 + \beta_i + \beta_j + \varepsilon_{ijk}$$

其中 i 和 j 是因子变量的指示, k 是每个观测值的指示. 当 β_0 被设置为每种预测变量的第一个特定等级 (基线, 如 Control、bbs) 的期望值时, β_i 是一个预测变量的其他等级下的均值与第一个等级均值之间的差异, β_j 则是另一个预测变量的相关差异. 有时用 β_0 来评判总体均值, 而 β_i、β_j 被称为效应, 即各组均值与总体均值之间的差异. 可加和的双因子 ANOVA 模型可以用双因子预测变量直接拟合:

```
#### R code ####
mangrove.lm2 <- lm(RootGrowthRate ~ Treatment+Location,
    data=mangrove.sponge)
display(mangrove.lm2, 4)

#### R output ####
lm(formula = RootGrowthRate ~ Treatment + Location,

    data = mangrove.sponge)
```

```
                  coef.est coef.se
(Intercept)        0.1959   0.1378
TreatmentFoam      0.3508   0.1436
TreatmentHaliclona 0.4793   0.1503
TreatmentTedania   0.5968   0.1650
Locationetb        0.2426   0.1507
Locationlcn       -0.0289   0.1575
Locationlcs        0.0116   0.1520
---
n = 72, k = 7
residual sd = 0.4592,R-Squared = 0.28
```

结果与用名义变量的模型完全一样. 位置的系数具有较高的标准误. 3 个位置差异的 95% 置信区间 (均值 ±2 倍标准误) 包含 0, 意味着在该研究中位置不是一个影响根生长的重要因素. 对位置影响的正式检验就是双因素 ANOVA, 其中响应变量的总体方差被分离成由于处理方式造成的方差、由于位置造成的方差以及处理方式–位置的"组合"方差 (残差方差).

```
#### R output ####
summary.aov(mangrove.lm2)

           Df Sum Sq Mean Sq F value  Pr(>F)
Treatment   3   4.40    1.47    6.96 0.00039
Location    3   0.81    0.27    1.27 0.29066
Residuals  65  13.71    0.21
```

双因素 ANOVA 模型也可以用 R 的函数 aov 来拟合:

```
#### R code ####
mangrove.aov2 <- aov(RootGrowthRate ~ Treatment+Location,
    data=mangrove.sponge)
summary(mangrove.aov2)

#### R output ####
           Df Sum Sq Mean Sq F value  Pr(>F)
Treatment   3   4.40    1.47    6.96 0.00039
Location    3   0.81    0.27    1.27 0.29066
Residuals  65  13.71    0.21
```

R 的函数 model.tables 可以用来提取估计出的效应:

```
#### R code and output ####

model.tables(mangrove.aov2)
```

```
Tables of effects

Treatment
    Control       Foam Haliclona Tedania
    -0.3459  0.008444     0.1452  0.3305
rep 21.0000 20.000000    17.0000 14.0000

 Location
          bbs      etb        lcn       lcs
    -0.06204  0.1688 -0.07918 -0.04233
rep 19.00000 19.0000 16.00000 18.00000
```

5.6.3 相互作用

可加和的假设并不总是恰当的, 也就是说, 处理方式 (如泡沫) 的影响可能随着位置不同而变化, 或者位置间的差异随着处理方式的不同而不同. 在双因子 ANOVA 的设置中, 相互作用被看作是在每个处理方式与位置的组合下对模型估值的一种调整. 具有相互作用的模型可以用名义变量的方式来表示. 我们为每一个处理方式与位置的组合构造名义变量. 或者, 我们可以用两个因子的乘积或者 ":" 操作符来简化上述概念. R 的表达式为:

```
lm(RootGrowthRate ~ Treatment*Location,
                    data=mangrove.sponge)
```

与以下表达式相同:

```
lm(RootGrowthRate ~ Treatment+Location+
                    Treatment:Location,
                    data=mangrove.sponge)
```

解释相互作用效应的最简单的办法就是列出效应表:

```
#### R output ####
Tables of effects

 Treatment
    Control       Foam Haliclona Tedania
    -0.3459  0.008444     0.1452  0.3305

Location
        bbs      etb        lcn       lcs
   -0.06204  0.1688 -0.07918 -0.04233
```

```
Treatment:Location
          Location
Treatment   bbs    etb    lcn    lcs
  Control   -0.074  0.189 -0.052 -0.012
  Foam       0.037 -0.229  0.200 -0.045
  Haliclona  0.129 -0.083 -0.196  0.118
  Tedania   -0.115  0.070  0.096 -0.064
```

最后一个表说明了应该怎样去调整可加和的模型. 例如, 可加和的模型预测出 bbs 处对照组的平均生长速度是 $(-0.3459 - 0.062 = -0.4079)$, 或者说比总体均值低 0.4079. 相互作用表指出, 这个估计值应该被下调 0.074. 我们可以把相互作用效应解释为加性模型与处理方式和位置的组合均值的差异. 显然地, 我们需要用 F 检验来看看这些差异是否可以归因于随机噪声:

```
#### R output ####
                   Df Sum Sq Mean Sq F value  Pr(>F)
Treatment           3   4.40    1.47    6.49 0.00076
Location            3   0.81    0.27    1.19 0.32260
Treatment:Location  9   1.04    0.12    0.51 0.85945
Residuals          56  12.66    0.23
```

相互作用的影响, 正如位置的影响一样, 很可能是随机噪声带来的结果.

5.7 参考文献说明

本章省略了很多线性回归模型的统计学理论. Weisberg (2005) 是一篇很好的关于回归理论应用和实践的参考文献. 鱼体内 PCB 的例子依据的是多篇文章, 特别是 Stow (1995) 和 Stow 等 (1995). 这些论文记录了数据收集和分析的细节. Gelman 和 Hill (2007) 是另外一篇关于回归分析在社会科学中的应用的好文献. 关于检测微囊藻毒素的 ELISA 方法的详细分析可参见 Qian 等 (2015a).

5.8 练习

1. Huey 等 (2000) 研究了 1980 年左右从欧洲 (Europe, EU) 意外引入北美 (North America, N. A.) 的果蝇 (*Drosophila subobscura*). 在欧洲, 果蝇翅遵

循"渐变"特征——随纬度稳定变化. 引入十年后 N. A. 种群就遍布了整个大陆, 但未发现这样的渐变特征. 二十年后, Huey 和他的团队从北美西部的 11 个地点收集了果蝇, 还在欧洲从北纬 35° 至 55° 的 10 个地点收集了本地果蝇. 他们将所有样本放在相同的条件下并维持了若干代, 以便将遗传差异和环境差异分离开来. 然后, 他们对每组检测了大约 20 只成蝇. 数据集 `flies.txt` 给出了平均翅长 (以 mm 为单位) 的对数值.

(a) Huey 等人在他们的文章中用了四个独立的回归模型, 以说明来自欧洲和北美的雌性果蝇具有相同的翅长 – 纬度关系 (相同的斜率); 而来自两个大陆的雄性果蝇, 其翅长 – 纬度关系很接近, 但他们无法得出斜率是否相同的结论.

我们知道可以创建一个分类变量来区分果蝇的来源和性别. 可以通过粘贴 `Continent` 和 `Sex` 列来创建此变量:

```
Flydata$FlyID <- paste(Flydata$Sex, Flydata$Continent,
                       sep=".")
```

由此产生的变量 `FlyID` 有四个等级: `Female.EU`、`Female.N.A.`、`Male.EU`、`Male.N.A.` 拟合线性回归模型时, 使用如下代码:

```
fly.lm <- lm(Wing ~ Latitude * factor(FlyID),
             data=Flydata)
```

由此我们获得了一个有四个截距和四个斜率的模型. 然后估计了 `FlyID` 第一等级 (按字母顺序排序) 的截距和斜率, 以此作为基线.

请你拟合线性模型并解释结果. 将你的结果与 Huey 等 (2000) 的结果进行比较. 对出现的任何差异加以讨论, 以及说明为什么你认为应该采用我们此处所用的方法.

(b) 我们此处拟合的模型有其局限性. 结果中只明确列出了第一等级的斜率和截距. 在这种情况下, 我们只能看到 `Female.EU` 的截距和斜率, 即基线. 其他三个等级的截距和斜率是根据它们与基线的差异给出的. 这是为假设检验而设置的. 也就是说, 我们可以比较 `Female.N.A.`、`Male.EU`、`Male.N.A.` 的斜率是否与 `Female.EU` 的斜率不同. 对于这个特定模型, 我们可以直接检验 `Female.EU` 和 `Female.N.A.` 之间的斜率差异是否与 0 不同, 但我们无法直接比较 `Male.EU` 和 `Male.N.A.` 的斜率和截距. 要进行相关比较, 我们必须首先将 `Male.EU` 设置为基线:

```
Flydata$FlyID <- as.numeric(ordered(Flydata$FlyID,
   levels=c("Male.EU","Male.N.A.",
            "Female.EU","Female.N.A.")))
```

以上代码会将 `FlyID` 更改为取值为整数 1 到 4 的数值变量,1 是 "`Male.EU`", 2 是 "`Male.N.A.`", 3 是 "`Female.EU`", 4 是 "`Female.N.A`". 现在像 (a) 那样重新拟合模型. 利用 (a) 和 (b) 的结果, 比较来自北美的雄性果蝇的斜率是否与欧洲雄性果蝇的斜率不同, 以及来自北美的雌性果蝇的斜率是否与欧洲雌性果蝇的斜率不同.

(c) 在他们的文章中, 线性回归模型的 R^2 值非常低, 而我们拟合的模型的 R^2 值非常高. 为什么? 我们的模型好得多吗?

2. 许多回归的想法最先出现在弗朗西斯・高尔顿 (Francis Galton) 爵士关于代代相传特征的著作中. 在 1877 年 2 月 9 日提交给皇家学会的一篇关于 "典型的遗传定律" 的论文中, 高尔顿讨论了关于甜豌豆的一些实验. 通过比较亲代植物和子代植物结出的甜豌豆, 他观察到了代际遗传. 高尔顿根据亲代植物结出的豌豆的典型直径对其进行分类. 对于从 0.15 英寸[①] 到 0.21 英寸之间的七个大小分级, 他安排他的九个朋友每人用每个尺寸类别的种子种植 10 株植物; 不过其中两种尺寸的种子种植完全失败了. 卡尔・皮尔逊 (Karl Pearson) 汇总发表了高尔顿的数据 (见表 5.3 和数据文件 `galtonpeas.txt`). 皮尔逊只给出了子代豌豆的平均直径和标准差, 样本大小则是未知的.

(a) 绘制子代对亲代的散点图.

(b) 假设给出的标准差是总体值, 对子代和亲代进行回归, 并在散点图上绘制拟合出的均值函数.

(c) 高尔顿想知道亲代的特征, 如大小, 是否遗传给了子代. 在拟合回归模型时, 参数值 $\beta_1 = 1$ 对应于完美遗传, 而 $\beta_1 < 1$ 表明子代正在 "回复" 到 "公平描述的话, 差不多算是先祖平均水平" (可能是高尔顿在 1885 年将 "回复" 替换为 "回归"). 检验 $\beta_1 = 1$ 的原假设, 备择假设为 $\beta_1 < 1$.

(d) 在他的实验中, 高尔顿测量了植物结出的所有豌豆的平均大小, 以确定

表 5.3 高尔顿的豌豆数据

亲代植物直径 (0.01 英寸)	子代植物直径 (0.01 英寸)	SD
21	17.26	1.988
20	17.07	1.938
19	16.37	1.896
18	16.40	2.037
17	16.13	1.654
16	16.17	1.594
15	15.98	1.763

① 1 英寸 ≈ 2.54 厘米.

亲代植物的大小类别. 然而, 为了让种子能代表这种植物并产生子代, 高尔顿选择了尽可能接近整体平均大小的种子. 因此, 对于小型植物, 选择了异常大的种子作为代表, 而更大、更健壮的植物则以相对较小的种子为代表. 你预计这些实验偏差对①截距和斜率的估计和②误差估计有什么影响?

3. 回归分析通常被用作因果推理的工具. 回归分析在因果推理中的典型应用过程是将结果作为响应变量、潜在原因作为预测变量而进行模型拟合. 由于典型的社会科学研究中不可避免的干扰因素, 回归模型也不可避免地会包括其他预测变量以解释不同条件下的可变性. 在回归模型中包含干扰因素的做法, 在社会科学中通常被称为控制. 正是这种控制往往导致回归分析的误用. 例如, Kanazawa 和 Vandermassen (2005) 认为, 父母的职业可以预测生男孩或女孩的可能性. 特别是, 如果父母的职业是 "条理性" 的 (例如工程学), 他/她往往有更多的男孩, 如果父母的职业是 "共情性" 的 (例如护理), 他/她往往会有更多的女孩. 该结论是通过对芝加哥大学的一般社会调查数据的回归分析得出的. 在研究父母生男孩的可能性时, 文章使用了以下形式的回归模型:

```
n.boys ~ engineer + n.girls
```

也就是说, 通过父母的职业来预测男孩的数量, 是在控制女孩 (与男孩相对的性别) 数量以及其他预测因素 (如收入) 后进行的 (Kanazawa 和 Vandermassen (2005) 的表 1). 因为 engineer 的斜率是正的, 在统计学上与 0 不同, 所以研究者用该模型去阐释前述理论. 在给编辑的一封信中, Gelman (2007) 指出, 这个结果可能是一个统计学假象, 同时提出了一项模拟方案.

模拟过程中, 创建了两组家庭 (护士和工程师), 每个家庭都有一个或两个孩子. 总的来说, 两组家庭的儿童性别比都是一个男孩对一个女孩. 护士家庭和工程师家庭的区别在于他们如何决定孩子的数量: 如果第一个孩子是男孩, 护士会不再生孩子, 否则生两个孩子; 工程师将以 30% 的概率只生一个孩子, 以 70% 的概率生第二个孩子, 无论第一个孩子的性别如何. 在模拟数据中, 所有男孩出生的概率正好是 50%. 因此, 职业的影响, 工程师和护士家庭之间的性别比差异, 实际上是零. 根据这个模拟模型, 护士家庭将有以下类型的分布: 50% 的男孩, 25% 的女孩–男孩, 25% 的女孩–女孩. 工程师家庭则有分布为: 15% 的男孩, 15% 的女孩, 17.5% 的男孩–男孩, 17.5% 的男孩–女孩, 17.5% 的女孩–男孩, 17.5% 的女孩–女孩. 使用以下脚本生成 800 个工程师家庭和 800 个护士家庭, 并拟合回归模型:

```
boys.nur <- c(1,1,0) ## # of boys in a nurse family
girls.nur <- c(0,1,2)## # of girls in a nurse family
boys.eng <- c(1,0,2,1,1,0)
girls.eng <- c(0,1,0,1,1,2)
```

```
nur <- sample(1:3, size=800, replace=T,
              prob=c(0.5, 0.25, 0.25))
eng <- sample(1:6, size=800, replace=T,
          prob=c(0.15, 0.15, 0.175, 0.175, 0.175, 0.175))
n.boy.nur <- boys.nur[nur]
n.girl.nur <- girls.nur[nur]
n.boy.eng <- boys.eng[eng]
n.girl.eng <- girls.eng[eng]

### fit a regression
sim.data <- data.frame(n.boys=c(n.boy.eng, n.boy.nur),
                       n.girls=c(n.girl.eng, n.girl.nur),
                       engineer=c(rep(1, 800), rep(0, 800)))
sim.lm <- lm(n.boys ~ engineer + n.girls, data=sim.data)
summary(sim.lm)
```

模型是否与数据发生了矛盾? 你对发生这种情况的原因有何想法 (提示: 想想 engineer 斜率的含义)?

4. 对数变换: 数据集 pollution.csv (变量定义列在文件 pollution.txt 中) 包含 60 个美国大都市地区的死亡率和各种环境因素 (McDonald 和 Schwing, 1973). 本题中, 我们将以氮氧化物、二氧化硫和碳氢化合物为输入来模拟死亡率. 该模型极为简化, 因为它整合了所有类型的死亡, 也没有对年龄和是否吸烟等重要因素做出调整. 我们只是用它来说明回归中的对数转换.

(a) 绘制死亡率对氮氧化物浓度的散点图. 你认为线性模型能很好地拟合这些数据吗? 请你进行回归拟合, 并对回归获得的残差图进行评估.

(b) 找到合适的转换方式, 以生成更适合线性回归的数据. 用转换后的数据开展回归拟合, 并评估新的残差图.

(c) 对上一步所得到的模型斜率加以解释.

(d) 用氮氧化物、二氧化硫和碳氢化合物作为输入变量, 构建预测死亡率的模型. 如有必要, 选用合适的数据转换方式. 绘制拟合好的回归模型并对回归系数予以解释.

(e) 交叉验证: 将数据分成两半, 并用前一半数据重新拟合上一步里的模型. 利用生成的模型和后一半的数据预测死亡率. 对结果加以讨论. (“真正的” 交叉验证通常会将数据拆分为更多个子集, 例如 20 个, 模型拟合时拿掉一个子集, 然后再用此子集进行预测.)

(f) 相互作用: 使用条件图考察三个预测变量之间的潜在相互作用效应. 如果你有理由认为相互作用效应很重要, 请考虑相互作用后重新拟合模型, 并解释模型系数.

以上工作是对观测数据开展统计分析的通用步骤. 步骤 (a)~(d) 被认为是探索性的, 步骤 (e) 验证模型的预测能力. 在许多研究中, 步骤 (f) 常被省略. 在很多情况下, 相互作用的分析是更有趣也能提供更多信息的. 对数变换的形式经常使用, 但文献中对其解释往往不够. 在讨论模型时, 必须清楚地解释每个模型系数.

撰写简短的研究报告.

5. 数据文件 `birds.csv` 包含了 Pimm 等 (1988) 报告的几十年来从英国各地 16 个岛屿收集的陆地鸟类物种繁殖配对的观测结果. 对于每个物种, 数据集包含其在岛屿上的平均灭绝时间、筑巢对的平均数量 (所有出现该鸟类的岛屿上每年筑巢对的平均值)、物种大小 (归类为大或小), 以及物种的迁徙状态 (分为迁徙或常住). 可以预期的是筑巢对数量较多的物种在灭绝前往往会在岛屿上生存更长时间. Pimm 等学者想知道的是, 在考虑了筑巢对的数量后, 鸟的大小或迁徙状态是否有任何影响. 此外, 他们还想知道鸟类大小的影响是否因筑巢对的数量而异. 如果发现与预测变量取值相似的其他物种相比, 某物种的灭绝时间异常小或大, 这种发现将非常有价值. 依据第 5.4 节的指导, 构建一个回归模型, 使用筑巢对的数量和两个分类变量作为预测变量来预测灭绝时间. 比较你的模型与 Pimm 等 (1988) 报告的模型.

6. 由于人类活动造成的河流氮负荷增加是沿海水域藻类丰度上升的原因. 例如, 20 世纪 90 年代的纽斯河口鱼殇现象归因于纽斯河流域氮负荷增加, 特别是北卡罗来纳州东部畜牧业的高强度发展带来的氮负荷. 像这样的结论通常来自截面数据或元数据的分析. Cole 等 (1993) 集成了一个数据集, 其中包括世界上许多大型河流系统, 以研究人类活动对河流氮负荷的影响 (数据文件 `nitrogen.csv`). 数据集中包含九个变量: ①排放 (`DISCHARGE`), 估算出的河流进入海洋的年平均流量 (m^3/s); ②径流 (`RUNOFF`), 估算出的流域年平均径流量 ($L/(s \times m^2)$); ③降水量 (cm/yr) (`PREC`); ④流域面积 (km^2) (`AREA`); ⑤人口密度 (人/km^2) (`DENSITY`); ⑥硝酸盐浓度 (μmol/L) (`NO3`); ⑦硝酸盐输出 (`EXPORT`), 径流量和硝酸盐浓度的乘积; ⑧沉降 (`DEP`), 来自降雨的硝酸盐负荷——降雨量和降雨中硝酸盐浓度的乘积; 以及⑨硝酸盐湿沉降 (`NPREC`), 流域附近站点湿沉降中的硝酸盐浓度 ($\mu mol/(s \times km^2)$). 在文章中, 作者使用硝酸盐浓度 (`NO3`) 和硝酸盐输出 (`EXPORT`) 来衡量人类活动对河流的影响. 作者分别研究了这两个响应变量, 以确定人类活动对河流氮浓度的影响是向河流直接排放污染物还是通过大气污染间接排放的结果. 他们建议, 流域的人口密度可以用来度量直接排放, 硝酸盐湿沉降则可以衡量间接排放.

请你分别为两个响应变量开展回归模型的拟合, 并讨论河流氮的人为影响是通过直接排放还是间接的大气沉降. 请注意, 这两个因素是相互关联的, 其影响不太可能是加和性的.

7. 数据文件 co2data.csv 包含了 1959 年 1 月至 2003 年 12 月在夏威夷 Mauno Loa 测量的大气二氧化碳月平均浓度值. 大气中的二氧化碳浓度表现出明显的季节性模式, 反映了植物行为的年周期特征. 该数据集有四列: CO2 (每月二氧化碳浓度, 以 ppm 为单位)、mon (日历月)、year (年份) 和 months (自 1959 年 1 月以来的月数). 数据图 (参见图 6.30) 显示出二氧化碳浓度随时间的增长趋势. 请你量化这种增长的程度. 估计时间趋势的一种常用统计方法是将二氧化碳浓度对时间变量 (例如, 起始时间以来的月数) 做线性回归模型拟合. 在本题中, 数据集当中的列 months 就是这样的时间变量.

(a) 将二氧化碳作为响应变量、月数作为预测变量, 拟合一个简单的回归模型. 量化时间趋势 (二氧化碳浓度的月度或年增长率), 并讨论模型的潜在问题. (提示: 根据 months 绘制残差图.)

(b) 将 mon 作为第二个 (因子) 预测变量, 重新拟合模型, 并解释二氧化碳浓度的时间趋势.

在这两个模型中, 残差与拟合图都显示出了某种系统模式. 这种模式的原因可能是什么?

8. 吸烟被认为会导致肺癌. Fraumeni (1968) 的一项研究表明, 吸烟也与泌尿道癌有关. 该研究收集了 1960 年 43 个州和哥伦比亚特区的人均吸烟量 (实际上是香烟售出量) 和多种癌症千人死亡率 (数据在文件 smoking.txt 中).

(a) 用人均香烟消费量 (CIG) 来预测肺癌 (LUNG) 死亡率的简单线性模型是否合适? 对膀胱癌死亡率 (BLAD) 的简单线性模型怎么样?

(b) 从香烟消费数据中识别出两个可能的异常值 (指出所在的州).

(c) 这两个异常值是否对所建立的模型有影响?

(d) 是否应该删除这两个异常值 (为什么)?

9. 可食用的淡水鱼如果被汞污染, 会对我们的健康构成直接威胁. 对佛罗里达州 53 个湖泊的大口鲈鱼进行了研究, 对影响汞污染水平的因素予以考查. 1990 年 8 月从每个湖泊中部的表层水采集了样本, 然后于 1991 年 3 月再次采集了水样. 测试了每个水样的 pH 值、叶绿素、钙和碱度. 分析过程中使用了 8 月和 3 月的平均值. 接下来, 从每个湖泊中采集了 4 到 44 条数量不等的鱼样本, 每个样本都测试了汞浓度, 并报告了各湖的平均浓度. 该研究 (Lange 等, 1993) 的作者指出, 碱度是平均汞浓度的最佳预测指标, 并给出了一个线性模型 (数据见 HgBass.txt).

(a) 用平均汞浓度作为响应变量、碱度作为预测变量, 拟合一个简单的线性回归模型. 讨论模型的拟合情况.

(b) 对一个或两个变量使用对数转换, 看看 (a) 中的模型是否可以改进. (建议你尝试所有三种情况, 并选出你认为最好的一种.)

(c) 测量仪器能检测到的最小汞浓度水平为 0.04 ppm. 已知低于特定值的数据点将被"截尾". 任何低于 0.04 ppm 检测限的浓度水平都被设置为 0.02 ppm. 显然, 这一做法降低了汞浓度平均值的准确性. 为了进一步说明这种不准确性, 作者还报告了最低和最高平均汞浓度. 最小值 (列 `min`) 是将所有截尾值替换为 0 后计算得到的, 最大值 (列 `max`) 则是将所有截尾值替换为 0.04 ppm 的检测限后得到的. 请你简单绘制一幅图, 讨论这种"截尾值"的处理方式将对斜率和截距的估计产生什么影响. 请注意, 每个观察到的平均汞浓度值是 4 到 44 个鱼样本的平均浓度, 我们并不知道哪些汞浓度平均值受到多少个截尾数据点的影响.

第 6 章

非线性模型

6.1 非线性回归

线性回归模型中的一个重要假设是响应变量和预测变量之间的关系是线性的. 当它们的关系非线性时, 我们常常需要对响应变量、预测变量或者二者进行变换. 在很多情况下, 我们关于研究对象的知识可以提供确定模型具体形式的依据, 但变换成线性是不可能的.

例如, 第 5.3.2 节中我们拟合出了对数线性模型:

$$\log \mathrm{PCB} = \beta_0 + \beta_1 Yr + \varepsilon$$

该模型依据的是一个最常用的描述化学物质浓度变化的机理模型. 这个模型假设浓度随时间的变化与浓度成正比:

$$\frac{\mathrm{d\,PCB}}{\mathrm{d}t} = -k\mathrm{PCB}$$

假设 PCB 初始浓度为 PCB_0, 时刻 t 的 PCB 浓度可由下式给出:

$$\mathrm{PCB}_t = \mathrm{PCB}_0 \mathrm{e}^{-kt}$$

对模型两侧取对数, 我们就获得了第 5.3.2 节中的线性模型 `lake.lm1`, 其中截距 β_0 等于 $\log \mathrm{PCB}_0$, 斜率 β_1 是 $-k$, t 是自 1974 年后的年数. 这个模型的含义是 PCB 会持续降低, 以一种不断减小的速度, 趋向于 0 浓度.

采用相同的数据, 我们可以直接拟合这个指数模型. 我们同样可以用最小二乘法来估计模型系数. 最小二乘法估计模型系数就是将残差的平方和最小化:

$$RSS = \sum (\mathrm{PCB}_{ti} - \widehat{\mathrm{PCB}}_{ti})^2$$

其中, $\widehat{\mathrm{PCB}}_{ti} = \widehat{\mathrm{PCB}}_0 \mathrm{e}^{-\hat{k}t_i}$. 要最小化 RSS, 我们令 RSS 对 PCB_0 和 k 的偏导数为 0, 然后, 求解 $\widehat{\mathrm{PCB}}_0$ 和 k.

一般地, 我们可以写出一个具体函数来描述响应变量 y 和一组预测变量 x 之间的关系, 参数用 θ 来表示:

$$y = f(x, \theta) + \epsilon$$

最小二乘法可以通过最小化残差平方和 $SS = \sum\{[y_i - f(x_i, \theta)]^2\}$ 来估计系数 θ.

在 R 中, 非线性回归最常用的函数是 `nls`, 将公式 $y \sim f(x, \theta)$ 作为第一个参量:

```
nls.obj <- nls (formula, data, start, control, algorithm,
    trace, subset, weights, na.action, model,
    lower, upper, ...)
```

例如, 我们可以拟合鱼体内 PCB 的指数模型:

```
#### R code ####
lake.nlml <- nls(pcb ~ pcb0 * exp(-k * (year-1974)),
   data=laketrout, start=list(pcb0=10, k=0.08))
```

需要为模型系数输入一组初值. 这些初值的选择根据的是数据图和前面章节中我们研究过的对数线性模型. 模型结果的展示方式与线性回归模型的结果是类似的:

```
#### R output ###
summary(lake.nlm1)

Formula: pcb ~ pcb0 * exp(-k * (year - 1974))

Parameters:
     Estimate Std. Error t value Pr(>|t|)
pcb  11.76215    0.64432    18.3    <2e-16
k     0.11487    0.00885    13.0    <2e-16

Residual standard error: 5.14 on 629 degrees of freedom

Number of iterations to convergence: 6
```

该模型与我们在第 5.3.2 节中研究过的对数线性回归模型 `lake.lm1` 是差不多的. 模型 `lake.lm1` 的截距与 $\log \mathrm{PCB}_0$ 可比, 斜率则与 $-k$ 可比. 区别在于概率论的假设. 模型 `lake.lm1` 假设 PCB 满足对数正态分布, 而现在的非线性模型 `lake.nlm1` 假设 PCB 具有正态分布. 图 6.1 给出了拟合出的模型.

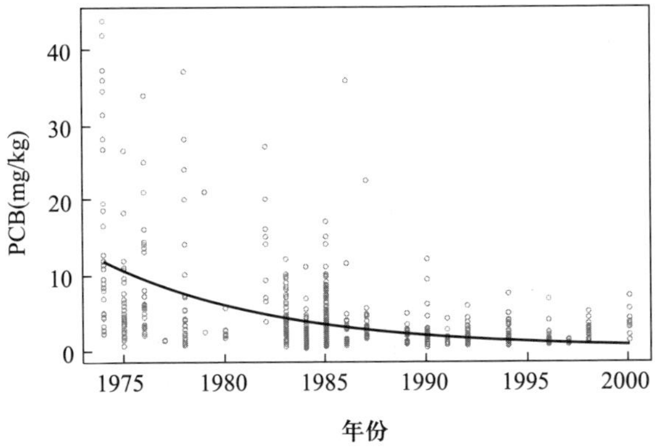

图 6.1 非线性 PCB 模型——用鱼体内 PCB 数据拟合了一个非线性指数模型.

估计模型系数的标准误源于如下假设: 模型残差是服从均值为 0、标准差为常数的正态分布的独立随机变量. 我们应该用第 5 章描述的图形方法对模型的拟合情况进行评估. 由于拟合非线性回归模型的目的是找到机理模型的系数, 很多人并不看重这个问题在统计学上的意义. 但是, 如同我们在鱼体内 PCB 例子中看到的那样, 统计分析往往是揭示那些与数据有关的潜在问题的关键. 诊断图 (图 6.2～图 6.5) 说明残差可能并不是正态分布的, 残差也可能不是独立的, 而且残差的标准差随着 PCB 预测浓度的增加而增加. 这些诊断结果和数据中鱼的大小不均衡问题 (参见图 9.2) 导致低估了 PCB 衰减速度的结论. 为了解决这些问题, 我们①用 $\log \mathrm{PCB}$ 作为响应变量, ②引入鱼的长度, 作为第二个预测变量. 基于这些模型工作, 我理解了残差分析的重要性, 非线性回归模型的残差分析是模型拟合的基本内容.

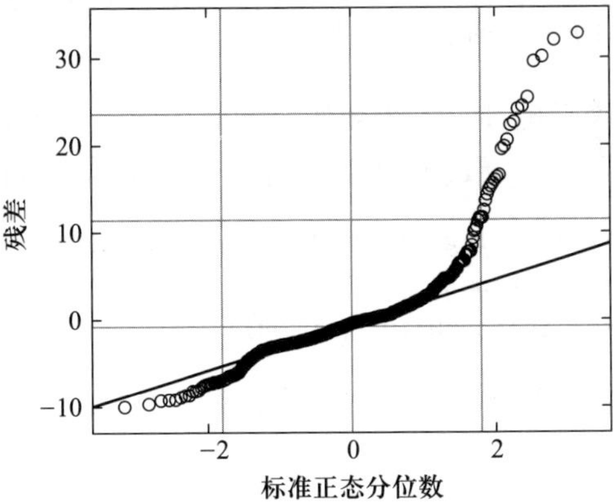

图 6.2 非线性模型残差的正态 Q–Q 图——残差的正态 Q–Q 图表明残差可能并不具有正态分布.

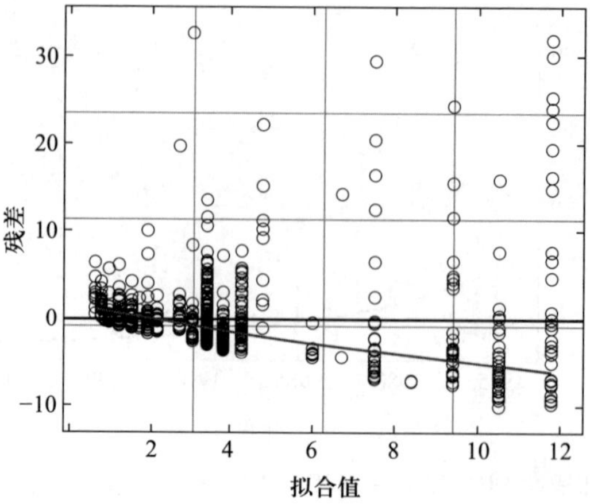

图 6.3 非线性 PCB 模型残差与拟合出的 PCB——对非线性模型的残差与拟合出的 PCB 值作图.

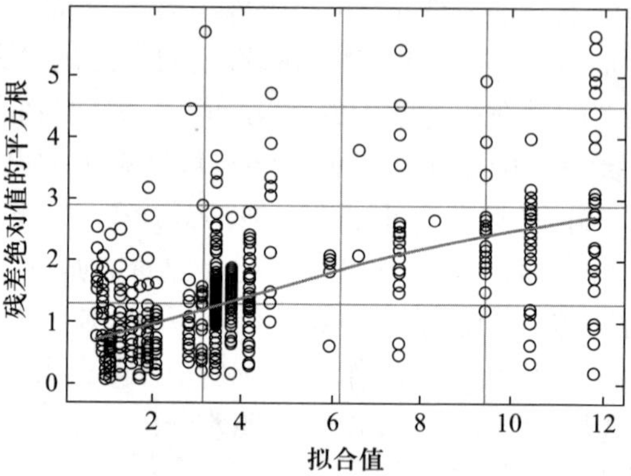

图 6.4 非线性模型残差的 S–L 图——残差 S–L 图表明残差的标准差随着 PCB 预测值的增加而增加.

当使用对数变换后的 PCB 浓度作为响应变量时, 指数模型就成为一个简单的线性模型. 为了保持一致, 我将使用函数 `nls` 重新拟合模型 `pcb.exp`:

```
pcb.exp <- nls(log(pcb) ~ log(pcb0) -k * (year-1974),
               data=laketrout,
               start=list(pcb0=10, k=0.08))
```

估计出的系数与没有对数变换时的估计系数非常不同.

```
#### R output ####
> summary(pcb.exp)

Formula: log(pcb) ~ log(pcb0) - k * (year - 1974)
```

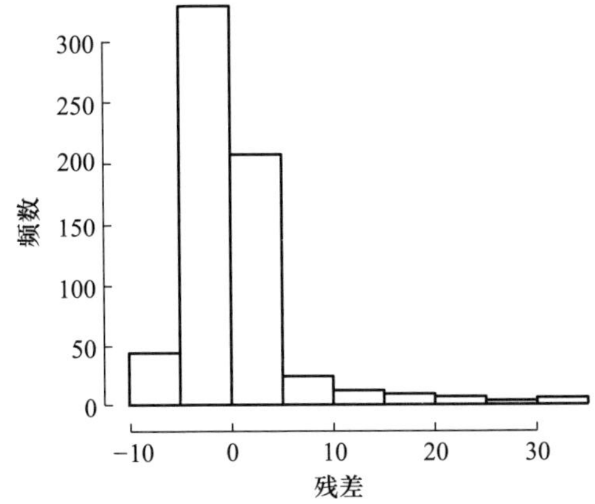

图 6.5 非线性 PCB 模型的残差分布—— 残差直方图说明残差的分布是高度偏斜的.

```
Parameters:
     Estimate Std. Error t value Pr(>|t|)
pcb0 4.941199   0.357559   13.82   <2e-16 ***
k    0.059903   0.005525   10.84   <2e-16 ***
---

Residual standard error: 0.8784 on 629 degrees of freedom

Number of iterations to convergence: 4
Achieved convergence tolerance: 5.434e-07
  (15 observations deleted due to missingness)
```

除了指数模型, Stow 等 (2004) 还用了 3 个非线性模型来考虑 PCB 浓度随着时间明显变平的现象. 第一个替代模型是一个具有非零渐近线的指数衰减模型:

$$PCB_t = PCB_0 e^{-kt} + PCB_a + \epsilon$$

其中, PCB_a 是 PCB 渐近浓度 (mg/kg), 即永远存在的浓度. 这个模型也意味着 PCB 浓度以一种不断变慢的速度持续降低, 但是, 趋向于一个正的渐近浓度. 这个模型中暗含的观点是存在着两种有效的源向食物链供应 PCB, 一种随着时间快速衰减, 而另一种则相对稳定. 在 R 中, 可以拟合该模型:

```
#### R code ####
pcb.exp2 <- nls(log(pcb) ~ log(pcb0*exp(-k*(year-1974))+pcba)
                data=laketrout,
```

```
                start=list(pcb0=10, k=0.08, pcba=1))

#### R output ####
> summary(pcb.exp2)

Formula: log(pcb) ~ log(pcb0 * exp(-k * (year - 1974)) + pcba)

Parameters:
     Estimate Std.Error t value Pr(>|t|)
pcb0   6.2264    0.8386    7.42  3.6e-13
k      0.2479    0.0401    6.18  1.1e-09
pcba   1.6941    0.1369   12.38  < 2e-16

Residual standard error: 0.862 on 645 degrees of freedom
```

该模型的两个组分可以被解释为一个快速衰减的组分 (衰减速度常数为 0.251/年, 或者说每年约减少 22%) 和一个常数组分 (pcba). 模型暗示着能够自然地从湖泊生态系统中去除的那部分 PCB 已经永远消失了, 而剩余的部分 PCB 则会永远地留在那儿.

第二个替代模型是一个双指数衰减模型:

$$\mathrm{PCB}_t = \mathrm{PCB}_{01}\mathrm{e}^{-k_1 t} + \mathrm{PCB}_{02}\mathrm{e}^{-k_2 t} + \epsilon$$

其中 k_1 和 k_2 代表两种不同衰减过程的衰减系数.

```
#### R code ####
pcb.exp3 <- nls(log(pcb) ~ log(pcb01*exp(-k1*(year-1974))+
                          pcb02*exp(-k2*(year-1974))),
               data=laketrout,
               start=list(pcb01=10, pcb02=2, k1=0.24,
                          k2=0.00002))

#### R output ####
summary(pcb.exp3)

Formula: log(pcb) ~ log(pcb01 * exp(-k1 * (year - 1974)) +
    pcb02 * exp(-k2 * (year - 1974)))

Parameters:
      Estimate Std. Error t value Pr(>|t|)
pcb1    6.7750     0.8577    7.90  1.2e-14
pcb2    0.7339     0.7644    0.96   0.3374
k1      0.1741     0.0528    3.29   0.0010
```

```
k2      -0.0359      0.0434   -0.83   0.4086

Residual standard error: 0.862 on 644 degrees of freedom
```

该模型的两个组分可以被解释为一个快速衰减的组分 (衰减速度常数为 0.171/年, 或者说每年约减少 16%) 和一个慢速增长的组分 (年速率约为 3.5%). 第二个组分难以解释. 如果我们限制所有系数的下限值为 0:

```
#### R code ####
pcb.exp3 <- nls(log(pcb) ~ log(pcb01*exp(-k1*(year-1974))+
                            pcb02*exp(-k2*(year-1974))),
                data=laketrout, algorithm="port",
                lower=rep(0,4),
                start=list(pcb01=10, pcb02=2, k1=0.24,
                k2=0.00002))

#### R output ####
summary(pcb.exp3)

Formula: log(pcb) ~ log(pcb01 * exp(-k1 * (year - 1974)) +
    pcb02 * exp(-k2 * (year - 1974)))

Parameters:
      Estimate Std.Error t value Pr(>|t|)
pcb01   6.2264    0.9869    6.31  5.2e-10
pcb02   1.6941    0.9338    1.81  0.0701
k1      0.2479    0.0956    2.59  0.0097
k2      0.0000    0.0251    0.00  1.0000

Residual standard error: 0.862 on 644 degrees of freedom
```

第二个衰减系数 k_2 变为 0, 意味着退回到了第一个替代模型 (上一页的模型 pcb.exp2).

第三个替代模型是一个混合级数模型:

$$\mathrm{PCB}_t = \mathrm{PCB}_0^{1-\phi} - kt(1-\phi)^{1/(1-\phi)} + \epsilon$$

其中, PCB_0 是初始浓度, k 是反应系数, ϕ 是反应级数, 均被看作是未知量. 该模型是指数衰减模型的一般形式, 它假设 PCB 浓度随时间的变化速度与浓度的 ϕ 次方成正比:

$$\frac{\mathrm{d\,PCB}}{\mathrm{d}\,t} = -k\mathrm{PCB}^{\phi}$$

由于指数模型是第三个模型的特例 (当 $\phi = 1$), 所以需要一个包含一般方程和特殊实例的函数来避免被 0 除:

```
#### R code ####
mixedorder <- function(x, b0, k, theta){
    LP1 <- LP2 <- 0
    if(theta==1){
        LP1 <- log(b0) - k*x
    } else {
        LP2 <- log(b0^(1-theta) - k*x*(1-theta))/(1-theta)
    }
    return(LP1 + LP2)
}

pcb.exp4 <- nls(log(pcb) ~
    mixedorder(x=year-1974, pcb0, k, phi),
    data=laketrout, start=list(pcb0=10, k=0.0024, phi=3.5))
```

这是一个通过编写函数来构建更复杂的非线性模型的例子.

```
#### R output ####
summary(pcb.exp4)

Formula: log(pcb) ~
    mixedorder(x = year - 1974, pcb0, k, phi)

Parameters:
     Estimate td. Error t value Pr(>|t|)
pcb0 10.66409   1.72227    6.19  1.1e-09
k     0.00642   0.00271    2.37    0.018
phi   3.28579   0.35091    9.36  < 2e-16

Residual standard error: 0.861 on 645 degrees of freedom
```

这 4 个模型被 Stow 等 (2004) 用来评估 PCB 从 2000 年到 2007 年减少的百分比. 3 个替代模型似乎比简单的指数模型表现要好 (图 6.6). 为了评估 2000 年至 2007 年百分比下降的预测结果, 我们可以比较 2000 年和 2007 年的预测浓度. 就像线性模型一样, 在非线性回归中都会涉及拟合与预测的不确定性. 然而, 对于预测的不确定性, 缺乏解析解. 在第 9 章中, 我们将探索使用模拟方法来量化非线性回归模型的预测不确定性. 在本节, 我们用 4 个替代模型来估算预期的下降百分比, 并用残差的标准误来近似其不确定性.

在 R 中, 我们使用函数 `predict` 来获得 2000 年和 2007 年的 PCB 预测

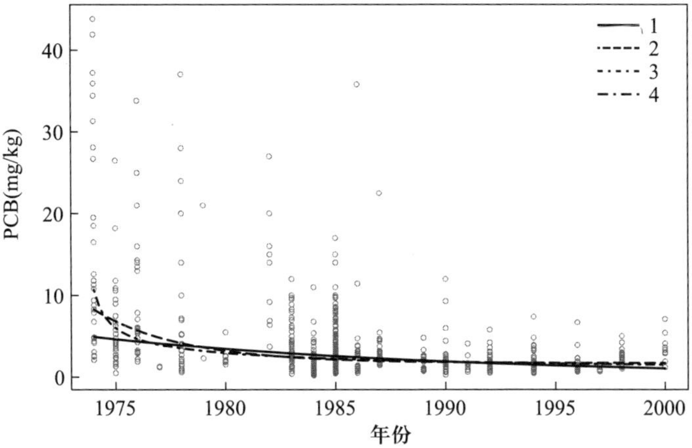

图 6.6 4 个非线性 PCB 模型——4 个竞争模型用湖中鳟鱼数据做了拟合.

浓度. 对于非线性回归模型的预测不确定性, 没有解析解可用. 因此, 当和非线性回归对象一起使用 predict 时, 会忽略参数 se.fit 和 interval.

```
exp1.pred <- predict(pcb.exp,
                    new=data.frame(year=c(2000, 2007)))
exp2.pred <- predict(pcb.exp2,
                    new=data.frame(year=c(2000, 2007)))
exp3.pred <- predict(pcb.exp3,
                    new=data.frame(year=c(2000, 2007)))
exp4.pred <- predict(pcb.exp4,
                    new=data.frame(year=c(2000, 2007)))
```

由于所有 4 个模型都适合对数变换后的 PCB 浓度, 我们可以在忽略估计模型系数的不确定性的基础上来估计 2000 年和 2007 年预测浓度的不确定性. 然而, 百分比变化的不确定性更难推导出来. 虽然 PCB 浓度 $\log(PCB_{2007}) - \log(PCB_{2000})$ 的对数差等于对数比 $\log(PCB_{2007}/PCB_{2000})$, 但两年的预测浓度对数强烈相关, 对数比的标准差不容易计算. 采用模拟方法获得的结果 (第 9 章) 见图 6.7. 结果表明, 这 4 个模型给出的 PCB 从 2000 年到 2007 年减少的百分比大不相同. 第一个替代模型 (带有非零渐近线的指数衰减模型) 和第三个替代模型 (混合级数) 预测的 PCB 的减少与 0 接近且具有很高的置信度, 而第二个替代模型 (双指数模型) 无法确定地预测出减少的水平. 简单指数模型预测的减少水平超过了 25% 的战略目标. 但是, 这些模型都无法考虑 PCB 与鱼长度的关系. 由于鱼尺寸的不均衡 (见图 9.2), 3 个替代模型不可能是恰当的. 因此, 鱼长度必须被当作一个预测变量来考虑.

我们在前一章讨论的结果是 $\log PCB$ 与鱼长度的关系不可能是线性的. 我

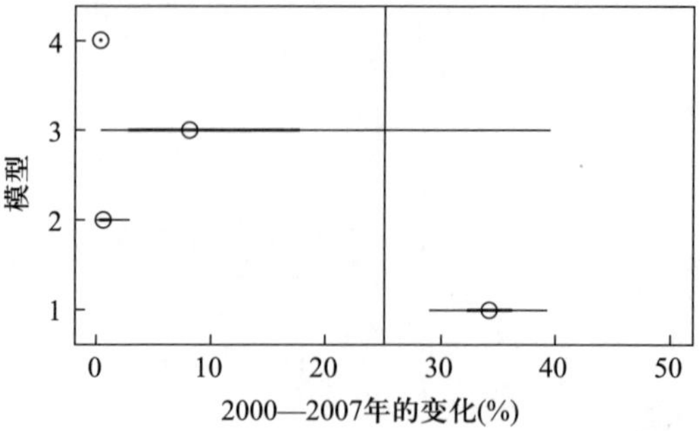

图 6.7 模拟出的 2000—2007 年 PCB 减少的百分比——4 个竞争模型预测的 2000—2007 年 PCB 的减少有很大差异. 细线是 95% 置信区间, 而粗线是 50% 置信区间. 竖线是 EPA 2007 年减少 25% 的战略目标.

们还讨论了如何用类型变量 `size` 来拟合一个线性回归模型, 本质上是两个线性模型: 一个是针对大鱼 (长度超过 60 cm) 的, 另一个则是针对小鱼的. 第 5.3.6 节中拟合后的模型 `lake.lm7` 具有 5 个系数:

```
#### R code ####
lake.lm7 <- lm(log(pcb) ~ I(year-1974) +
        len.c * factor(size), data=laketrout)
display(lake.lm7, 4)

#### R output ####
lm(formula = log(pcb) ~ I(year - 1974) +
    len.c * factor(size), data = laketrout)
                        coef.est coef.se
(Intercept)              1.7389   0.0588
I(year-1974)            -0.0846   0.0035
len.c                    0.0776   0.0044
factor(size)small       -0.0631   0.0779
len.c:factor(size)small -0.0345   0.0062
---
n = 631, k = 5
residual sd = 0.5422, R-Squared = 0.68
```

对于大鱼, 模型是 `log(PCB) = 1.7389 - 0.0846yr + 0.0776Len.c`. 对于小鱼, 模型是 `log(PCB) = (1.7389-0.0631) - 0.0846yr + (0.0776-0.0345) Len.c`. 由于这两个模型的形式相同, 在预测长度略低于 60 cm 阈值 (例如 59.999) 的鱼体 PCB 浓度时, 我们使用小鱼的模型. 但对于大小略高于阈值的鱼 (例如 60.001), 我们使用大鱼的模型. 对于 1974 年, 小型和大型鱼类的预测浓度对数分别为 1.53 和 1.56. 浓度值不连续是不可取的. 为了解决这个问题, 我们需使用分段线性回归模型.

6.1.1 分段线性模型

数据图提示 (图 5.2), 我们可以建立一个关于鱼长度的分段线性模型, 图中的 log PCB 对长度的 loess 拟合线好像是在鱼长大约 60 cm 处相交的两条线段. 这个模型形式可以用鱼长度斜率发生变化处的长度阈值参数来参数化:

$$\log \mathrm{PCB} = \begin{cases} \alpha_1 + \beta_1 \mathrm{length} & \text{如果 length} < \phi \\ \alpha_2 + \beta_2 \mathrm{length} & \text{如果 length} \geqslant \phi \end{cases} \tag{6.1}$$

要保证两条线在长度阈值 ϕ 处相交, 模型系数必须满足以下条件:

$$\alpha_1 + \beta_1 \phi = \alpha_2 + \beta_2 \phi \tag{6.2}$$

除了通常的截距和斜率, 我们还需要估计长度阈值 ϕ. 一般地, 分段线性模型可以简单地参数化为:

$$y = \beta_0 + [\beta_1 + \delta \cdot I(x - \phi)](x - \phi) + \epsilon \tag{6.3}$$

其中,

$$I(z) = \begin{cases} 0 & \text{如果 } z \leqslant 0 \\ 1 & \text{如果 } z > 0 \end{cases}$$

δ 是两条线段斜率的差. 公式 (6.3) 中的模型是用 4 个参数 β_0、β_1、δ、ϕ 定义的非线性模型. 要简化模型的表达式, 我们把分段回归模型定义为:

$$f_{hockey}(x \mid \beta_0, \beta_1, \delta, \phi) = \beta_0 + [\beta_1 + \delta \cdot I(x - \phi)](x - \phi)$$

由于分段线性模型的一阶导数是不连续的, 该模型在很多常用的数值优化程序中会出问题. 要避免这个问题, 分段线性模型需要做微小调整, 要在阈值点处加上一小段二次曲线以保证一阶导数连续. 可以通过让曲线两端的斜率分别与两条线段的斜率相同来估计二次曲线 (图 6.8). R 函数 `hockey` 可以写为:

```
#### R code ####
hockey <-
function(x,alpha1,beta1,beta2,brk,eps=diff(range(x))/100,
    delta=T){
    ## alpha1 is the intercept of the left line segment
    ## beta1 is the slope of the left line segment
    ## beta2 is the slope of the right line segment
    ## brk is location of the break point
```

```
    ## 2 * eps is the length of the connecting quadratic piece
        x <- x-brk
        if(delta)beta2 <- betal+beta2
        x1 <- -eps
        x2 <- +eps
        b <- (x2*betal-x1*beta2)/(x2-x1)
        cc <- (beta2-b)/(2*x2)
        a <- alphal+betal*x1-b*x1-cc*x1^2
        alpha2 <- -beta2*x2 +(a + b*x2 + cc*x2^2)
        lebrk <- (x <= -eps)
        gebrk <- (x >= eps)
        eqbrk <- (x > -eps & x < eps)
        result <- rep(0,length(x))
        result[lebrk] <- alphal + betal*x[lebrk]
        result[eqbrk] <- a + b*x[eqbrk] + cc*x[eqbrk]^2
        result[gebrk] <- alpha2 + beta2*x[gebrk]
        result
}
```

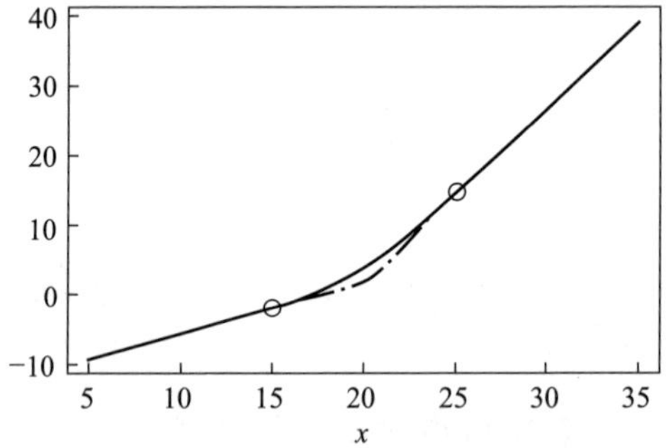

图 6.8 曲棍球棒模型——分段回归 (或者曲棍球棒) 模型重新被参数化以便构造连续的一阶偏导数. 两条直线被一小段二次曲线连接起来.

因此, 公式 (6.3) 中的分段线性模型可以用 R 的公式写为:

```
log(PCB) ~ hockey(length, beta0, beta1, delta, theta)
```

而非线性回归模型可以这样拟合:

```
#### R code ####
lake.nlml<-nls(log(pcb)~hockey(length, beta0, betal, delta, phi)
   start=list(beta0=.6, betal=0.07, delta=0.03, phi=60),
   deta=laketrout, na.action=na.omit)
```

估计出的模型系数可以用函数 summary 来汇总:

```
#### R Output ####
> summary(lake.nlm1)

Formula: log(pcb) ~ hockey(length, beta0, beta1, delta, phi)

Parameters:
      Estimate Std. Error t value Pr(>|t|)
beta0   0.5506     0.1316    4.18  3.3e-05
beta1   0.0253     0.0062    4.08  5.2e-05
delta   0.0470     0.0086    5.47  6.4e-08
phi    59.9896    2.32412    5.81  < 2e-16

Residual standard error: 0.751 on 627 degrees of freedom
```

拟合后的模型见图 6.9. 除了模型拟合, 我还为非线性回归模型写了一段模拟程序 (第 9 章) 以便模型系数的不确定性可以用样本分布中产生的系数值来表征. 每个随机产生的模型系数组合都用来画出图 6.9 中的一条灰线以代表模型系数的不确定性向拟合值的传递.

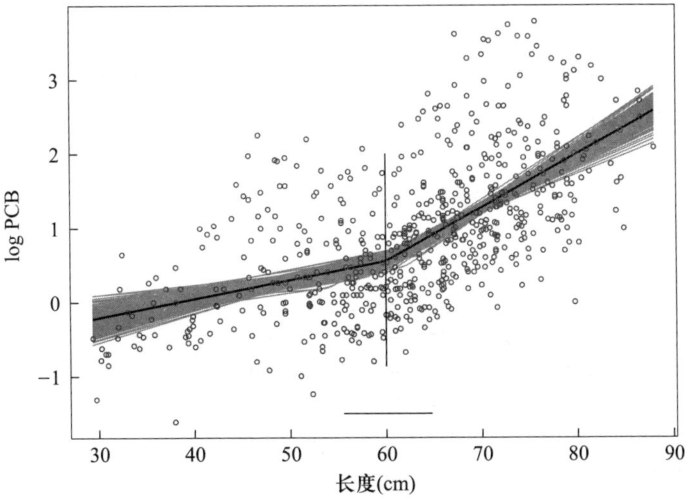

图 6.9 分段线性回归模型——PCB 浓度对数和鱼长度之间的关系用一个分段线性回归模型 (黑线) 来模拟. 通过一个模拟程序产生拟合均值的可能变化 (灰线) 来总结估计模型系数的不确定性. 竖线是长度为 60 cm 的鱼的 95% 置信区间. 短的横线是估计长度阈值的 95% 置信区间.

模拟程序与第 9.2 节讨论的函数 `sim` (软件包 `arm`) 是相类似的. 图 6.9 中的灰线只反映了拟合出的均值模型的不确定性. 用模拟方式还可以很容易地估算模型的预测标准差. 例如, 要预测 60 cm 长的鱼体内 PCB 浓度的分布, 我们

首先用模拟程序来产生多组模型系数和模型误差的标准差, 然后获得 log PCB 的单个随机值:

```
#### R Code ####
lake.sim1 <- sim.nls(lake.nlm1, 1000)
betas <- lake.sim1$beta
logPCB.mean  <- betas[,1] +
    (betas[,2] + betas[,3]*(60>betas[,4]))*(60-betas[,4])
pred.PCB<-exp(rnorm(1000, logPCB.mean, lake.sim1$sigma))
hist(pred.PCB)
```

预测的 95% 置信区间见图 6.9. 在原始的浓度尺度上, 这个区间是 (0.41, 7.34) mg/kg. 模拟程序还提供了模型系数的后验分布. 最感兴趣的模型系数是长度阈值 ϕ. 模拟的 95% 置信区间为 (55.35, 64.70)cm:

```
#### R Output ####

> quantile(betas[,4], prob=c(0.025,0.975))
  2.5%  97.5%
55.349 64.699
```

典型的置信区间计算是用估计均值 ± 约 2 倍的估计标准误 (根据模型 `lake.nml` 的结果), 或者说 `59.99±2.324*qt(c(0.025, 0.975), df=627)`, 即 (55.35,64.70)cm.

要模拟 log PCB 随年份的变化, 我们可以增加一个可加和的年份影响项到分段线性模型中:

```
#### R code ####
lake.nlm2 <- nls(log(pcb) ~ beta1*(year-1974) +
        hockey(length, beta0, beta2, delta, phi),
        start=list(beta0=.6, beta1= - 0.08,
            beta2=0.07, delta=0.03, phi=60)
        data=laketrout,na.action=na.omit)

#### R output
> summary(lake.nlm2)

Formula: log(pcb) ~ beta1 * (year - 1974) +
    hockey(length, beta0, beta2, delta, phi)

Parameters:
      Estimate Std. Error t value Pr(>|t|)
```

```
beta0  1.59857     0.15338   10.42   <2e-16
beta1 -0.08459     0.00353  -23.98   <2e-16
beta2  0.04309     0.00436    9.88   <2e-16
delta  0.03457     0.00622    5.55  4.1e-08
phi   60.71681     2.26282   26.83   <2e-16

Residual standard error: 0.542 on 626 degrees of freedom
```

新模型根据对湖内鳟鱼食性的研究将 60 cm 设定为阈值, 与模型 `lake.lm7` 很相似. 两个模型的不同之处在于分段线性模型在阈值处是连续的, 而线性模型 `lake.lm7` 则不是. 采用非线性回归模型允许我们估计阈值及其标准差. 从模型的输出中, 我们预见到湖泊内的鳟鱼在长到 61 cm 左右时会发生食性变化, 相应的 95% 置信区间为 (56, 65)cm. 当用增加项来模拟浓度随时间的变化, PCB 和鱼长度之间的关系必须在指定年份的情况下予以表达. 图 6.10 给出了 1974 年、1984 年和 1994 年估计出的 log PCB 与长度之间的关系. 模型估计 2004 年的关系就是一次预测. 用 3 种不同的数字来画数据点. 标记为 "1" 的数据点是 1974—1983 年测量的, 标记为 "2" 的是 1984—1993 年的, 而标记为 "3" 的则是 1994—2000 年的.

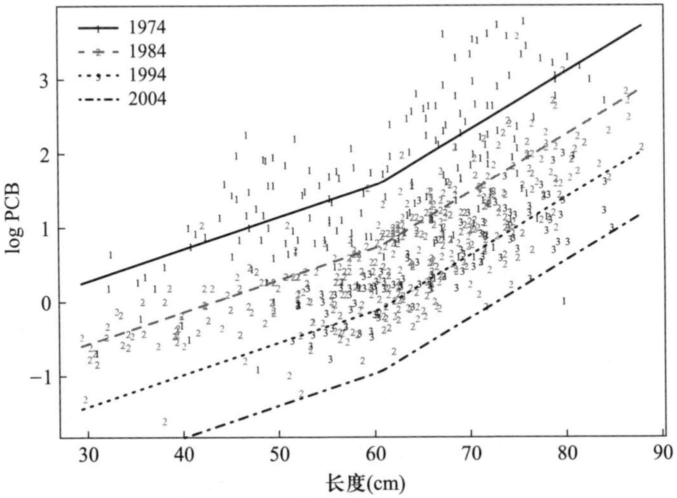

图 6.10 为指定年份估计的分段线性回归模型——在 4 个选定的年份对 PCB 浓度对数与鱼长度之间的关系进行了估计.

分段线性模型常用来评估阈值效应. 在环境管理中, 很多人都尝试用这种模型来发现生态系统响应环境变化时所发生的变化. 估计阈值常用来作为设定环境基准的依据. 很多这样的应用采用的都是复杂的数值方法. 例如, Qian 和 Richardson (1997) 用一个 Gibbs 采样器来估计一个简单的分段线性回归模型的系数. 而相同的计算可以很容易地用本节介绍的曲棍球棒模型. 使用贝叶斯方法的优势是模拟非正态响应变量时具有灵活性. Muggeo (2003) 介绍了构建分段线性回归模型的一般框架并用 R 的软件包 segmented 予以实现.

6.1.2 案例: 北美丁香花初次开花的日期

春天开始时间的年际波动是农业上密切监测的现象. 自然现象的重现都是记录的指标, 例如, 某种花初次开放和某种植物长出第一片叶子等. 这些记录现在可用来研究气候变化对地球上生物系统的影响. 对植物和动物生命周期事件再现的研究被称为生物气候学, 这是一个源于希腊单词 *phaino* (显示或者出现) 的术语. 由于这些生命周期事件是由环境变化所触发的, 尤其是温度和降水的变化, 物候学事件的时间标记是全球气候变化影响的理想指标.

美国国家海洋和大气管理局 (NOAA) 地质气候项目发布了北美生物气候学数据档案. 本节中所用的数据是丁香花灌木 (*Syringa chinensis* 和 *S. vulgaris*) 首次开花的时间 (Schwartz 和 Caprio, 2003). 对生长季节变化的监测可以帮助我们深刻理解生态系统对全球气候变化的响应. 数据集包括从 20 世纪 50 年代到 21 世纪头几年收集的超过 1100 个站点的首次开花日期. 单个站的最长纪录大约为 40 年. 很多人用这些数据记载北半球春天开始时间的变化. Schwartz 等 (2006) 用了一个简单回归模型, 其中, 首次开花日期为响应变量而年份为预测变量. 得出的线性回归模型的斜率为负值, 意味着随着时间推移, 首次开花时间在提早.

因为全球气候变化主要是由于化石燃料消耗带来的温室气体人为排放, 首次开花日期随时间变化的模型很可能是一个分段线性模型, 用两个线段来代表数据中的两个时间段: 全球气候变化影响之前的一条斜率为 0 的线, 以及气候变化改变了植物行为之后的一条斜率为负值的线. 阈值则可以看作是气候变化开始起作用的时间. 这种阈值模式可以从单个监测站点上首次开花日期的时间序列图上看到 (图 6.11). 如果阈值模式是生态系统响应气候变化的可能的模式, 那么, Schwartz 等 (2006) 曾经用过的简单回归斜率就有可能低估了这种响应. 不仅如此, 估计阈值可以提供更多的信息, 帮助我们理解植物如何对气候变化做出响应, 以及比较不同站点的阈值时弄清楚这种响应是如何在空间上变化的.

在 1100 多个站点中, 本案例选择了具有 30 年以上数据的站点. 直接拟合了一个分段线性回归模型:

```
#### R Code ####
temp <- USLilac[USLilac$STID==354147,]
lilacs.lm1 <- nls(FirstBloom ~
      hockey(Year, beta0, beta1, delta, phi),
```

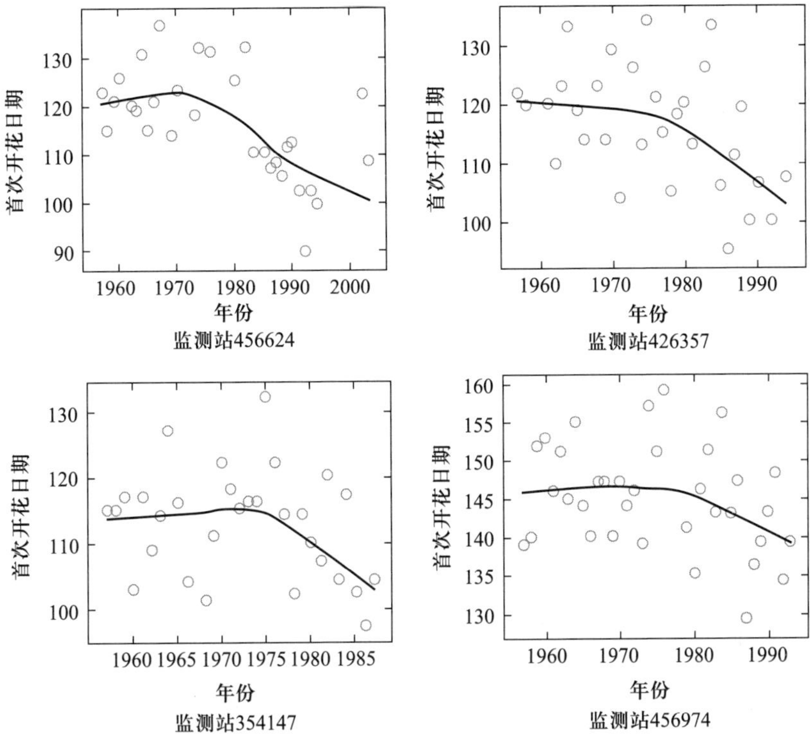

图 6.11 北美丁香花首次开花日期——对 4 个监测站报告的首次开花日期和年份作图. 每个图中的 loess 线表明阈值模型可能是合理的.

```
    start=list(beta0=100, beta1=0,
               delta=-0.1, phi=1980),
    data=temp, na.action=na.omit)

#### R Output ####

summary(lilacs.lm1)

Formula:
FirstBloom ~ hockey(Year, beta0, beta1, delta, phi)

Parameters:
      Estimate Std.Error t value Pr(>|t|)
beta0  117.920    2.8784    0.97   <2e-16
beta1    0.344     0.320    1.08    0.291
delta   -1.655     0.686   -2.41    0.023
phi   1975.185     3.482  567.31   <2e-16
---
```

估计出的斜率在阈值点之前为 0.34, 其标准误为 0.32, 意味着平均首次开花日期并没有随时间变化. 估计出的斜率差异为 −1.66, 则暗示着阈值点之后的斜率, 即开花日期每年提前一天多. 阈值大约发生在 1975 年. 对图 6.11 所给出的其他 3 个站点, 估计出的系数列在表 6.1 中.

表 6.1 用图 6.11 中数据估计出的分段线性模型系数 (及其标准误)

系数	站点			
	354147	456974	456624	426357
β_0	118 (2.9)	148 (2.5)	123 (5)	117 (4.4)
β_1	0.34 (0.32)	0.18 (0.27)	0.13 (0.53)	−0.14 (0.27)
δ	−1.66 (0.69)	−0.78 (0.45)	−0.95 (0.6)	−1.48 (0.98)
ϕ	1975 (3.5)	1976 (6.7)	1974 (8)	1983 (4.9)

根据美国位于西部 (犹他州站点 426357) 和西北部 (华盛顿州站点 456974 和 456624, 俄勒冈州站点 354147) 具有 30 年以上观测值的站点中的 4 个站点估计出的模型系数, 提出了分析这些数据时的一些问题.

(1) 模型应分别针对单个监测站点来拟合. 首次开花日期的差异会源于地理因素. 高海拔或者高纬度的站点比低海拔或者低纬度的站点趋向于晚开花. 如果把数据放在一起比较 (图 6.12), 图 6.11 所显示的不同模式就不明显了. 这个数据集是纵向数据的一个例子, 即每个单元随时间重复测量的结果.

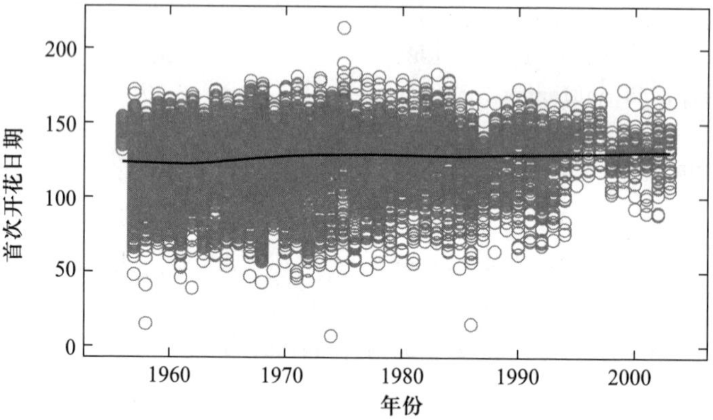

图 6.12 北美丁香花首次开花日期的所有数据——对来自所有可获得数据的站点的首次开花日期和年份作图. 图 6.11 中所示的阈值模式不再明显.

(2) 阈值出现之前的斜率 (β_1) 总是与 0 没有显著差异, 这是一个合理的结果, 表明在全球气候变化影响之前, 生态系统所感受到的春天开始时间是相对稳定的.

(3) 对气候变化的响应有所不同, 这反映在 δ 和 ϕ 的波动上. 这种波动能被局地条件 (地理的和气候的) 所解释吗? 作为气候变化的一种指标, 阈值 (ϕ) 的变化可以用来研究气候变化起作用的时间. δ 的变化则可以用来研究影响的幅度. 似乎 δ 与海拔呈负相关关系, 海拔越高, δ 的绝对值越小, 说明影响的幅度随着海拔的增高而减小.

(4) 虽然不同的站点可能有不同的时间模式, 应该把这些站点的数据放在一起用传统的纵向数据分析工具或者多层回归模型 (第 10 章) 来分析.

6.1.3 选择初始值

在拟合非线性回归模型时, 选择一组初始值可能很困难. 选择不当的初始值可能会导致出人意料的结果. 在之前的例子中, 我们依靠的是试错法. 在许多情况下, 我们可以通过"目测"来检查数据并选择合适的值. 例如, 在鱼体内 PCB 的分段线性模型示例中, PCB–鱼长度散点图显示转折点非常接近 60 cm. 我们也可以使用散点图对两个斜率进行粗略计算. 在其他模型形式更复杂的案例中, 靠猜测往往不可行. 我将使用第 5 章 (第 5.5.1 节) 中的 ELISA 案例来说明推导适当初始值的思维过程. 在 ELISA 一例 (第 5 章) 中, 我们用了对数线性回归模型. 托莱多水务局使用的另一个推荐模型是四参数逻辑斯蒂 (four-parameter logistic, FPL) 回归模型:

$$y = \alpha_4 + \frac{\alpha_1 - \alpha_4}{1 + \left(\frac{x}{\alpha_3}\right)^{\alpha_2}} + \epsilon \tag{6.4}$$

其中 y 是观察到的光学密度, x 是标准溶液浓度. 这是一个 S 形函数 (通常称为理查兹函数), 其左右界分别为 α_1 和 α_4, 以及由其他两个参数 (α_2、α_3) 控制的曲线形状. 文献中有很多 FPL 的例子 (Richards, 1959; Ritz 和 Streibig, 2005). 托莱多水务局使用这条 FPL 标准曲线来定量化微囊藻毒素 (microcystin, MC) 浓度. 用于拟合 FPL 的数据是测定六个标准溶液的光学密度获得的. 导致 2014 年 8 月 1 日发出 "请勿饮用" 公告的测试数据如图 6.13 所示.

```
#### R Code ####
## standard solution MC concentrations
stdConc8.1<- rep(c(0,0.167,0.444,1.11,2.22,5.55), each=2)
## measured OD
Abs8.1.0<-c(1.082,1.052,0.834,0.840,0.625,0.630,
            0.379,0.416,0.28,0.296,0.214,0.218)
plot(Abs8.1.0 ~ stdConc8.1, xlab="MC Concentration",
     ylab="Optical Density")
```

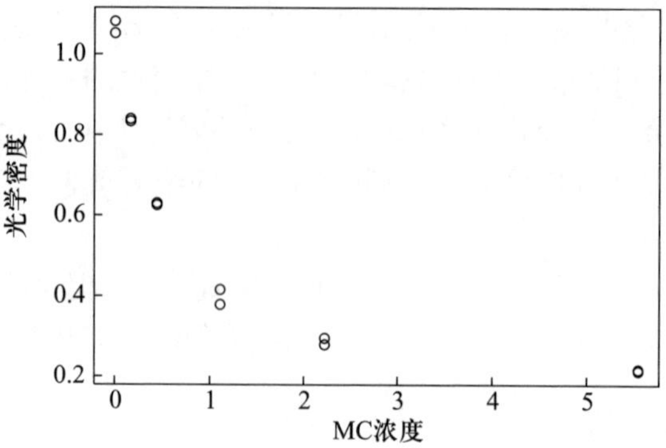

图 6.13 在 2014 年 8 月 1 日进行的 ELISA 测试中, 用于拟合标准曲线的数据.

数据显示, 光学密度范围在 0.2 ~ 1.08, 将 α_1 的初始值设置为低于 0.2, 将 α_4 的初始值设置为 1.1 以上是合理的. 但其他两个参数的初始值不易从图中推导获得. 例如, 初始值 1.1、1.1、0.5 和 0.2 是可行的:

```
#### R Output ####
> TM1<-nls(Abs8.1.0~(al1-al4)/(1+(stdConc8.1/al3)^al2)+al4,
        start=list(al1=1.1, al2=1.1, al3=0.5, al4=0.2))
```

但初始值 0.1、1.1、0.15 和 1.2 就会导致报错:

```
#### R Output ####
> TM1<-nls(Abs8.1.0~(al1-al4)/(1+(stdConc8.1/al3)^al2)+al4,
        start=list(al1=.1, al2=1.1, al3=0.15, al4=1.2))
Error in numericDeriv(form[[3L]], names(ind), env) :
  Missing value or an infinity produced when evaluating the model
```

为了避免漫无目的地搜索适当的初始值, 我们经常探索更简单的函数形式或非线性函数的线性近似, 并使用线性回归来推导初始值. 在这种情况下, 我们可以按照以下步骤改写公式 (6.4):

首先, 定义一个分数项 $prop$

$$prop = \frac{y - \alpha_4}{\alpha_1 - \alpha_4} = \frac{1}{1 + \left(\dfrac{x}{\alpha_3}\right)^{\alpha_2}}$$

$prop$ 的 logit 值为

$$\log \frac{prop}{1 - prop} = \log \left(\frac{1}{\left(\dfrac{x}{\alpha_3}\right)^{\alpha_2}} \right)$$

可以简化为 $\operatorname{logit}(prop) = \alpha_2 \log(\alpha_3) - \alpha_2 \log(x)$, 即 $\log(x)$ 的线性函数. 为了近似回归模型, 我们可以将观察到的 OD 转换为 $prop$: 使用观察到的数据的两个极端值来近似 α_1 和 α_4:

```
#### R Code ####
rng <- range(Abs8.1.0)
drng <- diff(rng)
prop <- (Abs8.1.0 - rng[1] + 0.05*drng)/(1.1*drng)
```

拟合 `lm(I(log(prop/(1-prop)))~log(stdConc8.1+eps))` 的线性回归, 我们获得截距和斜率的估计值. α_2 的初始值是负斜率, $\log(\alpha_3)$ 是负截距除以斜率. 请注意, 有一个标准溶液的浓度为 0. 我们可以删除重复的两个 0 浓度, 或者在 x 中添加一个小正数 (例如 `eps<-0.001`), 以避免计算 0 的对数. 请记住, 这个回归模型的目的是获得模型系数的初始值, 而不是准确估计这些系数.

在这个例子中, 截距和斜率为 -1.17 和 -0.64. 我们给定 α_2 和 α_3 的初始值是 0.64 和 0.16. 现在我们已准备好拟合该模型:

```
TM1 <- nls(Abs8.1.0 ~ (al1-al4)/(1+(stdConc8.1/al3)^al2)+al4,
           start=list(al1=1.5, al2=0.64, al3=0.16, al4=0.15))

> summary(TM1)

Formula: Abs8.1.0~(al1-al4)/(1+(stdConc8.1/al3)^al2)+al4

Parameters:
    Estimate Std. Error t value Pr(>|t|)
al1  1.06556    0.01011 105.363 7.36e-14 ***
al2  1.12384    0.06056  18.557 7.33e-08 ***
al3  0.45203    0.02461  18.371 7.93e-08 ***
al4  0.16150    0.01753   9.212  1.56e-05 ***
---

Residual standard error: 0.01439 on 8 degrees of freedom

Number of iterations to convergence: 6
Achieved convergence tolerance: 3.99e-07
```

这个过程很无趣, 通常可以通过使用自启动函数实现过程的自动化. 在引入自启动函数之前, 我们先介绍具有条件线性参数的非线性模型的 `plinear` 算法. 通常, 非线性回归模型的系数是条件线性的. 例如, 公式 (6.4) 中的四参数逻辑斯蒂函数可以表示为:

$$y = \alpha_4 + (\alpha_1 - \alpha_4)\frac{1}{1+\left(\dfrac{x}{\alpha_3}\right)^{\alpha_2}}$$

该模型的非线性项是 $1/(1+(x/\alpha_3)^{\alpha_2})$, α_4 和 $\alpha_1-\alpha_4$ 是两个条件线性参数. 也就是说, 以固定参数 α_2、α_3 为条件, 该模型是 $z=1/(1+(x/\alpha_3)^{\alpha_2})$ 的线性函数 ($y=\alpha_4+(\alpha_1-\alpha_4)z$). `plinear` 算法将非线性参数 ($\alpha_2$, α_3) 与条件线性参数分开. 如果非线性参数取固定值, 就可以用线性回归来估计条件线性参数. 因此, 只需要非线性参数的启动值. 为了指定条件线性模型, 模型公式省略了条件线性参数. 例如, 对于具有一个条件线性斜率参数 (即 $\theta f(x,\beta)$) 的模型, 模型被指定为 `nls(y~f(x,beta), algorithm='plinear')`. 估计出的线性参数表示为 `.lin`. 当截距项也存在时, 即 $\theta_0+\theta_1 f(x,\beta)$, 该模型可使用 `cbind()` 来指定: `nls(y~cbind(1, f(x,beta)), algorithm='plinear')`. 对于 ELISA 数据, 我们有:

```
#### R Code ####
> TM2 <- nls(Abs8.1.0 ~ cbind(1, 1/(1+(stdConc8.1/al3)^al2)),
             start=list(al2=0.64, al3=0.16),
             algorithm="plinear")

#### R Output ####
> summary(TM2)
Formula: Abs8.1.0 ~ cbind(1, 1/(1 + (stdConc8.1/al3)^al2))

Parameters:
      Estimate Std. Error t value Pr(>|t|)
al2    1.12384    0.06056  18.557 7.33e-08 ***
al3    0.45203    0.02461  18.371 7.93e-08 ***
.lin1  0.16150    0.01753   9.212 1.56e-05 ***
.lin2  0.90406    0.02137  42.301 1.08e-10 ***
---

Residual standard error: 0.01439 on 8 degrees of freedom

Number of iterations to convergence: 5
Achieved convergence tolerance: 3.444e-06
```

系数 `.lin1` 是 α_1 的估计值, `.lin2` 是 $\alpha_1-\alpha_4$ 的估计值. 在这个例子中, 通过使用 `plinear`, 我们不需要用数据范围或散点图来确定两个参数的初始值. 接下来我们通过构建自启动函数来实现该过程的自动化.

自启动函数由两部分组成, 一个均值函数和一个计算初始值的函数. 均值函数指定了 R 函数中的回归模型及其导数. 非线性模型的导数函数常被用于非线性回归拟合算法. FPL 的一阶偏导数是:

$$\frac{\partial y}{\partial \alpha_1} = \frac{1}{1+\left(\frac{x}{\alpha_3}\right)^{\alpha_2}}$$

$$\frac{\partial y}{\partial \alpha_2} = -\frac{\alpha_1-\alpha_4}{\left(1+\left(\frac{x}{\alpha_3}\right)^{\alpha_2}\right)^2}\cdot\left(\frac{x}{\alpha_3}\right)^{\alpha_2}\cdot\log\left(\frac{x}{\alpha_3}\right)$$

$$\frac{\partial y}{\partial \alpha_3} = \frac{\alpha_1-\alpha_4}{\left(1+\left(\frac{x}{\alpha_3}\right)^{\alpha_2}\right)^2}\cdot\left(\frac{x}{\alpha_3}\right)^{\alpha_2}\cdot\frac{\alpha_2}{\alpha_3}$$

$$\frac{\partial y}{\partial \alpha_4} = \frac{\left(\frac{x}{\alpha_3}\right)^{\alpha_2}}{1+\left(\frac{x}{\alpha_3}\right)^{\alpha_2}}$$

均值函数返回一个函数计算值, 其导数作为属性值:

```
## the mean function
#### R Code ####
 fplModel <- function(input, al1, al2, al3, al4){
    .x <- input+0.0001
    .expr1 <- (.x/al3)^al2
    .expr2 <- al1-al4
    .expr3 <- 1 + .expr1
    .expr4 <- .x/al3
    .value <- al4 + .expr2/.expr3
    .grad <- array(0, c(length(.value), 4L),
                   list(NULL, c("al1", "al2", "al3", "al4")))
    .grad[,"al1"] <- 1/.expr3
    .grad[,"al2"] <--.expr2*.expr1*log(.expr4)/.expr3^2
    .grad[,"al3"] <- .expr1*.expr2*(al2/al3)/.expr3^2
    .grad[,"al4"] <- .expr1/(1+.expr1)
    attr(.value, "gradient") <- .grad
    .value
}
```

初始值函数执行一次用简单线性回归模型确定 α_2 和 α_3 初始值的过程, 并用 `plinear` 算法确定 α_1 和 α_4 的初始值:

```
#### R Code ####
## initial values
fplModelInit <- function(mCall, LHS, data){
    xy <- sortedXyData(mCall[["input"]], LHS, data)
   if (nrow(xy) < 5) {
        stop("too few distinct input values to
              fit a four-parameter logistic")
    }
    rng <- range(xy$y)
    drng <- diff(rng)
    xy$prop <- (xy$y-rng[1]+0.05*drng)/(1.1*drng)
    xy$logx <- log(xy$x+0.0001)
    ir <- as.vector(coef(lm(I(log(prop/(1-prop)))~logx,
                    data=xy)))
    pars <- as.vector(coef(nls(y~cbind(1,
                           1/(1+(x/exp(lal3))^al2)),
                           data=xy,
                           start=list(al2=-ir[2],
                                      lal3=-ir[1]/ir[2]),
                           algorithm="plinear")))
    value <- c(pars[4]+pars[3], pars[1], exp(pars[2]),
              pars[3])
    names(value) <- mCall[c("al1", "al2","al3", "al4")]
    value
}
```

这两个函数被组合成一个自启动函数:

```
SSfpl2 <- selfStart(fplModel, fplModelInit,
                    c("al1", "al2", "al3", "al4"))
```

使用 SSfpl2, 同一模型拟合如下:

```
#### R Code ####
> TM1 <- nls(Abs8.1.0 ~ SSfpl2(stdConc8.1,al1, al2, al3, al4))

#### R Output ####
> summary(TM1)

Formula: Abs8.1.0 ~ SSfpl2(stdConc8.1, al1, al2, al3, al4)

Parameters:
    Estimate Std. Error t value Pr(>|t|)
al1  1.06563    0.01012 105.250 7.42e-14 ***
```

```
al2  1.12409    0.06062  18.542 7.38e-08 ***
al3  0.45205    0.02458  18.390 7.87e-08 ***
al4  0.16153    0.01753   9.214 1.56e-05 ***
---

Residual standard error: 0.01439 on 8 degrees of freedom

Number of iterations to convergence: 2
Achieved convergence tolerance: 1.058e-06
```

公式 (6.4) 中的模型仅限于非负预测值, 足以拟合 ELISA 标准曲线. 对于对数变换的浓度变量 $z = \log(x)$, 可以推导出更通用的形式. 将 $x = \mathrm{e}^z$ 代入公式 (6.4), 我们对 4 参数逻辑斯蒂函数有不同的定义:

$$y = A + \frac{B - A}{1 + \mathrm{e}^{\frac{z_{mid} - z}{scal}}} \tag{6.5}$$

基于公式 (6.5) 的回归模型的自启动函数可以用函数 `SSfpl` (来自软件包 `stats`) 来实现. 为了拟合公式 (6.5) 中的 FPL, 我们将忽略浓度为 0 的观测结果:

```
#### R Code ####
tmp <- stdConc8.1!=0
TM2 <- nls(Abs8.1.0 ~ SSfpl(log(stdConc8.1),
                            A, B, xmid, scal),
                            subset=tmp)

#### R Output ####
Formula: Abs8.1.0 ~ SSfpl(log(stdConc8.1), A, B, xmid, scal)

Parameters:
     Estimate Std. Error t value Pr(>|t|)
A     0.97787    0.04355  22.452 5.11e-07 ***
B     0.18361    0.01673  10.974 3.40e-05 ***
xmid -0.63690    0.08692  -7.327 0.00033 ***
scal  0.75067    0.07940   9.455 7.97e-05 ***
---
Signif. codes: 0 '***' 0.001 '**' 0.01 '*' 0.05 '.' 0.1 '' 1

Residual standard error: 0.01202 on 6 degrees of freedom

Number of iterations to convergence: 0
Achieved convergence tolerance: 1.255e-07
```

当使用公式 (6.4) 时, 我们假设逻辑斯蒂曲线用浓度单位定义, 而逻辑斯蒂

曲线在使用公式 (6.5) 时则是在浓度对数上定义的. 因此, 问哪一个更合适是很自然的. 在水危机后托莱多市发布的报告中, 拟合模型与模型 TM1 完全相同, 表明使用的是公式 (6.4). 然而, 拟合模型是以浓度对数图的形式呈现的. 如果没有 ELISA 试剂盒制造商的进一步解释, 我认为对于哪个模型更合适这件事是令人困惑的. 与线性回归问题一样, 我们根据残差是否符合模型假设来研究这个问题. 相应假设包括: 正态性、方差齐性和独立性. 这两个模型都非常吻合数据, 如拟合值对观测值的散点图所示 (图 6.14 和图 6.15). 由于样本量小, 检查正态性很困难, 尽管正态 Q–Q 图显示了两种模型的近似正态残差. 这两个模型之间的差异显示在残差方差中. 模型 TM1 显示残差方差随着预测浓度的增加而增加, 而模型 TM2 则没有. 总的来说, 这些诊断图似乎表明公式 (6.5) 的 FPL 更适合相应测试数据. 结论是待定的, 因为用于拟合模型的样本量较小. 作为一项练习, 请读者使用托莱多水危机期间开展的其他五次测试的数据来比较这两种模型形式.

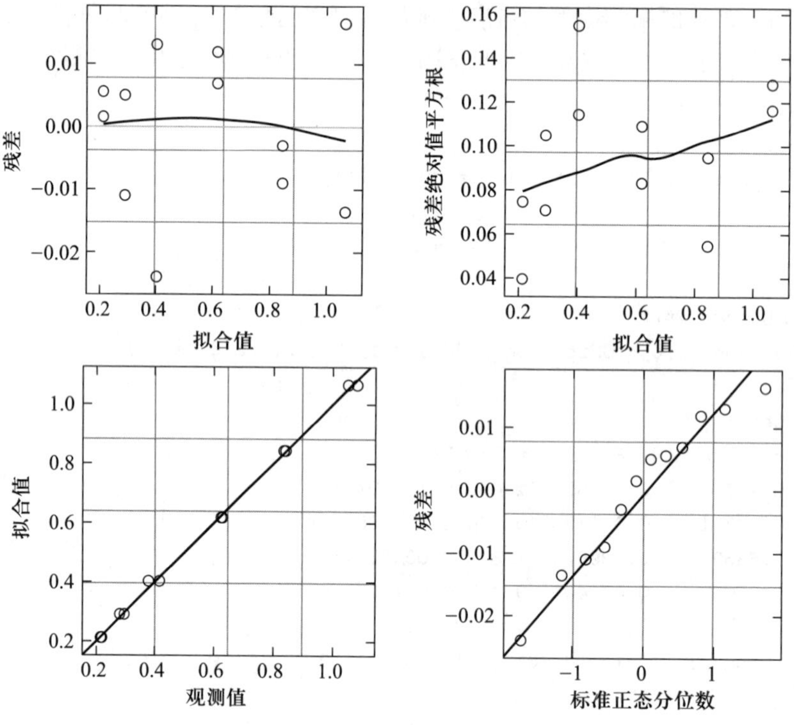

图 6.14 基于公式 (6.4) 的模型诊断图, 包括拟合值对观测值的散点图 (左下)、残差正态 Q–Q 图 (右下)、残差对拟合值的散点图 (左上) 和残差 S–L 图 (右上).

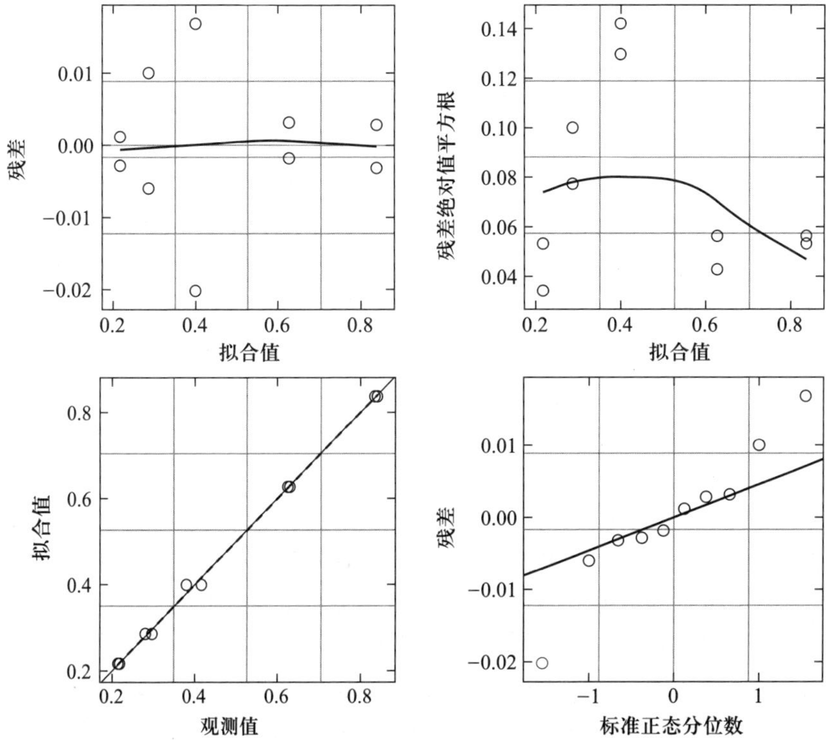

图 6.15 基于公式 (6.5) 的模型诊断图

6.2 平滑

6.2.1 散点图平滑

在很多探索性研究中, 响应变量的确切的模型形式是未知的. 模拟研究的目的就是找到可能的函数形式来描述响应变量和一个或多个预测变量之间的关系. 在很多情况下, 第 5.4 节所讨论的一般原则可以用来指导建模过程. 更为重要的是, 关于研究对象的知识应该用来指导选择适宜的模型形式. 在很多例子中, 由于存在大量预测变量或者由于缺乏研究对象的相关知识, 我们通过检查数据并从中寻找合适的模型形式就显得非常重要. 这种基于数据分析的寻找过程, 就是在数据分析的两个极端之间进行折中. 一个是将每个数据分析问题都强行变成一个简单线性回归分析, 另一个则是去拟合一个复杂的多项式回归模型.

让我们再次使用鱼体内 PCB 的例子. 假定我们想要找出 PCB 浓度和鱼

尺寸之间的关系 (图 5.2). 在统计模型中, 我们把一个数据点分成两部分: $y_i = \hat{y}_i + \varepsilon_i$, 即模型估计出的均值或者期望值 $\hat{y}_i$ 和残差 ε_i. 期望值是一个或多个预测变量的函数. 响应变量数据的总体方差就被分离成两部分: 一部分是由于预测变量的变化导致的期望值的变化, 另一部分则是模型 “误差”(ε) 方差. 一般地, 一个简单模型 (如一个线性函数) 是光滑的, $\hat{y}_i$ 的方差较小而模型误差方差则较大. 另外, 拟合简单线性回归模型意味着假设 PCB 浓度对数与鱼长度之间的关系可以用一个线性函数来描述. 正如我们已经从鱼体内 PCB 数据分析中看到的那样, 这个假设不可能是真实的. 模型误差的方差大往往与局部的固定偏差有关. 在这个例子中, 鱼的长度接近 60 cm 时, 线性模型趋于超量预测 PCB 浓度. 当使用鱼长度的二次曲线模型时, 这种偏差被减小了, 残差方差也减小了. 我们还可以通过增加更高阶的预测变量多项式来进一步减小残差方差. 理论上讲, 我们总是可以用足够高阶的预测变量多项式来拟合出完美的模型 (所有的 $\varepsilon_i = 0$). 但是, 这样的模型与把所有数据点从左至右用线连接起来的数据图相比, 并没有给我们提供更多的信息. 它包含了所有数据的粗糙度. 在线性模型拟合中, 使用了所有的数据点, 在给定预测变量取值下确定拟合线的位置时, 各点的贡献是等价的. 如果画的是将所有点连在一起的线条, 在每个给定的数据点处只有一个点被用来确定线的位置. 从数学上讲, 在拟合线性回归模型时, 我们假定 y 和 x 之间的关系是线性的. 如果画出的是所有点之间的连接线, 那么, 我们对 y 和 x 之间的关系实际上并未做出任何假设. 如果数据分析的目的是了解 y 和 x 之间的关系, 这两种极端做法都是无效的. 而两种极端做法的折中是用一些附近的观测值来估计响应变量的期望值, 这样的话, 估计值比数据点本身的波动要小但又没有用所有数据来确定. 这种折中就是平滑的本质.

平滑是从数据中揭示函数形式的一种探索性数据分析工具. 平滑的目的是用图形来表达变量之间的潜在关系, 而且要比数据点本身的波动要小 (更光滑). 通过去除数据中的随机噪声, 所得到的图形将更易理解, 而关于变量关系的新的假设也就此产生. 要在一堆数据中构造一条光滑的线, 我们需要找到一组用来绘图的点. 也就是说, 对 x 的任一组给定值, 我们要知道把线条摆在哪里或者说 y 的期望值是多少. 最简单的平滑形式就是移动平均. 在鱼体内 PCB 的例子中, 选择一组鱼的长度值, 对每一个长度值, 用一定数量的邻近的点计算 PCB 浓度对数的平均值, 这样就获得了移动平均值. 例如, 可以用固定间隔的鱼的长度来确定邻近点. 我们可以想象一个固定宽度的窗口从左至右滑过. 在每次停顿时, 窗口从散点图中捕集一定数量的数据点并计算它们的均值 y_j. 将这些 “局部” 平均的点连接起来就构成一条比源数据本身要光滑的线 (图 6.16). 显然地, 得到的线条的光滑程度取决于滑动窗口的宽度. 窗口越宽, 它所捕集到的数据点越多, 均值的方差也就越小, 因此, 线条越光滑.

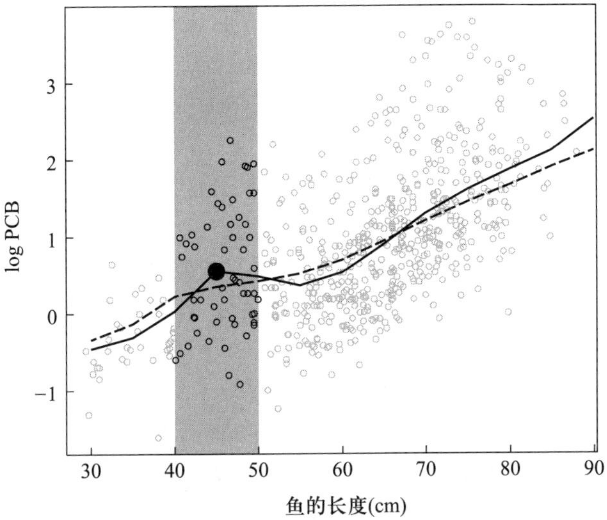

图 6.16 移动平均平滑器——用一个移动平均平滑器来估计 PCB 浓度对数与鱼长度之间的关系. 实线用的是 10 cm 的窗口宽度 (用阴影区域来表示), 虚线是 20 cm 的窗口宽度. 在估算鱼长 45 cm 对应的 log PCB 期望值时, 只有落在阴影所代表的窗口内的数据点被用来计算 $\hat{y}$.

由于窗口宽度决定了拟合线的光滑程度, 选择合适的窗口宽度就成为构建一个平滑器的重要决策. 如果窗口宽度太宽, 变量关系中一些局部稳定的特征就被平均掉了, 导致线条过于光滑. 一条过于光滑的线会存在潜在的偏差. 如果窗口宽度太小, 得到的线条可能太跳跃, 从而夸大均值函数的波动性. 选择窗口宽度时, 我们需要在拟合线的偏差和方差之间寻求平衡. 构造平滑线的另一项决策就是平滑器的选择. 图 6.16 是用移动平均来构造平滑线. 其他的方法则包括加权移动平均和局部回归平滑. 使用加权移动平均的道理是因为平滑线是为了揭示双变量关系中局部稳定的特征, 即使在一个小窗口中, 相近的数据点也会比离得远的点更为相关. 因此, 在鱼长 45 cm 处计算平滑线在 y 轴上的位置时, 不把落在窗口中的数据点做同等对待, 而是采用加权平均法. 对远离 45 的数据点所赋予的权重要低于靠近 45 的数据点. 局部回归方法则是通过在窗口内拟合线性回归模型并用拟合出的回归模型估计 y 轴上的绘图点来构造平滑线的.

6.2.2 拟合局部回归模型

最常使用的平滑方法是 loess. 这是一种由 William Cleveland (Cleveland, 1993) 推广的方法, 是用 S 语言实现的. 尽管非参数平滑在统计学中是个活跃的研究领域, 很多人也争论说要用某种形式的平滑器而不用其他的, 但在实践中,所有的平滑器在揭示两个变量的潜在关系方面或多或少都是等效的. 而且, 平滑器的有效性更多的是与平滑度参数 (如窗口宽度) 的选择联系在一起, 而不是特定形式的平滑器的选择. 当把平滑散点图作为探索性工具时, loess 经常是最佳选择.

如图 6.16 中的移动平均, 在给定的一组 x 轴变量值 (x_i), 通过估计 y 轴变量期望值 $(\hat{y}_i)$ 拟合了一条 loess 线. 对任何给定的 x 轴变量值 x_i, 用 x_i 附近的数据点拟合了加权回归模型 (局部回归模型), $\hat{y}_i$ 就是 x_i 对应的拟合值. 要拟合局部回归模型, 我们需要选择两个参数: λ 和 α. 在执行 R 时, λ 可以是 1 或者 2, 分别代表线性的或者二次的回归. 参数 α 在 0 到 1 之间取值, 代表用于拟合局部回归模型的数据点的比例. 例如, 如果 $\lambda = 1$ 且 $\alpha = 0.5$, 用鱼体内 PCB 数据拟合出的 loess 线如图 6.17 所示, 图中还同时给出了 $x = 60$ cm 处的拟合值、用于估计鱼长 60 cm 时 PCB 浓度对数期望值的数据点, 以及拟合出的局部线性模型 (一个加权线性回归模型). 在 R 中,loess 模型是用函数 loess 拟合的:

```
#### R Code ####
pcb.loess <- loess(log(pcb) ~ length,
    data=laketrout, degree=1, apan=0.5)
```

散点图平滑是一种非参数回归模型, 所得出的模型不是通过用一个或多个参数形成的参数化公式来定义的. 散点图平滑是用图形来定义的. 使用散点图平

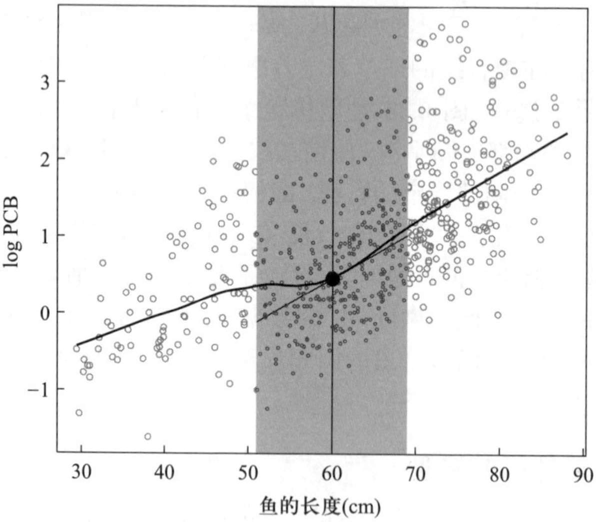

图 6.17 loess 平滑器——用一个 loess 平滑器来估计 PCB 浓度对数与鱼长度之间的关系. 粗实线是用参数 $\lambda = 1$、$\alpha = 0.5$ 拟合出的 loess 线. 当在长度 60 处估算 log PCB 的期望值时, 只用了阴影框住的窗口内的数据点.

滑模型的主要目的是探寻响应变量和预测变量之间可能存在的函数关系. 因此, 拟合出的散点图平滑模型总被看作是中间结果, 它能够帮助我们对变量关系的本质做出假设. 由于在模型方差和偏差之间要做出平衡, 因此, 平滑结果作为平滑参数的函数可能变化很大. 不同程度的平滑可能会导致变量潜在关系的不同解释. 要回答哪种解释是合理的这个问题, 在很大程度上需要依据本质认识而不是统计学. 散点图平滑模型是走向终点的途径, 而不能被看作是终点本身.

关于非参数回归模型的一个常见误解是, 这些模型不运用分布假设. 由于非参数回归模型的探索特性, 我们通常不强调分布假设. 但是, 当我们想使用平滑模型作为预测模型时, 为了对模型和模型预测进行不确定性评估, 分布假设是必要的.

6.3 平滑和加性模型

如果说散点图平滑是简单线性回归模型的非参数一般化, 那么, 加性模型就是多元回归模型的一般化. 也就是说, 多元线性回归模型假设响应变量与多个预测变量之间的函数关系为线性的且可加和的. 一个加性模型只设定了可加和性, 而并没有对变量关系的函数形式做出假设. 加性模型可被表示为:

$$y_i = \beta_0 + \sum_j f_j(x_{ij}) + \varepsilon_i$$

其中, $j = 1, \cdots, k, f_j$ 是未指明的函数, 需要非参数式地予以估计. 当 $k = 1$, 加性模型就退化为散点图平滑."非参数" 这个词是指函数 f_j 不是用参数来定义的. 然而, 模型残差项 ε_i 被假设为服从正态分布.

6.3.1 加性模型

加性模型是常被用来探索响应变量与多个预测变量之间函数形式的一种较为灵活的工具. 拟合出的加性模型总是用图形方式来表达的. 作为从多元线性回归模型到加性模型的转换, 对一个具有两个预测变量的多元线性回归模型进行了图形表达, 如图 6.18. 显然, 这样的图形表达在很多情况下是不必要的. 然而, 图 6.18 对于理解模型的图形表达这个概念还是有帮助的. 利用图 6.18, 用户可以在给定两个预测变量取值时对响应变量的值做出近似的预测. 例如, 当 $x_1 = 1$ 和 $x_2 = 2$, 从左至右的图上相应 y 轴上的值分别为 -1 和 -1.5. 因此, 预测的响应变量值为 -2.5. 不仅如此, 左图表明当 x_1 增加 (且 x_2 保持常数) 时, 响应变量值将增加; 而当 x_2 增加 (且 x_1 保持常数) 时, 响应变量值将降低.

换句话说, 图形表达方式给我们的信息基本上与拟合线性回归模型后的数值汇总所能提供的信息是相同的. 拟合多元回归模型的目的是做出 y 对预测变量的依赖性的统计推断. 线性模型通过斜率将这种依赖性予以概括.

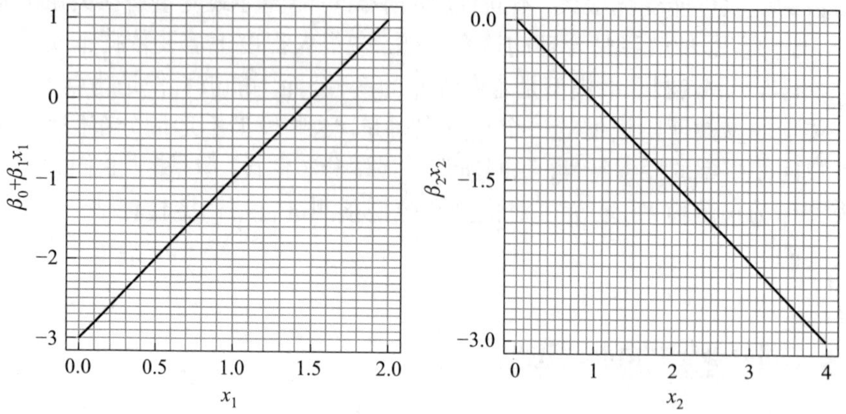

图 6.18 多元线性回归模型的图形表达——一个具有两个预测变量的多元回归模型 ($y_i = \beta_0 + \beta_1 x_{i1} + \beta_2 x_{i2} + \varepsilon_i$) 用图形方式进行表达. 左图给出的是 y 和 x_1 之间的条件关系, 右图给出的则是 y 和 x_2 之间的条件关系. y 和 x_1 之间的条件关系是指 x_2 保持常数时, 两个变量之间的关系.

如果使用了形式变换, 例如, 对 x_2 进行对数变换, 那么, 得出的关系不再是线性的了. 工程师常常用对数纸来绘制上述图形以便易于开展预测 (图 6.19).

可以换种做法, 图 6.19 改用 x_2 的原始尺度来表达 (图 6.20). 这种表达方

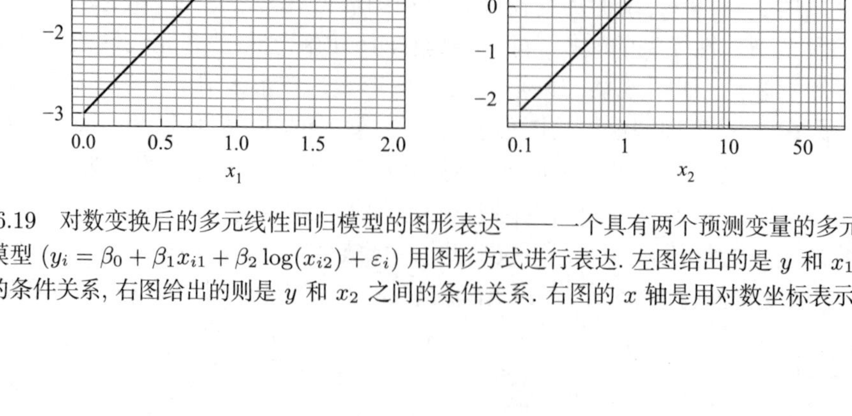

图 6.19 对数变换后的多元线性回归模型的图形表达——一个具有两个预测变量的多元回归模型 ($y_i = \beta_0 + \beta_1 x_{i1} + \beta_2 \log(x_{i2}) + \varepsilon_i$) 用图形方式进行表达. 左图给出的是 y 和 x_1 之间的条件关系, 右图给出的则是 y 和 x_2 之间的条件关系. 右图的 x 轴是用对数坐标表示的.

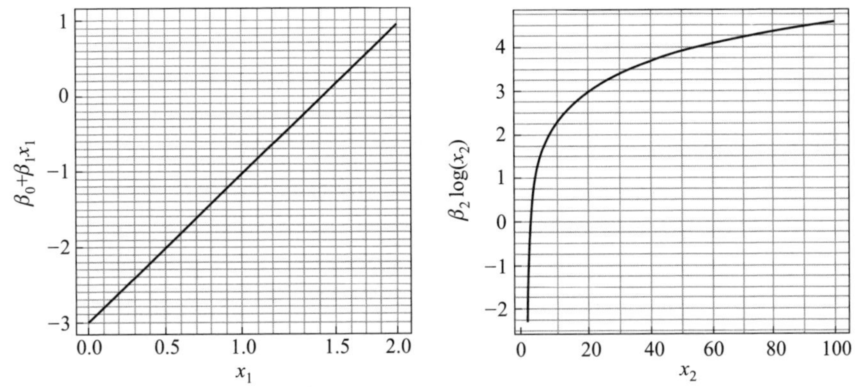

图 6.20 对数变换后的多元线性回归模型的图形表达——将图 6.19 中的模型的 x_2 用原始尺度表示.

式直接告诉用户, 当 x_1 保持常数时, 如果 x_2 从 0 开始增大, 响应变量 y 会快速增大.

图 6.18 ~ 图 6.20 表示的是函数形式已知时的模型. 当变量关系的函数形式不能用简单的数学函数 (如线性或者对数线性函数) 来简化时, 加性模型用散点图平滑进行函数的数值估计和结果的图形表达. 换句话说, 加性模型能让数据告诉我们恰当的模型形式. 尽管加性模型并不能生成公式, 但是, 图形可以让我们理解 y 对 x_j 的依赖性. 从这些图形出发, 可以提出关于函数形式的假设. 例如, 拟合鱼体内 PCB 数据时, 我们知道鱼的大小和 1974 年之后的年份是两个重要的预测变量. 如果没有用指数模型来帮助确定模型形式, 我们可以使用加性模型作为初始步骤来探求可能的模型形式. 如图 6.21 所示的拟合出的加性

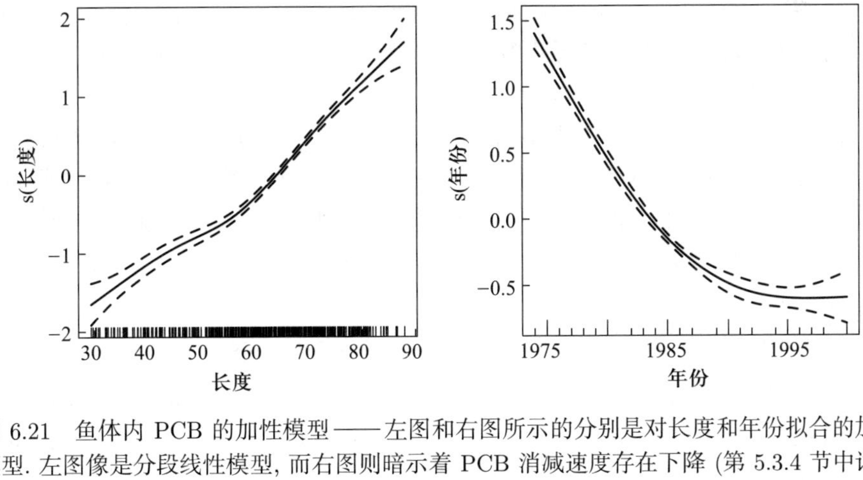

图 6.21 鱼体内 PCB 的加性模型——左图和右图所示的分别是对长度和年份拟合的加性模型. 左图像是分段线性模型, 而右图则暗示着 PCB 消减速度存在下降 (第 5.3.4 节中讨论过的一个错误印象).

模型可以表达为:

$$\log \text{PCB} = \beta_0 + s(\text{Length}) + s(\text{Year}) + \epsilon \tag{6.6}$$

图 6.21 左图给出了 log PCB 和 Length 之间的关系, 与我们在第 6.1.1 节中讨论的分段线性模型相似. 图 6.21 右图给出的是 log PCB 对年份的依赖关系. 1985 年之前的关系接近于线性, 意味着头 10 年中用指数模型是合理的. 而 1986 年之后, 数据中包含的绝大多数是大鱼, 导致了认为 PCB 浓度在鱼体内趋于稳定的错误印象. 与估计出的 $\hat{\beta}_0 = 0.91$ 一起, 图 6.21 可以用来估计每年给定尺寸的鱼体内的 PCB 浓度. 例如, 对于 70 cm 的鱼, 1990 年平均 PCB 浓度对数是 $\hat{\beta}_0$ (0.91)、左图的读数 (~ 0.5) 以及右图的读数 (~ -0.5) 之和. PCB 平均浓度的估计值则是 $e^{0.91+0.5-0.5} = 2.5$ ppb.

6.3.2 加性模型的拟合

加性模型的拟合需要一个迭代过程, 即重复拟合散点图平滑线直到实现收敛. 这个过程常称为向后拟合算法. 假设我们想拟合一个具有两个预测变量的加性模型, $y = \beta_0 + s(x_1) + s(x_2) + \epsilon$, 比如鱼体内 PCB 的例子. 该模型隐含的假设是 x_1 对 y 的影响是独立于 x_2 的, 而 x_2 对 y 的影响则是独立于 x_1 的, 即可加和假设. 对于两个预测变量的模型, 向后拟合算法具有如下步骤:

(1) 只用一个预测变量来拟合散点图平滑线: $y_i = s(x_{1i}) + \epsilon_i$

(2) 计算残差: $y_{r1i} = y_i - s(x_{1i})$

(3) 拟合第二条散点图平滑线: $y_{r1i} = s(x_{2i}) + \epsilon_i$

(4) 我们获得了 $s(x_1)$ 和 $s(x_2)$ 的第一次估计

(5) 计算残差 $y_{r2i} = y_i - s(x_{2i})$ 并拟合平滑线 $y_{r2i} = s(x_{1i}) + \epsilon_i$

(6) 重复以上步骤直到估计出的 $s(x_1)$ 和 $s(x_2)$ 与上一次迭代中的估计结果没有变化为止.

向后拟合算法在 R 中可以用工具包 gam 里的一个也叫 gam 的函数来实现. 名字 gam 代表的是广义加性模型. 正如拟合散点图平滑线一样, 我们需要为每一个预测变量选择平滑器 (loess、移动平均等) 和平滑参数. 要拟合图 6.18 所示的模型, 需要用以下代码:

```
#### R code ####
PCB.gam <- gam(log(pcb)~s(length)+s(year), data=laketrout)
```

该行代码调用函数 gam 来拟合一个加性模型, 其响应变量是 log(pcb), 两个预测变量是 length 和 year. 函数 s() 将平滑器指定为样条平滑. 默认地, 函数 s() 用的平滑参数为 df, 等价于自由度. 当 df=1, 拟合出的模型是线性的, df 值越高拟合出的线条扭动得越厉害. 例如, 图 6.22 给出了 s(year) 对 year 的

3 个图, 第一个用 df=2 拟合, 第二个用 df=4, 而第三个用 df=8. 平滑参数值的选择会影响结果, 有时候不同的输出会导致不同的解释. 例如, 有人可能会把 df=2 时的结果解释为鱼体内 PCB 浓度下降趋势会继续下去的证据. 但是, 用 df=4 拟合出的模型则可被解释为鱼体内 PCB 平均浓度已经达到了一种稳定状态, df=8 的模型暗示着鱼体内的 PCB 存在反弹. 实际上, 只能有一种正确的解释. 非参数模型 (如加性模型) 的用户, 在解释模型输出时必须谨慎. 一般来说, 非参数模型应该被当作探索性工具, 用于对潜在关系提出假设. 因此, 拟合出的模型应该用语言来解释, 任何与当前对研究对象的理解存在矛盾的地方都必须进行检查. 我们已经知道, PCB 消减速率的明显下降可能是鱼的尺寸数据不均衡 (见图 9.2) 造成的假象. 图 6.22 中的所有 3 个图与 PCB 消减速度恒定的假设都存在矛盾.

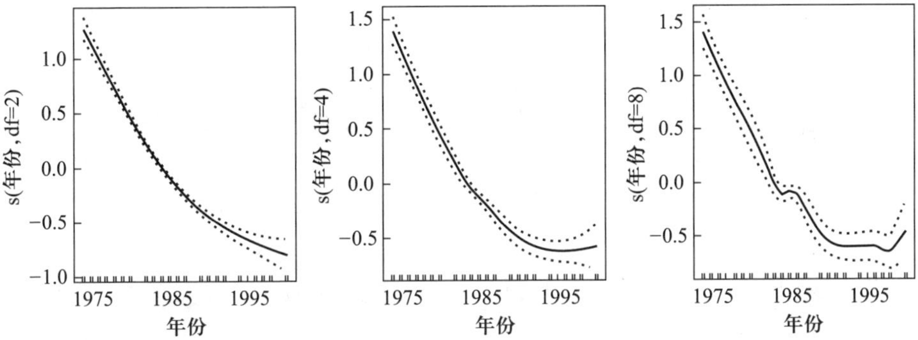

图 6.22 平滑参数的影响——基于公式 (6.6) 的同一个加性模型, 用 3 种不同的 df 值 (从左至右:df=2,4,8) 来说明不同的平滑参数对拟合年份结果的影响.

函数 gam 可以实现的另一种平滑器为局部回归 lo(). 同一个模型可用以下代码拟合:

```
#### R code ####
PCB.gam <- gam(log(pcb)~lo(length)+lo(year), data=laketrout)
```

像拟合 loess 线一样, 我们可以指定 span 和 degree:

```
#### R code ####
PCB.gam <- gam(log(pcb)~lo(length, span=0.75, degree=1)+
    lo(year), data=laketrout)
```

默认的 span=0.5,degree=1.

加性模型还可以用 R 工具包 mgcv 实现, 它的用法将在接下来的几节中加以讨论.

6.3.3 北美湿地数据库

Reckhow 和 Qian(1994) 使用加性模型研究了将人工或者天然湿地作为深度处理设施去除氮和磷等低浓度污染物的有效性. 在他们的工作中, 使用了美国 EPA 收集的横断面数据. 数据包括美国和加拿大的湿地用于污水处理的效果信息. 所包括的变量有输入和输出的总磷 (TP) 浓度 (mg/L 为单位)、水力负荷率 (HLR, mm/day 为单位) 以及输入和输出的 TP 质量负荷率 (PLI, $gP/(m^2 \cdot yr)$ 为单位). 为了评估湿地处理的有效性, 我们想要看看在何种条件下湿地能维持低浓度的出水 TP. 自然地, 出水 TP 浓度是响应变量. 初始的数据图并没有显示出水浓度与代表输入信息的变量之间存在明显关系 (图 6.23). 我们已经看到

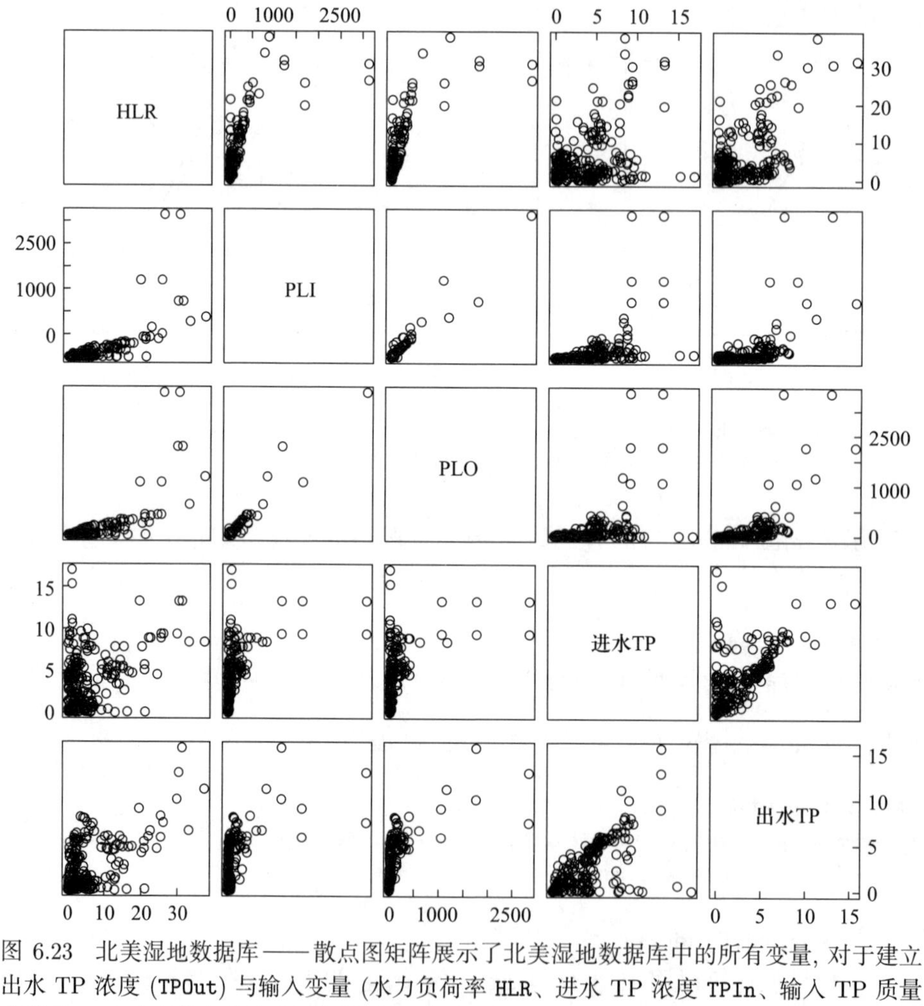

图 6.23 北美湿地数据库——散点图矩阵展示了北美湿地数据库中的所有变量, 对于建立出水 TP 浓度 (TPOut) 与输入变量 (水力负荷率 HLR、进水 TP 浓度 TPIn、输入 TP 质量负荷率 PLI) 之间的本质关系的假设而言, 并没有揭示出太多的有用信息.

过的图 3.12 中, 在 `TPOut` 和 `PLI` 之间存在强烈的关联关系, 但此处只有把 TP 质量负荷率用对数坐标画出来时才能看到. 而且, 把 `TPOut` 和 `PLI` 都画成对数尺度时 (图 6.24), 我们注意到当 TP 质量负荷率大约低于 1 gP/($m^2 \cdot$ yr) 时, 出水的 TP 浓度都低于 0.1 mg/L.

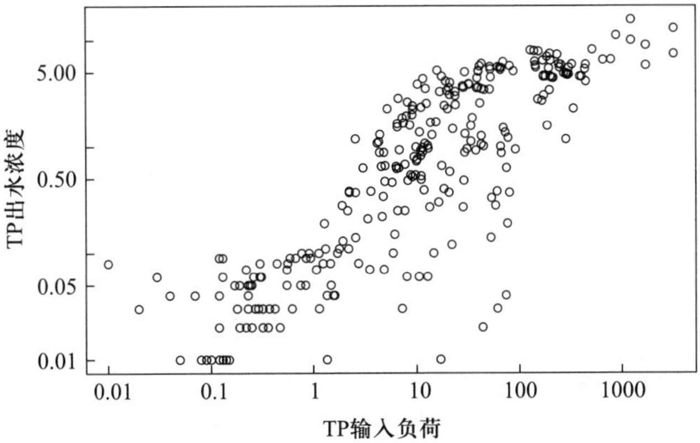

图 6.24 出水浓度–负荷率关系——用对数坐标作图, 在 TP 质量负荷率低于 1 gP/($m^2 \cdot$ yr) 时, TP 出水浓度低于 0.1 mg/L.

这些图暗示着响应变量与 3 个输入变量之间存在非线性关系. 在此处用工具包 `mgcv` 中的函数 `gam` 拟合了一个加性模型, 再现了 Reckhow 和 Qian (1994) 的模型:

```
#### R Code ####
require{mgcv}
nadbGam1 <- gam(logTPOut ~ s(logPLI)+s(logTPIn)+s(logHLR),
    data=nadb)
```

得出的模型用绘图函数 `plot` 进行了图形表达:

```
#### R Code ####
par(mfrow=c(1,3), mar=c(3,3,0.5,0.25),
    mgp=c(1.5,0.5,0))
plot(nadbGam1, select=1, se=T, rug=T, resid=T,
     scale=0, pch=16, cex=0.25)
plot(nadbGam1, select=2, se=T, rug=T, resid=T,
     scale=0, pch=16, cex=0.25)
plot(nadbGam1, select=3, se=T, rug=T, resid=T,
     scale=0, pch=16, cex=0.25)
```

然而, 拟合出的模型 (图 6.25) 与 Reckhow 和 Qian (1994) 的模型结果有很大不同 (参见图 6.29). 这种不同不是由于拟合了错误的模型, 而是由于图 6.25 中的模型使用的是 R 工具包 mgcv 中函数 gam 的默认平滑参数, 而 Reckhow 和 Qian (1994) 的模型使用的是 S–Plus 的函数 gam (与 R 工具包 mgcv 中的函数 gam 相似) 的默认平滑参数. 产生这种差异就对科学数据分析中非参数回归模型的价值提出了疑问.

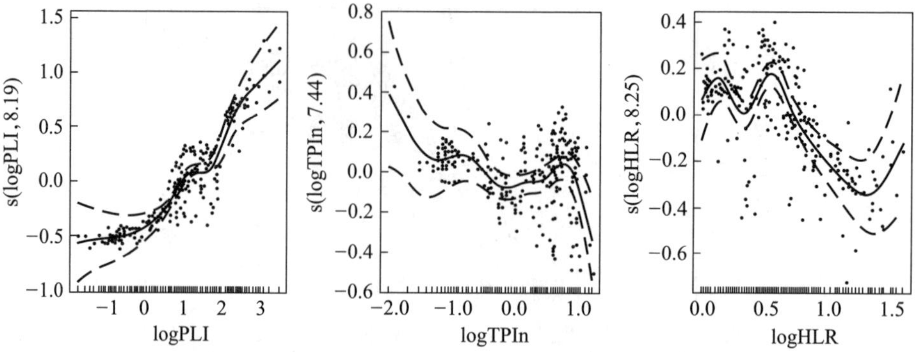

图 6.25 用 mgcv 默认值拟合出的加性模型——分别根据 TP 质量负荷率 (左图)、进水 TP 浓度对数 (中间图)、对数水力负荷率 (右图) 预测的出水 TP 浓度对数的加性模型拟合结果. 拟合该模型用的是工具包 mgcv 中的 gam 函数的平滑参数默认值.

6.3.4 讨论: 科学中非参数回归模型的作用

非参数回归模型吸引人的是它的灵活性. 这种灵活性能够 "让数据来展示" 恰当的变量关系的函数形式可能是什么样的. 作为一种探索性工具, 平滑线和加性模型具有很高的价值. 由于大多数科学家没有接触过加性模型尤其是广义加性模型 (参见第 8.7 节) 的统计理论和计算方法, 这种方法常常被看作有很大的威力. 很多环境和生态学文献中把拟合出的加性模型作为最终的模型来展示, 而不做批判性的评价. 统计软件工具包 (如 R) 对加性模型的实现, 简单化了加性模型的应用, 也导致了它在应用领域中的传播. 但是, 加性模型和平滑线容易被误用. 图 6.25 中的模型至少有两个问题: 一个是平滑参数的选择, 另一个是可加和假设.

可加和假设是加性模型的一个基本出发点. 在北美湿地数据库的例子中, 可加和假设并不成立. TP 质量负荷率是进水 TP 浓度和流量的乘积. 换句话说, PLI 跟 TPIn 和 HLR 的乘积成比例. 因此, 图 6.25 的 3 个图中的任何一个都没有意义. 我们无法在其他两个预测变量保持不变的情况下检查 log(PLI) 的影响, 因为如果 TPIn 和 HLR 固定不变, 那么, PLI 也成了常数. 如果可加和假设存在问题, 就必须带着怀疑来看待拟合出的模型. 在这个例子中, TPIn 和 HLR 是两个独立的预测变量. 我们必须用这两个变量或者它们的乘积 (TP 质量负荷率

PLI) 作为预测变量. 要评估 TPIn 和 HLR 之间的相互作用效应, 我们可以用一个二维的平滑器. 在 R 中可以这样实现:

```
#### R Code ####
nadbGam3 <- gam(logTPOut ~ s(var1=logTPIn,var2=logHLR),
    data=nadb)
```

通用函数 summary 可以提供关于模型的基本统计汇总信息:

```
#### R output ####
summary(nadbGam3)

Family: gaussian
Link function: identity

Formula:
logTPOut ~ s(var1 = logTPIn, var2 = logHLR)

Parametric coefficients:
            Estimate Std. Error t value pr(>|t|)
(Intercept)  0.35403    0.00888    39.9   <2e-16

Approximate significance of smooth terms:
                   edf Est.rank    F p-value
s(logTPIn,logHLR) 25.5       29 38.3  <2e-16

R-sq.(adj) = 0.796    Deviance explained = 81.4%
GCV score = 0.02429   Scale est. = 0.021986 n = 279
```

得出的模型可以用等值线图或者三维透视图来表示 (图 6.26 和图 6.27):

```
#### R Code ####
par(mar=c(3,3,1,1), mgp=c(1.5,0.5,0), mfrow=c(1,2),
    pty="s")
plot(nadbGam3, select=1, se=T, rug=T, resid=T, pch=1)
plot(nadbGam3, select=1, se=T, rug=T, resid=T, pers=T)
```

图 6.26 和图 6.27 中都给出了一个相对平坦的区域, 其中的 TPIn 和 HLR 都比较低且当两者增大时斜率很陡. 拟合出的模型在杜克大学湿地中心的研究人员中引起了长时间的讨论. Richardson 和 Qian (1999) 提出了湿地同化容量的概念并予以讨论, 用 TP 质量负荷率作为一个预测变量来代表进水 TP 浓度和水力负荷率的共同变化. 得到的单一预测变量平滑模型 (图 6.28) 清晰地展示了出水 TP 浓度与 TP 质量负荷率 (都用对数坐标) 之间的分段线性关系. 当质量

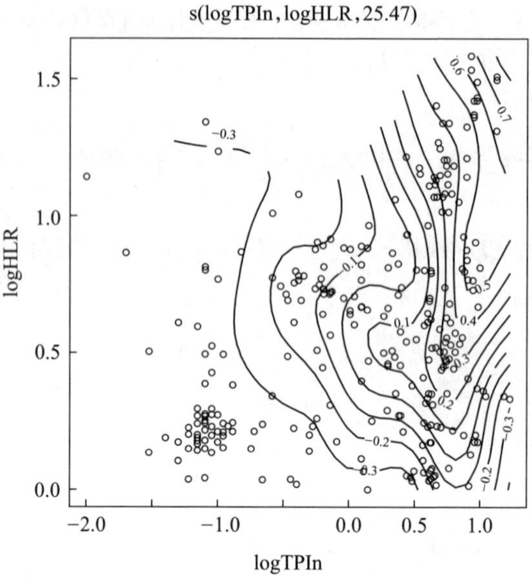

图 6.26　用 gam 拟合出的双变量平滑器的等值线图——等值线图表明拟合出的双变量平滑器对出水 TP 浓度对数 (由进水 TP 浓度对数、水力负荷率对数预测得出) 的预测. 该模型的拟合用的是工具包 mgcv 中的 gam 函数.

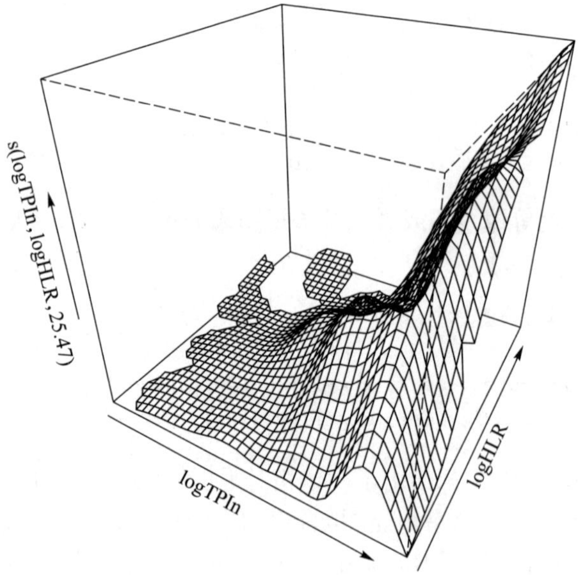

图 6.27　用 gam 拟合出的双变量平滑器的三维透视图——三维透视图所展示的双变量平滑器与图 6.26 中的是一样的.

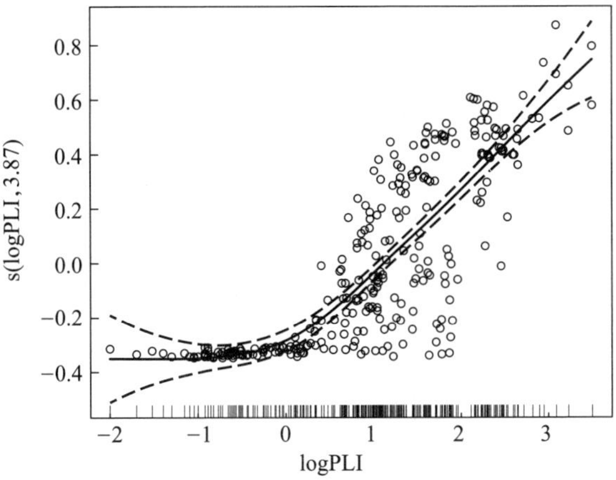

图 6.28 1 克规则模型——出水 TP 浓度对数和 TP 质量负荷率对数的平滑线模型表明分段线性模型可能是恰当的.

负荷率的对数小于 0(或者质量负荷率大约小于 1 $gP/(m^2 \cdot yr)$), 出水 TP 浓度并不按照负荷率的函数来变化. 当质量负荷率超过 1 $gP/(m^2 \cdot yr)$, 出水 TP 浓度以质量负荷率的线性函数的方式增加. TP 质量负荷率的阈值 1 $gP/(m^2 \cdot yr)$ 被看作是人工湿地除磷设计时的临界值. 预计这个阈值会随着不同湿地而变化. TP 滞留能力的例子说明了将加性模型视为探索性工具的重要性. 应利用科学知识仔细审查和解释加性模型的结果, 然后提出并测试关于模型的假设. 基于这些探索性分析, Qian 和 Richardson (1997) 提出了一个 TP 滞留模型来确定湿地的负荷阈值. 使用当时 WCA2A 已有的监测数据, 估计 TP 滞留能力约为 1.15 $gP/(m^2 \cdot yr)$, 90% 的区间为 (0.61, 1.47). 从 20 世纪 90 年代末到 21 世纪初, 作为 Everglades 湿地恢复工作的一部分, 当地建设了一些人工湿地 (称为雨水处理区, stormwater treatment area, STA). 据 Chen 等 (2015) 的报道, 这些湿地的 TP 截留能力为 1.1 ± 0.5 $gP/(m^2 \cdot yr)$.

拟合一个广义加性模型的第二个考虑是平滑参数的选择, 这一点我们之前已经讨论过 (图 6.22). 图 6.25 中拟合出的加性模型用的是工具包 `mgcv` 中 `gam` 函数的平滑参数默认值, 是根据最优预测特性的交叉验证模拟来确定的. 当采用不同的平滑参数:

```
#### R Code ####
nadbGam1.5 <- gam(logTPOut ~ s(logPLI, fx=T, k=4)+
                             s(logHLR, fx=T, k=4), data=nadb)
```

得出的模型 (图 6.29) 与图 6.25 给出的默认结果有相当大的差异.

巧合的是, 图 6.29 与用工具包 `gam` 中的 `gam` 函数的默认值得到的结果很相似. 这两个工具包之间的区别主要是用来拟合平滑模型的数学方法不同. 针对一项具体任务, 问题是如何选择最合适的平滑参数值. 再一次强调的是, 如果加性模型被用作一种探索性工具而不是模型拟合工具, 这个问题就没有实际意义了. 也就是说, 我们总是应该去探索不同的可能性, 然后, 用科学知识去解释结果. 如果允许统计软件和数据完全控制模型拟合过程, 可能会产生存在矛盾解释的模型. 科学知识和一般常识应该用来引导模型选择的过程. 最后, 应该提出的是一个既反映科学知识又反映数据中的证据的参数模型.

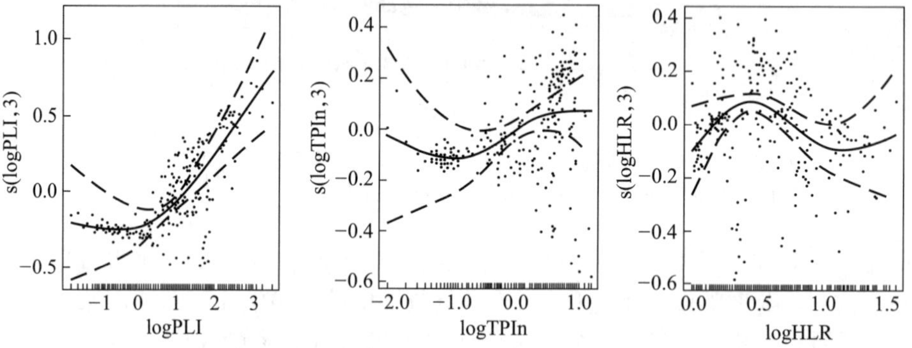

图 6.29 利用用户选定的平滑参数拟合出的加性模型——分别根据 TP 质量负荷率 (左图)、进水 TP 浓度对数 (中间图)、水力负荷率对数 (右图) 预测的出水 TP 浓度对数的加性模型拟合结果. 拟合该模型用的是工具包 `mgcv` 中的 `gam` 函数, 平滑参数值 `k=4`.

6.3.5 时间序列的季节分解

甄别和分析历史数据中的时间趋势是环境数据分析中的重要方面. 夏威夷 Mauno Loa 气象台监测到的大气二氧化碳 (CO_2) 数据证明了人类排放 CO_2 的全球影响 (图 6.30).

显然, 记载下来的历史趋势揭示了自然系统对无意的人类活动或者有意的管理结果的响应.CO_2 浓度数据的时间序列图清晰地表明了一种增长的趋势和周期性的季节模式. 尽管一个简单的线性回归模型常用来估计平均增长率, 但周期性的季节模式会保留在残差里, 从而导致对模型不确定性评估的偏差. 不仅如此, 时间变化可能会受到季节的影响. 要正确地挖掘长期和季节性的趋势, 加性模型可用来分离季节性和长期性的趋势. 这种方法称为时间序列的季节分解, 用的是 loess 或者 STL (Cleveland 等, 1990). 该技术是一种分析时间序列数据 (观测是随时间有规律地进行的) 的工具. 它代表了以时间作为唯一预测变量的加性模型的一种特例. 该方法的基本内容是将一个数据分解为 3 部分, 分别代表长期趋势、季节波动和剩余项:

$$Y_{\text{year,month}} = T_{\text{year,month}} + S_{\text{year,month}} + R_{\text{year,month}} \tag{6.7}$$

季节波动部分是要捕捉由于地球绕着太阳转而引起的变化. 对于 CO_2 数据 (图 6.30), 季节变化的机理是北半球植物的变化模式. 增加的大气 CO_2 量会被从春季到夏季所增加的植物吸收. 当植物的量开始下降, CO_2 返回到大气中. 这相同的季节模式给很多环境与生态学时间序列 "刻上了名字". 要了解数据的变化, 我们首先必须隔离出这种年度季节震荡. CO_2 数据很清楚地展示出升高及季节波动的趋势. 而在其他例子中, 季节波动往往模糊了长期趋势. 更常见的是, 长期平均的趋势和季节波动的模式也会从中反映出来. 当时间序列用 STL 分解成 3 个部分时, 这些趋势的可视化表达可以让我们更好地理解各种变化的潜在模式.

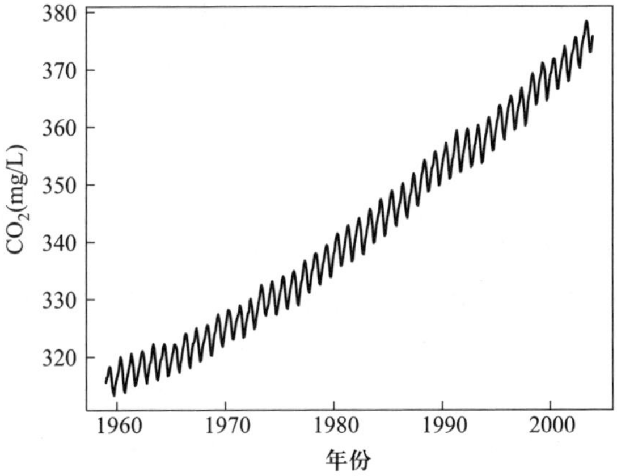

图 6.30 来自美国夏威夷 Mauno Loa 的 CO_2 时间序列——夏威夷 Mauno Loa 气象台监测的大气 CO_2 浓度的时间序列.

在 STL 的一个应用中, Qian 等 (2000) 用 STL 分析了北卡罗来纳州中部和东部的 Neuse 河流域营养物质的长期监测数据. 北卡罗来纳州水质部在 Neuse 河和河口负责维护渠道中的 16 个环境监测站. 其中的一些站点从 20 世纪 60 年代开始周期性地进行营养物质采样, 而大概每月一次的规律性监测是从 20 世纪 70 年代后期开始的. 自 1995 年出现富营养化征兆 (如藻华、溶解氧低、大量鱼死亡、有毒微生物暴发) 之后的 10 年间, Neuse 河口受到了相当广泛的关注. 普遍的观点是这些问题的出现要归结于近期流域营养物质输入的增加. Qian 等 (2000) 中的结论却令人惊讶. 整个流域中氮和磷的浓度表现出的是下降的趋势, 尤其是磷, 主要是因为 1987 年含磷洗涤剂的禁用. 研究假设, 氮磷比的变化 (同期表现出显著的增加) 可能是造成河口富营养化症状的根本原因, 因为常量营养元素的平衡是浮游植物动力学考虑的重要方面.

本节中, 用北卡罗来纳州克莱顿附近一个 Neuse 河流监测站的长时间序列数据来阐述 STL 方法. 与其他大多数环境监测数据一样, Neuse 河水质监测数据有缺失的月份. 现有 STL 方法的应用需要不存在缺失数据的逐月时间序列. 如果存在缺失数值, 可以用公式 (6.7) 中的模型来系统化地填充缺失值. 这种方法是 John Tukey (1977) 提出的中位数平滑法. 在中位数平滑法中, T 是用给定年的中位数来估值, 而 S 则是用给定月的中位数来估值的. 如果某个 $Y_{\text{year,month}}$ 的值是缺失的, 但公式 (6.7) 等号右侧部分中的其余两项是可以获得的, 那么, 它们的加和就作为该年该月缺失浓度值的拟合值. 中位数平滑在 R 中可用函数 `medpolish` 来实现, 它是通过迭代来拟合 T 和 S 的. 首先, 估计季节性的部分 (每个月的中位数). 然后, 根据残差拟合长期趋势的部分 (每年的中位数). 这就完成了第一次迭代. 在接下来的迭代过程中, 每个部分都根据其他部分的残差来拟合. 当前后两次迭代得到的结果差别不大时, 这个过程就停止了. 采用中位数平滑法填充缺失值的做法在之前关于芝加哥地区城市臭氧水平变化趋势的研究中应用过 (Bloomfield 等, 1993).

利用 loess (STL) 进行季节趋势分解生成一种基于统计学中时间序列分析方法的图形 (Cleveland, 1993), 在 R 中可以用函数 `stl` 实现. 它是一个用 loess 拟合法来完成的非参数回归迭代过程. 如同公式 (6.7) 所示, 时间序列被分解为长期趋势、季节波动、剩余项 (或残差)3 个部分. 但是, 当中位数平滑过程用中位数来估计长期趋势和季节变化部分时, STL 则是用一条连续的 loess 线来形成长期趋势部分, 以及用 12 条按月的 loess 线来代表季节变化部分. 与中位数平滑法类似, 拟合过程也是对每个部分进行反复迭代直至两次迭代的结果没有区别. 一般地, 三次迭代就足够了 (Cleveland, 1993). STL 的非参数特征使得它在揭示季节波动数据中的非线性模式时具有灵活性. 既然每个季节 (月份) 都是拟合出的 loess 模型的子系列, 季节的相互作用就可以获知了.

6.3.5.1 Neuse 河案例

由于有 R 的函数 `medpolish` 和 `stl`, STL 的实现可以很直接. 困难的地方往往在于数据处理 (从 EPA 数据库到 R 的时间序列), 以及 STL 结果的图形表达.

Neuse 河的水质监测是由当地 (北卡罗来纳州水质部) 和联邦的部门 (美国 EPA/USGS) 共同开展的. 这些数据一般是存储在 EPA 的 STORET 网站. 例如, 这里用的是由当地维护的克莱顿附近一个站点 (站点代码 J417000) 的数据. 要获取这个站点的数据, 可以顺着 STORET 网站的链接来查找 “Regular Results by Station”. 总磷、凯氏氮、粪大肠杆菌被选为水质的代表性变量. 一旦下载了数据文件, 需要做一些前处理工作, 因为粪大肠杆菌的单位是 “#/100ml”. “#” 号会导致 R 把它后面的值当作注释, 所以需要用其他符号 (如 “No.”) 来替换掉. 下载的文件是用 ~ 来表示分隔的文本文件. 把数据文件读到 R 里面之后, 通过将 STORET 的时间标志转换成 R 的日期对象来构造一个日期列 `Date`, 从而可以同时显示采集样本时的日期和时间 (例如, “1968-07-14 14:40:00”):

```
#### R Code ####
require (survival)
temp <- substring(J417$Activity.Start, 1, 10)
J417$Date <-
    mdy.date(month=as.numeric(substring(temp, 6, 7)),
             day=as.numeric(substring(temp, 9, 10),
             year=as.numeric(substring(temp, 1, 4)))
```

一旦建好了日期变量, 就可以计算我们感兴趣的时段 (1971—2007 年) 中的月平均浓度值:

```
#### R Code ####
FecalColiform <- rep(NA, 12*(2007-1970))
k <- 0
for(i in 1971:2007){ ## year
  for(j in 1:12){## month
    k <- k+1
    temp <- date.mdy(J417$Date)$month==j &
            date.mdy(J417$Date)$year==i
    if(sum(temp)>0)
      FecalColiform[k] <-
          mean(j417.FecalColiform$Value[temp], na.rm=T)
    }
  }

FecalColiform.ts <- ts(FecalColiform, start=c(1971,1),
    end=c(2007,12), freq=12)
```

最后一行用函数 `ts` 构建了一个月平均粪大肠杆菌浓度的时间序列.

```
#### R Output ####
        Jan   Feb    Mar    Apr    May    Jun    Jul    Aug     Sep   Oct     Nov  Dec
1971     NA    NA     NA 2200.0     NA    0.0     NA   30.0      NA    NA      NA   NA
1972     NA    NA     NA     NA     NA  800.0     NA  253.3   390.0    NA      NA   NA
1973     NA    NA     NA     NA     NA     NA 7000.0     NA    93.3  35.0   216.0 4430
1974 1265.0 276.7 3505.0  310.0 1130.0 1033.3  562.5 8877.5   576.0 173.3   260.0   NA
1975 1117.5 847.5  155.0   85.0 2500.0  120.0   56.7   45.0  1930.0 375.0    30.0   50
1976   10.0   0.0   40.0   70.0   90.0  230.0  110.0    0.0  1800.0 190.0   660.0  100
1977     NA  20.0  990.0   40.0   40.0   50.0   20.0  100.0   330.0  40.0 14000.0    0
1978  650.0  60.0     NA   10.0   70.0 1100.0    0.0  960.0   170.0 560.0   510.0 5600
1979   80.0 240.0  240.0 2366.7  196.7 2983.3 4093.3   55.0 27050.0 280.0  2200.0  810
1980  390.0 490.0  780.0  100.0   50.0   70.0   20.0   10.0    50.0 160.0   150.0  100
1981   20.0  50.0   80.0   20.0   50.0     NA    0.0 2200.0    40.0  10.0    90.0  320
```

1982	0.0	250.0	70.0	60.0	20.0	100.0	190.0	14000.0	150.0	60.0	390.0	60
1983	0.0	170.0	510.0	50.0	40.0	210.0	70.0	60.0	5200.0	40.0	120.0	9700
1984	30.0	30.0	40.0	40.0	190.0	250.0	160.0	70.0	110.0	110.0	130.0	10000
1985	90.0	150.0	50.0	50.0	500.0	30.0	60.0	690.0	30.0	10.0	70.0	NA
1986	0.0	20.0	50.0	20.0	30.0	0.0	NA	NA	NA	190.0	NA	NA
1987	NA	NA	NA	NA	NA	NA	NA	NA	NA	NA	NA	NA
1988	NA	NA	NA	NA	NA	NA	NA	NA	NA	NA	NA	NA
1989	NA	710.0	NA	NA	NA	NA	NA	NA	NA	NA	NA	NA
1990	NA	NA	NA	NA	NA	NA	NA	NA	NA	NA	NA	NA
1991	NA	NA	NA	NA	NA	NA	NA	NA	NA	NA	NA	NA
1992	NA	NA	NA	NA	NA	NA	NA	NA	NA	NA	NA	NA
1993	NA	NA	NA	NA	NA	NA	NA	NA	NA	NA	NA	NA
1994	NA	NA	NA	NA	NA	NA	NA	NA	120.0	2500.0	500.0	160
1995	100.0	60.0	110.0	500.0	310.0	700.0	110.0	180.0	700.0	230.0	NA	NA
1996	73.0	170.0	1400.0	97.0	87.0	750.0	271.5	130.0	40.5	91.7	54.5	18
1997	NA	52.5	22.5	NA	127.7	18.0	180.0	45.0	82.0	NA	27.0	27
1998	340.0	82.0	14.0	690.0	81.0	40.0	54.0	73.0	67.0	91.0	230.0	62
1999	33.0	75.0	36.0	100.0	70.0	86.0	20.0	50.0	NA	100.0	80.0	240
2000	1000.0	45.0	NA	170.0	80.0	6000.0	2300.0	36.0	140.0	45.0	90.0	64
2001	71.0	120.0	NA	41.0	55.0	680.0	34.0	2000.0	NA	85.5	230.0	55
2002	820.0	30.0	13.0	NA	NA	93.0	130.0	1700.0	NA	1425.5	56.0	320
2003	64.0	230.0	NA	32.0	36.0	82.0	73.0	2000.0	160.0	74.0	110.0	170
2004	68.0	53.0	120.0	970.0	66.0	200.0	260.0	6800.0	190.0	150.0	83.0	130
2005	66.0	430.0	70.0	54.0	NA	550.0	NA	180.0	300.0	97.0	NA	800
2006	86.0	38.0	78.0	77.0	56.0	190.0	1100.0	100.0	NA	84.0	120.0	45
2007	280.0	45.0	NA	75.0	NA	1041.5	NA	57.0	NA	120.0	NA	NA

环境监测数据中缺失了某些月份的数据是常见的. Bloomfield 等 (1993) 使用中位数平滑法, 只要同一年 (行) 和同一月 (列) 存在非缺失值, 缺失值就可以被 “计算” 出来:

```
#### R Code ####
temp.2w <- medpolish(matrix(data.ts, ncol=12, byrow=T),
    eps=0.001, na.rm=T)
year.temp <- rep(seq(start(data.ts)[1], end(data.ts)[1]),
    each=12)
month.temp <- rep(1:12,
    length(seq(start(data.ts)[1], end(data.ts)[1])))
data.ts[is.na(data.ts)]<-temp.2w$overall +
    temp.2w$row[year.temp[is.na(data.ts)]-start
        (data.ts)[1]+1]+
    temp.2w$col[month.temp[is.na(data.ts)]]
```

当整行 (年) 或者整列 (月) 的数据都缺失时, 就不可能采用这种方法来填充了. 在这个案例的数据集中, 我们没有 1987 年、1988 年及 1990—1993 年的数据. 由于 R 现有的函数 `stl` 在实现 STL 时不允许内部有数据缺失, 这些缺失值就用所有数据完备的月份的中位数来代替了. 所得到的数据图显示出两个不同的组, 分别是数据缺失之前和之后, 在标准差上存在明显的差异 (图 6.31).

由于 STL 是季节波动部分和长期趋势部分的加性模型, 因此, 需要指定两

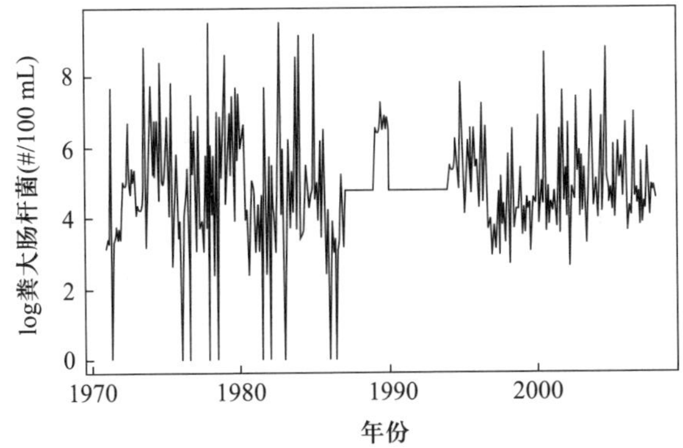

图 6.31 Neuse 河的粪大肠杆菌时间序列——来自克莱顿附近 Neuse 河上 NC DWQ 监测站的粪大肠杆菌数据 (对数坐标). 内部缺失的数据用每月观测值的中位数来代替.

个平滑参数. 平滑参数是用 loess 窗口的跨度 (月份的个数) 来定义的. 季节波动部分的平滑参数 (`s.window`) 必须由用户来提供. 关于如何指定这个参数并没有一般性的指南. 由于 STL 是用来做探索分析的, 我们应该尝试多个值来观察结果. 得到的 STL 模型可以用多种方式作图. 图 6.32 是其中一个例子.

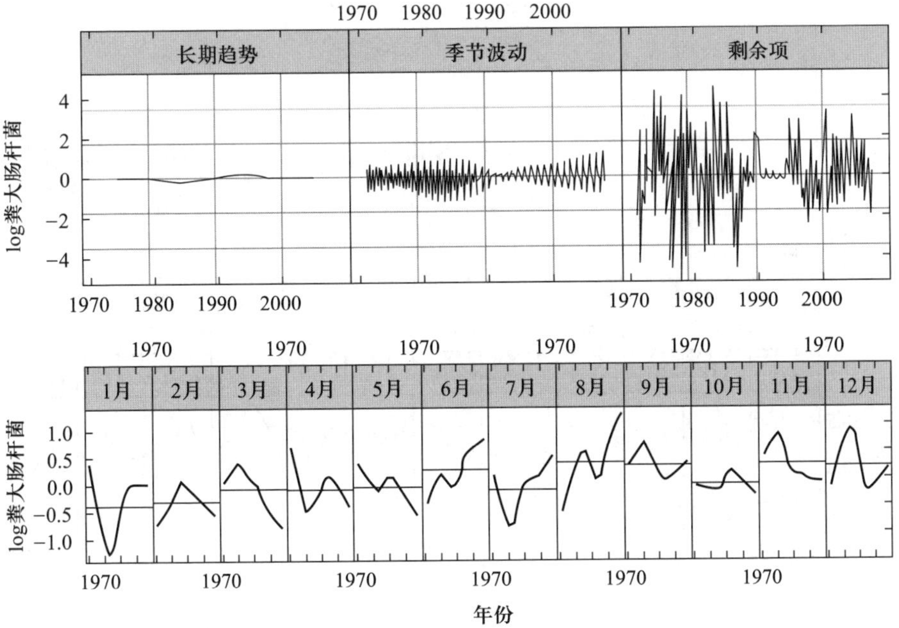

图 6.32 Neuse 河粪大肠杆菌时间序列的 STL 模型——拟合出的粪大肠杆菌 STL 模型用两组图来表达. 第一组图 (上面一行, 从左至右) 中, 比较了拟合出的长期趋势 (集中在它总的均值附近)、季节波动和剩余项. 第二组图 (下面一行) 中, 比较了每个月的季节性趋势. x 轴上每个记号代表 10 年的增加量.

在图 6.32 中, 上面一行比较了时间序列分解出的 3 个部分的数量大小. 长期趋势部分 (上左图) 集中在它的均值附近, 以便观察比较 3 个部分. 季节波动部分 (上中图) 给出的模式的变化是用固定值替换了内部缺失值 (从而将季节变化人为地设置成 0 了) 之后得到的结果. 剩余项部分显示出残差在数据缺失前和后变化的幅度 (数据缺失后采用了一种新的实验室测试方法). 下面一行给出了季节波动的趋势部分. 包括采样期间每个月的趋势. 每个图中, 平均值用一条水平线段来表示. 这些水平线段给出了总的季节模式. 在这个案例中, 季节模式并不十分明显, 反映出这样的事实: Neuse 河的这个断面接收了来自 Raleigh 的城市径流, 而该地区的降水基本上是均匀分布的. 季节波动部分的一个清晰的模式是在 1990 年之前或者大约 1990 年存在波峰或者波谷. 这很可能是由于用常数来填充数据缺失段造成的, 从而导致了对模型拟合出的周期性变化的破坏. 这个特点表明了维持一个长期监测站对于趋势评估的重要性.

磷的季节模式非常清晰 (图 6.33): 代表该站总磷的水平线段一般在早春低, 而在夏季后期和秋季初期高. 1987 年, 北卡罗来纳州禁止使用含磷洗涤剂, 其效果很清晰地表现在长期趋势线的快速降低上. 对每个单个月份, 在去除长期趋势的影响后, 我们可以看到一种有意思的模式: 1985 年之前的春季初期到夏季

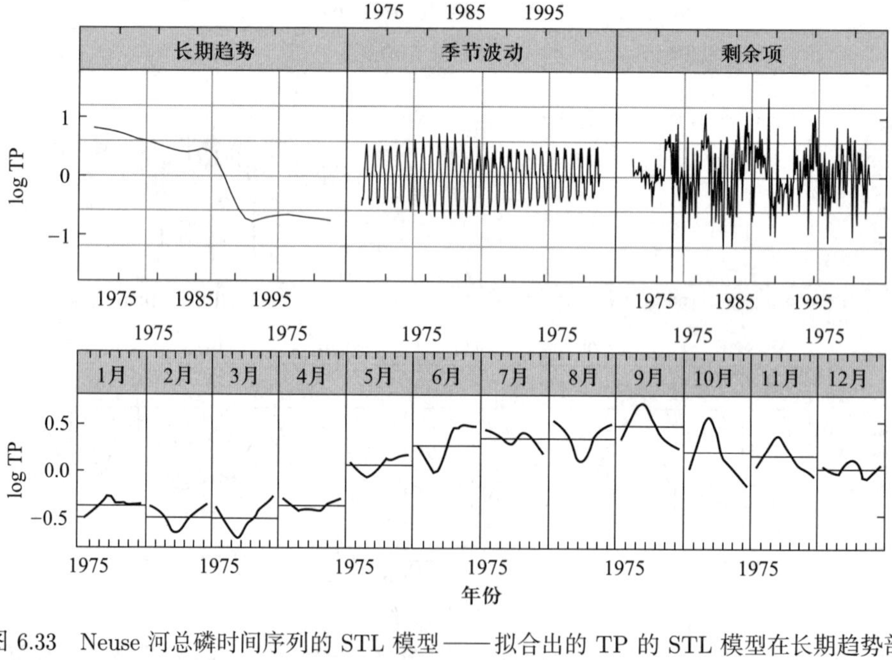

图 6.33 Neuse 河总磷时间序列的 STL 模型——拟合出的 TP 的 STL 模型在长期趋势部分表现出快速下降, 是对 1987 年禁止含磷洗涤剂的响应. 上面一行 (从左至右) 比较了拟合出的长期趋势 (集中在它总的均值附近)、季节波动和剩余项部分. 下面一行比较了每个月的季节模式. x 轴上每个记号代表 5 年的增加量.

初期 (低磷的月份) 的降低趋势在 1985 年之后反转成了增加趋势; 而秋季 (磷较高的月份) 的模式则相反, 也就是说, 1985 年之前增加的趋势在 1985 年之后变成了降低的趋势. 这种变化也反映在季节图中的幅度变化上 (图 6.33 上方中间图), 即 20 世纪 70 年代初期到 1985 年之前幅度增加, 然后逐渐降低. 这些变化的解释应该是什么呢?

像本章中介绍的其他非参数回归方法一样, STL 是一种探索性数据分析工具. 对结果的解释要谨慎. 图 6.33 中季节模式的变迁令人好奇, 但我们无法解释为什么会发生这样的变迁. 由于非参数的特征, 图形结果常常用来指导构建新假设, 以便能提出并检验参数化的模型. 当我们研究的目的是预测, 就要意识到非参数回归模型的边缘效应. 边缘效应是指时间序列两端附近的数据点对拟合出的非参数模型的不成比例的影响. 因此, 对拟合模型尤其是时间序列两端附近的模式的解释必须谨慎. 要阐明这一点, 克莱顿监测站的凯氏氮时间序列 (图 6.34 上图) 被用来拟合了两个 STL 模型. Qian 等 (2000) 用到的时间序列

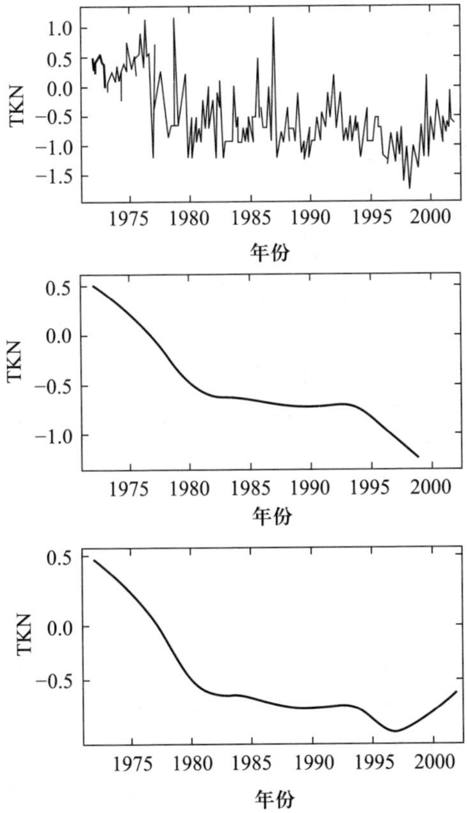

图 6.34 Neuse 河 TKN 的长期趋势——TKN 浓度时间序列 (上图) 与用两个不同长度时间序列拟合出的模型的比较. 中间图是用截止到 1998 年的数据拟合的, 而下图则是用截止到 2001 年的数据拟合的.

结束时间为 1998 年. 最新 (2008 年 5 月) 取自 EPA STORET 网站的克莱顿附近监测站的磷和氮时间序列数据结束于 2001 年 12 月. 使用截止于 1998 年的早期数据, 我们得到的结论是氮浓度具有总体稳定的趋势, 但是, 在时间序列的最后几年有降低的可能. 这个结论可以用 1998 年截止的克莱顿站凯氏氮浓度数据得到验证 (图 6.34, 中间图). 使用截至 2001 年的数据来拟合同一个模型时, 此结论无法维持 (图 6.34, 下图). 河流中营养物质的浓度与河流流量是相关的. 北卡罗来纳州常常受到大西洋飓风的影响. 如果营养物质的主要来源是诸如污水处理厂的点源, 那么, 伴随飓风的流量增加, 河流中营养物质的浓度会降低. 由于克莱顿站刚好就位于区域内主要城市地区的下游, 我们可以预见高流量会与低营养物质浓度联系在一起. 1996 — 1999 年是非同一般的丰水年, 因为有多次强飓风登陆该地区. 因此, TKN 的降低 (20 世纪 90 年代后期) 和接下来的反弹 (2000 — 2001 年) 是较低频率的周期性模式中的一部分, 无法用 STL 模型中的季节性部分来捕捉. 1990 — 1995 年的局部峰值在长期模式中并未得到反映. 如果能够获得更长的时间序列, 我们应该能看看 20 世纪 90 年代后期 TKN 浓度的低谷是不是一个短暂的事件.

6.4 参考文献说明

本章再次省略了非线性回归模型的统计学理论, 而这些内容可以在 Bates 和 Watts (2007) 中找到. 关于非参数回归方法的细节, 平滑部分可以在 Härdle (1991) 中找到, 加性模型则可以参见 Hastie 和 Tibshirani (1990). Muggeo (2003) 给出了不限于一个阈值点的分段线性模型的一般用法. Cleveland (1993) 给出了利用 STL 分析 CO_2 数据集的细节.

6.5 练习

1. 鱼体内存在 PCB 是一个普遍性的问题, 不仅在五大湖, 而且在这一地区的小湖泊中也是如此. Bache 等 (1972) 报告了纽约伊萨卡以北的卡尤加湖观测到的湖鳟鱼 PCB 浓度 (数据文件 `CayugaPCB.txt`). 在他们的报告中, 用对数线性回归模型 ($\log(\text{PCB}) = \beta_0 + \beta_1\text{age} + \varepsilon$) 按鱼龄预测了 PCB 浓度. 这些数据后来被 Smyth (2002) 用作非线性回归的例子, 但用了一个不同的模型 ($\log(\text{PCB}) = \theta_1 + \theta_2\text{age}^{\theta_3} + \varepsilon$).

(a) 拟合两个模型, 通过分析两个模型的残差来比较模型对数据的拟合程度.

(b) 拟合 loess 模型, 并在 PCB 浓度对数对鱼龄的散点图上画出所得到的模型.

(c) 在卡尤加湖 PCB 数据中, 我们还有关于鱼的性别 (幼年、雌性和雄性) 的信息. 用对数线性回归模型来确定模型系数是否随性别而变.

2. 为分段线性模型编写一个自启动函数.

3. Borsuk 等 (2001) 使用以下公式来描述河口的沉积物需氧量 (sediment oxygen demand, SOD):

$$\text{SOD} = a\left(\frac{L_c}{[1+(n-1)kL_c^{n-1}h]^{1/(n-1)}}\right)^b$$

其中 L_c 是区域碳负荷, h 是水柱的深度, a、b、k、n 是待估计的未知参数. 使用 `SODdata.txt` 文件中的数据来估计四个未知参数, 并讨论模型是否应采用对数变换来拟合.

4. Qian 等 (2003b) 使用混合级数的生化需氧量 (biochemical oxygen demand, BOD) 衰减模型来阐释贝叶斯蒙特卡罗模拟方法. BOD 是微生物消耗的氧气量, 通常在生活污水处理厂予以测定. 该模型描述了时刻 t 所消耗的氧气 (BOD 导致的) 或 L_t:

$$L_t = \begin{cases} L_0 - [L_0^{1-N} - k_n t(1-N)]^{\frac{1}{1-N}} + \varepsilon, & N \neq 1 \\ L_0\left(1-\mathrm{e}^{-k_n t}\right) + \varepsilon, & N = 1 \end{cases}$$

其中 L_0 是终极 BOD, k_n 是反应速率常数, N 是级参数. Qian 等 (2003b) 使用的数据在文件 `bodMC.s` 中 (使用函数 `source` 可将其读取到 R 中).

(a) 使用 `nls` 来估计混合级数模型的参数 k_n、L_0 和 N.

(b) 将生成的模型与一级模型进行比较 ($L_t = L_0(1-\mathrm{e}^{-k_n t}) + \varepsilon$).

(c) 根据残差比较这两种模型.

5. 湿地 P 滞留的 1 克规则是基于 Reckhow 和 Qian (1994) 中报告的加性模型 (主要是图 6.28). 加性模型的响应变量是出水 TP 浓度. 当绘制经对数变换的出水 TP 浓度和 TP 输入负荷时 (图 6.24), 四参数逻辑斯蒂模型可以更恰当地描述 TP 对负荷率的响应. 使用对数出水 TP 浓度作为响应变量, 以对数 TP 负荷率作为预测变量来拟合 losse 模型, 以讨论 FPL 是否合适. 如果 FPL 是合适的, 请使用适当的自启动函数 (`SSfpl` 或 `SSfpl2`) 来估计参数.

6. 使用托莱多水务局 2014 年 8 月 2 日那个周末进行的六次 ELISA 测试获得的数据 (9.2.4 节的数据) 来确定 FPL 是该用浓度对数还是用浓度单位来定义.

7. 使用第 2 章练习 4 中的数据来拟合以下 loess 模型:

(a) 可溶性活性磷 (soluble reactive phosphorus, SRP) 的时间变化: 以 SRP (或 log SRP) 为响应变量, 以时间为预测变量;

(b) 计算伊利湖的 SRP 负荷 (SRP 浓度和流量的乘积), 并模拟 SRP 负荷随时间的变化.

8. 使用上一道题目的 SRP 浓度和负荷数据, 使用 STL 证明长期和季节性趋势. 请注意, 尽管监测计划旨在收集每日样本, 但记录中偶尔会错过几天. 这些缺失值采用中位数滑动法, 结合合适的月平均值或周平均值进行估算.

第 7 章

分类和回归树

迄今为止，我们研究过的统计模型 (线性回归、非线性回归、非参数平滑和加性模型) 具有一个共同的特点: 要想合理地使用这些模型，就必须知道模型中要加入哪些预测变量. 弄清使用哪个预测变量常常是研究中的第一步. 但是，变量选择的结果往往因模型而异. 例如，使用线性回归模型，所选择的极有可能是那些与响应变量有线性关系的变量. 即使用的是加性模型，可加和假设也会影响变量选择的结果. 在环境和生态学研究中，可加和假设很少是现实的. 因此，不管是线性回归还是加性模型，在选择可能具有强烈相互作用的变量时都是效率不足的.

在本章中，作为线性和加性模型的替代方案，给大家介绍分类和回归树 (classification and regression tree, CART) 模型. CART 是一种二元递归分解方法，可以产生基于树的模型. 这种方法之所以吸引人，是因为它具有既能处理连续变量又能处理离散变量的能力，它可以模拟预测变量之间的相互作用，并且它还具有层次结构特点. 本书不讲如何利用它的常规功能 (如预测和分类)，而是重点说明如何利用 CART 来识别对结果或者说响应变量的变化具有显著贡献的变量. 本章先从第 7.1 节的一个例子讲起，以激发读者对学习和使用 CART 的兴趣，再讨论统计方法 (第 7.2 节)，最后，将讨论如何把 CART 作为一种变量选择方法来开发预测性模型，并在此基础上给出结论.

7.1 Willamette 河案例

1996 年，美国地质调查局 (USGS) 在俄勒冈波特兰区开展了一项针对 Willamette 流域内小型河流水质的调查，想要研究溶解性的农药和其他水质组分的分布及其与土地利用之间的关系 (Anderson 等, 1997). 在调查之前，俄勒冈环境质量局 (ODEQ) 通过 "Willamette 流域水质研究" 和美国地质调查局的国家水质评价项目所报道的数据已经得出结论，即来自径流的合成有机化合物

(农药残留) 是这个地区水质的潜在威胁. 该调查的基本目的是利用统计模拟技术了解土地利用与溶解态杀虫剂浓度之间的关系. 共有 36 种农药 (29 种除草剂和 7 种杀虫剂) 在流域范围内被检出. USGS 的报告记载了检测出的农药浓度的概率分布, 并对来自农业流域的农药浓度与来自城市流域的浓度做了简单的比较检验. 农药浓度与土地利用之间的关系则用聚类分析做了间接推断. 得出的数据库包括以下潜在的预测变量: 农业 (`Ag`)、居住或城市 (`Resid`) 及森林 (`Forest`) 土地利用覆盖的子流域面积百分比, 流域大小 (`Size`), 流域内作物种类 (`NumCrop`), 采样点位置 (纬度 `Latitude` 和经度 `Longitude`), 河水化学检测结果 (NH_4^+ 或者 `NH4`, $NO_2^-+NO_3^-$ 或者 `NOx`、`TKN`、5 日生化需氧量或者 `BOD`, 总磷或者 `TP`, 可溶性活性磷或者 `SRP`), 粪大肠杆菌, 代表季节影响的采样月份 (4 月、5 月、7 月、10 月和 11 月). 水化学检测结果可以代表流域人类活动的影响程度. 例如, 农业强度可以部分地用营养物质浓度来代表, BOD 和粪大肠杆菌则可表示人类和动物废物的污染情况.

用这些预测变量来开发一个农药浓度的预测模型会是一个乏味而困难的过程, 因为潜在的预测变量数量众多且可能存在非线性关系. 进一步说, 被检测的响应变量有很多数据点的值是低于方法检出限 (MDL) 的. 如果浓度值低于检出限, 那么, 只能知道确切的浓度值是低于某个特定值的. 具有这个特点的数据点被称为是 "未检出" 或者 "左截尾" 的. 如果污染物浓度的概率分布是我们所关心的, 截尾值比确切测试值能够提供的信息要少. 但是, 在估计概率分布参数时, 截尾值所包含的信息则不应该被轻视.

针对截尾数据的出现, 有很多统计方法可以用来估计分布参数 (如 Gleit, 1985). 简单的置换法是用一个特定值 (例如, 0、MDL 值的一半或者 MDL 值) 来替代截尾值, 但会导致有偏估计. 可以换种做法, 秩统计量 (ROS) 回归方法 (Gilliom 和 Helsel, 1986; Helsel 和 Gilliom, 1986) 可用来估计对数正态分布的均值和方差. 但是, 对本案例而言, 这些方法并不适用, 因为调查的目的是要开发一个农药浓度预测模型, 而不是估计农药的概率分布.

Qian 和 Anderson (1999) 采用了图形化的基于树的非参数模型, 也被称为分类和回归树 (CART) 模型. CART 是一种基于非参数模型的图形. 不像非参数回归模型那样基于平滑技术, CART 模型是通过将预测变量空间划分成矩形的子空间并为每个子空间分配单个响应变量值从而获得简单的预测. 例如, 图 7.6 就是预测敌草隆浓度的一个回归树模型. 模型用一个具有多个节点的决策树来表达. 每个节点代表对预测变量进行一次二分. 顶部节点是根节点, 变量 `LU.Ag`(流域内农业用地的比例) 在 74.5 处被分开, 也就是说, 根据农业用地是小于还是不小于 74.5% 而将数据集划分成两个组, 前者去左边的组、而后者则去右边的组. 当用图 7.6 中的模型做预测时, 我们可以把模型看作以下一组简单

的规则:

(1) 如果农业用地超过流域的 74.5%,

(a) 如果 NH_4^+ 浓度低于 0.0835, 敌草隆浓度的对数值为 -0.8725

(b) 否则敌草隆浓度的对数值为 1.303

(2) 如果农业用地低于流域的 74.5%,

(a) 如果 NO_x 的浓度超过 1.735, 敌草隆浓度的对数值为 -0.4771

(b) 如果 NO_x 的浓度低于 1.735, 那么, 敌草隆浓度的对数值要根据森林覆盖率来确定

i. 如果森林覆盖率大于等于 5.5%, 则为 -3.494

ii. 如果森林覆盖率小于 5.5%, 则为 -1.495

这些规则使用起来简单, 而且树结构的层次性暗示了模型中所使用的预测变量的相对重要性.

如果响应变量是分类变量, 例如, 鸢尾花数据中的物种 (图 3.17), 得到的树就是一个分类模型. 得出的图 7.1 中的分类树也可以用简单的规则来表示:

(1) 如果花瓣长度小于 2.45, 它是山鸢尾,

(2) 如果花瓣长度大于 2.45,

(a) 如果花瓣宽度小于 1.75, 它是变色鸢尾

(b) 否则它是维吉尼亚鸢尾

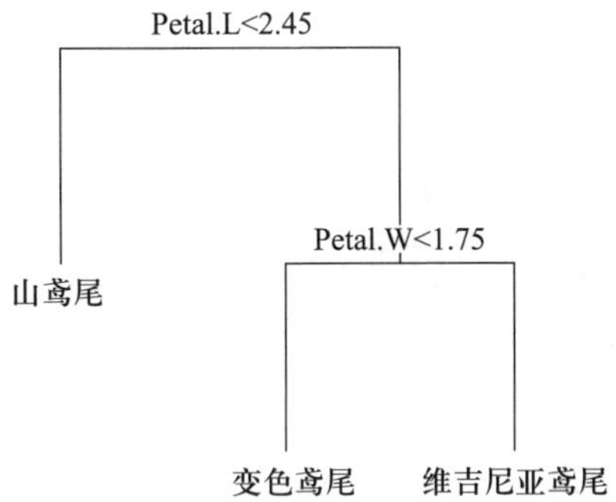

图 7.1 鸢尾花数据的分类树——用一个分类树来划分鸢尾花的 3 个种.

因为在得出的树模型中只用了两个预测变量, 预测变量空间是二维的. 这组规则可以用一组划分预测变量空间的规则来表示 (图 7.2).

在 Willamette 河案例中, 响应变量 (农药浓度) 被当作是连续或者分类的变量. 连续浓度变量具有大量左截尾值, 通过将数据划分为低于 MDL、低、中、高, 可以把连续变量转化成分类变量, 从而能够使用分类树模型. 利用 CART, Qian 和 Anderson(1999) 提出了 5 种常用除草剂和俄勒冈 Willamette 流域小

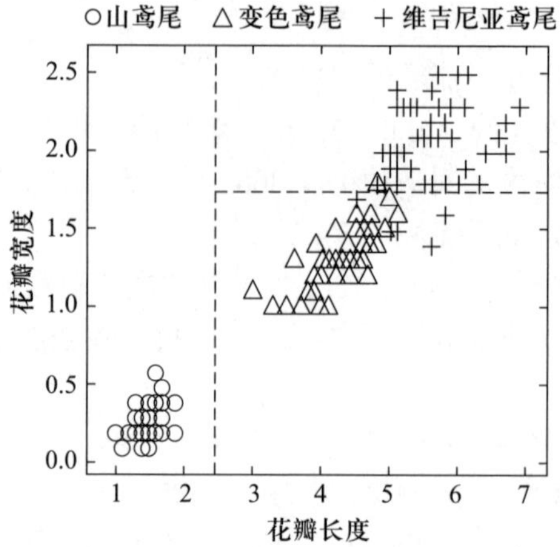

图 7.2 鸢尾花数据的分类规则——预测变量空间被划分成 3 个矩形子空间从而对物种进行分类.

型河流中监测到的 3 种农药的预测模型, 以便识别这个地区农药浓度变化的影响因素.

CART 之所以能被用作一种有效的变量选择模型, 主要是因为它的层次化机构可以在拟合出的树结构中揭示出每个被选中的变量的相对重要性. 将基于树的模型用作一种探索性数据分析工具, 我们可以探索数据的结构, 从而提出一些先验假设. 不仅如此, 当预测变量集合中包含了数值变量和因子变量时, 基于树的模型比线性模型更加易于解释和讨论. 由于预测变量被分解为子集合, 基于树的模型在预测变量进行单调变换后是不变的, 这样就与模型的精确形式是无关的. 基于树的模型更擅长于捕捉非加和的行为 [标准线性模型不允许变量之间有相互影响, 除非这种影响被预先指定并且是特定的乘积形式 (Clark 和 Pregibon, 1992)].

7.2 统计学方法

由 Breiman 等 (1984) 引入的基于树的模型, 是一种识别数据中的结构的探索性技术, 以下类型的应用不断增加: ①设计能够被快速和重复评估的预测规则; ②筛选变量; ③评价线性模型的适宜性; ④汇总大型的多元数据集. 这类模型的拟合采用二元递归分解法, 即连续地把一个数据集分解到不断增加的同质子集中直至无法再继续分解 (Clark 和 Pregibon, 1992). 之所以被称为基于树的模型是因为展示拟合结果的基本方法是用二元树的形式.

从概念层面可以将递归分解方法描述为一种减少 "杂质" 的量的过程

(Breiman 等, 1984). 通常, 对 "杂质" 的度量是用偏差 (参见公式 5.6, 以及公式下面的讨论). 对于具有正态响应变量的回归问题, 偏差是跟某个特定节点残差平方和成正比的:

$$D_i = \sum_{k=1}^{m_i} (y_k - \mu_i)^2 \tag{7.1}$$

其中, D_i 是具有 m_i(用 k 做索引) 个观测值的第 i 个节点的偏差, y_k 是节点上的第 k 个观测值, μ_i 是节点 i 的预测均值. 残差平方和是正态随机变量的偏差. 对于分类问题, 通常假设响应变量服从多项分布, 偏差与下式成正比:

$$D_i = -\sum_{k=1}^{g_i} p_k \log p_k \tag{7.2}$$

其中 g_i 是节点上的分类个数, p_k 是属于 k 类的观测值的比例. 这个度量也被称为信息指数 (information index), 因为香农信息论中的熵是 $-\sum_{k=1}^{g_i} p_k \log_2(p_k)$. 经常还会使用 "基尼杂质" (Gini impurity), 其定义为:

$$D_i = \sum_{k=1}^{g_i} p_k(1 - p_k) \tag{7.3}$$

基尼杂质与基尼指数无关, 基尼指数是衡量一个国家收入不平等的常用指标.

对于一个纯节点, 偏差为 0, 所有的 y_k 是相同的 (对于回归问题), 或者所有的观测值属于同一类 (对于分类问题). 在初始时刻, 所有的观测值被分配给同一个 "节点". 每次分解把观测值分成两个子节点 (左边和右边), 分解后的偏差为:

$$D_{i\ child} = D_{i,L} + D_{i,R} \tag{7.4}$$

在给定节点, 能够最大化偏差的减少量 $\Delta D = D_i - D_{i\ child}$ 的分解方式被最终选中. 特别地, 模型按顺序遍历每个预测变量, 然后将响应变量分为两组. 分解是基于现有的预测变量. 如果预测变量 x_j 是连续或者顺序分类的变量, 分解则根据预测变量 x_j 小于或者大于某个特定值把响应变量划分为两组. 如果 x_j 具有 n_j 个唯一值, 那么, 就有 $n_j - 1$ 种分解响应变量数据的可能方法. 模型将对所有可能的分解方法进行尝试, 计算每次分解造成的偏差减少量. 如果预测变量 x_j 是分类变量, 模型将尝试各种可能的二分方式并记录每次分解造成的偏差减少量. 在对所有预测变量做完计算后, 具有能够使得偏差减少量最大的预测变量被选中为最佳预测变量. 这种方法被称为贪婪算法, 算法会为当前节点选出最佳分解而不考虑整个树的表现. 在每次分解后, 原始数据集被划分成两个子集. 对这两个子集重复相同的过程. 这个过程就 "种" 出了一棵树. 对于回归问题, 这个过程等价于选择了简单 ANOVA 问题中能够最大化组间平方和的分解方案.

7.2.1 种植和修剪一棵回归树

在 R 中, CART 的实现可以用两个不同的库: 第一个是 R 的本地库叫作 `tree`, 实现的是 Chambers 和 Hastie(1991) 描述的树方法; 第二个是 `rpart` 库 (Therneau 等, 2015), 实现的是 Breiman 等 (1984) 给出的方法. 本书采用的是 `rpart` 库.

`rpart` 库中的函数可分为两类: 模拟函数和绘图函数. 模拟函数负责拟合树模型, 包括 `rpart` 拟合实际模型, `rpart.control` 调整填入 `rpart` 的参数, `summary.rpart` 汇总拟合出的模型, `snip.rpart` 互动式地输入模型修剪特征值, 而 `prune.rpart` 修剪模型. 绘图函数则负责把输出结果画成漂亮的图形, 包括 `plot.rpart`、`text.rpart` 和 `post.rpart` (为拟合出的模型生成 postscript 版本).

在 Willamette 流域案例中, 采用回归树模型开发了一个预测模型来预测 8 种农药的浓度. 本节中, 选择除草剂敌草隆来阐述模型拟合与评估的过程. 敌草隆是尿素除草剂, 可用来控制多种一年生和多年生的阔叶植物和杂草. 它是用来控制非作物区域和多种农作物 (如水果、棉花、甘蔗和豆类) 中的杂草和苔藓的. 敌草隆的工作机理是抑制光合作用. 数据集包含了 1996 年春季 (4 月和 5 月)、夏季 (7 月) 和秋季 (10 月和 11 月) 11 个子流域中 20 个监测站的 94 个敌草隆测试值. 图 7.3 给出了按照主导土地利用方式划分的农业和城市流域的浓度对数值.

为了构建一个树模型, 使用了函数 `rpart`. 如同在线性回归模型中一样, 公式被指定为:

```
#### R Code ####
set.seed(12345)
diuron.rpart <- rpart(log(P49300) ~ NH4+NO2+TKN+NOx+
    TOTP+SRP+BOD+ECOL+FECAL+Longitude+Latitude+Size+
    LU.Ag+LU.For+LU.Resid+LU.Other+NumCrops+Month,
    data=Willamette.data,
    control=rpart.control(minsplit=4, cp=0.001)))
```

语句行 `set.seed(12345)` 用来保证所有人能够获得相同的结果. 拟合出的模型可以用 `plot` 和 `text` 来展示:

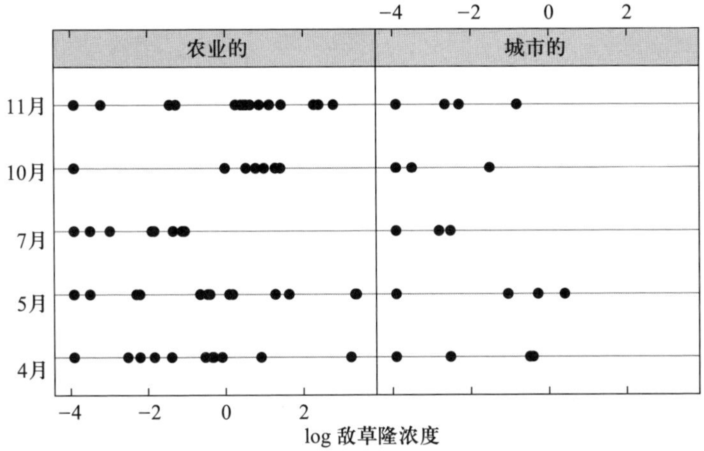

图 7.3 Willamette 流域内敌草隆的浓度——敌草隆浓度对数值是在 1996 年的 5 个月中收集的, 用点图方式表达. 图中每个圆点代表一个数据点. 该图反映出明显的季节模式, 因为除草剂的使用是季节性的. 城市化的流域显示出具有较低的浓度.

```
#### R Code ####
 plot(diuron.rpart, margin=0.1)
 text(diuron.rpart, cex=0.5)
```

图 7.4 给出了结果, 像一棵倒置的树.

模型过于复杂而图形难以辨认. 每个节点顶部的文字给出的是将父节点 (parent node) 分解成两个子节点 (child node) 时的变量和标准. 根节点 (root node) (在最顶端) 代表的是整个数据集. 条件 `LU.Ag<74.5` 表明要根据变量是小于 74.5%(到左边) 还是不小于 74.5%(到右边) 而将数据分解成两个子集合. 变量 `LU.Ag` 是监测站代表的子流域中农业用地的百分比. 左边树干的 63 个数据点 (`LU.Ag<74.5`) 进一步根据 `N2.3`($NO_2^- + NO_3^-$) 是小于 1.735(到左边) 还是不小于 1.735 (到右边) 而划分为两个子集合. 拟合出的模型可以被看作是预测敌草隆浓度对数的一组规则. 也就是说, 对任一给定的观测值, 我们利用分解标准提出一系列问题, 而对这些问题的回答就可以引导我们从根节点走到某个终端节点 (terminal node), 终端节点的敌草隆浓度对数均值就是浓度估计值. 第一次分解后, `LU.Ag<74.5` 的子集合的样本数为 63, 另一个子集合 (`LU.Ag > 74.5`) 的样本数为 31. 两个子集合的离差平方和分别是 183.56 和 94.407. 两个子集合的离差平方和之和 (277.967) 大约是分解前总离差平方和 (451.95) 的 62%. 这意味着减少了 38% 的离差平方和. 这个信息汇总在 CP 表中:

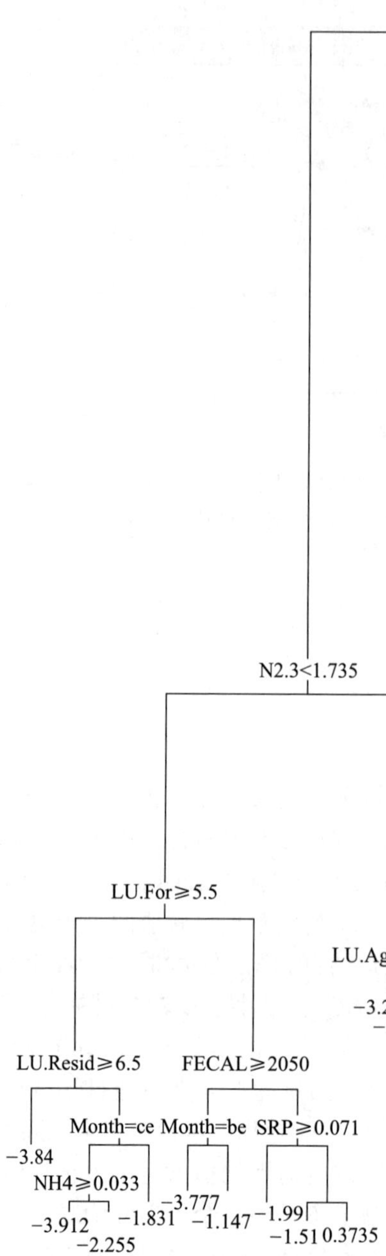

图 7.4 第一个敌草隆 CART 模型——模型拟合时设置的复杂性参数为 0.005. 拟合出的模型过于复杂. 大部分分解变量难以辨认, 意味着 “树” 应当被 “修剪”.

```
#### R Output ####
> printcp(diuron.rpart)
```

```
Regression tree:
rpart(formula = log(P49300) ~ NH4 + NO2 + TKN + N2.3 + TOTP +
    SRP + BOD + ECOL + FECAL + Longitude + Latitude + Size +
    LU.Ag + LU.For + LU.Resid + LU.Other + NumCrops + Month,
    data = Willamette.data,
    control = rpart.control(minsplit = 4, cp = 0.005))

Variables actually used in tree construction:
 [1] BOD  FECAL Longitude LU.Ag LU.For LU.Resid Month
 [8] N2.3 NH4   Size      SRP   TKN    TOTP

Root  node  error: 451/94 = 4.8

n=94 (1 observation deleted due to missingness)

            CP  nsplit  rel  error  xerror    xstd
1  0.38360           0      1.0000   1.030  0.1030
2  0.13035           1      0.6164   0.819  0.1130
3  0.09846           2      0.4861   0.664  0.0996
4  0.07110           3      0.3876   0.611  0.1023
5  0.04023           4      0.3165   0.547  0.0959
6  0.02545           5      0.2763   0.656  0.1314
7  0.02276           6      0.2508   0.720  0.1392
8  0.02013           7      0.2281   0.733  0.1389
9  0.01798           8      0.2079   0.701  0.1394
10 0.01653          10      0.1720   0.701  0.1394
11 0.01604          12      0.1389   0.687  0.1378
12 0.01049          13      0.1229   0.683  0.1353
13 0.00987          14      0.1124   0.767  0.1437
14 0.00935          15      0.1025   0.778  0.1456
15 0.00835          16      0.0932   0.793  0.1458
16 0.00818          17      0.0848   0.791  0.1459
17 0.00653          18      0.0766   0.790  0.1447
18 0.00561          19      0.0701   0.798  0.1453
19 0.00500          21      0.0589   0.798  0.1451
```

函数 printcp 给出了关于模型拟合的基本信息: 我们在模型公式中用了 18 个预测变量, 其中 13 个用到了拟合出的模型里. 拟合模型时, 我们设定 cp=0.005, 它是模型复杂性参数. cp 值越小, 模型越复杂. 通过指定 cp 值可以限制模型的复杂性, 而模型的复杂性与树模型的大小直接相关. 树枝 (或者说分解) 越多,模型越复杂. 汇总表给出了一系列树的复杂性参数. 要评价树模型对数据的拟合程度, 根节点误差 (响应变量数据的平均的离差平方和) 可作为参考. 对这个例子而言, 敌草隆浓度对数的平均离差平方和为 4.8. 平均离差平方和也被称为“误差”. 模型的相对误差定义为模型的平均剩余离差平方和与根节点误差的比值. 例如, 一个只分解了一次的模型, 它的相对误差为 0.6164, 意味着剩余方差只占根节点误差的 62%. 换句话说, 只分解了一次的模型可以解释响应变量数据中 38% 的总离差平方和. 一个模型预测的准确性是用交叉验证误差 (`xerror`) 和交叉验证标准差 (`xstd`) 来度量的. 要估计交叉验证误差, 可以通过将原始数据集随机划分为 10 个 (默认值) 子集合的模拟过程来完成. 将 1 个子集合放在一边, 把它作为检验数据集, 而其余 9 个子集合用来拟合模型. 放在一边的检验数据集合则用来评估模型. 重复 10 次这个过程, 每次采用不同的检验集合. `xerror` 是 10 个误差之和, 而 `xstd` 则是 10 个误差的标准误.

从 CP 表上我们注意到, 在模型进行到第 4 次分解前, `xerror` 随着分解次数的增加而减少. 但接下来的模型 (5 次分解) 的 `xerror` 就变大了. 换句话说, 具有 5 次分解的模型的预测误差比只有 4 次分解的模型要高. 预测误差的增加暗示着复杂性的增加可能是“拟合噪声”的结果. 确定树的合适大小的一种常用方法是选择具有最小的 `xerror` 的分解次数 (或者 CP 值) 的树. 也有替代做法, Breiman 等 (1984) 建议使用 1 倍标准误 (standard error, SE) 规则, 即尺寸小一些且与产生最小的交叉验证误差的树的差异在一倍标准误之内的树. 我们可以用函数 `plotcp` 来找出大小合适的树:

```
#### R Code ####
plotcp(diuron.rpart)
```

得到的图 (图 7.5) 表明大小为 5 个终端节点 (或者经过 4 次分解) 的树具有最小的 `xerror`, 具有 4 个终端节点 (经过 3 次分解) 的模型的 `xerror` 比最小的 `xerror` 加上一倍标准误要小.

要拟合大小合适的模型, 我们可以通过指定合适的 CP 值来重新拟合, 也可以使用函数 `prune`. 将图 7.4 中的模型修剪成只有 4 次分解的模型 (CP 值为 0.04023):

```
#### R Code ####
diuron.rpart.prune <- prune(diuron.rpart, cp=0.05)
```

修剪时使用的 CP 值可以是任何一个介于 0.04023(对应于 4 次分解的模型的 CP 值) 和 0.0711(3 次分解) 之间的值. 得到的模型将原始数据划分为 5 个子集合, 每个子集合中的敌草隆浓度对数具有相对均匀的分布. 下面的脚本输出了拟合出的模型图及每个终端节点对应的敌草隆浓度对数的箱图 (图 7.6):

```
nf <- layout(matrix(c(1,2), nrow=2, ncol=1), 1, c(2,1))
par(mar=c(0,4,1,2))
plot(diuron.rpart.prune, compress=F, branch=0.4, margin=0.1)
text(diuron.rpart.prune, pretty=T, cex=0.55, use.n=T)
title(main="log diuron Concentration")
par(mar=c(0.5, 4, 0.5, 2))
boxplot(split(predict(diuron.rpart.prune)+resid(diuron.rpart.prune),
    round(predict(diuron.rpart.prune), digits=4)),
        ylab="Diuron Concentrations",
        xlab=" ", axes=F, ylim=log(c(0.01, 50)))
axis(2, at=log(c(0.01, 0.1, 1, 10, 50)),
    labels=c("0.01", "0.1", "1", "10", "50"), las=1)
box()
```

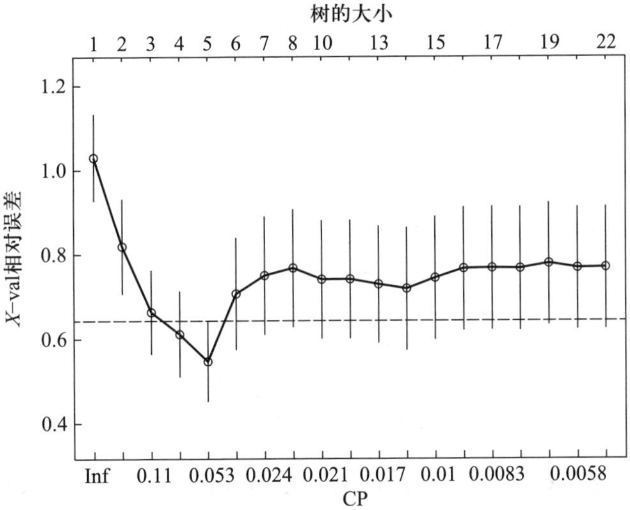

图 7.5 敌草隆 CART 模型的 CP 图——对交叉验证误差和 CP 值作图. 模型的大小 (终端节点的个数) 标在图的顶部. 竖直线段是 `xerror` 加上/减去 1 倍标准误. 水平虚线是最小的 `xerror` 加上 1 倍 SE.

如果使用了加 1 倍 SE 的规则, 最终的模型如图 7.7 所示.

由于没有理由使用一种规则而不用另一种, 究竟把经过 3 次分解 (4 个终端节点) 的模型还是 4 次分解 (5 个终端节点) 的模型作为最终模型完全可以是随意确定的. 我们还注意到拟合出的模型 (图 7.6 和图 7.7) 是使用一个特定的随机数种子的结果. 换句话说, 是一次特定的交叉验证模拟. 不同的模拟 (采用不同的随机数种子和/或不同数量的交叉验证子集) 可能会产生不同的结果. (交叉验证子集的数目可以用选项 `control=rpart.control(xval=xn)` 来设定.) 基于树的模型的非参数特征使它成为一种好的探索性工具, 但不是特别好的建模

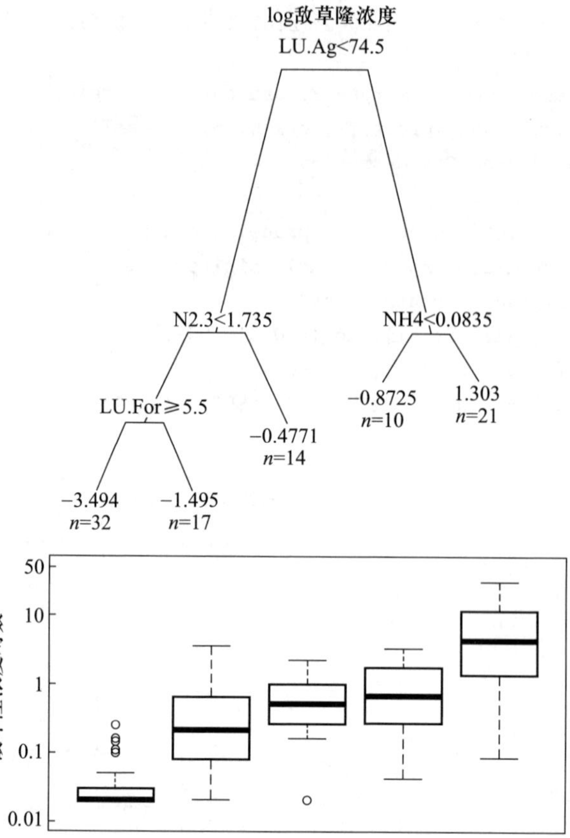

图 7.6 修剪后的敌草隆 CART 模型——修剪后的树具有 4 次分解或者说 5 个终端节点. 箱图给出了 5 个终端节点中每个节点的敌草隆浓度对数.

工具. 在 Qian 和 Anderson(1999) 中, CART 用来作为识别与农药浓度有关联的变量的工具, 而不是用来预测除草剂浓度.

在最终的 (交叉验证过的) 模型中, 并没有包括所有的候选预测变量. 虽然这个特点对某些问题而言可能并不需要, 但是, 在探索性研究中, 我们把这个特征看作是值得要的, 因为基于树的模型可以作为一种选择变量的方法. 换句话说, 并不是所有候选变量在解释响应变量时都是重要的. 利用基于树的模型, 我们在预测响应变量时可以识别重要的变量. 我们注意到二元递归分解过程一次操作一个变量, 因此, 候选预测变量的个数不会引起过度拟合的问题, 即不会把太多变量放入线性回归中. 由于最终的树模型将预测变量空间划分成子区域, 而在每个子区域内响应变量方差相对较小, 递归分解过程可以看作是与 ANOVA 相反的过程. 换句话说, ANOVA 检验被考虑的因素是否对响应方差贡献显著, 而树模型则识别出对响应变量方差贡献显著的因素.

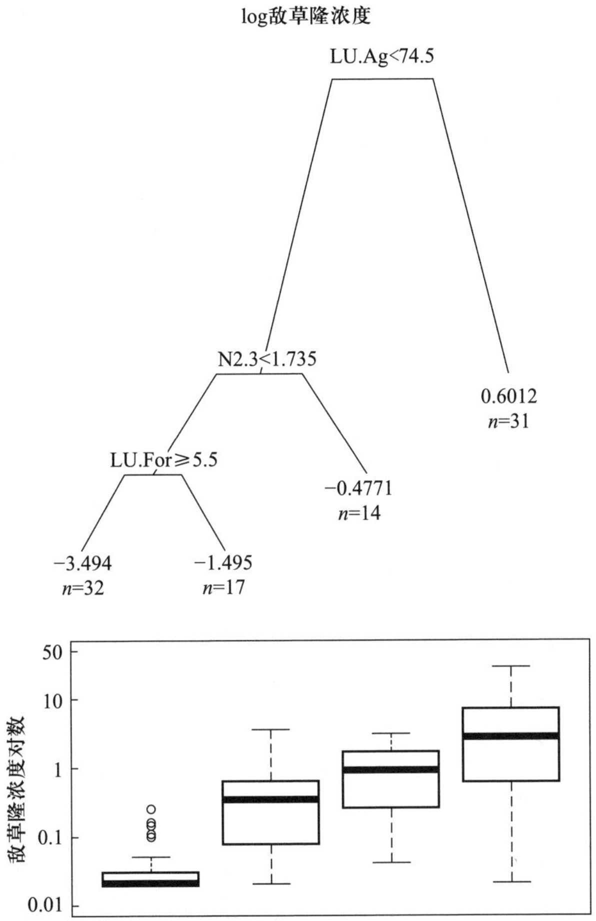

图 7.7 修剪后的敌草隆 CART 模型——修剪后的树使用了加 1 倍 SE 的规则, 具有 3 次分解或者说 4 个终端节点. 箱图给出了 4 个终端节点中每个节点的敌草隆浓度对数.

7.2.2 种植和修剪一棵分类树

另一类模拟问题是分类问题, 建立模型的目的是预测类别关系. 例如, 在水质管理问题中, 我们想要确定一个水体是否达到特定的使用要求. 利用一个经过测量的预测变量, 我们可以预测水体是否达到水质标准. 在某些情况下, 连续变量如果转换成分类变量, 能够被更好地解释. 例如, 很多环境研究中常见的一个问题就是相当多数量的观测值是低于方法检出限 (MDL) 或者说“左截尾” 的. 处理左截尾数据有很多种方法, 例如, 一种常用方法 (Helsel 和 Gilliom, 1986) 是将这些左截尾数据用固定数值来替换. 但是, 如果截尾数据所占比例很高 (如超过 20%), 用一个常数来替换它们可能会给分析结果带来偏差. 取而代之, 我们可以把浓度数据当作分类数据来处理, 也就是说, 将数据划分为诸如 "低于 MDL" "低" "中" "高" 等类别, 然后就可以使用分类树模型了. 在 Willamette 流域案例中, 敌草隆浓度也被当作分类变量处理过. 将连续变量取值转换成分类值的依据是敌草隆浓度对数的分位数图 (图 7.8). 分类树模型确定了预测敌草隆浓度类别的规则. 此处的模型拟合过程与拟合一个回归模型的过程是相似的. 在 R 中, 可以使用相同的函数 `rpart`. 在这个例子中, 我们构建了一个因子变量 `Diuron`:

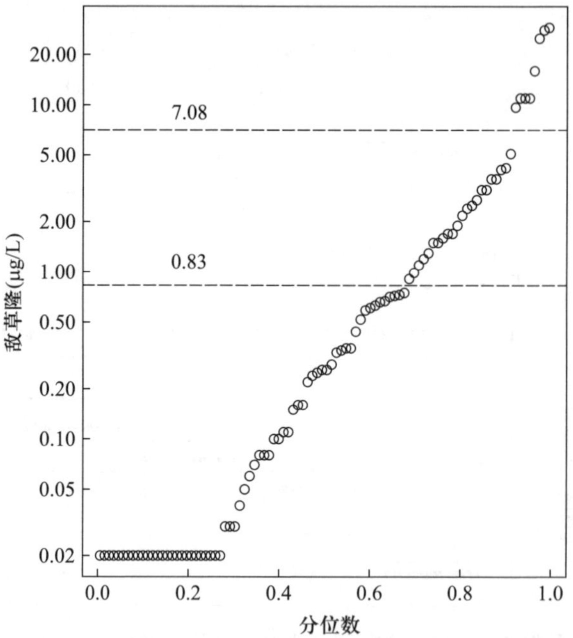

图 7.8 敌草隆数据的分位数图——可看到数据中有 3 个自然的突变 (对数坐标下). 一个将低于方法检出限的值与其他值分开, 其余两个 (在浓度值为 0.83 μg/L 和 7.08 μg/L 处) 将未被截尾的数据分成 3 组: 低、中、高.

```
#### R Code ####
Willamette.data$Diuron <- "Below MDL"
Willamette.data$Diuron[Willamette.data$P49300>=7.08]
          <- "High"
Willamette.data$Diuron[Willamette.data$P49300<7.08 &
    Willamette.data$P49300>=0.83] <- "Medium"
Willamette.data$Diuron[Willamette.data$P49300<0.83 &
    Willamette.data$P49300>0.02] <- "Low"
Willamette.data$Diuron <- ordered(Willamette.data$Diuron,
    levels=c("Below MDL", "Low", "Medium", "High"))
```

```
Willamette.data$Diuron[is.na(Willamette.data$P49300)]< - NA
```

与在回归模型中一样, 模型公式将 Diuron 指定为响应变量:

```
set.seed(12345)
diuron.rpart2 <- rpart(Diuron ~ NH4+NO2+TKN+N2.3+TOTP+
    SRP+BOD+ECOL+FECAL+Longitude+Latitude+Size+LU.Ag+
    LU.For+LU.Resid+LU.Other+NumCrops+Month,
    data=Willamette.data, method="class",

    parms=list(prior=rep(1/4,4), split="information"),
    control=rpart.control(minsplit=4, cp=0.005))
```

选项 method="class" 是指拟合的是一个分类模型. 而且, 我们特别指定了参数 prior 和分解方法 (split) (作为模型参数列表 parms 的一部分). prior 是存储每个分类的先验概率的向量. 这些概率描述了我们关于分类响应变量的总体分布的知识. 分布可以解释为因子变量每个取值等级的相对频率. 在这个例子中, 分类变量是根据监测得到的敌草隆浓度来构建的. 我们对 Willamette 流域中 4 种取值等级的相对频率并没有具体的信息 (因而用等概率). 如果 prior 没被指定, R 默认使用从数据中观察到的 4 种取值等级的相对概率. 分解方法参数则告诉 R 是使用信息指数 (公式 (7.2)) 还是基尼杂质 (公式 (7.3)) 来计算偏差.

与在回归模型中一样, 我们的初始模型过于复杂 (图 7.9), 从而导出了一个无法辨认的图模型. CP 表和 CP 图 (图 7.10) 给出了选择合适大小的树的依据 (3 次分解或者 4 个终端节点).

最终的树 (图 7.11) 的 CP 值与 0.06 接近.

```
#### R Code ####
diuron.rpart2.prune <- prune(diuron.rpart2, cp=0.06)
```

分类模型与图 7.7 中的回归模型具有相同的树结构. 这种巧合可以证明将一个很多取值低于检出限的农药浓度变量处理成一个因子变量的合理性.

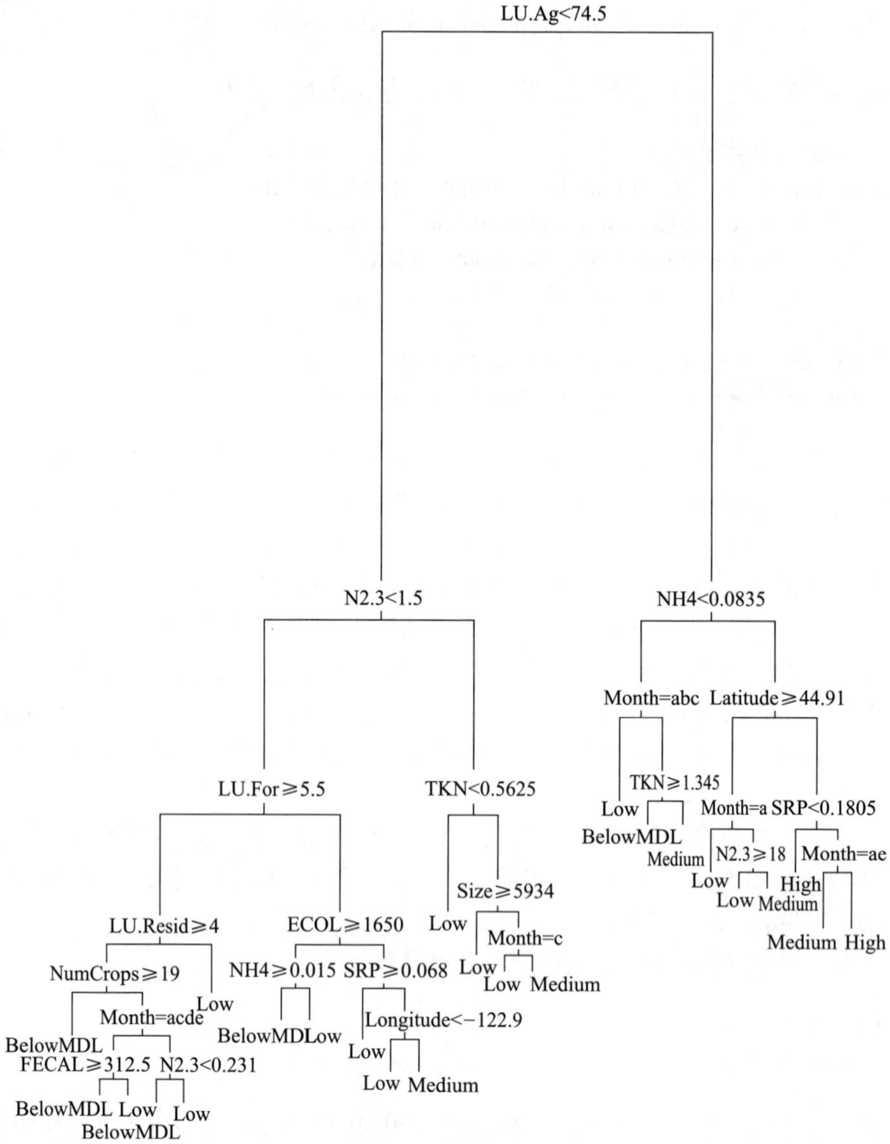

图 7.9 第一个敌草隆 CART 分类模型——将复杂性参数设为 0.005 导出了一个过于复杂的模型. 这个既拥挤又难以辨认的树暗示着修剪是必要的.

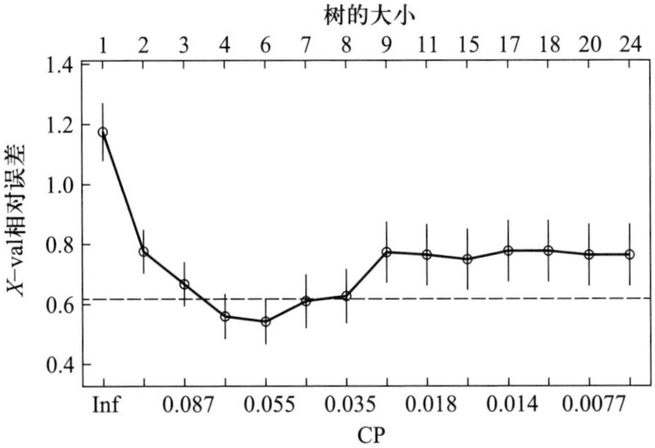

图 7.10 敌草隆分类模型的 CP 图——对交叉验证误差和 CP 值作图. 模型的大小 (终端节点的个数) 标在图的顶部. 竖直线段是 `xerror` 加上/减去 1 倍标准误. 水平虚线是最小的 `xerror` 加上 1 倍 SE.

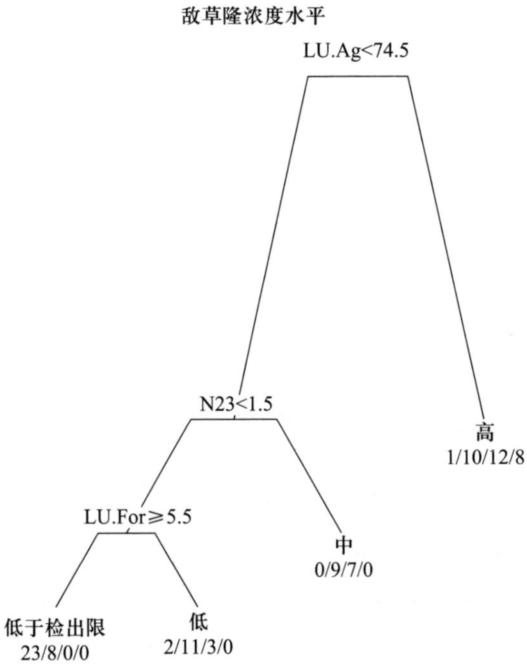

图 7.11 修剪后的敌草隆分类模型——敌草隆分类模型被修剪成拥有 3 次分解或者说 4 个终端节点.

7.2.3 绘图选项

最终的 CART 模型几乎总是用图形来表达的. R 工具包 rpart 提供了若干个选项以展示拟合好的模型. 我们用根据等先验概率和基尼杂质拟合出的模型来阐述不同选项的用法.

默认地, 用 plot 和 text 可以生成基本的输出 (图 7.12):

```
#### R Code ####
# Default
plot(diuron.rpart5.prune, margin=0.1,
    main="a.the default plot")
text(diuron.rpart5.prune)
```

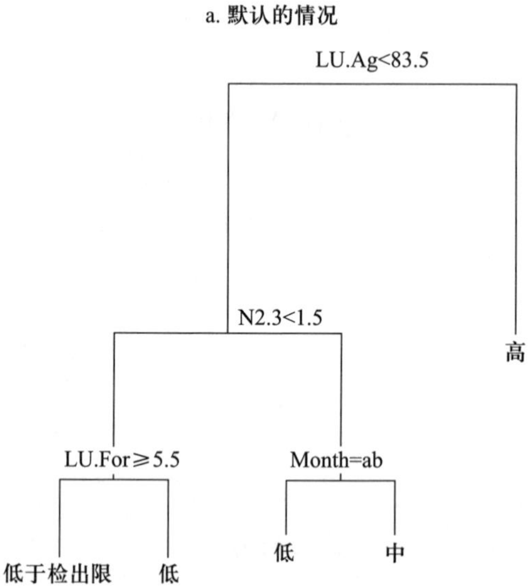

图 7.12 CART 图选项 1——默认的 CART 图.

参数 margin 提供了树边界周围空白范围的百分比. 默认的 margin 常常会切掉图标. 函数 plot.rpart 的主要选项是 uniform 和 branch. uniform 是一个用来指定在节点间是否采用统一的竖向间距的逻辑参数. branch 是一个介于 0 和 1 之间的数值, 用来控制从父节点到子节点的树枝的形状. 1 指定的是齐肩宽的树枝, 而 0 指定倒 V 形树枝, 其他取值则介于两者之间.

图 7.13 是用如下脚本产生的:

```
#### R Code ####
  # Uniform with branching
plot(diuron.rpart5.prune, uniform=T, branch=0.25,
margin=0.1, main="b.uniform with branching")
text(diuron.rpart5.prune, pretty=1, use.n=T)
```

函数 text.rpart 也提供了选项. 在图 7.13 中, 参数 pretty 是一个整数, 用来注明分解表中因子取值等级被简化到什么程度. 图 7.12 中, 因子变量 Month 的分解标注为 Month=ab. 如果使用 pretty=1, 标注就会变成 Month=Apr, Jul. 参数 use.n=T 使得终端节点的标注中加上了样本数量.

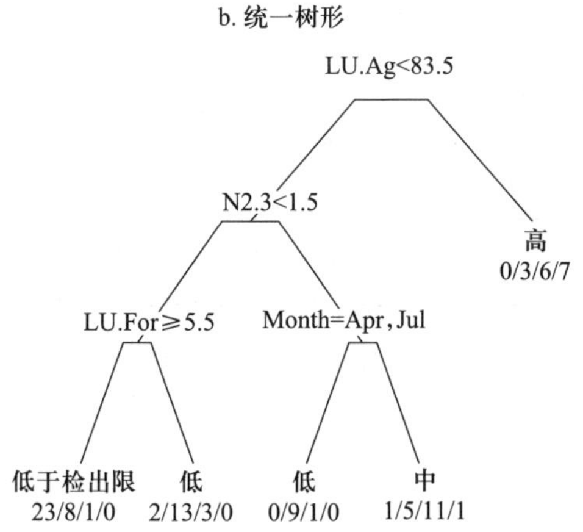

图 7.13 CART 图选项 2——使用统一间距和树形的 CART 图.

text.rpart 另外两个用得较少的参数是 all=T(标注所有节点, 而不是按照默认的那样只标注终端节点) 和 fancy=T(用椭圆表示中间节点而用矩形表示终端节点)(图 7.14).

```
#### R Code ####
plot(diuron.rpart5.prune, uniform=T, branch=0,
    margin=0.1, main="c.fancy")
text(diuron.rpart5.prune, pretty=1,
    all=T, use.n=T, fancy=T)
```

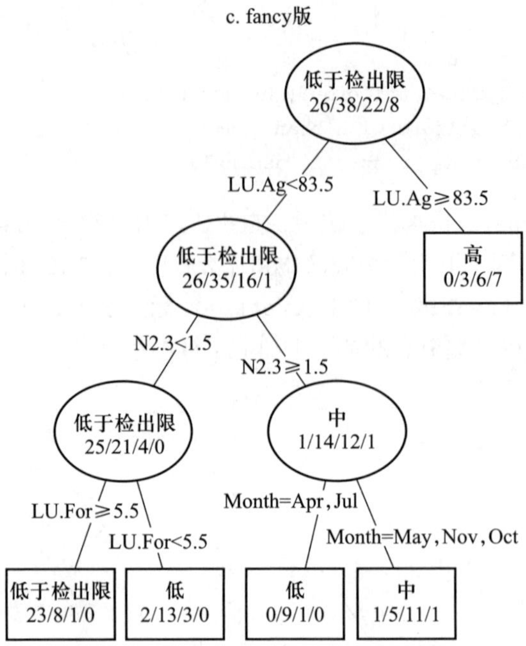

图 7.14 CART 图选项 3——使用统一间距和树形的 fancy 版 CART 图.

7.3 讨论

7.3.1 将 CART 用作建模工具

将 CART 用作构建预测模型的一个工具显然具有优势. 例如, 我们不需要确定要使用哪个预测变量及用哪种形式 (也就是哪种变换). CART 在展示相互作用时也非常有效. 但是, 很多 CART 应用在看待最终的 (交叉验证过的) 模型时有些过于认真了, 他们常常把最终的模型解释为对数据结构的确切描述. 由于 CART 是一个非参数的探索性工具, 对它的使用要谨慎. CART 常用来识别重要的预测变量. 很多应用只是简单地罗列出最终模型用到的变量. 这样的做法会造成误导, 原因如下:

(1) 树模型是递归拟合的, 每次选择的是能够局部最大化离差平方和减少量 (贪婪算法) 的分解方案. 也就是说, 减少量的最大化只是在当前的分解中实现的. 一个局部次优的分解可能会对整个模型更好. 因此, 模型最后选出的变量并不总是最重要的预测变量.

(2) 模型最终选出的预测变量可能是更重要的预测变量的替代量.

(3) 对于分类树, 采用不同的分解方法及先验概率所得到的树, 其差异会相当大.

如果像前面章节中所讨论的那样使用 CART 来筛选变量, 重要的是不仅考虑出现在最终模型里的变量且要考虑它们的竞争变量. 对 `rpart` 对象进行汇总统计就可以给出竞争变量. 例如, 对图 7.11 模型的 `rpart` 对象中第一个节点的汇总结果表明, 变量 `NH4` 与选中的变量 `LU.Ag` 几乎一样有效:

```
#### R Code ####
> summary(diuron.rpart2.prune)
Call:
rpart(formula = Diuron~NH4 + NO2 + TKN + N2.3 + TOTP + SRP +
    BOD + ECOL + FECAL + Longitude + Latitude + Size + LU.Ag +
    LU.For + LU.Resid + LU.Other + NumCrops + Month,
    data = willamette.data, method = "class",
    parms = list(prior = rep(1/4, 4), split = "information"),
    control = rpart.control(minsplit = 4, cp = 0.005))
  n=94 (1 observation deleted due to missingness)
        CP nsplit rel error xerror      xstd
1  0.32051     0   1.00000  1.17483  0.096700
2  0.10606     1   0.67949  0.77564  0.073316
3  0.07085     2   0.57343  0.66719  0.074220
4  0.06000     3   0.50258  0.57487  0.075417
Node number 1: 94 observations, complexity param=0.32051
  predicted class=Low       expected loss=0.75
    class counts:     26    38     22      8
  probabilities:   0.250  0.250  0.250  0.250
  left son=2 (63 obs) right son=3 (31 obs)
  Primary splits:
    LU.Ag < 74.5    to the left, improve=31.314, (0 missing)
    NH4 <0.0835   to the left, improve=31.256, (22 missing)
    TOTP <0.2015  to the left, improve=29.062, (3 missing)
    N2.3 <1.69    to the left, improve=24.230, (3 missing)
    BOD <2.55    to the left, improve=24.218, (30 missing)
……
```

选中的变量和分解 `LU.Ag<74.5` 会导致离差平方和减少 (改进) 31.314%. 如果使用 `NH4`, 改进则达到 31.256%. 变量 `LU.Ag` 提供的信息是流域内农业用地比例. 而变量 `NH4` 则表明了流域内农业活动的强度, 因为氨氮很可能源于动物排放或给作物施用的化肥. 因此, 两个变量在确定河流中敌草隆浓度变化时可能都重要. 如果这个研究的目的是识别重要的预测变量, 必须同时考虑最终被模型选中的变量及它们各自的竞争性的初次分解. 在本书中, 将 CART 看作一种探索性数据分析工具. 若将 CART 用作建模工具可能会有问题. 例如, Willamette 河的

分类模型用了特定的先验概率和分解方法. 有两种分解方法 (信息指数和基尼杂质), 且至少有两种不同的方法来指定先验概率. 本节中的例子采用的是等先验概率, 而默认的则是用观测数据的相对频率. 仅考虑先验概率和分解方法就有 4 种模型. 图 7.15 给出了用加 1 倍 SE 规则选出来的 4 个模型.

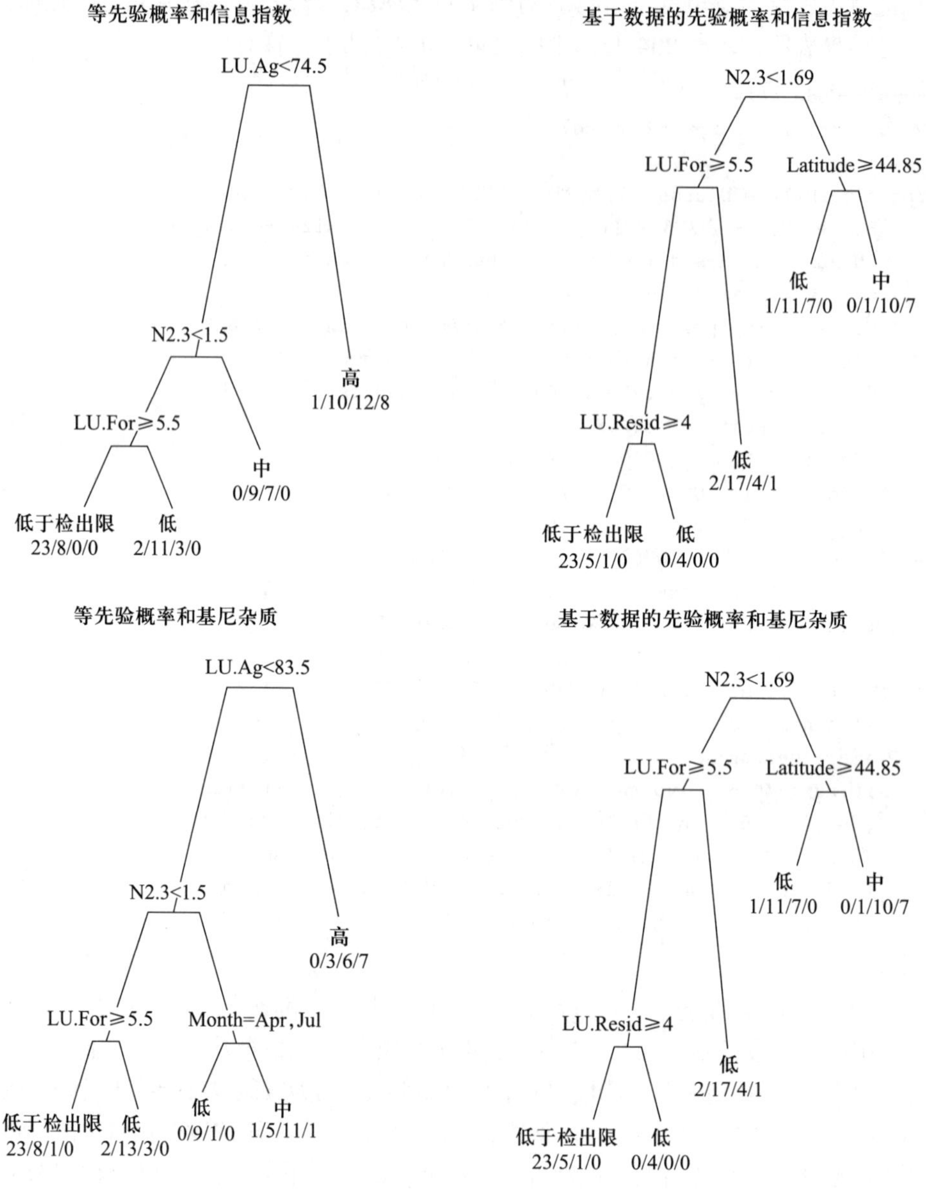

图 7.15 4 个敌草隆分类模型——使用不同的分解方法和先验概率定义, 拟合出的模型往往非常不同.

如果我们在响应变量所有 4 种取值等级上具有相同数量的观测值, 使用不同先验概率的两个模型间的差异就可以被避免. 使用观测数据时, 这个选择常常是不可行的. 与其他非参数方法一样, CART 是一种探索性工具. 这个例子中的 4 个模型告诉我们, 农业是 Willamette 流域中敌草隆的主要来源. 这个结论是显而易见的, 因为敌草隆主要就用于农业目的. 最后, 数据分析的目的是引导从业者采用最佳管理措施来减少河流中的农药浓度. 如果用的是图 7.11 中的模型且农业用地的比例被解释为河流中敌草隆浓度增加的主要原因, 那么, 它很难提供什么有用的指导. `N2.3`($NO_2^-+NO_3^-$) 和 `NH4` 代表流域内农业活动强度的解释不过是常识性的理解, 因为农业是使用农药的主要原因. 但是, 一旦这个常识被验证了, 可以设计进一步的研究来确定是否采取了最佳农业管理措施. 例如, 建立滨水缓冲区对减少这些小型河流中的敌草隆浓度是否为有效的管理措施.

我建议将 CART 用作构建参数模型时的一种变量筛选方法. 为构建线性模型而选择预测变量时, CART 是一种可以替代逐步选择变量过程的方法. 构建 CART 模型是一个需要用户不断解释结果的互动过程. 这个过程让科学家可以同时根据源自数据的证据和他/她的科学知识来判断一个变量是否应该放入模型. 除了潜在的预测变量, CART 模型还可以给出是否要考虑相互作用的建议.

7.3.2 离差平方和与概率假设

尽管 CART 常被描述为非参数方法, 非参数这个术语只适用于 "均值函数", 即模型公式的右侧. 与所有的统计学模型一样, 关于响应变量的概率假设是必需的. 在拟合回归树模型时, `rpart` 的默认方法是利用平方和计算偏差 (公式 (7.1)), 这意味着每个终端节点的响应变量分布是正态的且具有共同的方差. 偏差的一般定义是 -2 乘以模型的似然度对数值. 它是描述响应变量分布的模型参数的函数. 对于具有正态分布的变量, 似然度是 $\prod_{i=1}^{n}\frac{1}{\sqrt{2\pi}\sigma}\mathrm{e}^{-\frac{(y_i-\mu)^2}{2\sigma^2}}$ 或者 $\frac{1}{(2\pi)^{n/2}\sigma^n}\mathrm{e}^{-\frac{\sum_{i=1}^{n}(y_i-\mu)^2}{2\sigma^2}}$. 对数似然度则为 $\log\frac{1}{(2\pi)^{n/2}\sigma^n}-\frac{\sum_{i=1}^{n}(y_i-\mu)^2}{2\sigma^2}$. 如果标准差 σ 被假设为常数, 对数似然度则与 $-\frac{\sum_{i=1}^{n}(y_i-\mu)^2}{2}$ 成比例, 因此, 偏差 (-2 倍的对数似然度) 与 $\sum_{i=1}^{n}(y_i-\mu)^2$成比例. 如果用户没有指定, `rpart` 函数有一套规则来根据响应变量的一系列特征确定采用哪种偏差计算方法. 对于数值变量的默认方法是 `method="anova"` 或者正态分布偏差. 采用默认值意味着响应变量满足第 3 章中讨论的 3 种基本假设 (正态性、独立性和等方差).

在生态和环境学研究中, 我们常常遇到只取正值的响应变量. 根据定义, 这些只取正值的响应变量不能被近似为正态分布. 例如, 在 Everglades 湿地研究中, 用全藻类样本中硅藻的相对丰度来度量藻类对磷浓度升高的响应. 这个变量不仅是非负的, 它还被限制在 0 和 1 之间取值, 而且它的方差还与均值有关 ($\sigma_p = \sqrt{p(1-p)/n}$). 如果样本容量足够大, 由于中心极限定理, 正态性的假设可能合适. 但是, 如果硅藻比例随着磷浓度梯度变化, 就总是会违背等方差的假设. 理想地, 可以使用分类树, 因为响应变量是二分的. 但是, 问题常常被折中处理, 因为原始的二分数据并不定期公布. 只有不同物种的相对组成会被公布, 因为计数过程通常在达到预定的总数或者所有细胞被数过一遍之后就会停止. 同样地, 如果响应变量是一个计数变量, 它的方差会与均值成比例. 对于常用的微生物组成数据, 需要特定的分解方法, 而 `rpart` 函数可以满足这样的需求.

由于 CART 常被当作一种探索性工具, 为特定类型的响应变量开发新的分解规则可能就是过分的要求了. 但是, 我们知道基于平方和计算的默认分解规则要求近似正态性和常数方差. 在拟合 CART 之前, 要对响应变量进行变量转换. 例如, 对数转换可用来处理百分比. (当数据中有 0 或者 1, 工具包 `car` 中的 `logit` 函数可以用来将百分比转化到 0.025 和 0.975 之间.)

7.3.3 CART 和生态阈值

生态阈值是很多环境与生态学研究的话题. 由于生态阈值概念是比较新的, 不同的作者常常对这个概念有不同的解释. 美国 EPA 使用的是被大家普遍接受的一个定义, 即将阈值与生态恢复力相联系, 是生态系统所能承受住的不改变其自组织过程和结构控制变量的干扰量, 也就是说, 不会将其推到另一种稳态的干扰量. 一个生态阈值可以被定义为一种条件, 如果越过这个条件, 生态系统就会发生质量、性质或者现象的突变. 前人的研究表明, 生态系统往往并不会对驱动变量的渐变产生平稳的响应. 相反地, 生态系统在它的一个或者多个关键变量或者过程超出阈值时, 会通过突发地、不连续地转换到另一种状态的方式做出响应. 要将这个生态学问题翻译成统计学问题, 阈值问题必须在概率模型中用变化的方式予以定义. Smith(1975) 在贝叶斯的相关内容中首次对统计学中的变化点问题进行了讨论, 与生态阈值概念非常契合. 简言之, 我们可以分两步来定义定量的生态阈值. 第一步, 生态阈值要被定义为生态系统的具体度量, 而这个生态量可以用一套参数 θ 所描述的统计分布来近似. 第二步, 阈值是响应变量分布参数变化时对应的一个预测变量的数值:

$$y_i \sim \pi(y|\theta_j)$$
$$j = \begin{cases} 1 & \text{如果 } x \leqslant \phi \\ 2 & \text{如果 } x > \phi \end{cases} \tag{7.5}$$

其中 π 代表一个一般化的分布函数, ϕ 是 x 的阈值. 这个定义包括了阶跃变化和分段线性模型. 也就是说, 对于阶跃变化的阈值, 如果生态量可被近似为正态分布, 其值在阈值处发生突变, 模型可被表达为:

$$y_i \sim N(\mu_j, \sigma_j^2)$$
$$j = \begin{cases} 1 & \text{如果 } x \leqslant \phi \\ 2 & \text{如果 } x > \phi \end{cases}$$

对于分段线性回归模型, 模型可表达为:

$$y_i \sim N(\beta_0 + \beta_{1j}(x - \phi), \sigma_j^2)$$
$$j = \begin{cases} 1 & \text{如果 } x \leqslant \phi \\ 2 & \text{如果 } x > \phi \end{cases}$$

由于这个一般性的阈值问题的求解往往需要高等贝叶斯计算技术, 例如, 马尔科夫链蒙特卡罗模拟, Qian 等 (2003) 提出用 CART 作为替代来估计阶跃变化的阈值. 这种方法用单一的预测变量来拟合 CART 模型 $y \sim x$, 而第一次分解被认为是可能的阈值. 这种方法被不恰当地命名为非参数离差平方和减少模型, 结果给人的印象是该模型是个不需要分布的模型. 正如我们在第 7.3.2 节中讨论的那样, 离差平方和是与分布有关的. 尽管 Qian 等 (2003) 讨论了不同类型的响应变量需要采用不同的偏差计算方法, 但文献中几乎所有的这类应用使用的都是 R 函数中默认的方法, 用离差平方和计算偏差. 大多数这类应用的响应变量是计数或者比例分数.

7.4 参考文献说明

Breiman 等 (1984) 给出了对 CART 的完整描述, 很多理论和实践都源于这本书. Guisan 和 Zimmermann(2000) 将 CART 引入生境的生态学模拟中, De'ath 和 Fabricius(2000) 讨论了 CART 在一些生态数据分析问题中的应用, 两篇文献都强调了 CART 的预测功能. Qian 和 Anderson(1999) 讨论了将 CART 用于变量选择和探索性分析工具. CART 常用于模式识别和数据挖

掘 (Ripley, 1996). 基于树的模型的主要缺点是它们存在不稳定性, 不同的模型拟合方法或者数据的略微差异都可能导出非常不同的模型. Breiman(2001) 引入了自举聚合 (bootstrapping aggregation 或者 bagging) 方法, 其中自举样本用来拟合多个树模型, 这些树的平均预测结果可用作模型的预测值. 这个方法常被称为随机森林模型.

7.5 练习

1. 在分析芬兰湖泊案例 (第 5.3.7 节) 的数据时, Malve 和 Qian (2006) 使用 CART 来探索是否应使用 TP 和 TN 以外的变量作为叶绿素 a 浓度 (`chla`) 的预测指标. 数据文件包括以下潜在预测变量: `totp` (总磷)、`type` (湖泊类型, 1–9)、`year` (取样所处年份)、`totn` (总氮)、`month` (取样所在月份)、`depth` (平均深度)、`surfa` (湖泊表层面积) 和 `color` (颜色的测量数值). 使用这些潜在预测变量和 TN:TP 值构建一个用于预测 chla 的 CART 模型, 以及一个预测 log chla 的模型. 简要讨论为什么 chla 的对数转换是必要的, 而 TP 和 TN 的转换是不必要的.

2. Siersma 等 (2014) 报告了在休伦湖 (Lake Huron) 萨吉诺湾 (Saginaw Bay) 有可能恢复一种对环境敏感的穴居蜉蝣 (*Hexagenia* 属). *Hexagenia* 若虫是五大湖区许多鱼类的重要食物来源. 自 20 世纪 50 年代以来, 它们的密度下降, 这主要归因于流域的土地利用实践, 相关活动导致营养物和沉积物负荷增加. 近年来, 这些蜉蝣的恢复与湖湾整治工作以及德莱森德贻贝入侵有关. Siersma 等 (2014) 报告了 2012 年在萨吉诺湾进行的一项 *Hexagenia* 调查. 该研究包含 48 个采样点, 在这些采样点采集沉积物样本, 以计算 *Hexagenia* 若虫的数量并测量其他环境变量. 在数据文件 `SagBayHex.csv` 中, 列 `Hex` 是若虫的数量. 测量的环境变量包括水深 (`depth`)、溶解氧浓度 (`DO`)、水温 (`Temp`)、电导率、pH 值以及沉积物中沙子、黏土和淤泥的百分比.

(a) 仅在 48 个采样点中的 7 个发现了若虫. 使用分类树模型找出可能与 *Hexagenia* 的存在相关的环境条件 (由测量变量定义).

(b) 虽然仅在 7 个采样点发现了若虫, 但在每个采样点发现的若虫数量也可能传达关于 *Hexagenia* 所喜欢的环境条件的信息. 使用适合于计数数据的回归树模型 (即 `method='poisson'`) 来推断若虫偏好的环境条件.

3. 缅因州开发了一种基于生物条件的方法, 用于评估水体是否符合其指定用途. 该方法将水体分为四类: A(自然)、B(未受损)、C(维持结构和功能) 和 NA(未达标). 在对小溪流进行分类时, 生物条件的指标主要是基于底栖大型无脊椎动物数据计算获得. 缅因州环境保护厅开发了一个多变量聚类模型. 该模型使用了 25 个指标. 数据文件 `MaineBCG.csv` 里包含了用于开发多变量分类模型的数据. 模型中使用的指标数量很大, 这些指标往往有多余的, 因为其中一些指标反映的是相同的信息. 使用分类树模型来确定是否需要用到所有 25 个指标来进行分类. 由于该模型用于对尚未分类的溪流进行划分, 因此该模型的预测准确性引人关注. 如果不是所有 25 个指标都是必要的, 你认为应该使用多少 (以及哪些指标) ?

第 8 章

广义线性模型

在第 5 章中, 我们讨论过线性回归模型可以表达成概率分布的形式, 在线性和非线性回归问题中, 正态性 (更为具体地, 条件正态性) 假设是针对响应变量的:

$$y \sim N(f(x,\theta),\sigma^2) \tag{8.1}$$

其中, $f(x,\theta)$ 表示均值函数. 对于线性回归模型, $f(x,\theta) = X\beta$ 是预测变量的线性函数. 这个概率假设允许我们使用最大似然估计法来估计模型系数 θ. 使用 MLE 估计出的模型系数跟使用最小二乘法获得的估计值是一样的. 因此, 当讨论线性或非线性回归模型时, 我们会使用最小二乘法, 因为从概念上易于理解. 在实践中, 当遇到已知分布并不是正态分布的响应变量时, 我们常常会考虑采用变换来使残差的分布近似正态, 以便我们可以使用线性或非线性回归分析.

当响应变量服从的是其他分布时, 最小二乘法的估计量跟最大似然估计量可能就不相同了. 因此, 最大似然估计量常用于具有非正态响应变量的模型. 广义线性模型 (generalized linear model, GLM) 是一类服务于一组来自指数分布族的响应变量的模型. 指数分布族包括很多大家所熟悉的分布, 例如正态分布. 指数分布族的概率密度函数可以用以下一般形式来表达:

$$p(y|\theta) = h(y)\mathrm{e}^{\left(\sum_{i=1}^{s}\eta(\theta)T_i(x)-A(\theta)\right)} \tag{8.2}$$

正态分布、指数分布、伽马分布、卡方分布、贝塔分布、狄利克雷分布、伯努利分布、二项分布、多项分布、泊松分布、负二项分布、几何分布、威布尔分布都属于指数分布族. 例如, 正态分布 $N(\mu,\sigma^2)$ 的密度可以用公式 (8.2) 的方法来表达, 设置如下:

$$\theta = \left(\frac{\mu}{\sigma^2},\frac{1}{\sigma^2}\right)^T$$

$$h\left(x\right) = \frac{1}{\sqrt{2\pi}}$$

$$T\left(x\right) = \left(x,-\frac{x^2}{2}\right)^T$$

$$A(\theta) = \frac{\mu^2}{2\sigma^2} - \log\frac{1}{\sigma}$$
$$\eta(\mu) = \mu$$

指数分布族的成员可以用来描述环境和生态学研究中的大多数响应变量. 连接函数 η 将均值参数与预测变量的一个线性函数关联起来:

$$\eta(\mu) = X\beta \tag{8.3}$$

广义线性回归问题可以这样描述: 我们对响应变量 y 和一组预测变量 X 之间的联系感兴趣. 响应变量的概率分布是均值为 μ、方差为 V 的指数分布族中的一种. 均值 μ 可以通过公式 (8.3) 中描述的连接函数 η 与预测变量关联起来. 广义线性模拟方法为求解模型参数 (β) 的最大似然估计量提供了计算算法. 本章中, 将讨论两种最常用的 GLM, 即逻辑斯蒂回归 (响应变量为二分变量) 和泊松回归 (响应变量为计数变量), 以及用于多项分布的 GLM, 即二项分布的推广. 讨论完泊松回归和多项式/二项式回归之间的联系后, 我们用广义加性模型来结束本章.

8.1 逻辑斯蒂回归

逻辑斯蒂回归模型适用于只取两种数值的二分响应变量 y. 一般地, 二分响应变量可以用取值为 0 或者 1 的变量来表示, 用伯努利分布或者二项分布来模拟. 例如, 我们为了调查某种动物可能会去观察许多站点. 如果每个站点只调查一次, 每个站点的数据可能是 0(没见到动物) 或者 1 (见到动物). 如果每个站点被考察了多次 (n 次), 所得到的数据就是观察到动物的次数. 从统计学角度来看, 考察站点的总次数 n 就是试验次数. 对每次试验, 如果发现了动物就视为成功, 如果没看到动物就视为失败. 二项分布就是描述成功次数的分布的概率模型.

$$p(y = k) = \binom{n}{k} p^k (1-p)^{n-k} \tag{8.4}$$

伯努利分布是二项分布在 $n = 1$ 时的特例. 公式 (8.4) 中的分布只有一个参数 p, 即成功的概率. y 的期望值是 np, 方差是 $np(1-p)$. 二项分布是指数分布族 (公式 (8.2)) 的一员, 设置如下:

$$\theta = p$$
$$h(x) = \frac{n!}{x!(n-x)!}$$

$$A(\theta) = n\log(1-\theta)$$

$$\eta(\theta) = \log\frac{\theta}{1-\theta}$$

逻辑斯蒂回归的似然度函数是用二项概率分布函数 (公式 (8.4)) 来定义的, 用的连接函数为 $\eta(p) = \log[p/(1-p)]$, 是对成功概率的 logit 变换.

8.1.1 案例: 评估将紫外线作为饮用水消毒剂的有效性

我们用环境工程文献中的一个例子来介绍逻辑斯蒂回归模型. Korich 等 (2000) 报道了一项研究, 是关于实验鼠暴露于隐孢子虫属的微寄生虫时如何做出响应. 研究目的是建立剂量–响应模型. 也就是说, 一个预测实验鼠暴露于一定数量的寄生虫时被感染的概率. 此项研究是重要的, 因为根据美国疾病控制中心的资料, 隐孢子虫属是过去 20 年间美国人当中出现水传播疾病最常见的原因之一. 寄生虫会引起腹泻, 称为隐孢子虫病. 一旦动物或人被传染, 寄生虫会存活在肠道中, 并进入粪便. 寄生虫被其外壳所保护, 可以在人体外生存很久, 也使它可以抵抗氯基消毒剂. 这种疾病和寄生虫常被称为 "crypto". 世界各地的饮用水和娱乐用水中都可能找到这种寄生虫.

美国 EPA2006 年要求美国的地表水系统要用紫外线 (UV) 消毒, 将它作为满足处理要求的一种技术选择. 美国很多饮用水公司把紫外线消毒看作达到隐孢子虫失活要求和目标的最佳技术. 术语 "失活" 是指典型的紫外辐射不能杀死寄生虫, 但是, 可以改变寄生虫的核酸, 从而避免其复制和传染的事实. 因此, 紫外辐射的有效性必须用实验鼠–传染性研究来进行评估.

在典型的鼠–传染性研究中, 首先确定的是剂量–响应关系. 在这一步当中, 给很多实验鼠接种已知数量 (d) 的隐孢子虫的孢子, 并且观测被传染的鼠的数量. 用得到的传染性数据来拟合剂量–响应模型, 其形式是典型的对数线性逻辑斯蒂模型:

$$\text{logit}(p_i) = \beta_0 + \beta_1 \log_{10} d_i \tag{8.5}$$

其中, p 是感染的概率, d 是摄入的孢子数量, $\text{logit}(p) = \log\frac{p}{1-p}$, i 是指第 i 种剂量水平.

在工程文献中, 符号 $\log(x)$ 通常表示以 10 为底的 x 的对数或常用对数, 自然对数 (底数为 e) 则表示为 $\ln(x)$. 在统计文献中, 自然对数通常用 $\log(x)$ 表示. 在本书中, 表达式 $\log(x)$ 是指自然对数, 任何其他底数的对数都明确表示为 $\log_b(x)$.

8.1.2 统计学问题

研究中主要有两个问题. 首先, 很多研究将 p 等同于观测到的感染疾病的鼠的比例, 从而拟合出一个简单的线性模型 (如 Korich 等, 2000). 这种做法忽略了数据的二分结构, 并使用了正态近似. 这种正态近似常常会误导对不确定性的估计. 一方面, 响应变量是二分的 (鼠要么感染, 要么没有感染), 观测到的感染疾病的鼠的比例是在给定的孢子剂量水平下对感染频率期望值的估计. 我们可以预见到给定的孢子剂量水平下感染疾病的鼠的比例会随着不同的实验而变化, 这是因为实验鼠遗传特性的波动及实验条件的不同. 由于源数据的二分特征, 公式 (8.5) 中给出的简单回归方法不能恰当地模拟频率估计值 $\widehat{p}$ 的波动. 另一方面, 当观测到的感染疾病的鼠的比例为 1 或者 0 时, 这些数据点很可能被去掉了, 因为此时 logit 变换是不可能进行的. 这显然是不满足需求的. 而且, 利用观测到的比例就忽略了实验鼠的数量中含有的信息, 这是关于不确定性的重要信息源. 换句话说, 当某个比例, 例如 0.1, 是根据 10 只实验鼠中有 1 只被传染而估计出的, 这种估计的不确定性远远大于从 100 只实验鼠中得到相同比例值时的不确定性. 如果我们认为在给定的孢子剂量水平下任何给定的实验鼠感染的概率是一个未知的常数, 那么, 第一次估计 (0.1) 的方差是 $0.1\times(1-0.1)/10 = 0.009$, 而第二次估计的方差则是 $0.1\times(1-0.1)/100 = 0.0009$.

其次, 所测量的响应变量是感染疾病的实验鼠数目, 是一个计数变量, 无法有效地近似为正态分布. 我们感兴趣的统计量, 即感染的概率无法直接观测.

应该使用的是广义线性模型 (GLM) (McCullagh 和 Nelder, 1989). 因为响应变量是二分变量 (鼠要么被传染, 要么未被传染), 且感染疾病的概率只会受到孢子剂量的影响, 这样的数据常常适合采用二项模型. 在二项模型中, 公式 (8.5) 中的变量 p 是未被观测到的感染概率. 第 i 种剂量水平的二项分布模型可以表示为:

$$y_i \sim bin(p_i, m_i) \tag{8.6}$$

如公式 (8.5) 那样, 感染概率 (p_i) 被模拟成孢子剂量 (d_i) 的函数. 该模型的似然度函数与下式成比例, 是未知模型系数 β_0 和 β_1 的函数:

$$\prod_{i=1}^{n} p_i^{y_i}(1-p_i)^{m_i-y_i}$$

在 R 中可以运行一种能够快速计算 β_0 和 β_1 的最大似然估计量的算法.

8.1.3 在 R 中拟合模型

在拟合用公式 (8.5) 和公式 (8.6) 定义的逻辑斯蒂回归模型时, 我们用的语法与拟合线性回归模型时的语法几乎一样. 对于隐孢子虫数据, 调用函数 `glm`

就可以拟合逻辑斯蒂模型:

```
crypto.glm1 <- glm(cbind(y, m-y) ~ dose,
    family=binomial(link="logit"))
```

选项 `family=binomial(link="logit")` 表明响应变量来自二项分布, 连接函数是 “`logit`”. 公式 `cbind(y, m-y)~dose` 用一个两列的矩阵来表示响应变量, 其中, 第一列是成功 (发生感染) 的次数, 而第二列是失败 (鼠未感染) 的次数. 估计出的模型系数可以通过调用函数 `summary` 来进行汇总:

```
#### R Output ####
> summary(crypto.glm1)

Call:
glm(formula = cbind(Y, N - Y) ~ log10(Dose),
    family = binomial(link = "logit"), data = crypto.data)

Deviance  Residuals:
    Min       1Q    Median      3Q      Max
-3.8111  -1.2590  -0.0883  1.7001  5.1206

Coefficients:
             Estimate  Std.  Error  z  value  Pr(>|z|)
(Intercept)    -4.865         0.329     -14.8    <2e-16
log10(Dose)     2.616         0.162     016.2    <2e-16
---

(Dispersion parameter for binomial family taken to be 1)

    Null  deviance: 692.99  on 97  degrees of freedom
Residual  deviance: 368.05  on 96  degrees of freedom
AIC:588
```

汇总表给出了拟合好的模型的基本信息. 偏差 (-2 倍的对数似然值) 是对模型误差的一种度量, 与线性回归模型中的残差平方和相似. 估计出的模型系数 (截距和斜率) 及其标准误都列出来了. 统计显著性是用检验统计量 (z 值) 和相应的 p 值 (`Pr(>|z|)`) 来表达的. 可以换种做法, 软件包 `arm` 中的函数 `display` 可用来显示最相关的信息:

```
#### R Output ####
glm(formula = cbind(Y, N - Y) ~ log10(Dose),
    family = binomial(link = "logit"),
    data = crypto.data)
            coef.est coef.se
(Intercept) -4.865    0.329
```

```
log10(Dose)  2.616    0.162
  n = 98, k = 2
  residual  deviance = 368.1,
  null deviance = 693.0 (difference = 324.9)
```

尽管给出的输出形式与线性回归模型相似, 感染概率的 logit 变换与剂量水平对数值之间是线性关系:

$$\text{logit}(\text{Prob}(Infection)) = -4.865 + 2.616 \log_{10} Dose$$

但是, 我们感兴趣的是概率, 而感染概率与对数剂量之间的关系是非线性的. 对于该模型, 概率是剂量的函数:

$$\text{Prob}(Infection) = \frac{\mathrm{e}^{-4.865+2.616 \log_{10} Dose}}{1+\mathrm{e}^{-4.865+2.616 \log_{10} Dose}}$$

非线性关系如图 8.1 所示. 我们感兴趣的剂量水平是导致感染概率达到 0.5 的剂量, 即 LD_{50}. 工程和微生物学研究中最常用的估算 LD_{50} 的方法是将 $\text{Prob}(Infection) = 0.5$ 代入拟合好的模型中, 从而估计出剂量水平. 对这个例子而言, LD_{50} 的估计值为 $\widehat{LD}_{50} = 10^{-\widehat{\beta}_0/\widehat{\beta}_1} = 10^{4.865/2.616} = 72$. $\widehat{LD}_{50}$ 的不确定性常常会被忽视. 在这个例子中, 实际上 $\widehat{LD}_{50}$ 的标准误几乎不可能被估计. 第 9 章中我们会介绍一种估算标准误的简单的模拟方法.

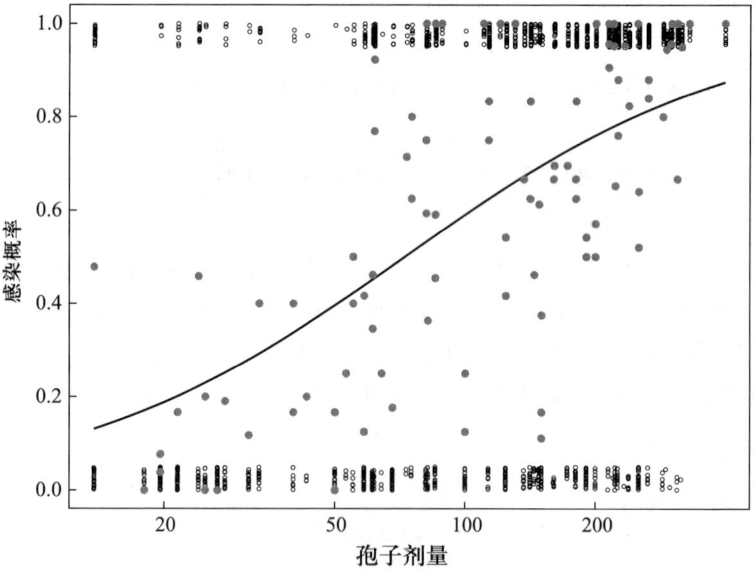

图 8.1 剂量–响应曲线——逻辑斯蒂回归将感染概率作为隐孢子虫孢子剂量的函数来进行估计 (实线). 黑色的圈代表每单只实验鼠的结果 (1 = 发生感染, 0 = 健康), 灰色的点则是每种孢子剂量下感染鼠的比例.

8.2 模型解释

拟合出的逻辑斯蒂模型用类似于线性模型的截距和斜率的形式来表达. 但是, 由于对概率进行了 logit 变换, 解释拟合模型比解释线性回归模型要复杂. 要理解拟合出的模型, 我们需要弄懂 logit 变换.

8.2.1 Logit 变换

Logit 函数, 即 $\text{logit}(p) = \log \dfrac{p}{1-p}$, 将一个取值在 0 到 1 之间的概率 (或者比例) 变量 p 转换成实数范围 $(-\infty, +\infty)$ 内的连续变量. Logit 函数的逆函数 $\text{logit}^{-1}(x) = \dfrac{\mathrm{e}^x}{1+\mathrm{e}^x}$ 则将连续变量转换到 (0, 1) 范围内 (图 8.2). 尽管逻辑斯蒂回归模型是用预测变量的线性模型的形式表达的, 然而, 其逆变换是非线性的, 会在概率和预测变量之间形成曲线关系. 这种非线性使得解释拟合后的逻辑斯蒂模型变得复杂.

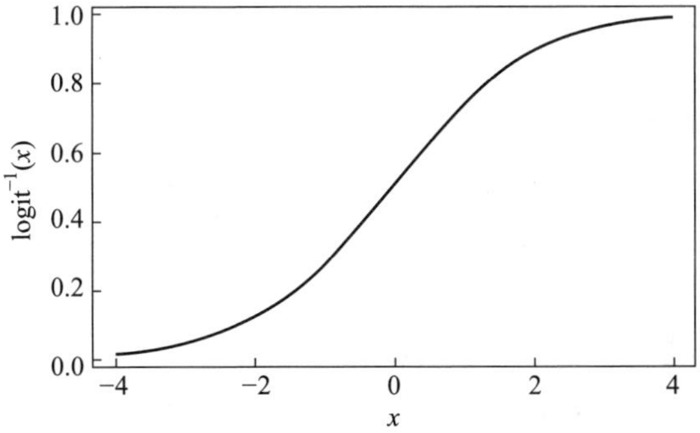

图 8.2 Logit 变换——logit 变换将范围在 (0, 1) 之间的变量 (y 轴) 转换成 $(-\infty, +\infty)$ 范围内的变量. 这种变换是非线性的——原始变量两端 (0 和 1) 附近的线条伸展量较大.

8.2.2 截距

在线性模型中, 估计出的截距是预测变量为 0 时响应变量均值的估计值. 在逻辑斯蒂回归模型中, 截距是预测变量为 0 时概率估计值的 logit 变换值. 在隐孢子虫案例中, 截距 -4.865 是 $\log_{10} Dose = 0$(或者说孢子剂量 $= 1$) 时, 感染概率的 logit 变换. 换句话说, 如果鼠摄入了 1 个隐孢子虫孢子, 感染概率是 0.0077. 在很多应用案例中, 在某个特定剂量水平上对预测变量进行取值的居中调整, 可以获得更易解释的截距.

8.2.3 斜率

对逻辑斯蒂回归模型斜率的解释不需要更多直觉判断. 按照字面意思, 隐孢子虫案例中的斜率可以解释为, 对于孢子剂量的每一个数量级的变化, logit 概率的变化是 2.616. 这种解释在数学上是准确的, 但是, 在实际中却没有意义. 对于孢子剂量数量级的变化来说, 感染概率的变化不是固定速率的. 如图 8.2 所示, 感染概率的变化速率取决于孢子剂量. 当 $X\beta \to \pm\infty$ 时, 斜率较小, 而 $X\beta$ 增加时斜率增加, 并在 $X\beta = 0$ 时达到最大值.

用概率的形式来表示, 简单的逻辑斯蒂回归是:

$$p = \frac{e^{\beta_0+\beta_1 x}}{1+e^{\beta_0+\beta_1 x}}$$

p 对 x 的斜率是 $\dfrac{\partial p}{\partial x}$, 最大斜率为 $\beta_1/4$. 也就是说, $\beta_1/4$ 是预测变量发生单位变化时, 概率的最大变化. 对隐孢子虫案例来说, 可以认为孢子剂量数量级变化在一个等级上时, 引起的感染概率的变化总是低于 0.68 (2.737/4).

成功概率对失败概率的比值称为赌注赔率. 因此, logit 变换就是对数赔率. 所以, 我们可以从赔率的对数线性模型的角度来解释该模型. 正如第 5.4 节讨论的那样, 如果响应变量是经过对数变换的, 斜率代表的是可乘的变化. 在这个例子中, 隐孢子虫剂量是经过对数变换的, 得到的是双对数线性模型. 我们可以把斜率 2.616 解释为隐孢子虫剂量每百分之一的变化引起的赔率的变化百分比. 要注意的是隐孢子虫剂量是用以 10 为底的对数变换的, 如果隐孢子虫剂量用自然对数进行变换, 斜率应该是 2.616/log10 或 1.136. 因此, 隐孢子虫剂量每增加 1%, 感染的赔率增加 1.136%.

8.2.4 其他的预测变量

由于隐孢子虫案例中用的数据来自 3 个实验室在不同时间所开展的 4 个实验, 因此, 得到的模型中肯定包含了实验室之间的差异. 在我们的数据中, 数据来源被标注为 `Finch`、`SPDL-HE`、`SPDL-TH` 和 `UA`, 是 Finch 等 (1993) 和 Korich 等 (2000) 报道的数据. Korich 报告的是在美国亚利桑那大学 (UA) 和英国格拉斯高的苏格兰寄生虫诊断实验室 (SPDL) 开展的实验. 在 SPDL 用了两种方法来鉴别感染, 分别是回肠末端的 H&E 着色段的组织学检查 (HE) 和组织匀化 (TH). 要考虑实验室之间和方法之间的差异, 我们引入了第二个预测变量 `Source` (图 8.3). 由于模型中有两个未知系数, 因此, 有两种做法可用来建模. 一种是假设斜率相同截距不同. 这种假设下, 我们可以拟合出 4 条平行线. 另一种则假设实验室之间的截距和斜率都不同, 即拟合出 4 条不同的线.

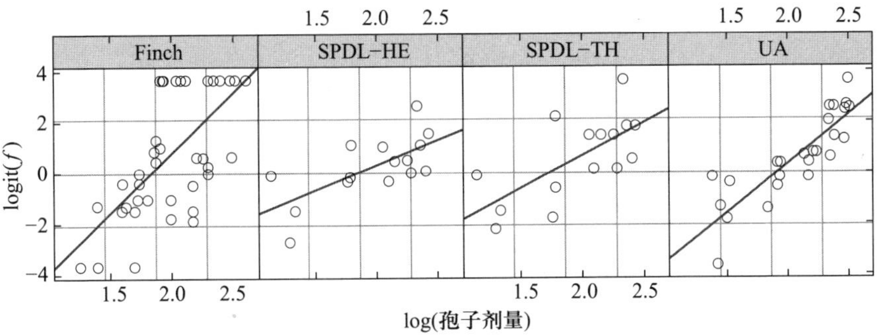

图 8.3 鼠感染数据——对受感染鼠比例的 logit 变换和相应的孢子剂量作图.

假设斜率相同时, 在 R 中拟合模型:

```
#### R Output ####
glm(formula = cbind(Y, N - Y) ~ log10(Dose) + factor(Source),
    family = binomial(link = "logit"), data = crypto.data)
                      coef.est coef.se
(Intercept)            -5.01     0.35
log10(Dose)             2.63     0.16
factor(Source)SPDL-HE   0.05     0.18
factor(Source)SPDL-TH   0.32     0.18
factor(Source)UA        0.07     0.16
  n = 98, k = 5
  residual deviance = 363.8,
  null deviance = 693.0 (difference = 329.1)
```

R 公式 `cbind(Y, M-Y)~log10(Dose)+factor(Source)` 表示模型的连续预测变量 `log10(Dose)` 具有统一的斜率, 但因子预测变量 `Source` 的 4 种不同取值具有不同的截距. 在输出结果的汇总中, 很清楚地给出了共同的斜率 (2.63), 但是, 截距是用基线 (`Finch`) 截距及其与其他数据源的截距的差值形式给出的. 在这个案例中, 基线默认为是第一种 (按字母顺序) 来源 `Finch`. 利用这种输出, 可以直接比较截距. `SPDL-HE` 和 `Finch`、`UA` 和 `Finch` 的截距之间的差值与 0 的距离都在 1 倍标准误 (0.18) 以内, 因此它们与 0 之间不存在统计学差异. 由于 Finch 研究的样本容量大得多, Korich 等拿他们的结果与 Finch(Finch 等, 1993) 的报道做了比较. 输出结果直接给出了这种比较. 与在多元回归问题中一样, 我们可以强制让模型没有截距:

```
#### R Output ####
glm(formula = cbind(Y, N - Y) ~ log10(Dose) + factor(Source) - 1,
    family = binomial(link = "logit"), data = crypto.data)
```

```
                       coef.est coef.se
log10(Dose)             2.63     0.16
factor(source)Finc  h -5.01     0.35
factor(Source)SPDL-HE -4.96     0.34
factor(Source)SPDL-TH -4.69     0.34
factor(Source)UA      -4.94     0.34
  n = 98, k = 5
  residual deviance = 363.8,
  null deviance = 744.1 (difference = 380.3)
```

模型公式中的选项 -1 强制让截距等于 0. 现在的汇总表给出了每种数据源的斜率估计值. 如果强制截距过原点, 零离差就不再有意义. 使用这个输出表, 我们可以直接检查 3 个实验室的截距 (及估计出的标准误).

8.2.5 相互作用

假设 "3 个实验室之间的差异仅表现在截距中" 并不能直接得到任何实验或者理论证据的支持. 允许实验室/测试方法之间存在不同斜率, 意味着引入了 Source 和 Dose 之间的相互作用效应. 如同我们在第 5.3.4 节中讨论的那样, 两个预测变量之间的相互作用意味着一个预测变量对响应变量的影响依赖于另一个预测变量的取值. 一个连续的预测变量和一个分类的预测变量之间的相互影响, 可以用分类变量不同取值水平下连续预测变量对响应变量的影响 (斜率) 的变化来表征.

```
#### R Output ####
glm(formula = cbind(Y, N - Y) ~ log10(Dose) * factor(Source),
    family = binomial(link = "logit"), data = crypto.data)
                                    coef.est coef.se
(Intercept)                         -6.53     0.98
log10(Dose)                          3.39     0.49
factor(Source)SPDL-HE                3.35     1.13
factor(Source)SPDL-TH                2.37     1.15
factor(Source)UA                     0.06     1.17
log10(Dose):factor(Source)SPDL-HE -1.66     0.56
log10(Dose):factor(Source)SPDL-TH -1.03     0.57
log10(Dose):factor(Source)UA      -0.01     0.57
  n = 98, k = 8
  residual deviance = 344.5,
  null deviance = 693.0 (difference = 348.5)
```

我们发现 SPDL-HE 模型与 Finch 模型在截距和斜率上都不同. SPDL-HE

模型与 `Finch` 模型截距的差值 (3.39) 与 0 的距离超出了 2 倍标准误 (2×1.13). 斜率的差异 (−1.66) 与 0 相比也超出了 2 倍标准误 (2 × 0.56).

3 个模型估计出的截距和斜率还是可以用 “`-1`” 技巧来展示:

```
glm(formula = cbind(Y, N - Y) ~ log10(Dose) * factor(Source)
    - 1 - log10(Dose),
    family = binomial(link = "logit"), data = crypto.data)
                                  coef.est coef.se
factor(Source)Finch               -6.53     0.98
factor(Source)SPDL-HE             -3.18     0.57
factor(Source)SPDL-TH             -4.16     0.60
factor(Source)UA                  -6.47     0.63
log10(Dose):factor(Source)Finch    3.39     0.49
log10(Dose):factor(Source)SPDL-HE  1.73     0.28
log10(Dose):factor(Source)SPDL-TH  2.36     0.31
log10(Dose):factor(Source)UA       3.38     0.30
  n = 98, k = 8
  residual deviance = 344.5,
  null deviance = 744.1 (difference = 399.6)
```

8.2.6 对隐孢子虫案例的讨论

隐孢子虫数据分析中明显存在一个问题, 即我们得到的结论 (4 个模型是不同的) 与 Korich 等 (2000) 的结论不同. 模型拟合中的第一个不同点是我们所用的响应变量是发生感染的鼠的数量, 而 Korich 研究中所用的响应变量是感染鼠的比例的 logit 变换. 由于 Korich 必须从观测值中去掉比例为 0 或者 1 的数据, 我们所用的数据集实际上与 Korich 研究中所用的数据是不同的. 其次, Korich 等 (2000) 所报道的模型是分头拟合的. 为每个实验单独拟合模型不会改变估计出的模型系数, 但是, 估计出的标准误通常会比联合在一起估计时所得到的标准误大. 在 Finch 研究中, 作者没有用单次的检验结果, 用的是多次重复实验的平均孢子剂量. 这么做就可以避免感染鼠的比例为 0 或者 1 的问题. 但是, 他们引入了变量误差的问题, 也就是说, 预测变量取值的不确定性问题.

在研究将紫外线用作使隐孢子虫失活的消毒剂的有效性时, 由于案例中所给出的剂量–响应分析往往是研究的第一步, 模型系数估计值的微小差异就可能导致后续数据分析的较大差异, 估计出的系数的标准误的大小更为重要. 相关细节可参考 Qian 等 (2005) 的文献. 在我们的分析中可以看到模型系数估计值差异较大, Korich 的研究也是如此. 当我们拟合相同的线性回归模型时, 所得到的模型系数与报道的结果有些差异.

```
#### R Output ####
lm(formula = I(logit(Y/N)) ~ log10(Dose) * factor(Source)
           - 1 - log10(Dose), data = crypto.data,
           subset = Y/N != 0 & Y/N !=1)
                                     coef.est coef.se
factor(Source)Finch                  -2.64     1.40
factor(Source)SPDL-HE                -3.71     1.19
factor(Source)SPDL-TH                -3.97     1.21
factor(Source)UA                     -6.05     1.20
log10(Dose):factor(Source)Finch       1.12     0.72
log10(Dose):factor(Source)SPDL-HE     2.00     0.59
log10(Dose):factor(Source)SPDL-TH     2.23     0.61
log10(Dose):factor(Source)UA          3.23     0.57
  n = 76, k = 8
  residual sd = 0.95, R-Squared = 0.54
```

8.3 诊断学

8.3.1 箱式残差图

当观测值是二分数据时, 一个逻辑斯蒂回归模型可以预测成功的概率. 因此, 对残差 (观测值减去预测值) 和拟合出的概率进行作图是没有意义的. 如果对残差和预测出的感染概率作图 (图 8.4), 典型地, 我们可以看到两条平行线. Gelman 和 Hill (2007) 针对二分变量回归模型给出了箱式残差图 (binned

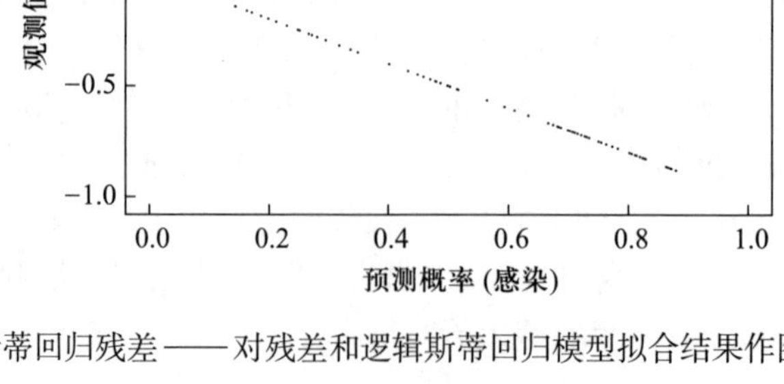

图 8.4 逻辑斯蒂回归残差——对残差和逻辑斯蒂回归模型拟合结果作图往往难以解释.

residual plot), 要将残差图 (图 8.4) 的 x 轴划分成多个箱子. 在每个箱子中, 计算平均残差, 然后对箱子的中心作图. 如果箱子个数使用合理, 在箱式残差图中可以看到典型的猎枪模式 (图 8.5). 除了平均箱式残差, 在每个箱子中还要顾及残差的标准误. 在箱式残差图中, 我们也会画出约 95% 的置信边界 $(0 \pm 2se)$ 来帮助评估模型的性能.

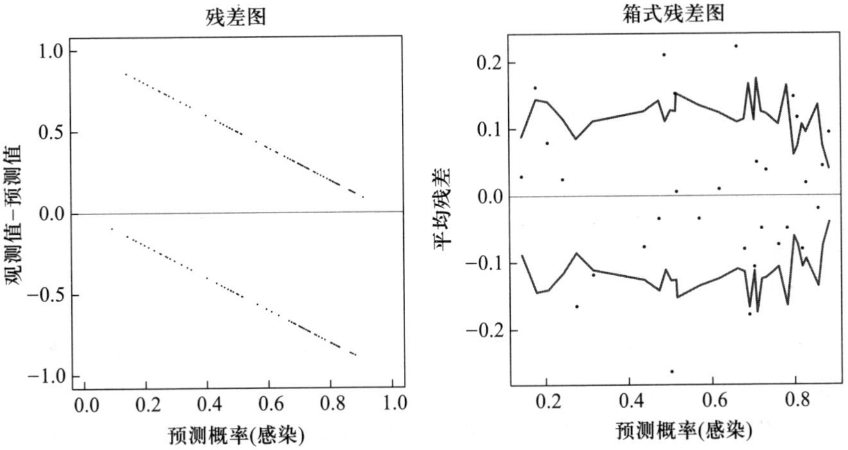

图 8.5 箱式残差图——比较箱式残差图 (右图) 和残差图 (左图).

8.3.2 偏大离差

逻辑斯蒂回归基于响应变量服从二项分布的假设. 如果成功的概率 p 已知, 响应计数变量 (m 次实验中成功的次数) 的方差就是已知的 $(mp(1-p))$. 如果二项实验不是独立的 (例如, 如果用的实验鼠是同一窝的), 或者各次二项响应的 p 是不同的, 或者重要的预测变量没有包含在关于 p 的模型中, 那么响应计数变量的方差会比二项模型条件下的期望方差要大. 这就是偏大离差问题.

要检查偏大离差, 我们需要计算残差和标准化残差:

$$r_i = \widehat{y}_i - y_i$$

其中 $\widehat{y}_i = m_i \widehat{p}_i$, 并且

$$z_i = r_i \Big/ \sqrt{m_i \widehat{p}_i (1 - \widehat{p}_i)}$$

如果数据不存在偏大离差的话, 标准化残差的平方和服从 χ^2 分布. 对偏大离差的假设检验如下:

$$\mathrm{H}_0: \text{数据不存在偏大离差}$$

$$\mathrm{H}_1: \text{数据存在偏大离差}$$

检验统计量是标准化残差的平方和 $z_{\chi^2}=\sum_{i=1}^{n} z_i^2$, 检验的 p 值是 $\Pr(\chi^2_{n-k} > z_{\chi^2})$.

对于隐孢子虫案例, 在 R 中进行偏大离差检验可如下操作:

```
#### R Code ####
   z <- (crypto.data$Y-crypto.data$M*fitted(crypto.glm1)) /
        sqrt(crypto.data$N*fitted(crypto.glm1)*
       (1-fitted(crypto.glm1)))
   z.chisq <-  sum(z^2)
   overD <- z.chisq/summary(crypto.glm1)$df[2]
   overD
    [1] 3.4784
   p.value <- 1-pchisq(z.chisq, df=summary(crypto.glm1)$df[2])
   p.value
   [1] 0
```

估计出的偏大离差参数为 3.48, 可解释为数据中的变化是二项模型中方差期望值的 3.48 倍.

如果数据存在偏大离差, 关于拟合模型的统计推断就必须进行调整. 估计出的模型系数的标准误要乘上偏大离差参数的平方根, 因此, 系数的统计显著性就发生变化了. 在 R 中完成对偏大离差的检查和调整是通过将选项 `family=binomial` 替换成 `family=quasibinomial` 来实现的:

```
#### R Output ####
> display(crypto.glm1, 3)
glm(formula = cbind(Y, M - Y) ~ log{10}(Dose),
    family = quasibinomial(link = "logit"),
    data = crypto.data)
              coef.est coef.se
(Intercept)   -4.865    0.613
log{10}(Dose)  2.616    0.302
  n = 98, k = 2
  residual deviance = 368.1,
  null deviance = 693.0 (difference = 324.9)
  overdispersion parameter = 3.5
```

8.3.3 啮齿动物食用种子: 逻辑斯蒂回归的第二个案例

对于二分响应变量的建模和变量选择, 现在给出第二个例子, 是基于中国西南部森林中开展的一项小型啮齿动物争抢种子的研究 (由北京大学的沈泽昊博士主持). 研究人员对于弄清楚啮齿动物觅食模式感兴趣, 包括: ①啮齿动物对于种子是否具有选择性; ②啮齿动物是否在新种子和陈年旧种子中偏好前者; ③啮齿动物是否只搜寻地面上的种子; ④啮齿动物对于在何处觅食是否具有选择性 (地形学的作用). 要回答这些问题, 研究人员设计了一项 4 因素的析因实验. 他们选了 8 种常见树种来收集种子. 种子放在小的网状袋子中, 并放置在地形不同的 4 个地点, 分别代表山顶、阳光充足的斜坡、阴暗的斜坡和山谷底部. 在每个地点, 落叶下面放 6 袋种子, 表层土壤下 4 厘米的地方也放 6 袋种子. 随着时间变化来检查这些种子袋, 11 个月 (2005 年 1—11 月) 中每隔一个月检查一次. 在每个地点重复 3 次这样的做法, 种子袋按照两两平均相隔 1 米的矩阵形式来埋藏. 在 6 次现场考察中的每一次, 研究人员收集种子袋并检查其状态 (种子没被碰过还是被拿走了). 在所有情形下, 一旦种子袋被动物发现, 里面的东西就都被吃掉了. 除了现场变量外, 研究人员还测量了平均的种子重量, 作为潜在的预测变量.

响应变量 (Pred) 是个二分指标, 即一袋种子是被吃掉了 (1) 还是没有被吃掉 (0). 因此, 我们不便使用图形来探索可能的预测因素和适宜的变换形式. 我们可以像在第 7 章中所做的那样, 使用 CART 来探索相关的预测变量. 但在此例中, 该实验旨在回答前述那些问题. 因此, 我将按照生态问题的顺序来挖掘数据——一次一个问题。

首先我们检验捕食者是否喜欢某种种子超过其他种子. 如果啮齿动物更喜欢一种或多种种子, 我们随后可以推断和开展实验, 也许这些捕食者能感知其食物的营养价值. 我们可以直接用 species 作为一个分类变量来模拟这种偏好:

```
Pred ~ factor(species)
```

也可以用种子重量作为营养/能量值的替代量来模拟这种偏好:

```
Pred ~ log(seed.weight)
```

根据数据图 (图 8.6), 种子重量 (以对数形式) 作为第一个预测变量, 从而导出了以下模型:

```
#### R Output ####
glm(formula = Predation ~ log(seed.weight),
    family = binomial(link = "logit"),
    data = seedbank)
                 coef.est coef.se
(Intercept)       -3.55     0.20
log(seed.weight)  0.42      0.04
  n = 1142, k = 2
```

```
  residual deviance = 785.2,
  null deviance = 939.8 (difference = 154.6)
```

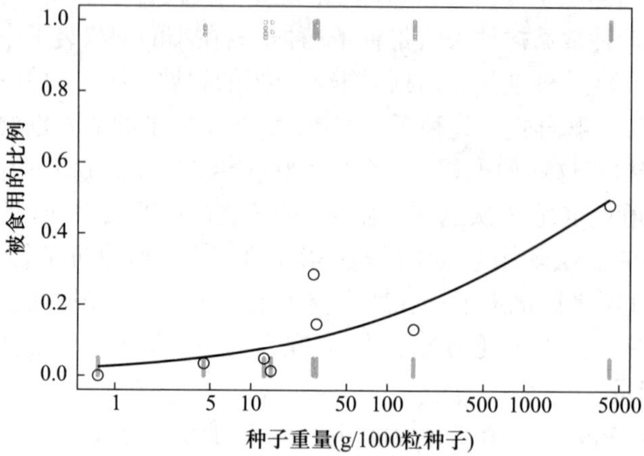

图 8.6 种子被食用的比例与种子重量——对被吃光的种子袋的比例和每个树种的平均种子重量作图. 该图表明在种子重量和食用率上存在正的关联关系. 实线是用种子重量的对数作为唯一的预测变量而拟合出的逻辑斯蒂回归模型.

使用种子重量作为预测变量不仅减少了系数的个数, 而且避免了使用分类预测变量树种 species 时的不可识别性. 如果将树种 species 用作分类变量, 第一种树种的系数是不可识别的, 因为在实验结束后这个树种的所有种子都没有被碰过.

```
#### R Output ####
glm(formula = Predation ~ species - 1,
    family = binomial(link = "logit"),
    data = seedbank)
             coef.est coef.se
species8 -0.07      0.17
species7 -1.88      0.25
species6 -1.76      0.24
species5 -0.91      0.18
species4 -4.26      0.71
species3 -2.97      0.39
species2 -3.32      0.46
species1 -18.57   549.31
  n = 1142, k = 8
  residual deviance = 721.1
```

在 100% 种子完好无损的情况下, 概率的 MLE 将是 0. 然而, 0 (和 1) 的

logit 转换是没有定义的. 因此, 当使用逻辑斯蒂回归时, 我们认为成功的潜在概率不等于 0 或 1. 由此, 树种 1 的捕食概率对应的系数标准误很大.

另一个选择种子重量的考虑是模型的解释. 使用种子重量, 不仅拟合出的模型易于用图形展示 (图 8.6), 而且后续的模型也很容易解释. 例如, 如果检查时间的影响, 我们可以把时间作为分类变量引入, 得到的模型可以被直观地解释:

```
#### R output ####
glm(formula=Predation~factor(time)+log(seed.weight),
    family = binomial(link = "logit"), data = seedbank)
                 coef.est coef.se
(Intercept)      -6.33     0.64
factor(time)2     2.37     0.64
factor(time)3     2.70     0.64
factor(time)4     3.11     0.63
factor(time)5     2.98     0.63
factor(time)6     3.10     0.63
log(seed.weight)  0.46     0.04
  n = 1142, k = 7
  residual deviance = 726.3,
  null deviance = 939.8 (difference = 213.5)
```

这一步的目的是检查在后面 3 个时间段中食用率是否达到一个稳定值. 从道理上讲, 我们想得到的是, 第 3 个时间段后, 当能够获得秋天的新种子时, 被吃掉的种子的比例达到稳定值. 在这个模型中, 时间的影响是用后面的时间段和初始时间段之间的差距来表达的. 这个模型可以被解释为针对 6 个时间段的 6 个平行模型, 每个在 log(seed.weight) 上具有不同的截距和相同的斜率. 我们可以强制截距为 0 来重新拟合模型:

```
#### R Output ####
glm(formula = Predation ~ factor(time) + log(seed.weight) - 1,
    family = binomial(link = "logit"), data = seedbank)
                 coef.est coef.se
factor(time)1    -6.33     0.64
factor(time)2    -3.95     0.32
factor(time)3    -3.62     0.29
factor(time)4    -3.21     0.27
factor(time)5    -3.34     0.27
factor(time)6    -3.23     0.27
log(seed.weight)  0.46     0.04
  n = 1142, k = 7
  residual deviance = 726.3,
  null deviance = 1583.1 (difference = 856.9)
```

现在, 6 个不同的截距直接显示在模型汇总表中了, 表明直到第 4 个时间段 (7 月) 概率一直在增加. 从图上看, 这个结论 (图 8.7) 有些含糊, 因为虽然清楚地看到了一种我们所期望看到的模式, 但是, 估计出的截距的不确定性较高 (用 95% 和 68% 的置信区间代表), 意味着时间段 1 的截距在统计学上与其他时间段的截距存在差异 (而其他时间段的截距在统计学上没有区别). 无可否认, 回归系数是相关的, 直接比较 95% 置信区间可能并不准确. 不仅如此, 比较截距不能保证概率上相同的结论. 对于典型的种子重量 (28.5, 距离中位数最近的实际种子重量), 种子袋被发现并被吃掉的概率估计值为:

```
#### R Output ####
invlogit(coef(seedbank.glm4)[1:6] +
    coef(seedbank.glm4)[7] * log(28.5))

factor(time)1 factor(time)2 factor(time)3
       0.0082        0.0812        0.1094
factor(time)4 factor(time)5 factor(time)6
       0.1561        0.1399        0.1539
```

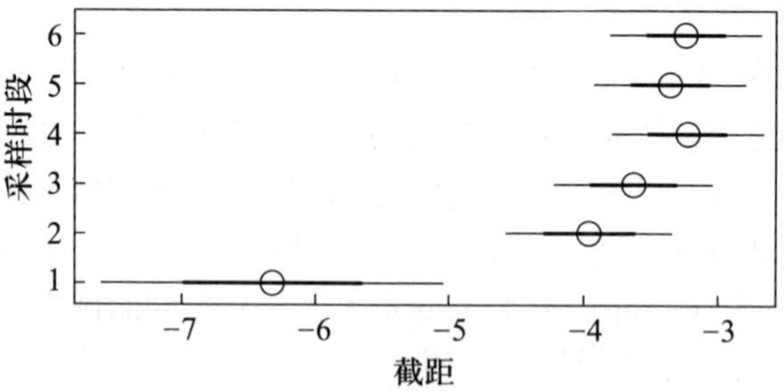

图 8.7 随时间变化的种子食用情况——6 个采样时段估计出的截距用圆圈来表示. 粗线是估计出的 50% 置信区间, 细线是估计出的 95% 置信区间.

由于把时间当作一个因子变量, 拟合出的模型实际上是 6 个不同的模型, 每个模型针对一个采样时段. 截距的差异 (图 8.7) 是用 logit 坐标表示的. 因为变换是非线性的, 概率大小的差异是不同的. 要在原始概率尺度上展示 6 个模型, 可以用以下 R 代码来生成图 8.8:

```
#### R Code ####
seedbank.glm4 <- glm(Predation~factor(time)+log(seed.weight),
    data=seedbank, family=binomial(link="logit"))
betas <- coef(seedbank.glm4)
par(mgp=c(1.5, .5, 0), mar=c(3, 3, 1, 0.25))
```

```
plot(jitter.binary(Predation) ~ log(seed.weight),
    type="n", data=seedbank,
    xlab="log seed weight",
    ylab="prob.of predation")
points(jitter.binary(Predation)~log(seed.weight),
    col="gray")
curve(invlogit(betas[1]+betas[7]*x), add=T, col=gray(.1))
curve(invlogit(betas[1]+betas[2]+betas[7]*x), add=T,
    lty=2, col=gray(.2))
curve(invlogit(betas[1]+betas[3]+betas[7]*x), add=T,
    lty=3, col=gray(.3))
curve(invlogit(betas[1]+betas[4]+betas[7]*x), add=T,
    lty=4, col=gray(.4))
curve(invlogit(betas[1]+betas[5]+betas[7]*x), add=T,
    lty=5, col=gray(.5))
curve(invlogit(betas[1]+betas[6]+betas[7]*x), add=T,
    lty=6, col=gray(.6))
legend(x=0, y=0.9, legend=month.name[seq(1, 11, 2)],
    lty=1: 6, col=gray(1: 6)/10), cex=0.5, bty="n")
```

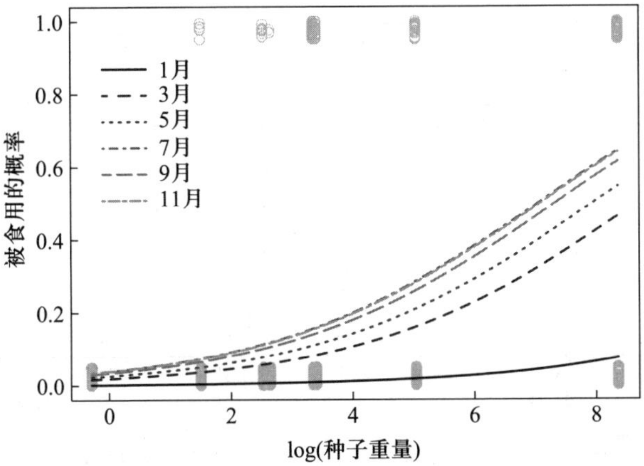

图 8.8 随时间变化的食用率——拟合出的模型把种子食用概率看作种子重量的函数来进行预测, 每个模型针对 6 个采样时段中的一个. 由于每个采样时段中的种子袋是随机分配的, 两个时段的差异可以看作是对两个时段之间食用量增加值的一种估计.

要直接估计概率预测值的标准误是困难的. 但是, 通过模拟可以容易地获得相关信息. 正如我们之前讨论过的, 工具包 arm 中的函数 sim 就是为这种目的而设计的. 第 9 章会解释详细的模拟过程. 模拟结果用种子袋被吃光的概率来表示 (图 8.9). 这些图说明 6 个时间段中的基本关系与图 8.7 所示的是一样的. 采用概率的形式来模拟和表达模型结果, 使我们对时间的影响和这种影响在大小种子之间的差异有了更为直接的理解.

这一步中的另一个统计学问题是我们拟合的两个模型中具有不同的零离差. 当强制截距为 0, 由于分类变量的存在, 模型并没有发生变化. 但是, 与线

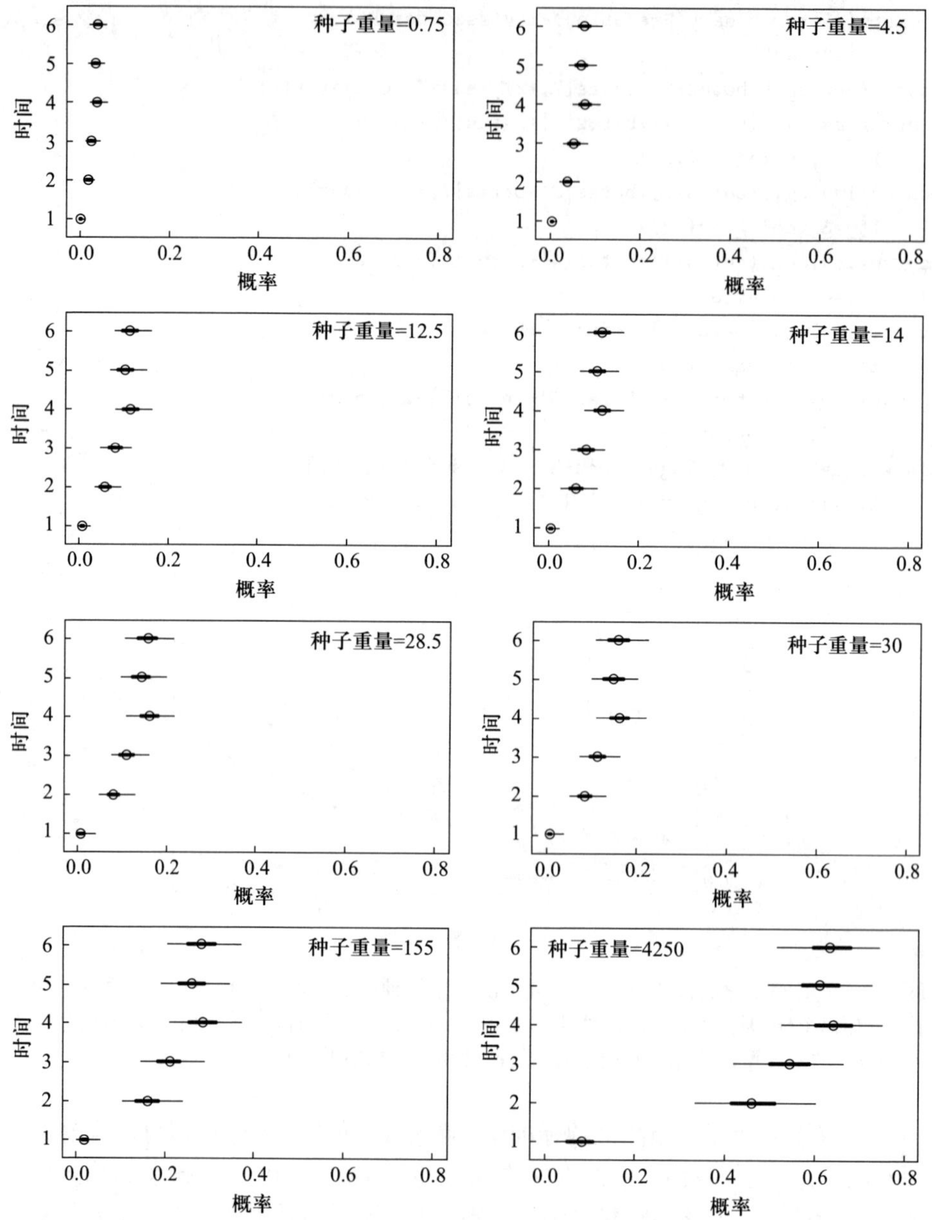

图 8.9 不同时间和种子重量条件下的食用概率——采用模拟方式估计出了种子被食用的概率 (黑点) 及其 50% 和 95%(分别为粗线和细线) 的置信区间.

性回归的例子 (第 5.3.6 节) 一样, 背后所执行的统计学计算用到了固定截距为 0 的零模型.

在考虑了两个已知会影响食用概率的因子之后, 我们在模型中增加了另一个因子, 即地形学影响:

```
#### R Output ####
glm(formula=Predation~factor(time)+factor(topo)
    +log(seed.weight),
    family = binomial(link = "logit"),
    data = seedbank)
                  coef.est  coef.se
(Intercept)       -5.72     0.67
factor(time)2      2.68     0.67
factor(time)3      3.06     0.67
factor(time)4      3.53     0.66
factor(time)5      3.38     0.67
factor(time)6      3.59     0.67
factor(topo)2     -2.21     0.31
factor(topo)3     -1.79     0.28
factor(topo)4     -2.27     0.31
log(seed.weight)   0.54     0.04
  n = 1142, k = 10
  residual deviance = 630.4,
  null deviance = 939.8 (difference = 309.4)
```

尽管我们现在有两个分类变量, 拟合出的模型还是应该解释为连续预测变量 (`log(seed.weight)`) 模型, 6 个时间段和 4 个地形分类形成的 24 个组合具有不同的截距 (表 8.1).

表 8.1 种子食用模型中 24 个时间–地形组合的截距

时间	山顶 (1)	阳光充足的斜坡 (3)	阴暗的斜坡 (2)	山谷
1	−5.72	−7.51	−7.93	−7.99
2	−3.03	−4.82	−5.25	−5.31
3	−2.66	−4.45	−4.87	−4.93
4	−2.19	−3.98	−4.40	−4.46
5	−2.34	−4.13	−4.55	−4.61
6	−2.13	−3.92	−4.34	−4.40

由于所有时间和地形条件下 `log(seed.weight)` 的斜率都是相同的, 我们看到一个有趣的啮齿动物觅食模式: 比起阴暗的斜坡和山谷来, 它们似乎更喜

欢在山顶和阳光充足的斜坡上觅食. 为了用图形来表达这个结果, 我们还是需要把拟合出的模型看成 24 个平行模型, 模型把种子食用概率当作种子重量的函数, 每个模型对应于时间和地形的 24 个组合中的一个 (图 8.10).

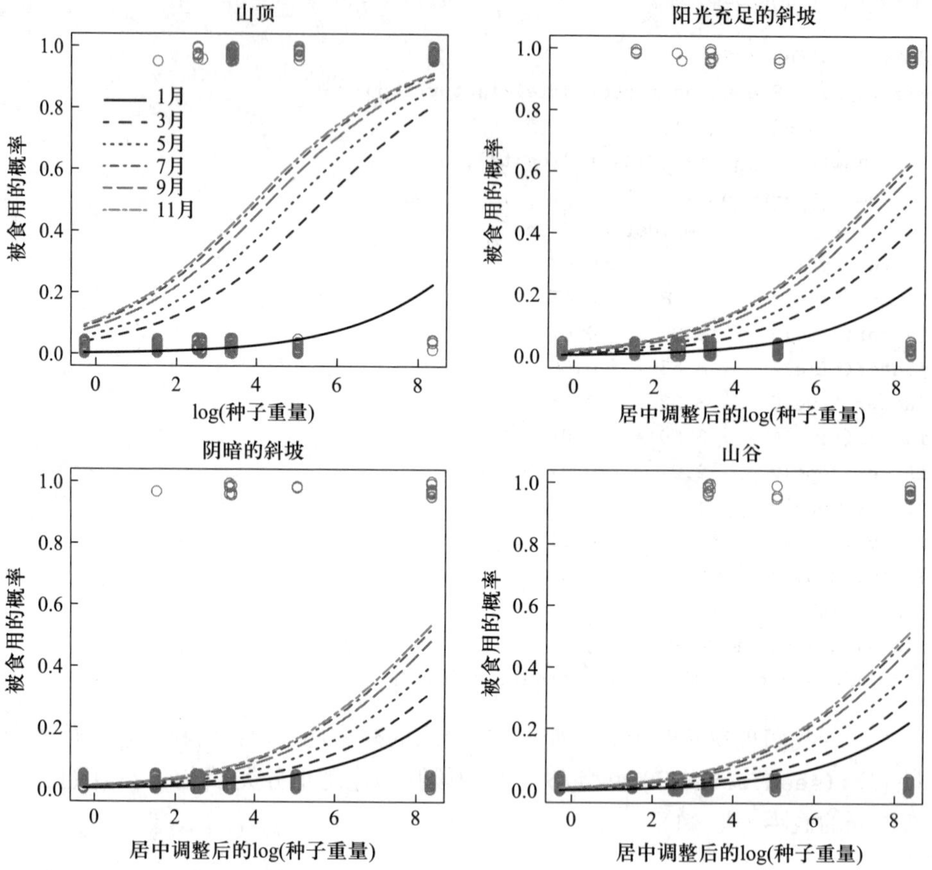

图 8.10 种子被食用的概率是种子重量的函数——两者的关系随时间和地形分类发生变化.

```
#### R Code ####
seedbank.glm5 <- glm(Predation ~ factor(time)+factor(topo)+
    log(seed.weight),
    data=seedbank, family=binomial(link="logit"))

topog <- c("Hilltop", "Shady Slope", "Sunny Slope", "Valley")

betas <- coef(seedbank.glm5)
par(mfrow=C(2, 2), mgp=c(1.5, 0.5, 0), mar=c(3, 3, 3, 1))
plot(jitter.binary(Predation)~log(seed.weight),
```

```
    type="n", data=seedbank, xlab="log seed weight",
    ylab="prob. of predation")
points(jitter.binary(Predation)~log(seed.weight),
    col="gray", subset=topo==1)
curve(invlogit(betas[1]+betas[10]*x), add=T, col=gray(.1))
curve(invlogit(betas[1]+betas[2]+betas[10]
    *x), add=T,
    lty=2, col=gray(.2))
curve(invlogit(betas[1]+betas[3]+betas[10]*x), add=T
    lty=3, col=gray(.3))
curve(invlogit(betas[1]+betas[4]+betas[10]*x), add=T,
    lty=4, col=gray(.4))
curve(invlogit(betas[1]+betas[5]+betas[10]*x), add=T
    lty=5, col=gray(.5))
curve(invlogit(betas[1]+betas[6]+betas[10]*x), add=T,
    lty=6, col=gray(.6))
legend(x=0, y=0.9, legend=month.name[seq(1, 11, 2)],
    lty=1:6, col=gray((1:6)/10), cex=0.5, bty="n")
title(main=topog[1], cex=0.75)
for (i in c(3, 2, 4)){
    plot(jitter.binary(Predation) ~ log(seed.weight),
        type="n", data=seedbank,
        xlab="centered log seed weight",
        ylab="prob. of predation")
    points(jitter.binary(Predation) ~ log(seed.weight),
         col="gray", subset=topo==i)
    curve(invlogit(betas[1]+betas[10]*x), add=T,
         col=gray(.1))
    curve(invlogit(betas[1]+betas[2]+betas[i+5]+betas[10]*x),
         add=T, lty=2, col=gray(.2))
    curve(invlogit (betas[1]+betas[3]+betas[i+5]+betas[10]*x),
         add=T, lty=3, col=gray(.3))
    curve(invlogit(betas[1]+betas[4]+betas[i+5]+betas[10]*x),
         add=T, lty=4, col=gray(.4))
    curve(invlogit(betas[1]+betas[5]+betas[i+5]+betas[10]*x),
         add=T, lty=5, col=gray(.5))
    curve(invlogit(betas[1]+betas[6]+betas[i+5]+betas[10]*x),
         add=T, lty=6, col=gray(.6))
    title(main=topog[i], cex=0.75)
```

既然地形 topo 和种子重量 log(seed.weight) 在统计学上都与 0 有显著差异, 我们可以进一步考虑其相互作用:

```
#### R Output ####
glm(formula = Predation ~ factor(time)+
    factor(topo) *log(seed.weight),
    family = binomial(link = "logit"), data = seedbank)
                               coef.est coef.se
(Intercept)                    -7.07     0.95
factor(time)2                   3.21     0.78
factor(time)3                   3.60     0.78
factor(time)4                   4.08     0.77
factor(time)5                   3.93     0.77
factor(time)6                   4.14     0.78
factor(topo)2                  -0.97     0.67
factor(topo)3                  -0.62     0.62
factor(topo)4                  -1.05     0.68
log(seed.weight)                0.77     0.11
factor(topo)2:log(seed.weight) -0.31     0.14
factor(topo)3:log(seed.weight) -0.30     0.13
factor(topo)4:log(seed.weight) -0.30     0.14
  n = 1142, k = 13
  residual deviance=622.4,
  null deviance = 939.8 (difference = 317.3)
```

当在山顶上觅食, 种子重量的影响比在其他地方觅食的影响强烈得多 (斜率较大). 对于种子重量在山顶具有更强的影响, 有生态学解释吗? 拟合出的模型见图 8.11.

最后, 我们把 ground 加入模型:

```
#### R Output ####
glm(formula=Predation~factor(time)+factor(topo)*log(weight) +
    factor(ground)-log(weight),
    family=binomial(link = "logit"), data = seedbank)
                          coef.est coef.se
(Intercept)               -6.8470   0.9855
factor(time)2              3.3878   0.8119
factor(time)3              3.8065   0.8097
factor(time)4              4.3153   0.8088
factor(time)5              4.1574   0.8089
factor(time)6              4.4228   0.8119
factor(topo)2             -1.0222   0.6847
factor(topo)3             -0.6749   0.6324
factor(topo)4             -1.1058   0.6967
factor(ground)2           -1.3135   0.2294
```

```
factor(topo)1:log(weight)  0.8174   0.1101
factor(topo)2:log(weight)  0.4822   0.0934
factor(topo)3:log(weight)  0.4969   0.0866
factor(topo)4:log(weight)  0.4867   0.0950
  n = 1142, k = 14
  residual deviance = 586.1,
  null deviance = 939.8(difference = 353.7)
```

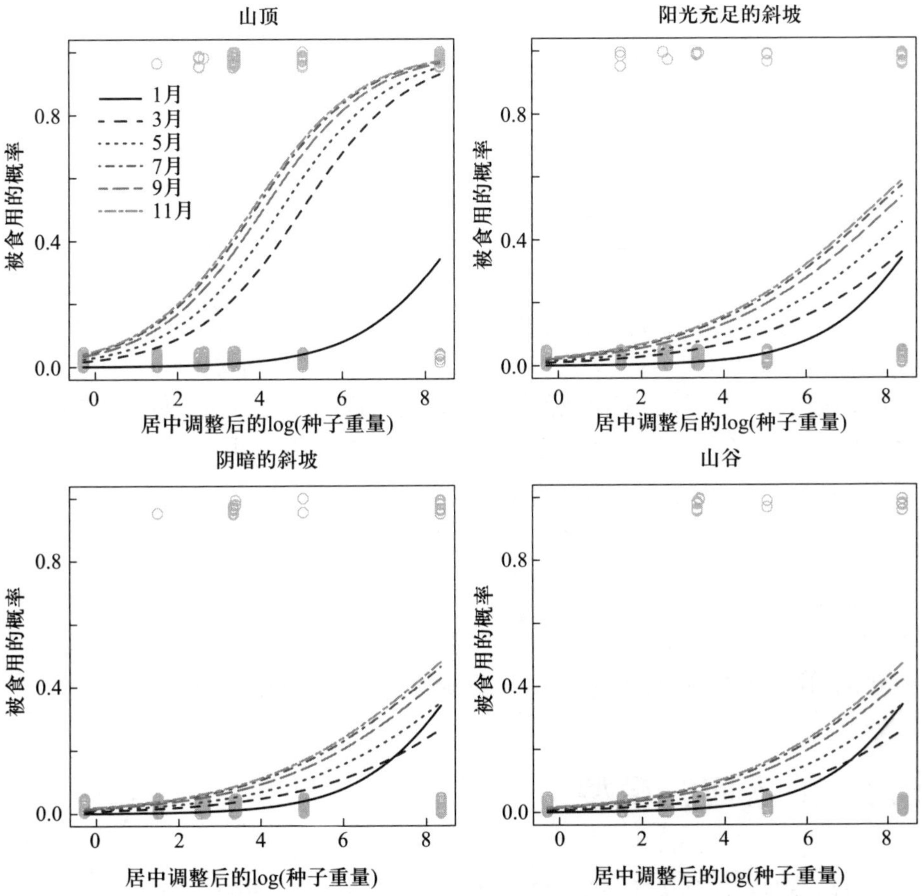

图 8.11 种子重量和地形分类的相互作用——把种子被食用的概率看作种子重量的函数来进行预测. 两者的关系随时间和地形分类发生变化.

这个结果确认了研究者之前的预期: 当种子袋被埋在土壤中时, 不容易被发现和吃掉.

最终的模型给出了以下结论: ①中国该地区的啮齿动物偏好大种子; ②比起其他地方, 它们更倾向于在山顶和阳光充足的斜坡上觅食; ③它们喜欢新种子; ④当在山顶上觅食时, 它们对于大种子的偏好更加明显; ⑤如果不是必须, 它们不喜欢挖地.

箱式残差图可用来评估模型的拟合度 (图 8.12).

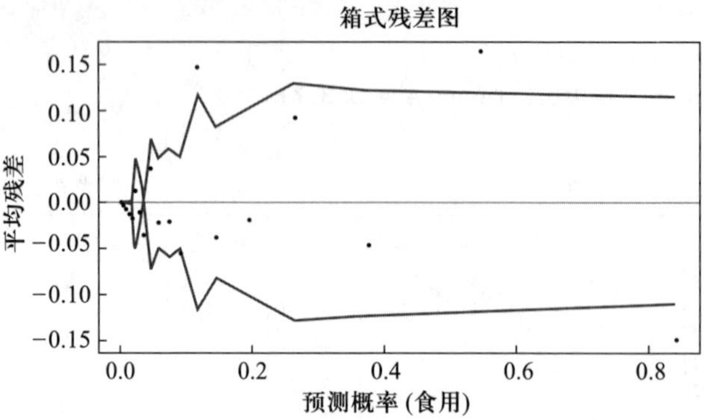

图 8.12 种子食用模型的箱式残差图——最终模型.

用来评估模型对数据的拟合度的另一个统计量是平均误差率, 即按照拟合出的概率值进行分类时的误差率平均值. 在典型的逻辑斯蒂回归例子中, 当成功概率超过 0.5 时, 我们常常把预测结果划定为成功 (1); 当概率低于 0.5 时, 预测为失败 (0). 对于我们的最终模型, 平均误差率的计算如下:

```
error.rate <- mean((fitted > 0.5 & observed==0) |
                  (fitted < 0.5 & observed==1))

> error.rate
[1] 0.106
```

采用 0.5 作为划分点, 模型对 10.6% 的观测值做出了错误划分.

8.4 泊松回归模型

泊松分布常用来描述计数变量的分布. 泊松回归是指响应变量 y 服从泊松分布的广义线性模型, 其概率分布函数中只有一个参数:

$$p(y \mid \lambda) = \frac{\lambda^y \mathrm{e}^{-\lambda}}{y!} \tag{8.7}$$

参数 λ 既是变量 y 的均值又是它的方差. 泊松分布是指数分布家族中的一员, 其连接函数 $\eta(\mu)=\log\mu$. 给定密度函数参数 λ, 泊松分布 (公式 (8.7)) 可以计算 y 的概率. 例如, $\Pr(y=2|\lambda=1)=\frac{1^2\mathrm{e}^{-1}}{2!}=0.18$. 同前面章节类似, 我会用一个例子来介绍模型.

8.4.1 中国台湾西南部的砷数据

砷是一种天然存在的物质, 如果大量摄入会中毒. 当 2001 年就任的美国总统乔治・布什选择撤除饮用水中砷的一项新标准时, 即把美国饮用水标准中砷浓度从 10 µg/L 改回到 50 µg/L, 饮用水中的砷上了新闻头版. 这个举动作为新政府第一项涉及环境的行动, 成为大家用来说明布什政府在采矿业和一些小型水厂的利益与保护公众健康之间选择了前者的证据.

众所周知, 饮用水中的砷会引起多种癌. 1999 年, 美国国家科学院的一项研究得出结论, 饮用水中的砷会引起膀胱癌、肺癌和皮肤癌, 可能引起肾癌和肝癌 (National Research Council, 1999). 研究还发现, 砷对中枢和周边神经系统、心脏、血管都有害, 还会引起严重的皮肤问题. 它还会造成出生缺陷和生育问题 (National Research Council, 1999). 美国对砷的 50 µg/L 的饮用水标准是 1946 年建立的. 很多研究发现这一浓度水平与大幅上升的癌症风险有关, 而且无法充分保护公众健康 (Morales 等, 2000). 最引人注意的数据来自中国台湾西南部的农村居民. 为了增加对该地区的新鲜水供给, 原始的 "管井 (tube wells)" 被废弃后, 居民们曾饮用含高浓度砷的饮用水. Ryan (2003) 分析了 Chen 等 (1985) 报告的数据 (`arsenic.csv`), 将之作为基于流行病学的环境风险评估的案例.

响应变量是 44 个村子中癌症死亡人数. 主要的预测变量是各村砷浓度的中位数和每个年龄组中的风险人年数 (person-years at risk). 数据集是按照性别和癌症类型组织的. 表 8.2 给出了两个村的女性膀胱癌数据.

8.4.2 泊松回归

计数变量 (如癌症死亡事件) 很难变换成正态的. 因此, 需要使用广义线性模型. 计数变量常被假定服从泊松分布:

$$Y_i \sim Pois(\lambda_i) \tag{8.8}$$

泊松分布变量 λ_i 可如下模拟:

$$\log\lambda_i = X_i\beta \tag{8.9}$$

也就是说, 事件数量的对数期望值是用预测变量的线性函数来模拟的. 与逻辑斯蒂回归一样, 公式 (8.8) 定义了响应变量的概率假设及似然度函数的形式. 似

表 8.2 饮用水中砷的案例数据 —— Chen 等 (1985) 数据的一个子集, 给出了村庄、砷浓度、年龄组、风险人年数及膀胱癌死亡人数等条目

村庄	砷浓度 (μg/L)	年龄组中间点 (年)	风险人年数	膀胱癌死亡人数
1	0	22.5	2595529	0
1	0	27.5	1846189	2
1	0	32.5	1402764	0
1	0	37.5	1215866	2
1	0	42.5	1191615	8
1	0	47.5	1111810	14
1	0	52.5	957985	36
1	0	57.5	774836	52
1	0	62.5	634758	77
1	0	67.5	492203	68
1	0	72.5	342767	70
1	0	77.5	199630	43
1	0	82.5	96293	21
2	10	22.5	934	0
2	10	27.5	489	0
2	10	32.5	276	0
2	10	37.5	317	0
2	10	42.5	374	0
2	10	47.5	435	1
2	10	52.5	342	0
2	10	57.5	277	1
2	10	62.5	203	2
2	10	67.5	175	0
2	10	72.5	105	1
2	10	77.5	78	1
2	10	82.5	38	0

然度函数是公式 (8.9) 中定义的回归系数的函数. 估计出的模型系数能实现似然度函数的最大化. 最大似然估计量可用 R 的函数 `glm` 求解. 例如, 假定我们只用各村砷的中位数浓度作为唯一的预测变量, 模型拟合可以通过调用函数并指定 `family="poisson"` 来实现:

```
#### R code ####
ar.m1 <- glm(events ~ conc, data=arsenic,
```

```
    family="poisson")

#### R Output ####
display(ar.m1, 4)
glm(formula = events ~ conc,
    family = "poisson", data = arsenic)
            coef.est coef.se
(Intercept)  3.0569   0.0189
conc        -0.0284   0.0005
---
  n = 2236, k = 2
  residual deviance = 34167.2,
  null deviance = 48869.5 (difference = 14702.3)
```

在这个例子中, 对模型系数的解释与对对数线性回归模型的解释是类似的.

截距 (3.0569) 是 0 μg/L 的砷浓度下癌症死亡人数的对数期望值 (或者约 21 人死亡).

斜率 (−0.0284) 说明砷浓度每增加 1 μg/L, 癌症死亡率就大致减少 2.8%. 这显然违背直观的判断. 可能有多种原因导致了这个出乎意料的结果. 首先, 我们使用的数据集混合了男性和女性群体 (由变量 `gender` 指定), 还混合了膀胱癌和肺癌死亡事件 (由变量 `type` 指定). 我们可以新增 `gender` 和 `type` 两个预测变量. 由于 `gender` 和 `type` 都是二分变量, 它们可以转换成数值: `gender=0` 代表女性, `gender=1` 代表男性; `type=0` 代表膀胱癌, `type=1` 代表肺癌.

```
#### R Code ####
ar.m3 <- glm(events ~ conc + gender + type,
    data=arsenic, family="poisson")

display(ar.m3, 3)
glm(formula = events ~ conc + gender + type,
    family = "poisson", data = arsenic)
            coef.est coef.se
(Intercept)  1.752    0.036
conc        -0.028    0.000
gender       0.672    0.027
type         1.383    0.032
---
  n = 2236, k = 4
  residual deviance = 31168.3,
  null deviance = 48869.5(difference = 17701.2)
```

结果表明 gender 和 type 的影响在统计学上都与 0 有显著差异. 但是, 砷浓度的斜率仍然是负的! 我们可以增加相互作用项来进一步分析, 但是, 现在需要来看一看数据了.

砷浓度中位数为 0 的村子记录了很多癌症死亡人数 (图 8.13 和图 8.14). 双对数散点图 (图 8.14) 对这个发现作出了更为清楚的说明.

这是因为数据集中有许多人没有暴露于正的砷浓度. 图 8.15 画出了风险人群 (暴露于特定浓度下的总人年数) 与中位数浓度的关系. 该图表明数据集中大量的人群被当作 "对照组" 成员, 也就是没有摄取砷浓度升高的饮用水的人群. 在把癌症死亡人数作为风险人群中的一部分进行比较时 (图 8.16), 我们感兴趣的是癌症死亡率的升高.

8.4.3 暴露和偏移

基于对图 8.16 的观察, 将癌症死亡数量作为总人数的比例来进行模拟是合理的, 且模拟的比例常数是砷浓度的函数. 这个总人数或者基线常被称为暴露, 泊松模型如下所示:

$$Y_i \sim Poisson(u_i\lambda_i) \quad 和 \quad \log(u_i\lambda_i) = \log u_i + X_i\beta \tag{8.10}$$

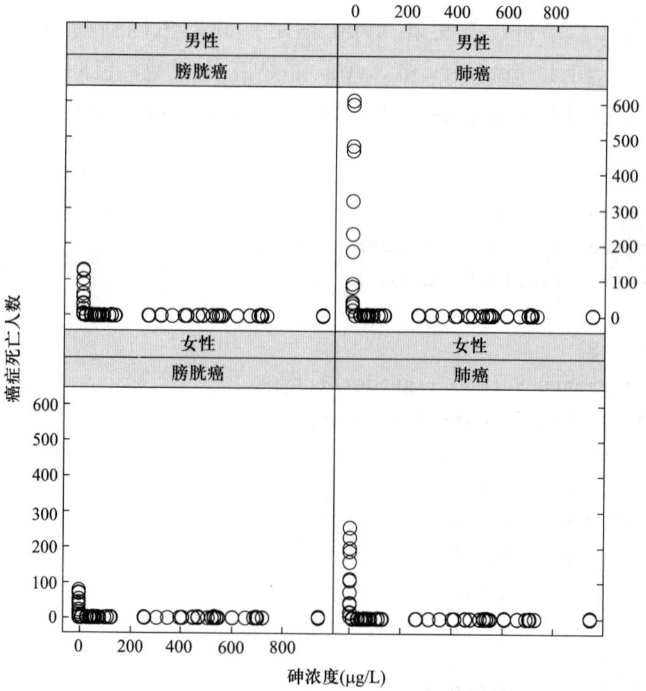

图 8.13 饮用水中砷浓度数据 1——对癌症死亡数和各村砷浓度中位数作图.

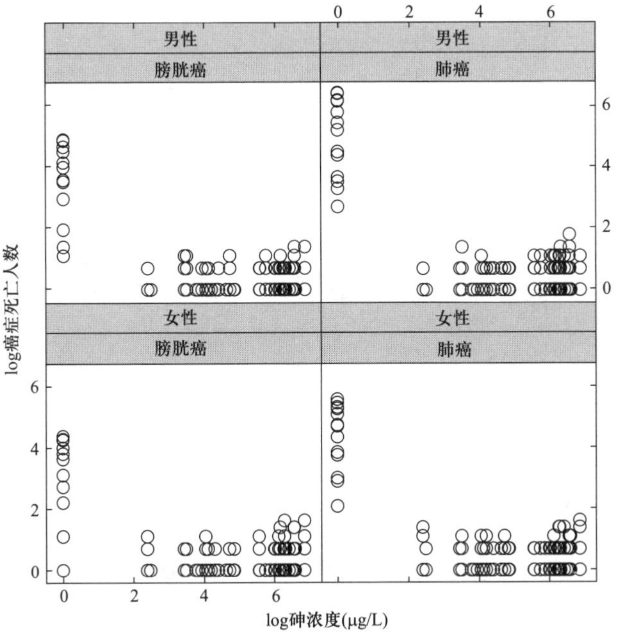

图 8.14 饮用水中砷浓度数据 2——对癌症死亡人数的对数和各村砷浓度中位数的对数作图.

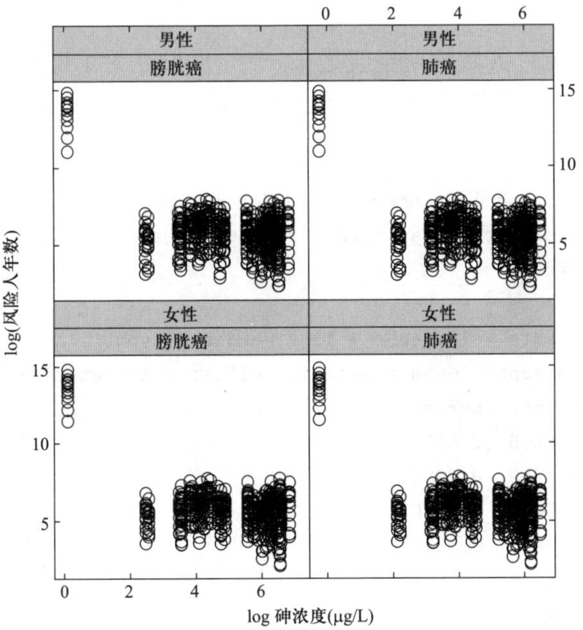

图 8.15 饮用水中砷浓度数据 3——对风险人年数对数和砷浓度对数作图. 暴露在 0 浓度下的人群 (对照组) 远远大于暴露在任一正的砷浓度下的人群.

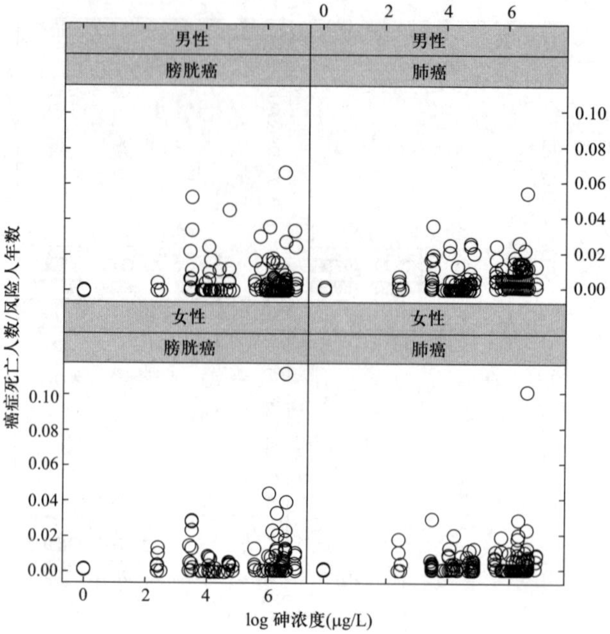

图 8.16 饮用水中砷浓度数据 4——对总人数中癌症死亡人数的比例和各村砷浓度中位数的对数作图.

也就是说, 癌症死亡人数的期望值是 $u_i e^{X_i\beta}$, 回归是为了模拟死亡人数的期望值, 它占总人数的一定比例. 在广义线性模型的术语中, $\log u_i$ 项被称为偏移.

```
#### R Code ####
As.m4 <- glm(events ~ log(conc+1) + gender + type,
  data=arsenic, offset=log(at.risk), family="poisson")
#### R Output ####
display(As.m4, 4)
glm(formula = events ~ log(conc + 1) + gender + type,
    family = "poisson", data = arsenic, offset = log(at.risk))
            coef.est coef.se
(Intercept) -10.4205  0.0339
log(conc+1)   0.2759  0.0088
gender        0.5420  0.0270
type          1.3830  0.0320
---
  n = 2236, k = 4
  residual deviance = 13989.5,
  null deviance = 17398.7 (difference = 3409.3)
```

模型的截距 (−10.42) 是砷浓度为 0 时女性 (`gender=0`) 膀胱癌死亡比例 (`type=0`) 的对数. 这可以解释为女性的基线膀胱癌死亡率为 $e^{-10.42}$, 约为 0.00002983, 每年每 10 万人中死亡数略低于 3. 饮用水中砷浓度每增加 1%, 女性膀胱癌死亡率增加 0.2759%. 在给定的砷浓度下, 男性的死亡率 ($e^{0.542}$ 或 72%, 肺癌死亡率为 $e^{1.383}$) 高于女性, 肺癌死亡率几乎是膀胱癌死亡率的 4 倍. 要评估布什政府撤除新的饮用水砷标准的影响, 我们可以比较 10 μg/L 和 50 μg/L 浓度下的癌症死亡率 (表 8.3). 直接使用拟合出的模型, 两个癌症死亡率的期望值的比值为 $e^{\beta_0+\beta_1 \log(50+1)}/e^{\beta_0+\beta_1 \log(10+1)} = (51/11)^{0.2759} = 1.53$. 也就是说, 如果人群对砷的暴露从 10 μg/L 增加到 50 μg/L, 那么, 癌症死亡率将增加 53%.

表 8.3 砷标准对癌症死亡率的影响——人群暴露在 10 μg/L 的砷浓度下和 50 μg/L 的砷浓度下 (括号内数据) 癌症死亡率 (每年每 10 万人中的死亡人数) 估计值的比较

	女性	男性
膀胱癌	5.8(8.8)	9.9(15.2)
肺癌	23.0(35.2)	39.6(60.5)

8.4.4 偏大离差

在线性回归中, 我们通过检查残差来评价模型. 一个正态响应模型的残差分布的均值应该为 0, 标准差为常数. 泊松分布的方差和均值是相等的. 由于拟合出的值是泊松分布均值的估计值, 泊松模型的残差的方差应该与均值的预测值相等. 因此, 在对残差和拟合值作图时, 我们期望看到的是一种楔形的图案, 也就是说, 随着均值预测值的增加, 残差方差以相同的速度增加. 对计数变量进行泊松回归时常遇到的问题是方差增加的速度比均值预测值增加的速度要快. 这种现象常称为偏大离差 (overdispersion). 如果数据是偏大离差的, 泊松模型将会低估回归系数的不确定性, 从而形成有潜在误导性的结论. 例如, 饮用水中的砷会造成癌症风险升高的结论是基于砷浓度的斜率为正且统计学上与 0 有显著差异, 而这一结论取决于泊松模型的假设. 如果存在偏大离差, 那么, 估计出的系数标准差就偏小了. 要避免有误导的结论, 检查偏大离差问题就很关键.

由于在泊松分布下方差等于均值 (或者说标准差等于均值的平方根), 公式 (8.10) 的泊松回归模型 $\widehat{y}_i = u_i\widehat{\lambda}_i$ 的拟合值是方差估计值 $\widehat{y}_i$. 标准化的残差可以这样计算得到:

$$z_i = \frac{y_i - \widehat{y}_i}{sd(\widehat{y}_i)} = \frac{y_i - \widehat{y}_i}{\sqrt{u_i\widehat{\lambda}_i}}$$

如果不存在偏大离差, z_i 应该相互独立且均值近似为 0, 方差为 1. 而且, $\sum_{i=1}^{n} z_i^2$ 应该服从自由度为 $n-k$ 的 χ^2 分布, 其中, n 和 k 分别是数据点和回归系数的个数. 自由度为 $n-k$ 的 χ^2 分布的均值为 $n-k$. 如果不存在偏大离差, 我们可以期望 $\sum_{i=1}^{n} z_i^2$ 接近于 $n-k$. 我们用 $w = \frac{1}{n-k}\sum_{i=1}^{n} z_i^2$ 作为偏大离差的估计值 (偏大离差参数). 要检验是否存在偏大离差, 我们可以用 $\sum_{i=1}^{n} z_i^2$ 作为检验统计量, 然后, 用计算出的值与自由度为 $n-k$ 的 χ^2 分布比较, 从而得到 p 值. 例如, 第 8.4.3 节中的模型 `As.m4`, 其偏大离差估计值和 p 值的计算方式如下:

```
#### R Code ####
As.yhat <- predict(As.m4, type="response")
As.z <- (arsenic$events-As.yhat)/sqrt(As.yhat)
overD <- sum(As.z^2)/summary(As.m4)$df[2]
p.value <- 1-pchisq(sum(As.z^2)summary(As.m4)$df[2])
```

估计出的偏大离差为 $\omega = 14.18$, p 值接近于 0. 这个结果表明, 计算出的 $\sum_{i=1}^{n} z_i^2$ 为 31650.4, 是 χ^2 分布对应期望值 $\chi^2_{df=2232}$ 的 14 倍. 从这个分布中随机抽取大于等于数值 31650.4 的概率基本上为 0. 对于任意合理的样本数量, 偏大离差为 2, 就可以认为它较大.

通过对标准化残差和预测值作图, 我们可以诊断偏大离差问题. 如果没有偏大离差现象, 图形应该如回归分析中典型的残差和拟合值的图那样 (如图 5.11), 图中的点沿着 y 轴方向应该随机地散布在 0 附近, 且标准差为 1. 如果在 ± 2 画出两条水平线, 我们可以预期大约 95% 的点应落在这两条线范围内. 如果存在偏大离差, 会看到超过 5% 的数据点落在这两条线范围之外.

正如我们所预期的, 砷模型的原始残差 (图 8.17, 左图) 表现为方差随着预测值的增加而增加. 如果不存在偏大离差的话, 标准化残差的均值应该为 0、标准差为 1. 图 8.17 中 ± 2 处的虚线 (右图) 指出很多数据点落在边界之外.

一种模拟偏大离差的方法是使用 R 中的 "准泊松" 分布. "准泊松" 分布是一种计数变量分布, 它的均值函数与泊松分布相同, 但其方差是均值的 ω 倍. 所得到的具有偏大离差的泊松回归模型拥有相同的回归系数估计值, 但是, 系数标准误的估计值比较大. 要对偏大离差进行修正, 我们可以简单地将回归系数标准误估计值乘上偏大离差估计值的平方根. 对于第 8.4.3 节中考虑的模型, 修正因子为 $\sqrt{14.18} = 3.766$. 模型 `As.m4` 中, 考虑了偏大离差的影响后, 所有估计出的回归系数都是与 0 有统计学差异的. 我们的结论没有受偏大离差的影响.

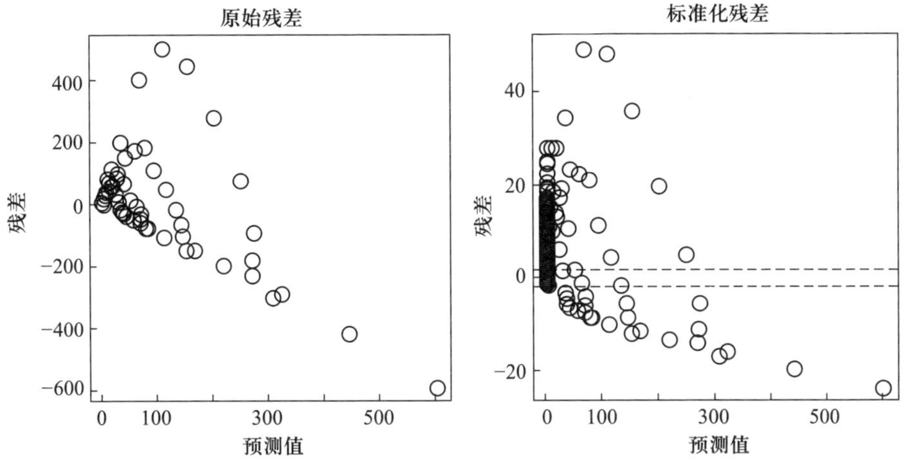

图 8.17 加性泊松模型的原始残差和标准化残差——残差图可用来检验偏大离差问题. 左图给出的是原始残差和预测值, 右图是标准化残差和预测值. 泊松回归模型将砷浓度作为唯一的连续预测变量.

```
#### R Code ####
>As.m5 <- glm(events ~ log(conc+1) + gender + type,
   data=arsenic, offset=log(at.risk),
   family="quasipoisson")
#### R Output ####
>display(As.m5, 4)
glm(formula = events ~ log(conc + 1) + gender + type,
    family = "quasipoisson",
    data = arsenic, offset = log(at.risk))
              coef.est coef.se
(Intercept)   -10.4205  0.1277
log(conc + 1)   0.2759  0.0330
gender          0.5420  0.1019
type            1.3830  0.1203
---
  n = 2236, k = 4
  residual deviance = 13989.5,
  null deviance = 17398.7 (difference = 3409.3)
  overdispersion parameter = 14.2
```

与我们讨论的一样, 泊松模型和偏大离差泊松模型的唯一区别是回归系数标准误的估计值. 偏大离差的泊松模型标准误是泊松模型标准误乘以偏大离差参数的平方根. 当指定选项 `family="quasipoisson"` 时, 广义线性模型拟合采用的是参数为 λ 和 ω 的偏大离差泊松模型, 也就是说, 是一个方差等于均值的 ω 倍的泊松模型.

8.4.5 相互作用

前述章节中, 我们假设砷对患膀胱癌和肺癌的影响在男性和女性上是一样的. 但是这种假设是不现实的: 应考虑砷浓度、癌症类型和性别之间的相互作用. 由于砷浓度是唯一连续的预测变量, 并且有四种不同的癌症类型 – 性别组合, 为了考虑三种预测变量之间的相互作用, 可以把砷浓度作为唯一预测变量来拟合四个模型, 其中每个模型对应一种癌症类型 – 性别组合. 统计推断则重点检查四个模型之间的截距和斜率是否不同. 对于这个例子, 我们可以从最复杂的模型做起, 然后再往回简化:

```
{#### R Code ####
> As.m6 <- glm(events ~ log(conc+1)*gender*type,
    data=arsenic, offset=log(at.risk),
    family="poisson")

#### R Output ####
> display(As.m6, 4)
glm(formula = events ~ log(conc + 1) * gender * type,
    family ="poisson",
    data = arsenic, offset = log(at.risk))
                             coef.est coef.se
(Intercept)                 -10.3889  0.0501
log(conc + 1)                 0.4563  0.0203
gender                        0.3732  0.0635
type                          1.3070  0.0565
log(conc + 1):gender         -0.0858  0.0285
log(conc + 1):type           -0.1761  0.0264
gender:type                   0.2628  0.0709
log(conc + 1):gender:type   -0.0098  0.0364
---
  n = 2236, k = 8
  residual deviance = 13844.2,
  null deviance = 17398.7 (difference = 3554.5)
```

考虑 3 个因素的相互作用显然没有必要. 这个模型是用标准泊松模型拟合的 (即 `family="poisson"`), 没有考虑偏大离差问题. 在泊松模型中, 如果斜率不显著, 那么, 斜率在考虑了偏大离差的泊松模型中也不会显著.

```
#### R Code ####
> As.m7 <- update(As.m6, .~.-log(conc+1):gender:type)
> display(As.m7)
glm(formula = events ~ log(conc + 1) + gender +
              type + log(conc + 1):gender +
```

```
            log(conc + 1):type + gender:type,
   family = "poisson",
   data = arsenic, offset = log(at.risk))
                  coef.est coef.se
(Intercept)        -10.39   0.05
log(conc+1)          0.46   0.02
gender               0.38   0.06
type                 1.31   0.05
log(conc+1):gender  -0.09   0.02
log(conc+1):type    -0.18   0.02
gender:type          0.26   0.07
---
  n = 2236, k = 7
  residual deviance = 13844.3,
  null deviance = 17398.7 (difference = 3554.4)
```

现在所有的系数在统计学上都与 0 有显著差异了. 通过构建男性和女性的肺癌和膀胱癌的截距和 (log(conc+1)) 斜率表, 可以很容易地解释输出结果 (表 8.4).

表 8.4 性别和癌症类型之间的相互作用——男性、女性、肺癌和膀胱癌对应的模型系数估计值 (截距和 log (浓度加 1) 的斜率)

	女性		男性	
	截距	斜率	截距	斜率
膀胱癌	-10.39	0.46	$-10.39 + 0.38$	$0.46 - 0.09$
肺癌	$-10.39 + 1.31$	$0.46 - 0.18$	$-10.39 + 0.38 + 1.31 + 0.26$	$0.46 - 0.09 - 0.18$

现在, 我们得检查一下偏大离差, 看看能否找到简化的可能. 检查偏大离差的最简单的方法是使用偏大离差泊松回归:

```
#### R Code ####
> As.m8 <- update(As.m7, .~., family="quasipoisson")

#### R Output ####
> display(As.m8, 4)
glm(formula = events ~ log(conc + 1) + gender +
              type + log(conc + 1):gender +
              log(conc + 1):type + gender:type,
              family = "quasipoisson",
    data = arsenic, offset = log(at.risk))
                     coef.est coef.se
(Intercept)          -10.3920  0.1686
log(conc + 1)          0.4593  0.0580
```

```
gender                   0.3782   0.2095
type                     1.3110   0.1885
log(conc + 1):gender -0.0918   0.0614
log(conc + 1):type   -0.1812   0.0629
gender:type              0.2565   0.2311
---
  n = 2236, k = 7
  residual deviance = 13844.3,
  null deviance = 17398.7 (difference = 3554.4)
  overdispersion parameter = 11.9
```

估计出的偏大离差参数为 11.9, 表明响应变量的实际方差是用泊松模型预测出来的方差的 12 倍. 性别与癌症类型 (gender:type) 这对相互作用项的斜率的标准误相对较高, 意味着性别差异不受癌症类型的影响, 反之亦然. gender:type 的相互作用项可以去掉:

```
#### R Output ####
> As.m9 <- update(As.m8, .~.-gender:type)
> display(As.m9, 4)
glm(formula = events ~ log(conc + 1) + gender +
                       type + log(conc + 1):gender+
                       log(conc + 1):type,
    family = "quasipoisson",
    data = arsenic, offset=log(at.risk))
                     coef.est coef.se
(Intercept)          -10.5265  0.1249
log(conc + 1)          0.4691  0.0587
gender                 0.5855  0.0977
type                   1.4789  0.1178
log(conc + 1):gender -0.1012   0.0607
log(conc + 1):type   -0.1873   0.0626
---
  n = 2236, k = 6
  residual deviance = 13858.8,
  null deviance = 17398.7 (difference = 3539.9)
  overdispersion parameter = 12.0
```

简化后的模型表明男性和女性斜率的差异 (-0.1012) 较弱. 但是, -0.1 的差异约为基线斜率 (女性斜率) 的 20%, 斜率的符号也有意义. 也就是说, 男性具有较高的基准 (浓度等于 0) 癌症率 ($e^{0.5855}$, 比女性癌症率高 80%), 他们对摄取饮用水中的砷不那么敏感. 因此, 我们可以在模型中保留此项. 拟合出的模型参见图 8.18.

然而, 图 8.18 给出的模型并没有考虑年龄的影响, 而年龄显然是应该被考虑的癌症风险因子. 将年龄作为一个线性预测变量引入模型, 我们假设年龄每

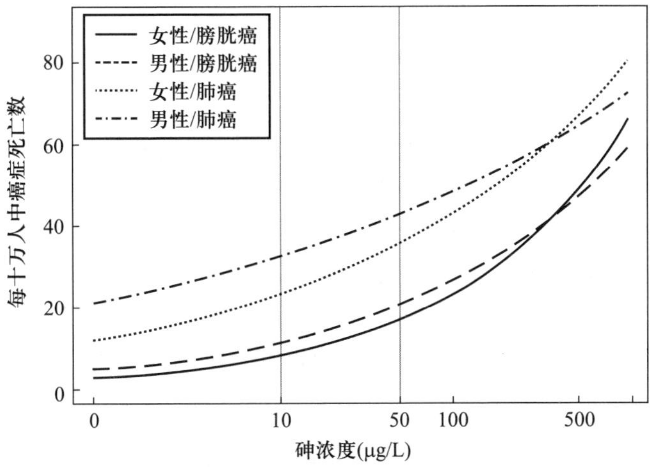

图 8.18 拟合出的考虑了偏大离差的泊松模型——偏大离差的泊松模型预测出的中国台湾西南部男性和女性的膀胱癌和肺癌死亡率.

增长 1 岁, 癌症率以固定比例增长. 由于年龄 age 是当作连续变量被引入模型的, 我们通过用每个年龄值减去数据中的平均年龄 (52.5) 对年龄变量进行了居中调整, 这样我们比较的就是年龄为 52.5 岁的人群的癌症率.

```
> arsenic$age.c1 <- arsenic$age-mean(arsenic\$age)
> As.m10 <- update(As.m9, .~.+age.c1 gender+age.c1:type)
> display(As.m10, 4)
glm(formula = events ~ log(conc + 1) + gender +
                    type+age.c1 + log(conc + 1):gender +
                    log(conc + 1):type + gender:age.c1 +
                    type:age.c1,
    family = "quasipoisson", data=arsenic,
    offset = log(at.risk))
                      coef.est coef.se
(Intercept)          -10.5859  0.0554
log(conc+1)            0.4556  0.0205
gender                 0.5422  0.0397
type                   1.6743  0.0533
age.c1                 0.0922  0.0029
log(conc + 1):gender -0.0921  0.0211
log(conc + 1):type   -0.1873  0.0218
gender:age.c1          0.0155  0.0022
type:age.c1           -0.0178  0.0029
---
  n = 2236, k = 9
```

```
residual deviance = 2193.1,
null deviance = 17398.7 (difference = 15205.6)
overdispersion parameter = 1.4
```

所有预测变量的斜率在统计学上都跟 0 存在显著差异, 而且偏大离差参数从上一个模型的 12 降到了现在的 1.4. 与上一个模型相比, 我们现在有了两个连续的预测变量. 我们还可以如表 8.4 那样用表格来展示 4 个不同的模型. 但是, 用图形可能会更好一些. 图 8.19 是分两步生成的. 首先, 生成 3 种年龄 (37.5、52.5、67.5, 分别代表中国台湾西南部数据集当中年龄变量的第 25、50、75 百分位数) 下该地区可见的砷浓度范围对应的模型预测值:

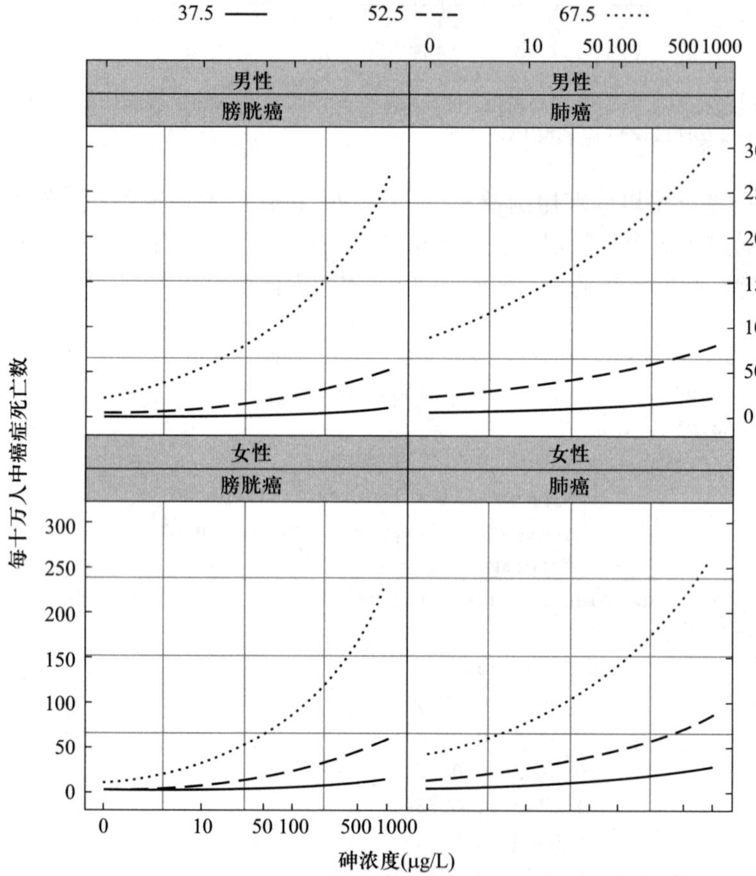

图 8.19 将年龄同时作为变量时拟合出的偏大离差泊松模型——考虑了偏大离差问题的泊松模型用饮用水砷浓度和年龄作为预测变量, 对中国台湾西南部男性和女性的膀胱癌和肺癌死亡率进行预测.

```
#### R Code ####
pred.data <- data.frame(
```

```
     conc=rep(seq(0, 1000, 10), 4),
     type=rep(rep(c(0, 1), each=101), 2),
     gender=rep(c(0, 1), each=202))
pred.age1 <- predict(As.m10, newdata=
     data.frame(pred.data, age.c1=rep(-15, 404),
                at.risk=rep(100000, 404)),
     type="response")
pred.age2 <- predict(As.m10, newdata=
     data.frame(pred.data, age.c1=rep(0, 404),
                at.risk=rep(100000, 404)),
     type="response")
pred.age3 <- predict(As.m10, newdata=
     data.frame(pred.data, age.c1=rep(15, 404),
                at.risk=rep(100000, 404)),
     type="response")
```

接下来用 lattice 的函数 xyplot 画出多幅图:

```
#### R Code ####
plot.data1 <- data.frame(
    events=c(pred.age1, pred.age2, pred.age3),
    rbind(pred.data, pred.data, pred.data),
    age=rep(c(-15+52.5, 52.5, 52.5+15), each=404))
plot.data1$Type <- "Lung Cancer"
plot.data1$Typeplot.data1$type==0
     <- "Bladder Cancer"
plot.data1$Gender <- "Male"
plot.data1$Genderplot.data1$gender==0 <- "Female"

trellis.par.set(theme =
    canonical.theme("postscript", col=FALSE))
trellis.par.set(list(fontsize=list(text=8),
                par.xlab.text=list(cex=1.25),
                     add.text=list(cex=1.25),
           superpose.symbol=list(cex=1)))
key <- simpleKey(unique(as.character(plot.data1$age)),
   lines=T, points=F, space="top", columns=3)
key$tex$cex <- 1.25
xyplot(events~log(conc+1)|Type*Gender,
    data=plot.data1, type="l",
    group=plot.data1$age,
    key=key,
    xlab="As concentration(ppb)",
```

```
        ylab="Cancer deaths per 100, 000",
        panel=function(x, y, ...){
            panel.xyplot(x, y, lwd=1.5, ...)
            panel.grid()
         },
         scales=list(x=list(
             at=log(c(0, 10, 50, 100, 500, 1000)+1),
             labels=as.character(c(0, 10, 50, 100, 500, 1000))))
)
```

图形表明, 砷的影响在老年人中最为显著, 大致反映了整个一生在摄取砷浓度不断升高的饮用水. 与没考虑相互作用和年龄影响的模型 (图 8.17) 相比, 该模型的偏大离差小得多 (图 8.20). 如图 8.19 所示, 癌症死亡人数随着砷浓度的增加而增加. 但是, 老年人和青年人之间癌症死亡风险的差异也在增加. 由此可得, 由于砷浓度高而造成的高癌症风险不仅导致癌症死亡人数的波动较高, 而且使得不同年龄组之间癌症死亡人数的差异也加大了.

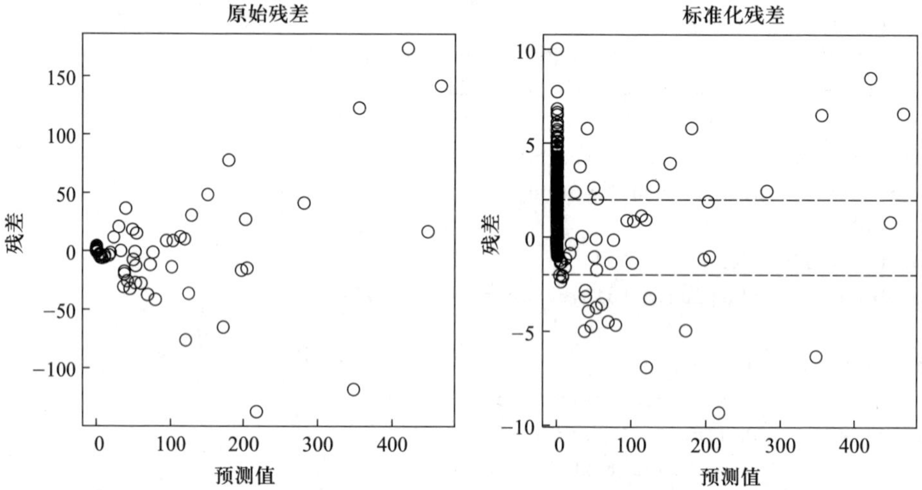

图 8.20 泊松模型的残差——用残差图来检验偏大离差. 左图给出的是原始残差和预测值, 右图给出的是标准化残差和预测值. 泊松回归模型用砷浓度和年龄作为连续的预测变量, 允许男性和女性及膀胱癌和肺癌对应的截距和斜率都不同.

8.4.6 负二项分布

当使用选项 family="quasipoisson" 时, 我们假定数据的方差是均值的 ω 倍. 从统计学上讲, ω 的使用改变了似然度函数, 改变了指数分布族均值和方差之间的结构关系. 针对存在偏大离差的计数数据的另一个常用模型是负二项式模型, 它是指数分布族的另一个成员. 对负二项分布有多种参数化方法. 第一种使用参数 α 和 β 来代替均值:

$$p(y) = \binom{y+\alpha-1}{\alpha-1}\left(\frac{\beta}{\beta+1}\right)^{\alpha}\left(\frac{1}{\beta+1}\right)^{y}$$

其中, y 的期望值为 α/β, 方差为 $\alpha(\beta+1)/\beta^2$. 也就是说, 方差是均值乘以 $1+1/\beta$, 即偏大离差. 第二种模型描述的是最后一次试验成功的 $y+r$ 次伯努利实验 (成功概率为 p) 中 y 次失败且 r 次成功的概率的分布:

$$p(y) = \binom{y+r-1}{r-1} p^r (1-p)^y$$

我们知道 $\alpha = r$ 且 $p = \beta/(\beta+1)$. 第三种模型参数化的方法是通过一个均值参数和一个变量 θ:

$$p(y) = \binom{y+\theta-1}{\theta-1}\left(\frac{\theta}{\mu+\theta}\right)^{\theta}\left(\frac{\mu}{\mu+\theta}\right)^{y}$$

这样, y 的均值为 μ, 方差为 $\mu+\mu^2/\theta$. 最后一个模型用在了 R 的函数 `glm.nb` 中.

```
#### R Code ####
require(MASS)
As.m5nb <- glm.nb(events ~ log(conc+1)+gender+type+
               offset(log(at.risk)), data=arsenic)
summary(As.m5nb)
```

值得注意的是, 偏移量在模型公式中被指定为一项, 而不是函数 `glm` 中的一个参数. 选项 `family` 不再需要了. 模型输出包括了估计值 $\widehat{\theta}$:

```
>summary(As.m5nb)$theta

glm.nb(formula = events ~ log(conc + 1) + gender + type +
    offset(log(at.risk)), data = arsenic,
    init.theta = 0.228840989818068, link = log)

Deviance Residuals:
   Min       1Q   Median       3Q     Max
-1.838   -0.678   -0.532   -0.303   3.192

Coefficients:
              Estimate Std.Error z value Pr(>|z|)
```

```
(Intercept)   -8.8636     0.2306  -38.44  <2e-16
log(conc+1)    0.2432     0.0395    6.16  7.4e-10
gender         0.1810     0.1255    1.44  0.14904
type           0.4545     0.1259    3.61  0.00031
---
  Null deviance:1239.9 on 2235 degrees of freedom
Residual deviance:1197.6 on 2232 degrees of freedom
AIC:3328

Number of Fisher Scoring iterations:1

              Theta: 0.2288
          Std.Err.: 0.0228
  2 x log-likelihood: -3318.3190
```

负二项分布模型使得数据解释非常困难. 性别的影响不显著. 显然, 我们必须决定哪个模型对这组数据是适宜的.

8.5 多项式回归

泊松和逻辑斯蒂回归模型都是针对计数响应变量的模型. 在泊松回归模型中, 从理论上讲, 响应变量取值不受总计数的限制. 在拟合逻辑斯蒂回归模型时, 我们使用两个计数——成功次数和失败次数. 由于逻辑回归问题的结果是二进制的, 因此只需要用一个参数来描述这两种结果发生的相对可能性. 在实践中, 问题的结果通常有两个以上的取值. 例如, 生态学家经常使用生物数量来表示溪流的生态状况. 最常用的是各种底栖大型无脊椎动物、鱼类或其他生物的数量. 在美国, 许多大型无脊椎动物被指定了污染耐受性评分, 研究人员经常将它们分为四组: 不耐受、中度耐受、耐受和未知. 当识别单个样本时, 它可以被分入这四组之一. 检查完收集的所有单个样本后, 所建数据集里包括了对四组中每组所含样本的计数值. 描述这些计数变化的概率分布是多项分布. 对于四个组, 我们考察计数变量 y_1、y_2、y_3、y_4(属于四个组的个体数量). 这些计数变量的多项分布有四个参数, 表示观察到个体属于四个组 π_1、π_2、π_3、π_4 的概率. 由于大型无脊椎动物样本属于四组之一, 这四个概率总和为 1 ($\pi_1+\pi_2+\pi_3+\pi_4=1$). 考察 y_1、y_2、y_3、y_4 的概率是:

$$\Pr(y_1,y_2,y_3,y_4)=\frac{n!}{y_1!y_2!y_3!y_4!}\pi_1^{y_1}\pi_2^{y_2}\pi_3^{y_3}\pi_4^{y_4} \tag{8.11}$$

其中 $n = y_1 + y_2 + y_3 + y_4$ 是样本中的个体总数. 由于四个概率的总和为 1, 因此只需要估计其中三个.

一般来说, 对于具有 r 种可能结果的多项式问题, 需要 $r-1$ 个自由参数来指定分布. 这些概率是每种结果的平均频率. 二项分布是多项分布的特殊情况, 即 $r=2$, 只需要一个自由概率. 在生态研究中, 这些频率被称为相对丰度. 相对丰度是群落结构的衡量标准, 经常被用作河流生态系统状况的衡量标准.

在统计建模问题中, 如果响应变量是来自多项分布的一组计数变量时, 建模目标就是估计多项分布模型的参数. 在二项式回归中, 连接函数是 logit 变换 $\mathrm{logit}(\pi) = \log(\pi/(1-\pi))$. 也就是说, logit 变换是二项分布中两个概率 (π 和 $1-\pi$) 比值的对数. 在多项式模型中, 有 $r-1$ 个自由参数, 例如 $\pi_2, \cdots, \pi_r$, 剩下的一个概率可以如下计算: $\pi_1 = 1 - \pi_2 - \cdots - \pi_r$. 我们可以称第 1 组为参考组. 多项式模型的 logit 变换是 $r-1$ 个自由概率对参考概率的比值的对数:

$$\mathrm{logit}(\pi_j) = \log\left(\frac{\pi_j}{\pi_1}\right) \tag{8.12}$$

对于 $j = 2, \cdots, r$, 公式 (8.12) 中的 logit 变换是多项分布的连接函数. 在给多项式响应变量建模时, logit 变换后的概率是预测变量的线性函数.

$$\mathrm{logit}(\pi_j) = X\beta_j \tag{8.13}$$

对于 $j = 2, \cdots, r$, 其中 $X\beta_j$ 表示预测变量的线性函数 (即 $X\beta_j = \beta_{0j} + \beta_{1j}x_1 + \cdots + \beta_{pj}x_p$, 其中 p 是预测变量的个数). 因为 $\sum_{j=1}^{r} \pi_j = 1$, 我们有:

$$\pi_1 = \frac{1}{1 + \sum_{i=2}^{p} \mathrm{e}^{X\beta_i}}$$

和

$$\pi_j = \frac{\mathrm{e}^{X\beta_j}}{1 + \sum_{i=2}^{r} \mathrm{e}^{X\beta_i}}$$

对于 $j = 2, \cdots, r$. 设 $\eta_j = X\beta_j$ 并设置 $\beta_1 = 0$(即 $\beta_{01} = \beta_{11} = \cdots = \beta_{p1} = 0$), 估计出的多项式概率为:

$$\pi_j = \frac{\mathrm{e}^{\eta_j}}{\sum_{i=1}^{r} \mathrm{e}^{\eta_i}} \tag{8.14}$$

8.5.1 在 R 中拟合多项式回归模型

如公式 (8.13) 所示, 模型的 MLE 可以用软件包 `nnet` 中的 R 函数 `multinom` 获得. 该函数的第一个参数是模型形式. 根据数据格式, 模型形式可以通过两种不同的方式指定, 就像在逻辑斯蒂回归模型中那样. 在隐孢子虫案例中, 响应变量数据由两个数值组成, 受感染小鼠 (成功) 的数量和未感染小鼠 (失败) 的数量. 响应变量的 R 形式是两列的矩阵. 在某些情况下, 每次观测的试验次数为 1(例如, 在多个地点记录某特定物种是否出现), 由此产生的数据记录在由 0(失败) 和 1(成功) 组成的单列中. 当响应变量由向量表示时, `glm` 将试验总数设置为 1, 成功次数为 1 或 0. 对于多项式回归, 响应变量可以是 r 列的矩阵, 每列代表相应组的出现次数. 在大型无脊椎动物数据中, 我们有四组数据, 响应变量可以是四列的矩阵. 响应变量也可以由因子变量 (向量) 表示, 例如, 每次观测只识别一个受试者与各组的关联.

在 EUSE 例子中, 从九个大都市地区的 30 个流域采集了底栖大型无脊椎动物样本. 由于每个地区的这 30 个流域被选中代表城市梯度, 该研究的一个目标是了解大型无脊椎动物群落结构如何沿城市梯度变化. 使用多项式模型, 我们可以研究不同物种或物种群沿梯度的相对丰度变化. Qian 等 (2012) 阐述了四个耐受组的情况. 我将以从波士顿地区收集的数据为例进行说明. 数据文件 (在数据文件 `usgsmultinomial.csv` 中) 包括单个分类群计数以及耐受组的计数.

```
#### R Code ####
euseSPdata <- read.csv(paste(dataDIR, "usgsmultinomial.csv",
                        sep="/"), header=TRUE)
```

四个耐受组的计数在第 30 至 33 列中 (分别为不耐受、中度耐受、耐受和未知). 在 EUSE 研究中, 城市梯度通常以国家土地覆盖数据库 (NLCD) (`NLCD2` 列) 中报告的被归类为 "已开发" 的流域土地覆盖的比例表示. 多项式公式可以指定为 `as.matrix(euseSPdata[, 30:33]~NLCD2`:

```
#### R Code ####
multinom.BOS1 <- multinom(as.matrix(euseSPdata[, 30:33])~NLCD2,
                          data=euseSPdata, subset=City=="BOS")
```

默认情况下, 参考组是第一列. 在这个例子中, 它是 "不耐受" 那一组. 此时, 我们可能希望使用 "未知" 组作为参考. 我们可以按照以下方式拟合模型.

```
PID <- c(33, 30:32)
multinom.BOS1 <- multinom(as.matrix(euseSPdata[, PID])~NLCD2,
                          data=euseSPdata, subset=City=="BOS")
#### R Output ####
summary(multinom.BOS1)
Call:
multinom(formula = as.matrix(euseSPdata[, PID]) ~ NLCD2,
    data = euseSPdata, subset = City == "BOS")
```

```
Coefficients:
           (Intercept)        NLCD2
Intol.rich  2.500278  -0.044351300
Modtol.rich 2.708246  -0.005198547
Tol.rich    1.199572   0.004172518

Std. Errors:
            (Intercept)        NLCD2
Intol.rich   0.2265808   0.008565843
Modtol.rich  0.2205117   0.007271081
Tol.rich     0.2418887   0.007827359

Residual Deviance: 2368.06
AIC: 2380.06
```

模型汇总信息包括了估计出的模型系数及其标准误. 对于不耐受组, 模型为:

$$\log\left(\frac{\pi_I}{\pi_U}\right) = 0.22658 - 0.04435x$$

其中 $\pi_I(\pi_U)$ 是不耐受组 (未知组) 的概率 (或相对丰度). 由于线性模型是对数概率比基础上的, 因此得出的模型很难用相对丰度的变化来解释. 鉴于该模型只使用一个预测变量, 我直接绘制估计出的相对丰度 (π) 来展示模型结果. 相对丰度的估计值可以用函数 predict 来计算:

```
pp <- predict(multinon.BOS1, type="probs",
              newdata=data.frame(NLCD2=0:100))
```

图中画出了相对丰度的估计值和观测值 (属于某一组的个体数除以总的个体数). 在非线性回归的例子中, 选项 se.fit 是被忽略的. 因此, 模型系数估计的不确定性并没有转换成相对丰度估计值的不确定性 (图 8.21). 我写了一个用蒙特卡罗模拟来近似估计概率不确定性的函数. 第 9 章讨论了模拟的细节. 使用模拟函数, 我抽取了模型系数的随机样本, 然后计算了每组系数的相对丰度, 即模型的可能结果. 为了更好地处理模拟结果, 我用了软件包 rv.

```
#### R Code ####
sim.BOS <- rvsims(sim.multinom(multinom.BOS1, 2500))
## generating random samples of model coefficients and
## store them as an rv object

sim.BOS <- rvmatrix(sim.BOS, nrow=3, ncol=2, byrow=T)
```

```
## calculating probabilities
X <- cbind(1, seq(0, 100, 1))
Xb1 <- X[,1]*sim.BOS[1,1]+X[,2]*sim.BOS[1,2]
Xb2 <- X[,1]*sim.BOS[2,1]+X[,2]*sim.BOS[2,2]
Xb3 <- X[,1]*sim.BOS[3,1]+X[,2]*sim.BOS[3,2]

denomsum <- 1+exp(Xb1) + exp(Xb2) + exp(Xb3)
p3 <- 1/denomsum         ## Unknown
p0 <- exp(Xb1)/denomsum ## Intolerant
p1 <- exp(Xb2)/denomsum ## Moderate-tolerant
p2 <- exp(Xb3)/denomsum ## Tolerant
```

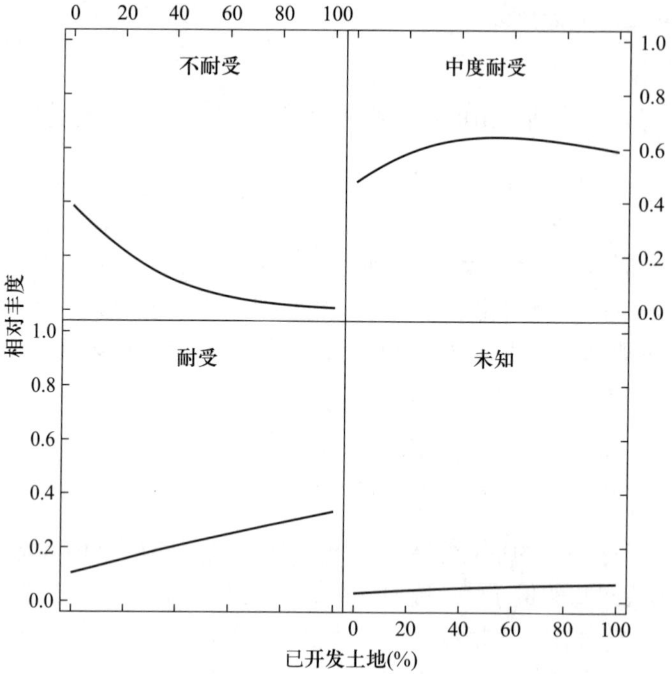

图 8.21 多项式模型——将发生概率或相对丰度的估计值绘制为以流域已开发土地覆盖率表征的城市强度的函数.

当绘制 rv 对象时, 使用不同宽度的阴影条来显示估计出的 95% 和 50% 区间 (图 8.22).

图 8.21 给出了这些大型无脊椎动物群体的预期反应. 随着城市土地覆盖率的增加 (占流域总面积的百分比), 耐受个体的相对丰度增加, 不耐受个体的相对丰度减少. 中等程度耐受个体的相对丰度在城市梯度的中部达到峰值.

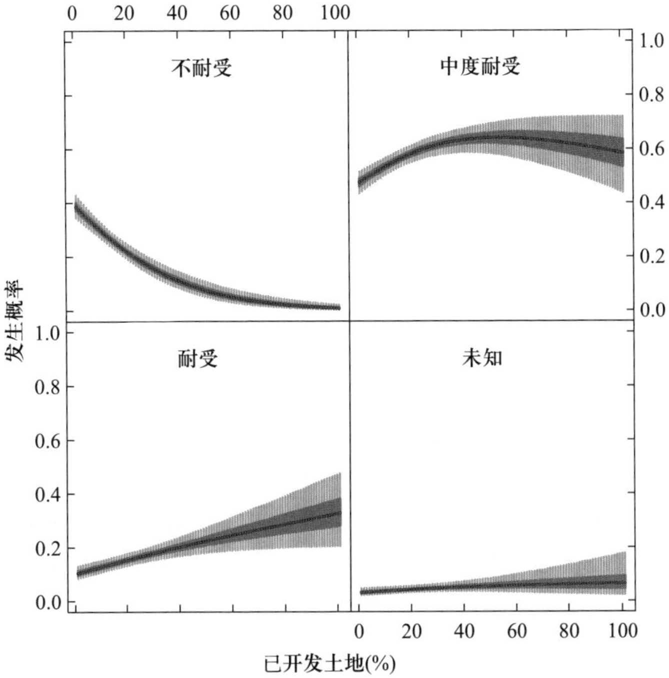

图 8.22 发生概率或相对丰度估计的不确定性

8.5.2 模型评估

测试所建模型是否充分拟合的工具是任何模型拟合问题的一个重要方面. 然而, 此类工具在多项式逻辑斯蒂模型中很少见. Goeman 和 Le Cessie (2006) 将情况总结如下:

> Hosmer 和 Lemeshow (2000) 建议将多项式模型视为每种结果对应其参考结果的一组独立的普通逻辑斯蒂模型, 并分别测试每个模型的拟合度. Lesaffre 和 Albert (1989) 提供了在多项式逻辑斯蒂回归中检测有影响力的、有杠杆作用的和反常的样本的诊断程序, 但没有提供明确的拟合度测试. 唯一真正检测多项式逻辑斯蒂回归模型拟合性的是 Pigeon 和 Heyse (1999) 给出的. 这是 Hosmer 和 Lemeshow (2000) 二元回归测试的延伸, 众所周知的是, 其在检测二次效应方面功效不高 (Le Cessie 和 Van Houwelingen, 1991).

Goeman 和 Le Cessie (2006) 提出了一个统计检验, 以检查多项式回归模型的拟合性. 零假设是, 该模型拟合良好; 备择假设是, 在协变量空间中相互接近的样本的残差倾向于在同一方向上偏离模型. 检验的统计量是平滑后的残差和. 由于检验是基于检验统计量的近似渐近分布, 如果样本量小, 结果可能不完全可靠.

Geoman 和 Le Cessie 检验的详细信息可以在参考文献中找到. 使用论文主要作者发布的用于检验的 R 函数进行计算, BOS 区域模型拟合度检验的 p 值为 0.32, 这表明反对零假设的证据很弱.

除了上述检验外, 我们还可以使用熟悉的 χ^2 检验来实现对比例的检验. 在传统的 χ^2 检验中, 我们将观察到的计数与理论比例进行比较. 对于多项式模型, 如果模型非常适合数据, 模型预测的相对丰度应与观察到的计数一致. 对于每次观测, 我们都可以进行 χ^2 检验. 如果模型非常适合数据, 这些检验应该在大约 5% 的次数上拒绝零假设. 通过计算零假设被拒绝的次数, 我们可以使用二项式检验来测试拒绝概率是否为 0.05. 检验结果的 p 值为 0.5. 根据这两项检验, 我们得出结论, 多项式模型可能是合适的, 至少与数据不矛盾.

除了以上两种拟合度检验外, 我们还可以计算模型残差——观察到的相对丰度和模型预测的相对丰度之间的差异. 由于每个相对丰度 p_i 预测结果的方差是 $p_i(1-p_i)$, 因此标准化残差为 $r_i/\sqrt{p_i(1-p_i)}$. 标准化残差的均值应为 0, 标准差为 1. 与线性回归情况一样, 这些残差可用于诊断模型的拟合效果.

```
txs <- names(euseSPdata)[c(33, 30:32)]
dataP <- t(apply(euseSPdata[, c(33, 30:32)], 1,
         function(x) return(x/sum(x))))
Rows <- euseSPdata$City=="BOS"
resid.mat <- dataP[Rows, ] - fitted(multinom.BOS1)
Resid <- unlist(resid.mat)
Fitted <- unlist(fitted(multinom.BOS1))
Group <- rep(txs, each=dim(resid.mat)[1])

stdResid <- as.vector(Resid/sqrt(Fitted*(1-Fitted)))
FittedV <- as.vector(Fitted)
GroupV <- rep(c("Intol", "Modtol", "Tol", "Unknown"),
              each=dim(Fitted)[1])
key <- simpleKey(c("Intol", "Modtol", "Tol", "Unknown"),
                 lines=F, points=T,
                 space = "top", columns=4)
key$text$cex <- 1.2

xyplot(stdResid~FittedV, group=GroupV,
       ylab="standardized residuals",
       xlab="Fitted Relative Abundances",
       key=key)
```

模型标准化残差图通常能提供更多信息. 我们对拟合值 (相对丰度) 绘制标准化残差, 就像在典型的线性回归情况下一样 (图 8.23). 图中未显示出随相对丰度变化的明显趋势.

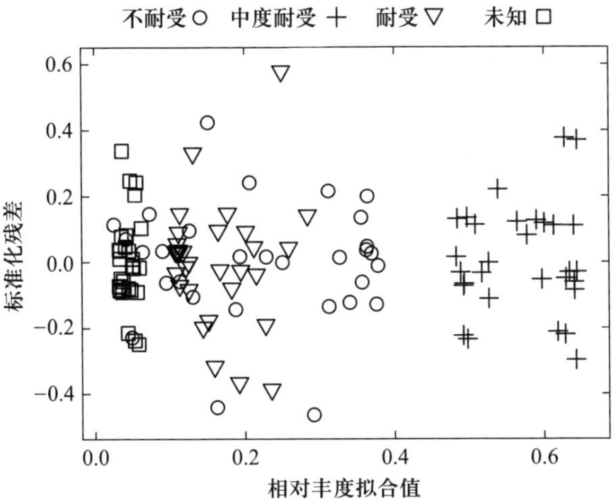

图 8.23 多项式回归模型的标准化残差与相对丰度拟合值

8.6 泊松–多项式连接

多项式回归是多元回归的一个例子,其响应变量是多组构成的多元变量. 传统上, 来自单个分类或分类群组的计数数据应相互独立开展分析. 当使用多项式回归时, 我们能够正确估计一个集体中各物种的相对丰度. 使用多项式回归的一个难点是模型系数的解释. 事实上, 多项式回归模型系数大多毫无意义, 因为多项式逻辑斯蒂回归系数是根据所关注的物种和基线物种相对丰度的比值来定义的. 我建议使用图形工具来探索相对丰度和预测变量之间的关系. 然而, 多项分布和泊松分布之间的简单连接可以使多项式建模过程更加直观.

使用泊松回归时, 计数变量的均值通过对数连接函数与线性模型相关联:

$$\begin{aligned} y_{ij} &\sim Pois(\lambda_{ij}) \\ \log(\lambda_{ij}) &= X_i\alpha_j \end{aligned} \tag{8.15}$$

对于给定的预测变量值 X_i, 我们观察到来自分类群 $j=1,\cdots,J$ 的生物总数 $Y_i=\sum_j y_{ij}$. 泊松和多项分布之间的联系表明, 我们可以得出以下相对丰度:

$$p_{ij}=\frac{\mathrm{e}^{\lambda_{ij}}}{\sum_j \mathrm{e}^{\lambda_{ij}}}=\frac{\mathrm{e}^{X_i\alpha_j}}{\sum_j \mathrm{e}^{X_i\alpha_j}} \tag{8.16}$$

在分析来自多个分类群的计数数据时, 我们只需要针对每个分类群去独立拟合泊松模型, 以模拟每个分类群沿环境预测变量梯度的变化. 由此生成的模型可以直接用于推导相对丰度的信息. 这种方法的优点是, 我们可以拟合我们在模型解释和诊断方面都非常熟悉的简单单变量泊松模型. 此外, 在分析单个分类群丰度时, 我们不应局限于对数线性模型 (公式 (8.15)). 如果环境预测变量是营养物浓度或 pH 值, 则单个分类群沿预测变量梯度的总丰度的变化可能可以用单峰模型来更好地近似. 也就是说, 沿着预测变量梯度, 分类群会有一个最优值和一个耐受范围. 不同的分类群可能会使用不同的总丰度模型. 因此, 相对丰度模型不限于 logit 线性公式模型 (8.13). 文献中讨论了单峰模型. 早期研究使用高斯模型来描述分类群丰度如何沿着环境梯度变化 (ter Braak, 1996). Oksanen 和 Minchin (2002) 将高斯模型与 3 种其他的单峰模型形式进行了比较. Qian 和 Pan (2006) 讨论了多种伽马模型, 其中泊松均值由类似于 (对数) 伽马分布密度的函数来模拟:

$$
\begin{aligned}
y_{ij} &\sim Pois(\lambda_i) \\
\log(\lambda_i) &= \gamma_0 + \gamma_1 x_i + \gamma_2 \log(x_i)
\end{aligned}
\tag{8.17}
$$

其中 y_i 是观察到的计数值, x_i 是各自的协变量值. 计数变量由参数为 λ 的泊松分布模拟. 由于伽马模型可以捕获许多典型的分类群响应模式, 我们可以使用伽马模型作为单个分类群丰度数据的默认模型形式. 伽马模型只需要 2 个非零计数值来量化模型系数, 而 Oksanen 和 Minchin (2002) 的替代模型需要 5 个非零计数值.

此外, 计数变量对于泊松分布、二项分布和多项分布往往存在偏大离差. 计数数据也可能是零膨胀 (Lambert, 1992; Martin 等, 2005) 的. 识别单变量计数变量中的偏大离差或零膨胀是相对简单的, 但对于多项式计数数据来说并非如此. 因此, 考察单变量计数数据可以作为分析多项式计数数据的第一步, 例如生态研究中常见的物种组成数据. 出于以上原因, 我建议多项式计数数据的分析应该从拟合相适宜的单变量模型开始. 当合理构建单个分类群或分类群组的模型后, 可以相应推导出相对丰度模型.

图 8.24 比较了将四个耐受组的相对丰度作为城市梯度 (已开发土地的占比) 的函数并使用多项式回归的估计结果与四个独立泊松模型的结果进行了比较. 两种估计结果是一致的. 结果是意料之中的, 因为我们知道泊松线性模型非常适合丰度数据 (图 8.25).

从各个组的泊松回归模型导出 logit 对数线性多项式模型, 耐受组是一个例外. 当线性泊松模型对数据的拟合效果差时, 我们应该能想到泊松模型估计出的相对丰度会与多项式回归模型的结果不同. 我用来自同一数据集中的 10 种蜉蝣物种 (taxa) 的数据举个例子.

蜉蝣大多对污染敏感. 因此, 当流域内的城市用地量增加时, 它们的丰度总体上会减少. 但一些物种会比其他物种更不敏感, 这些不太敏感的物种实际上可

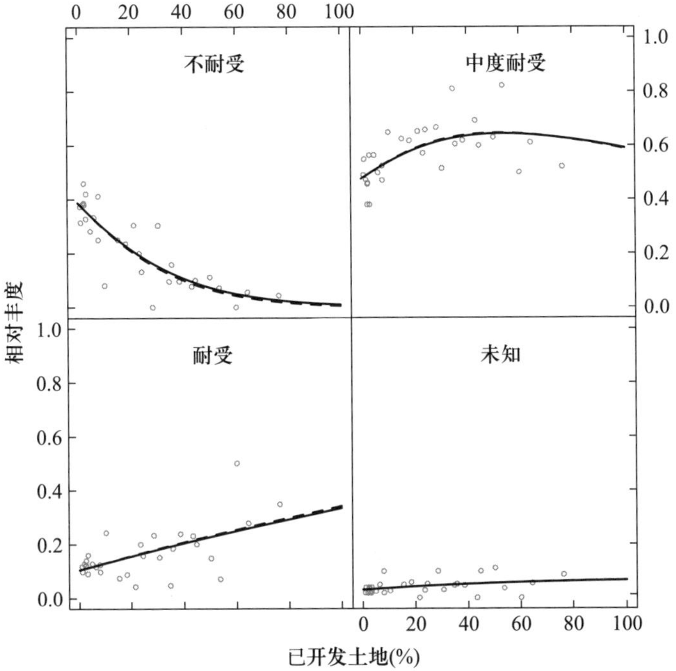

图 8.24 对多项式回归模型 (实线) 预测的四个耐受组的相对丰度与独立拟合泊松回归模型 (虚线) 得出的相对丰度进行了比较. 正如预期的那样, 两种预测结果是一致的.

以在中等开发程度的流域生长旺盛, 因为那些更敏感的物种会腾出栖息地. 因此, 随着城市用地覆盖率开始增加到最终降低之前, 一些蜉蝣物种的丰度可能会增加. 作为已开发土地占比的函数, 图 8.26 给出了 10 种蜉蝣类群丰度随已开发土地比例的变化. 每个分类群都拟合了两个泊松模型. 实线是线性模型 (公式 (8.15)), 虚线是伽马模型 (公式 (8.17)). 由于线性模型是伽马模型的特殊情况 ($\gamma^2 = 0$), 因此伽马模型在这种情况下是更合适的模型. 例如, 分类群 E1 到 E3 沿着城市梯度的变化可以通过泊松模型进行准确建模, 相应的伽马模型几乎给出相同结果 (表明估计的 γ^2 接近于 0). E5 分类群对污染不那么敏感, 其丰度在已开发土地覆盖约为 10% 的流域中达到峰值. 线性泊松模型无法捕获这一特征.

当线性泊松模型不适合单个分类群数据 (例如, 分类群 E5) 时, 使用多项式回归模型 (公式 (8.11) 和 (8.13)) 估计出的相对丰度不同于使用泊松 - 多项式连接方式估计出的相对丰度 (公式 (8.15) 和 (8.16)). 图 8.27 给出了比较结果. 如图所示, 实线是使用基于伽马模型的泊松 - 多项式连接估计的相对丰度, 虚线是基于线性泊松模型的, 点线是使用 logit-线性多项式回归模型估计出的相对丰度. 所有三种方法估计出的 E1 至 E3 分类群的相对丰度结果相同, 而三种方法对 E5 分类群的相对丰度估计结果不同.

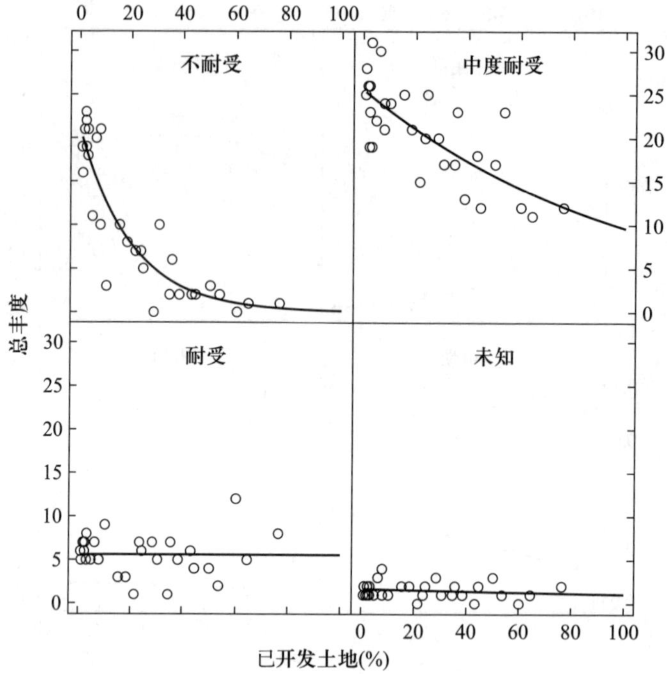

图 8.25 独立拟合的单变量泊松回归模型可用于预测各个耐受组的丰度, 并可以与相应的观测数据进行比较.

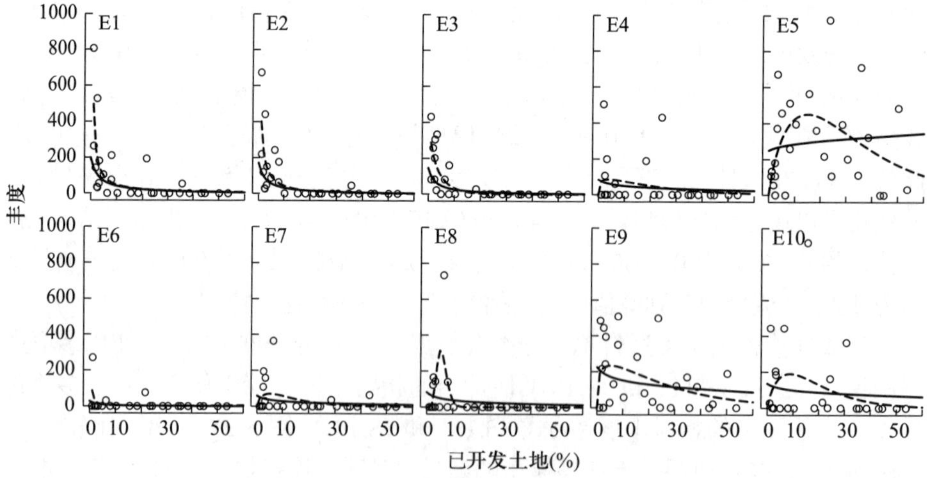

图 8.26 使用伽马模型 (灵活的单峰函数, 虚线) 能比使用对数线性模型 (实线) 更好地模拟蜉蝣类群的丰度.

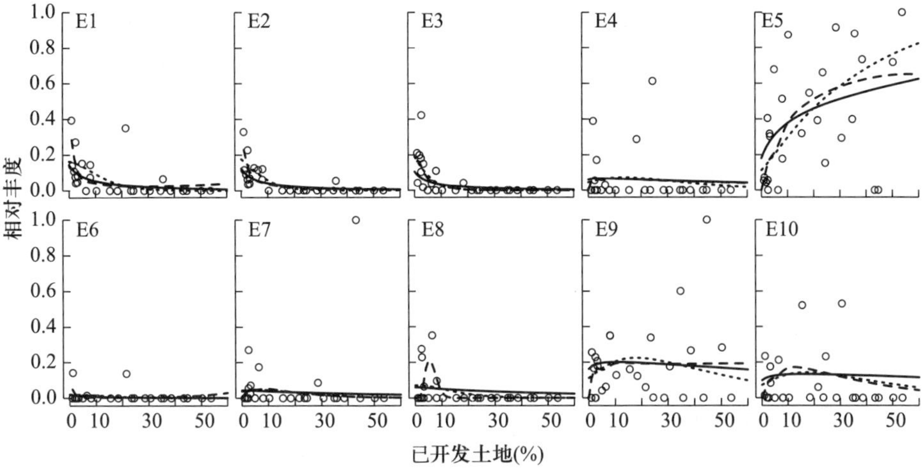

图 8.27 多项式回归估计出的相对丰度 (点线) 并不总是与线性泊松回归给出的相对丰度 (虚线) 相同. 伽马模型给出的相对丰度 (实线) 可能对某些分类群 (例如 E5) 的数据拟合性更好.

泊松–多项式连接可能是探索适当模型形式的最有用的工具. 一方面, 评估模型是否适合单变量计数数据相对简单. 通过用单个分类群或分类群组的数据拟合泊松模型, 我们可以为单个分类群选择最合适的模型形式. 另一方面, logit-线性多项式模型不容易对照数据进行检查, 但它适用于所有分类群 (或分类群组). 很难证明对不同分类群使用单一模型是合理的. 因此, 使用泊松–多项式连接是分析物种组成数据的首选做法.

8.7 广义加性模型

第 6.3.1 节中描述的加性模型是用于正态响应变量的. 如果响应变量 Y 不是正态的, 我们使用广义加性模型 (generalized additive model, GAM), 正如将线性模型一般化为广义线性模型. 这个一般化的过程在数学上比从线性回归到广义线性模型的转化更具挑战性. 在线性回归中, 对于正态响应变量, 最小二乘估计量与最大似然估计量是相同的. 因此, 从 LM 到 GLM 的转换在很大程度上是概念上的, 我们需要有意识地对响应变量做出概率分布的假设. 不要把模型拟合过程看作是寻找能够实现用残差平方和度量的、误差最小化的参数的过程 (这个过程并不需要具有概率假设), 模型拟合过程现在与特定的概率分布联系在一起, 并且这个过程的目的是算出能够使得似然度函数最大化的参数. 从数值上讲, 最小二乘估计量和 MLE 都是最优化问题. 从加性模型向 GAM 推广具有同样的概念转换, 但是, 计算变得更为复杂. 简单地说, 一般化的实现是针对指数分布族的, 包括二项分布、泊松分布, 能够用公式 (8.18) 概括:

$$y \sim \pi(\mu, \phi)$$

$$\eta(\mu) = \alpha + \sum_{j=1}^{k} f_j(X_j) \tag{8.18}$$

其中 π 代表的是指数分布族中具有期望值 μ 和尺度参数 ϕ 的一个分布. 连接函数对于二项响应是 logit 函数, 对于计数数据是对数函数, 对于正态响应变量为不变乘数. 当用线性函数来代替非参数平滑函数 $f_j(X_j)$ 时, 公式 (8.18) 就简化为 GLM.

如同拟合加性模型一样, GAM 通常也是用向后拟合算法来拟合的. 在加性模型中, 向后拟合算法是平滑线的重复拟合. 在 GAM 中, 模型是用最大似然估计量来拟合的, 数值计算上是用 Fisher 打分过程——求解多个方程的 Newton–Raphson 算法:

$$\sum_{i=1}^{n} x_{ij} \left(\frac{\partial \mu_i}{\partial \eta_i}\right) V_i^{-1}(y_i - \mu_i) = 0, \quad j = 0, 1, \cdots, k$$

拟合 GLM 时, Fisher 打分过程是用迭代加权最小二乘法来实现的——用调整后的响应变量 (定义如下式所示) 来拟合加权的最小二乘:

$$z_i = \eta_i^0 + (y_i - \mu_i^0) \left(\frac{\partial \mu_i}{\partial \eta_i}\right)_0$$

其中, μ_i^0 是在模型参数的一组初始值基础上计算出的初始均值. 权重为:

$$w_i^{-1} = \left(\frac{\partial \mu_i}{\partial \eta_i}\right)_0^2 V_i^0$$

其中, V_i^0 是 Y 在 μ_i^0 处的方差. 加权最小二乘回归的形式为:

$$z_i = X\beta$$

每次迭代中, 上次迭代估计出的参数值用来计算 μ_i^0 和 V_i^0. 该过程的收敛是由每次迭代时离差平方和的变化来确定的. 对于 GAM, 将迭代加权最小二乘法修改为一个局部打分过程. 在 GLM 的迭代加权最小二乘法中, $\eta = X\beta$. 对于 GAM, $\eta = \alpha + \sum_{j=1}^{k} f_j(x_{ij})$. 这个过程从 f_i^0 的一组初始值开始: $f_1^0, \cdots, f_k^0$, 可得到一个初始估计值 $\mu_i^0 = \eta^{-1}\left[\alpha + \sum_{j=1}^{k} f_j^0(x_{ij})\right]$. 调整后的响应变量为:

$$z_i = \eta_i^0 + (y_i - \mu_i^0) \left(\frac{\partial \mu_i}{\partial \eta_i}\right)_0,$$

具有权重

$$w_i^{-1} = \left(\frac{\partial \mu_i}{\partial \eta_i}\right)_0^2 V_i^0,$$

从而可获得加权的加性模型

$$z_i = \alpha + \sum_{j=1}^{k} f_j(X_j)$$

最后一步将得到一组新估计值 f_j^1: $f_1^1, f_2^1, \cdots, f_k^1$, 然后, 替代初始值进入下一次迭代. 这个过程的收敛性是通过比较 f_j^1 和 f_j^0 来评估的.

由于在 R 中可以完成 GAM 的拟合, 因此, 拟合 GAM 与拟合一个具有正态响应变量的加性模型一样简单. 但是, 模型的解释较为复杂, 因为得出的模型是用连接函数的形式来表达的. 例如, 如果响应变量是泊松变量, GAM 的输出会把估计出的函数用对数形式来表达. 对于二分响应变量, GAM 的图形是用 logit 形式. 模型的评价变成了一个很复杂的过程.

8.7.1 案例: 南极半岛西部的鲸

为了了解全球气候变化对海洋生物的丰度、多样性和生产力的影响, 南大洋全球海洋生态系统动力学 (Global Ocean Ecosystem Dynamics, GLOBEC) 研究项目 (国际岩石圈 – 生物圈计划 (International Geosphere–Biosphere Program, IGBP) 的一部分) 于 2001 年和 2002 年的 4 月初到 5 月底期间在南极半岛西部 (WAP) 玛格丽特湾大陆架水域范围内开展了两项关于海洋哺乳动物 (鲸类动物) 的调查. 受过训练的观测人员乘着考察船沿着事先定好的采样站或者采样带开展了一次典型的海洋哺乳动物调查, 将每个站点或样带上目击到的动物数目和环境条件记录下来. 图 8.28 给出了研究区域的位置和玛格丽特湾区域内 3 次航程涉及的调查站. WAP 调查涉及两条船. 一条船在距离 40 km 的站点之间行进, 方向与海岸垂直; 另一条船在一些开展小规模采样和实验活动的过程站点之间中转. 两艘船上都有受过训练的观测人员对哺乳动物进行目视调查. 每个观测人员采用裸眼目视或者通过望远镜来搜索从船首开始扫过 90° 直到与海岸垂直的范围. 如果一条鲸被看到了, 它的物种就算是被识别了. 观测人员还同时记录环境和视觉条件 (天气、能见度、闪光度、浪高、Beaufort 海况、海冰浓度), 并跟踪这些条件的变化. 正如 Thiele 等 (2004) 所提到的, 南极的大多数鲸是中型到大型物种, 在相对较高的 Beaufort 海况 (一种海面粗糙度的度量) 下可以被侦测到.

南极半岛西部的海湾是一个生物物种丰富的区域, 长期拥有大量磷虾和高级捕食动物 (包括鲸、海豹和海鸟). Friedlaender 等 (2006) 描述了一项预测鲸

图 8.28 南极鲸调查地点——南极半岛西部玛格丽特湾地区是南大洋 GLOBEC 项目的研究区域. 2001—2002 年的鲸调查路线和站点是图上的圆圈 (见到鲸的地方) 和灰色小叉 (没见到鲸的地方).

的分布模式的研究, 研究中使用所有可获得的预测变量构建 CART, 进而用选出的预测变量构建 GAM, 涵盖了多种环境变量并将声音后向散射作为被捕食量的指标. 这项研究的独特之处是一个变量的可获得性, 即利用声音后向散射来指示被捕食量. 声音后向散射测量的是在指定水深深度上声音信号从磷虾和其他浮游动物的后部反射的强度.

8.7.1.1 数据

响应变量是指定地点的鲸的数量 (驼背鲸 *Megaptera novaeangliae* 和小须鲸 *Balaenoptera acutorstrata*). 研究目的是将鲸的数量与其他环境条件联系起来. 我们的第一步是对观测到的鲸的数量和根据海洋哺乳动物知识所确定的可能的预测变量作图. 但是, 海洋系统是一个动态的系统. 一般用来描述环境条件的变量常常是出于便利性 (如海面温度、到岸边的距离、水深), 不一定是反映或者描述生境属性的变量. 得出的模型在性质上讲常常是描述性的. 探索性的图

(图 8.29) 说明该区域见到的几乎所有鲸都是在相对浅 (低于 1000 m 水深) 的地方或者相对比较平 (等深坡度低于 6%) 的地方, 或者后向散射高 (> −85 dB) 的地方. 用叶绿素 a 浓度 (chla) 来表示初级生产力. 常常这样假设, 海洋动物会被吸引到初级生产力高因而可以支撑浮游动物和其他捕食者健康生存的区域. 目击到的鲸数量和叶绿素 a 浓度的散点图给出的却是反过来的关系. 这个数据集当中的两种鲸捕食的是磷虾, 一种像虾一样群集在一起的海洋无脊椎动物, 而南极磷虾直接食用浮游植物 (或者说藻类). 不由让人推测, 这样一个具有

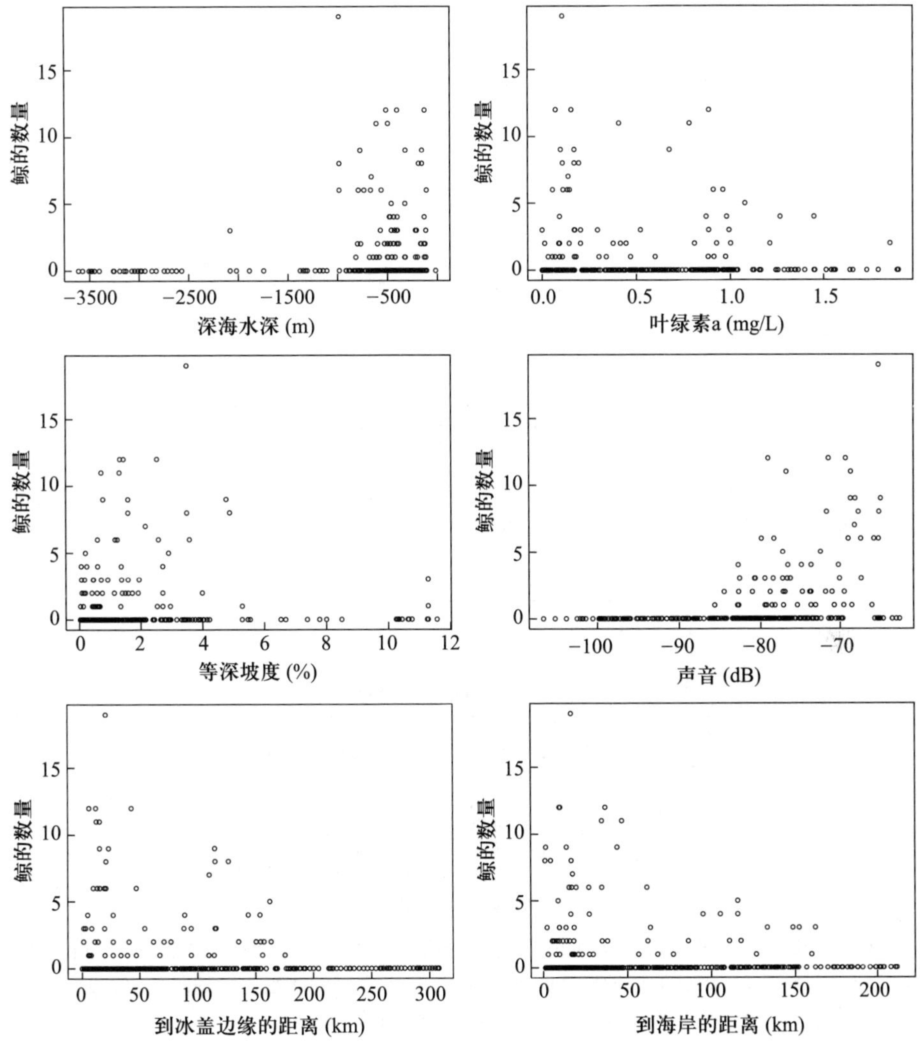

图 8.29 南极鲸调查数据散点图——散点图给出了观测到的鲸数量与其他可能的预测变量之间的杂乱关系.

高密度磷虾的地方由于进食压力大而造成叶绿素 a 比较低. 后向散射和叶绿素 a 的散点图也暗示着这样的关系.

8.7.1.2 用 CART 筛选变量

如同我们在 7.3.2 节中讨论的, CART 适合于在建模过程中筛选变量. 对于该数据集, 我们不完全清楚影响区域内鲸分布的关键因素是什么. 利用所有可获得的预测变量, 我们拟合了一个 CART 模型, 修剪后的 CART 模型 (图 8.30 和图 8.31) 则建议了如下预测变量: 25 ~100 m 水深的声音后向散射、到冰盖边缘的距离、到海岸的距离、叶绿素 a 和深海水深.

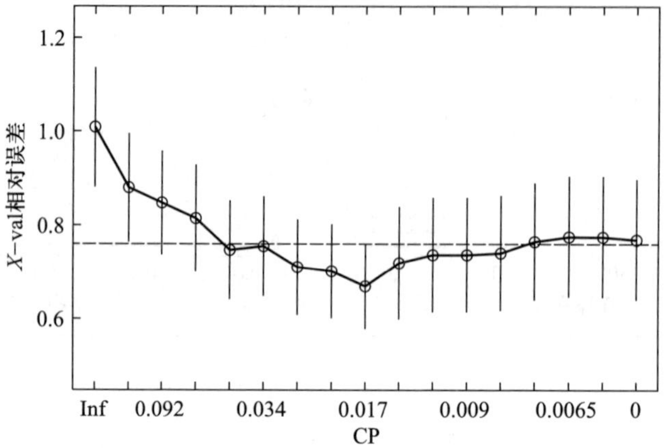

图 8.30 南极鲸调查 CART 模型的 CP 图——如回归模型的 CP 图所示, 根据交叉验证误差加一倍标准差规则, 一个具有 5 个分支的树是最优的.

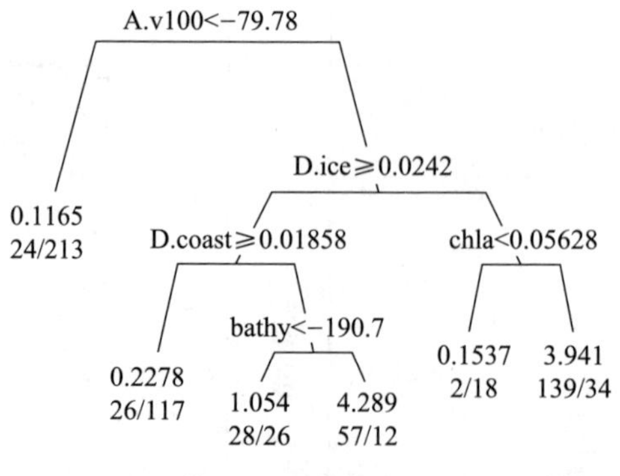

图 8.31 南极鲸调查 CART(回归) 模型——修剪后的 CART 模型指出, 25 ~ 100 m 深度的声音后向散射 (A.v100) 是最显著的预测变量, 接下来是到冰盖边缘的距离 (D.ice)、到海岸的距离 (D.coast)、叶绿素 a 和深海水深 (Bathy).

可以用出现的概率将泊松回归和逻辑斯蒂回归关联起来. 作为探索性分析的一个步骤, 我们还应该考虑把响应变量从鲸的数量转化成鲸的出现/未出现之后, 再拟合 CART 模型. 同时, 使用分类和回归模型使得我们可以从两个不同的角度来考察数据. 分类模型可以很容易地拟合如下:

```
#### R Code ####
TW.rpart2 <- rpart(I(TW>0) ~ bathy+chla+D.coast+D.ice+
                              D.inswb+D.slp+S.bathy+
                              W.mass+A.v100+A.v300.2,
           data=whale.data, method="class",
           parms=list(prior=c(0.5, 0.5)), cp=0.00)
```

结果 (图 8.32) 与修剪后的只有 3 个预测变量 (`A.v100`、`D.ice`、`D.coast`) 的模型略有不同. 修剪后的模型中没有包括叶绿素 a 和深海水深.

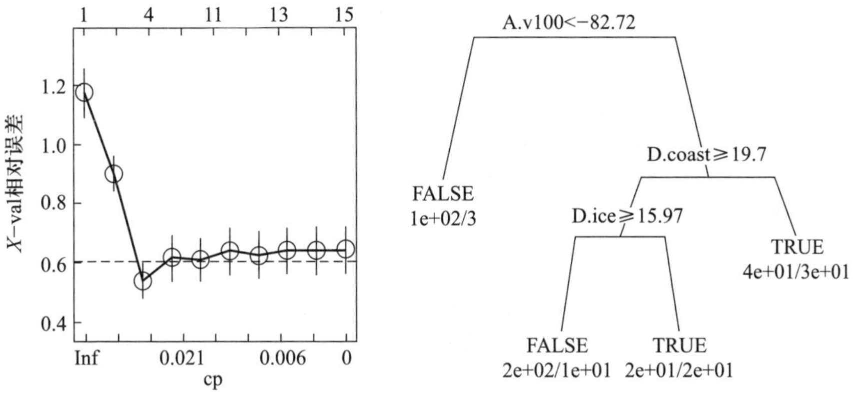

图 8.32 南极鲸调查 CART(分类) 模型——修剪后的分类模型预测的是鲸的出现 (TRUE) 或者不出现 (FALSE), 并指出 25 ~ 100 m 深度的声音后向散射 (`A.v100`)、到冰盖边缘的距离 (`D.ice`)、到海岸的距离 (`D.coast`) 是 3 个主要的预测变量. 树的修剪依据是交叉验证误差加一倍标准差的规则 (左图).

8.7.1.3 拟合 GAM

泊松响应模型

CART 建议应该考虑 5 个预测变量. Friedlaender 等 (2006) 使用广义加性模型来挖掘鲸的丰度和选定的环境条件之间的函数关系. 我们使用 CART 模型所建议的 5 个预测变量作为起点. 当使用工具包 `mgcv` 时, 得到的模型结果可绘制如下:

```
#### R Code ####
whale.gam1 <- gam(TW~s(A.v100, bs="ts")+
                     s(chla, bs="ts")+
                     s(bathy, bs="ts")+
                     s(D.ice, bs="ts")+
```

```
                          s(D.coast, bs="ts"),
              data=whale.data, family="poisson")

par(mfrow=c(3, 2), mar=c(4, 4, 0.5, 0.5))
plot(whale.gam1, scale=0, pages=0, select=1,
    xlab="Backscatter 25-100m", ylab="f(x)",
    residuals=T, shade=T, lwd=2, pch=1, cex=0.5)
plot(whale.gam1, scale=0, pages=0, select=2,
    xlab="Chlorophyll a", ylab="f(x)",
    residuals=T, shade=T, lwd=2, pch=1, cex=0.5)
plot(whale.gam1, scale=0, pages=0, select=3,
    xlab="Bathymetry", ylab="f(x)",
    residuals=T, shade=T, lwd=2, pch=1, cex=0.5)
plot(whale.gam1, scale=0, pages=0, select=4,
    xlab="Dist.to ice edge", ylab="f(x)",
    residuals=T, shade=T, lwd=2, pch=1, cex=0.5)
plot(whale.gam1, scale=0, pages=0, select=5,
    xlab="Dist.to shore", ylab="f(x)",
    residuals=T, shade=T, lwd=2, pch=1, cex=0.5)
```

拟合出的模型 (图 8.33) 暗示鲸丰度的对数与除了叶绿素 a 之外的所有预测变量之间是分段线性关系. 鲸丰度与叶绿素 a 之间的关系难以解释. 由于磷虾食用浮游植物而鲸捕食磷虾, 高浓度叶绿素 a 的存在并不必然意味着磷虾的高浓度. 一大群磷虾可能吃掉所有的浮游植物而导致叶绿素 a 浓度低. 高浓度的叶绿素 a 可能说明磷虾还没到来. 因此, 不必太过认真地对待拟合出的叶绿素 a 的函数.

此外, 磷虾和叶绿素 a 浓度之间的相互作用关系表明, 不应将加性假设应用于这两个预测变量. 由于鲸是被磷虾吸引的, 而不是叶绿素 a, 因此当有磷虾密度的测量值时, 叶绿素 a 不再相关. 鲸丰度的对数与声音后向散射、到冰盖边缘的距离、到海岸的距离之间明显的分段线性关系很吸引人, 但是有些值得怀疑. 数据 (图 8.29) 似乎表现出的是对这 3 个预测变量的阶跃函数. 当 `A.v100` 低于 -87 dB 时, 或者到冰盖边缘的距离大于 180 km 时, 或者到海岸的距离大于 170 km 时, 没有观测到鲸. 此处的科学问题是用一个连续函数来描述鲸密度与该研究中所用的环境变量之间的关系是否合理. 如果期望的是连续、光滑的关系, 那么, GAM 的使用是合理的. 否则, 泊松加性模型是不合适的.

正如泊松回归问题一样, 偏大离差也是加性模型的一个潜在问题. 拟合考虑了偏大离差的泊松加性模型时, 需设定选项 `family="quasipoisson"`. 背后的统计学问题与第 8.4.4 节中所解释的一样. 对这个案例, 我们可以通过计算偏

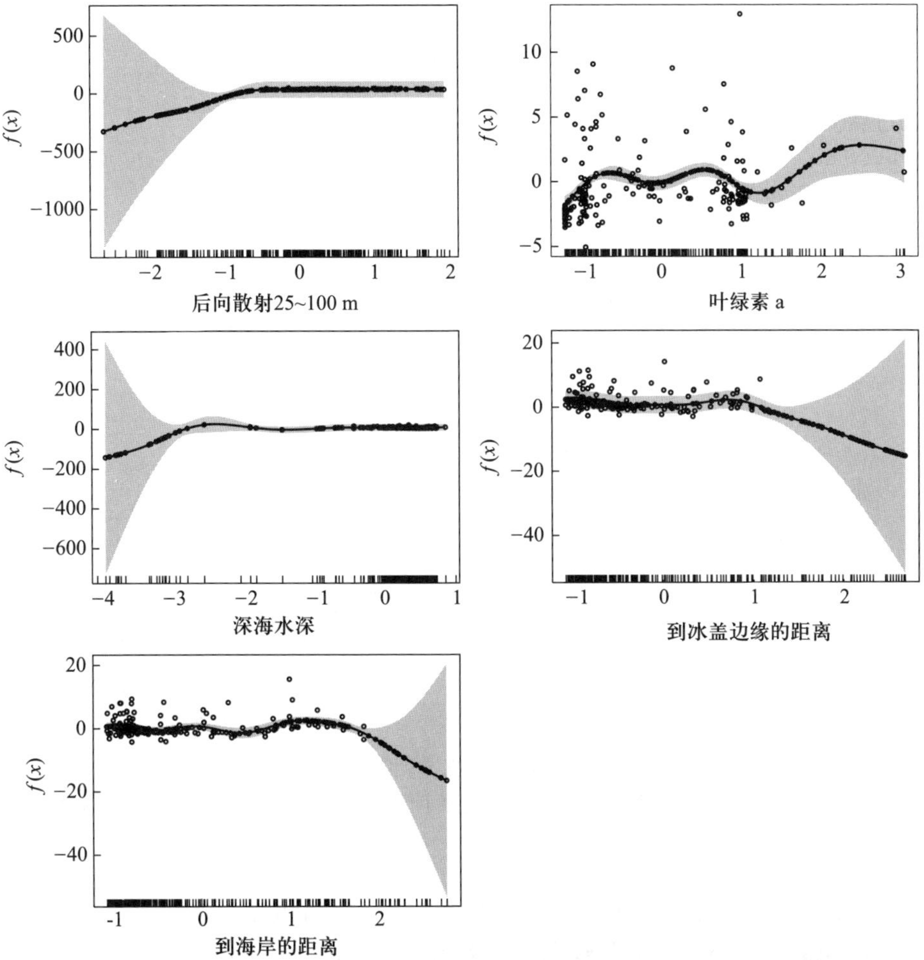

图 8.33 南极鲸调查的泊松 GAM——拟合出的 GAM 函数给出了声音后向散射 (左上方, 像是分段线性模型)、叶绿素 a(右上方, 有些奇怪)、深海水深 (中部左侧, 像是线性)、到冰盖边缘的距离 (中部右侧, 像是分段线性模型) 和到海岸的距离 (下方, 另一个分段线性模型) 的影响. 模型拟合时假设响应变量服从泊松分布.

大离差参数和绘制残差图 (图 8.34) 进行诊断.

```
#### R Code ####
yhat <- predict(whale.gam1, type="response")
z <- (whale.data$TW-yhat)/sqrt(yhat)
overD <- sum(z^2)/summary(whale.gam1)$residual.df
p.value <- 1-pchisq(sum(z^2),
    summary(whale.gam1)$residual.df)
```

```
plot(yhat, whale.data\$TW-yhat,
    xlab="Predicted Values", ylab="Residuals",
    main="Raw Residuals")
abline(h=c(-2, 2), lty=2)
plot(yhat, z, xlab="Predicted Values",
    ylab="Residuals", main="Standardized Residuals")
abline(h=c(-2, 2), lty=2)
```

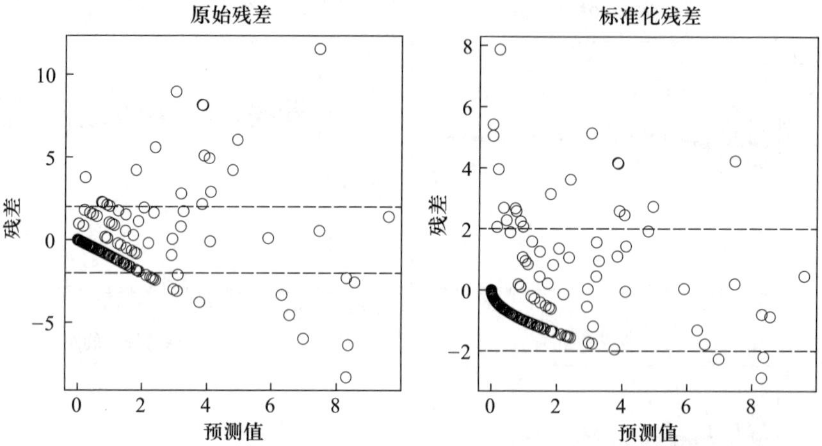

图 8.34 带有偏大离差的 GAM 的残差——残差图表现出典型的偏大离差症状. 左图给出了残差与拟合值的关系, 楔形的数据团表明, 随着预测值的增加方差在增加. 标准化的残差中仍然有大于 1 的方差.

估计出的偏大离差参数 (overD) 是 $1.8(p < 0.00001)$.

由于偏大离差只影响估计出的方差值, 拟合出的模型并不受影响. 如果使用 GAM 作为探索性工具, 我们无论用 family="poisson" 还是用 family="quasipoisson" 拟合 GAM, 不会看到任何差异.

二项响应模型

在这个例子中, 鲸的数量有高度的不确定性. 实际数量的不确定性可以通过将计数响应变量转换成二分 (出现/未出现) 变量而得以有效去除. 由于鲸是群游的, 什么条件下会有一群鲸出现是我们想要寻找的相关信息. 换句话说, 使用二分响应变量, 我们可以从一个不同的角度来考察同一个问题.

```
#### R Code ####
whale.gam3 <- gam(I(TW>0)~s(A.v100, bs="ts")+
                          s(chla, bs="ts")+
                          s(bathy, bs="ts")+
                          s(D.ice, bs="ts")+
```

```
                        s(D.coast, bs="ts"),
    data=whale.data, family="binomial")
```

拟合出的模型 (图 8.35) 给出的声音后向散射和到冰盖边缘距离的影响是类似的. 叶绿素 a 的影响还是比较奇怪. 到海岸距离的影响不再存在了. 最有意思的是揭示出了深海水深的影响, 拟合泊松模型时是正的, 而在拟合出的二项模型中是负的.

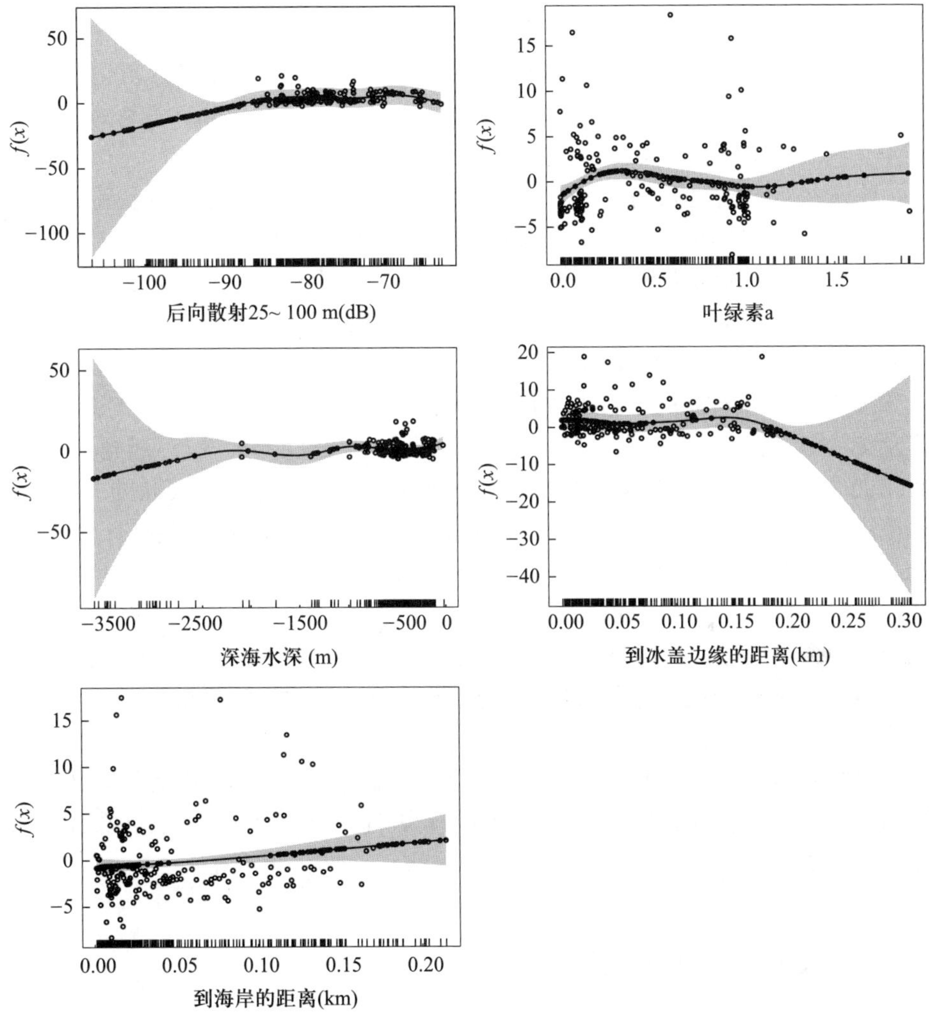

图 8.35 南极鲸调查的逻辑斯蒂 GAM——拟合出的 GAM 函数给出了声音后向散射 (左上)、叶绿素 a(右上)、深海水深 (左中)、到冰盖边缘的距离 (右中) 以及到海岸的距离 (下) 的影响.

8.7.1.4 小结

Friedlaender 等 (2006) 用了 6 个预测变量, 包括 2 个声音后向散射变量 (`A.v100` 针对前 100 米, `A.v300` 针对 100 ~ 300 米)、叶绿素 a、2 个距离变量 (`D.ice` 和到大陆架内部水域的距离) 和等深坡度. 这种选择依据的是 CART 模型中的竞争性分支和文章作者对研究对象的了解. 如同很多对海洋哺乳动物调查数据的分析那样, GAM 作为探索性分析工具是最有用的一个. Friedlaender 等 (2006) 将模型结果解释为一种指示, 鲸与浮游动物的分布可以联系在一起, 驼背鲸和小须鲸能够用来定位那些促进捕食聚集的物理特征和海洋学过程. 本节所给出的分析进一步说明促进捕食聚集的物理特征可能是到冰盖边缘的距离. 事实上, 研究已经表明南极海冰边缘对于冰藻是重要生境, 海藻的季节性藻华是磷虾重要的食物来源.

由于统计分析是归纳推理的一种工具, 模型拟合过程就是要寻找能最好地解释观测数据的模型. 对于归纳推理, 重点是要把疑问抛向一个看似正确的理论. 一次严肃的探索总是应从多个角度来看同一组数据. 在分析同一组计数数据时, 同时使用泊松响应回归和二项响应回归在解释事先未曾预料到的问题或者获取进一步的认识方面常常很有效. 在这个例子中, 叶绿素 a、到海岸的距离及深海水深 (还有海平面温度) 例行公事般地在海洋哺乳动物模拟研究中被用作预测变量, 是因为它们易于获得. 在这个例子中, 这些变量没有一个被发现是有用的. 这些变量与那些对鲸的分布较为重要的生态学过程是关联的. 如果单独使用, 它们常可以得出满意的模型. 但是, 这些模型在想要了解鲸的行为和运动特征时极少被使用, 因为这些变量是驱使动物运动的 3 个重要变量——食物、交配和繁殖、躲避捕食者的替代量. 在这个例子中, 声音后向散射和到冰盖边缘的距离是描述食物资源特征的两个变量. 由于这两种鲸没有天然的捕食者, 南极也不是它们的繁殖场所, 刻画食物资源的特征是预测鲸分布的唯一可能的方法.

这些通常使用的预测变量不具备任何预测能力的另一个原因是研究区域有限的空间范围, 这个限制导致水温的范围有限 (在 $0 \sim 2$°C), 以及其他距离/深度测量的变化范围有限.

8.8 参考文献说明

此处略去了 GLM 和 GAM 的理论细节. McCullagh 和 Nelder(1989) 提供了 GLM 的细致说明, Tibshirani(1990) 提供了 GAM 的细致说明. R 中两种 GAM 的实现是相当不同的. 例如, `mgcv` 中的 `gam()` 函数默认的是估计模型项的光滑程度, 而工具包 gam 中的 gam() 函数需要用户提供平滑度参数. 这两个工具包在方差估计方法上也有区别, 最终会使得置信区间有所不同. 关于细节, 读者可以查找 Hastie 和 Tibshirani (1990) 及 Wood (2006). Guisan 和 Zimmermann (2000) 讨论了生态学模拟中 GLM 和 GAM 的应用.

8.9 练习

1. Dodson (1992) 使用多元回归分析建立了北美湖泊浮游动物物种丰富度的预测模型. 该文章使用的数据来自 66 个北美湖泊. 所选湖泊的水面面积从 4 m^2 到 80×10^9 m^2 不等, 从超寡营养到超富营养不等, 并根据数年的观察列出了浮游动物物种清单. 文章摘要指出, "湖中甲壳类浮游动物物种的数量与湖泊大小、平均光合作用率 (抛物线函数) 和 20 km 范围内的湖泊数量显著相关." 此外, "关于湖泊深度、盐度、海拔、纬度、经度或到最近湖泊的距离的认识并没有改进对物种丰富度的预测. " 正如许多人发现的那样, 在 R 出现之前, 文献中进行的回归分析往往是不充分的. 运用我们在第 5 章中讨论的一般原则, 建立一个模型来预测物种丰富度 (物种数量), 并将你的模型与文章中讨论的模型进行比较. 如果你的模型与 Dodson 发表的模型不同, 请解释为什么你的模型更好. 相应数据集名为 lakes, 可以从软件包 alr3 获得. 这一数据框包含以下变量:

- Species – 浮游动物物种的数量
- MaxDepth – 最大湖深, m
- MeanDepth – 平均湖泊深度, m
- Cond – 电导率, microsiemans
- Elev – 海拔, m
- Lat – 北纬纬度, 度数
- Long – 西经经度, 度数
- Dist – 到最近湖泊的距离, km
- NLakes – 20 km 范围内的湖泊数量
- Photo – 光合作用率, 主要采用 ^{14}C 方法
- Area – 湖面面积, hectare
- Lake – 湖泊名称

2. 加拉帕戈斯群岛 (Galapagos Islands) 为查尔斯・达尔文提供了进化的证据, 并成为持续研究影响物种发展因素的实验室. Johnson 和 Raven (1973) 提供了加拉帕戈斯群岛 29 个岛屿的植物物种丰富度数据, 以建立物种丰富度

与岛屿面积之间的关系. 数据集可从 R 软件包 alr3(galapagos) 获得. 这是一个数据框, 行名是岛屿名称, 八个列分别是: NS (物种数量)、ES (地方特有物种数量)、Area (岛屿面积, km^2)、Anear (最近岛屿的面积, hectare)、Dist (与最近岛屿的距离, km)、DistSC (与圣克鲁斯岛的距离, km)、Elevation (海拔, m), 和 EM (是否测量了海拔高度, 1 为有测量, 0 为缺失).

• 以物种丰富度为响应变量, 拟合泊松回归模型. 由于这些数据是用于确定物种丰富度和岛屿大小之间的关系, 因此应将变量 Area 列为一个预测变量. 探索其他潜在的预测变量和适当的变换形式. 用简洁的语言解释最终模型.

• 在上一步中, 我们发现对 Area 作对数变换能获得更好的模型, 这表明物种丰富度与岛屿的大小成正比 (解释原因). 考察这个问题的另一种方法是使用岛屿的大小做一个调整, 以模拟单位面积物种的丰富度. 探索所有潜在的预测变量, 以开发一个单位面积物种丰富度模型.

• 面积和海拔高度相关. 这些数据可以用来推断哪个因素更应该是物种丰富度变化的原因吗?

3. 文件 rodents.csv 中的数据集包含 2002 年纽约市住房与空置调查的数据. 调查的变量包括 rodent2, 指示啮齿动物是否在建筑物内.

(a) 根据给定的种群 (race) 指标, 建立一个预测啮齿动物是否存在的模型. 酌情合并类别, 并讨论模型中的估计系数.

(b) 在模型中添加描述公寓、建筑和社区的其他潜在相关预测变量. 运用第 5.4 节中给出的一般原则, 构建模型并讨论模型中种群指标的系数.

4. Schoener (1968) 收集了两种安乐蜥属蜥蜴物种 (*Anolis opalinus* 和 *A. grahamii*) 分布的信息, 从它们栖息在何地以及何时捕食昆虫的角度出发, 看看它们的生态位是否不同. 数据在文件 lizards.txt 中. 栖息地按树枝的直径、在灌木丛中的高度、给蜥蜴计数时栖木是在阳光下还是阴凉处, 以及蜥蜴的觅食时间进行分类. 响应变量是每个物种的蜥蜴在每个事件下被看到的次数. 该研究成果发表时, 尚无 GLM. 显然, 泊松回归可能适合分析数据. 使用第 5.4 节给出的一般原则开发一个模型, 以预测蜥蜴被看到的预期次数. 根据这两个物种的栖息地生态位来解释模型结果. 请注意, 所有预测变量都是分类的. 考虑开发一个使用物种作为因子预测变量的模型.

5. 虽然 Schoener (1968) 在文章中报告了四种安乐蜥属蜥蜴, 但数据集中只包含两个物种. 泊松回归不会限制给定栖息地条件下的蜥蜴总数, 这可能具有误导性, 因为蜥蜴的数量不能是无限的. 分析相同数据的不同方法是使用逻辑斯蒂回归. 假设只有两个相互竞争的物种, 我们可以用看到一个物种的概率比上看到另一个物种的概率来模拟一个物种的栖息地偏好. 我们使用的数据集有两部分. 前 24 行是看到物种 *A. opalinus* 的次数, 后 24 行是看到物种

A. grahamii 的次数. 使用逻辑斯蒂回归来预测看到一个物种的概率 (例如, *A. grahamii*). 也就是说, 将 *A. grahamii* 的响应作为成功, *A. opalinus* 的响应作为失败, 并开发一个模型来预测成功概率. 如果一个条件的成功概率很高, 意味着 *A. grahamii* 更喜欢该条件中定义的栖息地; 如果概率低, 则意味着 *A. opalinus* 更喜欢该种栖息地; 如果概率接近 0.5, 则两者共享栖息地. 讨论你对物种栖息地偏好的解释是否与使用泊松回归模型时的结果有所不同.

6. 由于二项分布是多项分布的特殊情况, 前两个习题是相互关联的 (第 8.6 节). 使用习题 4 中的泊松模型导出两种蜥蜴相对丰度的二项式模型, 并将该模型与习题 5 的结果进行比较.

7. 1999 年 7 月 4 日, 一场风速超过每小时 90 英里的风暴袭击了明尼苏达州东北部的边界水域独木舟荒野区 (Boundary Waters Canoe Area Wilderness, BWCAW), 对森林造成了严重破坏. 一项对风暴影响的研究开展了调查, 并统计了 3600 多棵树, 以确定每棵树是死的还是活的 (软件包 `alr3` 中的数据 `blowdown`). 该研究的目标之一是了解树木存活对树种类型、树木大小和局部受损严重程度的依赖关系. 该数据集包括 3666 棵树的情况, 包括这棵树是死的还是活的 (`y=1` 或 `y=0`), 其直径 (`D`, cm), 局部受损严重程度 (`S`, 死树的比例) 和物种 (`SPP`:`BF`= 香脂冷杉, `BS`= 黑云杉, `C`= 雪松, `JP`= 班克松, `PB`= 纸桦树, `RP`= 红松, `RM`= 红枫树, `BA`= 白蜡木, `A`= 白杨).

拟合逻辑斯蒂回归模型, 并讨论存活情况对三种潜在预测变量 (树木大小、局部受损严重程度和树种类型) 的依赖性.

8. 作为性选择理论证据的现场观察示例, Arnold 和 Wade (1984) 提供了 38 只雄性牛蛙 (*Rana catesbeiana*) 的大小 (mm) 和配偶数量数据 (文件 `bullfrogs.csv`). 有证据表明这个群体中配偶数的分布与体型大小有关吗? 如果是这样, 请提供该关系的定量描述, 以及对不确定性的适当度量. 写一份统计结果的简短总结.

9. 大西洋鲟鱼 (*Acipenser oxyrychus*) 是一种寿命长、依赖河口、溯河道的鱼类. 它们曾经是北美东海岸宝贵而丰富的资源. 栖息地退化、直接捕捞和副渔获导致大西洋鲟鱼存量大幅下降. 2012 年, 大西洋鲟鱼的一个分支 (纽约湾特有种群分支) 被列为美国濒危物种. 监测鲟鱼种群的变化通常通过对幼鱼种群进行采样来完成, 因为幼年鲟鱼在出生地停留 $2\sim6$ 年, 然后作为混合种群沿着大西洋沿海地区迁徙. 纽约州环境保护部监测哈德逊河潮汐区的幼年鲟鱼丰度. 这个习题使用的是 2006 年至 2015 年的数据 (`sturgeon.csv`), 包括捕获的幼年鲟鱼 (`CATCH`)、活动 (`Effort`)、水化学特性 (溶解氧 (`DO`)、电导率 (`COND`)、盐度 (`SALINITY`))、潮汐期 (`S_ Tide`)、到盐锋的距离 (`DTSF`) 以及采样月份 (`MON`) 和年份 (`YEAR`).

(a) 使用泊松回归来模拟鲟鱼丰度随时间的变化 (年份, 即 `CATCH~YEAR`), 以 effort 为偏移.

(b) 在考虑其他因素 (如温度、盐度、到盐锋的距离) 的影响后, 使用 GAM 来探索时间趋势的性质.

(c) 根据 GAM 的输出来修订泊松回归模型, 并检查是否有偏大离差问题.

第Ⅲ部分　高级统计建模

第 9 章

用于模型检验和统计推断的模拟

本章介绍如何使用模拟手段进行模型检验和统计推理. 模拟常被称为蒙特卡罗模拟, 是统计学和环境建模中广泛使用的一种技术. 在环境和生态学建模中, 蒙特卡罗模拟主要是用来评估不确定的模型参数和其他输入造成的模型不确定性. 在统计学中, 模拟代表的是一组依赖于重复随机采样并计算其结果的算法. 在使用确定性算法计算确切结果不可行或者不可能的时候, 就会用到这些方法. 在本章中, 强调的概念是采用模拟方法来检验模型. 本章从介绍模拟的基本概念入手, 然后, 针对估值问题和回归模型检验来介绍基于模型的模拟. 通过模拟生成预测分布及其尾区并用作模型检验工具的做法主要源于贝叶斯 p 值概念. 本章用基于重采样的模拟方法作为结尾.

9.1 模拟

统计推断很大程度上要依赖于积分和微分运算. 例如, 概率计算常常是积分问题, 而似然度函数的最大化则是微分方程问题. 在单样本单侧 t 检验问题中, 主要的计算是 p 值的计算, 即观测到一个来自零分布 (t 分布) 的随机变量比计算出的统计量大的概率. 从数学上讲, 这个问题可解释成如下步骤:

- 检验统计量 $T = \dfrac{\overline{x} - \mu_0}{s}$ 服从零分布, 即自由度为 $\nu = n - 1$ 的 t 分布, 具有形式为 $\pi(x|\nu) = \dfrac{\Gamma\left(\dfrac{\nu+1}{2}\right)}{\Gamma\left(\dfrac{\nu}{2}\right)} \dfrac{1}{\nu\pi} \dfrac{1}{\left(1 + \dfrac{x^2}{\nu}\right)^{(\nu+1)/2}}$ 的概率密度函数.
- 结合观测到的统计量 T^*, 计算 p 值:

$$p = \int_{T^*}^{\infty} \pi(x|\nu) \mathrm{d}x \tag{9.1}$$

该积分没有闭合形式解. 根据常用概率分布的列表结果 (或者计算机快速算法), 可以进行统计推断.

该积分可以用模拟进行近似, 即从它的分布中重复抽取随机数并计算出结果. 在这个例子中, 将长期运行频率用作 p 值的一种定义, 要近似获得 p 值, 可以通过从零分布中抽取随机样本, 并计算比计算出的检验统计量大的比例. 假设零分布的 $\nu = 23$ 且 $T^* = 2.34$. 相应的 p 值是 0.014 (`1-pt(2.34, df=23)`). 利用模拟, 我们从零分布中抽取随机数 (如 10000 个), 然后, 计算这些数中大于 T^* 的比例:

```
#### R Code ####
set.seed(1)
t.sample <- rt(10000, df=23)
p.value <- mean(t.sample > 2.34)
```

设定随机数种子为 1 是为了保证读者能够得到相同的 p 估计值 (0.014).

这个例子使用模拟并不是必需的, 因为检验统计量的分布 (t 分布) 是已知的, 而且用于积分计算 (式 9.1) 的计算机快速算法也已经有了. 但是, 这个例子让人认识到模拟的核心思想, 也就是说, 统计量可以用数学方法也可以用模拟手段计算出来. 如果随机变量 x 的分布是用概率分布函数 $\pi(x)$ 代表的, 我们可以导出它的均值、标准差或者像这个例子一样的尾部区域. 这些统计量或者说几乎所有统计量可以用积分/微分计算获得 (例如, $E(x) = \int x\pi(x)\mathrm{d}x$ 和 $\Pr(x > \widetilde{x}) = \int_{\widetilde{x}}^{\infty} \pi(x)\mathrm{d}x$). 当所需要的统计量不属于常用的几个分布族且数学计算难以处理时, 模拟往往是便捷的替代方法.

一般来说, 模拟是一种直接使用从相关分布中抽出的随机数来解决问题的方法. 这种方法可用于获得过于复杂而无法求出解析解的问题的数值解. 一般的方法称为蒙特卡罗方法, 是 S. Ulam 设计的名字. 1946 年, 他成为第一个让这种方法有名气的数学家, 取这个名字是为了向一个常常要借钱的亲戚 “致敬”, 因为他 “只是不得不去蒙特卡罗”, 即著名的摩纳哥赌场. Ulam 在一次病后康复期玩单人纸牌的时候, 第一次有了用统计采样来求解数学难题的想法. 当时的问题是 52 张牌摆出的甘菲德牌戏 (一种单人纸牌游戏) 胜出的概率是多少 (Eckhardt, 1987). 由于获胜的概率从数学上很难求解, Ulam 就开始思考用更为实用的方法, 最后, 导出了蒙特卡罗方法.

在统计推断中, 蒙特卡罗方法通常用在两个领域. 一个是困难积分的计算. 服从已知分布函数 $f(x)$ 的随机变量 x 的均值是 $E(x) = \int xf(x)\mathrm{d}x$. 如果来自

$f(x)$ 的随机数可轻易获得, $E(x)$ 就可以用这些随机数的平均值来近似. 任意一个函数 $g(x)$ 的积分可以用模拟来近似, 如果该任意函数能化成两个函数的乘积且其中一个函数是已知的分布函数. 也就是说, 如果 $g(x) = h(x)f(x)$ 且 $f(x)$ 是一个概率分布函数, 那么, 积分 $I = \int g(x)\mathrm{d}x = \int h(x)f(x)\mathrm{d}x$可以通过如下两步来近似: ①从 $f(x)$ 中抽取随机数 $x_i \sim f(x)$; ②计算所有 $h(x_i)$ 的平均值: $I \approx \frac{1}{n}\sum_{i=1}^{n} h(x_i)$. 采用蒙特卡罗方法进行数值积分被广泛用作其他数学方法的替代方法.

使用蒙特卡罗方法的另一个领域是计算概率分布的一个或者多个特征值. 这是通过抽取目标分布的随机样本后利用这些样本重复计算定义分布特征的参数来实现的. 利用这些样本, 分布的任何一个无法解析求解的特征值都可以直接计算了. 本书中反复用到了模拟. 第 4 章中, 我们使用模拟方法来估计 TP 浓度分布的第 75 百分位数, 计算一项检验的 I 型错误概率, 并根据来自不同总体分布的样本评估样本均值分布的情况. 本章将集中在使用模拟方法来生成回归模型的预测分布以便进行模型评估.

9.2 用模拟来概括回归模型

9.2.1 一个入门案例

第 4.8.3 节中用已知的水质变量 (如 TP 浓度) 分布来评估水质达标就是一个例子. 假定 TP 浓度分布是对数正态的. 水质达标评价的任务就是从数据中估算对数均值和对数标准差. 一旦对数均值和对数标准差已知, 超出水质标准 (如10 μg/L) 的概率就是一个简单的积分问题. 但是, 真正的均值和标准差很少能已知. 利用样本总磷浓度均值和标准差的对数值就会陷入 William Gosset (Student, 1908) 曾经遇到的问题: 使用样本的均值和标准差会在推断中引入误差, 尤其是样本容量小的时候. 用 Y 来代表随机变量 (即 TP 浓度的对数, 因此, $Y \sim N(\mu, \sigma^2)$), 而 $y = \{y_1, \cdots, y_n\}$ 表示观测数据. 统计量是 Y 超过水质标准的概率, 或者 $\Pr(Y \geqslant \log 10)$. 由于 μ 和 σ^2 未知, 必须用数据来估值, 所以, 概率必须通过由观测数据给出的 Y 的预测性分布来进行估值. 我们用一般符号 $\widetilde{y}$ 来表示未来值. 预测性分布标记为 $f(\widetilde{y}|y)$. μ 和 σ 的无偏估计分别是样本均值 ($\overline{y}$) 和样本标准差 ($\widehat{\sigma}$). 用 $\overline{y}$ 和 $\widehat{\sigma}$ 来替代 μ 和 σ 显然可以让我们得到概率的近似估计. 但是, 这种估计是与不确定性联系在一起的. 样本均值 $\overline{y}$ 是一个随机变

量, 根据中心极限定理它服从正态分布. 样本标准差 $\widehat{\sigma}$ 也是一个随机变量, 它的分布是带比例的倒 χ^2 分布, 可用以下关系式表示:

$$(n-1)\frac{\widehat{\sigma}^2}{\sigma^2} \sim \chi^2(n-1) \tag{9.2}$$

偶然地, $\overline{y}$ 可能比 μ 大或者小, $\widehat{\sigma}$ 也可能比 σ 大或者小. 因此, 水质超标的概率可能被低估或者高估. 如何正确地评估这种不确定性呢? 如果可能, 当然是获取更多的数据, 因为大样本会降低样本均值的标准差 (标准误). 但是, 极有可能在我们从数据质量角度判断数据需求之前, 无法获得额外数据. 一种量化不确定性的方法就是用 $\overline{y}$ 和 $\widehat{\sigma}$ 作为参照物来生成 μ 和 σ 的可能值. 例如, 如果随机样本 θ^* 是从 χ^2 分布中抽取的, 我们可以利用公式 (9.2) 中的关系生成 σ 的可能值: $\sigma^* = \widehat{\sigma}\sqrt{\dfrac{n-1}{\theta^*}}$. 同样地, 我们利用由中心极限定理定义的关系式 $\overline{y} \sim N\left(\mu, \dfrac{\sigma^2}{n}\right)$ 或者 $\dfrac{\overline{y}-\mu}{\sigma/\sqrt{n}} \sim N(0,1)$来抽取 μ 的样本. 令 z^* 是从 $N(0,1)$ 中抽取的随机数, 均值的可能值为 $\mu^* = z^*\sigma^*/\sqrt{n} + \overline{y}$. 一对均值可能值 ($\mu^*$) 和标准差可能值 ($\sigma^*$) 就可以被用来抽取 y 的可能值. 通过多次重复抽取 μ、σ 及 y 的可能值, 我们就获得了 y 的很多值. 这些值就组成了 y 的预测性分布. 因此, 从预测性分布中生成样本的蒙特卡罗模拟包括如下 3 个步骤:

(1) 计算样本均值 $\overline{y}$ 和样本标准差 $\widehat{\sigma}$

(2) 对于 $i = 1, \cdots, k$

  (a) 从 $\chi^2(n-1)$ 中抽取一个样本 θ^i

  (b) 计算 $\sigma^i = \widehat{\sigma}\sqrt{\dfrac{n-1}{\theta^i}}$

  (c) 从 $N\left(\overline{y}, \dfrac{\sigma^i}{\sqrt{n}}\right)$ 中抽取一个样本 μ^i

(3) 从 $N(\mu^i, \sigma^i)$ 中抽取一个样本 $\widetilde{y}^i$

我们可以用 $\{\widetilde{y}^i\}$ 计算生成的比水质标准高的随机数所占的比例, 并把它作为超标概率:

$$\Pr(Y \geqslant \log 10) \approx \frac{1}{k}\sum_{i=1}^{k} I(y^i > \log 10)$$

其中,

$$I(x) = \begin{cases} 1 & 当\ x > 0 \\ 0 & 当\ x \leqslant 0 \end{cases}$$

事实上, 我们可以用这些随机样本计算预测性分布的任意统计量.

在 R 中, 生成随机数是每个分布函数的一部分. 例如, 生成 y 的预测性分布的过程如下:

```
#### R Code ####
 y <- log(rlnorm(25, 1.9, 1))
 n.sim <- 5000
 n <- length(y)
 y.bar <- mean(y)
 s.hat <- sd(y)
 theta.i <- s.hat*sqrt((n-1)/rchisq(n.sim, n-1))
 mu.i <- rnorm(n.sim, y.bar, theta.i/sqrt(n))
 y.tilde <- rnorm(n.sim, mu.i, theta.i)
```

在这个例子中, 从一个对数均值为 1.9、对数标准差为 1 的对数正态分布中抽取了一个具有 25 个数据的样本, 并且计算超标概率:

```
#### R Code ####
 Pr <- mean(y.tilde > log(10))
```

水资源文献中常常讨论的一个问题是再次变换的偏差. 这是因为许多水质标准都是与污染物浓度的总体均值有关的. 然而, 由于大多数浓度变量可以通过对数正态分布近似, 因此流量和浓度等环境变量通常在开展分析之前都会进行对数变换. 在使用对数变换后的浓度数据进行分析时, 我们估计的是对数均值和对数方差. 如果一个浓度变量 X 服从对数正态分布, 那么, 它的对数 $Y = \log X$ 服从正态分布. 对数正态分布是用对数均值 μ 和对数标准差 σ 来定义的. 如果 $X \sim LN(\mu, \sigma^2)$, 那么, $Y \sim N(\mu, \sigma^2)$. 我们知道 Y 的均值为 μ, 但是, X 的均值不是 e^{μ}, 而是 $E(x) = e^{\mu+\sigma^2/2}$ 或者 $e^{\mu}e^{\sigma^2/2}$. 因为 $\sigma^2 > 0$, 乘积因子 $e^{\sigma^2/2}$ 大于 1. 也就是说, 估计对数均值时, 对数均值的求幂结果总是比原始数量级上的变量均值要小. 例如, 如果浓度或流量数据是来自对数均值为 1.9、对数标准差为 1 的对数正态分布, 变量的均值 (期望值) 是 $e^{1.9+1/2} = 11.023$, 但是, 对数均值的求幂结果是 $e^{1.9} = 6.686$. 我们可以用估计出的样本对数均值和对数标准差来计算原始数量级上的均值. 但是, 不确定性 (标准误) 就很难再次转换回原始的数量级. 对于简单的均值估计问题, 存在解析解. 但是, 蒙特卡罗模拟常常是获得答案的最直接的方法. 要计算均值 $\tilde{x} = e^{\tilde{y}}$ 的标准误, 我们首先需要将 `y.tilde` 从浓度变量预测分布的样本转换回浓度值:

```
#### R Code ####
 x.tilde <- exp(y.tilde)
```

x 的总体均值和标准差则为:

```
#### R Code ####
 mu.x <- mean (x.tilde)
 sigma.x <- sd (x.tilde)
```

置信区间则为:

```
#### R Code ####
 CI.x <- mu.x + qt(c(0.025, 0.975), df=25-1) * sigma.x/sqrt(25-1)
```

得到的 95% 置信区间近似为 (`4.26, 16.36`), 比根据对数变换数据算出的 95% 置信区间的再求幂 ((`4.41, 9.35`)) 要宽.

9.2.2 概括线性回归模型

与样本均值和样本标准差的估值问题一样, 使用线性回归模型进行预测的问题是为未包括在数据中的预测变量取值 ($\widetilde{x}$) 寻找响应变量的预测性分布. 对于简单的线性回归问题 $y = \beta_0 + \beta_1 x + \varepsilon$, 其系数估计值为 $\widehat{\beta}_0$ 和 $\widehat{\beta}_1$, 预测均值为 $\widehat{\beta}_0 + \widehat{\beta}_1 \widetilde{x}$, 公式 (5.13) 则给出了预测标准误. 如果响应变量是经过变换的, 想把估计出的标准误预测值转换回响应变量的原始尺度往往就不是简单的任务了. 一种简单而直接地概括模型不确定性的方法就是蒙特卡罗模拟. $\widetilde{y}$ 的预测性分布是均值为 $\widehat{\beta}_0 + \widehat{\beta}_1 \widetilde{x}$、标准差为 $\widehat{\sigma}$ 的条件正态分布. 与样本均值的例子一样, σ 的分布可通过如下关系式获得:

$$(n-p)\frac{\widehat{\sigma}^2}{\sigma^2} \sim \chi^2(n-p)$$

其中, p 是模型系数的个数. β_0 和 β_1 的联合分布是多元正态分布, 其均值为 $(\widehat{\beta}_0, \widehat{\beta}_1)$, 其方差–协方差矩阵可用 $\widehat{\sigma}^2$ 和未缩放的协方差矩阵 (被存储在拟合好的模型对象 `summary(lm.obj) [["cov.unscaled"]]` 中)[①]的乘积来估计. 从 $\widetilde{y}$ 的预测性分布中抽取样本的一种方法如下:

• 拟合线性模型, 将结果存在一个 R 对象 (如 `lm.obj`) 中. 线性模型对象中的有用项包括估计出的模型系数、估计出的系数标准误、残差标准差、未缩放的协方差矩阵、样本数和系数个数:

```
summ <- summary(lm.obj)
coef <- summ$coef[,1:2]
sigma.hat <- summ$sigma
beta.hat <- coef[,1]
V.beta <- summ$cov.unscaled
```

① 未缩放的协方差矩阵常记作 $V_\beta = (X^{\mathrm{T}}X)^{-1}$, 参见 Weisberg (2005).

```
n <- summ$df[1] + summ$df[2]
p <- summ$df[1]
```

- 利用线性模型对象, 我们通过重复以下步骤来抽取随机样本:

(1) 从自由度为 $n-p$ 的 χ^2 分布中抽取一个样本:

```
chi2 <- rchisq(1, n-p)
```

(2) 抽取 σ 的一个样本:

```
sigma <- sigma.hat*sqrt((n-p)/chi2)
```

(3) 从 $MVN(\widehat{\beta}, \sigma^i V\beta)$ 中抽取样本 β_0^i 和 β_1^i:

```
beta <- mvrnorm(1, beta.hat, V.beta*sigma^2)
```

(4) 抽取 $\widetilde{y}$ 的样本:

```
y.tilde <- rnrm(1, beta[1]+beta[2]*x.tilde, sigma)
```

- 将得到的 β_0、β_1、σ 和 $\widetilde{y}$ 的随机样本存储起来。

这个模拟过程被涵盖在 R 的函数 sim(在工具包 arm 中) 里. 需要开展多次模拟, 把线性模型 (或者广义线性模型) 对象作为输入, 然后, 返回模型系数和残差方差的随机样本.

在第 5.5 节中, 我们用到了通过公式 (5.13) 预测出的 2007 年鱼体内 PCB 浓度对数的 95% 置信区间 (−2.121, 1.363). 采用模拟方法可以轻易地获得该区间在原始浓度尺度上的对应范围:

```
#### R Code ####
n.sims <- 1000
sim.results <- sim(lake.lm1, n.sims)
```

得到的对象 sim.results 是两个对象的清单: coef 和 sigma. 对象 coef 是一个 n.sims 行、p(模型系数的个数) 列的矩阵. 每一行代表 β_0 和 β_1 的一种可能组合. coef 的前 10 行如下所示:

```
#### R Output ####
 sim.results@coef[1:10,]
       (Intercept) I(year-1974)
 [1,]         1.7053    -0.063053
 [2,]         1.5584    -0.058869
 [3,]         1.5538    -0.051409
```

```
[4,]        1.6369    -0.057951
[5,]        1.7868    -0.073736
[6,]        1.6514    -0.059717
[7,]        1.5680    -0.055303
[8,]        1.5634    -0.056510
[9,]        1.6884    -0.062708
[10,]       1.5310    -0.054117
```

对象 sigma 是 σ 的 n.sims 个随机样本组成的向量.

利用 β_0、β_1 和 σ 的随机样本, 可以抽取 $\log \mathrm{PCB}$ 的预测性分布, 如下所示:

```
#### R Code ####
log.PCB <- rnorm(n.sims, sim.results$beta[,1] +
                         sim.results$beta[,2]*(2007-1974),
                         sim.results$sigma)
```

这些样本可以被用来计算 95% 置信区间:

```
#### R Code ####
d.f <- summary(lake. lm1)$df[2]
sigma.hat <- summary(lake.lm1)$sigma
mean(log.PCB) + qt(c(0.025, 0.975), d.f)*sigma.hat
[1]-2.0954   1.3544
```

我们也可以用中间的 95% 的范围来代表不确定性:

```
#### R Output ####
quantile(log.PCB, prob=c(0.025,0.25,0.5,0.75,0.975))
    2.5%       25%       50%       75%     97.5%
-2.02503  -0.92517  -0.36001  0.25094  1.39737
```

编程说明

R 工具包 rv (Kerman 和 Gelman, 2007) 提供了一组可用于线性回归模型模拟的函数. 使用 rv 包的优点是计算效率高. 工具包 rv 的函数 posterior 执行与工具包 arm 的函数 sim 相同的模拟任务. 使用 rv 包时, 模拟出的模型系数存储在 “random variable” 对象中. 例如, 模型 lake.lm1 的模拟可以使用函数 posterior 来完成:

```
#### R Code ####
packages(rv)
setnsims(5000)
lake1.sim  <-  posterior(lake.lm1)
```

```
#### R Output ####
> print(lake1.sim)
$beta
              name  mean     sd   2.5%    25%   50%    75%  97.5%
[1]    (Intercept)  1.60 0.0728  1.457  1.551  1.60  1.648  1.741
[2] I(year - 1974) -0.06 0.0055 -0.071 -0.064 -0.06 -0.056 -0.049

$sigma
    mean    sd 2.5%  25%  50% 75% 97.5%
[1] 0.88 0.025 0.83 0.86 0.88 0.9  0.93
```

结果存储在两个对象的列表中. 模拟模型系数位于 "向量"beta 中, 模拟残差在 sigma 里. 当使用 rv 输出时, 我们使用 rv 变量, 而不是参数的随机数向量, 就像它是一个缩放器一样. 例如, 用于推导 2007 年对数 PCB 预测分布的代码可以编写如下:

```
log.PCB  <-  rvnorm(1, lake1.sim$beta[1]+lake1.sim$beta[2]*
                        (2007 - 1974),
                   lake1.sim$sigma)
```

当我们想预测一年以上的对数 PCB 时, 使用 rv 的优势更加明显:

```
log.PCB2  <-  rvnorm(1, lake1.sim$beta[1]+lake1.sim$beta[2]*
                         ((2000:2007) - 1974),
                     lake1.sim$sigma)

> log.PCB2
      mean   sd   1% 2.5%   25%    50%  75% 97.5%  99% sims
[1]  0.038 0.87 -2.0 -1.6 -0.56  0.057 0.63   1.7  2.1 5000
[2] -0.026 0.88 -2.1 -1.7 -0.64 -0.031 0.57   1.7  2.0 5000
[3] -0.068 0.88 -2.1 -1.8 -0.67 -0.045 0.52   1.6  1.9 5000
[4] -0.129 0.88 -2.2 -1.8 -0.74 -0.136 0.46   1.6  2.0 5000
[5] -0.186 0.89 -2.4 -2.0 -0.77 -0.177 0.42   1.5  1.8 5000
[6] -0.256 0.88 -2.3 -1.9 -0.86 -0.261 0.33   1.5  1.8 5000
[7] -0.308 0.88 -2.3 -2.0 -0.92 -0.305 0.28   1.4  1.7 5000
[8] -0.410 0.89 -2.5 -2.2 -1.02 -0.415 0.20   1.3  1.6 5000
```

在本章的其余部分, 我将尽可能使用 rv 包中的函数.

9.2.2.1 再次变换偏差

再次变换偏差 (re-transformation bias) 曾是研究文献中感兴趣的话题. Stow 等 (2006) 概括了文献中提出的问题及其求解. 推荐的另一种做法是用

马尔科夫链蒙特卡罗模拟来进行贝叶斯回归分析. 本节中描述的模拟方法与贝叶斯回归模型是一样的. 因此, 我们可以通过从预测性分布中抽取随机样本并将这些样本转换回原始浓度尺度后计算均值浓度的方法, 修正再次变换偏差:

```
predict.PC <- exp(log.PCB)
```

模拟的 PCB 浓度对数分布的均值为 -0.326、标准差为 0.882. PCB浓度 (`predict.PCB`) 的预测性分布的均值为 1.071 (不是 $e^{-0.326}$ 或 0.722), 标准差为 1.192. 只有用到均值时, 才会发生再次变换偏差. 中位数和其他分位数可以直接从对数尺度再次转换回到原始浓度尺度:

```
quantile(predict.PCB, prob=c(0.025,0.25,0.5,0.75,0.975))
   2.5%     25%     50%     75%   97.5%
0.13199 0.39646 0.69767 1.28524 4.04462
```

利用模型系数和残差标准差的随机样本, 我们可以在模型拟合的基础上计算统计量. 例如, Stow 等 (2004) 提出的问题 "密歇根湖的鳟鱼会达到 Great Lakes 2007 年 PCB 削减战略目标吗? " 可以通过几个简单的工作步骤来回答:

(1) 运行 `sim` 获得 `n.sim` 对模型系数, 如上所示;

(2) 预测 2000 年和 2007 年的 PCB 均值浓度分布, 假定 PCB 浓度服从对数正态分布;

(3) 针对每对预测出的 2000 年和 2007 年均值浓度, 计算浓度降低的百分数;

(4) 概括这些百分数的分布.

```
#### R Code ####
n.sims <- 1000
sim.results <- sim(lake.lm1, n.sims=1000)
predict.PCB07 <- exp(sim.results$beta[,1] +
                     sim.results$beta[,2]*(2007-1974) +
                     0.5*sim.results$sigma)
predict.PCB00 <- exp(sim.results$beta[,1] +
                     sim.results$beta[,2]*(2000-1974) +
                     0.5 * sim.results$sigma)
percentages <- 1-predict.PCB07/predict.PCB00
hist(percentages)
```

得到的 2000—2007 年 PCB 浓度降低百分比的预测性分布 (图 9.1) 表明, 2000—2007 年 PCB 浓度下降 25% 的目标可以实现.

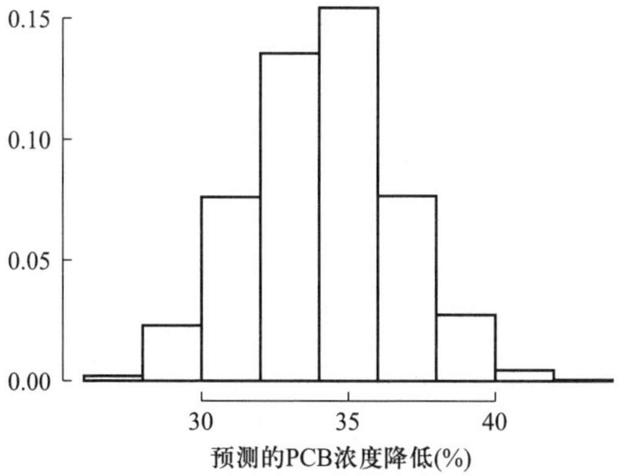

图 9.1 2000—2007 年鱼组织内 PCB 的降低预测——用简单对数线性回归模型预测出 2000—2007 年 PCB 浓度的降低 (百分数).

我们此处使用的模型是 Stow 等 (2004) 提出的模型 1, 是一个被认为不现实的模型. 该模型潜在的问题是 1987 年之前和之后鱼的大小的不均衡 (图 9.2). 1987 年之前, 鱼的标本是从威斯康星州自然资源部开展的现场采样获得的, 而 1987 年之后的鱼标本则大多数是垂钓者捐献的.

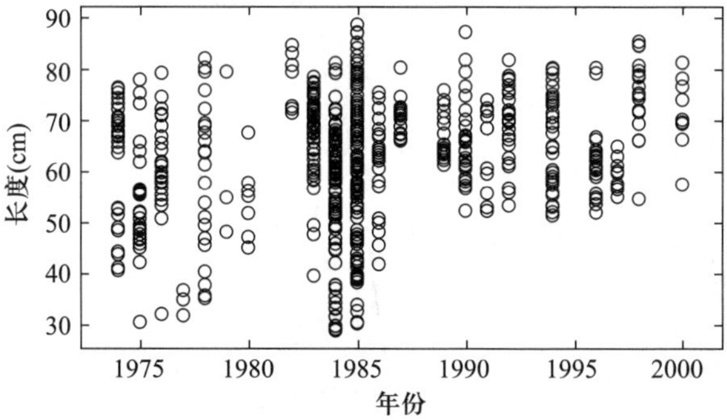

图 9.2 鱼的尺寸与年份——数据中的潜在问题是在研究时段内鱼尺寸的分布不是随机的. 1987 年之后, 所有收集到的鱼长度都大于 50 cm.

9.2.3 用于模型评估的模拟

模拟是开展模型评估的有效工具. 在关于模型诊断学的讨论中, 我们集中在对模型残差的分析上, 以检验关于数据的假设是否被满足. 一个具有合理的残差分布的模型并不必然地是一个好模型. 模型的预测特性没有体现在残差中. 采用模拟手段, 我们可以开展模型评估, 以检查拟合出的模型能否再现数据及我们已知的代表性的数据特征. 本节中会用到两个案例, 鱼体内的 PCB 和 Cape Sable 海滨麻雀. 两者都会被用来解释模型评估的过程. 由于建模问题是与反映在数据中的具体问题和机理联系在一起的, 所以, 并不存在模型评估的通用过程.

模型评估的基本思想是看模型能否以合理的准确度再现观测值或者数据的某些特征. 评估模型预测性能的困难之处在于观测数据和模型预测的不匹配. 模型的预测是用预测性分布的形式表示的, 是对产生了观测数据的潜在分布的估计. 好的模型是指能准确地描述数据分布的模型. 但是, 估计出的分布是否与背后的真实分布相近并不可能被验证. 我们进行模型评估的目标是评价模型在多大程度上捕捉到了数据背后的过程. 评估模型预测准确性的常用方法是 "折叠刀法" (jackknife method), 即反复拟合模型但每次少用一个观测值, 然后, 用拟合出的模型来预测拿出去的那个观测值的响应变量值. 一种更为通用的方法是交叉验证模拟, 即随机选出一部分数据点放在一边来评价模型的预测准确性. 这些方法依靠的是用残差预测值及其统计量来量化预测的准确性. 残差即预测均值和观测值之间的差值, 告诉我们预测出的均值与观测值有多接近, 但是, 没有提供预测分布与观测到的数据点之间吻合程度的信息. 图 9.3 通过将两个假设的预测分布和相同的观测数据点相比较来解释这个问题. 两个预测分布的均值是相同的, 使得两个模型具有相同的残差. 观测数据点位于一个分布的第 98 百分位数, 另一个分布的第 69 百分位数. 观测数据更像是来自后一个分布 (实线).

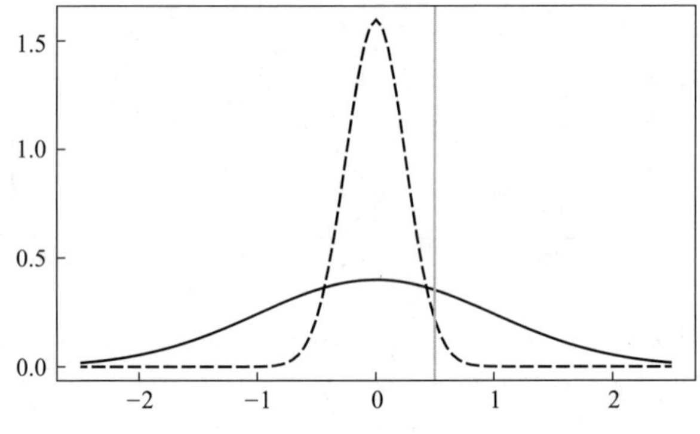

图 9.3 残差作为拟合优度的度量——残差代表了模型拟合优度的一个方面. 两条曲线代表两个假设的预测性分布, 具有相等的均值. 把两个分布当作数据可能的原分布进行比较, 观测到的数据点 (灰色竖线) 不太像是来自虚线所代表的预测性分布.

由于预测分布代表的是对响应变量潜在的概率分布的估计, 如果模型准确的话, 我们可以预期, 观测到的响应变量值应该被预测分布很好地覆盖. 要描述模型的预测有多好, 我们拿观测到的响应变量值与预测分布做比较, 并计算观测值右侧曲线下的面积. 这个面积就是在预测分布下观测到某个值大于等于观测值的概率. 好的模型将会产生接近于 0.5 的概率. 如果这个概率比 0.05 小或者比 0.95 大, 我们有理由相信在预测分布 (或模型) 和观测值之间存在矛盾. 一种概括模型评估结果的方法是对所有数据点都生成预测性分布, 然后, 为所有观测值计算尾部面积 (图 9.4). 尾部面积的集合可以用直方图来展示. 然而, 我们对模型如何再现单个数据点并不很感兴趣. 相反, 我们希望该模型有用, 能用于总结数据中的重要特征, 以便做出有意义的推断. 因此, 评估回归模型还应考虑问题的背景和目标. 例如, 第 10.6.2 节中饮用水中隐孢子虫的例子要求准确评估美国饮用水系统中高浓度隐孢子虫源水的比例. 一个可以表征隐孢子虫高值浓度分布的模型是有用的模型 (见图 10.28).

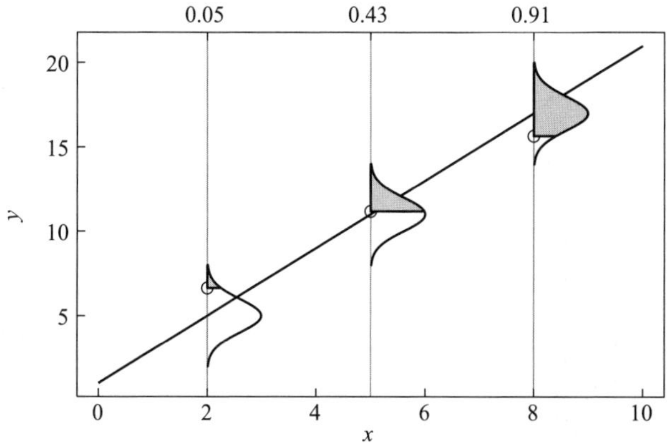

图 9.4 用模拟手段进行模型评估——采用模拟手段, 通过根据预测性分布计算观测数据对应的尾部面积来实现对模型的评估.

在鱼体内 PCB 的案例中, 我们已经知道简单的线性回归模型是有问题的 (见第 5.2.3 节). 1986 年之后收集的鱼标本大部分是大鱼 (图 9.2). 因此, 拟合出的模型会低估后面几年的 PCB 浓度. 从先前对数据集的研究可以看出, 简单线性回归模型是不准确的, 因为鱼的大小随时间并不均衡. 采用模拟手段, 我们可以从不同的角度揭示该问题.

由于统计建模是一个寻找能够获得数据最大支持的模型的过程, 用多种方法来评价一个模型会让我们对最终的模型有信心. 我们使用模拟方法来预测数据的具体特征. 好的模型应该产生与数据或者已知值相一致的特征. 不同的应用常常有不同的重点. 如果我们感兴趣的是均值的预测, 可以通过多次重复再现数据并每次计算均值的方法来模拟均值. 图 9.5 将来自 PCB 浓度数据的一些常用统计量与用模型再生出来的统计量做了比较. 再一次可以看到, 尾部面积的第 5 和第 95 百分位数 (分别是 0.01 和 0.04) 表明模型低估了浓度最小值和最大值.

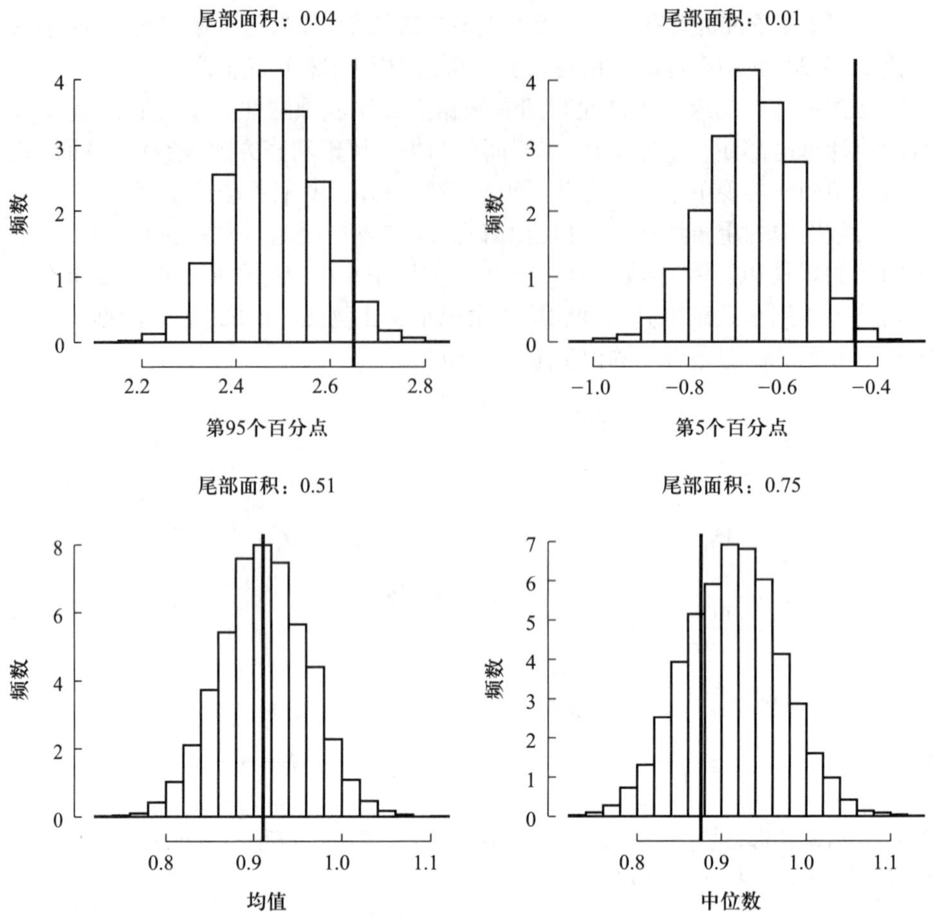

图 9.5 选定 PCB 统计量的尾部面积——直方图给出了用模型再现的 PCB 浓度对数统计量 (从左上方沿顺时针方向, 第 95 百分位数、第 5 百分位数、中位数和均值) 和利用观测到的 PCB 浓度对数计算出的相应的统计量 (竖线). 第 5 和第 95 百分位数的尾部面积分别是 0.01 和 0.04, 意味着模型不能很好地再现极端大或者小的数据值.

结束本节前, 我们用 Cape Sable 海滨麻雀 (一种只在美国南佛罗里达 Everglades 国家公园发现的濒危物种) 的种群调查数据作为例子对广义线性模型进行模拟评估.

1981 年, 该国家公园做了初步调查, 估计其总数为 6656 只. 1992 年之后, 每年的调查表明, 到 2001 年估计值降到了 2624 只. 有一个数据的子集合, 包含的是植被覆盖情况与已知的鸟类生境一致的监测站点. 调查使用直升机让观测人员降落到 1 km 网格沿线上的监测站点, 覆盖了所有的麻雀生境. 观测人员每天上午至多花 3 个小时记录每 7 分钟间隔内看到或者听到的麻雀数量. 由于每个站点的监测用的是相同的时长, 且观测人员是经过高级训练的专家, 每个站点的年平均数量被用作种群总数的一个指标 (图 9.6). 要模拟年到年的变化, 我们使用了泊松回归模型, 以年份 year 作为唯一的 (分类) 预测变量. 目的是检验总体随时间的变化是否显著.

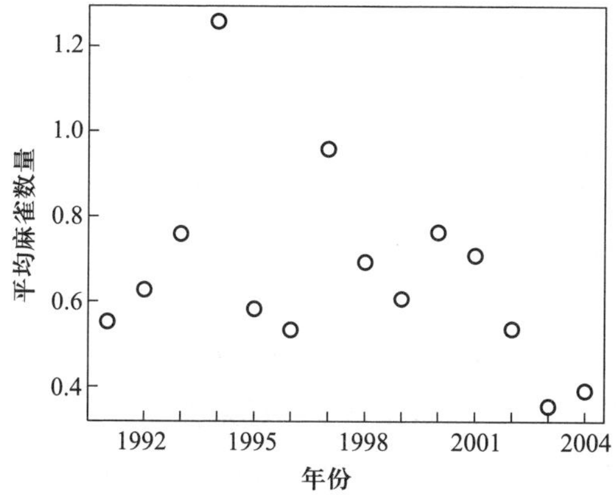

图 9.6 Cape Sable 海滨麻雀种群的时间变化趋势——Cape Sable 海滨麻雀数量的年平均值.

```
#### R Code & Output ####
spar.glm1 <- glm(Bird.Count ~ factor(year),
    data=sparrow, family=poisson)
display(spar.glm1)
glm(formula = Bird.Count ~ factor(year),
    family = poisson, data = sparrow)
                  coef.est coef.se
  (Intercept)     -0.59     0.11
factor(year)1992  0.13     0.14
factor(year)1993  0.32     0.14
factor(year)1994  0.82     0.19
factor(year)1995  0.05     0.17
factor(year)1996 -0.03     0.14
factor(year)1997  0.55     0.13
factor(year)1998  0.23     0.15
factor(year)1999  0.09     0.14
factor(year)2000  0.32     0.17
factor(year)2001  0.25     0.19
factor(year)2002 -0.03     0.28
factor(year)2003 -0.44     0.32
factor(year)2004 -0.34     0.35
---
  n=1723, k=14
```

```
residual deviance = 2947.8,
null deviance = 3008.8 (difference = 61.0)
```

对于这个案例, 我们不去对拟合出的模型进行解释, 也不去评论麻雀总数下降趋势的结论. 我们想评估泊松回归的使用是不是恰当的. 数据的一个特点是全部观测值中有 69% 为 0. 拟合出的模型能预测出这么多 0 吗? 我们可以用拟合出的模型来再现计数值并计算 0 所占的比例:

```
#### R Code ####
n <- dim(sparrow)[1]
y.rep <- rpois(n, predict(spar.glm1, type="response"))
zeros <- mean(y.rep==0)
```

0 的比例是 0.52. 要回答 "0.52 与数据中观测到的 0 所占的比例 (0.69) 有多接近" 的问题, 我们可以多次重复这个过程来捕捉 0 的比例的变化. 图 9.7 给出了 5000 次模拟出的 0 的比例的直方图. 观测到的比例远大于模拟出的比例, 意味着泊松模型不能再现数据中 0 的个数. 一种解释是观测到的 0 可以被认为是没有鸟也可以被认为是有鸟但观测人员给漏掉了. 使用泊松回归时, 我们假设每个站点鸟的期望值大于 0. 因为存在假阴性的可能, 观测到 0 的概率比泊松模型的预测要高. 应该使用不同类型的模型 (零堆积泊松模型).

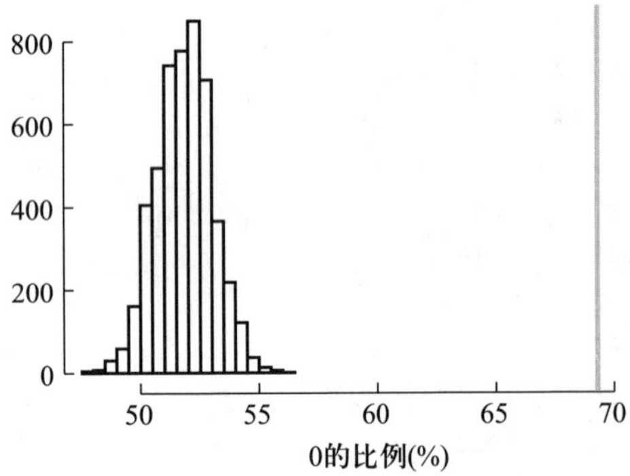

图 9.7 Cape Sable 海滨麻雀模型的模拟——5000 次模拟的 0 所占比例的直方图跟观测到的 0 的百分比 (灰线) 的比较.

零堆积在生态学计数数据中很常见. 在拟合泊松回归模型时, 使用模拟来检查拟合出的模型是否能够再现数据中 0 的比例可以作为一种简单的零堆积诊断方法.

9.2.4 预测不确定性

在第 5.5 节中, 我们讨论了使用 ELISA 测定饮用水中微囊藻毒素 (MC) 浓度的过程. 测量过程是一个统计建模和预测的过程. 将一些已知 MC 浓度的水样放置在测试孔中, 记录用光学密度 (OD) 测量的颜色变化. 获得的数据 (OD 值与 MC 浓度) 用于建立回归模型. 托莱多水务局和俄亥俄州环境保护局使用的 ELISA 试剂盒制造商推荐了两种回归模型. 一个是第 5.5 节中讨论的对数线性回归模型. 另一个是基于四参数逻辑斯蒂函数 (公式 (9.3)) 的非线性回归模型. 如第 5.5 节所述, 对于对数线性模型来说, 很难推导出浓度尺度上的预测不确定性. 该节用 ELISA 示例说明了如何使用模拟方法得出预测的不确定性. 在第 6 章中, 我提到非线性回归模型的预测不确定性无法从函数预测中获取. 在本节中, 我们讨论使用模拟方法来近似获得非线性回归的预测不确定性.

ELISA 方法使用来自标准溶液的数据来拟合回归模型, 并根据样本的光学密度测量结果预测水样的 MC 浓度. 因此, 报告的 MC 浓度的不确定性是回归模型的预测不确定性.

对于对数线性回归模型, 我们用第 9.2.2 节中讨论过的模拟方法来分析.

```
#### R Code ####
mc  <-  c(0.167, 0.444, 01.110, 2.220, 5.550)
rOD  <-  c(0.784, 0.588, 0.373, 0.270, 0.202)
stdcrv  <-  lm(log(mc) ~ rOD)
stdcrv.sims  <-  posterior(stdcrv, n.sims=5000)
```

模拟过程产生了 5000 组模型系数和残差标准差. 每组都可以被视为潜在模型 (标准曲线). 对于每组模型系数, 我们都有估计的对数平均浓度 ($\beta_0+\beta_1 r\widetilde{OD}$). 结合残差标准误, 我们在给定的相对 OD 值 $r\widetilde{OD}$ 处得到了对数 MC 浓度的预测分布. 我们从这个预测分布中抽取一个随机样本, 作为可能的对数 MC 浓度值的样本.

```
#### R Code ####
mc.sims  <-  exp(rvnorm(1, stdcrv.sims$beta[1] +
                       stdcrv.sims$beta[2]*0.261,
                       stdcrv.sims$sigma))

#### R Output ####
> mc.sims
```

```
    mean sd  1% 2.5% 25% 50% 75% 97.5% 99% sims
[1]  3.8 22 0.6 0.91 2.2 2.8 3.6   8.1  13 5000
```

估计出的 95% 预测区间为 (0.91, 8.1), 非常接近第 5.5.1 节的分析结果 (图 5.21).

针对 ELISA 标准曲线, 另一个被推荐的回归模型是试剂盒制造商推荐的四参数非线性回归模型.

$$OD = \frac{\alpha_1 - \alpha_4}{1 + \left(\dfrac{x}{\alpha_3}\right)^{\alpha_2}} + \alpha_4 + \varepsilon \tag{9.3}$$

其中 ε 是模型误差项 (且 $\varepsilon \sim N(0, \sigma^2)$), $\alpha_1 \sim \alpha_4$ 是需要估计的未知回归系数, OD 是观察到的 OD 值, x 是标准溶液浓度. 请注意, 该模型的响应变量是测量的 OD, 而预测变量是 MC 浓度. 由于回归模型的拟合过程是将 OD 中的误差降至最低, 估计 MC 浓度则是使用公式 (9.3) 的逆模型, 这将导致比预期更大的估计不确定性 (基于回归模型的汇总统计量, 如残差方差), 主要是因为估计模型系数是为了最大限度地减少 OD 的预测误差, 而不是 x 的. 从概念上讲, 公式 (9.3) 是正确的模型, 因为浓度决定了光学密度. 此外, 用于建立标准曲线的数据是基于已知浓度值的标准溶液的 OD 测定值. 然而, 在测定水样的 MC 浓度时, 我们使用 OD 的观测值来估计浓度.

虽然要充分解释非线性回归模型中的预测不确定性可能需要的不仅仅是简单的蒙特卡罗模拟, 但我们通常可以使用本章中描述的模拟方法来近似量化非线性预测的不确定性. 使用托莱多的 ELISA 测试数据, 我阐明了这一近似过程. 2014 年 8 月 1 日, 共进行了六次 ELISA 测试, 全部使用相同的六种标准溶液, 每种溶液都做了两次重复测试:

```
stdConc8.1 <-  rep(c(0, 0.167, 0.444, 1.11, 2.22, 5.55), each=2)
```

测得的光学密度 (OD) 发表在 2014 年 8 月 4 日发布的一份报告中.

```
#### R Code ####
Abs8.1.0 <- c(1.082, 1.052, 0.834, 0.840, 0.625, 0.630,
              0.379, 0.416, 0.28,  0.296, 0.214, 0.218)
Abs8.1.1 <- c(1.265, 1.153, 0.94,  0.856, 0.591, 0.643,
              0.454, 0.442, 0.454, 0.447, 0.291, 0.29)
Abs8.1.2 <- c(1.051, 1.143, 0.679, 0.936, 0.657, 0.662,
              0.464, 0.429, 0.32,  0.35,  0.241, 0.263)
Abs8.2.0 <- c(1.139, 1.05,  0.877, 0.914, 0.627, 0.705,
              0.498, 0.495, 0.289, 0.321, 0.214, 0.231)
Abs8.2.1 <- c(1.153, 1.149, 0.947, 0.896, 0.627, 0.656,
```

```
           0.465, 0.435, 0.33,  0.328, 0.218, 0.226)
Abs8.2.2 <- c(1.124, 1.109, 0.879, 0.838, 0.61,  0.611,
           0.421, 0.428, 0.297, 0.308, 0.19,  0.203)
```

与所有 ELISA 测试一样, 每次测试都有一个回归模型. 我们按步骤来拟合六条标准曲线.

```
#### R Code ####
toledo  <-  data.frame(stdConc=rep(stdConc8.1, 6),
                  Abs=c(Abs8.1.0, Abs8.1.1, Abs8.1.2,
                      Abs8.2.0, Abs8.2.1, Abs8.2.2),
                  Test=rep(1:6, each=12))
TM1  <-  nls(Abs ~ (A-D)/(1+(stdConc/C)^B)+D,
            control=list(maxiter=200),
            data=toledo[toledo$Test==1,],
            start=list(A=0.2, B=-1, C=0.5, D=1))
TM2  <-  nls(Abs ~ (A-D)/(1+(stdConc/C)^B)+D,
            control=list(maxiter=200),
            data=toledo[toledo$Test==2,],
            start=list(A=0.2, B=-1, C=0.5, D=1))
TM3  <-  nls(Abs ~ (A-D)/(1+(stdConc/C)^B)+D,
            control=list(maxiter=200),
            data=toledo[toledo$Test==3,],
            start=list(A=0.2, B=-1, C=0.5, D=1))
TM4  <-  nls(Abs ~ (A-D)/(1+(stdConc/C)^B)+D,
            control=list(maxiter=200),
            data=toledo[toledo$Test==4,],
            start=list(A=0.2, B=-1, C=0.5, D=1))
TM5  <-  nls(Abs ~ (A-D)/(1+(stdConc/C)^B)+D,
            control=list(maxiter=200),
            data=toledo[toledo$Test==5,],
            start=list(A=0.2, B=-1, C=0.5, D=1))
TM6  <-  nls(Abs ~ (A-D)/(1+(stdConc/C)^B)+D,
            control=list(maxiter=200),
            data=toledo[toledo$Test==6,],
            start=list(A=0.2, B=-1, C=0.5, D=1))
```

模型拟合好之后, 我用讲过的分析线性回归模型的相同算法来抽取模型系数的随机变量. 代码编写成了一个名为 sim.nls 的函数:

```
#### R Code ####
sim.nls <- function (object, n.sims=100){
    object.class <- class(object)[[1]]
    if (object.class!="nls") stop("not an nls object")

    summ <- summary (object)
    coef <- summ$coef[,1:2, drop=FALSE]
    dimnames(coef)[[2]] <- c("coef.est", "coef.sd")
    sigma.hat <- summ$sigma
    beta.hat <- coef[,1]
    V.beta <- summ$cov.unscaled
    n <- summ$df[1] + summ$df[2]
    k <- summ$df[1]
    sigma <- rep (NA, n.sims)
    beta <- array (NA, c(n.sims, k))
    dimnames(beta) <- list (NULL, names(beta.hat))
    for (s in 1:n.sims){
         sigma[s] <- sigma.hat*sqrt((n-k)/rchisq(1, n-k))
         beta[s] <- mvrnorm (1, beta.hat, V.beta*sigma[s]^2)
    }
    return (list (beta=beta, sigma=sigma))
}
```

为了使用工具包 rv, 我还将生成的向量 (sigma) 和矩阵 (beta) 转换成了随机变量对象:

```
#### R Code ####
test1.sim <- sim.nls(TM1, 4000)
test1.beta <- rvsims(test1.sim$beta)
test1.sigma <- rvsims(test1.sim$sigma)
```

为了总结 MC 浓度估计的不确定性, 我们可以推导出公式 (9.3) 的逆函数, 并计算每组模型系数的浓度值. 这六次 ELISA 测试的模拟结果表明, 由于样本量小, 预测不确定性可能相当高. 此外, 我们还看到了使用非线性回归模型的逆函数来估计 MC 浓度的问题: 计算出的 MC 浓度是有很高不确定性的, 远高于响应变量回归模型的预测不确定性 (图 9.8).

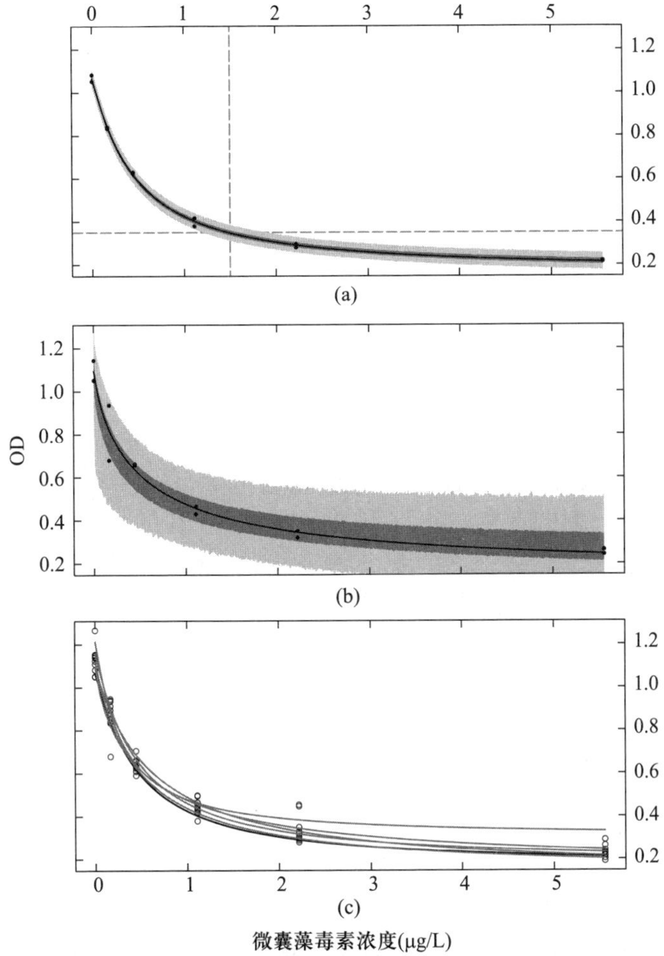

图 9.8 与 2014 年 8 月 1 日检测到托莱多饮用水中高 MC 浓度的标准曲线相关的不确定性, 即使在标准曲线几乎完美拟合的情况 (a) 下也相当大. 然而, 后续测试的波动要大得多, 即使是模型对数据能很好拟合的情形 (b). 8 月 1 日和 2 日建立的 6 条曲线显示, 测试的变化范围很大, 反映了不同 MC 浓度下 OD 的测量不确定性 (c). 该模型在给定 OD 值处, MC 浓度 (x 轴) 的预测误差更高 ((a) 中的虚线水平线), 因为模型最大限度降低的是 OD 的误差 (y 轴方向, (a) 中的虚线垂直线). (经 Qian 等 (2015a) 许可使用)

9.3 基于重采样的模拟

第 4.2.1 节中, 介绍了用于估计统计量标准差的自举法. 自举法是一种通用的重采样技术, 可以用来解决很多建模问题. 重采样方法与第 9.1 和 9.2 节中描述的模拟方法不同. 模拟法依据的是从概率分布模型中抽取的随机数, 而重采样方法依据的是从手头已有数据中抽取的样本. 第 9.1 和 9.2 节中的模拟是基于模型的模拟. 概率分布模型是从根据数据拟合出的模型中导出的. 自举法则是 "数据驱动" 的模拟. 也就是说, 不是从概率分布中获得随机样本, 数据的随机样本是从现有的数据集中抽取的并用于参数的重复估值. 自举法形式多样, 不限于第 4.2.1 节介绍的标准差估计. 本节中, 将介绍自举聚合及其在分类和回归树模型中的应用.

9.3.1 自举聚合

自举聚合, 又被称为打包 (bagging), 是一种生成多个版本的模型并用这些模型获得集成预测值的技术. 多个版本是通过对数据集做自举复制后用这些数据作为新数据集进行模型拟合而得到的. 在应用于 CART 时, 数据的自举样本被用来构建一片 "树的森林". 对于回归树, 要对每个树的预测值进行平均. 对于分类树, 则会使用大多数分类结果. 自举聚合的主要优势是去除了第 7.3 节讨论的基于树的模型的不稳定性. 但是, 得到的模型不是单个的树, 而是由树构成的森林. 由于预测值需要对所有树进行平均, 模型结果的解释较难. R 的工具包 `randomForest` 可以针对分类和回归问题实现 Breiman 的随机森林算法. 而且, 在 R 中编程实现随机森林的基本想法是相当简单的.

首先, 我们可以写出一个产生自举样本的简单函数:

```
#### R code ####
boot.sample <- function(data) ## data must be a data frame
    data [sample(nrow(data), rep=T),]
```

其次, 结合生成的自举样本, 用一个简单函数就可以生成多个模型:

```
#### R Code ####
my.bagging <- function(obj,
      data=eval(obj$call$data), n.bags=500, ...){
   bags.list <- list()
   for(i in 1:n.bags)
      bags.list[[i]] <- update(obj,
         data=boot.sample(data))
   oldClass(bags.list) <- "bagrpart"
   return(bags.list)}
```

这个函数取得了拟合出的 CART 模型对象 (用 `rpart`), 然后, 利用函数 `update` 每次调用函数 `boot.sample` 产生的不同数据来重复拟合相同的 CART 模型.

利用这些树获得的预测值可以通过函数 `apply` 和 `sapply` 来汇总:

```
#### R Code ####
predict.bagrpart <- function(obj, newdata, ...)
apply(sapply(obj, predict, newdata=newdata), 1, mean)}
```

9.3.2 案例: 基于 CART 的阈值的置信区间

Qian 等 (2003a) 提出了估计生态阈值的一种方法, 是基于减少偏差的回归树模型. 具体而言, 该模型用梯度变量作为拟合回归树模型的唯一预测变量. 第一次分解结果被看作生态阈值. 估计出的阈值的置信区间可以用自举法 (百分位数法) 进行估算. 一个 $(1-\alpha)\times 100\%$ 的置信区间被用来描述我们对未知参数估值的确定程度. 对置信区间的定义是从长期运行频率的角度. 也就是说, 如果一项实验重复很多次 (无限次), 每次计算同样的 $(1-\alpha)\times 100\%$ 置信区间, 得到的区间中有 $(1-\alpha)\times 100\%$ 个都会包含真正的总体参数. 置信区间包含目标统计量的概率被称为覆盖率. Bühlmann 和 Yu (2002) 指出, 对于变化点问题, 自举法不能产生具有正确覆盖率的置信区间. 这种说法可以用模拟来说明. 9.4 节中我们还会再次考察这个例子, 讨论这种方法的另一个统计学问题.

我们通过从一个变化点已知的模型中重复采样来模拟置信区间的定义:

$$y_i \sim \begin{cases} N(-1,1) & \text{当 } x < 25 \\ N(0.5,1) & \text{当 } x \geqslant 25 \end{cases} \tag{9.4}$$

该模型定义: 当预测变量 x 小于 25 时, 响应变量 y 具有正态分布 $N(-1,1)$; 当预测变量 x 大于等于 25 时, 响应变量 y 具有正态分布 $N(0.5,1)$. 如果阈值是在 $n=20$ 个观测值的基础上被估计的, 我们从 $5\sim 45$ 的均匀分布中重复 20 次抽取 x 的取值, 并根据模型 (公式 (9.4)) 对每个 x 的样本生成一个 y. 图 9.9 给出了 6 种不同样本数的典型数据集.

对生成的每一个样本集合, 用变化点模型来估算阈值, 用自举法来计算阈值的 90% 置信区间. 这个过程重复 5000 次, 得到了 5000 组数据和 5000 个阈值的置信区间. 这 5000 个置信区间中包含真实阈值 25 的区间被计数并计算覆盖率 (包含真实阈值的区间的百分比或称覆盖率). 如果自举过程适宜于估算阈值的置信区间, 5000 个区间中大约有 90% 的区间应该包含阈值的真值 (25).

这个模拟过程需要多个函数. 首先, 需要一个简单函数来重复具有一个预测变量的 CART 建模过程:

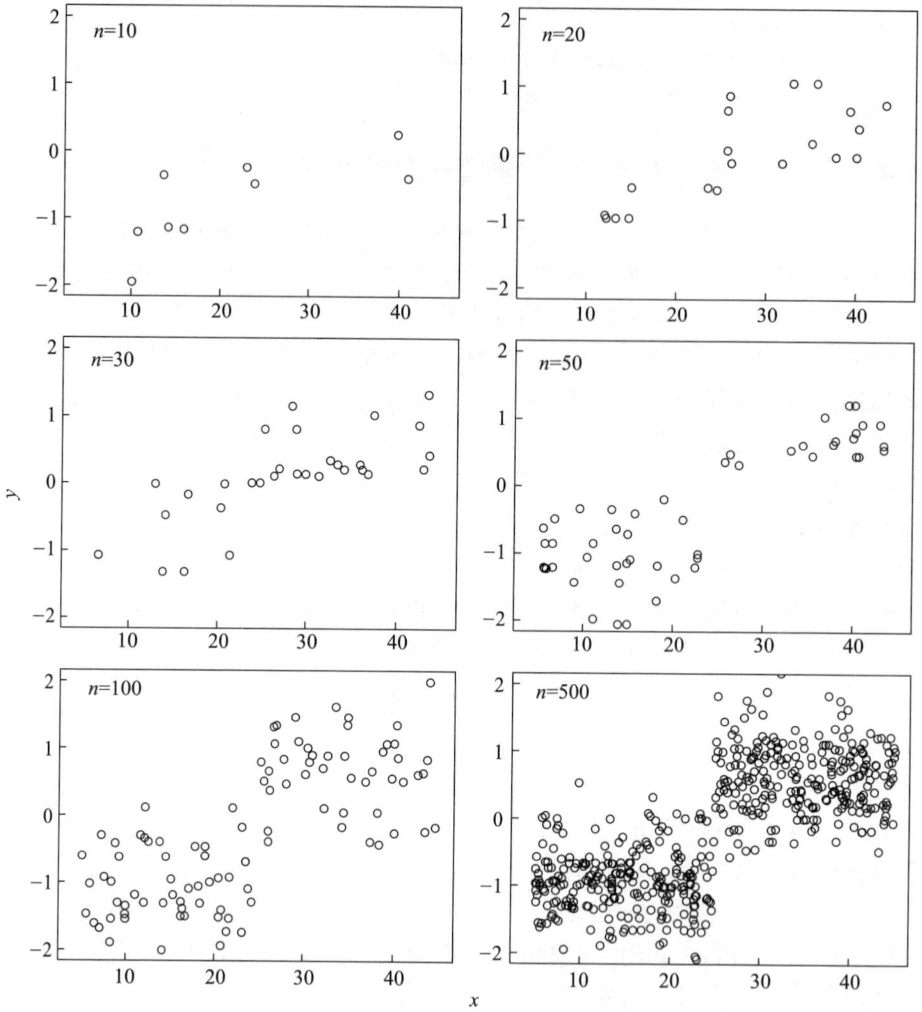

图 9.9 针对阈值置信区间的自举——根据公式 (9.4) 产生的不同样本容量 (n) 对应的数据集合.

```
#### R Code ####
chngp <- function(infile)
{ ## infile is a data frame with two columns
  ## Y and X
    temp <- na.omit(infile)
    yy <- temp$Y
    xx <- temp$X
    mx <- sort(unique(xx))
    m <- length(mx)
```

```
    vi <- numeric()
    vi[m] <- sum((yy-mean(yy))^2)
    for(i in 1:(m-1))
            vi[i] <- sum((yy[xx<=mx[i]]-mean(yy[xx<=
                mx[i]]))^2)+sum((yy[xx>mx[i]]-mean(
                yy[xx>mx[i]]))^2)
    thr <- mean(mx[vi==min(vi)])
    return(thr)
}
```

其次, 阈值的自举置信区间可以用以下函数来计算:

```
#### R Code ####
my.bootCIs <-
function (x, nboot, theta, ...,
          alpha=c(0.05, 0.95))
{
    n <- length(x)
    thetahat <- theta(x, ...)
    bootsam <- matrix(sample(x, size = n * nboot,
        replace= TRUE), nrow=nboot)
    thetastar <- apply(bootsam, 1, theta, ...)
    confpoints.percent <- quantile(thetastar, alpha)
    return(confpoints.percent)
}
```

对于给定的样本数, 我们可以生成一个数据集并估算自举置信区间, 如下所示:

```
#### R Code ####
size <- 25
x.unif <- runif(size, 5, 45)
 data.file <- data.frame(
        X=x.unif,
        Y=ifelse(x.unif<25,
                 rnorm(sum(x.unif<25), -1),
                 rnorm(sum(x.unif>=25), 0.5)))
 CIs <- my.bootCIs(1:size, nboot=5000,
                   theta=function(x, infile){
                      chngp(infile[x])},
                   infile=data.file)
```

要计算这个置信区间的覆盖率, 我们要将置信区间转换成一个二分变量, 如下所示:

```
#### R Code ####
cover <- CIs[i] < 25 & CIs[2] > 25
```

多次重复上述步骤 (如 5000 次), 我们可以计算 90% 置信区间的覆盖率.

针对 6 种样本容量 ($n = 10$、20、30、50、100、500) 重复这个模拟过程. 6 种样本容量对应的覆盖率分别为 64.08%、72.28%、73.60%、73.84%、71.24% 和 68.54%. 这个结果表明自举法在产生正确的置信区间上失败了, 即使在样本容量为 500 的情况下.

9.4 案例: 评估 TITAN

本节和第 4.6.1 节的材料是为这本书的英文版本 (第二版) 开发的. 出版后, 有些内容被用于讨论多重比较陷阱和拉文悖论如何误导结果. 感兴趣的读者可参考 Qian 和 Cuffney (2018) 以了解更多细节.

模型评估是一项艰巨的任务, 需要统计学和专业科学方面的知识. 我们在这本书中深入讨论了模型评估, 重点是评估模型假设合规性. 在本例中, 我将重点评估基于统计显著性检验的模型或方法. 统计显著性检验通常用发生 I 型和 II 型错误的概率来刻画. 合理设计的检验 (基于 Neyman–Pearson 引理) 将 I 型错误的概率设置为小常数 (显著性水平 α), 并将 II 型错误概率降至最低. 简而言之, 检验从零假设的定义和统计量的测试开始. 在零假设下, 待测统计量具有已知的概率分布, 称为零分布. 根据零假设定义了拒绝域, 将 I 型错误概率限制为 α. 引理表明, 在所有可能的检验中, 遵循此过程的检验具有最小的 II 型错误概率.

因此, 在评估基于显著性检验的方法时, 我们必须给出: ①零假设, ②检验统计量, ③零分布, 以及④拒绝域. 如果能清晰地呈现和验证这些信息, Neyman–Pearson 引理可以保证检验是最佳的, 因为发生 I 型错误的概率仅限于 α, 并且 II 型错误的概率得以最小化. 在科学研究中, 科学家面临的问题通常比统计学教科书中描述的典型的显著性检验所涉及的问题更复杂. 因此, 为解决科学问题而开发的基于显著性检验的方法通常是多个 "教科书检验" 的组合. 所以, 对这些方法的评估可能很困难. 然而, 显著性检验的基本概念是适用的. 我们应该仍然能够使用 I 型和 II 型错误概率来描述基于检验的方法.

与第 4.5.4 节中用于比较非参数检验和 t 检验的模拟一样, 我们通过在零假设模型条件下评估 I 型错误概率来检查相关检验. 将此概率与声明的显著性水平 (α) 进行比较, 我们可以描述零假设为真时显著性检验的性能. 此外, 我们通过估计统计检验的统计功效来检查选定的替代模型条件下统计检验的表现.

生态阈值的概念对环境管理者有吸引力, 因为它意味着可以确定一个临界点, 超过这个临界点, 相关生态系统可能会发生不可逆转的变化. 因此, 了解阈值将有助于管理者制定生态系统的保护目标. 在 Everglades 的例子中, 我们看到该概念用于制定总磷的环境标准. 例如, Richardson 等 (2007) 使用阶梯函数模型来研究几个生态指标如何作为总磷浓度的函数而变化. 阶梯函数是一种阈值模型. 它假设用生态指标测定的 Everglades 生态系统的具体特征不会随着磷浓度的增加而改变. 一旦浓度超过阈值, 该指标将跳转到不同的水平, 并随着磷浓度的持续增加而再次保持不变. 在 Fisher 的假设演绎框架中, 模型是一个需要检验的假设. 我在 Qian (2014a) 中讨论了与此类模型评估有关的问题. 在本节中, 我针对基于假设检验的生态阈值估计模型, 提出了一种更复杂的评估方法.

9.4.1 TITAN 简况

Baker 和 King (2010) 给出了一个名为阈值指标分类群分析 (threshold indicator taxa analysis, TITAN) 的程序, 用于计算群落 "阈值". TITAN 经常被用来识别扰动水平, 超过这种扰动水平, 预计群落层面会发生重大变化. TITAN 使用的数据是沿环境或扰动梯度的物种丰度. 对于每个物种 (或分类群), 程序会沿着梯度找到一个拆分点, 将样本分为两组. 拆分点是根据某个指标值而选定的, 该指标值描述的是分类群与许多已有聚类之间的关联性 (Dufrêne 和 Legendre, 1997). 当只有两个聚类时, 指标值 (indicator value, IV) 是该分类群相对丰度及其出现频率的乘积:

$$IV_i = A_i B_i \tag{9.5}$$

其中 $i = 1, 2$ 是聚类编号, A_i 是相对丰度 (分类群的个体在聚类 i 中的占比), 计算方法为聚类 i 中的平均丰度 (a_i) 与聚类平均值之和的比值 ($A_i = a_i/(a_1 + a_2)$), B_i 是聚类 i 中的出现频率 (非零观测的占比).

虽然提出 IV 是为了描述给定分类群与已有聚类的关联, 但 TITAN 使用 IV 来定义沿扰动梯度的聚类. 通过沿着梯度移动分界线, 沿梯度的观测结果相继分为两组; 在每个潜在拆分点为每个组计算 IV. Baker 和 King (2010) 将每个潜在拆分点的 IV 定义为两个 IV 中较大的, 并选择 IV 最大的点为拆分点. 根据该定义选出的拆分点与根据 Dufrêne 和 Legendre (1997) 的定义选出的两两差异最大的拆分点是相同的. 此过程搜索两组之间指标值差异最大者. 与最大 IV 值相关联的梯度值被确定为生态阈值. 由于 IV 的计算需要两个聚类 (在这个例子中是组), TITAN 从与梯度低值端有一定距离的地方开始搜索, 以便将预定数量的数据点包含在 "左组" 中, 并在与梯度高值端有一定距离的位置处结束搜索, 以允许相同的最小数据点数纳入 "右组". 这种计算相当于截断变量变

换 (截断扰动梯度两端的数据, 并将总丰度数据转换为 IV).

针对最大值, 用了两种统计推断方法. 一种是对已识别阈值的 "统计显著性" 开展置换检验. 当最大值在统计学上是 "显著" 时, 最大值沿着梯度所处的位置被用作阈值的估计值. 另一种推断是关于使用自举方法来估计阈值的不确定性. 针对每个分类群, 分别应用了这种阈值的识别 (置换检验) 和估计 (自举方法) 过程. 通过使用归一化的 IV 值, 单个分类群的阈值被组合起来得出 "群落" 阈值. 我将重点介绍置换检验的评估, 因为它是后续分析的基础.

TITAN 的一个明显问题是用到了沿梯度 IV 最大值的置换检验. 这个问题类似于方差分析问题中的多次比较. 也就是说, 当从同一总体中抽取多个变量, 并且我们只将样本均值差异最大的一对变量进行比较时, t 检验将比声明的显著性水平 α(犯 I 型错误的概率) 更频繁地拒绝零假设 (均值无差异). 这是因为这两个样本不再是简单的随机样本. 同样, 当对 IV 值最大的两组进行置换检验时, 数据也不是简单的随机样本. 通常, 违反独立假设并不易察觉. 因此, 我们应该根据该方法出现 I 型和 II 型错误的概率来评估该方法. 当零假设为真时, I 型错误是错误地拒绝了零假设. II 型错误是指当备择假设为真时, 未能拒绝零假设. I 型错误概率的估计可以通过利用零假设模型的数据开展统计检验来实现, 这要求我们知道零假设模型, 并能够从模型中抽取随机数据. 与第 4.5.4 节一样, 我们将使用模拟方法来评估发生 I 型错误的概率. II 型错误 (和功效) 与具体的备择假设有关. 因此, 我将指定一些相关的替代模型. 与第 4.5.4 节中的模拟过程不同, 当时的零假设模型是简单的正态分布, 在这个例子中, TITAN 文献没有定义零假设模型. 相反, 只是对一类潜在的备择假设模型进行了模糊的描述.

9.4.2 TITAN 中的假设检验

TITAN 根据一系列假设检验的结果推导出了阈值. 首先, 对于给定拆分点的给定分类群, TITAN 使用了置换检验. 数据分布假设并没有明确定义, 因此更偏好 "无分布" 检验. 用于计算 IV 的数据是沿环境梯度观察到的分类群丰度值. 通过假设检验, TITAN 的作者们希望了解估计出的 IV 是否 "统计学显著". 当拆分点 "显著" 时, 相应的梯度值被视为潜在阈值. 当我们在第 4 章中使用 "统计学显著" 一词时, 我们的意思是观察到的数据显示了反对零假设模型的有力证据. 也就是说, 统计显著性与零假设模型有关. 那么, TITAN 程序中包含的置换检验中的零假设是什么?

零假设并未被明确阐述, 无法用于确定适当的模型形式. 但根据置换检验的作用, 我将尝试推断零假设是什么. 观察到的 IV 是根据沿着扰动梯度的拆分点分隔开的两个分类群丰度数据子集计算得到的. 对于特定的拆分点, 两个

子集的样本大小 (n_1 和 n_2) 是已知的. 理论上, 置换检验按照所有可能的排列将数据分解为样本容量为 n_1 和 n_2 的两个子集. 对于每个排列, 都会计算一个 IV. 这些 IV 的集合用于形成经验分布, 通过计算这些 IV 超过观察到的 IV 的比例来获得 p 值. 换句话说, 这些排列形成的 IV 的分布被视为零分布. 关于分类群丰度, 零假设一定是分类群丰度分布不受扰动梯度的影响. 由于丰度是一个计数变量, 我们可以使用泊松分布或其偏大离差变体来近似其分布; 零假设可以简化为沿梯度的恒定均值丰度.

由于 TITAN 使用 IV 作为检验统计量, 因此 IV 在零假设下的分布是未知的. 使用置换检验, 我们可以避免推导 IV 的理论零分布. 与所有假设检验情况一样, 零假设是一个特定的统计模型, 而备择假设没有定义. 由此提出两个问题:

1. 如果一个拆分点的 IV 的置换检验的显著性水平为 $\alpha = 0.05$, 则检验最大 IV 的 I 型错误概率是多少?

2. 为什么拒绝零假设等同于阈值响应模型?

我们通过模拟来回答这些问题.

9.4.3 I 型错误概率

使用模拟方法可以轻松描述统计检验的 I 型错误概率. 也就是说, 我们对从零假设指定的模型中抽取的数据开展反复测试. 拒绝频率是对 I 型错误概率的估计. 如果频率接近所声明的显著性水平 α, 检验的表现与预期的一致. 如果频率与 α 非常不同, 检验就有问题. 远低于 α 的频率表明, 该检验犯 I 型错误的概率远低于所声明的显著性水平. 低于预期的 I 型错误概率意味着更高的 II 型错误概率 (因此统计功效较低). 一项检验, 其 I 型错误概率高于 α 是与其高于预期的功效相关联的. 同时, 当零假设为真时, 它也更有可能拒绝零假设.

与第 4 章一样, 我们可以通过模拟方法来轻松评估一项统计检验的 I 型错误概率: 反复从零假设模型中抽取数据, 并对这些虚拟数据进行检验, 记录被拒绝的频率. 在这个例子中, TITAN 的零假设是, 分类群的平均丰度不会随着所关注的环境梯度而变化. 为了模拟在零假设下可能产生的数据, 我将指定采样点个数, 并从均值为 20 的泊松分布中抽取分类群丰度:

(1) 在 0 到 1 之间的梯度上, 模拟从指定采样点数 (ns) 开始: `x <- seq(0, 1, , ns)`.

(2) 对于每个采样点, 从泊松分布中抽取一个分类群丰度: `y <- dpois(ns, 20)`.

(3) 假设生成的 ns 个泊松随机变量是沿梯度的分类群丰度数据, 则使用 TITAN 的默认设置计算所有潜在拆分点的 IV 值. 此步骤给出了待测统计量——所有 IV 值的最大值, 以及 IV 取最大值时的梯度值.

(4) 进行置换检验 (在具有最大 IV 的拆分点处) 以推导出零分布, 并计算 p 值. 当 p 值小于 $\alpha = 0.05$ 时, 零假设将被拒绝.

(5) 该过程重复 5000 次, 记录零假设被拒绝的次数.

我用 ns=15、25、51、101 和 201 重复了模拟过程, 以评估 I 型错误概率是否为样本大小的函数. 估计出的 I 型错误概率分别为 0.14、0.23、0.31、0.31 和 0.30. 这些数字远远大于 $\alpha = 0.05$ 的显著性水平. 此外, I 型错误概率似乎随着采样点数量的增加而增加. 在讨论方差分析时, 我们提到了 I 型族群错误和 I 型检验错误之间的区别. 在方差分析设置中, I 型族群错误涉及在许多可能的比较中拒绝一次比较. 当想要多次比较时, 就会出现这种担忧. 在多重比较的例子中, 我们用了 Tukey 方法, 推导了最大差异的零假设分布. TITAN 类似于多重比较问题. 用于检验最大 IV 显著性的置换检验具有 0.05 的单次比较的显著性水平. 因此, I 型族群错误概率总是高于 0.05.

也许为了纠正比预期高得多的 I 型错误概率, TITAN 还根据置换检验对计算得到的 IV 开展了归一化. 归一化的 IV 被称为 z 分数.

在置换检验中, 在每个潜在拆分点为每种随机置换计算 IV. 相应 IV 构成了 IV 的零假设分布. 这些 IV 的均值 ($\widehat{\mu}_i$) 和标准差 ($\widehat{\sigma}_i$) 用于对观察到的 IV 值进行归一化:

$$z_i = \frac{IV_i - \widehat{\mu}_i}{\widehat{\sigma}_i}$$

虽然 Baker 和 King (2010) 在论文的方法部分指出, 与最高 IV 对应的梯度被用作阈值估计值, 但在随附的计算机代码中, 显然是与最高 z_i 值对应的梯度值被用作了阈值. 换句话说, 检验的统计量是 z 分数. 由于它是归一化的 IV, 使用 z 分数作为检验统计量, 似乎是假设 z 分数是零假设下的标准正态随机变量. 在之前的模拟中, 我也使用 z 分数作为检验统计量, 并计算了 z 分数和 I 型错误概率, 当 ns=15、25、51、101 和 201 时, 概率分别为 0.14、0.23、0.31、0.31 和 0.30. 换句话说, 检验统计量的变化并未在 I 型错误概率方面造成任何差异.

当检验统计量从 IV 转换为 z 分数时, 估计出的阈值是否会存在差异, 几乎没有被讨论过. TITAN 的作者们似乎假设这两个检验统计量将产生相同的结果 (相同的 p 值和相同的阈值估计值). 但这个假设对我来说并不那么理所当然. 为了比较零假设下的两种统计量, 我用 ns=101 进行了另一次模拟. 这一次, 我计算了所有潜在拆分点的 IV 和 z 分数. 也就是说, 在每个潜在的拆分点进行置换检验. 和以前一样, 梯度在 0 到 1 之间, 101 个采样点沿梯度方向等间距. 通过这次模拟, 我研究了 IV 和 z 分数沿着梯度的分布模式.

零假设假定沿着梯度有一个恒定的分类群丰度, 这是通过沿梯度从均值为 20 的同一泊松分布随机抽取计数变量来模拟的 (图 9.10(a)). 模拟的每次迭代中, 我都会在保证每组至少有五个数据点的所有潜在拆分点上计算 IV, 以及 $\widehat{\mu}$、$\widetilde{\sigma}$ 和 z 分数. 共有 92 个潜在的拆分点. 重复这一过程 5000 次后, 每个潜在拆分点有 5000 个模拟的 IV、$\widehat{\mu}$、$\widetilde{\sigma}$ 和 z 分数, 可以用于近似这些统计量沿梯度的分布. 模拟出的 IV 分布表现出特定模式 (图 9.10(b)), 梯度两端附近的均值和标准差高于梯度中间部分的均值和标准差. 沿梯度的 IV 模式表明, 即使沿梯度的分类群丰度相同, 我们也更有可能会用 IV 把两端附近的拆分点识别为阈值.

置换估计的均值和标准差显示出与 IV 值相似的模式, 在梯度两端附近高, 在梯度中间部分低 (图 9.11). 然而, 估计出的 z 分数沿梯度没有表现出明显的模式特征 (图 9.10(c)). 所有潜在拆分点模拟出的 z 分数的分布非常接近标准正态分布. 如果我们在 $z > 1.96$ 时拒绝零假设, 在任意给定的潜在拆分点, I 型错误概率约为 0.05.

所有潜在拆分点的 z 分数分布都是相同的 (N (0,1)). 然而, 我们的第一次模拟导致 I 型错误概率远远大于显著性水平. 图 9.10(c) 解释了 I 型错误概率膨胀的原因: 针对沿梯度最大 IV 的检验更有可能统计学显著, 就像方差分析问题中比较多对均值差异中的最大差异一样.

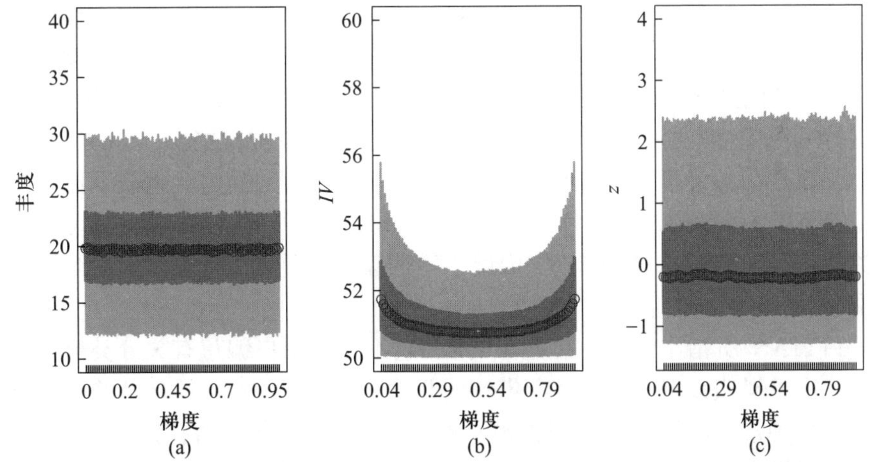

图 9.10 沿梯度展示零假设模型 (a)、IV(b) 和 z 分数 (c) 分布下的模拟数据. 沿着梯度的每个位置的分类群丰度数据都是从均值为 20 的同一个泊松分布中提取的. 图中汇总了每个梯度位置上的 5000 个估计量.

9.4.4 统计功效

TITAN 的目标是找到一个阈值. TITAN 指出其目的是 "探索和识别单个分类群沿环境、空间或时间梯度在出现频率和相对丰度上的突然变化". Baker

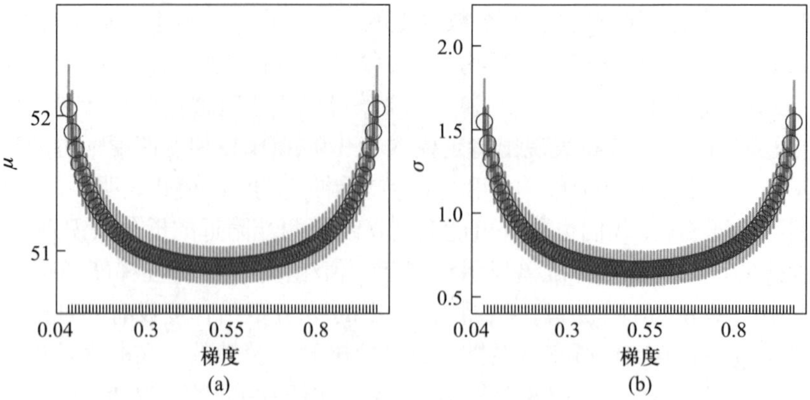

图 9.11 置换估计的 IV 的均值 (μ) 和标准差 (σ) 沿着梯度发生变化. 箱图汇总了每一个潜在拆分点处 5000 次估计获得的 μ 和 σ 值.

和 King (2010) 使用 IV 作为此类变化的度量, 假设阈值是与最大 IV 值相对应的梯度点, 正如他们描述的那样, 当沿梯度的 IV 最大值在统计学上是 "显著的", 阈值就被识别出来了.

一个统计学显著的结果意味着零假设被拒绝了. 然而, 拒绝零假设与支持特定备择假设的证据是不同的. 在其他可能的替代方案中, 还有许多 "阈值" 模型. 只有一个是 "有用" 的模型. 在零假设被拒绝后, 我们需要回答的问题是 "数据支持哪种模型? " 在 t 检验中, 当无差异的零假设被拒绝时, 我们将观察到的差异报告为估计值, 并给出差异估计值的置信区间. 置信区间表示数据支持的差异范围 (备择假设). 换句话说, 置信区间缩小了所有备择假设的范围. 由于分类群丰度模型是梯度的函数, 因此当零假设被拒绝时, 应该探索一个可信的模型.

TITIAN 所指出的目标有些不清晰, 它不允许用户编写有关分类群丰度数据的特定备择假设模型. 突然变化一词并没有被定义. 搞清其含义的一种方法是尝试几种常用的数学形式来模拟 "突然变化". 对于每个潜在的替代模型, 我将在一组没有误差的模拟数据上计算每个潜在拆分点的 IV, 看看哪个模型在已知的 "阈值" 上达到 IV 峰值. 这些替代模型包括:

• 阶梯函数 (step function, SF) 模型

这是最简单的模型, 指出当我们沿着梯度 (x 轴) 移动时, 响应变量保持不变, 直到达到阈值 (变化点). 一旦穿过变化点, 响应变量跳转到另一个值, 并再次保持恒定 (图 9.12(a)). 在数学上, 正态响应变量的阶梯函数模型是:

$$y_i = \beta_0 + \delta_1 I(x_i - \phi) + \varepsilon_i \tag{9.6}$$

我们可以假设方差恒定 ($\varepsilon \sim N(0, \sigma^2)$) 或允许方差在跨越阈值时发生变化 (即

$\varepsilon_i \sim N(0, \sigma^2 + \delta_2 I(x_i - \phi)))$. 函数 $I(\theta)$ 是一个单位阶梯函数, 当 $\theta \leqslant 0$ 时取值 0, 否则取 1. SF 模型的函数本身有一处不连续, 即我们所感兴趣的阈值.

• 曲棍球棒 (hockey stick, HS) 模型

该函数假设响应变量按照梯度的线性函数变化, 其斜率在阈值处发生变化. 该模型类似于在阈值处连接两个线段 (图 9.12(b)).

$$y_i = \beta_0 + (\beta_1 + \delta_1 I(x_i - \phi))(x_i - \phi) + \varepsilon_i \tag{9.7}$$

HS 模型的阈值是斜率 (或函数的一阶导数) 不连续的位置.

• 分割线段 (disjointed broken stick, dBS) 模型

SF 和 HS 模型的一般化形式是分割线段模型. 这是一个由两个线段组成的模型, 对二者的斜率 (SF 模型有两个线段, 斜率均为 0) 或截距 (HS 模型有两个线段在阈值处连接, 或者在阈值处具有相同的截距) 没有约束 (图 9.12(c)).

$$y_i = (\beta_0 + \delta_0 I(x_i - \phi)) + (\beta_1 + \delta_1 I(x_i - \phi))(x_i - \phi) + \varepsilon_i \tag{9.8}$$

dBS 模型在函数和函数的一阶导数中具有不连续性, 它们在某一位置 (即阈值) 相交.

• S 形 (sigmoidal, SM) 模型

S 形模型是一种具有上下界的连续非线性模型, 但没有变化点 (沿梯度没有参数变化)(图 9.12(d)). 我在此加入 SM 模型, 是因为阈值通常被定义为在较短的梯度距离内响应的快速变化. 不需要更改一个或多个模型参数. 换句话说, 突然变化并不一定意味着函数或其导数的不连续性. 它可能只是一个 "快速"(但顺滑) 的变化. 我将用一个简单的逻辑斯蒂模型为例加以说明.

$$y_i = \frac{1}{1 + \mathrm{e}^{-(\beta_0 + \beta_1 x_i)}} \tag{9.9}$$

SM 模型是 SF 模型的 "顺滑" 版本. 它是一个具有连续一阶导数的连续函数. 曲线 (一阶导数) 的斜率在拐点达到最大 (或最小值). 因此, 将拐点视为阈值是很自然的.

为了展示所检验的统计量如何作为分类群丰度的函数而随着梯度的变化, 我用到了不带误差的模拟数据. 也就是说, 我假设分类群丰度沿着梯度的变化模式可以用四个模型之一来描述, 并且观察到的数据没有误差. 使用不带误差的数据能提供模型中 IV 作为梯度的函数的性能信息. 与已知的 "阈值" 相比, 我对 IV 峰值的位置特别感兴趣. 图 9.12 比较了模拟数据与计算出的 IV 值. 仅当使用的是 SF 模型时, IV 的峰值与已知阈值重合. 对于 HS 模型, IV 估计值是梯度的单调函数. 对 dBS 模型, IV 的峰值要么接近已知阈值, 要么接近梯度的一端, 这取决于两个线段斜率和截距的差异. 当两个线段的斜率接近 0 时, 峰值会接近已知阈值. 对于 SM 模型, IV 峰值接近但未在拐点出现.

为了估计统计检验的功效, 我重复执行了第 9.4.3 节中的模拟过程, 除了分类群丰度数据是从泊松分布中提取的, 其均值由替代模型计算. ns 个采样点沿梯度均匀间隔排列 (或 `grd <- seq(0, 1, 101)`). 分类群丰度数据如下:

- SF 模型: `y <- dpois(ns, 20+(grd>0.5)*10,`
- HS 模型: `y <- dpois(ns, 20+(grd>0.5)*20*(grd-0.5),`
- SM 模型: `y <- dpois(ns, 10*invlogit(-5+10*grd),`
- 线性模型: `y <- 20+10*grd`

函数 `invlogit` 来自软件包 `arm`. 我把 dBS 模型的模拟留作练习题. 这些替代模型的统计功效估计值都接近 1(在 0.9997 和 0.9999 之间).

功效高这件事并不奇怪, 因为检验的 I 型错误率远远高于 0.05 的显著性水平. 结果表明, 当背后的模型, 包括线性模型在内, 与零假设模型不同时, TITAN 几乎肯定会拒绝零假设. 像往常一样, 在使用假设检验时, 我们专注于反对零假设的证据, 而不是支持特定备择假设的证据. 功效分析表明, 拒绝零假设不会导致对特定备择假设的接受.

一旦零假设被拒绝, TITAN 将对阈值予以估计. IV 和 z 分数都用作检验统计量. 为了查看替代模型下估计出的阈值 (图 9.12), 开展了另一轮模拟. 这些模拟旨在表征不同替代模型下 IV 和 z 分数的响应. 我将把线性模型也纳入作为替代模型.

在这些模拟中, 我推导出了所有潜在拆分点的 IV 和 z 分数的分布. 沿着梯度用框图展示了上述模拟分布.

线性模型假设丰度沿着梯度线性增加 (图 9.13(a)). 该模型与零假设模型不同, 但沿梯度没有突然变化. 在线性模型情况下, IV 沿梯度减少 (图 9.13(b)), 而置换估计出的平均值和标准差仍然显示出与以前相同的模式. 由此产生的 z 分数现在显示出清晰的模式, 我们在梯度中间的位置附近找到一个统计上 “显著” 的拆分点 (图 9.13(c)).

在梯度值的低端, 中间 95% 的丰度数据范围在 12 到 30 之间, 梯度值高端的中间 95% 的丰度数据在 20 到 42 之间. 换句话说, 零模型 (例如, 丰度恒定为 25) 在替代模型的 95% 范围内. 尽管如此, 对这个线性模型而言, TITAN 的统计功效仍然接近 1, 这是由于多重比较陷阱而导致的 I 型错误概率膨胀.

具有统计学意义的结果是可取的, 因为零假设模型与数据 (由线性模型生成) 存在差异. 但根据这一结果无法得出沿梯度突然变化的结论. 用于检验的数据是抽取自一个增长速度稳定的模型. 正如在 t 检验中拒绝零假设并不等于支持特定的备择假设一样, 拒绝沿梯度恒定丰度的零假设模型不能等同于对阈值响应模型的支持.

使用 TITAN 的另一个问题是, 基于 IV 的 “阈值” 估计值与基于 z 分数的

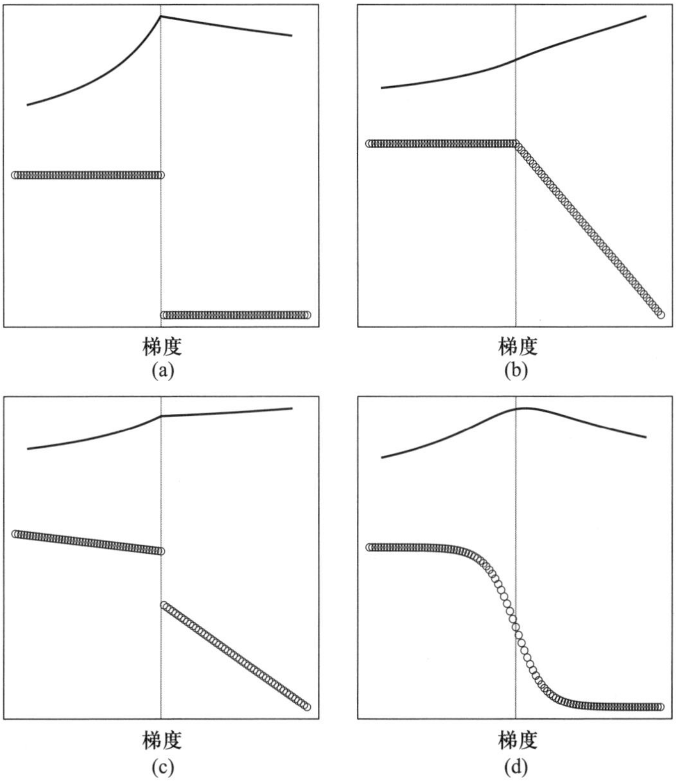

图 9.12 沿着梯度比较四个潜在替代模型产生的描述丰度 “突然” 变化的数据 (圆圈) 与计算出的 IV 值 (实线)

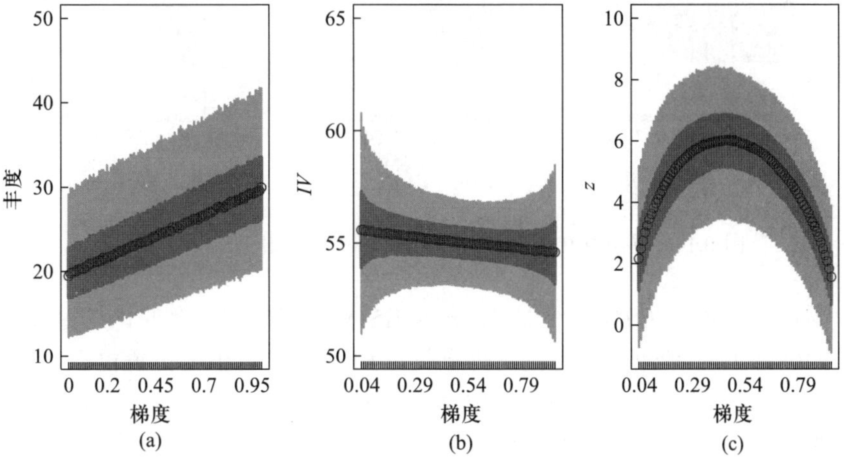

图 9.13 同图 9.10, 只不过平均分类群丰度沿着梯度线性增加, 如 (a) 所示

估计值不同. 线性模型的 IV 峰值接近梯度的低端, 而 z 分数峰值接近梯度的中间. 这种差异从未在 TITAN 的所有应用程序中显示出来. 在关于变化点的统计问题中, 如果估计的变化点位于梯度的一端附近, 我们得出的结论是变化点不存在. 在 TITAN 中, IV 被用作表明 "阈值" 存在的指标. 如果 IV 的峰值位于梯度的一端附近, 我们应该得出结论, 不存在 "阈值". 在这个例子中, IV 峰位于梯度的低端. 标准化的 IV 值 (z 分数) 是用为拆分点计算的 IV 减去 $\widehat{\mu}$, 然后差值再除以 $\widehat{\sigma}$ 来计算的. 由于 $\widehat{\mu}$ 在梯度中间较小, $IV-\widehat{\mu}$ 的差异将在中间部分膨胀. 同样, $\widehat{\sigma}$ 在中间较低, 在梯度中间部分就进一步放大了差异. 因此, 在本例中, z 分数的峰值可能是基于置换的标准化的产物. 从假设检验的角度来看, 这种差异是无关紧要的, 因为目标是评估沿梯度的恒定类群丰度的零假设模型. 然而, 由于 TITAN 的作者将检验结果显著等同于阈值的存在, 因此使用 z 分数会具有误导性.

当替代模型是 HS 模型 (当梯度低于 0.5 时丰度为恒定值, 在变化点后丰度呈线性增加, 图 9.14(a)) 时, IV 沿梯度单调增加 (图 9.14(b)), 而 z 分数在接近 0.65 的地方出现峰值 (图 9.14(c)).

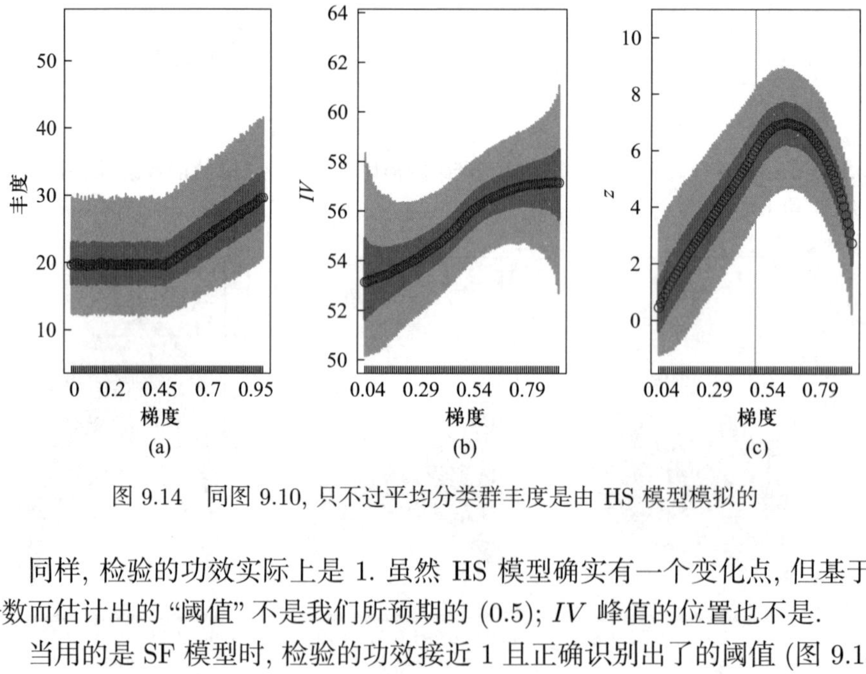

图 9.14 同图 9.10, 只不过平均分类群丰度是由 HS 模型模拟的

同样, 检验的功效实际上是 1. 虽然 HS 模型确实有一个变化点, 但基于 z 分数而估计出的 "阈值" 不是我们所预期的 (0.5); IV 峰值的位置也不是.

当用的是 SF 模型时, 检验的功效接近 1 且正确识别出了的阈值 (图 9.15).

当用的是 SM 模型时, TITAN 也几乎肯定会得出统计显著的结论 (图 9.16). SM 模型给出的阈值是位于 0.5 的拐点. 但基于 z 分数的阈值估计结果取决于丰度是在增加还是减少. 如果丰度正在增加 (如我们的模拟结果), 阈值估计值

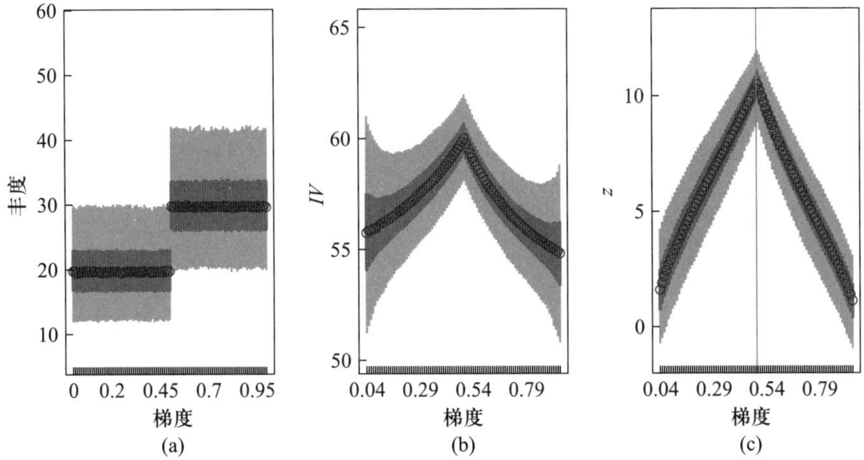

图 9.15 同图 9.10, 只不过平均分类群丰度是由 SF 模型模拟的

会低于拐点. 如果丰度沿着梯度下降, 阈值的估计结果会高于拐点. 此外, 检验结果也受到 SM 模型变化率的影响. 斜率越大 (最大), 估计出的阈值离拐点越近 (图 9.17 和图 9.18).

这些模拟表明, 当零假设不为真时, TITAN 在拒绝零假设方面是有效的. 然而, TITAN 的 I 型错误概率远远大于所声明的显著性水平 0.05. 因此, 它可能对与零假设之间的无意义偏差过于敏感, 统计学显著的结果可能实际上毫无意义. 由于统计显著性检验侧重于对照零假设模型的证据, 因此结果显著并不意味着分类群丰度对梯度所代表的扰动产生了阈值响应. 此外, 只有当使用的响应模式与 SF 模型一致时, TITAN 估计出的阈值才是正确的.

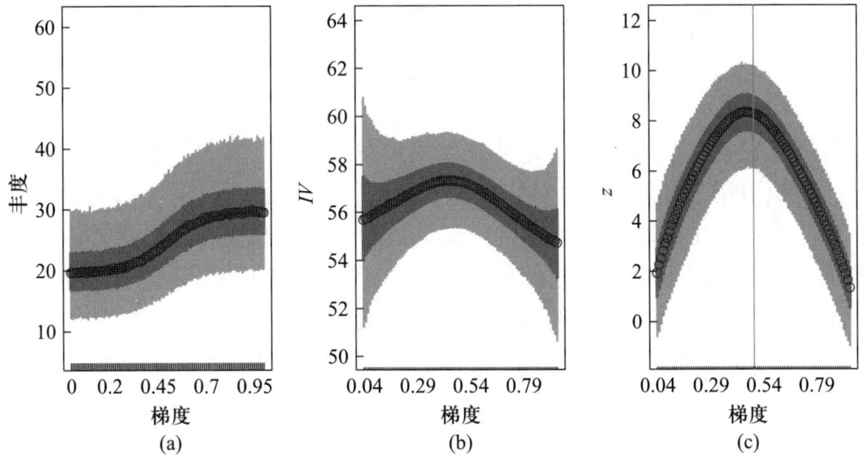

图 9.16 同图 9.10, 只不过平均分类群丰度是由 SM 模型模拟的

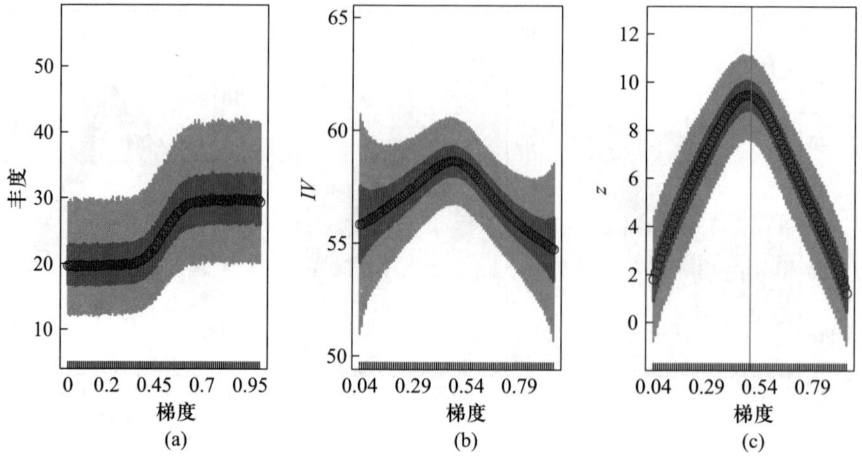

图 9.17 同图 9.16, 只不过最大斜率是图 9.16 中的 2 倍

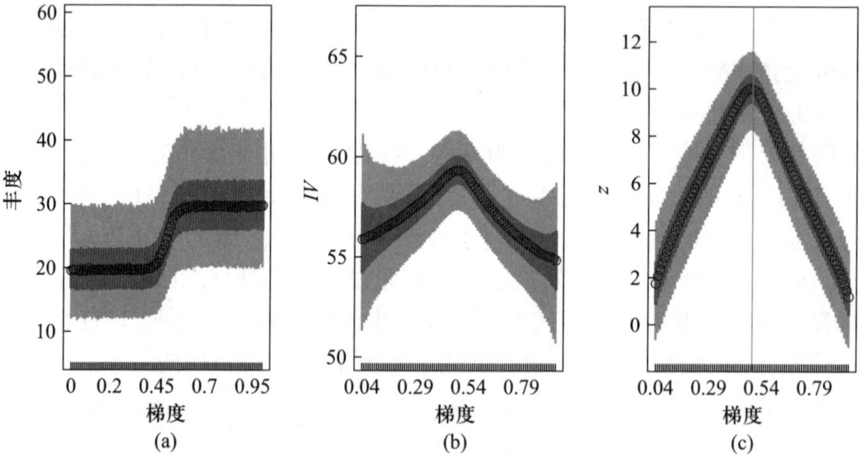

图 9.18 同图 9.16, 只不过最大斜率是图 9.16 中的 4 倍

由于 TITAN 的目标是量化特定的阈值响应模型, 因此显著性检验方法并不合适. 阈值响应模型是一种特定的替代模型. 因此, 拒绝 "丰度沿着梯度为恒定值" 的零假设并不能转化为支持任何具体替代模型的证据. 当对特定模型感兴趣时, 我们用数据拟合特定模型, 并用第 9 章给出的方法开展模型评估.

在这些模拟中, μ 和 σ 的估计值沿着梯度表现出一致的模式. 它们在梯度的两端往往比在中间部位高. 由于 z 分数是归一化的 IV 值, 如果我们沿梯度有一个恒定的 IV, 梯度两端附近的 z 分数将低于中间部位的 z 分数. 当零模型为真时, 两端附近的 IV 值也高于中间的 IV 值. 净结果是沿着梯度 z 分数或多或少会成为常数. 当零模型不是底层起作用的模型时, 例如, 当丰度作为梯度的线性函数发生变化时, IV 也会单调变化. 估计 μ 和 σ 的置换模式将导致 z 分数峰值的位置与 IV 峰值的位置不同, 从而导致对 "阈值" 的估计出现矛盾. 一般来说, z 分数峰值位置将比 IV 峰值位置更接近梯度的中间部位. 显然, TITAN 的作者们没有意识到潜在的矛盾结果. 在 Baker 和 King (2010) 随附的 R 程序中, 置换检验用于报告 p 值 (与 IV 最大值相关), z 分数峰值用于识别阈值.

9.4.5 自举

TITAN 还使用自举法 (bootstrapping) 重新采样来计算所选拆分点的置信区间. 自举是一种常用的重新采样方法, 用于估计统计量的标准差和置信区间 (Efron 和 Tibshirani, 1993). 正如我们在第 9 章中讨论的那样, 自举是一种蒙特卡罗模拟程序, 旨在获得所关注的参数的近似样本分布. 它用现有数据中的随机样本替代 (替换) 目标总体的相同容量的随机样本. 随着数据样本规模的增加, 自举样本越来越接近于来自总体的随机样本. 因此, 随着样本规模的增加, 从自举样本中计算的变量的经验分布用于近似所关注变量的真实样本分布. 然而, 自举方法不适用于拆分点问题 (Bühlmann 和 Yu, 2002; Banerjee 和 McKeague, 2007). Bühlmann 和 Yu (2002) 已经指出, 自举法估计的拆分点标准差总是小于真正的标准差, 导致置信区间更窄. 在拆分点问题中, 具有 k 个唯一梯度值的样本具有 $k-1$ 个潜在的拆分点. 自举样本中的潜在拆分点是相同的 $k-1$ 个潜在拆分点的子集. 换句话说, 自举过程反复从同一个 $k-1$ 潜在拆分点池中选择拆分点, 结果是自举估计的标准差比真正的要小得多 (估计的置信区间比真正的要窄得多). 第 9 章进行的模拟证明了这个问题.

除了估计置信区间的问题外, 使用自举法还可能产生 "边缘效应". 使用自举时, 一个自举样本仅代表单个数据点的一个子集. 当梯度一端或两端附近的数据点没有被包括进去时, 梯度的范围会被进一步缩短, 因为我们仍然必须保持由拆分点所分隔的两组当中数据点的最小数量. 在 TITAN 的 R 程序中运行自举时, 由于未使用置换检验, TITAN 在每次自举模拟中使用 IV 值来识别阈值. 如果零模型为真, IV 在梯度的两端往往更高. 因此, 自举过程可能会将梯度的一端或另一端识别为阈值. 由于自举样本中的梯度范围通常比数据范围窄, 因此用自举法估计出的阈值分布将向梯度的中间移动, 显然会导致 "阈值" 分布略微偏离梯度的末端.

9.4.6 群体阈值

TITAN 的最后一步是根据所有潜在拆分点为所有分类群计算出的 z 分数之和来推导群体阈值. 这一步意味着对群体阈值的存在开展假设检验. TITAN 计算每个潜在拆分点 x_i 的 z 分数之和, 这相当于检验所有分类群是否共享相同的拆分点. TITAN 的群体阈值被隐性地定义为所有或大多数分类群共享的拆分点, 并通过对所有潜在拆分点的重复检验, 选定为具有最大 z 分数和的拆分点. 从统计学上讲, 只有当这个群体阈值定义有意义时, 这样的检验才有意义. 根据这个定义, z 分数的总和是一个检验统计量. 单个分类群的 z 分数是标准正态分布的随机样本. 如果我们假设这些 z 分数相互独立, 这些 z 分数的总和是均值为 0 和标准差为 $\sqrt{N}$ 的随机变量, 其中 N 是分类群的数量. 也就是说, 我们将总和用作组合检验的统计量, 而所有分类群具有共同的零假设. 我们注意到, z 分数的平方和, 服从自由度为 N 的 χ^2 分布, 使用得更为频繁. 由于该检验对所有潜在的拆分点都要重复进行, 因此所产生的 "群体阈值" 可能是 I 型错误 (多重比较陷阱) 的结果. 然而, 该检验的含义没有实际意义, 因为该检验所定义的群体阈值违反了基本的生态原则. 物种共存构成了群体生态学的概念基础 (MacArthur, 1972; Chesson, 2000; Hubbell, 2001), 有大量的理论工作验证了 Hutchinson (1959) 的结论 (物种为了共存必须确保自己与其他物种有所不同 (Chesson, 1991)). King 等 (2011) 报告的阈值同步性指出, 共存物种对环境资源变化的响应 (例如, 最适条件) 没有差异. 生态理论 (例如竞争、物种集合、资源利用) 表明, 同时出现的物种应该在整个环境梯度上表现出物种最适条件、耐受性和丰度峰值的差异 (Gauch, 1982; Jongman 等, 1995), 特别是与自然环境梯度变化 (例如海拔、温度、营养素、猎物丰度) 相关的物种响应. 资源的分配应导致物种表现出不同而不是相似的响应阈值. 如果环境变化与有毒物质有关, 则可以对同步有所预期. 然而, 低水平的城市化或富营养化通常与高水平的有毒物质无关; 因此, King 等 (2011) 报告的阈值同步性不能归因于毒性. 更有可能的是, 所表现出的阈值同步性是用于提取阈值的方法 (例如 z 分数) 造成的假象, 而不是群落的生态属性.

9.4.7 结论

TITAN 旨在发现分类群丰度数据沿着扰动梯度的不连续跳跃. TITAN 的作者们没有给出关于丰度的具体模型形式, 而是使用了聚类指标 IV. 由此导致程序在检测到的阈值类型方面模棱两可. 对置换检验的错误使用导致沿着梯度根据 z 分数选定拆分点出现系统性偏差. TITAN 用于处理来自许多站点的数百个分类群的大型数据集. 因此, 程序的性能表现是不透明的. 此外, Baker 和 King (2010) 没有给出群体阈值的数学和生态学定义, 也没有给出单个分类群级别上的阈值概念.

从这些模拟中, 我们了解到统计检验是要评估拒绝零假设的证据. 在一个简单的双样本 t 检验中, 拒绝零假设 (两个均值的差异为 0) 并不能提供任何支持特定差异值的证据. 要得出具体的替代方案, 必须提供支持特定替代模型的证据. 由于 TITAN 的目标是估计阈值, 阈值模型是假设的模式. 我们应该寻求支持特定阈值响应模型的证据. 但 TITAN 并没有提供具体的阈值模型. 打包在程序中的方法暗示了沿着梯度丰度为常数的零假设模型. 对零模型的拒绝并没有为我们提供支持任何特定替代模型的证据.

正如我们在第 4 章中讨论的那样, 不存在差异的零假设应该被用作 "唱反调的". 也就是说, 我们提出了支持假设的证据 (在这个例子里, 是一个特定的阈值模型), 并使用无变化的零假设作为最后一步, 以表明数据不能在逻辑上归因于一个无变化的模型. 仅有零假设检验是不够的.

9.5 参考文献说明

蒙特卡罗模拟是拥有很多专门技术的广阔领域, 本章只包括了其中很小的一部分. Robert 和 Casella (2004) 提供了这些技术的概述. 第 9.3.2 节中的模拟也在 Banerjee 和 McKeague (2007) 中有所讨论. Gelman 等 (2014) 讨论了贝叶斯 p 值的概念.

9.6 练习

1. 考虑你在第 8 章习题 8 中开发的模型, 开展一次模拟, 看看你开发的模型是否充分描述了响应变量的数据分布. 该数据集的一个潜在问题是响应变量的变异性有限. 这可能是由于难以准确记录牛蛙的伴侣数量: 要么观察时间太短, 要么可能存在未观察到的伴侣. 这个问题的后果是少报了伴侣的数量, 由此产生的模型可能会低估伴侣的数量 (并产生太多的 0). Arnold 和 Wade (1984) 讨论了此类数据的其他问题.

2. 使用模拟方法来评估第 8 章习题 9 中修正后的泊松模型. 此类数据的一个潜在问题是零的数量过剩, 这种现象被称为零堆积 (Lambert, 1992).

3. 在评估 TITAN 时, 我们用了多种替代模型来表达 IV 值沿环境梯度的变化模式. Cuffney 和 Qian (2013) 讨论的另一种自然模式是高斯响应模型, 其中响应曲线类似于钟形曲线. 这种响应模式通常用于表示分类群的 "资源补贴–压力" 响应. 污染物 (例如营养物质) 的初始增加为生物体的生长提供了补贴, 但在污染物超过阈值后, 生物体会感到压力. 响应模式可以表示为对数丰度坐标下梯度的抛物线函数:

$$\log(y) = \alpha + \beta x + \gamma x^2$$

其中 y 是分类群丰度, x 是环境梯度. 从逻辑上讲, 阈值是二次曲线的峰值. 绘制类似于图 9.12 中曲线的 IV 响应曲线, 并讨论 TITAN 是否适合此类阈值响应.

4. 通常, 对污染敏感的生物被用来制定环境标准. 由于它们对环境扰动很敏感, 它们的丰度通常可以在梯度的一端或另一端附近为 0(例如, 线性下降, 在梯度中间达到 0). 设计一项模拟, 研究梯度的一端或另一端附近有多个零丰度观测值时 TITAN 的表现.

第 10 章

多层回归

10.1 从 Stein 悖论到多层模型

统计学的一项重要任务是从观测到的数据中估计无法观测到的模型参数 (Fisher, 1922). 由于感兴趣的参数不能被直接观测, 因此必须根据其性能和对数据分布的数学假设来选择一个估计量 (用于计算估计值的公式). 本书中讨论的统计模型就是此类估计量的实例. 在整本书当中, 我们用了最大似然估计量, 因为它是无偏的, 并且通常是所有无偏估计量中方差最小的.

最大似然估计量的理论基础可以追溯到高斯, 高斯推导了概率定律 (后来称为正态或高斯分布), 以证明使用最小二乘法估计平均值是合理的. 皮埃尔–西蒙・拉普拉斯的中心极限定理 (Stigler, 1975) 指出, 无论这些随机变量的原始分布如何, 独立随机变量的样本平均值的分布都可以用正态分布近似, 巩固了正态分布作为统计学中最重要分布的地位.

许多环境变量 (特别是浓度变量) 可以用对数正态分布来近似 (Ott, 1995). 因此, 环境统计中的经验法则是, 我们应该在统计分析之前将浓度变量做对数变换 (van Belle, 2002), 以便利用正态分布的性质. 正态分布理论的一个重要结果是, 正态分布均值的 “最佳” 估计量是样本平均值. 它是最好的估计量, 因为它是无偏的, 在所有无偏估计量中方差最小, 它也是一个最大似然估计量. 因此, 在科学研究中通常报告样本平均值和标准差. 正态分布结果也有广泛的实际意义. 例如, 在环境标准评估中, 这些正态分布特性有助于证明采用假设检验方法而不是原始分数评估方法是合理的 (Smith 等, 2001). 即使所关注的变量不是正态随机变量 (例如, 在广义线性模型中), 估计出的模型系数也是正态随机变量.

最大似然估计量的核心地位受到 Stein 悖论的挑战, 该悖论最初指的是在 20 世纪 50 年代引入的估计量家族的惊人特征 (Stein, 1956), 后来又于 1961 年修订 (James 和 Stein, 1961). 这些估计量是自相矛盾的, 因为它们意味着, 估计一个变量平均值的最佳方法 (计算样本平均值, MLE), 当同时估计多个变量的平均值时不再是最佳方法. 具体而言, James 和 Stein (1961) 指出, 如果我们将单独估计的平均值朝着总平均值的方向 "收缩"——将低于总平均值的增加, 并将高于总平均值的予以降低, 则可以提高总的准确性 (定义为估计平均值和真实平均值之差的平方和).

例如, 在评估营养物质是否达标的例子中, Stein 悖论意味着, 一个湖泊的营养物平均浓度是评价单个湖泊是否达标的最佳估计量, 但如果我们要同时评估多个湖泊的营养物质达标情况, 样本平均值不再是最好的估计量.

20 世纪 70 年代, Efron 和 Morris 发表了一系列论文, 讨论 James–Stein 估计量 (及其修正值) 及其在各种估计问题中的作用 (Efron, 1975; Efron 和 Morris, 1973a, b, 1975). 在他们的工作中, Efron 和 Morris 使用贝叶斯风险作为估计准确性的衡量标准. 贝叶斯风险是差异平方和的平均:

$$R(\theta, \delta) = E_\theta \sum_{j=1}^{J} (\delta_j - \theta_j)^2 \tag{10.1}$$

其中 θ_j 是未知的平均值 (例如, 湖泊中 TP 的真实年平均浓度), δ_j 是 θ_j 的估计值 (例如, 月度监测数据的年平均值), E_θ 代表对 θ_j 分布的平均. 贝叶斯风险通常被视为均方误差的贝叶斯版本. 估计值的贝叶斯风险低是其好的特征. Efron 和 Morris 指出, James–Stein 估计量的贝叶斯风险总是低于相应最大似然估计量的贝叶斯风险.

在解释这个悖论时, Efron (1975) 用了一条关于多元变量 y_j, $j = 1, \cdots, J$ 的样本平均值的数学定理. 该定理比较的是样本平均值 $\overline{y}_j$ 与真正的均值 θ_j. 当 y_j 来自具有整体均值 μ 的多元正态分布时, 以下关系成立:

$$\Pr\left[\sum_j (\overline{y}_j - \mu)^2 > \sum_j (\theta_j - \mu)^2\right] > 0.5 \tag{10.2}$$

也就是说, 平均而言, 样本平均值 $\overline{y}_j$ 比真实平均值 θ_j 更有可能离整体均值 μ 更远. 公式 (10.2) 意味着, 如果我们知道整体平均值 μ, 我们可以通过将样本平均值移动到整体平均值来改进估计值. 请注意, 该定理指出, 样本平均值相对于整体平均值的差值平方和大于真实平均值与整体平均值的差值平方和的概率大于 0.5. 换句话说, 样本平均值比真实平均值更有可能, 但不一定总是离整体平均值更远. 因此, 通过将样本平均值移动到整体平均值 (将低于整体平均值的予以提高, 将高于整体平均值的予以降低), 可以平均地改进样本平均值, 但不一定每次都会改进. 换句话说, 收缩估计量将改善其 MLE 的说法与样本均值是总体均值的无偏估计量的说法是类似的 —— 多个样本平均值的平均值等于总体均值, 而不一定是特定的某个样本平均值.

直觉上, 收缩估计量的改进是通过使用新增信息来实现的. 具体来说, 在估计一个变量的均值时 (我们没有来自其他类似变量的数据), 我们不知道整体平均值 μ. 因此, 我们不知道朝哪个方向来缩小所得到的样本平均值. 当我们对几个类似的变量进行观测时, 样本平均值的平均值 $\widehat{\mu}$ 是对整体平均值的良好估计. 因此, 我们知道如何收缩单个的样本平均值.

鉴于公式 (10.2) 的理论基础, 现在的问题是每个样本平均值的收缩率是多少. James–Stein 估计量就是这样一个估计量, 其中为每个样本平均值得出一个收缩水平.

$$\widehat{\theta}_j^{js} = \mu + m_j^{js}(\overline{y}_j - \mu) \tag{10.3}$$

其中 μ, θ_j 的均值, 通常由 $\overline{y}_j$ 的平均值估计, 即 $\widehat{\mu} = \dfrac{1}{J}\sum_j \overline{y}_j$, σ_1 是单个变量的标准差, 并且

$$m_j^{js} = 1 - \frac{\sigma_1^2/n_j}{\sum_j(\widehat{\theta}_j - \widehat{\mu})^2/(J-2)}$$

系数 m_j^{js} 表示收缩水平. 当 m_j^{js} 接近 1 时, θ_j^{js} 接近 $\overline{y}_j$, 当 m_j^{js} 接近 0 时, θ_j^{js} 接近 μ. 在大多数情况下, m_j^{js} 在 0 和 1 之间. 因此, James–Stein 估计量介于整体平均值 $\widehat{\mu}$ 和样本平均值 $\overline{y}_j$ 之间. James 和 Stein (1961) 指出, James–Stein 估计量的贝叶斯风险总是小于似然估计量 (样本平均值) 的贝叶斯风险.

James–Stein 估计量可以被视为方差分析模型的推广, 此时我们感兴趣的是量化多个变量的均值. 在单向方差分析模型中, 假设来自单个变量的数据服从均值不同但方差相同的正态分布:

$$y_{ij} \sim N(\theta_j, \sigma_1^2) \tag{10.4}$$

将共同的组内方差与组间方差进行比较, 以确定均值 θ_j 是否相同. 在方差分析中, 组内和组间方差分别估计为平方和 $\sum_j\left(\sum_i(y_{ij} - \overline{y}_j)^2\right)$ 与 $\sum_j n_j(\widehat{y}_j - \widehat{\mu})^2$. 正如组内方差可以总结为一个概率模型的参数一样, 组间方差也可以表示为 θ_j 的方差:

$$\theta_j \sim N(\mu, \sigma_2^2) \tag{10.5}$$

通过假设 μ、σ_1 和 σ_2 是已知的, 我们可以用公式 (10.4) 和 (10.5) 联立求解 θ_j. 结果是每组样本平均值 $\widehat{y}_j$ 和整体平均值 μ 的加权平均值. 在这一模型中, 当 $\sigma_2^2 \to \infty$ 时, $\widehat{\theta}_j$ 接近 $\widehat{y}_j$, $\lim_{\sigma_2^2 \to 0}\widehat{\theta}_j = \mu$. 从某种意义上说, 方差分析模型是公式 (10.4) 和 (10.5) 所代表的概率模型的特殊情况. 我们注意到, 方差分析假设组间方差 σ_2^2 趋近无穷大, 而方差分析的零假设为 $\sigma_2^2 = 0$. σ_2^2 的合理值可能既不是 0 也不是无穷大, 而是介于 0 和无穷大之间.

$$\widehat{\theta}_j \approx \frac{\dfrac{n_j}{\sigma_1^2}\widehat{y}_j + \dfrac{1}{\sigma_2^2}\mu}{\dfrac{n_j}{\sigma_1^2} + \dfrac{1}{\sigma_2^2}} \tag{10.6}$$

公式 (10.6) 中的加权平均值是一个收缩估计量, 可以重新排列以与 James–Stein 估计量进行比较:

$$\hat{\theta}_j = \hat{\mu} + m_j^b(\hat{y}_j - \hat{\mu})$$

其中 $m_j^b = 1 - \dfrac{\sigma_1^2/n_j}{\sigma_2^2 + \sigma_1^2/n_j}$

Judge 和 Bock (1978) 指出, m_j^{js} 是 m_j^b 的无偏估计. 换句话说, James–Stein 估计量可以被视为从数据中推导出整体平均值、组间和组内方差. 当我们知道 μ、σ_2^2 和 σ_1^2 时, 公式 (10.6) 的估计量在所有估计量中具有最小的贝叶斯风险 (Lehmann 和 Casella, 1998). 因为我们通常不知道 μ 和 σ_2^2, 所以我们可以将 James–Stein 估计量视为 "次优的东西".

我们注意到, 收缩水平 (m_j^b) 主要由① σ_1/σ_2 这一比值和②样本大小 n_j 决定. 较大的标准差比 (与变量均值之间的标准差相比, 单个变量的标准差或组内标准差很大) 表明, 假设 θ_j 相互不同的置信度很低. 它导致 m_j^b 取值小, 从而向整体平均值大幅收缩. 小的 n_j(表示 $\widehat{y}_j$ 的置信度较低) 会导致小的 m_j^b, 从而导致大幅度的收缩. 换句话说, 解决由于样本量小带来的样本平均值估计的高不确定性问题, 使用收缩估计量是一种有效方法.

虽然现代多层模型是独立于 Stein 悖论开发的, 但在数学上, 一个简单的多层模型与公式 (10.4) 和 (10.5) 代表的内容相同. 多层模型会使用 μ、σ_1^2 和 σ_2^2 的最大似然估计量, 通常基于近似程序进行求解, 例如在 R 包 `lme4` 中实现的程序 (Bates, 2010).

10.2 多层结构和可交换性

多层或多级结构是许多环境和生态问题的共同特征. 它可以是空间、时间或组织因素的结果. Qian 等 (2015b) 报告了一个空间多层数据的例子, 文中使用五大湖周围小溪与河流水质监测数据来讨论在开展多个水体的环境质量达标评价时使用收缩估计量的优势. 在该数据集中, 数据点来自单条溪流, 溪流则根据五大湖流域的生态区或州进行分组. Stow 和 Scavia (2009) 在数据中使用了时间多层结构来研究墨西哥湾缺氧程度随时间的变化. Qian 和 Cuffney (2014) 给出了一个组织多层结构的例子, 其中对流域城市化强度变化的生物响应按分类群或分类群组进行分组. 芬兰湖泊的例子中, 多层结构代表了空间和组织因素的组合. 芬兰的湖泊根据其大小和形态特征分为九种类型. 在所有情况下, 多层结构都是根据我们对导致数据变化的潜在机理过程的理解而构建的. 因此, 多层结构是一个概念化的结构.

根据主体的某些特征或环境和生物条件对数据进行分组对于理解关键关系通常至关重要. 当我们知道或想要检验潜在的底层过程时, 我们通过收集多层结构数据来开展研究. 在红树案例 (第 4.8.4 节) 中, 观察到的数据按不同处理方式分组, 因为我们想了解活海绵对红树根系生长的影响. 多层结构是基于红树和活海绵之间的假设关系. 在观测研究中, 我们还根据一个或多个多层结构对数据进行分组. 我们将芬兰湖泊分为九种类型, 以便识别不同类型湖泊在叶绿素 a – 营养物关系中的潜在差异. 在其他例子中, 我们探索数据以找到可能的分组. 各种基于树的模型通常是进行此类探索的最方便的工具. 在 Willamette 河的例子 (第 7.1 节) 中, 我们使用一个简单的基于树的模型来探讨影响 Willamette 河杀虫剂浓度变化的因素. 在那个例子中, 我们将 CART 描述为与方差分析相反 —— 找到相对同质的组. 与组之间的差异相比, 每个组内的数据点变化相对较小. Yuan 和 Pollard (2015) 使用经典 CART 模型的变体, 将美国 EPA 开展的国家湖泊评估中的湖泊分为三组, 以制定其营养物基准.

无论多层结构是基于已有知识还是对数据的探索性分析, 数据中的多层结构都是一种概念结构. 我们使用多层结构来更好地组织数据, 并促进开发有意义的模型. 无论该结构是 “显然存在的” (例如, 在 Qian 等 (2015b) 中按州或生态区对溪流分组), 还是通过更复杂的探索性分析获得的 (Yuan 和 Polard, 2015), 其目标几乎总是构建具有 “相似” 单元的组. 在 Qian 等 (2015b) 中, 单元是溪流, 它们的相似性由营养物质浓度定义 —— 同一组中的溪流应该具有相似的平均浓度. 在 Yuan 和 Polard (2015) 中, 单元是国家湖泊评估研究中的湖泊, 并通过叶绿素 a 浓度和营养物质 (TP 和 TN) 浓度之间的关系来衡量其相似性. 虽然对相似单元进行分组的必要性相当直观, 但分组的统计学原因往往是隐晦的. 通过学习 Stein 悖论, 我意识到该悖论的一种启示是如何给数据合理分组.

Stein 的悖论表明, 汇集数据是有利的. 然而, James–Stein 估计并不要求只对密切相关的变量 (例如, 具有相似均值的变量) 进行分组, 因为无论背后的真实均值是什么, 整体贝叶斯风险都会降低. Efron 和 Morris (1977) 讨论了如何按长度对数据进行分组的问题. 一方面, 使用收缩估计量 (降低整体贝叶斯风险) 的好处随着单元之间差异的增加而减少. 另一方面, 无法证明收缩估计量优于任何特定变量的最大似然估计量. 因此, 要求对具有类似特征的变量的数据进行分组是合理的. 在这方面, 典型环境数据的多层结构就是将相似变量进行分组的一种结构.

在一项关于中国饮用水源水质的研究中, Wu 等 (2011) 在缺乏关于如何对源水分组的必要信息的情况下, 以三种不同的方式对源水进行分组, 该研究是首次对中国饮用水源的水质开展评估. 该研究的目的是推导出源水平均污染浓度在中国所有源水中的分布. 从管理的角度来看, 该研究旨在估计中国水质问题的严重程度 (例如, 估计特定污染物的平均浓度超过水质标准的源水的比例). 如果这项研究要总结整个国家的水质状况, 我们可以将每个源水作为一个实体处理, 并分别估计其平均浓度. 这种方法确实在美国的水质评估中经常使用. 例如, 2002 年美国《清洁水法》修正案第 305 (b) 条要求各州每两年报告一次该州所有水域 (包括河流/溪流、湖泊、河口/海洋和湿地) 的水质状况. 各州的典型报告包括单个水域的摘要, 受控污染物的平均浓度估计值. 通过汇集数据和使用收缩估计量, 我们知道我们可以提高评估的整体准确性.

可交换性的概念是将相似单元进行分组的数学形式. 形式上, 可交换性是以 "对称性" 来定义的——如果指标顺序 $1, 2, \cdots, n$ 置换时 $p(\alpha_1, \alpha_2, \cdots, \alpha_n)$ 保持不变的话, 参数 $\alpha_1, \alpha_2, \cdots, \alpha_n$ 在其联合分布中被认为是可交换的. 直观来看, 当我们知道单元间可能有差异时, 它们是可交换的, 但我们不知道单元之间差异的性质. 在 Wu 等 (2011) 中, 源水系统根据管理需求进行分组. 他们的第一个模型基于行政边界对源水系统进行分组, 以便各级政府可以清楚地了解其管辖范围内的水质状况. 源水系统也按照主要流域进行分组, 以更好地区分污染物的自然和人为贡献. 最后, 源水系统还按照其源水类型 (地下水或地表水) 和规模大小 (用所服务的人口数描述) 进行分组, 以便于开展有意义的人类暴露风险评估. 在这个例子中, 我们假设同一个组内的源水系统是可交换的, 也就是说, 一个组内的系统均值可以用具有相同概率分布的随机变量来模拟, 即使我们知道这些均值可能不同. 通过在每个组内加上可交换的假设, 我们从各组系统均值的共同概率分布的角度总结了组之间的差异. 一旦系统被分组, 我们很可能认为组间的差异比组内的差异更突出, 从而忽略了组内的变化模式. 这种有意或无意的忽略往往是无害的, 模拟这种忽略的一种合理方式是加上可交换性假设, 而不是忽视这一问题.

在将源水系统分组时, 我们假设源水系统在组内的平均浓度不同, 但具体差异尚未定义. 特定组 (k) 的可交换性假设是在系统均值上施加一个共同的概率分布:

$$\log(y_{ijk}) \sim N(\theta_{jk}, \sigma_1^2)$$
$$\theta_{jk} \sim N(\mu_k, \sigma_2^2)$$

其中 y_{ijk} 是第 k 组中第 j 个源水系统观测到的第 i 个污染物浓度, θ_{jk} 是系统平均值, σ_1^2 和 σ_2^2 是系统内和系统间的方差. 共同分布表明 θ_{jk} 是不同的, 但我们先验地不知道它们之间有何不同. 因此, 可交换性假设施加于 θ_{jk}.

将芬兰湖泊划分为九种类型的例子中, Malve 和 Qian (2006) 在分析叶绿素 a–营养物浓度关系时, 对每种类型里的湖泊都施加了可交换性假设. 在他们的工作中, 假设同一类湖泊中叶绿素 a 响应模型的系数是可以交换的, 即使用以下模型:

$$\log(chla_{ijk}) \sim N(X\beta_{jk}, \sigma_1^2)$$
$$\beta_{jk} \sim N(\beta_k, \sigma_2^2)$$

其中 $chla_{ijk}$ 是第 k 类湖泊中第 j 个湖泊的第 i 个叶绿素 a 观察浓度, $X\beta_{jk}$ 是以 TP 和 TN(及其相互作用) 为预测变量的线性回归模型, β_{jk} 是第 j 个湖泊的系数向量. 假设第 k 类湖泊的模型系数在共同分布 $N(\beta_k, \sigma_2^2)$ 中是可交换的.

实践中, 假定各组参数具有可交换性意味着我们可以对这些参数使用相同的先验分布假设. 这个概念与独立同分布 (identically and independently distributed, iid) 随机变量的想法是紧密联系在一起的. 如果我们把每一个数据点看作是参数的一个特例, 可交换性是独立同分布的推广. 对于芬兰湖泊案例, 这个假设可能是正确的, 因为将湖泊分类的目的是构建相对同质的湖泊分组, 这样就可以为每类湖泊设计统一的管理策略.

如果数据点是独立同分布的, 我们可以用最大似然估计量进行参数估值. 独立同分布概念对于统计推断是重要的. 同样地, 如果来自多个组的参数能被认定为是可交换的, 我们就可以用多层建模方法将数据汇集到一起以便更好地估计参数值.

在环境和生态学研究中, 隐性的多层模型结构惊人地常见, 但这些领域的统计建模对此还鲜有挖掘. 在横断面分析中, 如果存在逻辑层次上的分组 (例如, 湖泊中的样本、生态区内的湖泊等) 或者分类变量 (天然湖泊对人工湖泊、径流式湖泊等), 那么, 多层模型与标准多元回归模型相比更受人偏爱.

10.3 多层 ANOVA

在通过比较来自多个总体的某个响应变量的均值来检验多个复杂假设的科学研究中, 广泛使用方差分析 (ANOVA). 正如第 4 章中讨论的那样, Fisher 的假设检验通过提供反驳零假设的证据而成为归纳推理的一种工具. 如同 Fisher 在其开创性的工作 (Fisher, 1925) 中首次提出的那样, ANOVA 可以看作是平方和计算、相关模型、显著性检验的综合. 一般而言, 这些检验和模型对科学研究有深刻的影响. 在生态学研究中, ANOVA 为生态学实验的设计和分析提供了计

算框架 (Gotelli 和 Ellison, 2004). 但是, ANOVA 在专门设计的随机实验数据中的使用相当有限. ANOVA 用于其他情况时, 其结果的解释又可能有问题. 这些问题包括响应变量的数据不满足正态性和独立性假设, 实验设计是嵌套式的或者不均衡的, 或者有数据缺失等. 更重要的是, 在应用到显著性检验无法提供太多信息的观测数据上时, ANOVA 的结果难以解释 (Anderson 等, 2000). 不仅如此, 当提出实验建议时, 我们总是有理由相信实验处理的影响是存在的. 因此, 我们往往想要知道的是一种实验处理对结果的影响强度而不是这种处理对结果是否存在影响. 显著性检验的推断基础是假设实验处理不存在影响, 通过检验, 尤其是进行多项比较的情况下, 我们往往以统计功效为代价强调了 I 型错误率 (错误地拒绝不存在影响的零假设).

我们用单因素 ANOVA 设置来解释多层 ANOVA 方法. 对于单因素 ANOVA 问题, 有多个水平上的处理, 统计模型为:

$$y_{ij} = \beta_0 + \beta_i + \epsilon_{ij} \tag{10.7}$$

其中, β_0 是全体的均值, β_i 是第 i 个水平上的处理效果, 且 $\sum \beta_i = 0$, j 代表处理 i 中的单个观测值. 残差被设为具有均值为 0、方差未知的正态分布 $\epsilon_{ij} \sim N(0, \sigma^2)$. 该模型等价于:

$$y_{ij} \sim N(\beta_0 + \beta_i, \sigma^2) \tag{10.8}$$

β_0 的最大似然估计量是全体的均值 $\frac{1}{N}\sum_i \sum_j y_{ij}$, β_i 的最大似然估计量是处理的均值 $\frac{1}{n_i}\sum_j y_{ij}$. y_{ij} 的总的方差被分解为组间和组内方差. 统计推断依据的是两部分方差的比较. 当重点在于估计和比较实验处理的影响时, 检验零假设的 ANOVA 不那么有效. 当样本容量较小时, 估计出的组均值往往不稳定. 如果零假设为真, 处理效果 β_i 被期望为 0, 否则就是可交换的. 因此, 同一个问题的多层模型可以使用统一的先验分布:

$$\beta_i \sim N(0, \sigma_\beta^2) \tag{10.9}$$

用了这个显性假设, 处理效果必须采用不同的方式来估计. 这种设计 (公式 10.8 和 10.9) 显性地参数化了组间标准差 (σ_β) 和组内标准差 (σ). 对于简单的单因素 ANOVA 问题, 模型参数 (β_0,β_i, σ, σ_β) 可以用最大似然估计量来估计. 观测到 y_{ij} 的似然度是由公式 (10.8) 中的正态分布定义的, 是一个条件正态分布. 完全的似然度函数则是公式 (10.8) 中的正态密度与公式 (10.9) 中的正态密度的乘积. 计算是用 R 工具包 `lme4` 中的函数 `lmer` 来实现的.

我们再介绍两个例子来说明 `lmer()` 在拟合多层 ANOVA 模型并将拟合后的模型用于多项比较时的应用.

10.3.1 食用潮间海藻的动物

这个例子是 Ramsy 和 Schafer (2002) 在他们的教材 (《案例研究》第 13.1 节, 第 375 页) 中用过的, 描述了一项采用随机分组实验设计的研究, 分析 3 种海洋食草动物, 即小鱼 (f)、大鱼 (F) 和帽贝 (L) 对美国俄勒冈沿海潮间带区域内海藻再生速率的影响. 实验是在 8 个地方开展的, 覆盖了很宽范围内的潮汐条件, 用 6 种实验处理来确定不同食草动物的影响 (C: 对照组, 不允许有食草动物; L: 只允许有帽贝; f: 只允许有小鱼; Lf: 排除大鱼; fF: 排除帽贝; LfF: 允许所有食草动物). 响应变量是实验地块上海藻的恢复情况, 用地块被再生的海藻所覆盖的百分比来度量. Ramsy 和 Schafer (2002) 阐述的标准方法是对再生速率百分比做过 logit 变换后的双因素 ANOVA(加上了相互作用的影响). 再生速率百分比的 logit 变换 (y) 是再生比例 (再生的百分比和未再生的百分比的比值) 的对数.

上述双因素 ANOVA 可采用多层符号表达, 如下所示:

$$Y_{ijk} = \beta_0 + \beta_{1i} + \beta_{2j} + \beta_{3ij} + \epsilon_{ijk} \tag{10.10}$$

其中, Y 是再生速率的 logit 变换, β_{1i} 是不同实验处理的影响 ($i = 1, \cdots, 6$, 且 $\sum \beta_{1i} = 0$), β_{2j} 是分组的影响 ($j = 1, \cdots, 8$, 且 $\sum \beta_{2j} = 0$), β_{3ij} 则是相互作用的影响 ($\sum \beta_{3ij} = 0$). 残差项 ϵ_{ijk} 被假设为服从均值为 0、方差定常的正态分布, 其中 k =1, 2 分别代表每个组和每个处理单元内的观测值. Y 的总方差被分解为 4 个部分: 处理、组、相互作用和残差.

一般地, 在 R 中拟合一个多层模型与用变斜率和/或变截距的方式拟合一个线性回归模型是相似的. 单因素 ANOVA 问题是一个没有连续预测变量的线性回归, 截距随着不同的处理水平而变化. 首先, 我们考虑只模拟不同实验处理方式影响的简单单因素 ANOVA 的情况:

$$Y_{ik} = \beta_0 + \beta_{1i} + \epsilon_{ik}$$

该模型在 R 中可用公式指定, 如下所示:

```
y ~ Treatment
```

变量 `Treatment` 确定数据点与分组的联系. 这个公式与下式是相同的:

```
y ~ 1 + Treatment
```

其中, 明确指定采用相同的截距. 在 R 中指定多层模型时, 除了要定义组的标识之外, 公式几乎是一样的:

```
y ~ 1 + (1|Treatment)
```

公式右侧是两部分之和: 模型的主体结构 (1) 和分组 ((1|Treatment)). 后者 (括号内部分) 指定模型主体的哪一部分 (1, 截距) 要随分组 (Treatment) 而变化.

```
#### R code ####
seaweed.lmer  <-  lmer(y ~ 1+(1|Treatment), data=seaweed)
```

模型结果 (各种处理的影响和方差分解) 被存储在 R 的对象 mer 类中. Summary 函数可以提取出一些基本信息:

```
#### R output ####
> summary(seaweed.lmer)

Linear mixed model fit by REML [' lmerMod' ]
Formula: y ~ 1 + (1 | Treatment)
   Data: seaweed

REML criterion at convergence: 303.7

Scaled residuals:
     Min       1Q   Median      3Q     Max
-1.80695 -0.72417 -0.03866 0.56969 2.62582

Random effects:
 Groups    Name        Variance Std.Dev.
 Treatment (Intercept) 1.139    1.067
 Residual              1.178    1.085
Number of obs: 96, groups: Treatment, 6

Fixed effects:
            Estimate Std. Error t value
(Intercept)  -1.2326     0.4495  -2.742
```

"随机影响" (random effect) 部分给出了各部分方差的估计值. 估计出的组间方差 σ_β^2 是 1.14, 估计出的组内方差 σ^2 是 1.18. 这两个方差加起来是总的方差 (响应变量的方差). "固定影响" (fixed effect) 部分是统一的截距 (或者说是响应的总均值). 术语固定的或者随机的影响有些让人糊涂. Gelman 和 Hill (2007) (第 1.1 和 1.4 节) 讨论了不使用这些术语的原因. 在 lmer 的输出中使用这些术语可以做如下解释. 多层模型具有各组相同的参数和各组特定的参数. 固定的影响是对相同参数的估计, 而随机的影响是对各组特定参数的估计. 估计出的 "固定影响" 显示在 summary 的输出中. 估计出的各组特定的系数 (或者随机影响) 则可以用函数 ranef 提取出来:

```
#### R output ####
> ranef(seaweed.lmer)

$Treatment
        (Intercept)
CONTROL        1.33
f              0.86
fF             0.39
L             -0.45
Lf            -0.72
LfF           -1.40
```

列出的数字是 β_{1i} 的估计值. 估值的不确定性 ($\widehat{\beta}_{1i}$ 的标准误) 可用 `se.ranef` 来提取 (从软件包 `arm` 中):

```
#### R output ####
> se.ranef(seaweed.lmer)

$Treatment
     [, 1]
[1,]  0.26
[2,]  0.26
[3,]  0.26
[4,]  0.26
[5,]  0.26
[6,]  0.26
```

理解用 `lmer` 拟合出的模型和用 `lm` 拟合出的模型之间的差异是正确评价多层建模优势的关键. 第一项差异是估计出的处理影响 (图 10.1)——多层估计值总是比线性模型估计值 (组均值) 离全体平均值要近. 这常被称为 "收缩" 效应. 从数学上讲, 收缩效应是对 β_{1i} 使用统一的先验分布 (公式 (10.9)) 的直接后果. 实验处理影响的解析解 (当组间和组内方差已知时) 是全体均值和组均值之间的加权平均:

$$\widehat{\beta}_{1i} = \frac{\dfrac{n_i}{\sigma^2}\overline{y}_{i\cdot} + \dfrac{1}{\sigma_\beta^2}\overline{y}_{\cdot\cdot}}{\dfrac{n_i}{\sigma^2} + \dfrac{1}{\sigma_\beta^2}} \tag{10.11}$$

而 $\widehat{\beta}_{1i}$ 的标准误是 $1\bigg/\sqrt{\dfrac{n_i}{\sigma^2}+\dfrac{1}{\sigma_\beta^2}}$. 从这个解析解, 我们知道当组内样本容量 n_i 大或者组内方差 σ^2 小或者组间方差 σ_β^2 大时, 多层估计值 $\widehat{\beta}_{ij}$ 与组均值 $\overline{y}_{i\cdot}$

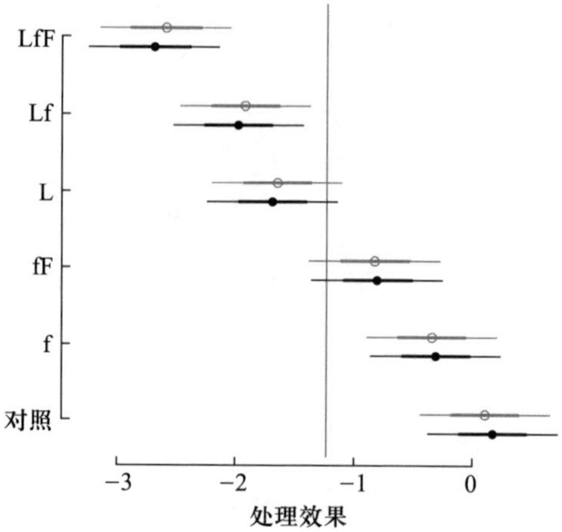

图 10.1 比较 lm 和 lmer 的海藻食用者案例——比较了从线性模型 (黑线) 和多层模型 (灰线) 中估计出的处理影响. 实心点是估计出的均值, 水平线段代表均值加减一倍 (细线) 和两倍 (粗线) 标准误. 竖向的灰线是总的响应平均值.

更接近. 在这 3 个条件下, 我们愿意相信组均值是对处理的影响的可靠估计, 因为组均值的不确定性是小的. 组均值和全体均值代表了我们关于响应变量的两条信息. 如果把组均值用作处理影响的估计, 我们忽略了全体均值所代表的信息. 这个信息告诉我们应该在哪里对响应变量值进行居中调整. 如果根据小样本而得到了一个极端大或者小的组均值, 我们有理由相信真正的均值没那么极端. 处理影响的多层估计值是这两条信息的一种折中. 它自动计算每一条信息的相对强度后生成一个加权平均值作为估计值. 收缩效应的一个优势是估计出的处理的影响可以直接用于多项比较而不需要像第 4.7.3 节那样进行调整. 在多项比较中, 有好几个独立的假设检验. 如果每个都是依据显著性水平, 即犯 I 型错误的概率 (如 0.05), 至少有一个假设错误地拒绝零假设的概率会比所声称的 $\alpha = 0.05$ 要高得多. Bonferroni 和其他修正可以用来调整置信水平以便总的 I 型错误率被限制为 0.05. 这些调整常常以牺牲统计功效为代价. Gelman 等 (2008) 讨论了使用多层模型做多项比较. 一方面, 收缩效应已经将估计出的处理的影响向中心位置移动了. 它们对处理效果的估计是保守的. 另一方面, 每一种处理效果所得到的收缩量基于对这种处理效果与其他处理效果之间的比较. 因此, 比较多层估计的置信区间往往是多项比较的更为有效的方法.

图 10.1 中多层的处理影响估计值及其标准误与使用传统 ANOVA 模型所得到的处理影响估计值及其标准误区别并不是很大. 这是因为 6 种处理水平的样本数 (16) 是相同的, 组间方差与组内方差相比较大. 换句话说, 在某些情况下没有必要采用多层模型, 传统的线性模型方法能产生可比的结果. 但是, 对大多

数观测性研究, 多层模型往往是更好的选择.

10.3.2 农田的 N_2O 背景释放量

Carey (2007) 通过汇集 164 组有同行评议的出版物中报道的现场研究数据, 开展了化肥输入量对农田释放的 N_2O 量的影响的分析工作. N_2O 是常与氮肥施用联系在一起的一种温室气体. 由于预计氮肥施用量会快速增加, 在抵御全球气候变化中, 弄清化肥对释放量影响的程度 (和变化) 对制订有效的减缓措施是至关重要的. 在 164 项研究中, 使用了多种形式的线性模拟分析. 因为各地具有不同的气候和土壤条件, 以及不同的实验设计, 这些研究的结果很难加以比较. 我们用没有施肥的田地的释放量数据作为一个典型案例来说明多层模拟的价值.

当分析对照组的数据时, 常用的是两种方法, 从不同角度来研究相同的问题.

(1) 假设研究的同质性, 把从不同研究中观测到的 N_2O 释放量看作是重现, 并集合到一起来获得一个单一的估计值. 这种方法被称为 "完全汇集 (complete pooling)".

(2) 假设研究的异质性, 把来自不同研究的观测值当作不可比的, 并分别加以分析从而获得特定研究的估计值, 称为数据不汇集 (no pooling).

因为 N_2O 的释放量与许多因素联系在一起, 所以同质性假设难以被证明是正确的. 把数据汇集到一起会导致高估不确定性和对问题的过度简化. 分别分析数据往往导致样本容量减少从而造成估计出的平均释放量在不同的研究之间存在较大变化. 在这个例子中, 有很多研究对对照组的情况只报道了一个观测值, 导致不可能去估计标准差, 除非使用假设各项研究的方差相同的线性模型 (公式 (10.7)). 本节使用的释放量数据是月平均释放量.

多层模型是两种方法的折中, 它不仅给出总体模式, 而且保留了分组的特定性质. 多层建模方法也称为 "部分汇集 (partial pooling)". 图 10.2 比较了分别采用不汇集、完全汇集和部分汇集所估计出的 N_2O 平均释放量.

通过在多层模型中引入统一的先验分布, 得到了 "部分汇集" 效应: 估计出的 N_2O 平均释放量是完全汇集和不汇集时的估计值的加权平均 (图 10.2 的右图). 因此, 部分汇集的结果总是比不汇集的结果更接近于全体均值 (收缩效应). 收缩代表了一种信息打折的形式. 完全汇集和不汇集时的结果代表了从数据中获得的两条信息. 部分汇集是在两者中调和差异的数学方法. 如果某个特定分组的样本容量小或者方差大, 在特定组不汇集时的估计值中所代表的信息量就小. 与不汇集时的均值相比, 相应的部分汇集时的结果与全体均值更接近. 如果样本容量较大或者估计出的不汇集时的标准差较小, 那么, 汇集的量就会小

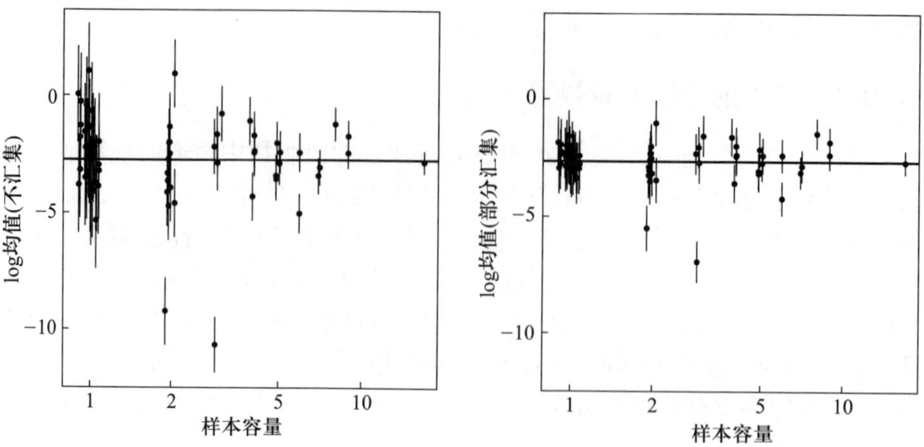

图 10.2 N_2O 释放量案例中 3 种数据汇集方法的比较——分别用不汇集 (左图)、完全汇集 (左、右两图中的水平线)、部分汇集 (右图) 来估算 N_2O 背景释放量. 圆点是估计出的均值, 竖向线段是均值加减一倍标准误.

(图 10.2 的右图). 因为很多研究中使用的样本容量小, 不汇集时估计出的 N_2O 平均释放量波动较高. 使用部分汇集就将这些研究结果拖向了全体均值. 当各项研究的均值远离全体均值和/或其估值是基于小样本时, 收缩的量比较大. 比较不汇集时的估计值, 部分汇集时估计出的组均值变化较小. 这是因为如果我们设定组间方差是无穷大, 不汇集就是部分汇集的特例 ($\sigma_\beta^2 = \infty$). 将组间方差设置为 $0(\sigma_\beta^2 = 0)$ 时, 完全汇集时的结果与部分汇集时的结果相当. 多层模型把不汇集和完全汇集作为特例包括进来了. 利用部分汇集, 我们从数据中估计组间方差. 在大多数情况下, 组间方差既不是 0 也不是无穷大. 部分汇集总是可以得出比不汇集或者完全汇集所能得到的更合理的估计值. 这个结论可以被推广到线性回归和广义线性回归的情况 (Gelman 和 Hill, 2007).

不仅如此, 利用多层模型, 我们还可以引入分组水平上的预测变量来探讨组间方差的原因. 在这个例子中, 我们怀疑土壤有机碳可能是影响 N_2O 释放量的因素, 因为 N_2O 是土壤中微生物活动的产物, 而有机碳是微生物能量的主要来源. 因为特定研究中测量出的土壤碳随不同地块的变化并不大, N_2O 释放量和土壤有机碳之间的关系往往不可能用特定研究的数据来量化. 土壤碳代表的是大空间尺度的变量, 不易被操控. 通过从多项研究汇集数据, 我们可以把各项研究的均值看作土壤碳的函数来模拟:

$$
\begin{aligned}
y_{ij} &= \theta_i + \epsilon_{ij} \\
\theta_i &= \alpha_0 + \alpha_1 x_i + \eta_i
\end{aligned}
\tag{10.12}
$$

其中, x 是每项研究中土壤碳平均百分数的 logit 变换. logit 变换是为了让数据

的分布减少偏斜 (图 10.3). 估计出的斜率 α_1 是正的 (图 10.4), 暗示着在 N_2O 释放量和土壤碳浓度之间存在正向关系. 与预期的一样, 因为在这个模型中没有考虑其他因素 (例如, 土壤湿度、温度), 它们之间的联系是弱的.

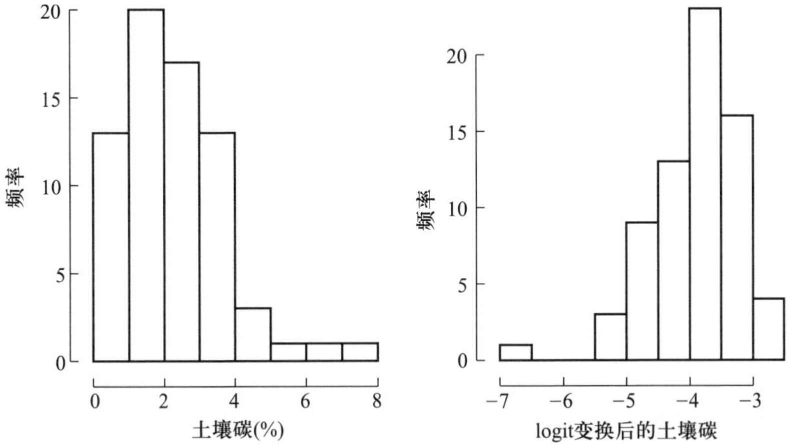

图 10.3 土壤碳的 logit 变换——各组 (各项研究) 平均土壤有机碳 (%) 的分布是偏斜的, 经过 logit 变换后获得了近似的对称.

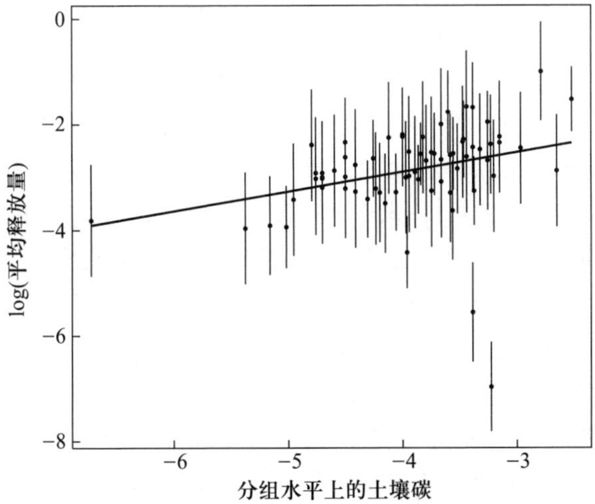

图 10.4 作为土壤碳的函数的 N_2O 释放量——估计出的模型截距 (各项研究的平均 N_2O 释放量) 与各组水平的土壤碳含量之间有较弱的关联关系. 圆点是估计出的均值, 竖向线段是均值加减一倍标准误.

在 R 中拟合公式 (10.12) 中的模型时, 在数据集中引入了代表组 (各项研究) 平均土壤碳的一列:

```
carbon.group <- tapply(N2O.control$carbon/100,
                       N2O.control$group,
                       mean, na.rm=T)

carbon.full <- carbon.group[N2O.control$group]

bckg.lmer2 <- lmer(log(y) ~ 1 + logit(carbon.full) + (1|group),
                   data=N2O.control)
```

为了正确地写出 R 的公式, 重新写一下公式 (10.12) 是有帮助的, 如下所示:

$$y_{ij} = \alpha_0 + \alpha_1 x_i + \eta_i + \epsilon_{ij}$$

均值函数 $(\alpha_0 + \alpha_1 x_i)$ 拥有一个截距和一个预测变量, 在 R 的公式中写为 `1+logit(carbon.funll)`. 有两个误差项, ϵ_{ij} 是通常的模型残差项, η_i 是只用 i 作为下标的, 表示在各组水平上无法用组水平的预测变量来解释的不确定性, 在 R 模型的公式里写为 `(1|group)`.

10.3.3 何时使用多层模型?

海藻食用者的案例给出的是多层模型与传统线性模型方法相比并没有什么优势的情形, 而 N_2O 释放量的例子则显示出了多层回归的优势. 多层回归有没有优势是由两个因素决定的: 样本数 n_i, 组内和组间方差 (分别为 σ^2 和 σ_β^2). 如果样本数 $n_i \to \infty$, 部分汇集时的估计量与不汇集时的估计量相等. 事实上, 如果样本容量足够大, 部分汇集和不汇集之间的差异是可以忽略的. 正如我们在第 4 章中讨论的那样 (图 4.1), 术语 "足够大" 是相对的. 不汇集时的估计量 $(\bar{y}_i)$ 的权重是 n_i 和组内方差 σ^2 的比值. 它对部分汇集估计量的贡献是由完全汇集估计量的权重大小决定的 $(1/\sigma_\beta^2)$. 如果组间方差 σ_β^2 大, 完全汇集估计量的权重就小, 反之亦然. 海藻食用者的案例表明, 在一个设计良好、样本容量均衡、实验处理等级有限的实验中, 多层模型并不能比一个简单 ANOVA 模型给我们更多的东西. 实验设计中的处理等级被认为具有强烈的影响. 因此, 组间方差大而完全汇集估计量的重要性就低. N_2O 释放量的案例则给出了多层模型比传统线性模型好的情形. 来自多项研究的数据差异大而且大多数来自小样本. 不同研究之间的方差并未被控制以比较其差异. 综上所述, 收集 N_2O 释放量数据的目的是了解问题的严重程度并量化氮肥施用的影响. 海藻食用者案例的重点是假设检验, 而 N_2O 释放量案例的重点是估值. 要回答 "何时使用多层模型" 的问题, 我们需要检查以下条件:

- 研究目的——假设检验还是估值;

- 数据特征——随机分组实验数据还是观测数据;
- 组的个数——小 ($\leqslant 5$) 还是大 (> 5);
- 样本容量——各组样本数均衡还是不均衡.

如果研究目的是进行简单的假设检验, 且采用的是随机分组实验数据, 处理等级不超过 5 种, 每组样本数均衡, 那么, 传统的 ANOVA 就是适宜的. 否则, 多层方法就更为合适且多层模型的结果能提供更多信息. 我们很容易就能决定是采用多层模型还是 ANOVA. 只要可能, 应该选用面向估值的多层模型而不是面向假设检验的 ANOVA. 从生态学角度来看, 因为显著性检验并不总是能提供有用的信息 (Anderson 等, 2000), ANOVA 的结果难以解释. 一方面, 当提出一项实验时, 我们总是有理由相信实验处理的影响是存在的. 因此, 我们往往想要知道实验处理对结果的影响有多强而不是实验处理是否存在影响. 显著性检验中的推断则是基于不存在实验影响的假设, 通过使用显著性检验, 我们强调了 I 型错误率 (错误地拒绝实验处理不存在影响的零假设), 而往往牺牲了统计功效, 尤其是进行多项比较时. 另一方面, 如果尝试的次数足够多的话, 本不存在的处理效果可能呈现出统计学显著的结果 (Ioannidis, 2005).

虽然我们可以在计划使用 ANOVA 的所有情况下都去拟合多层模型, 但是, 分组个数过少时使用最大似然算法来估计方差 (σ^2 和 σ_β^2) 的效率较低. 在使用最大似然估计量效率偏低时, 需要使用一种计算强度更大的模拟方法. Qian 和 Shen (2007) 讨论了在多层 ANOVA 中使用贝叶斯方法.

10.4 多层线性回归

美国地质调查局 (United States Geological Survey, USGS) 开展了一项关于城市化对河流生态系统影响 (EUSE) 的研究 (参见 1.3 节). 我们首先介绍研究所获得的数据, 然后, 用此数据介绍多层线性回归模型. 研究中所用的响应变量之一是大型无脊椎动物类的平均耐受性 (`TOLr`) (Cuffney 等, 2005). 耐受性测量是看某个种群是否在污染环境中能够生存的一个指标. 耐受性越高, 该种群越强壮. 一般来说, 高耐受性的种群可在水质较差的水体中找到.

对全国城市化强度指数 (national urban intensity index, `nuii`) 作图, `TOLr` 和 `nuii` 之间的关系看上去是线性的 (图 10.5). 但是, 关系随着区域而变化, 每个区域有不同的截距和斜率. 截距代表的是种群在城市化强度指数为 0 时的平均耐受力 (背景 `TOLr`). 该值是未城市化开发的汇水区的耐受性估计值. 如果背后的假设是一个汇水区内的城市化开发很有可能会对水质产生负面影响, 截距就是对响应变量的基线测量. 城市化很有可能会增加大型无脊椎动物的平均耐受性. 斜率表示城市化强度每变化一个单位时响应变量的变化 (`nuii` 的影响). 斜率是我们首先想要知道的. 因为模型系数有重要的生态学含义, 我们想要知道: ① 背景波动的主要原因是什么; ② 为什么区域和区域之间城市化的影响有不同.

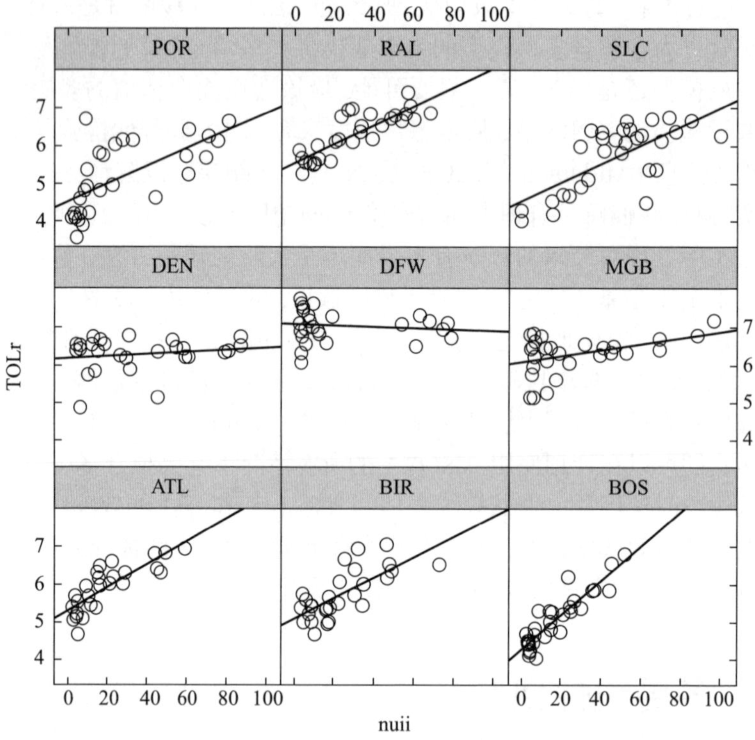

图 10.5 EUSE 案例数据——对平均种群耐受性 (`TOLr`) 和城市化强度作图, 后者是用全国城市化强度指数 (`nuii`) 度量的.

基本模型是一个简单的线性回归:

$$TOLr_{ij} = \beta_{0j} + \beta_{1j} nuii_{ij} + \epsilon_{ij} \tag{10.13}$$

区域是用下标 j 表示的, 区域内的汇水区是用下标 i 表示的. 对于传统的线性回归, 我们可以使用完全汇集, 也就是说, 将数据合在一起拟合一个简单的线性回归模型. 这种方法假定所有区域共用相同的模型系数值:

```
#### R Code ####
esue.lm1 <- lm(richtol ~ nuii, data = rtol2)
display(euse.lm1, 4)
```

```
lm(formula = richtol ~ nuii, data = rtol2)
            coef.est coef.se
(Intercept) 5.5433   0.0752
nuii        0.0140   0.0021
---
n = 261, k = 2
residual sd = 0.7963, R-Squared = 0.15
```

得到的模型无法令人满意, 因为把 nuii 作为预测变量的话, 响应变量总方差中只有 15% 能被解释, 而且模型无法说清楚斜率和截距的变化 (图 10.5). 换种做法, 我们可以使用未经汇集的数据, 也就是说, 对 9 个区域分别拟合模型:

```
#### R Code ####
euse.lm2 <- lm(richtol ~ nuii*factor(city) - 1 - nuii,
            data = rtol2)
display(euse.lm2, 4)

lm(formula = richtol ~ nuii * factor(city) - 1 - nuii,
             data = rtol2)
                     coef.est coef.se
factor(city)ATL       5.3318  0.1355
factor(city)BIR       5.1228  0.1544
factor(city)BOS       4.2486  0.1392
factor(city)DEN       6.1978  0.1499
factor(city)DFW       7.0704  0.1167
factor(city)MGB       6.0501  0.1227
factor(city)POR       4.5529  0.1305
factor(city)RAL       5.5340  0.1543
factor(city)SLC       4.5080  0.1936
nuii:factor(city)ATL  0.0301  0.0056
nuii:factor(city)BIR  0.0269  0.0053
nuii:factor(city)BOS  0.0455  0.0062
nuii:factor(city)DEN  0.0025  0.0034
nuii:factor(city)DFW -0.0019  0.0033
nuii:factor(city)MGB  0.0078  0.0033
nuii:factor(city)POR  0.0233  0.0035
nuii:factor(city)RAL  0.0250  0.0044
nuii:factor(city)SLC  0.0248  0.0037
---
n = 261, k = 18
residual sd = 0.4744, R-Squared = 0.99
```

与完全汇集的情况 (图 10.6) 相比, 未经汇集时的模型系数估计值存在较

大的估值方差 (图 10.5). 很容易理解截距之间的不同, 因为大型无脊椎动物也会受到诸如温度、pH 等特征的影响, 这些因素在较大的空间尺度 (超出一个区域) 上会随着区域不同而不同. 斜率的变化有些令人困惑, 因为我们认为城市化不可避免地会给汇水区带来干扰, 并造成水质的变化, 从而引起大型无脊椎动物群落的变化. 数据完全汇集时的结果被看作是不汇集数据时估计出的各个截距和斜率的中心. 如果使用数据完全汇集时的模型, 模型的预测能力很低. 不汇集数据时模型系数估计值之间的高度变化, 暗示着模型中有一些对预测响应变量值更为重要的其他因素没被包括进来.

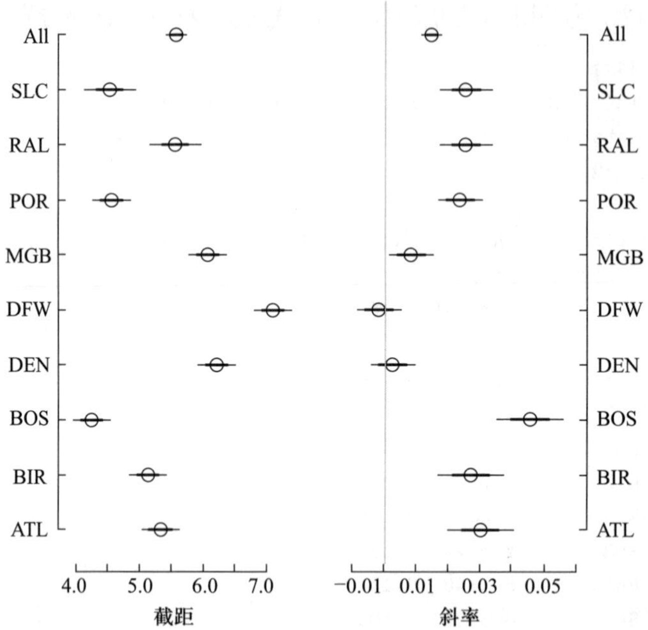

图 10.6 EUSE 案例的线性模型系数——完全汇集数据时估算出的线性回归模型系数 (标记为 "All") 和不汇集数据时的结果 (用区域名称进行标记) 相比较. 圆圈是估计出的值, 细线和粗线段分别是均值加减两倍和一倍的标准误估计值.

多层模型是不汇集数据和完全汇集数据的折中方法. 不汇集数据的模型是用公式 (10.13) 代表的, 而完全汇集数据时的模型形式如下:

$$TOLr_i = \beta_0 + \beta_1 nuii_i + \epsilon_i$$

部分汇集数据时的模型可以表示为:

$$TOLr_{ij} \sim N(\mu_{ij}, \sigma^2)$$

$$\mu_{ij} = \beta_{0j} + \beta_{1j} nuii_{ij} + \epsilon_{ij} \tag{10.14}$$

$$\begin{pmatrix}\beta_{0j}\\ \beta_{1j}\end{pmatrix} \sim MVN\left[\begin{pmatrix}\beta_0\\ \beta_1\end{pmatrix}, \begin{pmatrix}\sigma^2_{\beta_0} & \rho\sigma_{\beta_0}\sigma_{\beta_1}\\ \rho\sigma_{\beta_0}\sigma_{\beta_1} & \sigma^2_{\beta_1}\end{pmatrix}\right]$$

也就是说, 部分汇集数据时的模型通过为每个区域模拟特定的截距和斜率来识别区域之间的差异. 但是, 此时我们对影响模型系数的东西一无所知. 因此, 假定所有的截距和斜率都来自相同的先验分布 (即假定模型系数的可交换性) 是合理的. 这个正式定义可以非正式地表达为:

$$y_{ij} = (\beta_0 + \delta_{0j}) + (\beta_1 + \delta_{1j})x_{ij} + \epsilon_{ij}$$

翻译成 R 的公式就是:

```
y ~ x + (1+x|group)
```

对于 EUSE 数据:

```
#### R Code ####
euse.lmer1 <- lmer(richtol ~ nuii + (1 + nuii | city),
                   data=rtol2)
```

拟合出的部分汇集模型被存储在 R 的对象 `euse.lmer1` 中. `Summary` 函数给出了一些基本信息:

```
#### R Output ####
summary(euse.lmer1)

Linear mixed model fit by REML
Formula: richtol ~ nuii + (1 + nuii | city)
   Data: rtol2
 AIC BIC logLik deviance REMLdev
 424 445   -206      401     412
Random effects:
 Groups    Name        Variance Std.Dev. Corr
 city      (Intercept) 0.817228 0.9040
           nuii        0.000188 0.0137   -0.893
 Residual              0.225311 0.4747
Number of obs: 261, groups: city, 9

Fixed effects:
            Estimate Std.Error t value
(Intercept)  5.41839   0.30516   17.76
nuii         0.01943   0.00479    4.06

Correlation of Fixed Effects:
```

```
     (Intr)
nuii -0.877
```

输出中包括了所有指定多元正态分布所必需的参数值. 估计出的均值 ($\widehat{\beta}_0$, $\widehat{\beta}_1$) 是固定影响 (分别为 5.41839 和 0.01943). 方差–协方差矩阵是用 β_0、β_1 的方差 (分别为 0.817228 和 0.000188) 和它们的相关系数 $\rho(-0.893)$ 来定义的. 残差方差 0.225311 是 σ^2 的估计值. 理论上讲, 如果是出于预测的目的, 这 6 个系数足以构成模型了. 模型输出还包括了拟合出的回归系数 —— 每组的截距和斜率 ($\beta_0+\delta_{0j}$ 和 $\beta_1+\delta_{1j}$) 估计值. 为各组估计出的截距和斜率包括两部分, 对所有区域都相同的系数 (或者说固定影响, $\widehat{\beta}_0$, $\widehat{\beta}_1$) 和各区的特定系数 (或者说随机影响, $\widehat{\delta}_{0j}$, $\widehat{\delta}_{1j}$). 固定影响的信息可以用函数 `fixef()` 提取出来:

```
#### R Output ####
fixef(euse.lmer1)

(Intercept)        nuii
   5.418387    0.019431
```

估计出的固定影响的标准误为:

```
#### R Output ####
se.fixef(euse.lmer1)
(Intercept)        nuii
  0.3051636   0.0047898
```

关于随机影响的信息可以用函数 `ranef()` 和 `se.ranef()` 提取出来:

```
#### R Output ####
> ranef(euse.lmer1)
$city
    (Intercept)         nuii

ATL  -0.030748   0.0067451
BIR  -0.266135   0.0060253
BOS  -1.079855   0.0206173
DEN   0.744879  -0.0156565
DFW   1.626480  -0.0210608
MGB   0.614451  -0.0109547
POR  -0.864952   0.0049036
RAL   0.147261   0.0038998
SLC  -0.891381   0.0054811
```

```
> se.ranef(euse.lmer1)
$city
         [,1]      [,2]
 [1,] 0.12689 0.0046299
 [2,] 0.14515 0.0045649
 [3,] 0.12779 0.0049203
 [4,] 0.14732 0.0032192
 [5,] 0.11545 0.0031238
 [6,] 0.12096 0.0031427
 [7,] 0.12838 0.0032621
 [8,] 0.14854 0.0039813
 [9,] 0.18847 0.0035250
```

在这个案例中, 拟合多层模型得到了什么? 一个不那么明显的优势是估计出了截距和斜率之间的相关性. 在用于预测时, 我们可以用这个信息来生成成对的截距和斜率的随机样本, 与完全汇集数据时的模型相比, 可以减少预测的不确定性. 与不汇集数据时的模型相比, 从估计出的各区域特定的截距和斜率的角度看 (图 10.7), 部分汇集时的模型参数差别不是很大.

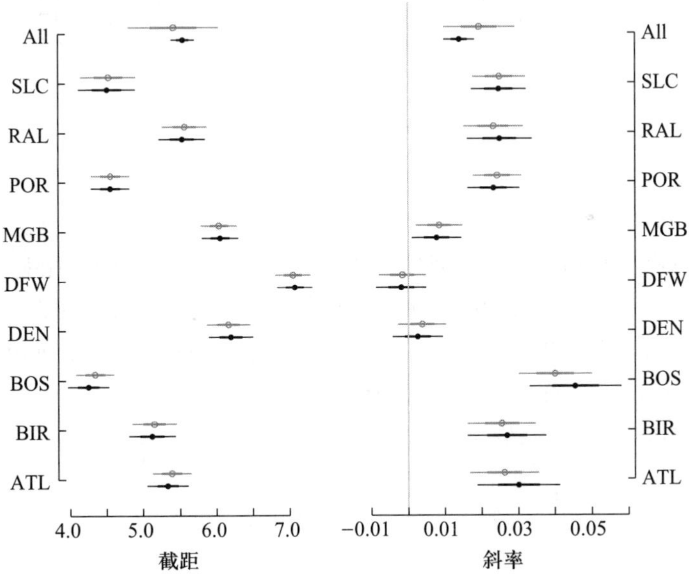

图 10.7 比较线性和多层回归——用不汇集数据的方法估计出的截距和斜率 (黑色的点 (均值) 和线段 (加/减一倍标准误)) 与采用多层模型 (部分汇集) 估计出的截距和斜率 (灰色的点 (均值) 和线段 (加/减一倍标准误)) 相比较.

这个案例被看作是不值得采用多层模型的典型, 因为模型系数差异大且区域之间样本容量大致均匀. 因此, 对所有分组来讲, 把结果拖向全体均值的力量太小. 这个例子中, 当分组 (区域) 水平上的预测变量已知时, 多层回归的优势可以体现. 分组水平上的预测变量可以是区域的物理特征, 代表较大的空间或者时间尺度上的过程. 例如, N_2O 释放量案例中的土壤碳含量是一个分组水平上的预测变量, 具有有限的组内方差. 因为在给定的组内取值变化有限, 故这样的分组水平上的预测变量往往很难被包括到建模研究中. 在多层模型的背景下, 分组水平上的预测变量可以用来描述模型系数 (截距或者斜率或者二者) 的变化. 得到的模型不仅可以改进预测能力, 而且能够提供一种理解大尺度环境变化对响应变量的影响的机制.

把分组水平上的预测变量集成到模型中来的基本方法是, 将回归模型系数当作分组水平上的预测变量的线性函数来进行模拟. 例如, 大型无脊椎动物的耐受性往往是与温度联系在一起的. 利用区域年平均温度作为分组水平上的预测变量, 公式 (10.14) 中的模型可以被修正为:

$$TOLr_i \sim N(\mu_i, \sigma_i^2)$$

$$\mu_i = \beta_{0j[i]} + \beta_{1j[i]} nuii + \epsilon_i$$

$$\begin{pmatrix} \beta_{0j} \\ \beta_{1j} \end{pmatrix} \sim MVN\left[\begin{pmatrix} a_0 + a_1 Temp_j \\ b_0 + b_1 Temp_j \end{pmatrix}, \begin{pmatrix} \sigma_{\beta_0}^2 & \rho\sigma_{\beta_0}\sigma_{\beta_1} \\ \rho\sigma_{\beta_0}\sigma_{\beta_1} & \sigma_{\beta_1}^2 \end{pmatrix}\right] \tag{10.15}$$

或者用一种更为熟悉的形式

$$y_{ij} = (a_0 + a_1 G_{1j} + \delta_{0j}) + (b_0 + b_1 G_{2j} + \delta_{1j}) x_{ij} + \epsilon_{ij} \tag{10.16}$$

重新排布各项:

$$y_{ij} = (a_0 + \delta_{0j}) + (b_0 + \delta_{1j}) x_{ij} + a_1 G_{1j} + b_1 G_{2j} x_{ij} + \epsilon_{ij}$$

得到的是公式 (10.14) 中的模型加上与分组水平上的预测变量相关的两项. 往往在截距和斜率项中, 采用相同的分组水平上的预测变量会更为方便. 但是, 截距和斜率项的生态学含义往往不同, 所以, 允许这些系数采用不同的分组水平上的预测变量往往是统计学上必要的或者说是更合理的.

公式 (10.15) 中的模型系数的联合分布也可以表达为:

$$\begin{pmatrix} \beta_{0j} \\ \beta_{1j} \end{pmatrix} = \begin{pmatrix} a_0 + a_1 Temp_j \\ b_0 + b_1 Temp_j \end{pmatrix} + \begin{pmatrix} \delta_{0j} \\ \delta_{1j} \end{pmatrix} \tag{10.17}$$

其中,

$$\begin{pmatrix} \delta_{0j} \\ \delta_{1j} \end{pmatrix} \sim MVN\left[\begin{pmatrix} 0 \\ 0 \end{pmatrix}, \begin{pmatrix} \sigma_{\beta_0}^2 & \rho\sigma_{\beta_0}\sigma_{\beta_1} \\ \rho\sigma_{\beta_0}\sigma_{\beta_1} & \sigma_{\beta_1}^2 \end{pmatrix}\right]$$

要在 R 中实现这个模型, 需要一个与响应变量数据列长度相同的分组水平上

的新预测变量. 在 EUSE 案例中, 我们的 9 个区域有一个年平均温度 (°C) 的向量:

```
#### R Output ####
> AveTemp
  ATL    BIR   BOS   DEN    DFW   MGB    POR    RAL   SLC
16.27  16.00  8.71  9.19  18.30  7.63  10.81  14.93  9.73
```

因为向量 `AveTemp` 是按字母顺序存储的, 那么, 可以用以下代码来构造一个分组水平上的预测变量对象:

```
> site <- as.numeric(ordered(rtol2$city))
> temp.full <- AveTemp[site]
```

带有分组水平上的预测变量的 R 模型公式如下:

```
y ~ x + G1 + G2:x + (1+x|group)
```

在 EUSE 案例中, 我们首先用年平均气温作为唯一的分组水平上的预测变量, 模型的拟合可以用如下脚本:

```
euse.lmer2 <- lmer(richtol ~ nuii+temp.full+nuii:temp.full+
                   (1+nuii|city), data=rtol2)
```

如果使用了分组水平上的预测变量, 回归模型系数 (斜率和截距) 不再是可交换的, 因为我们现在假设 β_{0j} 和 β_{1j} 的联合分布对每个区域而言都不相同. 但是, 如果我们现在把模型看成公式 (10.16) 所表达的那样, 那么, 模型截距和斜率的均值是各区域特定的, 但是, 误差项 δ_{0j} 和 δ_{1j} 是可交换的——它们来自双变量正态分布, 其均值为 0、方差–协方差矩阵如公式 (10.15) 所示.

使用分组水平上的预测变量可能会也可能不会改善模型的拟合. 要探讨模型的拟合, 我们同时来看看汇总统计量和图.

```
#### R Output ####
> summary(euse.lmer2)
Linear mixed model fit by REML
Formula: richtol ~ nuii + temp.full + nuii:temp.full +
                   (1 + nuii | city)
   Data:rtol2
 AIC BIC logLik deviance REMLdev
 440 469   -212      396     424
Random effects:
 Groups   Name        Variance Std.Dev. Corr
 city     (Intercept) 0.789371 0.8885
```

```
        nuii          0.000207 0.0144   -0.932
 Residual             0.225589 0.4750
Number of obs:261, groups:city, 9

Fixed effects:
                Estimate Std.Error t value
(Intercept)     4.319222 1.039736    4.15
nuii            0.023160 0.017280    1.34
temp.full       0.088587 0.080268    1.10
nuii:temp.full -0.000298 0.001338   -0.22

Correlation of Fixed Effects:
            (Intr)  nuii    tmp.fl
nuii        -0.918
temp.full   -0.957   0.879
nui:tmp.fll  0.877  -0.957  -0.916
```

该模型的残差方差是 0.225589. 与没有使用分组水平上的预测变量的模型 (其残差方差为 0.225311) 相比, 我们可以认为分组水平上的预测变量并没有改善模型的拟合. 而且, 估计出的斜率 `temp.full` 和相互作用项 `nuii:temp.full` 与 0 没有统计学上的差异. 从这个角度看, 我们可以认为区域年平均温度不是一个好的分组水平上的预测变量. 通过作图展示拟合出的分组水平上的模型进一步强化了这种印象 (图 10.8).

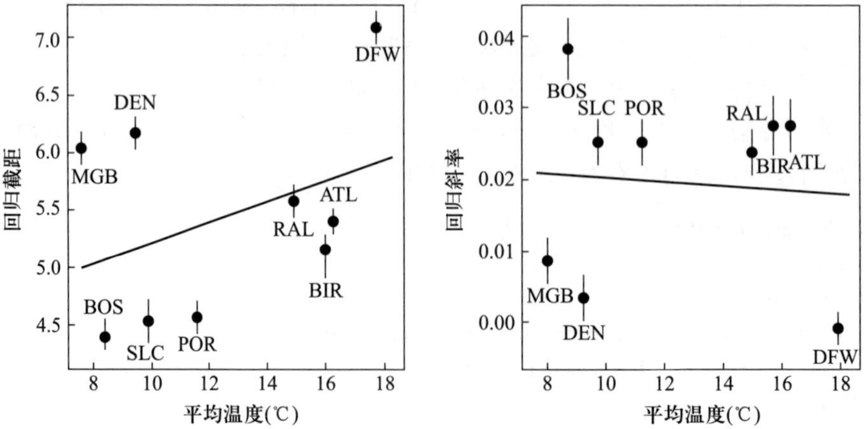

图 10.8 采用了分组水平上的预测变量的多层模型——区域年平均温度 (°C) 被用作分组水平上的预测变量, 以便描述拟合出的区域特定截距 (左图) 和斜率 (右图) 的变化.

然而, 对图形的进一步考察暗示 9 个区域应该被分为两组——MGB、DFW

和 DEN 区域, 其他. 这 3 个区域 (MGB、DFW、DEN) 在其汇水区内具有较高的农业活动. 要反映这种差异, 我们从城市化开发最少的子流域提取出背景农业用地 (用占汇水区总面积的百分比表示). 这个变量代表了城市化前的农业土地利用, 或先前的农业用地覆被, 是总汇水区的一部分. 如果我们用先前的农业用地作为一个分组水平上的预测变量, 根据模型残差标准差的结果, 模型对数据的拟合度并没有好很多:

```
#### R Code and Output ####
> euse.lmer3 <- lmer(richtol ~ nuii+ag.full+nuii:ag.full+
                              (1+nuii|site), data=rtol2)
> summary(euse.lmer3)
Linear mixed model fit by REML
Formula: richtol ~ nuii + ag.full + nuii:ag.full +
         (1 + nuii | site)
   Data:rtol2
 AIC BIC logLik deviance REMLdev
 421 449   -202      384     405
Random effects:
 Groups Name        Variance Std.Dev. Corr
 site   (Intercept) 1.84e-01 0.42944
        nuii        2.74e-05 0.00524  -0.343
 Residual           2.25e-01 0.47462
Number of obs:261, groups:site, 9

Fixed effects:
             Estimate Std.Error t value
(Intercept)   4.45845   0.24164   18.45
nuii          0.03412   0.00366    9.31
ag.full       2.52938   0.49390    5.12
nuii:ag.full -0.03884   0.00707   -5.50

Correlation of Fixed Effects:
            (Intr) nuii   ag.fll
nuii        -0.419
ag.full     -0.781  0.319
nuii:ag.full  0.337 -0.792 -0.406
```

但是, 对 ag.full 和 nuii:ag.full 项的回归系数估计值是统计学显著的. 用图 10.9 展示分组水平上的模型表明, 先前的农业土地利用是一个具有两个聚类的分组水平上的预测变量——MGB、DFW 和 DEN 先前的农业用地超过汇水区面积的 70%, 而其余的 6 个区域则低于 30%.

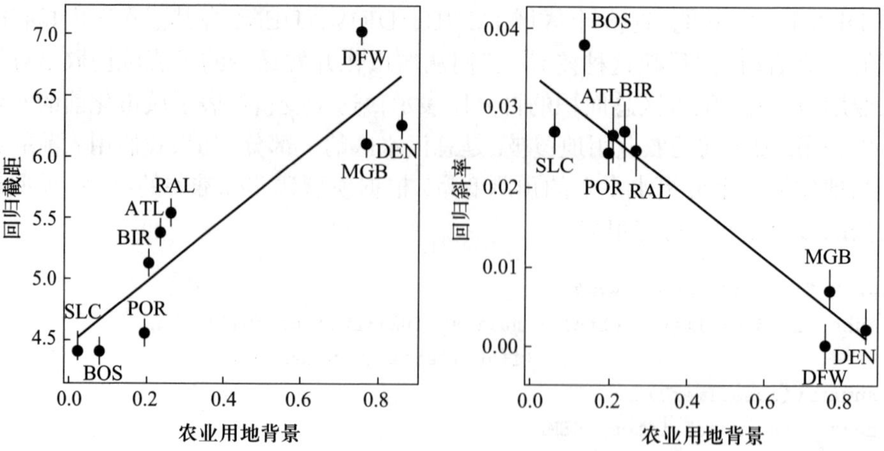

图 10.9 将先前的农业用地作为分组水平上的预测变量——作为总汇水区面积的一部分，区域先前的农业用地被用作分组水平上的预测变量，来描述拟合出的区域特定截距 (左图) 和斜率 (右图) 的变化.

10.4.1 非嵌套分组

比较图 10.8 和图 10.9, 似乎先前的农业用地应该被用作一个因子预测变量, 从而将 9 个区域划分成两组. 按照先前的农业用地是低或者高, 与所属区域一起形成了两个非嵌套的分组. 同时用区域和先前的农业用地进行分组, 我们可以检查区域年平均气温还是不是一个可行的分组水平上的预测变量. 非嵌套的模型是由简单的可加和的分组影响组成的, 其中, 二分的先前的农业用地 Ag_j 可以被增加为分组水平上的预测变量:

$$\begin{gathered} TOLr_{ijk} \sim N(\mu_{ijk}, \sigma^2) \\ \mu_{ijk} = \beta_{0jk} + \beta_{1jk} nuii_{ijk} \\ \begin{pmatrix} \beta_{0jk} \\ \beta_{1jk} \end{pmatrix} = \begin{pmatrix} a_0 + a_1 Temp_j \\ b_0 + b_1 Temp_j \end{pmatrix} + \begin{pmatrix} \delta_a^{Ag_k} \\ \delta_b^{Ag_k} \end{pmatrix} + \begin{pmatrix} \delta_a^{Region_j} \\ \delta_b^{Region_j} \end{pmatrix} \end{gathered} \tag{10.18}$$

其中,

$$\begin{pmatrix} \delta_a^{Ag_k} \\ \delta_b^{Ag_k} \end{pmatrix} \sim MVN\left[\begin{pmatrix} 0 \\ 0 \end{pmatrix}, \sum\nolimits_k\right]$$

是先前的农业用地那一组的随机影响, 而

$$\begin{pmatrix} \delta_a^{Region_j} \\ \delta_b^{Region_j} \end{pmatrix} \sim MVN\left[\begin{pmatrix} 0 \\ 0 \end{pmatrix}, \sum\nolimits_j\right]$$

是区域组的随机影响.

公式 (10.18) 意味着分组水平上的截距 (斜率) 与先前的农业用地高组和低组的区域年平均温度之间的关系是两条平行线. 在 R 中可直接拟合这个模型:

```
#### R Code ####
ag.full <- as.vector(ag[site])
ag.cat <- ag.full > 0.5

euse.lmer3 <- lmer(richtol ~ nuii+temp.full+nuii:temp.full+
                   (1+nuii|city)+(1+nuii|ag.cat),
                   data=rtol2)
```

拟合出的模型系数被分成 "固定影响"(对所有组都一样) 和 "随机影响"(各组特定) 两组.

```
> round(fixef(euse.lmer3), 4)
  (Intercept)    nuii temp.full nuii:temp.full
       4.2663 0.0224    0.1143        -0.0006
```

使用公式 (10.18) 的标注, $\widehat{a}_0 = 4.2663$, $\widehat{a}_1 = 0.1143$, $\widehat{b}_0 = 0.0224$, $\widehat{b}_1 = -0.0006$, 估计出的随机影响是:

```
#### R output ####
> ranef(euse.lmer3)
$site
 (Intercept)        nuii
1   0.070602  0.00174688
2  -0.053474 -0.00132310
3   0.073577  0.00182050
4  -0.010953 -0.00027101
5  -0.065197 -0.00161315
6   0.079344  0.00196320
7  -0.141378 -0.00349809
8   0.157664  0.00390104
9  -0.110185 -0.00272627

$ag.cat
      (Intercept)       nuii
FALSE     -0.82269  0.012530
TRUE       0.82269 -0.012530
```

高和低两组在截距上的差异是 $0.82269 \times 2 = 1.6454$, 两组在斜率上的差异是 0.02506. 图 10.10 给出的是拟合好的分组水平上的模型. 因为背景农业用地

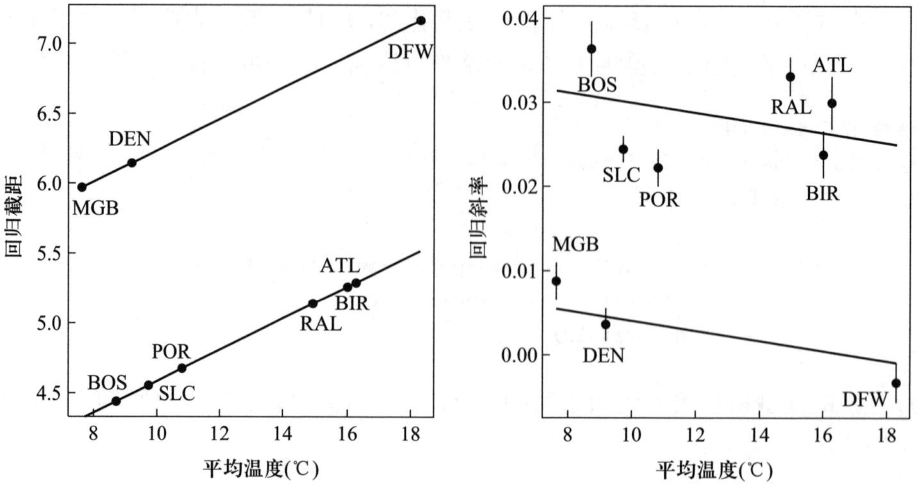

图 10.10 把先前的农业用地和温度当作分组水平上的预测变量——先前的农业用地被用作分类预测变量. 先前的农业用地和区域形成了两个非嵌套的分组.

组内只有高和低两种水平, 估计出的组间方差不太可靠. 对于只有两种水平的情况, 公式 (10.18) 中的模型可以修改为:

$$TOLr_i \sim N(\mu_i, \sigma_i^2)$$
$$\mu_i = \beta_{0j[i]} + \beta_{1j[i]} nuii + \epsilon_i$$
$$\begin{pmatrix} \beta_{0j} \\ \beta_{1j} \end{pmatrix} \sim MVN \left[\begin{pmatrix} a_0 + a_1 Temp_j + a_2 Ag_j \\ b_0 + b_1 Temp_j + b_2 Ag_j \end{pmatrix}, \begin{pmatrix} \sigma_{\beta_0}^2 & \rho\sigma_{\beta_0}\sigma_{\beta_1} \\ \rho\sigma_{\beta_0}\sigma_{\beta_1} & \sigma_{\beta_1}^2 \end{pmatrix} \right] \quad (10.19)$$

其中, 先前农业用地少的组 $Ag_j = 0$, 先前农业用地多的组 $Ag_j = 1$. 系数 a_2、b_2 代表先前农业用地的影响, 对所有区域都是一样的. 在 R 中, 公式 (10.19) 的模型通过增加 Ag 项和 $Ag : nuii$ 相互作用项来拟合:

```
#### R Code ####
euse.lmer4 <- lmer(richtol ~ nuii+temp.full+nuii:temp.full+
                            as.numeric(ag.cat)+
                            as.numeric(ag.cat):nuii +
                            (1+nuii|site), data=rtol2)
```

估计出的 $\widehat{a}_2 = 1.6555$, $\widehat{b}_2 = -0.025334$, 与用公式 (10.18) 中的模型形式拟合出的影响非常接近.

这种拟合方法比公式 (10.19) 更常见, 但受到二分组 (Ag) 的限制. 对于非嵌套的模型, 如果两组都有超过两种水平的取值, 模型的解析表达就有些复杂了.

非嵌套的模型也可以包括相互作用项, 以回避可加和的假设. 相互作用可以直接添加到公式 (10.19) 中:

$$TOLr_i \sim N(\mu_i, \sigma_i^2)$$
$$\mu_i = \beta_{0j[i]} + \beta_{1j[i]} nuii + \epsilon_i$$
$$\begin{pmatrix}\beta_{0j}\\ \beta_{1j}\end{pmatrix} \sim MVN\left[\begin{pmatrix}a_0+a_1Temp_j+a_2Ag_j+a_3Ag_jTemp_j\\ b_0+b_1Temp_j+b_2Ag_j+b_3Ag_jTemp_j\end{pmatrix}, \begin{pmatrix}\sigma_{\beta_0}^2 & \rho\sigma_{\beta_0}\sigma_{\beta_1}\\ \rho\sigma_{\beta_0}\sigma_{\beta_1} & \sigma_{\beta_1}^2\end{pmatrix}\right] \tag{10.20}$$

系数 a_3 是图 10.11 中左图中两条线的斜率的差异, b_3 是图 10.11 中右图中两条线的斜率的差异.

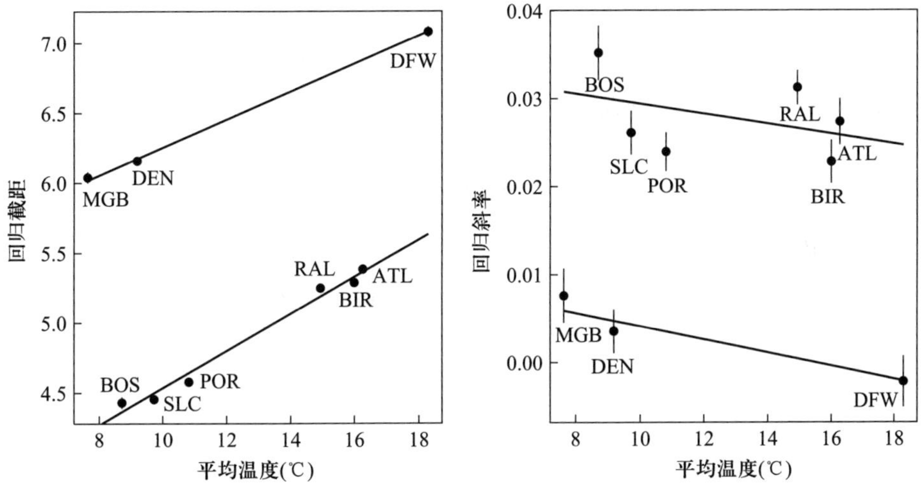

图 10.11 先前的农业用地和温度的相互作用——左、右两图中两条直线的斜率只有细微差异. 区域年平均温度和先前的农业用地之间的相互作用不明显.

```
#### R Code ####
> euse.lmer5 <-
+     lmer (richtol ~ nuii+temp.full+nuii:temp.full +
+          as.numeric (ag.cat) + as.numeric(ag.cat):nuii +
+          as.numeric(ag.cat):temp.full +
+          as.numeric(ag.cat):temp.full:nuii +
+          (1+nuii|site), data=rtol2)
```

斜率的差异在统计学上与 0 的差异并不显著 (图 10.11):

```
#### R Output ####
Fixed effects:
                                  Estimate  Std.Error t value
(Intercept)                        3.102764  0.302048   10.27
```

```
nuii                                 0.036322  0.011794    3.08
temp.full                            0.140127  0.022961    6.10
as.numeric(ag.cat)                   2.210949  0.386754    5.72
nuii:temp.full                      -0.000657  0.000915   -0.72
nuii:as.numeric(ag.cat              -0.024566  0.014796   -1.66
temp.full:as.numeric(ag.cat)        -0.044174  0.029523   -1.50
nuii:temp.full:as.numeric(ag.cat) -0.000109  0.001157   -0.09
```

换种做法, 我们采用公式 (10.18), 并把先前农业用地组的随机影响项用下式替换:

$$\begin{pmatrix}\delta_a^{Ag_k}\\ \delta_b^{Ag_k}\end{pmatrix} \sim MVN\left[\begin{pmatrix}\delta_{a_0}+\delta_{a_1}Temp_j\\ \delta_{b_0}+\delta_{b_1}Temp_j\end{pmatrix}, \sum\nolimits_k\right]$$

然后, 在 R 中拟合, 如下所示:

```
#### R Code ####
euse.lmer6 <- lmer (richtol ~ nuii+temp.full +
                    nuii:temp.full+
                    (1+nuii|site)+
                    (1+nuii+temp.full+nuii:temp.full|ag.cat),
                     data=rtol2)
```

除了图 10.11 右图中直线斜率的差异外, 系数估计值之间的差异不大.

```
#### R Output ####
> ranef(euse.lmer6)
$site
...
...
$ag.cat
     (Intercept)      nuii temp.full nuii:temp.full
FALSE    -1.0848  0.011253  0.020961     0.00011844
TRUE      1.0848 -0.011253 -0.020961    -0.00011844
```

这些相同模型的不同拟合方法导致同一差异有时候被称为随机影响, 有时候又称为固定影响, 反映了对随机影响和固定影响之间的差异不必太重视的观点. 重要的是要知道报告模型输出时在什么情况下应使用哪个数字.

10.4.2 多元回归问题

EUSE 案例中有一个连续数据水平上的预测变量 (nuii). 在芬兰湖泊案例 (第 10.1 节) 中, 总磷和总氮都被用作连续数据水平上的预测变量. 虽然模型拟合过程是相同的, 模型结果的图形表达就复杂多了. Malve 和 Qian (2006) 比较了不汇集数据时的模型和部分汇集数据时的模型. 湖泊管理人员关心的一个重要问题是限制性营养物质究竟是磷还是氮 (或者都是). 如果一个湖泊是受磷限制的, 减少湖泊中磷的输入将是控制其富营养化的成本有效的方法, 反之亦然. 经验证据和湖沼学理论表明, 内陆淡水湖绝大多数是磷限制型的. 因此, 很多湖泊富营养化模型只把磷作为富营养化的驱动力包含在内. 研究表明, 在某些条件下, 氮可以是限制性的营养物质, 将氮包括在湖泊富营养化模型中往往能得到更好的模型. 但是, 氮和磷的浓度通常是高度相关的, 将两者都包括在多元回归模型中会带来较大的模型系数估值不确定性和含糊的模型解释. 在芬兰湖泊案例中, 芬兰政府开展了一些研究将芬兰的湖泊划分成 9 种类型, 依据的是专家对湖泊形态和化学特性 (如深度、水面面积、颜色等) 的评估. 相同类型的湖泊在行为上是类似的. 因此, 这些湖泊常被汇集在一起来增大样本容量, 以获得更强的统计推断. 在第 5.3.7 节, 我们讨论了共线性和识别限制性营养物质的科学问题, 结论是如果湖泊同时受到氮和磷的限制, 模型的相互作用项往往在统计学上与 0 有显著差异. 当两种营养物质之一是限制性的, 相互作用的影响通常是不显著的. 识别限制性营养物质很大程度上依据条件图或者拟合出的模型图 (如图 5.15). 在本节中, 我们使用所有 9 种类型湖泊的数据, 并采用多层方法来拟合特定类型湖泊的模型. 我们在多层环境中使用公式 (5.11) 中的模型:

$$\log \mathrm{Chla}_{ij} = \beta_{0j} + \beta_{1j} \log \mathrm{TP} + \beta_{2j} \log \mathrm{TN} + \beta_{3j} \log \mathrm{TP} \log \mathrm{TN} + \epsilon_{ij} \quad (10.21)$$

其中, 回归系数 β_{0j}, β_{1j}, β_{2j}, β_{3j} 分别对应于第 j 类湖泊.

模型拟合过程很直接:

```
#### R Code ####
Finn.M3 <- lmer (y ~ lxp+lxn+lxp:lxn+(1+lxp+lxn+lxp:lxn|type),
                 data=summer.All)
```

其中, `y` 是叶绿素 a 浓度的对数, `lxp` 和 `lxn` 分别是标准化的总磷和总氮的对数. 多层模型假设所有湖泊类型的 4 个回归系数来自相同的先验的多元正态分布. `Summary` 函数返回了生成预测值的基本必要信息:

```
#### R Output ####
> summary(Finn.M3)
Linear mixed model fit by REML
Formula: y ~ lxp + lxn + lxp:lxn +
        (1 + lxp + lxn + lxp:lxn | type)
  Data: summer.All
  AIC   BIC logLik deviance REMLdev
29374 29492 -14672    29325   29344
Random effects:
```

```
Groups Name        Variance Std.Dev. Corr
type   (Intercept) 0.0139   0.118
       lxp         0.0177   0.133    -0.694
       lxn         0.0631   0.251     0.534 -0.828
       lxp:lxn     0.0326   0.181    -0.831  0.451 -0.511
Residual           0.2635   0.513
Number of obs: 19427, groups: type, 9
Fixed effects:
            Estimate Std.Error t value
(Intercept)   2.2305    0.0400    55.8
lxp           0.7641    0.0459    16.7
lxn           0.7082    0.0863     8.2
lxp:lxn      -0.0129    0.0617    -0.2

Correlation of Fixed Effects:
        (Intr) lxp    lxn
lxp     -0.666
lxn      0.517 -0.818
lxp:lxn -0.811  0.424 -0.487
```

"固定影响" 段提供了估计出的平均回归系数, 而 "随机影响" 段给出了方差–协方差矩阵. 残差标准差是估计出的 σ. 我们所感兴趣的是限制浮游植物生长的究竟是磷还是氮 (或者两者都是). 第 5.3.7 节中的讨论表明, 可以通过比较回归模型系数得出关于限制性营养物质的推断, 尤其是相互作用效应. 由于这个例子的初始假设是同一类型中的湖泊是相似的, 得到的特定类型湖泊的模型可以被看作是一个参考. 特定湖泊的模型应该用来管理具体的湖泊.

图 10.12 给出了湖泊类型水平上的模型系数估计值. 这些估计是基于标准化的 $\log \mathrm{TP}$ 和 $\log \mathrm{TN}$. 因此, 截距 (β_0) 是 TP 和 TN 处于其总体几何均值 (用所有湖泊的数据计算获得) 时的叶绿素 a 平均浓度. 截距可以被看作对湖泊初级生产力的一种测量. 斜率 (β_1 和 β_2) 分别是 TP 和 TN 每增加一个百分点时叶绿素 a 的百分比变化 (参见 5.4 节).

比较特定类型湖泊的截距与表 10.1 给出的湖泊类型的定义, 似乎叶绿素 a 的平均浓度与湖泊腐殖质的平均水平有关. 腐殖质水平越高, 当 TP 和 TN 浓度相同时, 该类型湖泊的平均叶绿素 a 浓度倾向于越高. 湖泊类型 1 和 2 (大型湖泊) 的相互作用项的符号是正的, 意味着氮和磷都可能限制浮游植物的生长. 对于湖泊类型 1 (大型, 非腐殖质), TP 和 TN 的斜率 (β_1 和 β_2) 是可比的, 而且条件图 (图 10.13 和图 10.14) 也给出了共同限制的模式: 当一种营养物质浓度低时, 另一种的影响较弱; 反之亦然.

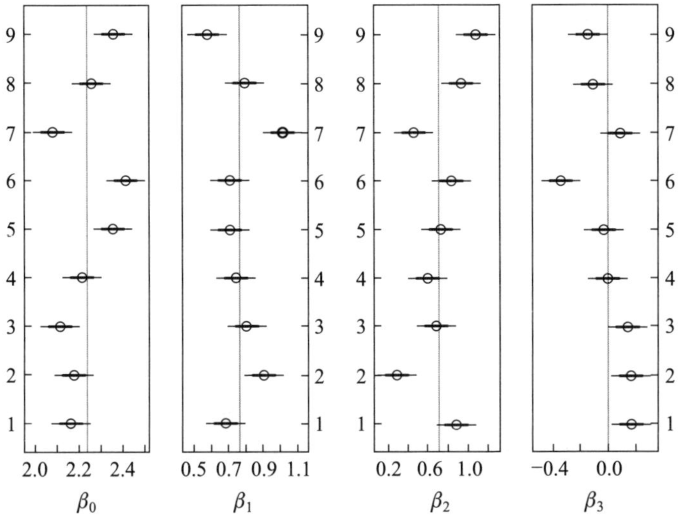

图 10.12 湖泊类型水平上的多层模型系数——圆点代表为每一类型湖泊所估计出的多层模型系数. 细线段和粗线段是均值加减一倍和两倍的标准误.

表 10.1 芬兰湖泊类型的定义——由芬兰环境研究所指定的芬兰湖泊的地貌分类 (SA = 水面面积, D = 深度)

湖泊类型	名称	特征
1	大型, 非腐殖质湖泊	$SA > 4000$ hm^2, 色度 <30
2	大型, 腐殖质湖泊	$SA > 4000$ hm^2, 色度 >30
3	中小型, 非腐殖质湖泊	SA: $50 \sim 4000$ hm^2, 色度 <30
4	中等面积, 腐殖质深水湖泊	SA: $500 \sim 4000$ hm^2, 色度 $30 \sim 90$, $D > 3$ m
5	小型, 腐殖质, 深水湖泊	SA: $50 \sim 500$ hm^2, 色度 $30 \sim 90$, $D > 3$ m
6	深, 高腐殖质湖泊	色度 > 90, $D > 3$ m
7	浅, 非腐殖质湖泊	色度 < 30, $D < 3$ m
8	浅, 腐殖质湖泊	色度 $30 \sim 90$, $D < 3$ m
9	浅, 高腐殖质湖泊	色度 > 90, $D < 3$ m

类型 1 湖泊的平均叶绿素 a 水平较低. 当氮和磷都是限制性因素时, 湖泊中总的营养物质水平通常很低 (贫营养). 与贫营养相对的是富营养, 即湖泊中总的营养物质水平较高. 类型 6 中的湖泊是富营养湖泊的例子. 相互作用项强烈且为负. 对于一个富营养的湖泊, 氮和磷的浓度通常都高, 而其他因素 (例如光照) 是浮游植物生长的限制. 一种或者两种营养物质浓度的变化并不能太多地改变叶绿素 a 的水平. 只有当营养物质浓度降低到一定水平, 浮游植物的生长才会对营养物质浓度的变化做出响应. 图 10.15 和图 10.16 给出了富营养湖泊的典型条件图.

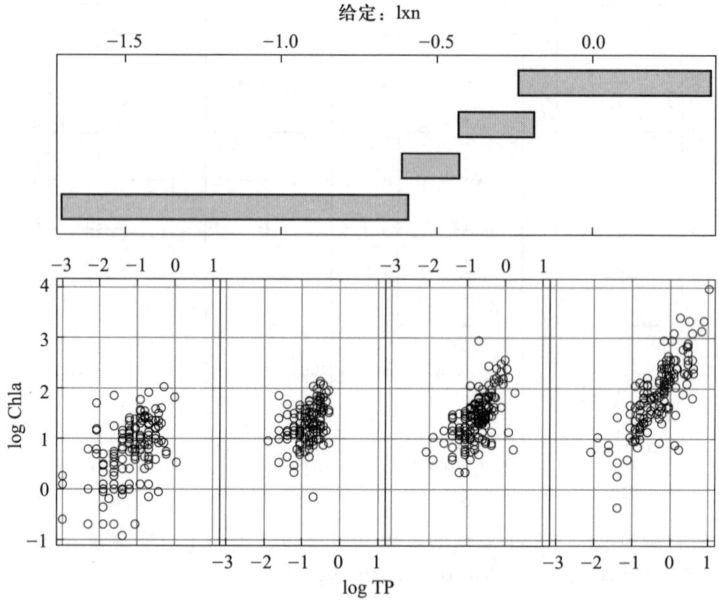

图 10.13 贫营养湖泊的条件图 (TP)——对叶绿素 a 浓度对数和居中调整后的 TP 浓度对数作散点图 (以 TN 为条件), 表明当氮水平增加时 (从左至右), 对磷的响应增加. 数据是来自大型非腐殖质湖泊 (类型 1), 可能是贫营养湖泊.

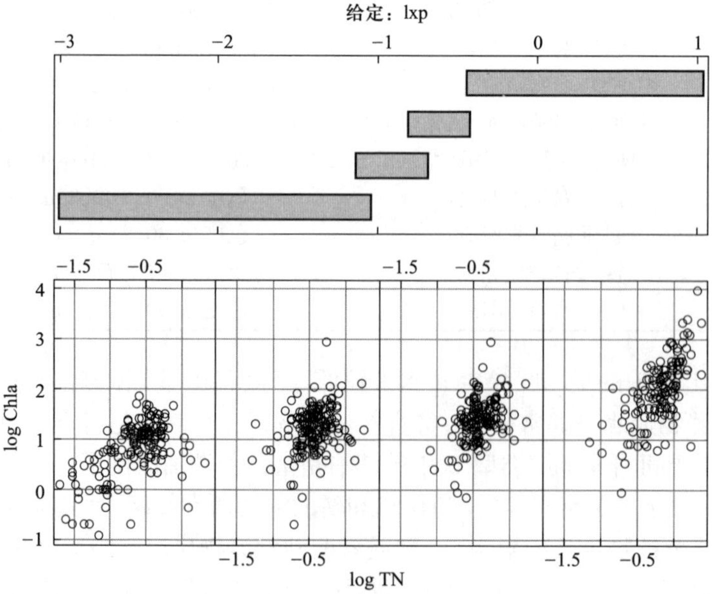

图 10.14 贫营养湖泊的条件图 (TN)——对叶绿素 a 浓度对数和居中调整后的 TN 浓度对数作散点图 (以 TP 为条件), 表明当磷水平增加时 (从左至右), 对氮的响应增加. 数据是来自大型非腐殖质湖泊 (类型 1).

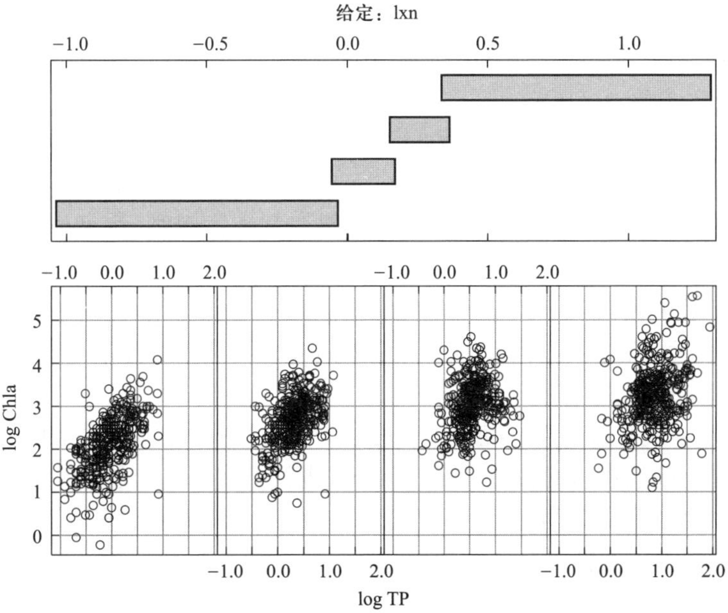

图 10.15 富营养湖泊的条件图 (TP)——对叶绿素 a 浓度对数和居中调整后的 TP 浓度对数作散点图 (以 TN 为条件), 表明当氮水平增加时 (从左至右), 对磷的响应减少. 数据是来自深水高腐殖质湖泊 (类型 6), 可能是富营养湖泊.

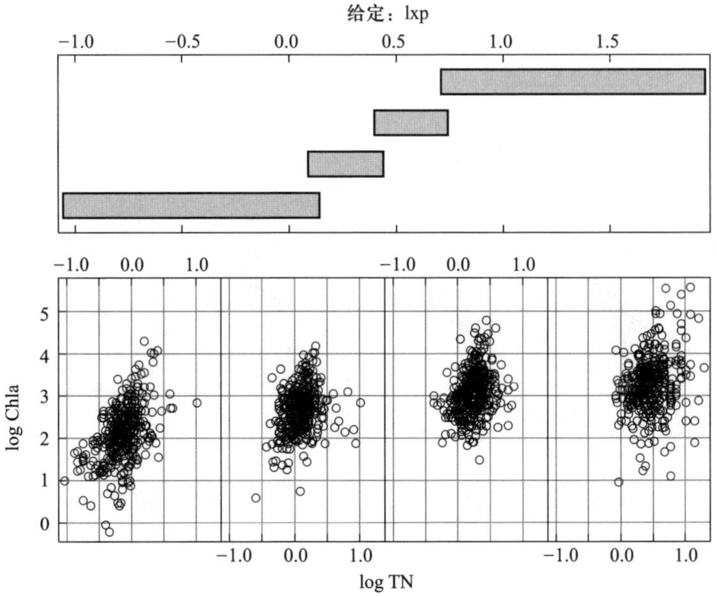

图 10.16 富营养湖泊的条件图 (TN)——对叶绿素 a 浓度对数和居中调整后的 TN 浓度对数作散点图 (以 TP 为条件), 表明当磷水平增加时 (从左至右), 对氮的响应减少. 数据是来自深水高腐殖质湖泊 (类型 6).

浅水非腐殖质湖泊 (类型 7) 也是贫营养的. 这些湖泊似乎只受磷的限制, 表现为弱的相互作用项, 大的 $\widehat{\beta}_1$ 和小的 $\widehat{\beta}_2$. 其条件图是典型的磷限制型模式 (图 10.17 和图 10.18).

大型腐殖质湖泊 (类型 2) 有些复杂. 虽然小的 $\widehat{\beta}_0$ 和正的 $\widehat{\beta}_3$ 意味着属于贫营养湖泊, 但是, $\widehat{\beta}_1$ 和 $\widehat{\beta}_2$ 之间差异大又表明只有磷是限制性的. 第 5.3.7 节检查过的湖泊属于这个类型, 很有可能是只受磷的限制. 这些湖泊的条件图 (图 10.19 和图 10.20) 不像浅水非腐殖质湖泊 (图 10.17 和图 10.18) 的条件图那样清晰. 我们发现这一组中所包含的湖泊样本多且变化大. 把它们堆在一起可能并不合适. 在这一组内开展进一步的研究来再次划分湖泊是必要的, 以便分组水平上的模型能有用.

芬兰环境研究所建立的湖泊分类方法为大量具有不同特征的湖泊提供了划分依据. 提高湖泊水质的管理策略应该是按湖泊分组来确定的. 但是, 分类计划并不是专门为管理富营养化而制订的. 同一组内的湖泊在很多方面有区别, 因此, 每个湖泊都需要针对自己的管理计划.

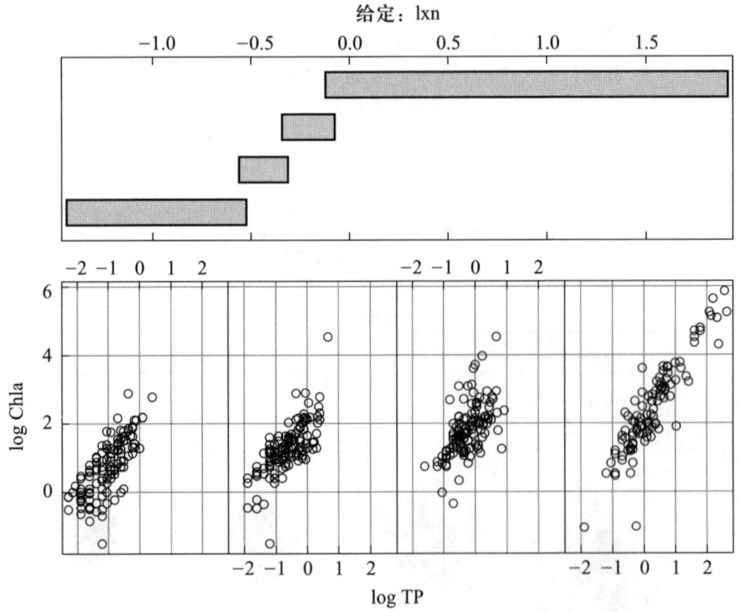

图 10.17 贫营养 (磷限制) 湖泊的条件图 (TP)——对叶绿素 a 浓度对数和居中调整后的 TP 浓度对数作散点图 (以 TN 为条件), 表明当氮水平增加时 (从左至右), 对磷的响应维持相对稳定. 数据是来自浅水非腐殖质湖泊 (类型 7), 可能是贫营养湖泊.

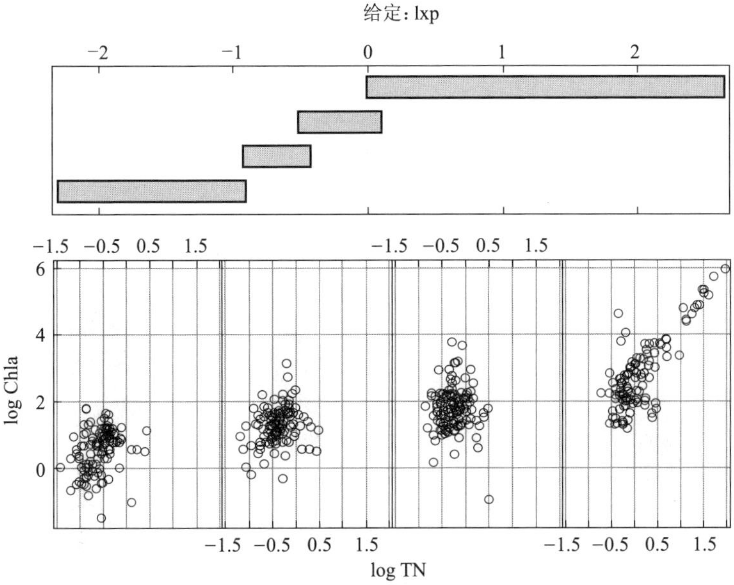

图 10.18 贫营养 (磷限制) 湖泊的条件图 (TN)——对叶绿素 a 浓度对数和居中调整后的 TN 浓度对数作散点图 (以 TP 为条件), 表明当磷水平增加时 (从左至右), 对氮几乎没有响应, 直至磷增加到一个很高的水平. 数据是来自浅水非腐殖质湖泊 (类型 7).

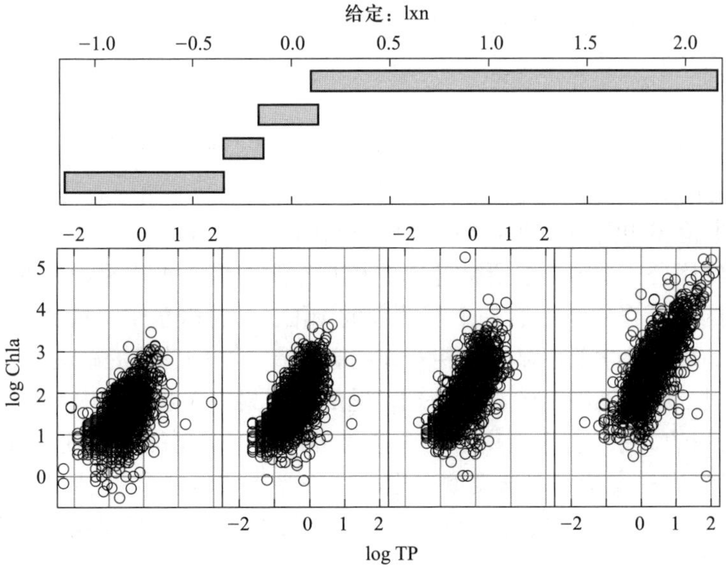

图 10.19 贫营养/中营养湖泊的条件图 (TP)——对叶绿素 a 浓度对数和居中调整后的 TP 浓度对数作散点图 (以 TN 为条件), 表明当氮水平增加时 (从左至右), 对磷的响应增加. 数据是来自大型腐殖质湖泊 (类型 2), 可能是中营养湖泊.

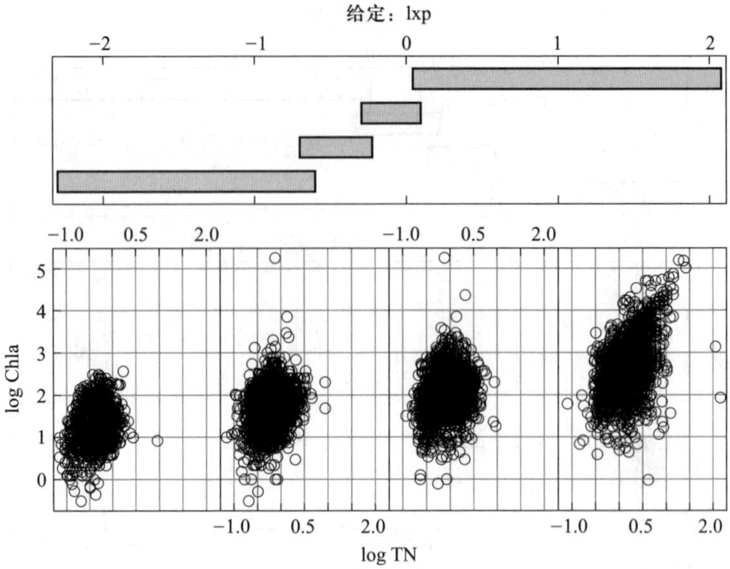

图 10.20 贫营养/中营养湖泊的条件图 (TN)——对叶绿素 a 浓度对数和居中调整后的 TN 浓度对数作散点图 (以 TP 为条件), 表明当磷水平增加时 (从左至右), 对氮的响应增加. 数据是来自大型腐殖质湖泊 (类型 2).

从湖泊类型模型可以得到以下一般结论.

(1) 芬兰的大型非腐殖质湖泊倾向于是贫营养的, 要么是受磷的限制, 要么同时受到氮和磷的限制.

(2) 腐殖质或者高腐殖质的湖泊倾向于是富营养的, 既不受磷也不受氮的限制, 具有高的初级生产力.

(3) 中营养的湖泊很有可能是受磷限制的.

(4) 使用公式 (10.21) 所估计出的相互作用效应常被用来识别湖泊的营养状态: 负的相互作用暗示着一个富营养的湖泊, 正的相互作用暗示着一个贫营养的湖泊, 而统计学上不显著的相互作用暗示着一个中营养的湖泊.

传统上, 针对湖泊富营养化管理问题的模拟集中在建立湖内叶绿素 a 和营养物质之间的关系. 由于利用了一个覆盖多种湖泊类型的大的湖泊数据集, 多层模拟方法比开发特定湖泊类型模型的方法要高效得多. 特别地, 如果能找到代表湖泊或者汇水区重要特征的分组水平上的预测变量, 多层建模框架就可以用来整合这些信息.

10.4.3 ELISA 案例——一个意想不到的多层建模问题

我们在第 5.5 节中用 ELISA 例子讨论了线性模型的预测不确定性. 在第 6.1.3

节中, 同一案例被用于开发自启动函数的示例. 在第 9 章中, 我们再次用到了这个例子, 以研究非线性回归模型的预测不确定性. 在对 ELISA 方法估计不确定性的研究中, Qian 等 (2015a) 详细讨论了为什么 ELISA 方法会产生极其可变的浓度估计值. 不确定性高的主要原因是建立标准曲线 (回归模型) 的样本量较小. 正如我们在第 9 章中讨论的那样, 较小的样本量会导致 χ^2 分布的自由度小 (公式 (9.2)), 从而导致回归模型残差标准差估计值的方差变大和预测不确定性变高.

由于诸如 ELISA 案例这样的测试工作通常在处理大量样本的实验室中进行, 以便测试具有成本有效性, 所以这些实验室可能会获得许多 ELISA 测试数据. 虽然由于水样和其他环境条件不同, 我们通常认为每次测试都是独一无二的, 但用于建立标准曲线的数据是在统一的实验条件下使用已知浓度的标准溶液生成的. 因此, 我们应该预见到所获得的标准曲线或多或少是一致的, 除了因很小的自由度和测量误差而导致的波动. 通过多次 ELISA 测试数据的部分汇集, 这种随机波动是可以用多层建模方法予以减少的.

ELISA 测试的标准曲线一直是为单次测试而开发的. 然而, 正如第 5.5 节所讨论的那样, 用于导出标准曲线 (回归模型) 的数据点数量很少, 导致了较高的预测误差. 汇集来自多次 ELISA 测试的数据是 Stein 悖论的自然结果. 也就是说, 过去进行的测试中包含了关于标准曲线的信息. 这些信息来源应该得到适当利用, 以帮助减少标准曲线的不确定性. 多层模型能获得标准曲线系数的收缩估计量. 因此, 利用多层模型估计出的标准曲线应优于仅基于一次测试数据获得的标准曲线.

要实现对数线性模型的多层模型 (第 5.5.1 节) 很简单: 使用多层模型汇集多次测试的数据将会改进标准曲线, 从而提高测试精度. Qian 等 (2015a) 分析了 21 次 ELISA 测试的数据, 并将多层模型结果与使用传统方法的结果进行了比较.

10.5 非线性多层模型

除了对数线性模型外, ELISA 测试中的标准曲线也可以使用四参数逻辑斯蒂模型进行参数化 (第 6.1.3 节). 如前几节所述, 最好汇集来自多次测试的数据. 对于非线性回归模型, 多层的概念可以很容易地从公式 (10.14) 中借用过来, 其中多层线性模型通过在模型系数上添加公共的先验分布来表示. 同样, 对于非线性回归均值函数, 多层模型包括模型系数的共同先验分布. 公式 (6.4) 中的四参数逻辑斯蒂回归模型的多层版本将包括四个参数的先验模型:

$$
\begin{aligned}
y_{ij} &= \alpha_{4j} + \frac{\alpha_{1j} - \alpha_{4j}}{1 + \left(\dfrac{x}{\alpha_{3j}}\right)^{\alpha_{2j}}} + \epsilon_{ij} \\
\begin{pmatrix} \alpha_{1j} \\ \alpha_{2j} \\ \alpha_{3j} \\ \alpha_{4j} \end{pmatrix} &\sim MVN\left[\begin{pmatrix} \mu_1 \\ \mu_2 \\ \mu_3 \\ \mu_4 \end{pmatrix}, \Sigma\right]
\end{aligned}
\tag{10.22}
$$

其中下标 ij 代表第 j 次 ELISA 测试的第 i 个测试结果. 与 EUSE 示例一样, 回归模型系数是针对特定测试的, 但共享相同的先验分布, 这样就会将特定测试的系数拉向整体平均值. 收缩效应将提高整体预测准确性. 换句话说, 当使用多层建模方法来开展 ELISA 测试时, 实验室可以提高其整体测试准确性.

非线性多层模型可以用 R 函数 `nlmer` 来实现. 我将以 2014 年 8 月 1 日至 3 日在托莱多水务局进行的六次 ELISA 测试的数据为例予以说明. 这些数据发表在托莱多水危机后不久发布的一份报告中. 所有六次测试中使用的标准溶液的浓度相同. 相应测试数据参见第 9.2.4 节.

对于此次分析, 响应变量是观测到的光学密度 (`Abs`), 预测变量是已知的微囊藻毒素浓度 (`stdConc`). 与所有 R 模型一样, 函数 `nlmer` 需要一个表达式. 除了通常的 "两部分" 表达式 ($y \sim x$) 外, `nlmer` 还采用 "三部分" 公式: `y ~ Nonlin(...) ~ fixed+random`. 在当前版本的 R(v3.2.3) 中, 非线性模型函数 `Nonlin(...)` 必须返回数值向量和一个 "梯度" 属性. 梯度属性是模型系数的一阶偏导数矩阵. 换句话说, 模型函数类似于第 6.1.3 节中描述的自启动函数. 如果使用自启动函数 `SSfpl2`, 那么多层模型表达式为:

```
Abs ~ SSfpl2(stdConc, al1, al2, al3, al4) ~ (al1+al2+al3+al4|Test)
```

我们还需要为模型系数提供一组初始值. 在本例中, 我使用了第 6.1.3 节中的非线性回归结果:

```
#### R Code ####
tm1  <-  nls(Abs ~ SSfpl2(stdConc, al1, al2, al3, al4),
             data=toledo[toledo$Test==1,])

tm1.nlmer  <-  nlmer(Abs ~ SSfpl2(stdConc, al1, al2, al3, al4) ~
                         (al1+al2+al3+al4|Test), data=toledo,
                     start=c(al1=1, al2=1, al3=0.5, al4=0.2))
```

```
#### R Output ####

> print(tm1.nlmer)

Nonlinear mixed model fit by maximum likelihood ['nlmerMod']
Formula: Abs ~ SSfpl2(stdConc, al1, al2, al3, al4)  ~
    (al1 + al2 + al3 + al4 | Test)
   Data: toledo
      AIC       BIC   logLik  deviance   df.resid
  -214.5027 -180.3527 122.2514 -244.5027        57

Random effects:
 Groups   Name Std.Dev. Corr
 Test     al1 0.04227
          al2 0.06635  0.67
          al3 0.07759 -0.94 -0.62
          al4 0.05976  0.96  0.71 -0.99
 Residual     0.04003
Number of obs: 72, groups: Test, 6
Fixed Effects:
   al1     al2     al3     al4
1.1237  1.0171  0.4504  0.1695
```

与线性多层模型一样, 拟合出的模型为所有测试 (j) 返回一组模型系数估计值 $\widehat{\alpha}_{1j},\cdots,\widehat{\alpha}_{4j}$. 估计出的系数表示为固定效应和随机效应之和: $\widehat{\alpha}_{ij}=\widehat{\mu}_i+\widehat{\delta}_{ij}$, 其中 $i=1,\cdots,4$, 表示逻辑斯蒂函数的四个参数, j 是测试的序号. 对于每个系数, 固定效应 $\widehat{\mu}_i$ 是公式 (10.22) 中的估计值 $\mu_i(i=1,\cdots,4)$(代表所有测试 j 中 α_{ij} 的平均值, 或测试间的平均值), 而随机效应是特定测试的系数和测试间平均值之间的差异. 函数 `fixef` 和 `ranef` 可分别用于提取固定效应和随机效应的估计结果. 为了以图形方式比较六项测试之间的差异, 我们可以直接使用软件包 `lattice` 中的函数 `dotplot`(图 10.21).

```
#### R Code ####
temp  <-  ranef(tm1.nlmer, condVar=T)
dotplot(temp, layout=c(4,1), main=F)
```

正如我们在第 6.1.3 节中讨论的那样, 基于模型残差特征, 在微囊藻毒素浓度的对数坐标下定义四参数逻辑斯蒂函数可能会更好. 拟合出的多层模型 `tm1.nlmer` 是基于浓度尺度上定义的函数 (使用 `SSfpl2`). 在尝试了几个优化选项后, 我无法避免收敛问题 (警告消息). 当去除 0 浓度观测结果并将模型在浓度对数坐标下进行拟合 (使用 `SSfpl`) 时, 该过程顺利收敛了.

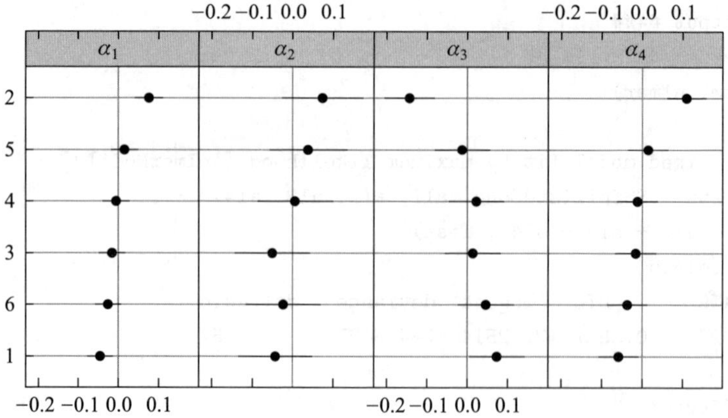

图 10.21 使用自启动函数 SSfpl2(在浓度坐标上定义) 估计了 ELISA 标准曲线系数. 六次测试当中, 所有四个系数都有所不同.

```
#### R Code ####
tm2  <-  nls(Abs ~ SSfpl(log(stdConc), A, B, xmid, scal),
             data=toledo, subset=Test==1&stdConc!=0,])

tm2.nlmer  <-  nlmer(Abs ~ SSfpl(log(stdConc), A, B, xmid, scal) ~
                     (A+B+xmid+scal|Test), data=toledo,
                     subset=stdConc != 0,
                     start=c(A=1, B=0.2, xmid=-0.6,
                     scal=0.75))


#### R Output ####
print(tm2.nlmer)

Nonlinear mixed model fit by maximum likelihood [' nlmerMod' ]
Formula: Abs ~ SSfpl(log(stdConc), A, B, xmid, scal)  ~
    (A + B + xmid + scal | Test)
    Data: toledo1
      AIC       BIC   logLik  deviance df.resid
-175.4859 -144.0708 102.7430 -205.4859       45
Random effects:
 Groups Name Std.Dev. Corr
 Test   A    0.01725
        B    0.06041  -0.44
        xmid 0.10768   0.37 -0.82
        scal 0.07584   0.45 -0.88 0.47
 Residual    0.03998
```

```
Number of obs: 60, groups: Test, 6
Fixed Effects:
      A      B    xmid   scal
 1.4041 0.1111 -1.3191 1.3427
```

与浓度坐标上定义的模型 (使用 `SSfpl2`) 相比, 当微囊藻毒素浓度接近 0 时, 浓度对数坐标 (使用 `SSfpl`, 图 10.22) 上拟合出的模型具有非常稳定的参数 A (浓度谱低端观测到的光学密度的上限). 在浓度坐标上定义逻辑斯蒂模型 (模型 `tm1.nlmer`) 时, 光学密度上限是参数 α_1. 每次测试中, 观测浓度为 0 的标准溶液所获得的光学密度可以作为 α_1 的基础. 因此, 观测误差很容易地反映在 α_1 的估计值中.

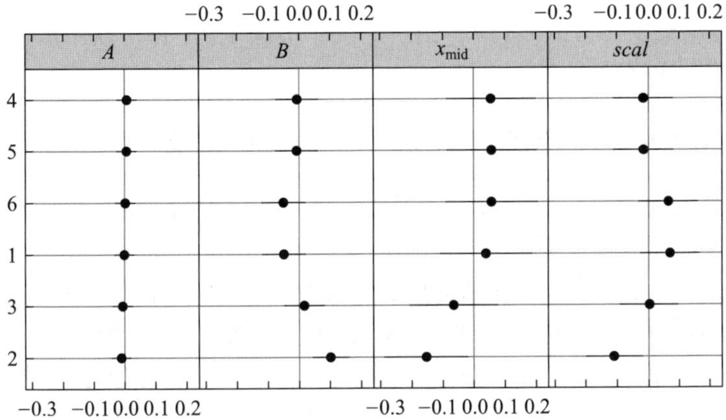

图 10.22 使用自启动函数 `SSfpl`(在浓度对数坐标上定义) 估计 ELISA 标准曲线系数. 系数 A (靠近浓度谱低端的曲线上限) 是稳定的.

该参数影响接近 0 浓度边界处的浓度估计. 在对数尺度中, 两个小浓度 (浓度值低于 1) 之间的距离会增大 (例如, 0.1 和 0.01 的距离与 log(0.1)[−2.3] 和 log(0.01)[−4.6] 之间的距离), 使模型具有更大的灵活性, 能更好地适应曲线的低端. 再加上参数 A 估计值的变化幅度降低, 我认为该模型应该采用浓度对数来拟合. 在对数尺度上拟合曲线时, 不使用 0 浓度标准溶液. 用低浓度溶液取代 0 浓度标准溶液将大大改善模型拟合过程.

10.6 广义多层模型

当响应变量分布不能近似为正态分布时, 我们从多层回归转到广义多层模型. 在第 8 章中, 我们用两个重要的概念——最大似然估计量和连接函数, 讨论了从线性回归模型向广义线性回归的转换. 在多层建模中, 最大似然估计量 (及其变化) 总是被用于正态和非正态响应变量. 广义多层模型也是一样.

广义多层回归可以用跟公式 (10.14) 相似的形式表示:

$$\begin{aligned} y_{ij} &\sim p(y|\theta_{ij}) \\ \eta(\theta_{ij}) &= \beta_{0j} + \beta_{1j}x_{ij} \\ \begin{pmatrix} \beta_{0j} \\ \beta_{1j} \end{pmatrix} &\sim MVN\left[\begin{pmatrix} \beta_0 \\ \beta_1 \end{pmatrix}, \begin{pmatrix} \sigma^2_{\beta_0} & \rho\sigma_{\beta_0}\sigma_{\beta_1} \\ \rho\sigma_{\beta_0}\sigma_{\beta_1} & \sigma^2_{\beta_1} \end{pmatrix}\right] \end{aligned} \tag{10.23}$$

其中 $p(\cdot)$ 表示非正态分布, θ 是表示 y 期望分布的参数. 连接函数 $\eta(\theta)$ 对均值参数予以转换, 以便可以使用线性模型. 在本节中, 我将使用美国国家公园管理局实施的植物开发利用监测计划所获取数据集来说明二分和计数响应数据的多层模型. 在结束这一章时, 我再介绍一个关于美国 EPA 评价饮用水达标情况的大型数据集分析案例.

10.6.1 植物开发利用监测计划——加莱克斯草

蓝岭公园大道是一条 750 公里长的风景优美的高速公路, 横跨大烟山国家公园和谢南多厄国家公园. 它是美国国家公园系统的一部分. 它与许多完好保护的自然地区一样, 非法采伐植物现象往往令人担忧. 沿着蓝岭公园大道, 有许多被偷采者瞄准的植物物种, 非法采伐活动正在加剧. 一个值得关注的植物物种是加莱克斯草 (*Galax urceolata*). 这个物种在遗传学上有独特性, 能生长非常大的叶片, 很适合插花. 监测工作的目标是确定加莱克斯草的数量是否正在下降. 不加控制地采集大叶片将不可避免地导致野生种群以幼苗为主. 国家公园管理局和 NatureServe 进行了初步采样, 以制定长期监测的监测协议. 具体而言, 监测计划的重点是侦测 "可偷采" 植物种群的变化, 这些变化是根据生境位置 (靠近道路) 和大小 (大斑块的面积大小和大叶片的尺寸) 来定义的.

加莱克斯草的叶片通常分为两大类 (大和小). 目前, 收集的植物数据包括两种大小类别的叶片密度 (斑块中单位面积的叶片数量). 感兴趣的是大叶片的比例 (偷采目标) 和比例随时间的变化. 沿着预先确定的样带, 使用点截法收集了数据. 每点上的每次观测结果都由小叶片和大叶片的计数组成. 然后, 使用 "点" 覆盖的区域将上述计数值转换为密度, 并计算比例.

10.6.1.1 多层泊松模型

第一个感兴趣的响应变量是大叶片的密度. 响应变量数据是调查区域中的计数. 与广义线性模型一样, 计数响应变量通常用泊松分布建模:

$$\begin{aligned} y_{ij} &\sim Pois(\lambda_{ij}) \\ \log(\lambda_{ij}) &= \log(A_{ij}\mu_j) \end{aligned} \tag{10.24}$$

其中 ij 代表从第 j 个站点观察到的第 i 个观测结果, A 是与该观测结果相关的点所覆盖的区域, y 是大叶片的计数, μ 是特定站点的区域密度. 蓝岭公园大道沿线的几个站点使用了多个采样点.

从 2007 年到 2009 年, 在八个站点中的一些站点开展了初步调查. 根据这些初步调查的数据, 2010 年进行了一项完整的调查, 包括了所有八个地点. 2010 年的结果用于以下分析 (数据文件 `Galax_2010.csv`):

```
survey.data  <-  read.csv("Galax_2010.csv", header=T)
```

利用这些数据, 我们首先要了解大叶片密度是否因地点而异. 多层模型对特定站点密度使用了可交换性假设:

$$\mu_j \sim N(\theta, \sigma^2) \tag{10.25}$$

公式 (10.24) 和 (10.25) 中给定的模型的多层模型形式为:

```
CountL ~ 1 + (1|Site)
```

该模型用函数 `glmer` 来拟合:

```
#### R Code ####
G.lmer1  <-  glmer(CountL ~ 1+(1|Site), family="poisson",
                  offset=log(TotalPoints), data=survey.data)
```

该模型的汇总结果可以通过使用软件包 `arm` 中的函数 `display` 来展示:

```
#### R Output ####
display(G.lmer1)

glmer(formula = CountL ~ 1 + (1 | Site), data = survey.data,
    family = "poisson", offset = log(TotalPoints))
coef.est  coef.se
   -4.43     0.49

Error terms:
 Groups Name        Std.Dev.
 Site   (Intercept) 1.08
 Residual           1.00
---
number of obs: 57, groups: Site, 8
AIC = 151.3, DIC = 147.3
deviance = 147.3
```

公式 (10.24) 中模型的第二行可以重写为:

$$\log(\lambda_{ij}) = \log(A_{ij}) + \mu + \delta_j \tag{10.26}$$

它将特定站点的均值 (μ_j) 分为两部分: 整体平均值 (μ) 及其与特定站点的平均值差异. 这两种表达方式在数学上是相同的. R 函数 glmer 使用整体平均值再加差值的方式. 对于应用程序来说, 提取整体平均值和站点之间的差异更重要. 我们使用函数 fixef 和 ranef 来提取这两条信息:

```
#### R Output ####
fixef(G.lmer1)
(Intercept)
  -4.433006

ranef(G.lmer1)
$Site
  (Intercept)
A -1.04262497
B -0.52022349
C  0.89850091
D  1.33406236
E  1.03905486
F  0.30419124
G -1.18924836
H -0.05435251
```

也就是说, 整体平均密度 (对数单位) 约为 -4.433, 站点 A 的平均值比整体平均值低约 1.04 个单位. 在密度尺度中, 整体平均密度为 $e^{-4.433}$ 或 0.012, 站点 A 的平均值为 $e^{-4.433-1.04} = 0.0042$ 或整体平均密度的 35%(即 $e^{-1.04}$).

可以使用点图显示该模型结果. 如果只对站点之间的差异感兴趣, 我们可以绘制估计出的 "随机效应" 及其相关的不确定性:

```
dotplot(ranef(G.lmer1, condVar=T))
```

估计出的随机效应意味着站点与站点之间的差异很大 (图 10.23). 估计出的随机效应是在对数尺度上的. 要查看密度尺度上的站点效应, 我们可以将估计值的固定效应添加到每个随机效应中, 并将其绘制在原始尺度中:

```
#### R Code ####
new.data  <-  data.frame(x = fixef(lmer1)[1] +
                              ranef(lmer1)]$Site[, 1],
                          y=row.names(ranef(lmer1)$Site),
                          sd = sqrt(se.ranef(lmer1)$Site[, 1]^2+
                                   se.fixef(lmer1)[1]^2))
new.data$y  <-  ordered(new.data$y,
```

```
                    levels=new.data$y[order(new.data$x)])

dotplot(y ~ exp(x), data = new.data,
        aspect = 0.8,
        xlim=c(0, 1.2*range(exp(new.data$x-new.data$sd),
          exp(new.data$x+new.data$sd))[2]),
        panel = function (x, y) {
          panel.xyplot(x, y, pch = 16, col = "black")
          panel.segments(exp(new.data$x-new.data$sd),
                         as.numeric(y),
                         exp(new.data$x+new.data$sd),
                         as.numeric(y), lty = 1},
        xlab="Density")
```

估计出的随机效应标准误为对数尺度的. 将其直接转换回原始尺度会受到重新转换偏差的影响. 因此, 我经常使用模拟方法来估计原始尺度上的估值不确定性. 模拟工作就留作练习题.

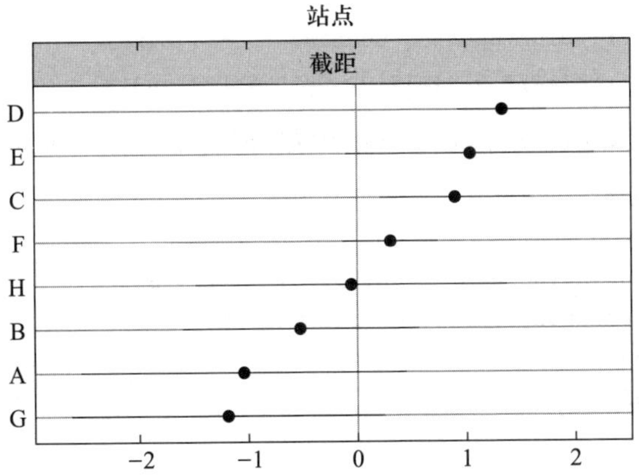

图 10.23 估计出的对数站点效应表现出不同站点大叶片密度存在明显差异.

10.6.1.2 多层逻辑斯蒂回归模型

加莱克斯草的调查数据记录了大叶片和小叶片的数量. 如前所述, 另一个感兴趣的变量是将大叶片的比例作为偷采严重程度的衡量标准. 理想情况下, 没有偷采现象的话, 该比例应该随着时间的推移保持稳定. 我将用 2010 年的数据来说明模型拟合过程, 以及使用模拟方法来估计大叶片比例及其不确定性 (图 10.24).

描述大叶片和小叶片计数变化的统计模型是二项分布. 模拟大叶片的比例时, 实际上我们模拟的是观察到大叶片的概率. 在这个例子中, 我们对比例在

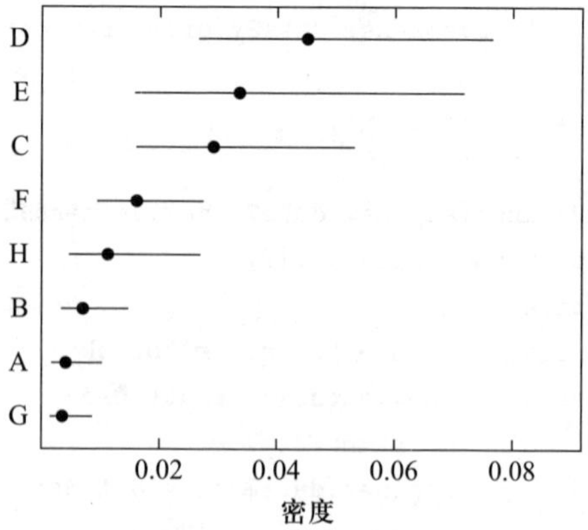

图 10.24 使用 2010 年调查数据估计了大叶片密度

各站点存在的差异感兴趣, 因为这有可能为找出成为脆弱站点的特征提供信息. 统计模型与泊松多层模型相同, 只是响应变量分布现在是二项分布, 连接函数是逻辑斯蒂函数. 在 R 中, 可以使用函数 glmer 建模:

```
#### R Code ####
G.lmer2  <-  glmer(cbind(CountL, CountS) ~ 1+(1|Site),
                  family="binomial", data=survey.data)
```

模型输出可以通过软件包 arm 的函数 display 或 summary 来显示.

```
#### R Output ####
display(lmer3)
glmer(formula = cbind(CountL, CountS) ~ 1 + (1 | Site),
     data = survey.data, family = "binomial")
coef.est  coef.se
   -1.66     0.61

Error terms:
 Groups   Name        Std.Dev.
 Site (Intercept) 1.43
 Residual         1.00
---
number of obs: 57, groups: Site, 8
AIC = 129.8, DIC = 125.8
deviance = 125.8
```

估计出的系数 (coef.est)−1.66 是 “固定效应” 估计值. 这个值是大叶片比例的 logit 变换的整体平均值. 在原始度量单位下, 估计出的大叶片比例为 0.16. “随机效应”(特定站点比例与整体平均值之间的差异) 是通过使用函数 ranef 获得的:

```
#### R Output ####
ranef(lmer3)
$Site
  (Intercept)
A -1.1515331
B -1.4932040
C  2.0069025
D  1.1916822
E  0.6586113
F -0.9770496
G  0.0000000
H  0.3341795
```

我们可以使用 dotplot 来展示估计出的随机效应. 同样, 我们看到站点间的差异很大 (图 10.25). 然而, 相对于比例而言, logit 尺度是非线性的 (见图 8.2). 对于不同比例水平, 相同程度的不确定性 (标准差估计值) 在原始尺度中可能非常不同. 例如, 最低的大叶片比例来自 B 站点 ($-1.66-1.49$, 或大约 4%), 而在 C 站点观察到最大比例 ($-1.66+2.01$, 大约 57%). 两个站点的估计标准差在 logit 尺度上约为 0.55 (使用函数 se.ranef). 使用 95% 置信区间 (大约是比例估计值加减 2 倍标准误), logit 尺度中区间的宽度相似, 为 $(-4.25, -2.05)$ 与 $(-0.75, 1.45)$. 当将这些区间转换为原始尺度时, 它们非常不同, 即 $(0.014, 0.114)$ 和 $(0.321, 0.810)$. 这种再次变换可能会具有误导性. 应使用模拟方法将估计的不确定性从 logit 尺度正确转换为原始尺度.

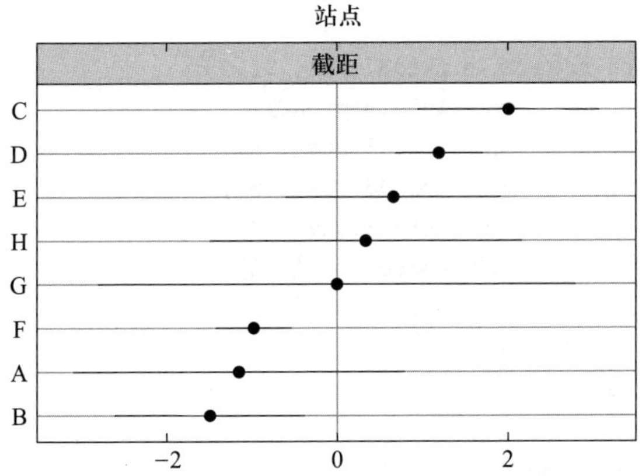

图 10.25 用 logit 尺度给出大叶片比例估计值 (模型随机效应).

R 函数 sim (来自软件包 arm) 使用类似于第 9 章讨论的蒙特卡罗模拟算法来抽取模型系数估计量的随机样本 (固定效应和随机效应). 每组系数都代表

一个可能的模型, 就我们的例子而言, 一组八个站点的可能的大叶片比例. 使用这些随机样本, 我们可以构造一个 95% 的置信区间, 以表示可能落在 95% 区间的大叶片比例的范围 (图 10.26).

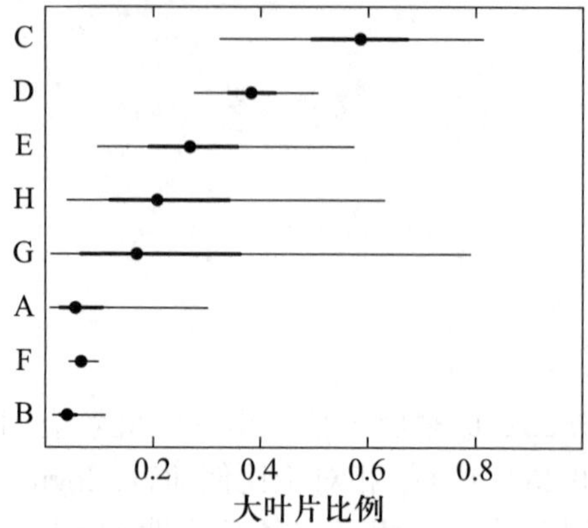

图 10.26 用原始的比例尺度展示估计出的大叶片比例 (点) 及其中间 50% 区间 (粗线段) 和 95% 区间 (细线段).

```
#### R Code ####
lmer3.sim  <-  sim(lmer3, 2000) ## 2000 random samples

## predicted proportion and convert to rv object:
pred3  <-  rvsims(lmer3.sim@fixef[, 1] +
                  lmer3.sim@ranef$Site[, , 1])
pred3.sum  <-  summary(invlogit(pred3))

new.data  <-  data.frame(x = pred3.sum[, 2],
                         y = labels(pred3),
                         q2.5=pred3.sum[, 5],
                         q25= pred3.sum[, 6],
                         q50= pred3.sum[, 7],
                         q75 =pred3.sum[, 8],
                         q975=pred3.sum[, 9])
new.data$y  <-  ordered(new.data$y,
                levels=new.data$y[order(new.data$x)])

dotplot(y~x, data=new.data, xlim=c(0,1),
        panel=function(x,y){
          panel.points(x=new.data$q50, y=as.numeric(y),
                       pch=16)
          panel.segments(new.data$q2.5, as.numeric(y),
```

```
                    new.data$q975, as.numeric(y))
    panel.segments(new.data$q25, as.numeric(y),
                   new.data$q75, as.numeric(y),
                   lwd=2.5)
}, xlab="large leaf fraction")
```

2010 年的调查将用于完善监测协议. 除了了解可能的偷采活动的空间模式外, 研究人员还有兴趣估计大叶片密度和比例随时间的变化. 了解时间趋势将有助于公园管理局评估各种管理策略的有效性. 这些初步分析还估计了识别出给定幅度的时间趋势所需的站点数量和年数.

10.6.2 美国饮用水中的隐孢子虫——一个泊松回归案例

第 8.1 节中, 我们讨论了灭活饮用水中给定数量的隐孢子虫所需的紫外光剂量估计中所遇到的统计学问题. 对于供水企业, 这个信息对于紫外处理设施的设计和日常管理是重要的. 对于政府部门, 这个信息对设置紫外处理标准以保护公众健康是必要的. 对隐孢子虫研究的另一个目的是评估问题的现状. 在美国, 评估是《安全饮用水法》(Safe Drinking Water Act, SDWA) 所要求的, 它是保证美国饮用水质量的主要的联邦法律. 在 SDWA 之下, EPA 设定了饮用水水质标准, 并监督各州、地区和供水者执行这些标准. 1996 年, 美国国会修正了《安全饮用水法》以强调更合理地基于风险设定标准. 1996 年的修正中设置的两项要求导致了对全国给水系统的隐孢子虫平均浓度分布的周期性评估. 这两项要求是:

(1) 成本–效益分析: 美国 EPA 必须为每一项新标准开展全面的成本–效益分析, 以确定提高饮用水标准的效益是否与所付出的成本相当.

(2) 微生物污染和消毒副产物: 美国 EPA 被要求加强微生物污染的预防, 包括隐孢子虫, 同时加强对化学消毒副产物的控制.

EPA 的策略是为所有污染物建立全国给水系统平均浓度的数值分布函数. 这些分布函数提供了达标水平的基本信息. Qian 等 (2004) 建立的方法根据源水类型 (地下水还是地表水) 和公共饮用水系统的服务人口数提供了分层的分布. 当一项新的 (或者增强保护) 标准被提出时, EPA 可以用这些分布来估计受标准变化影响的饮用水系统个数及获益的人口数. 受影响的系统个数可以被转换为成本, 而受益的人口数可以被解释为效益.

但是, Qian 等 (2004) 开发的模型不适用于估算隐孢子虫浓度的分布. 这是因为所报告的隐孢子虫数据是指定体积水样中检测到的孢子数量. 在本节中, 我们介绍用多层泊松回归模型来估计美国公共饮用水系统中隐孢子虫的系统均值分布, 所用的数据是 EPA 的数据收集与跟踪系统 (Data Collection and

Tracking System, DCTS) 收集的美国公共饮用水系统的源水中的隐孢子虫、大肠杆菌和浊度数据.

基于模型的全国系统平均污染物分布的基本想法是采用第 10.3 节中讨论的分层模拟原则. 让我们首先用正态分布变量来描述这个问题. 在美国, 饮用水水质是被同一部法律来管制的. 如果我们假设公共饮用水系统中污染物浓度分布是对数正态分布, 可以用正态分布来描述浓度对数变化:

$$y_{ij} \sim N(\theta_i, \sigma^2)$$

由于所有饮用水系统是被相同的法律监管的, 没有理由认为一个系统的均值 θ_i 与其他系统的均值不同. 因此, 系统均值可交换的假设是合理的, 并且可以用相同的先验分布来模拟:

$$\theta_i \sim N(\mu, \tau^2)$$

分布 $N(\mu, \tau^2)$ 是系统均值 (取对数后) 的分布. 将这个模型应用于饮用水数据的难点在于, 所报告的大多数浓度数据是低于测量方法检测限 (MDL) 的. Qian 等 (2004) 的工作解决了这个问题.

对于隐孢子虫平均浓度来说, 问题有些不同. 理论上, 不存在检测限. 如果水样中存在隐孢子虫孢子, 根据经 EPA 认证的很多实验室所执行的加标测试, 检测方法在 44% 的时间能检测到它的存在. 由于报给 EPA DCTS 数据库的隐孢子虫数据是同一组经过认证的实验室分析出来的, 我们会在模型中使用这个 44% 的回收率. 为了构建模型, 我们首先考虑报告的隐孢子虫孢子的概率分布. 假定水中的真实浓度是 c 且分析的水样体积为 v. 平均地, 样本中孢子的数量是 $n_0 = cv$. 由于样本是随机采集的, 样本中包含的孢子的真实个数是随机的. 最常用来描述计数随机变量的概率分布是泊松分布. 观测到的孢子数量 y_{ij} 服从泊松分布:

$$y_{ij} \sim Pois(\lambda_{ij}) \tag{10.27}$$

泊松密度 λ_{ij} 是 y 的期望个数, 即 $0.44c_i v_{ij}$. 我们感兴趣的参数是 c_i 的分布. 由于给水系统数量巨大, 最常使用的方法是以 $\log(0.44v_{ij})$ 为偏移、给水系统识别码为分类预测变量来拟合模型. 在这个数据集中, 测出的隐孢子虫孢子 (响应变量) 命名为 `n.cT`, 系统识别码储存在名为 `PWSID` 的变量中:

```
#### R Code ####
crypto.glm <- glm(n.cT ~ factor(PWSID), data=dcts.data,
                  offset=log(0.44*volume),
                  family="poisson")
```

该模型与公式 (10.27) 一样, 估计的是 c_i 的对数. 用多层建模的术语, 带有一个因子预测变量的泊松回归是不汇集数据的模型, 系统均值是分别进行估计的.

由于数据中含有大量系统, 模型应该还不错. 由于检测的水样是饮用水供给的源水, 它们一般都有好的水质且大多数样本中没有隐孢子虫. 此处使用的数据中, 有 68% 的给水系统报告的全是 0. 当所有观测到的计数值都是 0 时, glm 无法对均值浓度的估计给出定义 (0 的对数), 这一点反映在这些估计值极端大的标准误中. 例如:

```
>display(crypto.glm)
glm(formula = n.cT ~ factor(PWSID)-1,
    family ="poisson", data=dcts.data,
    offset = log(volume*0.44))"
                          coef.est  coef.se
factor(PWSID)               -22.48 15541.86
factor(PWSID)010106001      -21.86 15541.86
factor(PWSID)104121115      -21.78 15541.86
factor(PWSID)AK2210906       -4.72     0.58
factor(PWSID)AK2260309       -3.97     0.71
factor(PWSID)AL0000133      -21.78  2590.31
……
factor(PWSID)WV3304005       -3.90     1.00
factor(PWSID)WV3304104       -4.05     1.00
factor(PWSID)WY5600011      -21.79  3047.51
factor(PWSID)WY5600029      -21.78  7770.93
factor(PWSID)WY5600050      -21.78 15541.86
---
  n=13103, k=884
  residual deviance = 6789.9, null
  deviance = 142338.8 (difference = 135548.9)
```

估计出的系数是数据中所包含的系统的平均浓度估计值. 当估计平均浓度时, 我们并不真正认为真实的均值 c 会是 0, 毕竟隐孢子虫是天然环境中可以遇到的微生物. 因此, 即使数据中包括了 884 个公共饮用水系统, 我们也不能用估计出的均值来计算系统均值的经验分布.

利用多层建模方法, 系统均值 c_i 被进一步假设为具有相同的先验分布:

$$\log c_i \sim N(\mu, \tau^2) \tag{10.28}$$

在 R 中, 带有选项 family="poisson" 的函数 glmer 被用于多层泊松回归:

```
crypto.lmer1 <- glmer(n.cT ~ 1+(1|PWSID),
                   data=dcts.data, family="poisson",
                   offset=log(volume*0.44))
```

拟合出的模型给出了 μ 和 τ^2 的估计值及系统均值的估计值. 估计出的系统均值是模型的系数:

```
#### R Output ####
> coef(crypto.lmer)
$PWSID
   (Intercept)
1         -5.53
2         -5.47
3         -5.47
4         -4.77
5         -4.12
6         -6.46
7         -5.65
8         -6.16
9         -6.17
10        -6.17
11        -6.18
12        -3.46
……
```

图 10.27 给出了系统均值及其标准误的估计值. 观测数据中全是 0 的系统具有最低的均值浓度和高的标准误. 图形还给出了向全体系统均值处拖动的相对数量——一个系统的样本容量越小, 被拖向全体均值的程度越大. 随着样本容量的增加, 估计出的系统均值 (和标准误) 被拖动的量会减少.

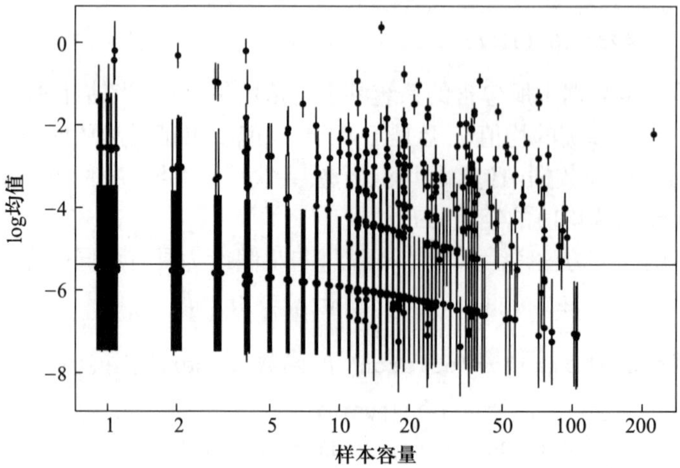

图 10.27 美国饮用水系统中隐孢子虫的系统均值——对估计出的隐孢子虫系统均值 (圆点) 及其标准误 (线段) 和相应的系统样本容量作图. 水平线是所有系统的浓度平均值.

当考虑系统均值分布时, 我们可以用 884 个系统均值估计值的经验分布, 也可以直接用估计出的 μ 和 τ^2. 经验累积分布函数 (CDF) 可以用公式 (3.2) 来估算:

```
#### R Code ####
mus <- coef(icr.lmer1)[[1]][,1]
n.sys <- length(mus)
f = ((1:n.sys)-0.5)/n.sys
```

对基于模型的系统均值累积分布和经验的 CDF 进行比较, 我们能看到明显的差异, 而差异很大程度上是由所有计数均为 0 的系统造成的 (图 10.28). 如果感兴趣的是正确地量化具有某种高水平的隐孢子虫浓度 (例如, 0.5 个孢子/L) 的系统所占的比例, 基于模型的 CDF 和经验 CDF 能产生类似的结果.

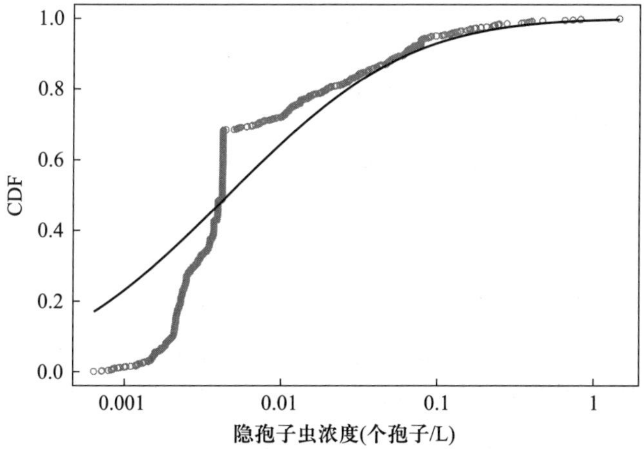

图 10.28 美国隐孢子虫的系统均值分布——系统均值分布可以用多层模型估计出来的系统均值 (灰色圆圈) 的经验 CDF 来获得, 也可以用系统均值对数的正态分布参数 (公式 (10.28) 中的 μ 和 τ^2, 图中实线) 来获得.

10.6.3 采用模拟手段来检验模型

模型对数据的拟合度有多高? 要回答这个问题, 一种便捷的方法是先让模型再次产生数据集, 然后比较再生的数据和真实数据. 从多层模型中再生的数据就是用拟合出的模型生成的随机数. 正如在线性回归模型中那样, 我们用模型输出来生成 μ 和 τ^2 的随机数, 从而产生给水厂水平上的隐孢子虫浓度 c_i. 生成的 c_i 接下来被用于生成孢子的个数. 利用再生的数据, 我们可以计算重要的统计量并评估模型的性能. EPA 感兴趣的一个统计量是超过水质标准的系统的个数. 现有的隐孢子虫标准为 0, 是一个无法验证的数值. 因此, EPA 要求公共饮用水系统要灭活 99.9% 的隐孢子虫. 前几节中开发的模型要想有用, 它必须能再现计数值全部为 0 的系统和具有极端高浓度值的系统所占的比例.

要评估这两种特性, 我们用简单的程序来重复生成 μ 和 τ 的随机样本, 然后为每一对 μ 和 τ 生成一个 c_i. 生成的各个 c_i 被用来生成可能的计数值 y:

```
#### R Code ####
dcts.size <- as.vector(table(dcts.data$PWSID))
n.sys <- 884
n.sims <- 10000
zeros <- numeric()
sys.means <- matrix(0, n.sims, n.sys)
for (i in 1:n.sims){
    zeros[i] <- 0
    for (j in 1:n.sys){
        mu <- rnorm(1, -5.384, 0.103)
        sigma <- 2.08*sqrt((13103-884)/rchisq(1, 13103-884))
        y <- rpois(dcts.size[j],
                   0.44*10*exp(rnorm(dcts.size[j], mu, sigma)))
        sys.means[i,j] <- mean(y)/10
        zeros[i] <- zeros[i] + (sum(y!=0)==0)/n.sys
    }
}
hist(zeros, xlab="fraction of all zeros systems", main="")
hist(as.vector(apply(sys.means, 1, quantile, prob=0.99))
```

模拟算法使用的典型水样体积为 10 L. 真实数据中的样本体积范围是 2 ~ 10000 L. 而水样体积的第 25 百分位数和中位数均为 10 L. 模拟结果 (图 10.29)

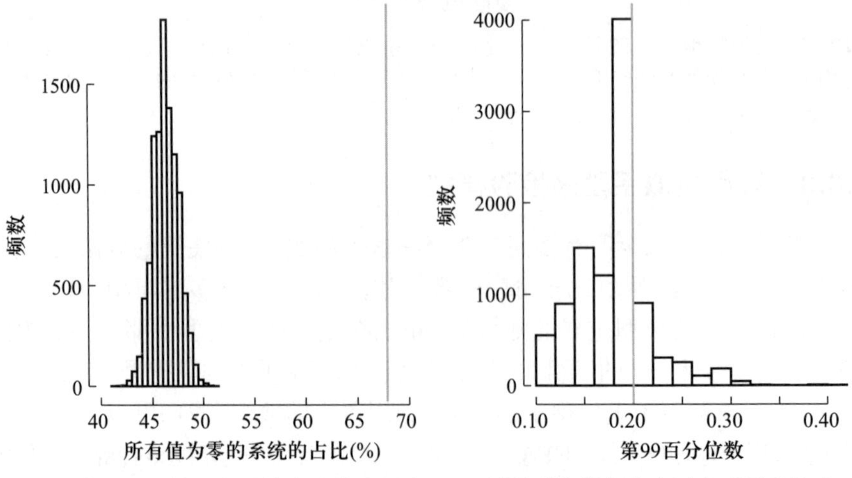

图 10.29 模拟美国饮用水系统中的隐孢子虫——观测到的所有隐孢子虫观测值均为 0 的系统的百分比是 68%(灰色竖线), 远高于模拟出的百分比 (左图); 观测到的系统均值 (0.2 个孢子/L, 灰线) 的第 99 百分位数能很好地被模拟重现 (右图).

表明模型在再现极端高值方面是准确的, 但是, 低估了所有观测值为 0 的系统个数.

与 Cape Sable 海滨麻雀案例一样 (见图 9.7), 模型无法再现所有值为 0 的系统的个数. 当使用泊松回归模型时, 意味着我们认为真值非零. 如果隐孢子虫在源水中是普遍存在的, 这个假设是科学合理的. 因为隐孢子虫是靠周围的硬囊 (封闭的液囊, 具有独特的膜且与附近的组织分隔) 传播的, 且它们的存在与哺乳动物的存在是关联的, 所以, 普遍存在的假设是合理的. 在需要公共饮用水系统的环境中, 人类的影响总是存在的. 模型重现和观测到全为 0 的系统的差距会带来严重后果. 由于更多的系统预测会检出隐孢子虫, 模型在某种程度上夸大了问题的严重性. 使用平均的回收率可能过度简化了数据的产生过程, 这可能是导致观测到比预期更多 0 值的一种原因. 如果实验室之间存在显著的回收率的波动, 这个模型可能低估了某些系统的浓度. 改造这个模型有多种可能的方向.

首先, 当水样拿到实验室去测试隐孢子虫浓度时, 样本中可能并没有孢子, 即使水中的真实浓度非零. 因此, 所报告的 0 就真是 0. 当水样中只有一个孢子, 它被检测到的概率只有 0.44. 换句话说, 报告 0 的概率是回收率和真实浓度的函数, 总是大于根据回收率 0.44 计算出来的概率 0.56. 真实浓度越小, 观测值为 0 的概率越大.

其次, 被 EPA 认证过的能检测隐孢子虫的实验室有很多. 虽然都是经过认证的, 但这些实验室对所报告的隐孢子虫检出个数可能造成了额外的波动. 这些实验室被要求报告 "加标样本" 的结果, 也就是将已知数量的孢子掺入水样后报告其回收率. 这个信息是与特定实验室有关的. 饮用水数据的分析应该将这个信息包含在内, 从而更好地量化回收率.

10.7 结束语

统计推断是通过假设演绎进行归纳推理的工具. 这个过程的关键在于其起点是一个假设, 一旦演绎过程 (参数估计) 完成, 就必须对假设进行评估. 在鱼体中的 PCB 案例中, 一开始, 我们使用简单的双样本 t 检验来比较小鱼和大鱼之间的 (对数)PCB 浓度均值. 比较两组 PCB 浓度的 Q–Q 图表明, 两个总体之间的差异比加性或乘性偏移更为复杂. 因此, t 检验只能提供有关差异的部分信息. 当使用散点图 (例如, PCB 浓度对年份, 以及对鱼的大小作图) 时, 我们认识到将 PCB 的变化作为年份和鱼体长度的函数来建模能获得更多信息. 但在检查相应模型的残差时, 我们进一步注意到关于鱼体长度的线性假设是有问题的.

因此, 我们使用了曲棍球棒模型. 在编写这本书的第 9 章时, 首次发现了鱼体长度的不均衡现象. 通过随后的调查, 我了解到了采样方法 (采集湖鱼) 的变化.

在第 10.6.2 节的隐孢子虫案例中, 使用泊松回归模型的隐含假设是, 真实的隐孢子虫平均浓度不为零. 对于一个大型水体来说, 这个假设很可能是正确的. 但是, 当从湖泊或河流中提取 10 L 水的样本时, 水样中有可能没有隐孢子虫 (因此浓度将被低估). 当水样中确实捕获了一个隐孢子虫卵囊 (并在测量过程中复活) 时, 如果真实浓度低于每升 0.1 个卵囊, 则该特定样品的浓度可能会被高估. 因此, 相应的收缩估计量, 像多层模型那样, 是需要的. 通过收缩效应, 我们可以将低浓度向上移动, 将高浓度向下移动.

这两个例子阐明了统计学的特征和理解统计学的困难之处. 当面对一个数据分析或者建模问题, 我们感兴趣的是背后那些产生数据的过程 (科学). 我们观测到了结果 (特定的) 而想对原因 (一般性的) 做出推断. 一个科学问题绝大多数情况下总是一个归纳问题. 因此, 不存在成功的科学探究的规则. 然而, 归纳推理也可以被看作是确定一项理论、一个模型或者一条假设为 "真" 的可能性的过程. R.A.Fisher 做出的很多重要贡献与促进了科学中的假说–演绎推理有关. 用 p 值进行假设检验就是例子之一. 作为归纳的分析工具, 我们不必期望存在成功运用统计学的唯一规则. 但是, 统计学提供了一种对所提出的理论 (或模型) 为真的可能性进行概率推断的方法. 使用统计学, 我们几乎总是遵从假说–演绎推理方法, 提出一个模型后用统计知识或者新数据来评估拟合好的模型. 这个特点在 Fisher 的假设检验过程和 p 值的使用中得到了最清晰的展示. 零假设是关于检验统计量在零假设为真时的预期行为的理论. 然后, 通过计算 p 值来评估零假设. Neyman–Pearson 关于统计假设的范式去掉了统计学和科学之间的联系, 将零假设当作稻草人靶子来使用. 虽然 Neyman–Pearson 方法在决策情形下有用, 但是, 它在科学研究中的地位是令人质疑的.

传统上, 通过一系列看上去成体系的话题来讲授统计学. 但是, 这样的顺序往往会让学生混淆统计学和数学. 由于数学是演绎推理的工具, 这种混淆是无益的. 在常见的环境/生态学课程体系中, 我们在研究生水平的统计学课程中讲述 t 检验、ANOVA 和线性回归. 这种讲解统计学的方法强调了参数估计和分布的问题, 但忽视了规范化的问题. 但规范化的问题在科学上是最为重要的一步. 就这一点而言, Fisher 关于统计学 3 个问题的描述可以说是对科学方法的简短总结: 一个提出假设 (一个模型)、将数据拟合到假设的模型中、对假设和数据之间的差异进行检验、修改假设的迭代过程.

拟合模型是重要的, 但是, 评估假设的有效性更为重要. 不像模型拟合过程那样, 在模型评估方面并没有规律可循. 因此, 我发现学习统计学的过程既困难又容易. 容易的部分是执行统计检验的过程和用于拟合具体模型的程序. 困难的部分则是模型评估, 尤其是模型假设的评估. 我们用模型残差来检验重要的假设并寻找数据和拟合出的模型之间的差距. 由于拟合出的模型是对数据的最优化, 残差在揭示模型中的某些不当之处时是低效的. Chamberlin (1890) 建议使用"多重工作假设"对新现象进行理性解释. 用 Chamberlin 的话说, 当只用一个假设来描述一种新现象时, 调查人员可能有"知识亲子关系的偏袒". 提出多个工作假设可能会中和这种偏袒, 因为调查人员现在是"假设家族的父母". 在拟合统计模型时, 估计模型参数以便模型最适合数据. 通常, 我们无法使用标准模型评估方法轻松检测模型的缺陷. 多重工作假设方法建议我们提出多种替代模型. Qian 和 Cuffney (2012) 使用四个替代模型来了解大型无脊椎动物对流域城市化的响应模式, 并认为阈值响应模式不太可能. Qian (2014b) 使用相同的方法重新检查了 Everglades 湿地的磷阈值的估计结果. 两项研究表明, 简单的阶梯函数模型不太可能是最佳模型.

本书中很多例子都包含了模拟的部分. 采用模拟的方法, 我们可以通过比较模型预测值和数据的很多特征值或者来自研究对象的重要基准值来评估模型. 从模拟过程中揭示出来的差距往往是修改模型的起点, 很可能修正对研究对象的认识. 模拟的基本原则简单且易于理解——我们从模型中随机抽取样本(模拟出的数据). 这些模拟出的数据用来与观测数据相比较. 这些模拟出的数据还可以用来计算表征数据重要特征的参数或者已知的来源于研究对象知识的标准值. 实践中, 难点在于评价标准的选择. 模拟什么和比较什么不仅仅是统计学问题, 而且是科学问题. 如果缺乏关于研究对象的知识, 有效的模拟是很难实现的. 我在海滨麻雀和隐孢子虫的案例中使用的都是观测到的零值的百分比. 两个例子中, 我解释了在实验和调查中观测到 0 的可能原因. 一旦问题描述清楚了, 显然有些 0 是真实的, 记为 0 意味着那个区域真的没有鸟或者水样中真的没有病原微生物. 泊松回归模型无法考虑这样的问题, 因为它的连接函数是对数变换. 两个例子中, 检出概率 (观测到 1 只鸟的概率和捕集到 1 个隐孢子虫孢子的概率) 是一个条件概率, 也就是说, 在至少存在 1 只鸟或者 1 个孢子的条件下. 当回收率 (估计出的检出概率) 用在泊松回归模型中时, 我们犯了一个统计学错误, 即忽略了孢子检出概率的条件特征. 模拟结果表明, 模型在预测系统均值的第 99 百分位数时是准确的. 第 99 百分位数是被具有非常高的浓度的系统所代表的, 0 膨胀的可能性低于那些具有较低浓度的系统.

Peters(1991) 指出生态学文章中最常见的方法的缺陷可能就是统计学方面的. 这不是因为环境和生态学研究人员缺乏统计学训练, 而是因为在统计学和应用学科之间缺乏联系. 学习统计学和应用统计学是两个不同的过程. 学习统计学的过程中, 我们针对不同类型的数据会分别学习相应的方法. 在应用统计学的过程中, 不经过尝试和挖掘, 我们通常不知道哪种方法是合适的. Peters 进

一步指出 "在每个人自己的研究环境中, 通过对统计学的直接应用能更好地学习统计学, 再在可能的时候辅以适当的阅读、教材和课程. " 但这种持续学习应该以明确的认识为指导, 即认识到统计分析/模型是建立在一组假设之上的. 因此, 在学习如何就这些假设提出疑问时, 需要一种批判性心态.

10.8 参考文献说明

哥伦比亚大学的 Andrew Gelman 和他的研究小组讨论了多层模型, Gelman 和 Hill (2007) 做了概括并强调了其应用. 对多层模型应用于 ANOVA 问题的更为理论化的讨论可以在 Gelman (2005) 中找到. 多层模型的应用及一些理论背景则在 Pinheiro 和 Bates (2000) 中可以找到.

10.9 练习

1. 在美国, 各州机构使用常规水质数据来评估环境达标情况. Frey 等 (2011) 从五大湖周边流域的可涉水溪流中收集水质和生物监测数据, 以了解营养物富集对溪流生物群落的影响. 由于来自不同溪流的样本数量差异很大, 评估不确定性也会波动. Qian 等 (2015b) 建议使用多层模型对类似站点予以部分汇集, 以提高评估准确性. Frey 等 (2011) 的水质监测数据存于文件 `greatlakes.csv` 中. 数据文件包括站点信息 (例如位置)、采样日期和各种营养物浓度. 感兴趣的是总磷浓度 (`Tpwu`). 详细的站点描述存于文件 `greatlakessites.csv`, 包括Ⅲ级生态区、排水面积和其他计算出的营养负荷信息. 在评估水质是否符合标准时, 我们将估计出的浓度分布与水质标准进行比较. 美国 EPA 推荐的该地区的 TP 标准是 0.02413 mg/L. 我们可以使用站点的监测数据来估计对数平均值和对数方差, 以近似 TP 浓度分布 (对数正态分布), 并可以计算站点的超标概率.

• 使用线性回归同时估计各站点平均值 (以站点为唯一的预测变量), 并估计每个站点的超标概率, 假设站内方差是共同的.

• 使用多层模型来估计站点平均值, 并估计每个站点的超标概率. 将多层模型结果与线性回归结果进行比较, 并讨论二者差异.

2. 表征溪流生态系统条件的一个常用指标是物种丰富度 (在样本中发现的物种或分类群数量). 在 EUSE 案例中, 我们经常使用①大型无脊椎动物分类群总数 (丰富度) 和②属于已知对污染敏感的三个目的分类群数量. 这三个目是

Ephemeroptera(蜉蝣)、Plecoptera(石蝇) 和 Trichoptera(石蛾). 这三个目中的分类群统称为 EPT 分类群. EPT 分类群丰富度通常比总分类群丰富度对水质更具指示性. USGS 网页上发布的数据文件包括总丰富度 (RICH) 和 EPT 分类群丰富度 (EPTRICH).

(a) 开发一个多层模型, 以模拟总分类群丰富度 (`RICH`) 对流域城市化变化和区域气候条件的响应, 其中城市化用全国城市化强度指数 (`nuii`) 来表示.

(b) 开发一个多层模型, 以研究 EPT 分类群丰富度 (`EPTRICH`) 对城市化强度变化以及区域变量 (如平均温度和降水等) 的响应.

(c) 检查生物群落变化的另一种方法是检查 EPT 分类群相对丰富度 (即 EPT 分类群丰富度占大型无脊椎动物分类群总数的分数) 沿着城市梯度的变化. 开发一个多层的逻辑斯蒂回归模型来研究 EPT 分类群相对丰富度的变化, 并将结果与 EPT 分类群丰富度模型进行比较.

(d) 考虑第 8 章中所讨论的多项式模型和泊松模型之间的连接关系, 讨论如何在多层设置中使用这种关系.

3. 在加莱克斯草案例中, 使用模拟手段展示了大叶片比例的估计不确定性 (图 10.26). 使用相同的模拟方法来估计大叶片密度的不确定性 (模型 `G.lmer1`), 并将结果与图 10.24 进行比较.

4. 伊利湖周围的许多机构都有长期的水质监测计划. 然而, 这些机构使用几种不同的水样采集方法和数种化学分析方法来测试水质变量. 数据文件 `Eriecombined.csv` 包括 2010 年至 2013 年收集的六个机构的监测数据. 图 3.4 给出了 NOAA 的数据. 检查机构间差异的一种方法是, 在考虑其他影响水质 (特别是 TP 和叶绿素 a 浓度) 的因素后, 使用以机构为因子变量的多层模型. 这些因素包括①到磷源 (毛米河) 的距离, ②年份和③季节 (月).

(a) 使用探索性数据分析工具 (例如 Q–Q 图) 来确定差异的性质 (例如乘积性或加和性差异). 根据探索性分析, 建议对两个感兴趣的水质变量 (TP 和叶绿素 a 浓度) 进行适当的形式变换.

(b) 拟合 TP 和叶绿素 a 浓度 (分别为 `TP` 和 `CHLA`) 的多层模型, 使用到毛米河口的距离 (`DISTANCE`) 作为连续预测变量, 并将机构 `INSTITUTION`、年份 `YEAR` 和季节 `SEASON` 作为三个因子变量. 简单描述模型输出.

(c) 以图形方式展示机构之间的差异.

参考文献

R. P. Abelson. Statistics as Principled Argument. Psychology Press, New York, 1995.

A. Agresti. Categorical Data Analysis. Wiley, Hoboken, NJ, 2002.

C. W. Anderson, T. M. Wood, and J. L. Morace. Distribution of dissolved pesticides and other water quality constituents in small streams, and their relation to land use, in the Willamette River Basin, Oregon. Technical report, U.S. Geological Survey, Water-Resources Investigations Report 97–4268, Portland Oregon, 1997.

D. R. Anderson, K. P. Burnham, and W. L. Thompson. Null hypothesis testing: Problems, prevalence, and an alternative. Journal of Wildlife Management, 64: 912–923, 2000.

E. Anderson. The irises of the Gaspe Peninsula. Bulletin of the American Iris Society, 59: 2–5, 1935.

S. J. Arnold and M. J. Wade. On the measure of natural and sexual selection: Applications. Evolution, 38(4): 720–734, 1984.

C. A. Bache, J. W. Serum, W. D. Youngs, and D. J. Lisk. Polychlorinated biphenyl residuals: Accumulation in Cayuga Lake trout with age. Science, 117: 1192–1193, 1972.

M. E. Baker and R. S. King. A new method for detecting and interpreting biodiversity and ecological community thresholds. Methods in Ecology and Evolution, 1(1): 25–37, 2010.

M. Banerjee and I. W. McKeague. Confidence sets for split points in decision trees. The Annals of Statistics, 35(2): 543–574, 2007.

D. M. Bates. lme4: Mixed-effects Modeling with R. Springer, 2010.

D. M. Bates and D. G. Watts. Nonlinear Regression Analysis and Its Applications. Wiley Series in Probability and Statistics. Wiley, New York, 2007.

J. H. Bennett, editor. Collected Papers of R. A. Fisher. Adelaide: University of Adelaide, 1971.

P. Bloomfield, A. Royle, and Q. Yang. Accounting for meteorological effects in measuring urban ozone levels and trends. Technical report, Technical Report # 1, National Institute of Statistical Sciences, Research Triangle Park, NC, 1993.

M. E. Borsuk, D. Higdon, C. A. Stow, and K. H. Reckhow. A Bayesian hierarchical model to predict benthic oxygen demand from organic matter loading in estuaries and coastal zones. Ecological Modelling, 143(3): 165–181, 2001.

G. E. P. Box. Science and statistics. Journal of the American Statistical Association, 71(356): 791–799, 1976.

G. E. P. Box and D. R. Cox. An analysis of transformations (with discussion). Journal of the Royal Statistical Society, B, 26: 211–246, 1964.

L. Breiman. Bagging predictors. Machine Learning, 24: 123–140, 1996.

L. Breiman. Random forests. Machine Learning, 45(1): 5–32, 2001.

L. Breiman, J. H. Friedman, R. Olshen, and C. J. Stone. Classification and Regression Trees. Wadsworth International Group, Belmont, CA, 1984.

P. Bühlmann and B. Yu. Analyzing bagging. The Annals of Statistics, 30(4): 927–961, 2002.

R. K. Carey. Modeling N_2O emissions from agricultural soils using a multilevel linear regression. Master's thesis, Nicholas School of the Environment, Duke University, Durham, NC, 2007.

W. W. Carmichael. Cyanobacteria secondary metabolites—the cyanotoxins. Journal of Applied Bacteriology, 72(6): 445–459, 1992.

T. C. Chamberlin. The method of multiple working hypotheses. Science, 15 (old series): 92, 1890.

J. M. Chambers and T. J. Hastie, editors. Statistical Models in S. CRC Press, Inc. , Boca Raton, FL, USA, 1991. ISBN 0412052911.

C. J. Chen, Y. C. Chuang, T. M. Lin, and H. Y. Wu. Malignant neoplasms among residents of a blackfoot disease endemic area in Taiwan: High-arsenic artesian well water and cancers. Cancer Research, 45: 5895–5899, 1985.

H. Chen, D. Ivanoff, and K. Pietro. Long-term phosphorus removal in the Everglades stormwater treatment areas of South Florida in the United States. Ecological Engineering, 79: 158–168, 2015.

P. Chesson. A need for niches? Trends in Ecology and Evolution, 6: 26–28, 1991.

P. Chesson. Mechanisms of maintenance of species diversity. Annual Review in Ecology and Systemantics, 31: 343–366, 2000.

L. A. Clark and D. Pregibon. Tree-based models. In J. M. Chambers and T. J. Hastie, editors, Statistical Models in S. Wadsworth & Brooks, Pacific Grove, CA, 1992.

R. B. Cleveland, W. S. Cleveland, J. E. Mcrae, and I. Terpenning. STL: A seasonal-trend decomposition procedure based on loess. Journal of Official Statistics, 6(1): 3–73, 1990.

W. S. Cleveland. The Elements of Graphing Data. Hobart Press, Summit, NJ, 1985.

W. S. Cleveland. Visualizing Data. Hobart Press, Summit, NJ, 1993.

J. Cohen. Statistical Power Analysis for the Behavioral Sciences. Lawrence Erlbaum Associates, Hillsdale, NJ, 1988.

J. J. Cole, B. L. Peierls, N. F. Caraco, and M. L. Pace. Nitrogen loading of rivers as a human-driven process. In M. J. McDonnell and S. T. A. Picket, editors, Humans as

Components of Ecosystems: The Ecology of Subtle Human Effects and Population Areas, pages 141–157, New York, 1993. SpringerVerlag.

D. R. Cox. The relation between theory and application in statistics (with discussions). Test, 4(2): 207–261, 1995.

T. F. Cuffney and J. A. Falcone. Derivation of nationally consistent indices representing urban intensity within and across nine metropolitan areas of the conterminous United States. Technical report, U.S. Geological Survey, Scientific Investigations Report 2008–5095, 36 pp. , 2008.

T. F. Cuffney and S. S. Qian. A critique of the use of indicator species scores for identifying thresholds in species responses. Freshwater Science, 32(2): 471–488, 2013.

T. F. Cuffney, H. Zappia, E. M. P. Giddings, and J. F. Coles. Effects of urbanization on benthic macroinvertebrate assemblages in contrasting environmental settings: Boston, Massachusetts; Birmingham, Alabama; and Salt Lake City, Utah. American Fisheries Society Symposium, 47: 361–407, 2005.

C. C. Daehler and D. R. Strong. Can you bottle nature? The roles of microcosms in ecological research. Ecology, 77: 663–664, 1996.

J. H. Davis. The natural features of southern Florida, especially the vegetation, and the Everglades. Technical report, Florida Geological Survey Bulletin, No. 25, 1943.

S. M. Davis and J. C. Ogden, editors. Everglades: The Ecosystem and Its Restoration. St. Lucie Press, Delray Beach, FL, 1994.

R. D. De Veaux and P. F. Velleman. Math is music; statistics is literature. Amstat News, pages 54–58, September 2008.

G. De'ath and K. E. Fabricius. Classification and regression trees: A powerful yet simple technique for the analysis. Ecology, 81(11): 3178–3192, 2000.

S. Dodson. Predicting crustacean zooplankton species richness. Limnology and Oceanography, 37(4): 848–856, 1992.

M. Dufrêne and P. Legendre. Species assemblages and indicator species: The need for a flexible asymmetrical approach. Ecological Monographs, 67(3), 1997.

R. Eckhardt. Stan Ulam, John von Neumann, and the Monte Carlo method. Los Alamos Science, 15: 131–143, 1987.

B. Efron. Biased versus unbiased estimation. Advances in Mathematics, 16: 259–277, 1975.

B. Efron and C. Morris. Stein's estimation rule and its competitors — an empirical Bayes approach. Journal of the American Statistical Association, 68(341): 117–130, 1973a.

B. Efron and C. Morris. Combining possibly related estimation problems. Journal of the Royal Statistical Society. Series B (Methodological), 35(3): 379–421, 1973b.

B. Efron and C. Morris. Data analysis using Stein's estimator and its generalizations. Journal of the American Statistical Association, 70(350): 311–319, 1975.

B. Efron and C. Morris. Stein's paradox in statistics. Scientific American, 236: 119–127, 1977.

B. Efron and R. J. Tibshirani. An Introduction to the Bootstrap. Chapman and Hall, New York, 1993.

A. M. Ellison, E. J. Farnsworth, and R. R. Twilley. Facultative mutualism between red mangroves and root-fouling sponges in Belizean mangal. Ecology, 77(8): 2431–2444, 1996.

G. R. Finch, C. W. Daniels, E. K. Black, F. W. Schaefer, and M. Belosevic. Dose response of sporidium parvum in outbred neonatal cd-1 mice. Applied and Environmental Microbiology, 59(11): 3661–3665, 1993.

R. A. Fisher. On the mathematical foundations of theoretical statistics. Philosophical Transactions of the Royal Society of London, Series A, 222: 309–368, 1922.

R. A. Fisher. Statistical Methods for Research Workers. Oliver and Boyd, Edinburgh. (14th edition reprinted in 1970), 1st edition, 1925.

R. A. Fisher. The use of multiple measurements in taxonomic problems. Annals of Eugenics, 7, Part II: 179–188, 1936.

R. A. Fisher. Statistical methods and scientific induction. Journal of the Royal Statistical Society, B, 17: 69–78, 1955.

J. F. Fraumeni. Cigarette smoking and cancers of the urinary tract: Geographic variations in the United States. Journal of the National Cancer Institute, 41, 1968.

J. W. Frey, A. H. Bell, J. A. Hambrook-Berkman, and D. L. Lorenz. Assessment of nutrient enrichment by use of algal-, invertebrate-, and fish-community attributions in wadeable streams in ecoregions surrounding the Great Lakes. Scientific Investigations Report 2011–5009. National Water-Quality Assessment Program, U.S. Geological Survey, Reston, Virginia, 2011.

A. S. Friedlaender, P. N. Halpin, S. S. Qian, G. L. Lawson, P. H. Wiebe, D. Thiele, and A. J. Read. Whale distribution in relation to prey abundance and oceanographic processes in shelf waters of the Western Antarctic Peninsula. Marine Ecology Progress Series, 317: 297–310, 2006.

J. H. G. Gauch. Multivariate Analysis in Community Ecology. Cambridge University Press, New York, 1982.

A. Gelman. Analysis of variance — why it is more important than ever (with discussions). The Annals of Statistics, 33(1): 1–53, 2005.

A. Gelman. Letter to the editors regarding some papers of Dr. Satoshi Kanazawa. Journal of Theoretical Biology, 245(3): 597–599, 2007.

A. Gelman and J. Hill. Data Analysis Using Regression and Multilevel/Hierarchical Models. Cambridge University Press, New York, 2007.

A. Gelman, J. Hill, and M. Yajima. Why we (usually) don't have to worry about multiple comparisons. Journal of Research on Educational Effectiveness, 5: 189–211, 2012.

A. Gelman, J. B. Carlin, H. S. Stern, David B. Dunson, Aki Vehtari, and D. B. Rubin. Bayesian Data Analysis. CRC Press, Boca Raton, Florida, 3rd edition, 2014.

R. J. Gilliom and D. R. Helsel. Estimation of distribution parameters for censored trace level water quality data 1: Estimation techniques. Water Resources Research, 22: 135–146, 1986.

A. Gleit. Estimation of small normal data sets with detection limits. Environmental Science and Technology, 19: 1201–1206, 1985.

J. J. Goeman and S. Le Cessie. A goodness-of-fit test for multinomial logistic regression. Biometrics, 62: 980–985, 2006.

N. J. Gotelli and A. M. Ellison. A Primer of Ecological Statistics. Sinauer Associates, Inc. Publishers, Sunderland, MA, 2004.

A. Guisan and N. E. Zimmermann. Predictive habitat distribution models in ecology. Ecological Modelling, 135(2–3): 147–186, 2000.

W. Härdle. Smoothing Techniques: With Implementation in S. SpringerVerlag, New York, 1991.

R. D. Harmel, S. Potter, P. Casebolt, K. H. Reckhow, C. Gree, and R. Haney. Compilation of measured nutrient load data for agricultural land uses in the United States. Journal of the American Water Resources Association, 42(5): 1163–1178, 2006.

T. J. Hastie and R. J. Tibshirani. Generalized Additive Models. Chapman and Hall, London, 1990.

J. P. Hayes and R. J. Steidl. Statistical power analysis and amphibian population trends. Conservation Biology, 11(1): 273–275, 1997.

D. R. Helsel. Less than obvious. Environmental Science and Technology, 24 (12): 1767–1774, 1990.

D. R. Helsel and R. J. Gilliom. Estimation of distribution parameters for censored trace level water quality data 2: Verification and applications. Water Resources Research, 22: 147–155, 1986.

J. M. Hoenig and D. M. Heisey. The abuse of power: The pervasive fallacy of power calculations for data analysis. The American Statistician, 55(1): 1–6, 2001.

D. W. Hosmer and S. Lemeshow. Applied Logistic Regression. Wiley, New York, 2nd edition, 2000.

S. P. Hubbell. The Unified Neutral Theory of Biodiversity and Biogeography. Princeton University Press, Princeton, New Jersey, 2001.

R. B. Huey, G. W. Gilchrist, M. L. Carlson, D. Berringan, and L. Serra. Rapid evolution of geographic cline in size in an introduced fly. Science, 287(5451): 308–309, 2000.

D. Hume. Philosophical Essays Concerning Human Understanding. A. Millar, London, UK, 1st edition, 1748.

D. Hume. An Inquiry Concerning Human Understanding. The Clarendon Press, Oxford, UK, 1777.

G. E. Hutchinson. Homage to Santa Rosalia or why are there so many kinds of animals? American Maturalist, 93: 145–159, 1959.

J. P. A. Ioannidis. Why most published research findings are false. PLoS Medicine, 2(8): e124 doi: 10. 1371/journal. pmed. 0020124, 2005.

W. James and Charles Stein. Estimation with quadratic loss. In Proceedings of the 4th Berkeley Symposium Mathematics, Statistics and Probability, volume 1, pages 361–379. University of California Press, Berkeley, California, 1961.

M. P Johnson and P. H. Raven. Species number and endemism: The Galapagos archipelago revisited. Science, 179: 893–895, 1973.

R. H. G Jongman, C. J. F. ter Braak, and O. F. R. Van Tongeren. Data Analysis in Community and Landscape Ecology. Cambridge University Press, New York, 1995.

G. G. Judge and M. E. Bock. The Statistical Implications of Pre-test and Stein-rule Estimators in Econometrics. North-Holland, Amsterdam, 1978.

S. Kanazawa and G. Vandermassen. Engineers have more sons, nurses have more daughters: An evolutionary psychological extension of Baron-Cohen's extreme male brain theory of autism. Journal of Theoretical Biology, 233 (4): 589–599, 2005.

J. Kerman and A. Gelman. Manipulating and summarizing posterior simulations using random variable objects. Statistics and Computing, 17(3): 235–244, 2007.

R. S. King, M. E. Baker, P. F. Kazyak, and D. E. Weller. How novel is too novel? Stream community thresholds at exceptionally low levels of catchment urbanization. Ecological Applications, 21: 1659–1678, 2011.

D. G. Korich, M. M. Marshall, H. V. Smith, J. O'Grady, C. R. Bukhari, Z. Fricker, J. P. Rosen, and J. L. Clancy. Inter-laboratory comparison of the cd-1 neonatal mouse logistic dose-response model for *Cryptosporidium parvum* oocysts. Journal of Eukaryotic Microbiology, 47(3): 294–298, 2000.

P. Kuhnert and B. Venables. An Introduction to R: Software for Statistical Modelling & Computing. Technical report, CSIRO Mathematical and Information Sciences, Cleveland, Australia, 2005.

D. Lambert. Zero-inflated Poisson regression, with an application to defects in manufacturing. Technometrics, 34(1): 1–14, 1992.

T. R. Lange, H. E. Royals, and L. L. Connor. Influence of water chemistry on mercury concentration in largemouth bass from Florida lakes. Transactions of the American Fisheries Society, 122(1): 74–84, 1993.

S. Le Cessie and J. C. Van Houwelingen. A goodness-of-fit test for binary regression models based on smoothing methods. Biometrics, 47: 1267–1282, 1991.

E. L. Lehmann and G. Casella. Theory of Point Estimation. Springer, New York, 2nd edition, 1998.

J. Lenhard. Models and statistical inference: The controversy between Fisher and Neyman-Pearson. The British Journal for the Philosophy of Science, 57(1): 69–91, 2006.

E. Lesaffre and A. Albert. Multiple-group logistic regression diagnostics. Applied Statistics, 38: 425–440, 1989.

S. S. Light and J. W. Dineen. Water control in the Everglades: A historical perspective. In S. M. Davis and J. C. Ogden, editors, Everglades: The Ecosystem and Its Restoration, pages 47–84. St. Lucie Press, Delray Beach, FL, 1994.

R. MacArthur. Geographical Ecology. Princeton University Press, Princeton, New Jersey, 1972.

C. P. Madenjian, R. J. Hesselberg, T. J. Desorcie, L. J. Schmidt, Stedman. R. M. , L. J. Begnoche, and D. R. Passino-Reader. Estimate of net trophic transfer efficiency of PCBs to Lake Michigan lake trout from their prey. Environmental Science and Technology, 32: 886–891, 1998.

O. Malve and S. S. Qian. Estimating nutrients and chlorophyll a relationships in Finnish lakes. Environmental Science and Technology, 40(24): 7848–7853, 2006.

T. G. Martin, B. A. Wintle, J. R. Rhodes, P. M. Kuhnert, S. A. Field, Samantha J. Low-Choy, A. J. Tyre, and H. P. Possingham. Zero tolerance ecology: Improving ecological inference by modelling the source of zero observations. Ecology Letters, 8(11): 1235–1246, 2005.

P. McCullagh and J. A. Nelder. Generalized Linear Models. Chapman & Hall, London, 1989.

G. C. McDonald and R. C. Schwing. Instabilities of regression estimates relating air pollution to mortality. Technometrics, 15(3): 463–481, 1973.

G. McMahon and T. F. Cuffney. Quantifying urban intensity in drainage basins for assessing stream ecological conditions. Journal of the American Water Resources Association, 36(6): 1247–1261, 2000.

K. H. Morales, L. Ryan, T. L. Kuo, M. M. Wu, and C. J. Chen. Risk of internal cancers from arsenic in drinking water. Environmental Health Perspectives, 108: 655–661, 2000.

V. M. R. Muggeo. Estimating regression models with unknown break-points. Statistics in Medicine, 22(19): 3055–3071, 2003.

National Research Council. Arsenic in Drinking Water. National Academy Press, Washington, DC, 1999.

J. Oksanen and P. R. Minchin. Continuum theory revisited: What shape are species responses along ecological gradients? Ecological Modelling, 157(2–3): 119–129, 2002.

W. R. Ott. Environmental Statistics and Data Analysis. Lewis Publishers, Boca Raton, 1995.

R. H. Peters. A Critique for Ecology. Cambridge University Press, 1991.

J. G. Pigeon and J. F. Heyse. An improved goodness-of-fit statistic for probability prediction models. Biometrical Journal, 41: 71–82, 1999.

S. L. Pimm, H. L. Jones, and J. Diamond. On the risk of extinction. The American Naturalist, 132: 757–785, 1988.

J. C. Pinheiro and D. M. Bates. Mixed-Effects Models in S and S-PLUS. Springer-Verlag, New York, 2000.

K. P. Popper. The Logic of Scientific Discovery. Hutchinson Education (reprinted 1992 by Routledge), London, 1959.

S. S. Qian. A nonparametric Bayesian model of phosphorus retention. PhD thesis, Nicholas School of the Environment, Duke University, 1995.

S. S. Qian. Ecological threshold and environmental management: A note on statistical methods for detecting thresholds. Ecological Indicators, 38: 192–197, 2014a.

S. S. Qian. Statistics in ecology is for making a "principled" argument. Landscape Ecology, 29(6): 937–939, 2014b.

S. S. Qian and C. W. Anderson. Exploring factors controlling variability of pesticide concentrations in the Willamette River Basin using tree-based models. Environmental Science and Technology, 33: 3332–3340, 1999.

S. S. Qian and T. F. Cuffney. To threshold or not to threshold? That's the question. Ecological Indicators, 15(1): 1–9, 2012.

S. S. Qian and T. F. Cuffney. A hierarchical zero-inflated model for species compositional data — from individual taxon responses to community response. Limnology and Oceanography: Methods, 12: 498–506, 2014.

S. S. Qian and T. F. Cuffney. The multiple-comparison trap and the Raven's paradox — perils of using null hypothesis testing in environmental assessment. Environmental Monitoring and Assessment, 190(409), 2018

S. S. Qian and M. Lavine. Setting standards for water quality in the Everglades. Chance, 16(3): 10–16, 2003.

S. S. Qian and Y. Pan. Historical soil total phosphorus concentration in the Everglades. In A. R. Burk, editor, Focus on Ecological Research, pages 131–150. Nova Science, 2006.

S. S. Qian and C. J. Richardson. Estimating the long-term phosphorus accretion rate in the Everglades: A Bayesian approach with risk assessment. Water Resources Research, 33(7): 1681–1688, 1997.

S. S. Qian and Z. Shen. Ecological applications of multilevel analysis of variance. Ecology, 88(10): 2489–2495, 2007.

S. S. Qian, M. E. Borsuk, and C. A. Stow. Seasonal and long-term nutrient trend decomposition along a spatial gradient in the Neuse River watershed. Environmental Science and Technology, 34: 4474–4482, 2000a.

S. S. Qian, M. Lavine, and C. A. Stow. Univariate Bayesian nonparametric binary regression with application in environmental management. Environmental and Ecological Statistics, 7: 77–91, 2000b.

S. S. Qian, W. Warren-Hicks, J. Keating, D. R. J. Moore, and R. S. Teed. A predictive model of mercury fish tissue concentrations for the southeastern United States. Environmental Science and Technology, 35(5): 941–947, 2001.

S. S. Qian, R. S. King, and C. J. Richardson. Two statistical methods for the detection of environmental thresholds. Ecological Modelling, 166: 87–97, 2003a.

S. S. Qian, C. A. Stow, and M. E. Borsuk. On Monte Carlo methods for Bayesian inference. Ecological Modelling, 159: 269–277, 2003b.

S. S. Qian, A. Schulman, J. Koplos, A. Kotros, and P. Kellar. A hierarchical modeling approach for estimating national distributions of chemicals in public drinking water systems. Environmental Science and Technology, 38(4): 1176–1182, 2004.

S. S. Qian, K. Linden, and M. Donnelly. A Bayesian analysis of mouse infectivity data to evaluate the effectiveness of using ultraviolet light as a drinking water disinfectant. Water Research, 39: 4229–4239, 2005a.

S. S. Qian, K. H. Reckhow, J. Zhai, and G. McMahon. Nonlinear regression modeling of nutrient loads in streams: A Bayesian approach. Water Resources Research, 41: W07012, 2005b.

S. S. Qian, T. F. Cuffney, and G. McMahon. Multinomial regression for analyzing macroinvertebrate assemblage composition data. Freshwater Sciences, 31(3): 681–694, 2012.

S. S. Qian, J. D. Chaffin, M. R. DuFour, J. J. Sherman, P. C. Golnick, C. D. Collier, S. A. Nummer, and M. G. Margida. Quantifying and reducing uncertainty in estimated microcystin concentrations from the ELISA method. Environmental Science and Technology, 49(24): 14221–14229, 2015a.

S. S. Qian, C. A. Stow, and Y. K. Cha. Implications of Stein's Paradox for environmental standard compliance assessment. Environmental Science and Technology, 49(10): 5913–5920, 2015b.

F. L. Ramsey and D. W. Schafer. The Statistical Sleuth, A Course in Methods of Data Analysis. Duxbury, Pacific Grove, CA, 2002.

K. H. Reckhow and S. S. Qian. Modeling phosphorus trapping in wetland using generalized additive models. Water Resources Research, 30(11): 3105–3114, 1994.

K. H. Reckhow, J. T. Clements, and R. C. Dodd. Statistical evaluation of mechanistic water quality models. Journal of Environmental Engineering, 116 (2): 250–268, 1990.

F. J. Richards. A flexible growth function for empirical use. Journal of Experimental Botany, 10(2): 290–301, 1959.

C. J. Richardson. The Everglades Experiments: Lessons for Ecosystem Restoration. Springer, 2008.

C. J. Richardson and S. S. Qian. Long-term phosphorus assimilative capacity in freshwater wetlands: A new paradigm for sustaining ecosystem structure and function. Environmental Science and Technology, 33(10): 1545–1551, 1999.

C. J. Richardson, R. S. King, S. S. Qian, P. Vaithiyanathan, R. G. Qualls, and C. A. Stow. Estimating ecological thresholds for phosphorus in the Everglades. Environmental Science and Technology, 41(23): 8084–8091, 2007.

B. D. Ripley. Pattern Recognition and Neural Networks. Cambridge University Press, Cambridge, UK, 1996.

C. Ritz and J. C. Streibig. Bioassay analysis using R. Journal of Statistical Software, 12(5): 1–22, 2005.

K. W. Rizzardi. Alligators and litigators: A recent history of Everglades regulation and litigation. Florida Bar Journal, March: 18, 2001.

C. P. Robert and G. Casella. Monte Carlo Statistical Methods. Springer, 2004.

J. T. Rotenberry and J. A. Wiens. Statistical power analysis and community wide patterns. The American Naturalist, 125(1): 164–168, 1985.

C. Ruckdeschel, C. R. Shoop, and R. D. Kenney. On the sex ratio of juvenile *Lepidochelys kempii* in Georgia. Chelonian Conservation and Biology, 4(4): 860–863, 2005.

L. M. Ryan. Epidemiologically based environmental risk assessment. Statistical Science, 18(4): 466–480, 2003.

T. W. Schoener. The anolis lizards of Bimini: Resource partitioning in a complex fauna. Ecology, 49(4): 704–726, 1968.

M. D. Schwartz and J. M. Caprio. North American First Leaf and First Bloom Lilac Phenology Data. Data contribution series # 2003-078. , IGBP PAGES/World Data Center for Paleoclimatology, NOAA/NGDC Paleoclimatology Program, Boulder CO, USA, 2003.

M. D. Schwartz, R. Ahas, and A. Aasa. Onset of spring starting earlier across the Northern Hemisphere. Global Change Biology, 12(2): 343–351, 2006.

H. M. H. Siersma, C. J. Foley, C. J. Nowicki, S. S. Qian, and D. R. Kashian. Trends in the distribution and abundance of *Hexagenia* spp. in Saginaw Bay, Lake Huron, 1954–2012: Moving towards recovery? Journal of Great Lakes Research, 40: 156–167, 2014.

A. F. M. Smith. A Bayesian approach to inference about a change-point in a sequence of random variables. Biometrika, 62(2): 407–416, 1975. doi: 10.1093/biomet/62.2.407.

E. P. Smith, K. Ye, C. Hughes, and L. Shabman. Statistical assessment of violations of water quality standards under Section 303(d) of the Clean Water Act. Environmental Science and Technology, 35(3): 606–612, 2001.

R. A. Smith, G. E. Schwarz, and R. B. Alexander. Regional interpretation of water-quality monitoring data. Water Resources Research, 33: 2781–2798, 1997.

G. K. Smyth. Nonlinear regression. In Encyclopedia of Environmentrics, volume 3, pages 1405–1411. John Wiley and Sons, Ltd. , Chichester, 2002.

D. G. Sprugel. Correcting for bias in log-transformed allometric equations. Ecology, 64(1): 209–210, 1983.

R. J. Steidl, J. P. Hayes, and E. Schauber. Statistical power analysis in wildlife research. The Journal of Wildlife Management, 61(2): 270–279, 1997.

C. Stein. Inadmissibility of the usual estimator for the mean of a multivariate normal distribution. In Proceedings of the Third Berkeley Symposium on Mathematical Statistics and Probability, volume 1, pages 197–206. University of California Press, 1956.

S. M. Stigler. Napoleonic statistics: The work of Laplace. Biometrika, 62(2): 503–517, 1975.

C. A. Stow. Factors associated with PCB concentrations in Lake Michigan salmonids. Environmental Science and Technology, 29(2): 522–527, 1995.

C. A. Stow and S. S. Qian. A size-based probabilistic assessment of PCB exposure from Lake Michigan fish consumption. Environmental Science and Technology, 32(15): 2325–2330, 1998.

C. A. Stow and D. Scavia. Modeling hypoxia in the Chesapeake Bay: Ensemble estimation using a Bayesian hierarchical model. Journal of Marine Systems, 76(1–2): 244–250, 2009.

C. A. Stow, S. R. Carpenter, and J. F. Amrhein. PCB concentration trends in Lake Michigan coho (*Oncorhynchus kisutch*) and chinook salmon (*O. tshawytscha*). Canadian Journal of Fisheries and Aquatic Sciences, 51(6): 1384–1390, 1994.

C. A. Stow, S. R. Carpenter, L. A. Eby, J. F. Amrhein, and R. J. Hesselberg. Evidence that PCBs are approaching stable concentrations in Lake Michigan fishes. Ecological Applications, 5: 248–260, 1995.

C. A. Stow, E. C. Lamon, S. S. Qian, and C. S. Schrank. Will Lake Michigan lake trout meet the Great Lakes strategy 2002 PCB reduction goal? Environmental Science and Technology, 38(2): 359–363, 2004.

C. A. Stow, K. H. Reckhow, and S. S. Qian. A Bayesian approach to retransformation bias in transformed regression. Ecology, 87(6): 1472–1477, 2006.

Student. The probable error of a mean. Biometrika, 6(1): 1–25, 1908.

C. J. F. ter Braak. Unimodal Models to Relate Species to Environment. DLOAgricultural Mathematics Group, Box 100, NL-6700 AC Wageningen, the Netherland, 1996.

T. Therneau, B. Atkinson, and B. Ripley. rpart: Recursive Partitioning and Regression Trees, R package version 4.1–10 edition, 2015.

D. C. Thiele, E. T. Chester, S. E. Moore, A. Sirovic, J. A. Hildebrand, and A. S. Friedlaender. Seasonal variability in whale encounters in the western Antarctic Peninsula. Deep-Sea Research, 51: 2311–2325, 2004.

J. W. Tukey. The future of data analysis. The Annals of Mathematical Statistics, 33(1): 1–67, 1962. ISSN 00034851.

J. W. Tukey. Exploratory Data Analysis. Addison-Wesley, Reading, MA, 1977.

U. S. EPA. Nutrient criteria technical guidance manual: Lakes and reservoirs. Technical Report EPA 822–B00–001, U.S. Environmental Protection Agency, Office of Water, 2000.

Gerald van Belle. Statistical Rules of Thumb. Wiley, 2nd edition, 2002.

R. L. Wasserstein and N. A. Lazar. The ASA's statement on p-values: Context, process, and purpose. American Statisticians, 70(2): 129–133, 2016.

S. Weisberg. Applied Linear Regression. Wiley, New York, 3rd edition, 2005.

S. N. Wood. Generalized Additive Models: An Introduction with R. Chapman and Hall/CRC Press, 2006.

World Health Organization. Guidelines for drinking-water quality. 2nd edition, addendum to volume 2, health criteria and other supporting information. WHO, Geneva.

R. Wu, S. S. Qian, F. Hao, H. Cheng, D. Zhu, and J. Zhang. Modeling contaminant concentration distributions in China's centralized source waters. Environmental Science and Technology, 45(14): 6041–6048, 2011.

L. L. Yuan and A. I. Pollard. Deriving nutrient targets to prevent excessive cyanobacterial densities in U.S. lakes and reservoirs. Freshwater Biology, 60(9): 1901–1916, 2015.

A. F. Zuur, E. N. Ieno, and E. H. W. G. Meesters. A Beginner's Guide to R. Springer, Dordrecht, 2009.

索　　引

A

译 后 记

2010 年春节过后, 我有幸拜读了美国杜克大学钱松教授的专著 *Environmental and Ecological Statistics with R*. 后来受高等教育出版社的委托, 我开始着手翻译这本书. 之所以接手这项工作, 是因为原著对我有两方面的吸引力, 我希望能亲自将它翻译出版, 让更多的人受益. 一方面, 因为循序渐进、深入浅出的原则始终贯穿在各个章节中, 所以原著能够把原本让人人都发怵的统计学方法讲得有声有色, 非常有利于读者的学习和掌握. 原著从基本概念讲起, 对长期以来很容易被大家混淆和误解的一些概念则花费了更多笔墨, 让读者知其然又知其所以然. 在介绍每种方法时所选择的案例都非常贴近环境与生态学领域的研究实践, 且具有足够的典型性, 容易引起读者兴趣, 在不知不觉中得到提高. 我现在正给清华大学的本科生讲授“环境数据处理与数学模型”课程, 涉及的不少统计分析方法都可以在书中找到极好的例子, 完全可以把它用作教学参考书. 另一方面, 每讲到一种模型, 原著都配套描述了如何用 R 语言来实现. R 语言的应用可以让我们摆脱昂贵的商业统计软件, 为相关的教学和科研工作提供更多的灵活性. 利用 R 语言来完成环境与生态学研究中的数据分析和统计建模任务, 是该书非常突出的特色. 对 R 语言的讲解详细而实用, 使之成为国内目前不可多得的资料.

正是这样一本极具特色和优势的好原著, 激励我用了大致一年的时间来完成艰苦的翻译和校对工作, 为的是能给读者奉献一本好译著. 不过, 由于时间和水平有限, 翻译过程中难免有疏漏, 可能还存在这样或那样的问题, 敬请读者批评指正!

曾思育

2011 年 5 月 16 日

于清华园